U0179631

集人文社科之思 刊专业学术之声

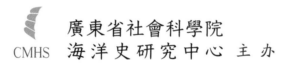

廣東省社會科學院
CMHS　海洋史研究中心 主办

中文社会科学引文索引
（CSSCI）来源集刊

AMI（集刊）核心集刊

中國歷史研究院
Chinese Academy of History
学 术 性 集 刊 资 助

【第二十二辑】

海洋史研究

Studies of Maritime History Vol.22

海 洋 与 物 质 文 化 交 流 专 辑

董少新　李庆新／本辑主编

社会科学文献出版社
SOCIAL SCIENCES ACADEMIC PRESS (CHINA)

黄忠杰、陶林琛《晚清民国福州外销茶盒研究》部分插图

（128-153）

图 3 "洪春生"茶行茶盒，"陆经斋"
黄氏旧藏，尺寸为 17cm×12cm×10cm

图 4 "斋泰丰"茶行茶盒，"陆经斋"
黄氏旧藏，尺寸为 17cm×12cm×10cm

图 5 "张德生"茶行茶盒，"陆经斋"
黄氏旧藏，尺寸为 17cm×12cm×10cm

图 6 "春德隆"茶行茶盒，"陆经斋"
黄氏旧藏，尺寸为 17cm×12cm×10cm

图 7 "李公记"茶号的
侍女形象，"陆经斋"
黄氏旧藏

图 8 "斋泰丰"茶号的
寿星形象，"陆经斋"
黄氏旧藏

图 9 "大生福"茶号的
福星形象，"陆经斋"
黄氏旧藏

图 16 "福森隆"监制木制漆茶盒侧面的茶联佳句,"陆经斋"黄氏旧藏

图 21 民国福州马口铁茶盒(左图来自福州"庆林春"茶庄,中图来自福州"鲍乾顺"
茶庄,右图来自福州"中大"茶庄),"陆经斋"黄氏旧藏

图 23 民国马口铁茶罐美女图案,"陆经斋"黄氏旧藏

图 27 "乾祥厚"马口铁
茶盒,"陆经斋"黄氏旧藏

图 38 广州市"王广兴"款茶叶漆盒,
广东省博物馆藏

图 40 福州制海外茶盒,"陆经斋"黄氏旧藏

图 43 福鼎市天后宫藻井壁画中的洋人画像,笔者摄

董少新《伊万里瓷器与东亚海域》部分插图

（200–223）

图 2　伊万里柿右卫门风格盘

色绘树下鹿花鸟图皿，元禄年间（1688—1703）

　　资料来源：栗田英男『伊万里』栗田美術館、1975、123頁。

图 1　早期伊万里青花瓶

（染付山水文挂花生，

初期伊万里）

　　资料来源：山下朔郎『初期の伊万里』，原色图版第14图。

图 3　伊万里金襕手风格罐

色绘龟甲地纹山水花草图雉子摘盖附大壶，

元禄年间（1688—1703）

　　资料来源：栗田英男『伊万里』、311頁。

李璠《青花贴塑八仙盖碗的流行与接受问题研究》部分插图

(224–258)

图1　青花贴塑八仙盖碗，1625—1650年，景德镇制，皮博迪·艾塞克斯博物馆藏

资料来源：William R. Sargent, *Treasures of Chinese Export Ceramics: From the Peabody Essex Museum*, New Haven: Yale University Press, 2012, p.73.

图2　威廉·卡尔夫，《有鹦鹉螺杯的静物》，1662年，西班牙蒂森博物馆藏

资料来源：https://www.journal18.org/issue3/nautilus-cups-and-unstill-life/。

图 3　龙泉窑青釉露胎印花八仙瓶，元代，大英博物馆藏

资料来源：笔者拍摄。

图 5　青白釉八仙庆寿瓷枕，安徽岳西店前镇司空村出土，元代，

岳西县文物管理所藏

资料来源：〔美〕比吉塔·奥古斯丁（Birgitta Augustin）：《元代八仙及其图像起源》，白杨译，《美成在久》2017 年第 3 期，第 60 页。

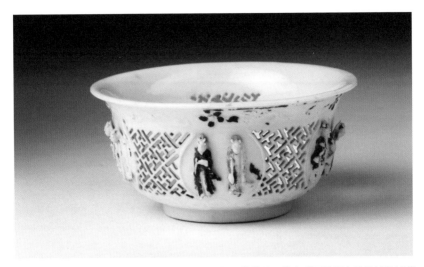

图 6　卍字纹镂空雕刻人物贴塑白瓷碗，天启年景德镇制，维多利亚及阿尔伯特博物馆藏

资料来源：https://collections.vam.ac.uk/item/O193281/bowl—unknown/。

图 7　卍字纹镂空雕刻人物贴塑白瓷碗，天启年景德镇制，大英博物馆藏

资料来源：笔者拍摄。

图9 西厢记人物故事青花盖碗，康熙时期，维多利亚及阿尔伯特博物馆藏

资料来源：笔者拍摄。

图10 柿右卫门风格伊万里花鸟盖碗，17世纪伊万里制作，大都会艺术博物馆藏

资料来源：https://www.metmuseum.org/art/collection/search/52263?when=A.D.+1600－1800&
where=Japan& what=Porcelain& ft=bowl& offset=40& rpp=40& pos=57。

图 11　青花山水盖碗，17 世纪晚期有田烧，大都会艺术博物馆藏

资料来源：Barbara Brennan Ford&Oliver R. Impery, *Japanese Art from the Gerry Collection in The Metroolitan Museum of Art*, The Metropolitan Museum of Art, 1989, p.70。

图 12　法兰西国王查理五世《法国大事记》抄本绘画（MS fr. 2813, fol. 473v），
14 世纪晚期，法国国家图书馆藏

资料来源：https://images.bnf.fr/#/detail/948525/231

图 13　爱奥尼克柱式果篮，1761 年，麦森瓷器厂制作，维多利亚及阿尔伯特博物馆藏

资料来源：Ulrich Pietsch, *Triumph of the Blue Swords, Meissen Porcelain for Aristoracy and Bourgeoisie 1710-1815*, Staaliche Kunstammlungen Dresden, 2010, p.294。

图 15　1727 年前后麦森瓷器厂鸟笼花瓶与 1680 年日本有田烧鸟笼花瓶，德累斯顿博物馆藏

资料来源：Ulrich Pietsch, *Triumph of the Blue Swords, Meissen Porcelain for Aristoracy and Bourgeoisie 1710-1815*, Staaliche Kunstammlungen Dresden, 2010, p.23。

图 16　马拉巴尔人瓷塑，麦森瓷器厂弗里德里希·埃利亚斯·迈耶
（Friedrich Elias Meyer）制，1750 年，阿姆斯特丹国家博物馆藏

资料来源：Ulrich Pietsch, *Triumph of the Blue Swords, Meissen Porcelain for Aristoracy and Bourgeoisie 1710–1815*, p.330。

刘爽《由"指针"导向的城市视野——一件东西城市瓷盘上的跨洋航路与家族版图》部分插图（259-283）

图 1　安森纹章瓷，1743 年，大英博物馆

图 2　城市主题瓷盘，1735—1740 年，大都会艺术博物馆

图 4　城市主题瓷盘局部（广州），1735—1740 年，大都会艺术博物馆

图 5　《展现珠江的广州全景图》局部，1771 年，荷兰国家博物馆

图 6　城市主题瓷盘局部（伦敦），1735—1740 年，大都会艺术博物馆

图 8 《亚洲地形图》局部（巴淡、亚丁、澳门），出自约翰·布劳，1617 年，澳门博物馆

图 10 《欧洲地图》局部（伦敦、托莱多、里斯本），出自威廉·布劳、约翰·布劳，
1630 年，格林尼治皇家博物馆

图 11 《欧洲地图》，出自威廉·布劳、约翰·布劳，1630 年，格林尼治皇家博物馆

图 12 《中华帝国地图》局部，出自约翰·斯皮德，1626 年，香港科技大学图书馆

图 16　饰有罗盘与海船的瓷盘，16 世纪或 17 世纪，新加坡亚洲文明博物馆

图 17　饰有罗盘与海船的瓷盘，16 世纪或 17 世纪，新加坡亚洲文明博物馆

图 24 《埃尔德雷德·兰斯洛特·李家族》，出自约瑟夫·海默尔，1736 年，
伍尔弗汉普顿美术馆

图 25 《展现珠江的广州全景图》局部，英国馆，
佚名，1771 年，荷兰国家博物馆

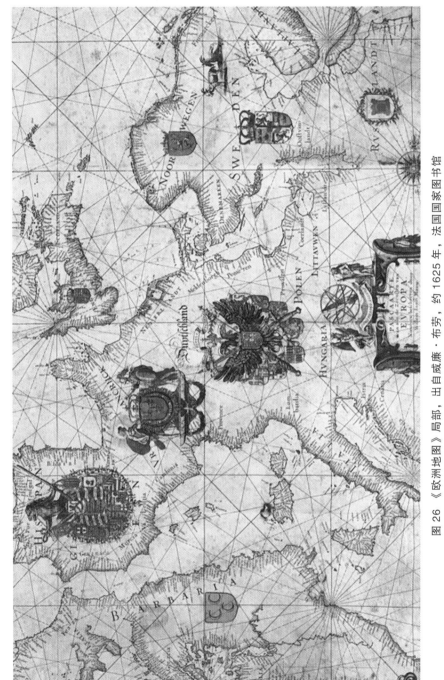

图 26 《欧洲地图》局部，出自威廉·布劳，约 1625 年，法国国家图书馆

李晓璐《"华人艺术家"与殖民地图像制作:〈谟区查抄本〉民族志图像研究》部分插图(300–333)

图1 卡加延(Cagayanes),《谟区查抄本》(Boxer Codex)7v、8r,
印第安纳大学莉莉图书馆藏

图4 印第安人,克里斯托夫·魏德兹《服饰书》(Trachtenbuch)第4、5页,
日耳曼国家博物馆藏

图 5　老汉斯·布克迈尔，《印度土著》

资料来源：*Die Merfart un erfarung nuwer Schiffung und Wege zu viln onerkanten Inseln und Kunigreichen*, 1509。

图 8　班达人，《卡萨纳特抄本》（*Codex Casanatense*），16 世纪上半叶，卡萨纳特
图书馆（Biblioteca Casanatense）藏

图 9　样式一边框,《谟区查抄本》
米沙鄢人，26r，印第安纳大学莉莉图
书馆藏

图 10　样式二边框,《谟区查抄本》
异兽，291v，印第安纳大学莉莉图
书馆藏

图 17　明宣德青花牡丹纹大碗，
台北故宫博物院藏

图 18　清青花牡丹纹盘，
台北故宫博物院藏

① ②

图 19　两侧边框样式，《谟区查抄
本》，266v、198r，印第安纳大学
莉莉图书馆藏

图 25　畲客，《谟区查抄本》166r，印第安
纳大学莉莉图书馆藏

图26 "死亡之舞"组图
之一,《时祷书》、菲利
普·皮古切特,1500

图27 折页桅杆细节,《谟区查抄本》1r,印第安纳大学
莉莉图书馆藏

图28 柬坡寨女子,《谟
区查抄本》186r、186v,
印第安纳大学莉莉图书
馆藏

图29　广南女子，《谟区查抄本》
162r，印第安纳大学莉莉图书馆藏

图30　congancua，《谟区查抄本》271v，
印第安纳大学莉莉图书馆藏

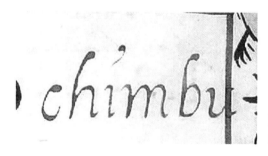

图31　chimbu，《谟区查抄本》255v，
印第安纳大学莉莉图书馆藏

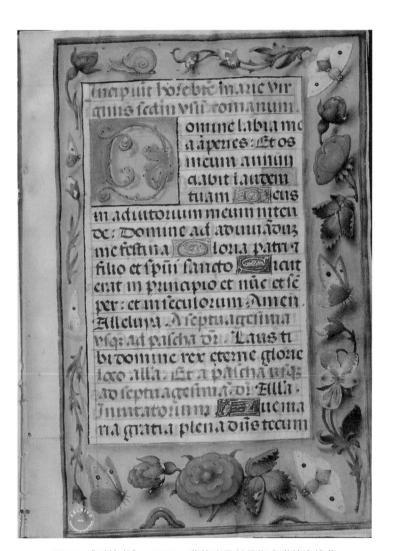

图 32 《时祷书》，1520，菲律宾圣托马斯大学档案馆藏

戴若伟《置彼异邦：普朗克"阳伞夫人"图样研究》部分插图

（334-371）

图 1 "阳伞夫人"瓷盘画稿，普朗克，1734，荷兰国立博物馆藏

图 8 《一位受到印度家庭招待的葡萄牙商人》，16 世纪，意大利卡萨纳特图书馆藏

资料来源：WIKIMEDIA COMMONS。

图 14 《阿兰陀人并黑坊图》，
江户时期，神户市立博物馆藏

图 15 景德镇生产华景洋人图盘，
1662—1722，维多利亚与阿尔
伯特博物馆藏，© Victoria and
Albert Museum, London

图 18 《中国服饰》，扬·林斯霍滕，16 世纪，《东方旅行记》（ *Itinerario* ），荷兰皇家图书馆藏

资料来源：WIKIMEDIA COMMONS（by Jan Arkesteijn）。

图 20　麦森瓷器上的中国人物形象，1735，美国国家历史博物馆藏，
©Division of Home and Community Life, National Museum of
American History, Smithsonian Institution

图22　挂毯及局部，约翰·凡德班克，1690—1770，维多利亚与阿尔伯特
博物馆藏，©Victoria and Albert Museum, London

图23　《西湖景——苏堤春晓图》，木刻版画，墨版套色敷彩，乾隆时期，苏州制造，
德国沃立滋城堡藏，©the Cultural Foundation Dessau-Wörlitz

图 24　人物纹陶盘，布里斯托，1750，1760，英国维多利亚与阿尔伯特博物馆藏，
© Victoria and Albert Museum, London

图 26　人物纹陶盘，代尔夫特，1730—1760，荷兰国立博物馆藏

图 27　人物纹瓷盘，1725—1749，中国，荷兰国立博物馆藏

图 36　柳树纹样盘，1853—1866，荷兰国立博物馆藏

图 38 "撑伞人物"柳树纹盘，斯波德工厂，
Spode: A History of the Family, Factory and Wares from 1733 to 1833

图 40 "菲利普儿子的鹅"故事纹瓷盘，中国，1745，大都会艺术博物馆藏

陈妤姝《马戛尔尼使团画师笔下的中国人物》部分插图

（372–390）

图 1 《一群穿雨衣的中国人》

　　说明：彩色印刷。

　　资料来源：William Alexander, *The Costume of China: Illustrated in Forty-Eight Coloured Engravings*, London: William Miller, 1805。

图 2 《供货商肖像》

　　说明：彩色印刷。

　　资料来源：William Alexander, *The Costume of China: Illustrated in Forty-Eight Coloured Engravings*, London: William Miller, 1805。

图 5 《中国士兵》

说明：铅笔淡彩设色。

资料来源：藏于伦敦大英图书馆"亚洲、太平洋和非洲藏品部"，由威廉·亚历山大绘制。

图 7 《一位新西兰男性的肖像》

说明：铅笔水彩。

资料来源：藏于伦敦大英图书馆，1768 年由西德尼·帕金森绘制。

谢程程《交错的形象：1755年伏尔泰版〈中国孤儿〉的戏剧服饰与布景新探》部分插图（391-420）

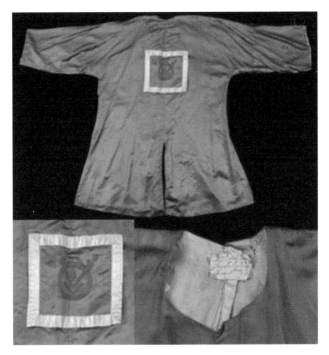

图2 1755年伏尔泰《中国孤儿》艾坦（Etan）的服装 N°：D-CF-391A24，法兰西剧院，巴黎，1755. © CNCS / Pascal François

图5 《列王纪》（*The Great Mongol Shahnama*）插图，"Bahram Gur Hunting with Azada". ca.1330—1335，哈佛大学艺术博物馆藏

江滢河《18世纪荷兰罗也订制广州外销画研究》部分插图
（421–438）

【乐昌县猺妇】

【乐昌县猺人】

图 2　乐昌县男女人物

资料来源：左册两图出自《皇清职贡图》，右侧两图出自罗也画册。

单丽《中国航海博物馆藏外销通草船画初识》部分插图
（439-466）

图 1 1-3 船画，中国航海博物馆藏

图 2 2-25 船画，中国航海博物馆藏

图 3 2-5 船画，中国航海博物馆藏

图 4　2-19 船画，中国航海博物馆藏

图 5　1-12 船画，中国航海博物馆藏

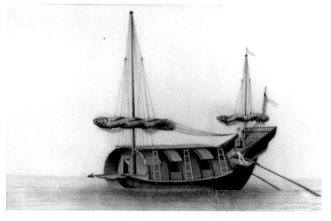

图 6　1-1 船画，中国航海博物馆藏

图 12　2-10 船画，中国航海博物馆藏

图 13　2-20 船画，中国航海博物馆藏

图 16　2-17 船画，中国航海博物馆藏

图 18　2-15 船画，中国航海博物馆藏

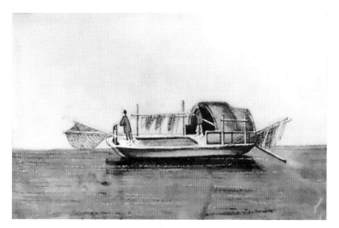

图 20　2-16 船画，中国航海博物馆藏

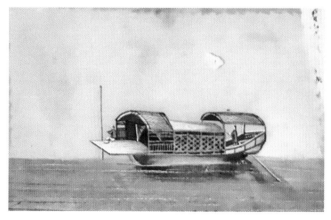

图 24　2-6 船画，中国航海博物馆藏

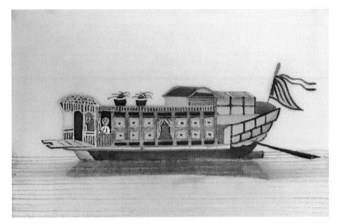

图 25　2-4 船画，中国航海博物馆藏

图 32　2-8 船画，中国航海博物馆藏

图 35　2-23 船画，中国航海博物馆藏

郭亮《莅海图说——清代中外海图中的交流》部分插图

（467–483）

图 1　威廉·丹尼尔《东印度公司船坞远眺》，1808，水彩，英国国家海洋博物馆藏

顾卫民《16 世纪葡萄牙曼奴埃尔建筑的代表作：托马尔基督骑士团修道院》部分插图（507–524）

图 1　托马尔修道院圆形教堂外观

资料来源：笔者自摄。

图 3　参事室外的曼努埃尔式样的大窗户

资料来源：笔者自摄。

图 4 参事室大窗户的海洋题材的雕刻（1）

资料来源：笔者自摄。

图 5 参事室大窗户的海洋题材的
雕刻（2）

资料来源：笔者自摄。

图 6 参事室大窗户的海洋题材的
雕刻（3）

资料来源：笔者自摄。

目　录

海洋史研究（第二十二辑）

2024 年 4 月　第 1~8 页

导言：近代早期东亚海域与物质文化交流

董少新 *

2021 年 11 月 6—8 日，复旦大学文史研究院联合广东省社会科学院海洋史研究中心、中国航海博物馆共同主办了题为"海洋与物质文化交流——以东亚海域世界为中心"的学术研讨会。来自国内高校、科研机构和文博单位的 34 位学者在会上宣读了论文，就会议主题展开了为期三天的讨论与交流。本辑《海洋史研究》便是此次会议论文经认真甄选和反复修订后的结集，同时还收入少量相关议题的其他文章。笔者作为会议召集人之一，受《海洋史研究》编委会嘱托，撰写本辑导言。笔者进入东亚海域史研究领域时间不长，知识储备有限，以下仅就近代早期的东亚海域和物质文化交流谈谈自己的粗浅认识，向学界请教。

一　什么是东亚海域

受"东亚"这个概念的影响，"东亚海域"往往被限定于东海以北、日本海以南的海域，涉及中国、日本、韩国、朝鲜等国家。我们则认为，东亚海域是北起鄂霍次克海，向南经日本海、黄海、东海、南海，直至爪哇海，东达新几内亚岛，西到马六甲海峡的一片以海洋为中心的广阔区域，包括完整的东北亚和东南亚海域。葛兆光先生用"东部亚洲海域"来指称这一海域，以与传统的"东亚"做区分，[1] 不过"东部亚洲海域"的英文表示仍

---

* 董少新，复旦大学文史研究院教授。

[1] 葛兆光：《亚洲史的研究方法——以近世东部亚洲海域为中心》，商务印书馆，2022。

为"Maritime East Asia"，中文仍可简称"东亚海域"，因此笔者认为与其如此，不如仍用"东亚海域"这一概念，并将其内涵扩大。绘制于16世纪末或17世纪初的"塞尔登地图"，其范围从日本海至爪哇海，并以航线连接南北各地，这正是我们所说的"东亚海域"的范围。明代虽无"东亚海域"这个词，但似乎已有"东亚海域"的观念，而这一观念与元代以后逐渐形成的"东西洋"概念基本符合。张燮《东西洋考》中除了包括南海周边，也将日本收入在内，只不过其被列入"外纪考"中。因此钱江、龚缨晏等学者将"塞尔登地图"命名为《明代东西洋航海图》甚为有理，[1] 而以现代的术语称此图为《东亚海域之图》亦无不可。

东亚海域东边是由堪察加半岛、库页岛、日本列岛、琉球群岛、台湾岛、菲律宾群岛、马鲁古群岛、大小巽他群岛组成的岛链，西边则是亚洲大陆的东部（从白令海峡一直到马六甲海峡），两者之间从北到南是一片狭长且连续的海洋，连通着东北亚和东南亚各国。这一片海域被大陆、半岛和群岛包围，也有学者称之为"亚洲地中海"。[2] 除了中间连续的海洋，东亚海域还包括大小岛屿、半岛、大陆以及冲积平原、山地、森林和河流等多样的地貌。东亚海域的另一地理特征是季风，秋冬的东北季风和夏季的西南季风每年定时在东亚海域吹拂，成为贸易船只在这条狭长海域南北往返航行的主要动力，同时也是该海域内部交流的前提条件之一。另外，超长纬度跨越造成东亚海域气候和物产的多样性，从热带雨林的香料到高寒地带的毛皮，可谓应有尽有，这是该区域内部互动的又一动力。在这样的地理条件下，东亚海域不同地区有着不同的生产方式和社会形态，从采集、渔猎到发达的手工业和商业，从原始部落到帝制国家，既共存于此，又互通有无。

一个区域内部是否有频繁的交流、互动和相互的影响，是判断该区域是否能够成为一个独立的历史空间的基本条件。地貌、气候、物产、生产方式和社会形态的多样性，再加上有规律的季风，数千年来，东亚海域的内部交流与互动越来越频繁，这是东亚海域成为一个独立的历史空间的基础，并形成有别于其他区域的独特运作体系。

在这一体系中，不仅有物产和人工制品的流通，更有人口、文化、宗教、

---

[1]　参见钱江《一幅新近发现的明朝中叶彩绘航海图》，《海交史研究》2011年第1期；龚缨晏《国外新近发现的一幅明代航海图》，《历史研究》2012年第3期。

[2]　〔法〕弗朗索瓦·吉普鲁：《亚洲的地中海——13—21世纪中国、日本、东南亚商埠与贸易圈》，龚华燕、龙雪飞译，新世纪出版社，2014。

艺术、思想等方面的交流。东亚海域不同地区有着不同的族群、语言、文化、制度和宗教，纷繁复杂的程度超过地中海世界。在漫长的历史时期中，通过贸易、战争、使节、移民、僧侣远游等形式，不同区域的文化经由海洋实现了跨国传播。东亚海域内的不同族群和国家在各自的历史文化中均受到本区域的其他文化之影响，这种影响对很多东侧岛链以及东南亚的民族和国家的历史发展和文化特征产生了关键性的型塑作用，没有这片海域，这些国家和民族的历史将会十分不同。

二　什么是东亚海域史

既然东亚海域是以海洋为中心的、跨越国界的独立历史空间，则东亚海域史就是这片以海洋为中心、为纽带的区域的发展史。东亚海域史是区域史（Regional History）而不是国别史（National History）。以往学界的一些研究范式，例如"从周边看中国"①"亚洲背景中的日本"②等，其研究的重心仍是落在某一国家上，从更广阔的背景中来观察该国的历史，归根结底仍是国别史。而东亚海域史研究的核心对象是这片以海洋为中心的区域，而非这一区域的任何国家或民族，注重的是作为一个整体的东亚海域的发展和变化。

东亚海域史不是东亚史，③尤其不是东亚几个国家的历史的简单拼凑。东亚海域史注重的是该海域内部的相互联系、交流和互动，研究的是东亚海域自身的运作体系及演变。以往学界归纳的各种"圈"，如"儒家文化圈"、"汉字文化圈"、"筷子文化圈"乃至"朝贡贸易圈"等，都无法涵盖整个东亚海域，在阐述整体的东亚海域史的过程中，这些范式都是不适合的。

东亚海域是一个历史舞台，数千年来无数人在这个舞台演出了一幕幕悲喜剧。东亚海域史研究需要借鉴年鉴学派"长时段"（longue durée）的方法，考察地理环境在漫长历史时期对东亚海域社会、人文的塑造，再在此基础上研究东亚海域的社会史和政治史。东亚海域的社会史和政治史主要研究这一历史空间中的人、物和事。与海相关甚至以海为生的人在东亚海域范围内占据着总人口的多数，群岛、半岛上的人自不待言，即使是在大陆上，滨海社会中的人也与海洋息息相关。这些人包括渔民，海商，海

---

① 复旦大学文史研究院编《从周边看中国》，中华书局，2009。
② 〔美〕罗纳德·托比：《亚洲世界中的德川幕府》，柳一菲译，江苏人民出版社，2022。
③ 〔美〕罗兹·墨菲：《东亚史》（插图第4版），林震译，世界图书出版公司，2012。

寇，海洋贸易商品的生产者和消费者，海洋贸易和海事生产的管理者，海洋政策的制定者和执行者，经海路而行的宗教、知识、技术的传播者和使节，以及海洋文化、信仰的创造者、传承者和信奉者，等等，从海洋史的角度可以将所有这些人称为"海人"。与海洋相关的物亦极为丰富，包括海洋物产（如鱼类、海盐、玳瑁），作为贸易商品的各地不同物产（如胡椒、茶叶、金属），作为商品或礼品的各地手工产品和艺术品（如丝绸、陶瓷、牙雕），用于加工海洋物产的各类工具，用于航海的各类工具（如船只、罗盘、火器），服务于航海的码头及配套设施（如商馆、船坞、库房），与海洋信仰有关的建筑、雕塑、图像（如妈祖像、三保庙），与海洋物质文化和知识传播相关的各类文本，等等，我们或许可以将其统称为"海物"。位于东亚海域史最表层的，则是各个历史时段发生于这一历史舞台上的"海事"，包括战争、劫掠、海防、海贸、海洋政策的颁布与实施、不同国家之间的交涉等。

东亚海域在漫长的历史发展中，应该形成了某种特别的体系或运作机制，这种机制到底是什么，我们目前其实还没有研究清楚，但可以肯定的是，这种机制与某一国家的对外政策或贸易制度是完全不同的。因此，东亚海域史研究的另一个重点，就是要揭示东亚海域运作机制的形成过程、内容、特征和演变，并呈现东亚海域总体的历史发展脉络。东亚海域不是一个虚体，而是一个实际存在的历史世界；东亚海域史不是一种理论框架的构建，而是对东亚海域历史世界的书写与呈现。东亚海域通史（整体史）的书写需要建立在丰富的断代史、个案研究基础之上，而以往的国别史、双边关系史、朝贡贸易、汉字文化圈等框架下的研究对东亚海域通史的书写都极具参考意义。但东亚海域史书写的重心仍落在该区域不同国家、族群的交流、互动，以及通过交流、互动形成的网络及其发展演变上。

三　东亚海域史的近代早期

布罗代尔在研究地中海世界的时候，考察了地中海与大西洋、北海海域的关系，以及地中海与沙漠地带的关系。一个整体的、独立的历史空间，并不意味着是一个封闭的历史空间，而是会与相邻的其他历史空间发生长久的关系。东亚海域与印度洋区域相邻，且长期受到印度洋区域的影响，来自印度洋区域的物质文化、宗教、习俗、语言、思想和移民经过马六甲海峡进入东亚海域。这一影响大致可分为两部分：一是来自南亚的影响，主要是佛教、印度教和印度物产；二是来自西亚的影响，主要包括阿拉伯文化、波斯文化、伊斯兰教和西亚物产。

对研究对象加以分期，是历史研究的基本方法之一。书写东亚海域史也需要将其分为不同的历史阶段。这一工作目前尚无学者深入讨论。历史分期标准不同，则有不同的结果。东亚海域史的分期，既可以考虑其自身演变的阶段性，也可以以其所受到的外来影响作为分期依据，还可以把自身发展特征与外来影响因素加以综合考虑。这里无意对漫长的东亚海域史做全面的分期，只是想尝试提出将16—18世纪视为东亚海域的近代早期阶段（early modern period）的看法。这一看法既考虑到16—18世纪东亚海域自身发生的变化，也结合了欧洲人进入东亚海域后产生的诸多影响。

16—18世纪是东亚海域自身发生剧变的时期，也是一个承前启后的时期，在多个方面表现出独特性。以目前的认知，我们把这一时期东亚海域的重要变化总结为以下几点。第一，民间海商（海盗）势力空前强大，他们由各国海民组成，长期活跃于海上，游离于各国政权之外。[1]从嘉靖大倭寇至郑氏台湾政权覆灭，亦商亦盗的民间海上势力成为东亚海域舞台上最活跃的角色。第二，中国与日本的官方关系断绝，日本脱离以中国为中心的朝贡体系，自建以日本为中心的秩序，并因扩张野心而发动对外侵略战争，在东亚海域造成严重影响。第三，从澳门开埠、隆庆开海至康熙开海，再到四口通商和十三行体制的建立，东亚海域的"互市"逐渐超越"朝贡"，成为中外贸易的主要形式。[2]第四，葡萄牙、西班牙、荷兰、英国、法国等西方国家先后进入东亚海域，加入东亚海域固有的贸易体系之中。这些欧洲国家在东亚海域占领了马六甲、马尼拉、巴达维亚等殖民、贸易或军事据点，又在中国、日本获得澳门、长崎等商业口岸居住权，经营东亚海域内部的转口贸易。第五，葡萄牙人、荷兰人经印度洋东来，西班牙人经太平洋西至，东亚海域从此拼接到了全球体系之中，成为全球体系中的重要一环，东方的物质文化

---

[1] 村井章介将此类人称为"境界人"，参见〔日〕村井章介《中世日本的内与外》第六章，康昊译，社会科学文献出版社，2021。

[2] 岩井茂树一反费正清等学者对朝贡贸易的强调和解读，在明清史中发现了"互市"的重要性和地位。参见〔日〕岩井茂树《朝贡、海禁、互市：近世东亚五百年的跨国贸易真相》，廖怡铮译，（新北）八旗文化，2022。

和精神文化开始对欧洲产生实质性的影响，进而在世界近代化进程中发挥独特作用。第六，这一时期东亚海域范围内发生了多次规模大、持续时间长、影响深远的战争或冲突，主要包括壬辰战争、明清战争，也包括清朝统一台湾的战争、西洋各国之间在东亚海域发生的历次冲突等，东亚海域的传统格局因此发生改变。第七，东亚内部出现离心力大于内聚力的情况，各国的发展道路渐行渐远。无论是中日官方关系的中断，还是西方国家的东来，都对传统的以中国为中心的天下秩序和朝贡体系产生冲击，最终这一体系在 19 世纪走向衰落和终结，东亚海域自身以及区域内的诸多国家也在 19—20 世纪步入现代转型的轨道。

　　基于上述理由，我们认为 16—18 世纪可以被视为东亚海域史的近代早期阶段。如果这一看法成立，则东亚海域的近代早期阶段与欧洲的近代早期阶段大约处于同一时期。在全球近代化进程中，欧洲发挥了重要作用，但是包括东亚海域各国、各地区在内的亚洲的作用被忽视了。我们认为，全球的近代化是世界各地共同推动的历史进程，东亚海域在其中发挥了重大作用，且这一作用亟须从学术角度予以研究、揭示和肯定。东亚海域所发挥的作用，首先体现在欧洲对东亚物质文化和精神文明的吸收利用上，东亚文明成为欧洲向近代迈进的诸多推动力之一；其次，自 16 世纪开始，东亚海域也开始了近代化的进程，晚明商业、手工业的发达，资本主义的萌芽，新儒学的发展，开海政策的实施，日本的统一，明清易代在东亚海域的冲击，等等，都是东亚海域近代化进程的表现。在这样的认识之下，一些传统的概念便需要我们重新检视。例如，明清时期的中国、幕府时代的日本和李氏朝鲜是闭关锁国的，只有在西方的冲击下古老的东方才能走上近代化的道路；包括东亚在内的亚洲大部分地区属于亚细亚生产方式，相较于西方的海洋文明是停滞落后的。这些产生于 19 世纪的欧洲中心主义观念，如果从东亚海域的近代早期史角度看，都存在严重的问题。

四　东亚海域物质文化交流

　　本次会议以"海洋与物质文化交流——以东亚海域世界为中心"为主题，集中探讨东亚海域内部及其与其他区域（尤其是欧洲）的物质文化交流史。物质文化最广义的定义，可以包含一切与人有关的自然物和人造物，甚至包含人的身体，物质文化史研究也因此包罗万象，物质文化交流史研究是其重要组成部分。物质文化交流史主要研究物质文化的跨区域传播、演变和影响。贸易是物质文化交流的主要途径之一，贸易利润是推动物质文化交流的主要动力。

地理环境的多样性造就了物产多样性，而社会生产力发展程度、风俗习惯、思想观念等的不同，也使人造物千差万别。这种多样性和差异性是物质文化交流的前提条件，因此就有了马鲁古群岛的香料向北进入中国、朝鲜和日本，向西被运至南亚、西亚乃至欧洲的千年传播史，也有了美洲与欧亚非的"哥伦布大交换"。利润驱使物质跨越戈壁、高山和海洋，推动了长距离交通线路的形成。长距离交通线路分为陆路和海路，从贸易商品运输的角度而言，陆路和海路有着重要的区别。陆路贸易主要依靠人力和畜力，运输的货物量少，整个路程会经过不同政权控制区，需要多次缴纳关税，使货物成本大幅增加。相反，远洋帆船的载货量远超陆路驼队，且在远程贸易过程中经过的税口少，甚至可以从出发港直达目的港，大大降低了成本。低附加值的金属制品、日用品、粮食等均可通过海路运输，只要量足便有利可图。因此我们看到，自唐中叶以后，海上贸易逐渐兴盛，运送陶瓷器等较重且易碎商品的航海活动越来越常见。

历史上，对东亚海域与南亚、西亚的贸易和交流而言，有陆路和海路两个选项，但对于东亚海域内部而言，地理条件决定了其贸易和交流大多要通过海路进行，除中朝、中越之间有陆地接壤外，其他岛屿国家与半岛国家、大陆国家的贸易和交流不走海路便无法开展。在漫长的历史长河中，东亚海域内形成了复杂的海上交流网络。在东亚海域网络中，既有纬度相仿的岛链国家与半岛、大陆国家的横向线路，更有多条通达南北的纵向线路，纵横交错于以海洋为中心的区域内。东西南北之间物产的差异通过海路交通具有了互补性。东南亚的香药早在汉代以前已进入中国，宋元时期中国与东南亚的香药贸易达到鼎盛，[①] 中国的手工产品也长期出口东南亚。本辑中周湘《宋代素馨、茉莉名实辨——社会知识史的视角》、叶少飞《沉香传说：占婆天依阿那仙女形象在越南王朝国家的演变》、钟燕娣《明代陶瓷在东亚海域世界的流转及其影响》、朱莉丽《15—17世纪东亚交聘、贸易和战争中的日本刀》和康昊《越境的金襕袈裟——中日唐物交流及其政治意义》等文，均从物质文化的个案视角管窥了古代东亚海域纵横交错的网络。

---

①　林天蔚：《宋代香药贸易史稿》，（香港）中国学社，1960。

近代早期东亚海域内部的交流更为频繁，欧洲人不仅融入东亚海域既有贸易网络，从事该区域内部的转口贸易，而且通过他们西向和东向的远航，联通欧洲和美洲，从而将东亚海域网络拼接到全球网络之中。东亚海域的商品和物质文化，是吸引欧洲人东来的主要动力，这里的香料、丝绸和陶瓷被大量运至东亚海域以外，成为最畅销的国际商品，而美洲的白银及农作物也进入东亚海域，改变了本区域的贸易和农业生态。本辑的另一核心议题即近代早期东亚海域与西洋的物质文化交流。其中既涉及东亚海域物质文化的西传，如江滢河《18世纪荷兰罗也订制广州外销画研究》、陈好姝《马戛尔尼使团画师笔下的中国人物》等文，也涉及欧洲、美洲物质文化的东传，如严旎萍《从"洋红"到"胭脂虫"：18—20世纪中文文献所见美洲红色染料的命名与认知》、陈博翼《鼻烟壶的形成：容器、习惯与身份》等文。很多论文都讨论到某一类器物或物质文化现象在跨文化传播过程中表现出的复杂性，包含某一器物上体现的东西方文化融合和层累的影响，或某一物质文化符号在东西之间的回环流动，如刘爽《由"指针"导向的城市视野——一件东西城市瓷盘上的跨洋航路与家族版图》、戴若伟《置彼异邦：普朗克"阳伞夫人"图样研究》和李璠《青花贴塑八仙盖碗的流行与接受问题研究》等。

此次学术研讨会可被视为2009年复旦大学文史研究院与东京大学东洋文化研究所合办的"世界史中的东亚海域"国际学术研讨会[①]的延续，旨在从物质文化的角度进一步认识作为一个独立历史空间的东亚海域，并希望通过收入本辑的论文与日韩学界和欧美学界对话。近代早期东亚海域史有着极为丰富的内容，也有极为丰富的多语种文献、器物和图像资料可供研究参考，绝非一两次学术会议能够全面探讨。希望此次会议和本专辑能够引起更多学者对东亚海域史的关注，更希望中国学界能持续开展个案研究，长期进行多语种基础史料整理工作，不断展开国际对话，并能够提出有见地的理论和方法。唯其如此，一部真正意义上的《东亚海域史》（按照布罗代尔的风格，或许也可取名为《东亚海域与万历时代的东亚海域世界》）才有可能出现。

---

① 该会议的论文集后来结集出版，见复旦大学文史研究院编《世界史中的东亚海域》，中华书局，2011。

专题论文

海洋史研究（第二十二辑）

2024 年 4 月　第 11~46 页

宋代素馨、茉莉名实辨

——社会知识史的视角

周　湘[*]

摘　要：素馨与茉莉这两种外来花卉在唐代之前就已经被引入中国。在宋代，精英阶层的花卉鉴赏品味从重花色逐步转为重花香，素馨与茉莉由是广受欢迎。这两种花卉是"近亲"，花色、花香与花型近似，宋人实难从文字上对之加以形容分辨。如果仅考察花名从拗口的音译到符合汉语表达习惯的通用名的变化，难以呈现外来花卉融入宋代社会的复杂进程。素馨是表意的花名，而茉莉是花卉梵文名称的音译。不同的翻译策略反映了外来植物融入本土文化的路径差异。素馨被认为与岭南特别是与广州有着密切的关系。与素馨"狭隘"的地域联系不同，茉莉的本土化路径中有着更为广泛的空间及象征关联。对宋代有关素馨与茉莉命名法的对比研究，可呈现出不同的文化交融路径。本文通过分析外来植物命名的策略，指出素馨与茉莉在宋代本土化进程的差异，很大程度上是由闽粤两地进入"大传统"的步调不一致所造成的。茉莉成为"闽花"，其外来属性让位于地方性，这为其将来被赋予"中国性"奠定了基础。

关键词：素馨　茉莉　名实之辨　地域性

素馨、茉莉在现代植物分类法中，均属于木樨科，性状极为相近，[①] 两者

---

[*]　周湘，中山大学历史学系（广州）副教授。
　　中山大学历史学系的同事易素梅和王媛媛曾经审读本文的初稿，并赐修改意见，特此致谢。
①　夏征农主编《辞海·生物学分册》，上海辞书出版社，1987，第 580—581 页。

的差别，今人仍觉惑然难解。[①] 其密不可分，在英语的表达中仍可见一斑。[②] 其中很重要的缘由，在于素馨几乎已经从日常生活中销声匿迹了，在大多数人的认知当中，这近乎"有名无实"，无法进行"名""实"之考辨。[③] 此二种花卉之间名实难辨的问题，宋代即已引起了时人的注意（见下文）。近年来，学者们发表的素馨、茉莉研究成果不在少数，要么是分别论述之，[④] 有的研究集中讨论明清时期素馨的社会史而鲜少追溯宋代之情形；[⑤] 要么是统合两

① 岭南作家沈胜衣在其散文作品中提出了"茉莉，还是素馨"的疑问，他指出了扬之水在《水沉与龙涎》一文中分辨素馨与茉莉时的不足，对于辨识素馨、茉莉的"糊涂账"，他以"岭南人"的身份，略作了介绍。沈胜衣：《书房花木》，上海书店出版社，2010，第70—74页。

② 素馨花和茉莉花的通用英文名都是 jasmine，指的是木樨科（Oleaceae）素馨属（Jasminum）的所有植物，包括了225—450种热带及亚热带香花灌木。Encyclopedia Britannica Online（大英百科全书网络版），https://academic.eb.com/levels/collegiate/article/jasmine/43402，2018年12月4日。

③ 多年以前，叶灵凤的散文《香港只知有茉莉，今日何人识素馨》就指出了素馨已经淡出人们的日常生活的事实。叶灵凤：《花木虫鱼丛谈》，三联书店，1991，第11—12页。

④ 对素馨、茉莉的历史，大多数的作品都是分而述之。如研究素馨的，参见魏露苓《隋唐五代时期园艺作物的培育与引进》，《中国农史》2003年第4期；赵艳萍《广府素馨名实、栽培及贸易初探》，《中国农史》2012年第2期；刘家兴、刘永连《"素馨"考辨》，《暨南史学》2015年第2期；李昂、王元林《素馨花的传入与种植地区的扩展》，《中国农史》2016年第3期，兹不一一列举。这些论文的关注点略有差异，不过研究者们基本认同早期文献提及的"耶悉茗"即后来的"素馨花"，并且，有关素馨的研究，有很强的"地方性"，涉及的论题多与广州相关。近年研究茉莉的论文，早期的论题主要集中在农学以及园艺学方面的考察，参见李孝铭《福建茉莉品种初考》，《茶叶科技简报》1975年第7期。有关这方面研究的综述，参见黄芳芳、徐桂花、陈全斌《茉莉花研究文献计量分析》，《大众科技》2007年第1期；卜朝阳、周锦业、黄昌艳、卢家仕、宋倩《我国茉莉研究现状及问题分析》，《北方园艺》2014年第19期；周锦业、卜朝阳、卢家仕、黄能昌、李春牛《我国茉莉研究文献统计分析》，《北方园艺》2015年第3期。2000年以后，开始有学者留意茉莉花的历史文化意涵，参见李丽、周兴文、王彩云《中国茉莉花文化研究初探》，《福建林业科技》2012年第2期；冉悦《论我国古代的茉莉花文化》，《内蒙古农业大学学报》（社会科学版）2012年第6期；冷蔺莎、汤洪《茉莉来华路线考》，《中华文化论坛》2018年第4期。有的研究者探讨了文学作品中的茉莉花，参见任群《论宋代的茉莉诗》，《闽江学刊》2011年第8期。

⑤ 早在20世纪40年代，美国学者薛爱华（Edward H. Schafer）就指出在研究茉莉的同时不可忽略素馨，两者关联密切。他在文章中主要探讨了素馨女的故事，认为该故事有印度的原型，而素馨名中的"素"字，乃是指女神或者美丽的女子。此说若要成立，尚需更多的研究成果加以佐证。Edward H. Schafer, "Notes on a Chinese Word for Jasmine," Journal of the American Oriental Society, Vol. 68, No. 1, Jan.- Mar., 1948, pp. 60-65. 从比较的视野来研究素馨与茉莉关系的论文，参见周正庆、潘虹《茉莉、素馨、耶悉铭名称探析》，《农业考古》2012年第1期。陈灿彬的《岭南植物的文学书写》有专章讨论文学作品中的素馨与茉莉，其中包括了素馨、茉莉的名实问题（陈灿彬、赵军伟：《岭南植物文学与文化研究》第七章第一节"茉莉素馨名实考"，北京燕山出版社，2018，第182—188页）。另外，一些研究以综合的视角来观察宋代的花卉文化与城市发展及农业商品化的关系，参见匡艳丽《试论宋代城市的花卉业》，《中山大学研究生学刊》（社会科学版）2002年第3期；朱隽嘉《从文献看宋代广南花卉贸易》，《史海钩沉》2008年第1期；蒲三霞《宋代花卉交易盛行原因》，《西昌学院学报》（社会科学版）2016年第1期；郭幼为《宋代花卉与社会生活》，硕士学位论文，河北大学，2015。

者于同一论题之下，但对社会知识层面的探讨仍未尽深入。①

宋代是植物知识系统化的关键时期，外来花卉如素馨、茉莉等完成了本土化的进程。② 因此，宋代是素馨、茉莉的中国知识史建构的重要阶段，③ 要厘清宋朝素馨、茉莉的知识建构史，不应分而论之，它们在历史的场景中互为映衬，只有将二者加以观照，方能互相凸显。因此，对照观察的方法，应是探讨相关花卉知识在宋代建构方式的重要门径。④ 本文提及的花卉"本土化"，始于素馨、茉莉的栽种与商品化，关键阶段在于花名汉译的定型，而其完成则是两种花卉被赋予了本土文化的象征意味，亦即花卉的概念化。⑤ 本土化，在文化研究理论中，指的是将异域的文本依照本土的价值观进行转译。⑥ 宋代素馨、茉莉本土化的背后，精英人士的参与贡献颇多。福建的地方文化精英为茉莉花的地方化不断添砖加瓦，而广东的地方文化精英在这个过程中基本处于"失语"状态。⑦

外来植物知识的本土化，一方面表现在译名的固定化，即命名的问题；另一方面表现为名称背后意涵的丰富，即概念维度的多方向延展。这些维

---

① 魏华仙的著作《宋代四类物品的生产和消费研究》第四章"宋代花卉的种植与消费"（四川科学技术出版社，2006，第233页）中简略介绍了以素馨花和茉莉花制香的情况，只有数百字的篇幅，仅可视为史实的简要归纳。

② 关于茉莉花的栽种及本土化进程，比较详细的研究可见方秋萍《茉莉在中国的传播及其影响研究》（硕士学位论文，南京农业大学，2009）。目前国内学界对于宋代植物知识史的整体研究仍比较欠缺，罗桂环《宋代的"鸟兽草木之学"》（《自然科学史研究》2001年第2期）部分涉及了相关的话题。张文娟《宋代花卉文献研究》（硕士学位论文，华中师范大学，2012）进行了文献的部分梳理，注重的是对文献的分类及其应用的探讨，未涉及知识史的领域。

③ 对宋代知识转型的研究，一般认为该进程与印刷业发展及书籍的大量流通有莫大的关系。参见 Lucille Chia and Hilde De Weerdt, eds., *Knowledge and Text Production in an Age of Print: China, 900-1400*, Leiden & Boston: Brill, 2011。目前有关宋代知识史的研究仍处于起步阶段，大多数研究比较注重探讨技术与社会的关系以及读者的阅读反应等等，参见 Dagmar Schäfer, ed., *Culture of Knowledge: Technology in Chinese History*, Leiden & Boston: Brill, 2012。

④ 比较－历史研究法（comparative-historical analysis）是自马克斯·韦伯（Max Weber）之后知识社会学研究中提倡的研究方法。比较不仅是为了寻找差异，也要着眼于"共同之处"，因为知识本身就是"共同之处"的集合。

⑤ 概念（名称）是获取知识的重要工具，对概念的使用，意味着思考到了世界某个方面的特性。参见 Dan O'Brien, *An Introduction to the Theory of Knowledge*, Cambridge, UK: Polity Press, 2006, p. 190。

⑥ Lawrence Venuti, *The Translator's Invisibility: A History of Translation*, London & New York: Routledge, 1995, pp. 18-22.

⑦ 本土化，强调的是知识的主体性建构。根据罗兰·巴特（Roland Barthes）的说法，那就是"谁在说话"（who is speaking）的问题。参见 Roland Barthes, *S/Z*, trans. by Richard Miller, Malden, USA and Oxford, UK: Blackwell Publishing, 1974, pp. 41-42。

度的范围，需要以特定的指征（标识）来说明。① 本文将以素馨花和茉莉花在宋代的命名变迁及两种花卉的地位对比之变化为切入点，说明抽象的"名称"是在历史进程中被添加上各种意涵并被赋予了象征的意义，从而实现了"名""实"的结合，由此完成了素馨花与茉莉花的基本知识建构。

一　宋代花卉命名法

宋代动植物学知识相较于唐代，别开生面，逐渐形成了新的体系。此时出现了多种专门的植物类书，说明宋人的植物知识已经具有了相当的规模。② 这些动植物谱录中，以植物居多，"约有 50 多种，动物的只有两种"。③ 宋代动植物学知识极大丰富，李约瑟（Joseph Needham）曾给予高度评价，认为宋代有关动植物的专著，是当时科技类著作中"最有特色的"。④

在对植物知识进行归类整理的同时，宋人指出"物之难者，为其名之难明也"，这既有"五方之名"的差异，也因为"古今之言亦自差别"。⑤ 因此，名实考证成为宋代植物知识建构的重要内容。⑥ 此类名实考证之法，按照郑

① 关于这一点，人类学的研究可以给我们提供不少启示，语言人类学及生物人类学都有触及植物命名的话题，民俗生物学（folk biology）或者民族植物学（ethnobotany）在这些方面有比较成熟的研究方法。比较早用人类学方法探讨植物命名问题的研究者是美国人类学家布伦特·伯林（Brent Berlin），他在 1973 年发表了题为《民俗生物学中分类及命名的通用诸原则》（Brent Berlin, "General Principles of Classification and Nomenclature in Folk Biology," *American Anthropologist* 75, 1973, pp. 214-242）。人类学家梳理不同文化聚落的植物学知识脉络时，多运用语言学的方法，比如 Zelealem Leyew, *Wild Plant Nomenclature and Traditional Botanical Knowledge among Three Ethnolinguistic Groups in Northwestern Ethiopia*, Chapter 3 "Plant Nomenclature", Addis Ababa: Organisation for Social Science Research in Eastern and Southern Africa, 2011, pp. 45-92. 正如布伦特·伯林在另外一篇文章中指出的那样，植物的名称往往是多义的，因此，植物名称背后蕴含的指征结构非常复杂。Brent Berlin, "Speculations on the Growth of Ethnobotanical Nomenclature," in Ben G. Blount and Mary Sanches, eds., *Sociocultural Dimensions of Language Change*, New York, San Francisco and London: Academic Press, 1977, pp. 63-102.

② 有关宋朝动植物志编撰的情况，参见梁家勉《我国动植物志的出现及其发展》，《生物学史专辑》编纂组编《科技史文集》第 4 辑，上海科学技术出版社，1980，第 11—24 页。另外，罗桂环也以《宋代中国的生物学》为题，对相关文献进行了综述，参见 Gregory K. Clancey and Hui-Chieh Loy, *Historical Perspectives on East Asian Science, Technology, and Medicine*, Singapore: Singapore University Press, 2001, pp. 171-181。

③ 杜石然等编著《中国科学技术史稿》下册，科学出版社，1982，第 37 页。

④ 〔英〕李约瑟：《中国科学技术史》第 1 卷第 1 分册，科学出版社，1975，第 289 页。

⑤ 郑樵：《通志》卷七五《昆虫草木》志八六五，浙江古籍出版社，1988。

⑥ 卢嘉锡、路甬祥主编《中国古代科学史纲》，河北科学技术出版社，1998，第 852—856 页。

樵的说法，乃是"出臣胸臆，不涉汉唐诸儒议论"。① 郑樵之所以要强调这一点，恰恰是因为植物的名实考证，难以脱离儒家"正名"的思辨方法，可以说，早期中国的生物分类学，在很大程度上就是名实的考据。②

所谓名实相符，以不同的层次展现出来。对此，《荀子·正名篇》篇首是这么说的："名有三科，一曰命物之名，方圆、白黑是也；二曰毁誉之名，善恶、贵贱是也；三曰况谓之名，贤愚、爱憎是也。"③ 按照荀子的说法，事物的名称，既要反映其外观形状，也要承载人们的评述，要辨别事物之"方圆黑白"，应非难事，不容易做到的是评定其"善恶贵贱"，并据此表达"爱憎"之情感。"方圆黑白"，指的是事物的"客观"性状；"善恶贵贱"，指的是事物内在属性的等级差异。善恶贵贱的品定出自观察者，因此，对事物的解释在这个层面上从"客观"的存在向主观的判断过渡。至若个人的"贤愚爱憎"，则需要更为普遍性的原则加以匡正，因此，事物的"名"，是社会伦理准则的反映。如此，对事物名称的"阐释"，包括了从客观观察到主观认知的不同层面，以及从个体认知到社会建构的过程。④

宋人在整合植物的知识史时，常采用主观的审美标准与道德判断，即出于此种阐释的模式。事物的名称，要完整地表达知识的内容与结构，应该涵盖这三个层次，也就是说，名实相符是知识建构的最高标准。名、实之间，"正名"为重。⑤ 故而郑樵在论及昆虫草木时，才会说"此书尤详其名焉"。⑥

那么，宋人给植物定名时，在多大程度上遵循上述的知识建构"模式"呢？表面看来，彼时花卉之命名，并无定式。刘蒙在撰写《菊谱》时，在文

---

① 郑樵：《通志·总序》志三。

② 张孟闻在 1947 年出版了《中国科学史举隅》，其中《中国生物分类学史述论》一文所举文献，讨论的基本上都是名实之辨的话题。这篇专论，被认为是中国生物分类学史研究的开山之作。《民国丛书》编辑委员会编《民国丛书》第 1 编第 90 种，上海书店出版社，1989，第 25—89 页。

③ 《荀子》，杨倞注，耿芸标校，上海古籍出版社，2014，第 271 页。

④ 有的研究者认为，"名实之辨"其实就是中国的古代阐释学。周裕锴：《中国古代阐释学研究》，上海人民出版社，2003，第 7—18 页；周光庆：《中国古代解释学导论》，中华书局，2002，第 203—212 页。

⑤ 名实之论，具体意味至今学界仍多有争议。其大致情况，可参见张岱年主编《中华思想大辞典》"名实"条，吉林人民出版社，1991，第 830—831 页。何郁在《中国古代哲学十五讲》中有专章"名实学概述"（商务印书馆国际有限公司，2015，第 177—204 页）介绍此论题。有关儒家正名思想的研究，比较近期的研究可见苟东锋《孔子正名思想研究》，上海人民出版社，2016。本文不涉及该话题的论辩，引论于此，仅为说明事物的命名，是中国传统哲学的重要论题，并且影响到了植物命名法。

⑥ 郑樵：《通志》卷七五《昆虫草木》志八六五。

末补充说明了花卉命名的多样性：

> 余闻有麝香菊者，黄花千叶，以香得名；有锦菊者，粉红碎花，以色得名；有孩儿菊者，粉红青萼，以形得名；有金丝菊者，紫色黄心，以蕊得名。①

察其文意，花卉命名的依据包括"香""色""形""蕊"等不同特性，虽然均与花卉的特性相关，但并无一定的规则可循。然而，花卉的特性与构造，在时人心目中，是有高低之分的，刘蒙本人对此进行了说明：

> 或问，菊，奚先？曰，先色与香，而后态。然则，色，奚先？曰，黄者……其次莫若白……此紫所以为白之次而红所以为紫之次云。有色矣，而又有香；有香矣，而后有态，是其为花之尤者也。或又曰，花以艳媚而悦，而子以态为后欤？曰，吾尝闻于古人矣，妍卉繁华为小人，而松竹兰菊为君子，安有君子以态为悦乎？至于具香与色，而又有态，是犹君子而有威仪也。②

这段话说明，"色—香—态"的花卉命名序列，有高下先后之分，对色、香、态等外在特性的撷选，其实已经反映出了命名者对于"贵贱"的判断，甚或蕴含了"偏爱"的情感。将花卉的"正名"提升到与"松竹兰菊"相畴的地位，意味着对花卉的命名，乃是社会符号的整合，花卉因而具有了象征的意义。③ 在绘画作品中，牡丹、芍药象征着"富贵"，梅花、菊花则象征着"幽闲"。④ 在实际生活中，人们甚至不需要亲见牡丹的姿容，便可熟知其"富贵"的象征，也就是说，"牡丹"之名本身，已具有文化指征的意味。

北宋时期，品花重"色"的现象，在陈师道论芍药的著作中，也有印证，

---

① 刘蒙：《刘氏菊谱》不分卷《叙遗》，宋百川学海本，第 12 页 b。刘蒙是彭城人，其《菊谱》成书于北宋末年，12 世纪初。
② 刘蒙：《刘氏菊谱》不分卷，第 3 页 a。
③ 有当今论者认为，名实之辨，其实也提出了符号学所关注的象征意义问题。龚鹏程：《中国符号学论纲》，《华人社会学笔记》，东方出版社，2015，第 251—255 页；祝东：《孔孟符号学》，唐小林、祝东主编《符号学诸领域》，四川大学出版社，2012，第 173—179 页。
④ 佚名：《宣和画谱》卷一五《花鸟叙论》，元大德六年杭州刊本，第 1 页 b。

云"花之名天下者，洛阳牡丹，广陵芍药耳。红叶而黄腰，号金带围"。[①]按陈师道文中记载，"金带围"颇罕见，故人们传言，"（花）有时而出，出则城中当有宰相。故芍药名为花中之相"。后人称之为"金带围拜相兆"。[②]故而画中芍药的"富贵"寓意，与此类故事中对"意义"的层累堆积有关。由于强调了叙事中的意义，因此花名本身的语义指向反而显得不重要了。可以说，对花卉名称的"正名"，重在解释而非字词的取舍。

所谓解释，应该如何进行呢？欧阳修的《洛阳牡丹记》有三个部分，分别是"花品叙第一""花释名第二""风俗记第三"。这样的次序，正是解释次第展开的"范式"。在对不同品种的牡丹进行品第时，欧阳修没有说明排序的依据。列于洛阳牡丹之首的是"姚黄"，其次是"魏花"，再次是"细叶寿安"，[③]以是观之，相关的标准还是以花色为先，而后才是花姿。魏花是"千叶肉红花"，故次于"姚黄"，"姚黄真可为王，而魏花乃后也"。[④]牡丹的花香并不浓郁，因此这个品第标准中没有强调"花香"，洛阳牡丹的得名，也不出自花香。北宋的牡丹花命名法，标准不一，"或以氏，或以州，或以地，或以色，或旌其所异者而志之"。[⑤]结合上引《刘氏菊谱》的相关内容，可以看到，在不同的命名法背后，是统一的花卉品第标准，色彩的象征意义在花卉命名法中得到了很好的诠释。而"风俗记"部分通过介绍牡丹的栽种及进贡之琐事，为牡丹的"富贵"寓意，添加了注脚。

欧阳修的《洛阳牡丹记》甫完稿，时人即大加褒扬，书法水平被誉为"本朝第一"的蔡襄，[⑥]随即特意抄写了全文。"正楷、行狎、大小草，众体皆精"的蔡襄在"不肯与人书石"的情况下，"独喜"抄写并刻印欧阳修这篇万字长文，其原因何在呢？[⑦]《洛阳牡丹记》是蔡襄书法作品的"绝笔"之作，说明了他认同欧阳修对花卉诠释模式的表达以及乐于参与花卉鉴赏模式的建构行动。后人称许欧阳修的这部著作"叙述雅驯"，[⑧]当中自然包括了对其花卉"正名"范式的肯定。

---

① 陈师道：《后山谈丛》，李伟国点校，中华书局，2007，第 33 页。

② 陈继儒辑《捷用云笺》卷三，明末刻本，第 20 页 b—第 21 页 a。

③ 欧阳修等：《洛阳牡丹记（外十三种）》，王云整理点校，上海书店出版社，2017，第 3 页。

④ 欧阳修等：《洛阳牡丹记（外十三种）》，第 4 页。

⑤ 欧阳修等：《洛阳牡丹记（外十三种）》，第 3 页。

⑥ 佚名：《宣和书谱》卷六，清文渊阁四库全书本，第 5 页 b—第 6 页 a。

⑦ 欧阳修：《欧阳文忠公集·外集》卷二三《牡丹记跋》，四部丛刊景元本，第 23 页 b。

⑧ 周中孚：《郑堂读书记》卷五一子部九之下，民国吴兴丛书本，第 1 页 b—第 2 页 a。

所可注意者，蔡襄与郑樵均系福建莆田人士，可见福建地方精英是北宋时期植物知识建构活动的积极参与者。蔡襄本人修撰了《荔枝谱》，"巧合"的是，他在书中罗列的荔枝品种，多以颜色名之，如"红盐""陈紫""何家红""周家红"等，间有以形状命名者，如"牛心"，或亦有以果核的大小命名者，如"丁香"。① 这样的命名方式，说明北宋时期有关花果的知识更多地建立在视觉色彩的认知之上。而植物的——特别是花卉的——香气，也就是嗅觉的感知，还没有成为品评的首要标准。

北宋的花卉命名法，并无定式，所重者在于花名可供"正名"其所对应的事物。统一的"现代的""科学的"命名法数百年后才出现，② 李约瑟注意到了中国古代植物命名法"俗名"＋"学名"的合理性，认为较之拉丁语的双命名法更能反映植物的性状。③ 李约瑟的立论主要建立在对汉语表意词的语言学考察之上，结合上文，笔者认为还要考虑到植物名称背后的象征意义。

李约瑟提及的植物双命名法，笔者可以补充一例：指甲花为外来花卉，又称"散沫花"，初见于《南方草木状》，④ 散沫花之名，未知词源何在。⑤ 这个名称沿用至今，清代屈大均在《广东新语》中也曾提及。⑥ "指甲花"之名，乃由其功能而得之，可以套用于其他同样具有染色功能的花卉，因为可以提取染色汁液的花卉并非只此一种，所以需要有"学名"来配套指称，而散沫花，即可视为其中式学名。宋人郑刚中认为"指甲花之名陋矣，求之于花亦不类……于此皆花之不幸，窃易其名为'异香花'"。⑦ 他不赞同"指甲花"之名，显然是否定以实用功能为花卉命名的做法。他的说法凸显了花卉命名法中更注重名称的深层象征意味的模式。

---

① 蔡襄：《荔枝谱》不分卷，宋百川学海本，第 4 页 a—第 7 页 a。

② 关于植物分类法的中西演进大略，参见崔大方主编《植物分类学》（第 3 版）"植物分类学的发展历史"，中国农业出版社，2010，第 2—6 页。

③ 〔英〕李约瑟：《汉语植物命名法及其沿革》，刘祖慰译，朱东润等主编《中华文史论丛》第 3 辑，上海古籍出版社，1985，第 1—24 页。

④ 嵇含：《南方草木状》，广东科技出版社，2009，第 29 页。"指甲花"条："指甲花其树高五六尺，枝条柔弱，叶如嫩榆，与耶悉茗末利花皆雪白而香不相上下……一名散沫花。"

⑤ 关于散沫花命名的争论，参见中国科学院昆明植物研究所编《南方草木状考补》，云南民族出版社，1991，第 215—216 页。按照现代的植物分类法，散沫花属于千屈菜科，拉丁文学名为 Lawsonia inermis L.，参见龙雅宜主编《常见园林植物认知手册》（第 2 版），中国林业出版社，2011，第 637 页。

⑥ 屈大均著，李育中等注《广东新语注》，广东人民出版社，1991，第 578—579 页。

⑦ 郑刚中：《北山集》卷一九《题异香花俗呼指甲花》，清文渊阁四库全书补配文津阁四库全书本，第 8 页 b。郑刚中生活在北宋末年南宋初年，籍隶金华。

象征意义的凸显，需要时间的积淀，因此在形势突变的情况下，物品的命名法可能会加速转为其他命名模式。曾敏行在《独醒杂志》中提到，据他父亲回忆，在开封相国寺贩卖的杂货，动辄被冠以"番"字：

> ……又相国寺杂货物处，凡物稍异者皆以番名之。有两刀相碰而鞘，曰番刀，有笛皆寻常差长大，曰番笛，及市井间多以绢画番国士马以博塞。先君以为不至京师才三四年，而气习一旦顿觉改变。当时招致降人杂处都城，初与女真使命往来所致耳。①

"降人"杂处所带来的风气骤变，除了体现在物品命名的随意性上之外，还意味着命名权可能旁落到了非精英阶层的手中。从表面看来，以代表外来物品的"番"字加上物品的种类名称来命名的方法，虽显粗放，却并没有改变通行的做法，这与牡丹的命名中"或以州或以地"的方式非常接近。所不同者，"番"字除了指向地域，亦指向"异域"特性，故而使用者可以依据个人的意愿赋予其"好恶"的情绪。这表明，舶来品的命名，从粗陋的方式到富有象征意味的表达，需要时间的积累。素馨与茉莉的名称与象征意义之间的关联，即长时段发展的结果，下文将分而述之。

二　关于素馨、茉莉之名的争论

素馨、茉莉为外来植物，要为之"正名"，须得先考证其汉语名称初创之具体时间。"词源"的问题，非只令当今的研究者大感困扰，南宋人士罗大经已觉难解。他《鹤林玉露》中是这么解释的：

> 而自后奇名异品又有出于君谟所谱之外者，他如木犀、山矾、素馨、茉莉，其香之清婉皆不出兰芷下，而自唐以前墨客骚人曾未有一话及之者，何也？游成之曰：一气絪缊，孰测端倪？乌知古所无者，今不新出，而昔常见者，后不变灭哉？人生须臾，即以耳目之常者，拘议造物，亦已陋矣。②

---

① 曾敏行：《独醒杂志》卷五，朱杰人标校，上海古籍出版社，1986，第45页。曾敏行为南宋初年江西庐陵吉水人。

② 罗大经：《鹤林玉露》"物产不常"，孙雪霄校点，上海古籍出版社，2012，第182页。

文中"君谟"是指蔡襄，足见蔡襄的《荔枝谱》对于后人认识植物之重要影响。让他感到困惑的是，唐以前未见素馨、茉莉之名。可见在他生活的年代，素馨、茉莉已是常见花卉，并在士人的审美中享有不在兰芷之下的美誉。但他不清楚唐代以前不见素馨、茉莉之名的缘由并非素馨、茉莉乃新出的花种，而是其花名经历了本土化的进程。

结合上文提及的唐宋时期花卉名称的建构要点，素馨和茉莉的"花色""花香""花姿"都非常相似，并且均由海外入华，要将之分别指认清楚，殊为不易。可以说，两种花卉的知识建构进程，是纠缠难分的。

素馨、茉莉的最早中文名称，都源自音译。大多数学者认可的是，素馨最初的汉字译名是"耶悉茗"①、"野悉蜜"②、"耶悉弭"③等，也有写作"那悉茗"④的，当是传抄错误所致。论者已经指出，这些读音相类的译名，都是素馨花的早期译名，虽然素馨花传入中国的具体时间，至今仍存在着争议，⑤但其译名经历了从音译的"耶悉茗"到意译的"素馨"的变迁，应无异议。相较之下，与素馨花性状相近、同属木樨科的茉莉花，其中文译名并没有经历如此大变，无论是末利、末丽⑥、抹利⑦还是茉莉，均为同音异字，都维持了音译的命名法。⑧明人魏濬指出："末利，一曰抹厉，一曰没利，又曰末丽，番语相传而译字有不同耳。"⑨即此意。

"耶悉茗"与茉莉"虽同出，实不一种"，⑩这样的知识，即使迟至清朝，

① 方信孺、张诩、樊封：《南海百咏　南海杂咏　南海百咏续编》"花田"，刘瑞点校，广东人民出版社，2010，第22页。

② 段成式：《酉阳杂俎》卷一八《木篇》，杜聪点校，齐鲁书社，2007，第130页。

③ 段公路：《北户录》卷三，清十万卷楼丛书本，第16页a。

④ 黄仲元：《四如集》卷一《意足亭记》，四部丛刊三编景明嘉靖刻本，第43页b。

⑤ 劳费尔就认为《南方草木状》有关素馨及指甲花等段落乃后人所加，不足以证明素馨、茉莉以及指甲花在晋朝已经传入中国，他认为中国人不可能这么早接触到阿拉伯语。参见〔美〕劳费尔《中国伊朗编》，林筠因译，商务印书馆，2001，第154—159页。

⑥ 梁克家修纂《三山志》卷四一《土俗类三·花》，福州市地方志编撰委员会整理，海风出版社，2008，第652页。

⑦ 洪咨夔：《平斋文集》卷八《抹利》，四部丛刊续编景宋钞本，第1页a。

⑧ 茉莉之名，劳费尔认为源自梵文，参见〔美〕劳费尔《中国伊朗编》，第157页。又周正庆、潘虹认为，耶悉茗就是茉莉花，参见周正庆、潘虹《茉莉、素馨、耶悉茗名称探析》，《农业考古》2012年第1期。另可参见张梦格、郭风平《关于茉莉花本土化的文献综述》，《农业考古》2018年第1期。

⑨ 吴濬：《西事珥》卷六，明万历刻本，第5页a。

⑩ 王谟：《江西考古录》卷七《物产》，习罡华点校，江西人民出版社，2015，第119页。

也非众人周知。^① 英文当中，这两种花卉的名称都是 jasmine，"则以西文（素馨）与茉莉同一字，不分二种也"。^②"不分二种"的做法，显然与"名实相符"的要求相悖，因此从名称上将两种"兄弟花"分离是非常重要的。^③ 清人仍面临着名实难辨的困难，说明之前的分离工作不算成功，直到 20 世纪初期，研究者们还是面临着考据词源的难题。

20 世纪伊始，梁启超在题为《世界史上广东之位置》的文章中，讨论"南路海道之初开通"的话题时，即以耶悉茗花为例，认为"耶悉茗即 Jasmine，素馨科之一种，实罗马旧植云"。^④ 梁启超之意，在于说明南海初通之时，广州已有市舶之史迹，这仅是他的一家之言。他在哥伦比亚大学会晤了汉学家夏德（Friedrich Hirth），^⑤ 但是他大概没有了解到，在他的文章发表之前一年，伯希和（Paul Pelliot）就已经在以法文出版的《真腊风土记笺注》中指出，《南方草木状》中的末利即茉莉，其名称来自梵文 Mallika。让伯希和感到"惊讶"的是，这本书中还提到了"耶悉茗"的花名，"耶悉茗"之名来自大食语即阿拉伯语。^⑥ 伯希和之所以感到惊讶，是因为亚洲西部的人这么早就来到了中国。劳费尔（Berthold Laufer）附和了伯希和的观点，认为《南方草木状》的记载有疑点。^⑦ 李约瑟加入到了相关的争论中，他认为考虑到东汉时期航海活动之频繁，耶悉茗花入华并非不可能，尽管他也承认《南方草木状》有可疑之处，不过，他总体上肯定了这部作品的价值。^⑧

那么，这部令一众大家争论不已的《南方草木状》，到底说了什么呢？书中与素馨、茉莉相关的文字如下：

> 耶悉茗花、末利花皆胡人自西国移植于南海。南人怜其芳香，竞植

---

① 清人张云璈指出，"按花谱素馨茉莉确为二物，今人误以为一者多矣"。张云璈：《简松草堂诗文集》卷八《茉莉词》自注，清道光刻三景阁丛书本，第 7 页 a。

② 徐珂：《清稗类钞》第 44 册《植物下》，商务印书馆，1928，第 230 页。

③ 楼钥的诗作《次韵胡元用茉莉花》中有诗句"弟畜素馨兄事梅"，则是将素馨、茉莉与本土的梅花视为兄弟了。楼钥：《攻媿集》卷一，清武英殿聚珍版丛书本，第 21 页 b—第 22 页 a。楼钥出生在南宋初年，籍隶明州（今浙江宁波）。

④ 《梁启超全集》第 3 册，北京出版社，1999，第 1684 页。

⑤ 《梁启超全集》第 3 册，第 1683 页。

⑥ 法文原著见 Paul Pelliot, *Bull. de l'Ecole Française*, Vol. II, p.146。冯承钧的中译本载于《西域南海史地考证译丛七编》，商务印书馆，1995，第 136 页。

⑦ 〔美〕劳费尔：《中国伊朗编》，第 155—156 页。

⑧ Joseph Needham, *Science and Civilisation in China: Biology and Biological Technology*, Vol. 6, Part 1, Cambridge: Cambridge University Press, 1986, pp. 447-449.

之。陆贾《南越行纪》曰：南越之境，五谷无味、百花不香。此二花特芳香者，缘自胡国移至，不随水土而变。与夫橘北为枳异矣。彼之女子以彩丝穿花心以为首饰。

末利花似蔷薇之白者，香愈于耶悉茗。①

学界对于《南方草木状》真伪之争论，一直没有停息。② 笔者对此并无新见，只是从引文可见，《南方草木状》的作者描摹"耶悉茗花"时，着重写的是花香而非花色或花姿。上文论及，北宋时人们命名花果，重色而非重香，这种现象，应是此前传统的延续。唐代及之前的文献，提及花香的作品，与宋代相较，数量上要少得多。"春兰""秋菊"之谓，③ 已是幽暗香气之指称。④ 此外，汉之前的文献，提及花香，用的字眼多为"芳"⑤、"馨"⑥、"薰"⑦等，而非"香"字。通览《文选》，用到"香"字之处，指果香、木香、草香的内容要多于指花香的内容。从语用的角度考虑，《南方草木状》有关"耶悉茗"及"茉莉"之条目所用词，与东汉末西晋初对植物知识表达的惯用语大有出入，故而笔者更倾向于认为这两条史料为后人掺入。

这些译名与花卉实物之间的对照，至今仍存在着争议，例如有学者认为耶悉茗也应是茉莉花的译名。⑧ 笔者以为，仅从中文文献，是无法解决耶悉茗、茉莉等外来物种译名的问题的，从历史语言学的角度看来，目前中文文献所提供的资讯，尚不足以就此下定论。大多数的讨论，还是假设两种花卉

---

① 嵇含：《南方草木状》，第 11—12 页。
② 有关争论的大致情况，参见华南农业大学农业历史遗产研究室编《〈南方草木状〉国际学术研讨会论文集》，农业出版社，1990；《南方草木状考补》，《文献题录》，第 318—408 页。
③ 《楚辞·九歌·国殇》有"春兰兮秋菊"之句。宋人洪兴祖对此句的解释是："春祠以兰，秋祠以菊，为芬芳长相继承，无绝于终古之道也。"《楚辞》，林家骊译注，中华书局，2009，第 72 页。
④ 如南北朝著名诗人鲍照的诗句"刈兰争芬芳，采菊竞葳蕤"，比较直白地说明了花香与花姿。参见鲍照《鲍明达集》卷七《梦归乡》，四部丛刊景宋本，第 3 页 a。但是也有"飞雨洒朝兰，轻露栖丛菊"这般的诗句，嗅觉的体验须得读者自行意会。萧统编《文选》（三），李善注，上海古籍出版社，2019，第 1378 页。
⑤ 如汉武帝《秋风辞（并序）》有句曰"兰有秀兮菊有芳"，参见萧统编《文选》（五），第 2025 页。
⑥ 《楚辞·九歌·湘君》句曰"建芳馨兮庑门"。《楚辞》，第 48 页。《湘君》一篇中有多句涉及芬芳的植物。
⑦ 如南北朝萧统写有《讲解将毕三十韵诗依次用》句曰"慧义比琼瑶，薰染犹兰菊"。这首作品尚有多个诗句提及花香，结合诗作的主题，恰好可以印证佛教与花香在文学表达上的密切关系。萧统：《昭明太子集》卷二，四部丛刊景明本，第 14 页 a。
⑧ 姜付炬认为"蜇失蜜"即"耶悉茗"的另一汉译，指的是茉莉花。姜付炬：《思浑川与蜇失蜜——伊犁史地论札之二》，《伊犁师范学院学报》（社会科学版）2009 年第 3 期。

乃直接传播的舶来品，设若传播过程包括了中间环节，例如，有的学者认为茉莉花的传入路径包括了海路及南方丝绸之路，即茉莉花有可能转由东南亚地区传入中国，[①]那么此中还涉及了翻译的"直译"与"重译"的问题。[②]考虑到传播路径的因素，还有学者认为素馨与茉莉其实是同一种植物，自波斯阿拉伯地区传入者称为耶悉茗，而自印度传入者称为茉莉。[③]目前的研究路径，无法提供解决此类问题的良法。

虽然有关耶悉茗、茉莉等外来香花的名称来源，仍无法确证，但是它们的命名法，却反映了外来物品本土化的不同路径。[④]我们看到，素馨、茉莉及指甲花这三种花朵形态非常相类的外来素色香花，就其命名而言，分别遵循了3种不同的原则：音译的名称耶悉茗原来无论何所指，最后从日常生活的语汇中消失了，被素馨这个更为符合汉语表达习惯的名称所替代；茉莉的名称也来自音译，不过这个名称并没有被"改造"，而是一直沿用至今；指甲花的名称得自其实用功能，但是这个名称现在多被用于指代凤仙花。也就是说，花卉名称的古今所指，可能并非同一样东西。

名称的音译往往是花卉本土化的第一步。但随后的本土化路径，如花名的翻译方式，会有不同的指向。我们将看到，不同指向的成因不能仅从语用及译例等角度来阐发，必然有别的因素在发挥作用。

三　素馨花名的"制造"

素馨名称的变迁，实乃其形象本土化过程的反映。从现存的文献看来，"素馨"一词最早出现在唐人郭橐驰的《种树书》，其文曰："用焊猪汤浇茉莉素馨，花则肥。"[⑤]郭橐驰是否即《种树书》的著者，至今仍有争论，有人认为该书应是元末明初人俞宗本的著作。[⑥]因此，"素馨"一词是否出现在唐朝，尚有疑问。不过，到了宋代，这个词已经被广泛使用了。

---

① 冷蔺莎、汤洪：《茉莉来华路线考》，《中华文化论坛》2018年第4期。

② 释赞宁：《宋高僧传》上册卷三末《论曰》，范祥雍点校，中华书局，1987，第52—57页。

③ 周正庆、潘虹：《茉莉、素馨、耶悉铭名称探析》，《农业考古》2012年第1期。事实上，素馨与茉莉虽然同属木樨科，但是是不同属的花卉，性状也有不同，周文的持论并无根据。

④ 陈灿彬认为素馨之名是汉化成功的例子，从翻译的路径来看，这无疑是正确的。不过，汉化假如还包含本土化的意涵在内，那么素馨之"遭遇"反而是不成功的。其说见《岭南植物文学与文化研究》，第187页。

⑤ 郭橐驰：《种树书》卷下，明夷门广牍本，第2页b。

⑥ 孙云蔚、杜澍等编著《中国果树史与果树资源》，上海科学技术出版社，1983，第110页。

　　所谓广泛使用，其实有一个循序渐进的过程。北宋时期，"素馨"一词只在寥寥几种文献中出现。以笔者所见，较早提到素馨的北宋人物是蔡襄（1012—1067），他曾经向在岭外的李龙图（兑）求素馨花和含笑花。[1] "二草曾观岭外图"一句，说明了素馨花的种植地在岭南，并且当时已经有人画图描摹其姿态，即使在没有种植素馨花的地区，人们也有可能了解其外观。曾巩在《送李林叔知柳州序》一文中，提到当地的特产有"花有素馨、山丹、含笑之属"。[2] 再有，郭祥正的《游仙一十九首》之一有句曰："漠漠出寒雾，悠悠趋太清。珠楼被重绡，灵花纷素馨。……"[3] 此诗内的"素馨"一语，未必指"素馨花"，亦可指花之清芬者。其中可注意者，素馨花的流行，也许不仅是佛教盛行的结果，当中或亦有道家的成分。[4] 虽然"素馨"一词只出现在了寥寥数个北宋人士的作品中，但揣度其文意，可知彼时素馨之名已传至闽粤之外的地方，且其因花香而受人青睐。

　　"名传岭外"，意味着素馨的种植有地域的限制，北宋人士提及素馨花的时候，多是将之作为岭外特产来加以推介的。曾巩在勉励朋友李材叔（君献）出知柳州的时候，列举了柳州吸引人的物产，其中素馨列花卉类的首位。[5]

　　从这些零星的北宋文献中，我们只能知道"素馨"是香花，它与耶悉茗的关系，是由南宋时期的文献建构完成的。吴曾在《能改斋漫录》中指出：

> 岭外素馨花本名耶悉茗，花丛脞么麽，似不足贵，惟花洁白，南人极重之，以白而香，故易其名。妇人多以竹签子穿之，像生物，置佛前供养。又取干花浸水洗面，滋其香耳。海外耶悉茗油，时于舶上得之，番酋多以涂身。今之龙涎香悉以耶悉茗油为主也。[6]

这段话说明了耶悉茗改名为"素馨"是因其"白而香"，其功能除了礼供佛像以外，就是制香，是龙涎香的主要替代品。以是观之，"素馨"终于得到了

---

① 《寄南海李龙图（兑）求素馨含笑花》，《蔡襄全集》，陈庆元等校注，福建人民出版社，1999，第204页。李兑，许州临颍（在今河南）人，加龙图阁直学士，曾经知广州。
② 《曾巩集》，陈杏珍、晁继周点校，中华书局，1984，第223页。曾巩是江西南丰人。
③ 郭祥正：《青山集》卷九，清文渊阁四库全书本，第1页a。
④ 元人洪希文《续轩渠集》卷七的《素馨》诗有句曰："翡翠帘栊玉雪容，内家装束道家风。"洪希文：《续轩渠集》，清文渊阁四库全书补配清文津阁四库全书本，第8页a。
⑤ 《曾巩集》，第223页。
⑥ 吴曾：《能改斋漫录》下册，上海古籍出版社，1979，第440页。

"正名"的机会。

在建构"耶悉茗"与素馨之间的关系时，甚至有涉嫌"伪造"史料的行为。赵与泌在宝祐《仙溪志》有关"素馨"的词条中引用了《岭表录异》的文字："《岭表录异》云，耶悉茗始自番船载至，香闻百步，广中种之，名曰'素馨'，转而入闽。"① 这段文字，并没有被辑录到武英殿丛书本的《岭表录异》一书中，鲁迅的校勘本亦无此条，② 20 世纪 80 年代，商壁、潘博的《岭表录异校补》也未收入此条目。③ 到了 2000 年前后王叔武增辑《岭表录异》时，才从《永乐大典》中将之辑出。④《永乐大典》的文字乃引自《莆阳志》，与《仙溪志》一样，都是莆田地区的方志，而《莆阳志》的内容应是转抄自宝祐《仙溪志》。笔者认为，上引宝祐《仙溪志》的内容应为伪托之作，《岭表录异》并无此段文字。如上文所述，"素馨"一词，很可能出现在北宋中叶，彼时的文献，不能佐证素馨与耶悉茗之间的联系。再者，《岭表录异》最迟成书于五代时期，在北宋时期编纂的类书之作如《太平御览》、《太平广记》及《证类本草》等都广泛征引了《岭表录异》的文字，却无一涉及耶悉茗与素馨间关系的话题。宝祐年间（1253—1258）已是南宋末期，在此之前已有耶悉茗即素馨之说法，则宝祐《仙溪志》的编者可能采撷了错误的信息并加工伪托为《岭表录异》的文字。类似的不足以为确证的信息，还包括了《纬略》，该书引用了《北户录》，其文曰："《北户录》曰，耶悉茗，今之素馨也。"⑤ 翻检《北户录》，其原文应为"耶悉弭，花白"，⑥ 完全没有提及"耶悉茗"与"素馨"异名同实的关系。《纬略》的成书年代比宝祐《仙溪志》早了大概半个世纪，它们采用的策略都是借用前代著作的名义来"证实"素馨即耶悉茗，可见追溯"古典"是命名事物的重要途径。

《纬略》与宝祐《仙溪志》有关素馨的条目，撰写时可能采用了假借古人的手段。但素馨命名的文献迷踪，尚不止于此。同样成书于南宋时期的《全芳备祖》称："素馨旧名那悉铭，一曰野悉蜜，昔刘王有侍女名素馨，其冢上

---

① 赵与泌：《（宝祐）仙溪志》卷一，清钞本，第 20 页 b。

② 刘恂：《岭表录异》，鲁迅校勘，广东人民出版社，1983。

③ 刘恂著，商壁、潘博校补《岭表录异校补》，广西民族出版社，1988。

④ 王叔武：《新辑本〈岭表录异〉》，林超民主编《西南古籍研究（2001 年）》，云南大学出版社，2002，第 90 页。

⑤ 《高似孙集》中册《纬略》卷九"耶悉茗油"条，王群栗点校，浙江古籍出版社，2017，第 695 页。

⑥ 段公路：《北户录》卷三，第 16 页 a。

生此花，因以得名。"作者标注这段文字引自《龟山志》。[①] 有意思的是，遍检各种文献，凡是引用了《龟山志》的，均仅有此条与素馨花相关的内容。[②] 然遍查史籍目录，《龟山志》的书名虽然出现在了《宋史·艺文志》中，[③] 但这部仅有一条资料存世的著作，让"素馨"命名的由来显得更为"神秘"。在类书编纂非常发达的南宋至明初，假如一部著作仅存一条资料，我们可以合理地怀疑，其很可能是一部子虚乌有的著作。如果陈景沂等人只是为了杜撰素馨来历之不凡而杜撰了一本根本不存在的书籍，则难免有大费周章之嫌。这份苦心的当代"效果"非常显著，今人探讨素馨之历史时，都不假思索地转抄了《全芳备祖》或《（大德）南海志》所引的《龟山志》文字，无一人对之提出质疑。[④] 翻检有关地方志的文献考辨，此书应为《𪉟山志》而非《龟山志》，这是一部阳江的地方史志，作者是黄晔。[⑤] 阳江也是素馨（女）传说的一个重要地点，有一个说法是素馨坟坐落在阳江，也许此说就出自《𪉟山志》。[⑥] 今人可从类书中辑出的《𪉟山志》文字，仅有数条，我们无法据此判断《全芳备祖》等著作抄录的《龟山志》是否有关于素馨花的记录。现存《全芳备祖》的早期刻本"很是草率"，表现之一就是"讹字太多，鲁鱼帝虎，俯拾即是，竟有将所注作者'山谷'，刻成'容'字的"。[⑦] 而《事类备要》草木门的部分几乎完全采摘自《全芳备祖》，[⑧] 以讹传讹，即此谓。

　　指出《全芳备祖》传抄或刻版过程中的谬误流变，恰好说明了以"刘

---

① 陈景沂：《全芳备祖》前集卷二五，明毛氏汲古阁钞本，第 6 页 a—第 6 页 b。
② 谢维新：《古今合璧事类备要·别集》卷三六《花卉门》，清文渊阁四库全书本，第 2 页 b；陈大震：《（大德）南海志》卷七"素馨花"条，元大德刻本，第 4 页 b。
③ 脱脱等：《宋史》卷二〇四《艺文志》，中华书局，1977，第 5163 页。其文曰："黄晔《龟山志》，三卷。"
④ 对《龟山志》的引用，不仅见于史学作品，也有文学作品。钟敬文 1926 年以笔名"静闻"在《文学周报》上发表了散文《花的故事》，也用到了《龟山志》，见《文学周报》第 207 期，1926 年，第 308 页。可想这条记载流播之广。
⑤ 《𪉟山志》已散佚，有关情况可参见刘纬毅、王朝华、郑梅玲辑《宋辽金元方志辑佚》下册，上海古籍出版社，2011，第 837 页；顾宏义《宋朝方志考》，上海古籍出版社，2010，第 436—437 页。
⑥ 持此说者，如宋人祝穆所撰《方舆胜览》卷三七"南恩州"条下，其文曰："古迹，刘王女冢，素馨花。"祝穆：《方舆胜览》中册，祝洙增订，施和金点校，中华书局，2003，第 675 页。
⑦ 杨宝霖：《〈全芳备祖〉版本叙录》，《自力斋文史农史论文选集》，广东高等教育出版社，1993，第 35 页。
⑧ 关于《全芳备祖》与《事类备要》的关系，参见杨宝霖《〈古今合璧事类备要〉别集草木卷与〈全芳备祖〉》，《自力斋文史农史论文选集》，第 45—62 页；程杰《日藏〈全芳备祖〉刻本时代考》，王利民、武海军主编《第八届宋代文学国际研讨会论文集》，中山大学出版社，2015，第 19—25 页。

王—女—坟墓"的传说来命名素馨花的说法有其广泛的受众。此处所言之
"女",有的文献说的是"侍女",有的文献说的是"王女",如王恽在《素
馨辞》的自序中说:"五代汉刘隐女,曰素馨,死,其墓生花甚香,以女名目
之。"[1] "侍女"说较早,而"王女"说虽是后出却有不少采信者,其背后的动
力大概是人们想借以提升素馨的"花品"。同时,素馨命名中的女性传说故
事,也发生了空间的转移,现存比较早的文献,称素馨墓在阳江地区的居多,
但也有持论说美人墓是在广州城西的花田;[2]迨至明末清初,人们更多地把素
馨墓"安置"到了广州城西的花田或者"素馨斜"。

由于汉语命名植物多习惯于采用两个字而非三个字,因此耶悉茗的三字
译名,相较于茉莉的两字译名,更不容易令人接受。这大概是耶悉茗之名被
转为"素馨"的重要缘由。清人认为耶悉茗与素馨二字相比,"三字旧题输两
字"即此意。[3]为了让"耶悉茗"更符合汉语的表达习惯,明清时期的诗文
作品甚至会将之简化为"悉茗"二字,如"悉茗丁香各自春"。[4]因此,所谓
"正名"之举,不仅包括了采用语义明确的词,也包括在形式——如字数——
上要符合汉语的使用习惯。

从几乎没有任何空间指向的译名"耶悉茗",到带有浓厚地方色彩的传
说命名法,素馨经历了名称本土化的过程。名称的转变,意味着旧名被认为
无法表达新名所蕴含的深意。[5]因此,"素馨"之名被制造及被接受的过程,
涉及了多次对文献的篡改。虽然这些以讹传讹的行为未必是刻意而为之,比
如"鼍山"被写作"龟山",也许是刊刻时的谬误。不过,这些讹误的广泛
流传,恰是说明了素馨知识建构过程中存在着短板,例如,相关文献都是由
岭外人士撰写的,岭南人士的参与程度很有限,所谓的"地方性知识"肯定

---

①　王恽:《秋涧先生大全文集》卷九《素馨辞(并序)》,景江南图书馆藏明弘治刊本,第4页a—第
　　5页b。

②　方信孺、张翊、樊封:《南海百咏　南海杂咏　南海百咏续编》"花田",第22页。其文曰:"《南征
　　录》云刘氏美人死,葬骨于此。至今花香异于他处。"

③　李欣荣:《寸心草堂诗钞》卷四《素馨斜》,清光绪四年至十六年海幢经坊刻本,第8页a。

④　李雯:《蓼斋集》卷二六《坐中戏言分赠诸妓》四首之四,清顺治十四年石维崑刻本,第13页a—
　　第14页a。这首诗歌陈寅恪在《柳如是别传》上册中有提及。陈寅恪:《柳如是别传》上册,三联
　　书店,2009,第30页。类似的将"耶悉茗"略写为"悉茗"的例子还有多个,如明末清初人彭孙
　　贻的《茗斋集》卷一九《茗斋百花诗》中的《素馨》一首,句曰"悉茗初开南海南",四部丛刊续
　　编景景本,第29页a;又如清人陈文述《颐道堂文钞》卷八《小青墓志》有句曰"珠江瘗玉香,生
　　悉茗之花",清道光刻本,第1页a。

⑤　Susan Carey, *The Origin of Concepts*, Oxford & New York: Oxford University Press, 2009, p. 364.

在一定程度上被遮蔽了。[①] 然而，具有本土色彩的命名法，未必能保证它能在人们的认知中，与形色香气等形状均非常接近的茉莉区分开来。要体现两者的差别，方法之一就是为它们各自增添内涵，通过内涵的扩充来增添两者的差异。

素馨之名，看似雅致，却有不逮茉莉之处，因素馨之谓，可用于指代任何素色香花，"同名异实"的情况可以想见。文献中的"素馨"，可能指别的花朵。如咏白茉莉花的诗句曰"满盆开素馨，恨不日盈掬。却恨争花人，三三两两逐"，[②] 此处的"素馨"，乃是指茉莉。是以"素馨"二字在文献中指代不明，反而使得它作为花卉的专有名词，竟显得毫无特色，这大概是最早使用"素馨"为花名的各位人士所始料不及的。而"茉莉"虽为音译，但其所指之物与该名称之间的关联较为紧密，并且没有素馨名称转变过程中"名—实"分离的周折，故而茉莉的名实之间具有更强的关联性。

四　末利、茉莉与没利

与从耶悉茗的音译到素馨的意译适成对比的是，茉莉的译名始终保留了音译的名称。为什么耶悉茗在本土化的过程中，要更名为"素馨"，而茉莉的花名，虽然写法繁多，但始终维持着音译的方式呢？这是否意味着茉莉花的名称，没有像素馨花那样，经历过本土化的进程？答案是否定的，茉莉花的名称，经历过本土化，不过依循的是另外一种路径。

成书于晚唐时期的《北户录》载："末利乃五印度华名，佛书多载之，贯

---

① 人类学家们在探讨民俗知识时，会将之与"科学知识"进行比较，除了上文注释中提及的伯林以外，斯科特·阿特兰（Scott Atran）在其著作中挑战了将民俗知识与科学知识对立的范式，指出现代科学知识也有民俗知识的来源，其著作《自然历史的认知基础》（*The Cognitive Foundations of Natural History: Towards an Anthropology of Science*, Cambridge: Cambridge University Press, 1990）具有开创性意义。循着这样的思路，我们大概可以思考宋代植物学知识中的民俗（口头文化为基础）与大文化传统（书写文化为基础）的作用与消长。宋代大量动植物学知识的整理与出版，一方面意味着相关知识的积累达到了史无前例的高度；另一方面，不能否认的是，以口述传统为基础的"地方性知识"，难免会在话语建构过程中被淡化。比如，口述文化中的叙事，是难以确定单一且固定的来源的，这一点人类学家杰克·古迪（Jack Goody）在他有关加纳北部地区的研究中已经有所论述（Jack Goody, *The Interface between the Written and the Oral*, Cambridge: Cambridge University Press, 1987, p. 170）。唐宋时代有关素馨的"口述知识"，应该有多种面向，而一旦被系统化地书写并印刷刊行之后，"耶悉茗—素馨"名词变化所蕴含的多样化"口述知识"，就只能转变为被筛选编辑过的书面知识了。

② 宋应昇：《方玉堂集》卷七《茉莉（白）》，清乾隆刻本，第 17 页 b—第 18 页 a。

华亦佛事也。"①佛书中确实有"末利夫人"②、"末利园"③或"末利山"④之谓。"末利夫人"之汉译，出现在晋朝，但没有证据表明，"末利"一词与此同时已经成了花名。其成为花名，要到唐朝以后。末利并非"茉莉花"的最早汉译名称，比它更早的是"摩利迦"。⑤前言茉莉之名源自梵文"malika"，"摩利迦"的读音与之相合，可见与"耶悉茗"的例子一样，茉莉花名称的汉译，最早也是采用了音译的方式，并且同样是用了三个汉字来对译。⑥茉莉花梵文名称的读音，至今仍可在少数民族的语言如鄂温克语中听到。⑦还有论者认为，佛书中的"婆利师迦"花，或曰"藤花"者，指的也是茉莉花。⑧唯佛书中亦有"婆利师迦"与"末利"并称，⑨以及"婆利师迦"与"摩利"并称之例子，⑩故此说存疑。音译的"摩利迦"用于佛书，符合译例，然而在日常生活中，"摩利迦花"的名称有拗口之嫌，与汉语中的花卉命名法不相符合，因此需要加以改造，亦即使之本土化。最开始的做法是将"摩利迦"缩写为"摩利"，⑪"摩利"二字并用以名物，有名称而无语义，于是中文中的"成语""末利"就逐步取代了意义不明的"摩利"。此番转变应发生在唐朝，除了上引《北户录》的例子外，尚有皮日休的诗句"移宴多随末利花"为佐证。⑫由是观之，《南方草木状》有关耶悉茗与末利的条目，当为后人所掺入。

　　皮日休的诗乃为思念在"南海"的同年而作，可见彼时"末利"已是

---

① 段公路:《北户录》卷三，第 16 页 a。
② 佛陀跋陀罗共法显译《摩诃僧祇律》卷一九，大正新修大藏经本。又可参见北朝时期佛陀耶舍共竺佛念等译《四分律》卷一九，大正新修大藏经本。
③ 佛陀耶舍共竺佛念等译《四分律》卷一八。
④ 释法云:《翻译名义集》卷三，四部丛刊景宋刊本，第 33 页 b。
⑤ 昙无谶译《大般涅槃经》卷二一，大正新修大藏经本。
⑥ 至今东南亚的多种语言仍保留了与"茉莉"读音相类似的花名，如泰语为 mali，高棉语为 maly 或 malih，占婆语为 molih，等等。参见《南方草木状考补》，第 82 页。
⑦ 杜·道尔基编著《鄂汉词典》，内蒙古文化出版社，1998，第 424 页。
⑧ 赵家栋的论文《梁僧伽婆罗译〈孔雀王经〉"梁言"词例释》即持此论，其文见北京师范大学文学院主办《励耘语言学刊》总第 20 辑，学苑出版社，2014，第 170—171 页。
⑨ 《华严经》卷一五，实叉难陀译，林世田等点校，宗教文化出版社，2001，第 280 页。其言曰:"婆利师迦末利香，种种乐音皆具足。"
⑩ 鸠摩罗什译《妙法莲花经》第二二《药王菩萨本事品》，其文曰:"……婆利师迦油灯、那婆摩利油灯供养，所得功德亦复无量。"黄宝生译注《梵汉对勘妙法莲华经》，中国社会科学出版社，2018，第 766 页。黄宝生译为:"婆师迦花油灯、那婆摩利迦花油灯。"
⑪ 释窥基:《成惟识论述记》卷八末，其文曰"摩利迦，此名鬘者，及末利夫人也"，大正新修大藏经本。释法云:《翻译名义集》卷三，直言"摩利（或云末利）"，四部丛刊景宋本，第 7 页 b。
⑫ 皮日休:《吴中言怀寄南海二同年》，陆龟蒙辑《松陵集》卷七，清文渊阁四库全书本，第 15 页 b—第 16 页 a。

岭南地区有代表性的植物了。同样的例子还有李群玉的诗作《法性寺六祖戒坛》，句曰："天香开茉莉，梵树落菩提。"[1] 法性寺即今天广州的光孝寺，是禅宗六祖慧能传授禅法的开基之地。可见唐朝时茉莉花不仅与佛法相关，而且是岭南之地的重要象征。

"名字曾于佛书见"，[2] 为茉莉花的名称赋予了某种正统性，或许正是因为这个缘由，这个名称没有经历从音译到意译的转变。虽然读音不变，但是用字从"末利"到"茉莉"，显而易见是花名本土化的结果。虽然现存的《种树书》中已有"茉莉"二字，[3] 但因为这部著作很可能是伪托之作，[4] 再者北宋文献中几乎没有使用这两个字的，如果唐代即已出现"茉莉"二字，北宋时期的文献毫无反映，这样的"真空"状态显然是不合理的，所以，这两个字的出现当在北宋末年至南宋初年。明末人张岱认为，茉莉之名，初见于宋徽宗时期（1100—1125）。[5] 此说未必准确，因为成书于北宋的《重修玉篇》收入了"莉"字，[6] 虽不能证明"茉莉"二字的连用此时已出现，但至少提示了"茉莉"名称的出现早于宋徽宗年间的可能性。

从"末利"到"茉莉"的变化，除了突出词义之外，也是为了改变"末利"的词意所带来的不愉快联想。汉字不仅表音而且表意，音与意是不可分的：

> 古者命名辨物，近其声即通其义，如"天"之为"颠"，"日"之为"实"（《说文》）；"春"之为"蠢"，"秋"之为"愁"（《乡饮酒》义）；"岳"之为"桷"，"岱"之为"代"，"华"之为"获"（《白虎通》）。[7]

按照这样的范式，"末利"二字，读之即有"舍本逐末"之联想，[8] 听之则其

---

① 李群玉等：《唐代湘人诗文集》，黄仁生、陈圣争校点，岳麓书社，2013，第52页。

② 《梁溪集》卷九《邓成彦供茉莉以诗答之》，《李纲全集》，王瑞明点校，岳麓书社，2014，第92页。

③ 郭橐驰：《种树书》卷下"用焅猪汤浇茉莉素馨花则肥"，明夷门广牍本，第2页 b。

④ 肖克之认为"《种树书》的作者绝不是唐代的郭橐驰，那是假托之说，这个结论是肯定的"。肖克之：《农业古籍版本丛谈》，中国农业出版社，2007，第61页。

⑤ 张岱：《夜航船》，刘耀林校注，浙江古籍出版社，1987，第602页。

⑥ 陈彭年：《重修玉篇》卷一三"莉（力奚切，草）"，清文渊阁四库全书本，第15页 b。《重修玉篇》成书于北宋大中祥符六年（1013）。

⑦ 焦循著，陈居渊主编《雕菰楼文学七种·上·周易用假借论》，凤凰出版社，2018，第198—199页。

⑧ 范晔：《后汉书》卷二八上，中华书局，1987，第958页。其文曰："夫理国之道，举本业而抑末利。"

音近于"没利"，因为"末利本番语，无正字，随人意会而已"，[①] 故而确有人将之写作"没利"。[②]"没利"意谓穷，宋人诗中直指"茉莉生涯到处穷"，[③] 也有借此花名以言志的，王十朋的《又觅没利花》曰：

> 没利名嘉花亦嘉，远从佛国到中华。
> 老来耻逐蝇头利，故向禅房觅此花。[④]

为了强调"抹利"花的孤洁，王十朋在另一首诗歌的自注中说"或云'没'者，'无'也。谓闻此花香者，令人宽悟而好利之心没。故前作没利此作抹利，姑两存之"。[⑤] 茉莉花与穷相关联的说法，直到清代仍被沿用，[⑥] 哪怕有各种周圆之说，茉莉的各种音译写法"末利""没利""抹利""抹厉"，皆让人难以亲近，故明人田艺蘅宣称，只有洪迈的"末丽"才可称为"雅"。[⑦] 明末清初桐城人士方文在其诗注中指出，"茉莉一名抹丽，谓可抹杀众芳也"。[⑧]"末丽"与"抹丽"之名，实质仍是以音译来作为花名本土化的途径，明代中叶的田艺蘅与明末的方文二人以"雅"的名义来诠释花名的用字，可以看作从音译转向意译的企图。

　　"茉莉"两字被造出来专指花名，既维护了佛书的"正统"，又符合汉字表达"雅驯"的要求，因此，"茉莉"逐渐取代了"末利"而成为花名的正体字。即令"茉莉"二字已经在一定程度上"改善"了"末利"二字的不雅之意，仍有人对之表达不满，盖其依然是"从末从利"也。[⑨] 因此，为茉莉另

---

① 陈懋仁:《泉南杂志》卷上，明宝颜堂秘笈本，第 12 页 b。
② 陈傅良:《止斋文集》卷四《兰花供寿国举兄》有句曰"没利从旁粲然笑"，四部丛刊景明弘治本，第 3 页 b—第 4 页 a。
③ 曹彦约:《昌谷集》卷三《次知县花名诗韵》，清文渊阁四库全书本，第 10 页 a。
④ 《梅溪先生文集》卷七《又觅没利花》，梅溪集重刊委员会编《王十朋全集》（修订本）上册，上海古籍出版社，2012，第 106 页。王十朋是温州乐清人。
⑤ 《梅溪先生文集》卷七《二道人以抹利及东山兰为赠，再成一章》，《王十朋全集》（修订本）上册，第 106 页。
⑥ 孙枝蔚:《溉堂集·续集》卷五《茉莉》，诗有句曰"且喜对花无愧色，兄为廉吏弟长贫"，清康熙刻本，第 12 页 a。
⑦ 田艺蘅:《留青日札》卷三三《素馨》，朱碧莲点校，上海古籍出版社，1992，第 619—620 页。
⑧ 方文:《嵞山续集》之《西江游草·赠毕仲青郡丞》，清康熙二十八年王槩刻本，第 16 页 a。
⑨ 田艺蘅:《香宇集·初集》卷四《茉莉花字本从末从利，客有病其名不雅者，余更命之曰玉香花，因赠》，明嘉靖刻本，第 18 页 a。

起别名的做法一直存在。例如因其来自异域，故命名之为"远客"；[①] 或因其花香而名之曰"雅友"；[②] 或沿用苏东坡的诗句而称之为"暗麝"。[③] 凡此种种，不一而足。所谓"雅"的诉求，从翻译的角度看，就是意译的尝试。而这些雅称的流传均很有限，说明"茉莉"之音译名称已得到了广泛的认可。

前文言及，名物，除了正名之外，尚需讲述其故事，通过故事来塑造花卉的象征意涵。与素馨的故事一样，茉莉花的故事与南汉国有关，《清异录》是这么说的：

> 南汉地狭力贫，不自揣度，有欺四方傲中国之志。每见北人，盛夸岭海之强。世宗遣使入岭，馆接者遗茉莉，文其名曰"小南强"。及本朝铤主面缚，伪臣，到阙，见洛阳牡丹，大骇叹。有搢绅谓曰：此名"大北胜"。[④]

有意思的是，与素馨（女）故事的流播广度相较，"小南强"的故事在整个宋代几无回响，反而是明清之后，在岭南士人当中得到了不少呼应。南宋时期，已有人对《清异录》的作者及年代提出了质疑，认为这部作品"语不类国初人，盖假托也"，[⑤] "不类宋初者"，故此只是托名于陶谷之作。[⑥] 目前学界对于《清异录》是否伪作仍持争议，而上述的"小南强"条，经今人考证，确实系后人补入。[⑦] 此处可寻味者，乃是岭南人士对此典故的反复征引，明清以后粤东人士对南汉的兴趣骤增，这是另外一个话题，此处不作展开。就"小南强"的例子而言，表面上是讥讽南汉诸人的见识如井底之蛙，但在故事中，"小南强"在前而"大北胜"在后，以花自矜者，南汉实为先行

---

① 龚明之：《中吴纪闻》卷四《花客诗》，上海古籍出版社，2012，第 61 页。
② 此说见于明人陈全之的《蓬窗日录》，按其所言，此名乃曾慥所定，但曾慥的"十友"花品，并没有包括茉莉，当为附会。陈全之：《蓬窗日录》卷八诗谈二《十友十二客》，顾静标校，上海书店出版社，2009，第 425 页。
③ 据宋释惠洪撰写的《冷斋夜话》，苏轼在儋耳时，曾题诗曰："暗麝著人簪茉莉，红潮登颊醉槟榔。"释惠洪：《冷斋夜话》卷一《东坡留题姜唐佐扇、杨道士息轩、姜秀郎几间》，惠洪、费衮：《冷斋夜话 梁溪漫志》，李保民、金圆校点，上海古籍出版社，2012，第 12 页。后人于是有将"暗麝"指茉莉者。唯此诗不载于苏轼的诸种作品集中，未得其真伪。但这首诗歌是宋代作品应无疑。
④ 陶谷、吴淑：《清异录 江淮异人录》"小南强"条，孔一校点，上海古籍出版社，2012，第 34 页。
⑤ 陈振孙：《直斋书录题解》，徐小蛮、顾美华点校，上海古籍出版社，2015，第 340 页。
⑥ 胡应麟：《少室山房笔丛》，上海书店出版社，2001，第 321 页。
⑦ 龚延明、李裕民：《宋人著作辨伪》，朱瑞熙主编《宋史研究论文集》第 11 辑，巴蜀书社，2005，第 417—431 页。

者也。更何况，坐拥"大北胜"的后周政权，旋亦覆国。在此，茉莉花不仅是岭南佳卉，而且被赋予了地方性的象征意义，仕宦粤东的人士以"小南强"来表达本地的特征[1]，而后世沿用此典故的粤东人士，则有更多关乎乡梓命运的喟叹，清人金菁茅言，"相对小南强"之时，他想到的是"至今花国未曾倾"。[2]也有人嘲讽南汉没能守住岭海的大好风光，到底也是感叹家园故实的悲情之处。[3]

明清时期粤东人士对于茉莉花的"小南强"典故的关注，在一定程度上是为了表明粤东才是茉莉花在中国的始源之地，以"修正"宋代闽人对茉莉花地方性的界定。

五　茉莉的闽地"属性"建构

循海路入华的茉莉，其西来初地，当在岭外。上文《北户录》引文及皮日休的诗作皆可证之，唐人并无言及茉莉花闽地亦有种植之事。早期种植茉莉花的，除了粤东，还有粤西。北宋时人陶弼吟咏茉莉花的七言律诗有句曰"重译新离越裳国，一枝都掩桂林香"，意谓岭外的茉莉花传自交趾之南。[4]蔡襄在诗作中提到素馨出自南海，他同时提到了茉莉，说明当时福州已经有种植茉莉，但是他并没有强调茉莉的闽地属性。[5]到了南宋淳熙年间（1174—1189），《三山志》的作者宣称："末丽（此花独闽中有之。夏开白色，妙丽而香）。"[6]如果这里提到的"末丽"即茉莉，那么从唐末到南宋的两三百年间，

---

① 沿用"小南强"典故的明清人士，除了咏史诗主题外，与粤东有关联的，大致可以分为两类人士，除了文中已述及的本地人士，另一类就是入粤游历或为官的外省人士，此处仅列举清中后期人士的作品，如方濬颐的《次悔余庵主答僾道人韵》有"芬馨也算小南强"句，见《二知轩诗续钞》卷八，清同治刻本，第55页b。阮元作有《岭南荔枝词》六首，其四有句曰"此果竟难降得去，自应也号小南强"，见《揅经室集·四集·诗》卷一一，四部丛刊景清道光本，第14页a。他们的诗句吟咏的都不是茉莉花，而是以"小南强"的典故来呈现粤东人与物的地方特性。"小南强"典故显然已经衍生了新意，此话题已经逸出了本文论题，此处不再赘言。

② 刘彬华辑《岭南群雅·初补》不分卷"金艺圃·素馨田同限八庚"，清嘉庆十八年玉壶山房刻本，第6页a。

③ 彭景：《诗义堂集》卷一《羊城杂诗》十首之七，其句云"岭海风光殊不恶，刘郎底好作降王"，清道光三十年刻本，第17页b。

④ 陈景沂：《全芳备祖》前集卷二五"花部"，程杰、王三毛点校，浙江古籍出版社，2018，第527页。

⑤ 《移居转运字别小栏花木》，《蔡襄集》，吴以宁点校，上海古籍出版社，1996，第31页。其句曰"素馨出南海，万里来商舶。团团茉莉丛，繁香暑中拆"。蔡襄在庆历四年（1044）知福州，庆历六年，转任福建路转运使。小栏的花木，当是种植在知州府之内。

⑥ 梁克家修纂《三山志》卷四一，第652页。

它是怎么从一种岭外的花卉，变成了闽中"独有"的花卉呢？

茉莉花在南宋成为闽地的象征，有许多例子。浙江天台人士戴昺诗作《送彭希圣姊夫赴三山民曹》有句曰："少啖荔枝防美疢，多栽茉莉挹清芬。"[1]籍隶福建建安而侨寓浙江黄岩的葛绍体在《送赵献可福州抚干》诗中也用荔枝与茉莉来指代闽地："红透荔枝日，香传茉莉风。"[2] 明州人士楼钥的《攻媿集》中两次提到茉莉花，都强调了它的"闽地"属性。在《次韵胡元用茉莉花》一诗中，他说了茉莉要用"闽土"来栽种，茉莉开遍闽山，但是来到了"天阙"临安，那就是"玉色照映琉璃杯"的珍品了。[3] 因为茉莉花自闽地来，楼钥在另外一首吟咏茉莉花的诗作中称之为"闽花"，[4] 则可见茉莉花已被贴上了地方归属的标签。于是，茉莉的芬芳得益于"闽雨"，[5] 也就是宋朝时期福建地方性的特殊标签了。"果有荔枝，花有末丽"，它们成了宋代福州物产的代表。[6]

"闽花"成了茉莉的代称，一直延续到元明时代，依然为诗人们所采用，马祖常的诗句"闽花茉莉熏"即一例。[7] 与宋人一样，元人送人入闽，亦有提及茉莉花与此地的关系，以"香薰茉莉春醒重"来表明闽地之特色。[8] 明代南粤人士欧大任在题送友人赴任福建兴化时，也沿用了荔红茉莉白的闽地意象。[9] 荔枝与茉莉并称的现象，并不局限于福建，有关粤东、粤西的作品都有提及。[10] 但是，这些作者基本上不是两粤人士。唯其与福建相关的作品，

① 戴昺：《东野农歌集》卷四，清文渊阁四库全书本，第 5 页 a。
② 葛绍体：《东山诗选》卷上，民国宋人集本，第 10 页 b。
③ 楼钥：《攻媿集》卷一，第 22 页 a。相关诗句为："糖霜封余有闽土，会须扫取添花栽。吾闻闽山千万本，人或视此齐蒿莱。何如航海上天阙，玉色照映琉璃杯。"
④ 楼钥：《攻媿集》卷一二《茉莉花》"江南创见喜孤芳，见说闽花遍海乡。安得一居香盛处，帐中巧作宝毬妆"，第 11 页 a。
⑤ 方岳：《茉莉》，秦效成校注《秋崖诗词校注》，黄山书社，1998，第 63 页。首句曰"闽雨揉香摘未稀"。
⑥ 梁克家修纂《三山志》卷四一，第 646 页。
⑦ 马祖常：《石田文集》卷二《送许诚大大监祠海上诸神》，元至元五年扬州路儒学刻本，第 23 页 b。
⑧ 《送贡尚书入闽》，《杨维桢诗集》，邹志方点校，浙江古籍出版社，1994，第 378 页。
⑨ 欧大任：《送殷子莘倅兴化》，中山大学中国古文献研究所编《全粤诗》第 9 册，岭南美术出版社，2009，第 618 页。当中有句云："荔枝红照日，茉莉白含秋。"
⑩ 描写粤东的如郑刚中《封州》诗："荔枝受暑色方好，茉莉背风香更幽"，载王云五主编《北山文集》（4），商务印书馆，1935，第 297 页。郑刚中是浙江金华人，宋高宗绍兴二年（1132）进士。又如元人贡师泰德诗作《宋江西傅与砺赴广州教授》"五羊城下南风起，茉莉花香荔子红"，载《玩斋集》卷四，明嘉靖刻本，第 16 页 b—第 17 页 a。贡师泰是宣城人，元泰定四年（1327）进士。描写粤西的诗作，如范成大的《再赋茉莉二绝》之二"忆曾把酒泛湘漓，茉莉毯边擘荔枝"，载《石湖居士诗集》卷三，四部丛刊景清爱汝堂本，第 7 页 b。范成大是吴县人，宋高宗绍兴二十四年进士。

在宋代时最多，二者并称，成为夏天的象征，并且兼具了空间象征的功能。明末清初，兵灾连年，闽地物产北运受阻，致使"一本闽花价十千"，由是引起了诗人的慨叹。①

以地域的名称为特定的花卉品种冠名，在唐代之前十分罕见，即以素馨在粤东历史上地位之重要，亦未得享有如此"待遇"，被专门称为"粤东花"或"广南花"。可见茉莉在闽省历史上之特殊地位。

造成这种现象的重要原因，在于宋朝政治权力的空间转移，使得茉莉的供应地发生了改变。素馨与茉莉这两种花卉，都不耐天寒，②彼时相关的种植技术尚在发展之中，宋代时期还没有完善的令南花可在北地过冬的手段，③故而只能在闽粤种植。北宋时，素馨、茉莉已经作为贡品被送到汴京、洛阳等地，供皇帝赏玩。④ 这些花卉"南人浑作寻常看"，却是"曾侍君王白玉除"的名品。⑤ 宣和年间（1119—1125），宋徽宗将一些他认为值得入画的"诸福之物"，"动物则赤乌、白鹊、天鹿、文禽之属，扰于禁籞；植物则缯芝、珠莲、金柑、骈竹、瓜花、来禽之类，连理并蒂不可胜纪，乃取其尤异者凡十五种写之丹青，亦目曰《宣和睿览册》。《宣和睿览册》"至累千册"，当中"素馨、末利、天竺、娑罗种种异产，究其方域，穷其性类，赋之于咏歌，载之于图绘，续为第二册"。⑥ 素馨茉莉入画之次第，仅落在了御苑珍品之后，可见北宋时期，这两种花卉颇受重视。

《洛阳名园记》中宣称"号为难植"的"远方奇卉"茉莉等品种，"独植之洛阳"。⑦ 此应为个例而非普遍现象，如果洛阳的园丁们已经掌握了在北方大量种植茉莉的方法，那么完全可以仿照进贡洛阳牡丹的做法，从洛阳向

---

① 彭孙贻：《茗斋集》卷一九《和钱象先茉莉曲十首》之十，四部丛刊续编景写本，第77页b。

② 陈善：《扪虱新话》上集卷四《论南中花卉》，民国校刻儒学警悟本，第7页a。其文曰："南中花木有北地所无者，茉莉花、含笑花、阇提花、鹰爪花之类，以性皆畏寒。"

③ 洪适有诗句曰"末利怯寒先近火"，茉莉花只能烤火过冬，显然不是好方法。洪适：《盘洲集》卷六《和景卢雨中叹》，四部丛刊景宋刊本，第4页b。

④ 孟元老撰，邓之诚校注《东京梦华录注》卷七"驾幸琼林苑"，中华书局，1982，第192页。其文曰："其花皆素馨、末利、山丹、瑞香、含笑、射香等，闽广二浙所进南花也。"

⑤ 《李纲全集》（上）卷二三《茉莉花二首》之一，岳麓书社，2004，第311页。李纲是常州无锡人，祖籍福建邵武，他生活在两宋之际。

⑥ 邓椿：《画继》卷一"徽宗皇帝"，明津逮秘书本，第2页a—第3页b。邓椿原文是"至累千册"，不过，明人张丑在《清河书画舫》抄录这段话时，写的是"至累十册"。张丑：《清河书画舫》卷六上，清文渊阁四库全书本，第2页b—第3页a。

⑦ 李格非：《洛阳名园记》不分卷"李氏仁丰园"，明古今逸史本，第5页b。

汴京进贡茉莉。① 天圣元年（1023），"广南岁进异花数千本，至都下枯死者十八九，道路苦其烦扰，震奏罢之"。② 此处的黄震，时任广南东路转运使，他是"建州蒲城人"，想来对于闽广两地鲜花北运之事，多有了解。③ 他请罢贡花之事，恰好说明了南花在北地价格高昂，很大程度上是由于运输路途遥远，花卉不易存活保鲜。就运输条件而言，粤东的花卉入汴梁与福建的花卉入汴梁，不至于有天壤之别，因而具有同样的竞争力。不过，罢贡广南异花之事，恐怕只是暂时的现象，并且只是减少了广南异花的进贡，他处的花卉不在禁令范围之内。两宋之间人士吕本中曾经在"邵伯路中逢御前纲，载末利花甚众，舟行甚急，不得细观也"。④ 这些大运河上的茉莉花，很可能来自闽地。交通条件的差异，决定了闽地前往中州更为便捷，这种情况直到明代也没有大的变化："言山川之胜者，必西至蜀，南至闽至粤，始极焉。然皆去中州数千里，而独闽为近，闽虽左控溟海，右连百越，而水陆道里之险阻，于蜀粤惟得其十之一二焉。"⑤ 相对便捷的交通条件，使得闽地与政治经济中心有了更密切的联系。官僚们对于赴闽为官表现得比较积极，他们对闽地的评价也就更好一些。杨万里的诗作就有"闻道闽山官况好"之句，⑥ 与之相对应的，是宋代官员仍视仕宦粤东为畏途。⑦ 对福建这个地方的认同，也就"顺理成章"地表现为对闽地土产的偏好。既有宫廷皇家趣味也符合文人雅兴的茉莉花成了非常"合理"的选择。

宋室南渡，洛阳"好花"之俗也在江南地区得到了反映。⑧ 吴中的牡丹，"虽曰植花，未能如承平之盛也"。⑨ 就货物的运输而言，江南地区要获得洛阳的牡丹有难度，但是要继续获得闽地的花卉，反而更便捷了。北宋时期在

---

① 欧阳修等：《洛阳牡丹记（外十三种）》，第 3 页。

② 李焘：《续资治通鉴长编》卷一〇〇，黄以周等辑补，上海古籍出版社，1986，第 894 页。

③ 脱脱等：《宋史》卷三〇三《黄震传》，第 10045 页。

④ 吕本中：《东莱先生诗集》卷六《邵伯路中逢御前纲，载末利花甚众，舟行甚急，不得细观也。又有小盆榴等皆精妙奇瘴之观，因成二绝》，四部丛刊续编景宋本，第 8 页 b。

⑤ 俞文豹：《仲蔚集》卷一〇《送朱宪曹赴闽臬序》，明万历十年程善定刻本，第 20 页 b—第 21 页 a。

⑥ 杨万里：《诚斋集》卷二〇《谢福建提举应仲实送新茶》，四部丛刊景宋写本，第 7 页 b。

⑦ 笔者曾撰文探讨唐宋时期岭外人士对广州城市视觉性的塑造，其中有述及入粤官员难以认同广州的本土景观，并着意对之进行改造。见《视觉性、城市景观与地域认同——唐宋广州登高诗一窥》，江滢河、周湘主编《广州与海洋文明》（3），中西书局，2022，第 1—56 页。

⑧ 洛阳"好花"，见欧阳修等《洛阳牡丹记（外十三种）》，第 6 页。其文曰："洛阳之俗，大抵好花。春时城中无贵贱，皆插花，虽负担者亦然。"范成大：《（绍定）吴郡志》卷三〇提到牡丹时感慨说，洛阳品种繁多的牡丹，被带到吴中栽种的花种"不过十余种"，择是居丛书景宋本，第 11 页 b。

⑨ 陈振孙：《直斋书录解题》卷一〇，上海古籍出版社，1987，第 298 页。

洛阳十分稀罕的茉莉花，不仅在南宋时继续被宫廷使用，成为祛暑的佳品，并且在临安城中，普通老百姓也大量簪戴，"妇人簇戴，多至七插"，可见其受欢迎之程度。① 这些茉莉的产地，主要在闽省。

南宋初年，茉莉花就是"闽人以陶盎种之，转海而来，浙中人家以为嘉玩"。② 福州罗源人陈善在《扪虱新话》中说："茉莉素馨，皆闽商转海而至，然非土地所宜，终不能盛。"③ 海运成了江南地区茉莉花的重要运输途径，所谓"千里移根自海隅，风帆破浪走天吴"，④ 正是此种情形之写照。元代苏州人顾瑛还在诗作中谈及对福建的印象，当中就有茉莉花："五月炎风开茉莉，三州瘴雨湿槟榔。"⑤ 直到明代，"茉莉船"依然是每年吴门人士在夏初时分期待的访客。⑥ "管弦纷酒肆，茉莉集商船"成了苏州的记忆。⑦ 虽然江南地区茉莉的来源还包括了赣州，明人的作品中曾提到"赣船茉莉"⑧、"章江茉莉"⑨等，但人们依然把对茉莉的叙事，放到了福建的空间之内。"红透荔枝日，香传茉莉风"即此情形之写照。⑩ 人们还想象闽山上遍布茉莉花的情景，"吾闻闽山千万本，人或视此齐蒿莱"。⑪

对"闽花"地域想象加以表达的，非仅江南人士。更重要的是，福建本土的人士有意识地宣扬了茉莉花与闽地的关系。王十朋诗作《表弟津上人有瑞香抹利戏觅之》曰：

①　周密：《武林旧事》卷三"禁中纳凉"条，"又置茉莉素馨建兰麝香藤朱槿玉桂红蕉闽婆（竹字头詹）卜等南花数百盆于广庭，鼓以风轮，清芬满殿"，浙江古籍出版社，2011，第55页；"都人避暑"条，"而茉莉为最盛，初出之时，其价甚穹，妇人簇戴，多至七插，所直数十券，不过供一（食字旁向）之娱耳"，第56页。

②　张邦基：《墨庄漫录（外十种）》卷七，上海古籍出版社，1992，第864—866页。

③　陈善：《扪虱新话》上集卷四《论南中花卉》，第7页b。

④　范成大：《范石湖集》卷三〇《次王正之提刑韵谢袁起岩知府送茉莉二槛》，上海古籍出版社，1981，第417页。

⑤　顾瑛：《玉山璞稿》不分卷《送韦道宁闽宪奏差》，清嘉庆宛委别藏本文渊阁四库本，第32页a。

⑥　董斯张：《静啸斋存草》卷七《初夏》，诗句曰"杨柳阴浓醉碧烟，一溪不雨不晴天。水楼处处凭红袖，吴下新来茉莉船"，参见张寅彭编纂《清诗话全编·康熙期》，杨焄点校，上海古籍出版社，2018，第1604页。

⑦　祝祺：《朴巢诗集·续集》，《忆虎丘》，清初刻本，第21页b。

⑧　宋懋澄：《九籥集·诗集》卷四《和钱大虎丘茉莉曲（十首）》之一诗句曰"桃李飞飞鸟乱啼，赣船茉莉叶初齐。女儿才到山门下，青眼看花东复西"，明万历刻本，第9页b。

⑨　"章江茉莉"见明人王穉登《茉莉曲》六首之六，载陆时化《吴越所见书画录》卷四，上海古籍出版社，2015，第416—418页。

⑩　葛绍体：《东山诗选》卷上《送赵献可福州抚干》，民国宋人集本，第10页b。

⑪　楼钥：《攻媿集》卷一《次韵胡元用茉莉花》，第21页b—第22页a。

　　瑞香早入江南梦，抹利来从毘舍园。

　　久与道人同寂寞，不如来荐孔融尊。①

　　这首诗作道出了茉莉能够顺利获得地域认同的关键点，那就是它得到了儒士的认同，士人的认同对于茉莉花的地方化至关重要。福建人士在南宋时期的科举"事业"中大获成功，仅就福州而言，"从唐中宗神龙元年（705）至五代后唐明宗天成年间（926—930）的220多年间，福州中进士者仅36人，自宋太宗太平兴国五年（980）至宋哲宗元符元年（1098）的118年间，即有各科录取者302人；自宋徽宗建中靖国元年（1101）至宋孝宗淳熙八年（1181）的81年间，则有1037人，是以前300多年总和的3倍多"。②与之形成对比的是，两宋时期广东中进士的人数为573人。③两个省份的科举"成就"，存在着巨大的落差。有了这样庞大的闽省士人官宦群体，对于宣扬茉莉花的地方特性当然是有帮助的——他们掌握着把口述文化转变为书写文化，进而使得相关植物知识固化的权力，而一旦书面知识形成，则为跨区域传播提供了条件。

　　宣扬茉莉花与福建关系的福建本土人士很多。他们纷纷建构茉莉花的地方性特征。福州人郑域的诗句说，"旅程一见错欢喜，仿佛吾乡茉莉花"。④无独有偶，在宋代，还有另外一种福建的花卉是以地名的略称命名的，那就是同样以花香著称的"建兰"。《王氏兰谱》提到的兰花品种，只有"建兰"是以"产地地名＋花名"来命名的，其余的如"吴兰"，其实产于漳州，"仙霞"则只有地名而无花名，"漳兰"指的是产自漳州的兰花的统称，并非特定某种兰花的名称。⑤明人在作品中常将茉莉建兰并置，以示其为夏日祛暑之佳品，并为雅致之物。⑥

____

① 《梅溪先生文集》卷七《表弟津上人有瑞香抹利戏觅之》，《王十朋文集》（修订本）上册，第108页。
② 戴显群、方慧：《福建科举史》，黑龙江人民出版社，2012，第120页。笔者注：后唐明宗天成年应结束于930年二月，此处作者统计的是科举数据，故将时间段断在了929年。又，宋徽宗建中靖国元年（1101）到宋孝宗淳熙八年（1181），共有81年。
③ 曾国富编著《广东地方史（古代部分）》，广东高等教育出版社，2013，第121页。
④ 陈景沂：《全芳备祖》卷二一"农桑部"，浙江古籍出版社，2014，第1126页。
⑤ 王贵学：《王氏兰谱》不分卷，清香艳丛书本，"建兰"条见第33页a，"吴兰"条见第30页a，"仙霞"条见第30页a，"漳兰"条见第33页a。该书成书于1247年。王贵学是福建临江人。
⑥ 张岱记其所居"不二斋"，"夏日建兰茉莉，芗泽浸人，沁入衣裾"。见张岱《陶庵梦忆》卷二，马兴荣点校，上海古籍出版社，1982，第16—17页。

宣扬茉莉花的地方性，还与饮茶的习惯集合在了一起。早期的以花薰茶，素馨、茉莉皆可为之。李昂英提到了"素馨汤茶饼"，[①] 施岳的词作《步月·茉莉》有句曰"春焙旋薰贮浓韵"。[②] 南宋人士重花香，用花薰茶，应是对北宋时期以脑香薰茶的改良，[③] 因为龙脑的香气夺去了茶叶的"真味"。[④] 龙脑香是配制龙涎香的主要原料，[⑤] 宋人还强调，素馨花也是龙涎香的重要原料，[⑥] 如果没有素馨花，那么才以茉莉花为替代品。[⑦] 因此，素馨与茉莉很可能也是早期拌入茶饼中的龙脑香膏的原料之一。元代的文献，提到了"百花香茶"，此时薰香的方式已经不是掺入香膏，而是用花朵了。[⑧] 不过具体的方法，仍异于后世。[⑨] 使用花朵来薰茶，意味着花卉产地与花茶加工地不能相隔太远，福建的茉莉产地距离茶叶产区较远，直至此时为止，茉莉并未与闽茶紧密地联系在一起，转变发生在明代。明人储罐的诗句有云："茉莉香浮碧椀新，枪旗犹带建安春。"[⑩] 清人潘荣陛言帝京夏日之时，"茉莉花福建兰摘以薰茶"，亦是以茉莉花薰茶。[⑪] 虽然他提及的薰茶之处不在福建，但"茉莉花与福建兰"并称，实际上强化了茉莉花与福建的关系。

粤地在宋代依然被视为"夷地"，曾巩说："故越与闽蜀始俱为夷，闽蜀皆已变，而越独尚陋，岂其俗不可更与？"[⑫] 虽然他这里说的是粤西，但是显然他没有把粤东排除在外，所以"为夷"的也包括了粤东。宋人认为蜀闽两地已得教化，"不变蜀闽，同风洙泗。惟南粤去王都为最远，至仁如唐虞，有

---

① 李昂英：《文溪存稿》卷二〇"家书·第三书"，暨南大学出版社，1994，第219页。

② 周密辑，查为仁笺《绝妙好词笺》卷四，上海古籍出版社，1984，第211页。

③ 蔡襄在《茶录》一书中说："茶有真香，而入贡者微以龙脑和膏，欲助其香。"蔡襄：《茶录》不分卷"上篇论茶"，宋百川学海本，第1页b。

④ 熊蕃：《宣和北苑贡茶录》不分卷，清读书斋丛书本，第8页a。

⑤ 《陈氏香谱》卷二提到了22种龙涎香的配方，仅有5种没有用到脑香，即"南蕃龙涎香"、"龙涎香"（丁香、木香各半两）、"古龙涎香"（三种之一）、"白龙涎香"以及"小龙涎香"（三种之一）。洪刍等：《香谱（外一种）》，赵树鹏点校，上海古籍出版社，2016，第134—141页。

⑥ 《陈氏香谱》卷二"古龙涎香"（三种之二）的配方中包括有素馨花，并特别注明"广南有，最清奇"。洪刍等：《香谱（外一种）》，第139页。

⑦ 陈善：《扪虱新话》上集卷四《论南中花卉·制龙涎香者，无素馨花多以茉莉代之》，第7页b。

⑧ 佚名：《居家必用事类全集》已集"百花香茶"，明刻本，第4页a。

⑨ 倪瓒：《云林堂饮食制度集》不分卷，清初毛氏汲古阁钞本，第7页b。

⑩ 储罐：《柴墟文集》卷五《次韵谢武靖伯惠茉莉茶》二首之二，明嘉靖四年刻本，第5页b。储罐是泰州人。

⑪ 潘荣陛：《帝京岁时纪胜》不分卷"时品"，清乾隆刻本，第26页b。

⑫ 曾巩：《元丰类稿》卷一四《送李材叔知柳州》，四部丛刊景元本，第4页a。

所不能柔。……是宜衮衣博带、射策决科之士，不能与闽蜀侔盛也"。① 也许就是粤地的"夷情"，造成了宋代士人在塑造茉莉花"尊儒"形象的时候，要把粤东也是茉莉花产地的事实给淡化掉。

由于福建人在科举事业上的成就，以及前往福建为官者多对当地有好评，因此外地人士也成了宣扬茉莉花的地方特性的重要力量。北宋末年河南人士陈敬在撰写《香谱》时，就提到了"福建末利"。② 在福建为官或者游历的人，也会在回忆中提到茉莉花。北宋江西安福人士刘弇在《甫田杂诗》中就提到了"末丽娟娟妒，山丹灼灼姝"。③ 前者为花香后者为花色，二者相合就是他印象中的福建莆田花卉了。

茉莉花的闽地化，与经济利益息息相关。物以稀为贵，在宋代茉莉花的栽种技术尚未有大的改善之前，茉莉花在北方难以度冬，因此每年都需要南方种植地提供新的花植。洛阳的仁丰园应是少有的例外："又远方异卉如紫兰、茉莉、琼花、山茶之俦，号为难植，独植之洛阳，辄与其土产无异，故洛中园圃，花木有至千种者。"④ 这意味着宫廷消费的茉莉花需要从南方输送，至于南宋时期的江南地区，茉莉花的消费价格更是极为高昂。从现有的文献推断，彼时鲜花贸易的利润极为丰厚。⑤ 或者正因为茉莉花惊人的经济价值，在花卉产地的"园税"要比田租高得多。⑥

在塑造茉莉花地方性的进程中，茉莉花产地只是其中一个重要的影响因素，更重要的是运输的条件，特别是从花卉产地到权力中心的运输条件，还有花卉贸易经营者的经营模式，⑦ 以及是谁掌握了塑造花卉形象的话语权。相

---

① 王十朋著，梅溪集重刊委员会编《梅溪先生后集》卷二六《广州重建学记》，上海古籍出版社，2012，第958页。

② 陈敬：《陈氏香谱》卷二"李王花浸沉"，清文渊阁四库全书本，第39页a。

③ 刘弇：《龙云集》卷七《甫田杂诗》二十首之五，民国豫章丛书本，第91页a。

④ 邵伯温、邵博：《邵氏闻见录 邵氏闻见后录》"李氏仁丰园"，王根林校点，上海古籍出版社，2012，第243页。

⑤ 魏华仙收集了宋代花卉市场价格数据，番禺的素馨是1枝2文，而在临安的茉莉，七插数十券，魏华仙以每券50文，30券的估值为1500文。笔者没有找到茉莉在广州的售价，估计与素馨的价格相仿。那么在广州十数文的茉莉，到了临安，其价格比产地高了百倍，利润之惊人，可想而知。魏华仙：《宋代花卉的商品性消费》，《农业考古》2006年第1期。

⑥ 南宋人士赵汝谠诗作《马塍歌》中有"园税十倍田租平"之句，侧面反映了花卉种植业获利之丰厚。马塍在临安余杭门外，彼时多花卉种植之园林。诗见（咸淳）《临安志》卷三〇《山川九》，清文渊阁四库全书本，第12页b—第13页a。赵汝谠曾在泉州市舶任官，后曾知漳州，熟悉福建事务，故其诗中所咏为浙事，或亦有以闽事比拟之可能性。

⑦ 本文没有讨论闽商在塑造茉莉花市场中的作用，有论者认为宋代福建商人在远程贸易中积累了巨额财富，促进了城市周边产业包括花卉果木种植业的发展。李华瑞：《宋代的资本与社会》，载包伟民、曹家齐主编《宋史研究论文集（2016）》，中山大学出版社，2018，第232—234页。

较于岭南地区，福建在运输条件及掌握话语权这两个层面上，都占有更大的优势。

余 论

从当代的"科学"植物分类法原则看来，就素馨与茉莉的例子而言，"正名"并不能完成"辨实"的任务。素馨与茉莉在华种植几近两千年，种类多有繁衍，单一的名称，无法统属所有。例如在素馨定名数个世纪之后，明清人士有关素馨花瓣的数目就持论不一，有"四瓣""五出"甚至"六出""七出"之说。① 在岭南与闽地以外的地区，区分素馨与茉莉依然是难题。素馨被归入到了茉莉的门类之下，所异者，"重台者名茉莉，单台者名素馨"。② 而明代福建的某些地方志，甚至将单瓣、重瓣的都归并到"茉莉"的名下。③ 这些，都可以视作茉莉花"吞并"素馨花的结果。从最早的文献中茉莉被附在素馨条目之后，到素馨被归入到了茉莉门类之下，花卉的"命运"，与诠释者的权力密切相连。明代福建地方志的表述，说明茉莉花地方化的进程仍在继续。闽中尚有"广东茉莉"一说，④ 这一说法，既可以被解释为承认闽地茉莉源自广东，但也可以理解为，闽地除了"广东茉莉"，还有闽地本土的茉莉。明代正德《永康县志》载有应孟明的《茉莉说》一文，到了清代编纂《古今图书集成》之时，文章的标题被改为《闽广茉莉说》。⑤ 不但标题被改动了，并且原文的内容，被替换为张邦基《墨庄漫录》中的文字。姑勿论其内容的张冠李戴，仅就其标题被改动而言，无意之中已表达了茉莉有闽、广地域分野的意涵。在《古今图书集成》中，同样的手法也被用于辑录张邦基《墨庄漫录》有关茉莉花的记载，《墨庄漫录》的条目并无题名，被辑录到

---

① "四瓣""五出"之说参见方以智《通雅》卷四二，第15页a，其文曰："《南方草木状》之邪悉茗，今广州之素馨花也……花五出，白色，……智按：素馨花四瓣，此微异耳。"黄德宽等主编《方以智全书》第6册，黄山书社，2019，第240页。"六出""七出"之说参见谢望《花木小志》，化振红、凌琳译注，湖北科学技术出版社，2018，第125页。

② （嘉靖）《广信府志》卷六《食货志》"茉莉"条，明嘉靖刻本，第9页a。

③ （嘉靖）《建阳县志》卷四，明嘉靖刻本，"茉莉"条见第50页a，"素馨"条见第51页a，无任何关于素馨花性状的描写。

④ （嘉靖）《安溪县志》卷一，其文曰"自广东移植闽中，故俗呼'广东茉莉'"，明嘉靖刻本，第43页b。

⑤ （正德）《永康县志》卷八，明正德刻本，第15页b—第17页a。《古今图书集成·博物汇编草木典》第一二三卷"茉莉部·艺文"，清雍正铜活字本，第1页。

《古今图书集成》时，添加了"闽广茉莉记"的标题。[①] 这个标题，当然也显示出为茉莉花添加地域性的特征。

地域性的建构，是相对的。除了岭南及福建之外，赣州是茉莉花种植的"后起之秀"。有关茉莉花与赣州的关联，相关的文献主要出现在明代。[②] 此处的茉莉，也是为了供应江南的市场，故明人诗曰"赣岭千株满瘴，章江二月下吴船"。[③] 赣州的茉莉像闽地的茉莉一样，也成为人们空间记忆的对象。揭重熙的诗作《忆郁孤》有句曰："茉莉成畦香满区，船船米贱换屠苏。"[④] 因而，清代江西的地方文献宣称"（素馨）本出广东，茉莉则盛出于赣"。[⑤] 明清时期，江西的茉莉花产业非常蓬勃，"（茉莉花）赣产，皆常种，业之者以千万计。盆盎罗列、畦圃交通，三径、九径不足方比，舫载以达江湖，岁食其利"。[⑥] 但是相较于宋代福建的情况，我们看到明代江西的文献对于本地茉莉种植业蓬勃发展的表达模式，与宋人对闽地的表述并无二致。比如为了衬托茉莉花之多，强调了以植株结篱的"奢侈"行为。[⑦] 又或是套用"地域 + 花名"的模式，强调茉莉花乃赣地特产。[⑧] 根据清人所辑的《程赋统会》，地方特产包括了茉莉的只有江西的赣州府，福建的福州府、泉州府，以及广东的广州府。[⑨] 可见直到清代，茉莉花的供应地仍有限，那么茉莉花的商业价值，应是各地"争夺"茉莉花"特产权"的重要因素。

明清两代赣州的茉莉种植业非常繁华，但是始终没有形成诸如"赣花"的称谓。[⑩] 可见相关知识的建构，并不能在空间上无限扩展。那么江西人士是否有将"茉莉"本地化的意愿呢？答案应该是肯定的。据（同治）《赣县

---

① 《古今图书集成·方舆汇编职方典》第一二九七卷"广东总部艺文一"，清雍正铜活字本，第 7 页。
② 陈灿彬：《岭南植物的文学书写》"赣产茉莉"，第 197—203 页。
③ 程嘉燧：《松圆浪淘集》卷三《茉莉四首》之一，明崇祯刻本，第 1 页 b。
④ 揭重熙：《揭蒿菴先生集·遗诗》卷三，清乾隆刻本，第 2 页 a。
⑤ 王谟：《江西考古录》卷七"茉莉"，第 119 页。
⑥ 谢旻：（雍正）《江西通志》卷二七《物产·赣州府》，清文渊阁四库全书本，第 39 页 b。
⑦ 文震亨：《长物志》卷二"茉莉素馨夜合"条"章江编篱插棘具用茉莉"，清粤雅堂丛书本，第 7 页 b。
⑧ 比如清初诗人王昊《芜湖榷关》二首之二句曰："赣州茉莉建昌兰，堪作江西土物看。"《硕园诗稿》卷二一上，清五石斋钞本，第 8 页 b。又如明末僧人苍雪和尚读彻《文焰还蜀》首句："赣州茉莉建州兰。"《苍雪和尚南来堂诗集》卷四，民国云南丛书本，第 12 页 b。王昊是太仓人，读彻是云南呈贡人。
⑨ 刘斯枢辑《程赋统会》，清康熙刻本，赣州府见卷四，第 10 页 b；福州府见卷一二，第 2 页 b；泉州府见卷一二，第 3 页 b；广州府见卷一三，第 3 页 a。
⑩ 方文：《嵞山续集》之《西江游草·茉莉谣》五首之一首二句云"章贡交流处，种花如种田"，第 25 页 b。

志》载，地方土产"又有重台者，名'鬼子茉莉'，始自粤中来，今赣人亦善种之"。① 可见赣人是想强调其早期种植的"单台"茉莉与"鬼子茉莉"不一样，是本地的出产，但"错失"了宋代的发展"机遇"，到了明代再图改变茉莉花的地域性，已难达成了。② 由此看来，宋代或许可以看作吾国植物学知识成形的"关键时代"。

除了"鬼子茉莉"，明清的文献中还出现了"番茉莉"的说法。有的文献说，"番茉莉较大，种自柬埔寨，来（开？）花径寸……"③ 还有的说，番茉莉"大如龙眼，千叶，极香，但鲜有开足者"。④ 来自海外曰"番"，花香极浓则以"茉莉"对应之。在此情形下，"茉莉"不仅是特定花卉的专有名词，并且具有复合的意蕴，花香也被纳入到了其意涵的外延。这样的词意衍生，自然与宋代植物知识史的建构转型有关，其最终的完成，就茉莉的例子而言，应是在清代初年。除了"番"字，清人亦有在"茉莉"名前冠以"洋"字者，"洋茉莉"之谓，其时代之特性，不言而喻。⑤

诸如"鬼子茉莉""番茉莉""洋茉莉"之类名称的出现，意味着茉莉这个概念，已经成为代表"中国特性"的名词。屈大均有诗句云"蔷薇蛮妇手，茉莉汉人头"，⑥ 可见明末清初之时，茉莉已经转化为华夷对照之下的中国象征了。相较之下，素馨花名鲜少有此类复合词的组合，这可能是

---

① （同治）《赣县志》卷九，清同治十一年刻本，第 4 页 b。鬼子茉莉之语乾隆年间（1736—1795）应已出现，国梁在《澄悦堂诗集》卷一三《茉莉花为南海公子》一诗的自注中称"鬼子茉莉不逮远甚"，清嘉庆十五年刻本，第 21 页 a。差不多同时辑录成篇的《三州辑略》（清嘉庆十年修旧钞本）也有"鬼子茉莉"之名，因此，鬼子茉莉未必出自广东。

② 同样的例子还有"广州茉莉"之谓，清初人士邵长蘅有"广州茉莉建溪花"之句，《青门簏稿》卷六《初夏绝句六首》其三，清康熙三十九年毗陵邵氏青门草堂刻本，第 11 页 b。晚清秀水诗人周闲的题画诗句曰"广州茉莉建州兰"，《范湖草堂遗稿》卷六，清光绪十九年印本，第 9 页 a。结合上文"赣州茉莉"的诗句，可以看到相关的说法多起于清末，且都有"建州兰"作为诗句的组成部分，可见这是相对固定的表述方式。而在这相对固定的句式中，无论是赣州茉莉还是广州茉莉，搭配的都是建州的兰花，更加能够说明，诗词作品注重于花卉地域性的表达，福建出品花卉的重要性。而这种表达方式的源头，要追溯到宋代。宋代福建人士在花卉地域性建构上的影响之悠远，由此可见。

③ 黄叔璥：《台海使槎录》卷三，清文渊阁四库全书本，第 9 页 a。（康熙）《诸罗县志》卷一〇"茉莉"条称，"番茉莉初得种时价甚高，近乃随处皆有"，清康熙五十六年序刊本，第 303 页 a。从这句话大致可以判断番茉莉传入的时间并不久远。

④ （乾隆）《番禺县志》卷一七，清乾隆三十九年刻本，第 7 页 a。

⑤ 《质园诗集》卷二九《洋茉莉》首二句曰"南花推素馨，茉莉品居亚"，此说亦可算是与众不同，《商盘集》第 3 册，郭杨点校，浙江古籍出版社，2016，第 638 页。

⑥ 陈永正校笺《屈大均诗词编年校笺》第 4 册《澳门》六首之二，上海古籍出版社，2017，第 1350 页。

因为素馨本身就是复合词，若再行添加，难免有架屋叠床之嫌——明清文献中，以"素馨"为词干组成的复合词，笔者仅见"假素馨"一例。[①] 但也可能是因为有关素馨的知识传播不及茉莉广泛，茉莉之名的流行程度较高。

如果说宋代的地方志宣称茉莉花仅产自闽中是从侧面反映了茉莉种植推广的进程，那么到了清代，由省外人士来指出"素馨……惟粤中有之"，[②] 则是说明了其种植地域之局限。即令清人笔下的此类言辞也可被视为素馨地方化的表现之一，然较之闽地的茉莉，相关说法出现的时间要迟了数百年。如今也有花卉名"洋素馨"[③]，当是现代的名称。至于另外一个名称"番素馨"，其实是"番茉莉"的异称，也同样是现代的称谓，均可视为素馨花名称本土化最终完成较迟的例证。[④]

从宋代迄至今日，素馨花之推广范围远不及茉莉，其在中国的形象地位，也无法与茉莉相提并论，其"先机"之失，则在宋代。明末清初，对广东文化塑造出力甚多的屈大均有词句云"素馨茉莉休分别"，[⑤] 该词虽为艳体之作，但屈大均言语中的无奈，不难察觉。追昔抚今，宋代素馨与茉莉知识建构的参与者与空间的差异，造成了两种花卉在后世地位的差异。明清两代的广东文人，为强调素馨花的地方特性，多有阐发，如陈献章的《素馨说》、黎遂球的《素馨赋》等等，然而，素馨在与茉莉一较短长的"竞赛"中要后来居上，企图在已经定型的知识框架之下争取新的拓展空间，其艰难程度可想而知。[⑥]

本文着重探讨了宋代素馨、茉莉的名实之塑造，它们同源而异途，两者都是外来花卉，并且都代表了花卉鉴赏从重花色拓展到了重花香的认知转型。

① 屈大均：《广东新语》卷二七"藤"，其文曰："青藤，仔叶长三四寸，多芒刺，茎大如指而坚韧，人日用之，比北地之用柳条，花名'假素馨'。"屈大均著，李育中等注《广东新语注》，第631页。青藤仔为木樨科素馨属植物。
② 张云璈：《简松草堂诗集》卷八《茉莉词》，清道光刻三影阁丛书本，第7页a。
③ 洋素馨，指的是夜香树，原产美洲。广西植物研究所编《广西绿化植物》第1集，广西植物研究所，1965，第259页。洋素馨一名，在民国的文献中并不指植物，而是一位粤剧名伶的艺名，她的照片登了《珠江星期画报》第5期（1927年）的封面。
④ 番茉莉或称番素馨，指的是紫夜香花。《植物大辞典》编委会编《植物大辞典》第5册第11—12画，人文出版社有限公司，1976，第3253—3254页。
⑤ 陈永正校笺《屈大均诗词编年校笺》第5册《虞美人影》，第1993页。
⑥ 黎业明编校《陈献章全集》上册《素馨说》，上海古籍出版社，2019，第80页；黎遂球：《素馨赋》，《莲须阁集》卷一，清康熙黎延祖刻本，第15页a—第16页b。

在这一过程中，茉莉逐渐被塑造成具有本土象征意义的花卉。虽然素馨在经济价值上不亚于茉莉，但是由于没有被掌握话语权的知识建构者们选择，因此其地位相较于茉莉，每况愈下。今时今日之粤东人士，能识素馨者，又有几人？哪怕是偶然相逢，大概也会有"一种白花人未识"的感慨吧。[①] 在其西来初地的粤东尚且如此，余者可想而知。此番境遇，与茉莉的花容几乎无人不知，形成了巨大的反差。根据本文的讨论，可以看到，素馨没有成为被选择的一方，与闽地更早地完成了国家视域下的地域特性建构有关。至于为何在素馨文化根底非常浓厚的粤东，它也逐渐被人们淡忘，这个问题的答案，已经溢出了本文集中讨论的历史时间段。冀望将来能看到相关的研究，以解吾等心中之惑。[②]

Names and Facts of Flowers Suxin（素馨）and Moli（茉莉） in the Song Dynasty
—Entanglements of Knowledge and Regionality

Zhou Xiang

Abstract: Both Suxin and Moli are foreign flowers introduced into China before the Tang dynasty. Renowned for their pleasant scents, these flowers gained high popularity in the Song dynasty, resonated with the flourishing of the gentry taste of daily life. With the similarities of the appearance of the plants as well as the color and size of the flowers, it was difficult for most of the people in the Song dynasty to discern the differences between them. As the first step of incorporating the flowers from abroad into the society of China, translation of the names of the flower was not so simple as the literary process seemed to be. Suxin is a Sinicized name, while Moli is a direct translation of the Sanskrit name of the flower. Different strategies of translation reflect the divergence of routes in cultural adaptations of

---

①　毛大瀛：《戏鸥居诗钞》卷九《南汉》十二首之十一，清嘉庆七年刻本，第 7 页 a。
②　笔者另有文字讨论 18 世纪、19 世纪西方人士对素馨植物学知识的塑造，文章题目为《从近代英文文献看"广州素馨花"的中国特性建构——知识史视角》，章文钦、江滢河主编《戴裔煊先生诞辰一百一十周年纪念文集》，中西书局，2021，第 184—204 页。笔者在文中提出，从 19 世纪末到 20 世纪前期，素馨逐步为人淡忘的原因之一是广州花茶出口的逐步衰落。这是从经济史角度提供的"解题"思路，但社会及文化层面的影响因素，仍有待研究者们进一步发掘。

foreign plants. Suxin was mainly considered as a flower with strong connections with the city of Guangzhou. Contrasted with the limited regional influence of Suxin, Moli succeeded in building up its spatial and symbolic superiority over its counterpart. A comparative study between the process of social knowledge construction on these two flowers in the Song dynasty will prove that different strategies of foreign plants nomenclature suggest various solutions of cultural adaptations. Based on the analyzing of the policies of foreign plants nomenclature, this paper argues that the unparallel process of localization which Suxin and Moli experienced in the Song period was determined by the uneven incorporation of Fujian and Guangdong into the "great tradition". While Moli gained its fame as the Flower of Min region (minhua), its foreign origin gave way to its regionality, which in the future would secure its national characteristic.

Keywords: Suxin（素馨）; Moli（茉莉）; Names and Facts; Regionality

（执行编辑：杨芹）

海洋史研究（第二十二辑）

2024 年 4 月　第 47~66 页

从"洋红"到"胭脂虫"：18—20 世纪中文文献所见美洲红色染料的命名与认知

严旎萍 *

摘　要： 本文追溯从 18 世纪初至 20 世纪初中文文献中指称美洲胭脂虫的术语及这些术语背后的知识史。胭脂虫原产于墨西哥及中美洲地区，因虫体内富含胭脂红酸，是制作高饱和度红色的原料。在化学合成染料发明之前，胭脂虫是全球贸易中最为昂贵的天然红色原料。在 16 世纪 20 年代西班牙征服墨西哥后，胭脂虫逐渐成为西属美洲最为重要的出口商品之一，为西班牙帝国带来丰厚的利润，仅次于白银。约在 16 世纪末，美洲胭脂虫作为一种昂贵的红色颜料进入中国，之后亦用于丝织品染色。虽然昂贵的胭脂虫从未在中国成为大众消费品，但中文文献中却存在大量指称该物的术语，包括"洋红"、"各作泥腊"、"呀兰米"、"呀兰米虫"及"胭脂虫"等等。这些术语的诞生呈现了中国不同时期、地域、人群对于舶来品的认知与探索，而这些术语的消失也反映了其所附着的历史的变迁。

关键词： 美洲胭脂虫　红色染料　中文术语　知识史

在化学合成颜料大规模出现之前，从各种动植物或矿物中提取出的天然颜料是全球重要的贸易品之一。[①] 以基础的红色而言，中国古代所使用的

---

　　*　严旎萍，澳门大学历史系助理教授。

　　①　1856 年，英国化学家威廉·珀金爵士（Sir William Henry Perkin，1838—1907）在对奎宁的研究中发现了首个合成染料——苯胺紫。此后，各色苯胺染料迅速被合成出来，在 19 世纪 60 年代已覆盖光谱中的所有颜色，合成染料迅速抢占市场份额。

红色一般提取自植物和矿物，如茜草、红花、朱砂、赭石等等。亚欧大陆其他区域的红色颜料和染料也通过丝绸之路传入中国。在新疆扎滚鲁克墓群出土的公元前 5—公元前 3 世纪的服饰上已出现原产南欧的克玫兹胭脂虫（Kermes vermilio），① 尼雅遗址出土的汉代丝织物中检测到的染料分子来源即包括波兰胭脂虫（Porphyrophora poloernica）。② 晋代张勃的《吴录》已记录了产自印度以及东南亚地区的紫胶虫（Laccifer lacca）。③ 而在明清之际，由美洲大陆胭脂虫（Dactylopius coccus）制作的颜料传入中国，称为洋红（cochineal），如今仍是国画中常见的红色颜料之一。

胭脂虫既用作颜料，亦用于纺织品染色。在西班牙入侵之前，美洲的阿兹特克人早已发现了可以从寄居仙人掌上的雌性蚧壳虫体内提取红色的秘密。胭脂虫是美洲土著最重要的天然红色来源，也是他们治疗烧伤的药品。④ 在阿兹特克人的纳瓦特尔语（Nahuatl）中，这种虫子被称为 "nocheztli"，意为仙人掌刺梨果的血液——爬在仙人掌上密密麻麻的胭脂虫令阿兹特克人想起流血的伤口。胭脂虫制品被称为 "tlapalli"，它在纳瓦特尔语中也是 "颜色" "染色" "染过色的东西" 的意思，包含一切颜色，但尤指胭脂虫的红色。⑤ 16 世纪初期，晒干的胭脂虫 "nocheztli" 一词出现在记载阿兹特克帝国各省贡品的抄本（Matrícula de tributos）中，年贡额为 65 包（约 9750 磅）。⑥ 1521 年，当埃尔南·科尔特斯（Hernán Cortés，1485—1547）征服阿兹特克帝国之后，西班牙人立刻发现了胭脂虫的价值。科尔特斯在向查理五世的汇报中提到了这种美洲用以染色的虫子，称之为 "grana"（之后在西班牙语中亦称为 "grana cochinilla" 或 "cochinilla"），而查理五世在 1523 年

① Jian Liu, Wenying Li, Xiaojing Kang, Feng Zhao, Mingyang He, Yuanbin She, and Yang Zhou, "Profiling by HPLC-DAD-MSD Reveals a 2500-years History of the Use of Natural Dyes in Northwest China," *Dyes and Pigments*, Vol. 187, 2021, pp. 109-143.

② 见宋殷《新疆尼雅遗址 95MNIM1:43 的纤维和染料分析所见中西交流》,《敦煌研究》2020 年第 2 期。

③ 见李时珍《本草纲目》卷三九，日本国立图书会藏万历二十四年金陵胡承龙刻本，第 12 页 a。

④ 见 Robin Arthur Donkin, "Spanish Red: An Ethnogeographical Study of Cochineal and the Opuntia Cactus," *Transactions of the American Philosophical Society*, Vol. 67, No. 5, 1977, p. 12。

⑤ 关于 "血液" 与 "胭脂虫" 以及纳瓦特尔语中胭脂虫相关词的含义，见 Élodie Dupey García, "Aztec Reds: Investigating the Materiality of Color and Meaning in a Pre-Columbian Society," in Rachael B. Goldman, ed., *Essays in Global Color History: Interpreting the Ancient Spectrum*, Piscataway, NJ: Gorgias Press, 2016, pp. 245-264。

⑥ Robin Arthur Donkin, "Spanish Red: An Ethnogeographical Study of Cochineal and the Opuntia Cactus," *Transactions of the American Philosophical Society*, Vol. 67, No. 5, 1977, p. 21.

的信件中催促科尔特斯将阿兹特克人的胭脂虫输入西班牙以充实国库。[①]

　　不晚于1526年，胭脂虫已传入欧洲，并沿着西班牙人的全球贸易网络，输往世界各地。[②] 胭脂虫红的饱和度与持久度均超过了旧大陆从植物及动物中提取出的红色类型，这让它迅速成为最受欢迎的美洲商品之一。美洲胭脂虫贸易虽然没有立刻摧毁由威尼斯商人控制的地中海区域的克玫兹胭脂虫及波兰胭脂虫贸易，但美洲胭脂虫逐渐成为欧洲最重要的红色染料来源。[③] 此后胭脂虫亦用于文艺复兴时期的绘画。[④] 为垄断胭脂虫贸易的高额利润，在1821年墨西哥独立之前，西班牙帝国牢牢控制着生产胭脂虫红的秘密，不仅禁止出口活体胭脂虫，更禁止外国人进入胭脂虫的生产区域——墨西哥南部的瓦哈卡（Oaxaca）地区。[⑤]

　　约在16世纪末，美洲胭脂虫进入中国。西班牙多明我会神父贝尔纳迪诺·德·萨阿贡（Bernardino de Sahagún，1499—1590）在《新西班牙事物通史》[*La Historia General de las Cosas de Nueva España (c.1570)*，又名《佛罗伦萨抄本》（*Florentine Codex*）] 中提到"在16世纪70年代，中国、土耳其及世界各处都将胭脂虫（grana）视为珍品"[⑥]。如果胭脂虫最早由西班牙商人带入中国，这段历史很可能与跨太平洋航线的开通有关。1565年，西班牙航海家乌达内塔（Andrés de Urdaneta，1508—1568）发现了太平洋自西向东的航线，成功从菲律宾宿务返回了墨西哥阿卡普尔科，这也开启了西班牙殖民菲律宾的时代（1565—1898）。1571年，西班牙人占领了吕宋马尼拉城，并与中国商人建立商贸合作关系，美洲与亚洲的贸易通过菲律宾建立起

---

① Hernán Cortés, *Cartas de relación de la conquista de México*, Madrid: Espasa-Calpe, 1940, pp. 96-100. See Raymond L. Lee, "Cochineal Production and Trade in New Spain to 1600," *The Americas*, Vol. 4, No. 4, Apr., 1948, p.454.

② See Raymond L. Lee, "American Cochineal in European Commerce, 1526-1625," *The Journal of Modern History*, Vol. 23, No. 3, 1951, pp. 205-224.

③ See Raymond L. Lee, "American Cochineal in European Commerce, 1526-1625," *The Journal of Modern History*, Vol. 23, No. 3, 1951, pp. 205-224.

④ Barbara C. Anderson, "Evidence of Cochineal's Use in Painting," *Journal of Interdisciplinary History*, Vol. 45, No. 3, 2014, pp. 337-366.

⑤ 与此有关的一个著名故事是法国植物学家蒂里·德·梅农维拉（Thierry de Menonville）在1776年偷偷进入瓦哈卡地区成功走私活体胭脂虫，之后在法属海地进行饲养并取得一定成功。但在梅农维拉死后，该胭脂虫种植园荒废。

⑥ Bernardino de Sahagún, *La Historia General de las Cosas de Nueva España* (c.1570), ed. A. M. Garibay, Mexico: Editorial Porrua, 1956, p. 341.

来。最晚在 16 世纪 80 年代，胭脂虫已被运往菲律宾。[①] 在贸易中，马尼拉的中国商人有可能接触到这个颜料。另外，欧洲传教士此时也将欧洲流行的胭脂虫红颜料带入了中国——在这条线路中，美洲胭脂虫跨越大西洋与印度洋，最后通过澳门进入中国。

在中国，胭脂虫红颜料最早被称为洋红，但这并非唯一术语。程美宝的研究还揭示了 18 世纪、19 世纪广东、福建地区使用的另一个词："呀兰"或"呀兰米"。这是粤语对西班牙语词"grana"的音译。[②] 刘梦雨的博士学位论文中亦提到康熙在《几暇格物编》（1732）中对胭脂虫的音译名称"各作泥腊"（译自葡语名）。而"呀兰米"还出现在《海国图志》（1843）、《瀛寰志略》（1849）、英国传教士艾约瑟编纂的《上海方言词汇集》（1869）及巴色会传教士为客家子弟读书识字编写的《启蒙浅学》（1880）中，是 19 世纪常见的民间词语。[③] 与"洋红"作为颜料的称呼不同，"呀兰米"主要指代胭脂虫红染料。此外，在 19 世纪下半叶，傅兰雅（John Fryer，1839—1928）在译介西方科学知识时引入了"呀兰米虫"一词。随着胭脂虫红贸易在亚洲的扩大，中文对胭脂虫的称呼，"呀兰米"与"呀兰米虫"，也逐渐传入了日本。查阅 19 世纪 80 年代至 90 年代的《大日本外国贸易年表》，"呀兰虫"已成为进口美洲胭脂虫的标准译名。[④] 除此之外，19 世纪的中英字典中还有"高迁尔厘"，法汉词典中有"花金皂"等译名。[⑤] 目前汉语中的标准名称"胭脂虫"最早出现在 20 世纪初上海的报刊中。虽然"胭脂虫"在汉语中是一个意义清晰的词，但它可能是从日语而来的借词——在明治维新译介西方知识的浪潮下，"胭脂虫"已出现在 19 世纪末的日本杂志中。[⑥] 虽然中文文献中出

---

① Francisco de Florencia, *Historia de la provincia de la compañia de Jesus de Nueva-España.* tomo.1, Roma: Institutum Historicum S.J., 1956, p. 262.

② 程美宝：《试释"芽兰带"：残存在地方歌谣里的清代中外贸易信息》，《学术研究》2017 年第 11 期。

③ 刘梦雨：《清代官修匠作则例所见彩画作颜料研究》，博士学位论文，清华大学，2019，第 401—404 页。

④ 在 19 世纪 80 年代及 19 世纪 90 年代的《大日本外国贸易年表》的"染料及彩料类"中，"cochineal"对应词为"呀兰虫"，主要从美国进口。例如，大藏省编《大日本外国贸易年表》（明治 20 年），东洋书林，1888，第 93 页。

⑤ "高迁尔厘"，见唐廷枢《英语集全》第 3 册，1862，第 33 页。"花金皂"，见 Paul Hubert Perny, *Appendice du dictionnaire français-latin-chinois de la langue mandarine parlée*, Paris: Maison-neuve et cie, 1872, p.78; Gabriel Lemaire and Prosper Giquel, *Dictionnaire de poche français-chinois*, Shanghai: American Presbyterian Mission Press, 1874, p.56。

⑥ 在日本 19 世纪 80 年代、90 年代的词典及科学著作中已将"cochineal"称为"胭脂虫"。见高桥五郎《漢英对照いろは辞典》，小林家藏版，1888，第 1079 页。中江笃介、野村泰亨：《仏和字彙》，仏学研究会，1893，第 239 页。

现过众多关于这种美洲蚧壳虫及其制品的术语，今天只有胭脂虫与洋红仍具有生命力，其余名称已被逐渐遗忘。

中文对美洲胭脂虫的命名不仅呈现了名物翻译的历史，还揭示不同时期、不同地域、不同人群对于不同渠道传入中国的同一外来商品的不同认知。"洋红"指称的是美洲胭脂虫红的外来红色颜料属性，亦可作为具有该属性物品的一般名称——在19世纪的双语字典中，从土耳其进口的红色颜料（提取自茜草）也称为洋红。[①]"各作泥腊"由耶稣会士从欧洲传入清宫之中，是一个仅在清朝宫廷与耶稣会士间交流的知识术语，在这个小圈层之外未有传播。"呀兰"或"呀兰米"是广东、福建港口的西方商船带来的染料，它流行于从事进出口贸易的商人以及海关官员之中，随着商品的普及，也成为日常用语，甚至作为歌词进入广东的南音歌谣。"呀兰米虫"及"胭脂虫"则强调了该商品的生物属性，它们出现在昂贵的红色染料被廉价化学合成颜色替代之时，标志着对舶来词背后所蕴含的科学知识的探索。而最终从"呀兰米虫"到"胭脂虫"的转换，具有本土色彩的"胭脂"替代了外语音译词"呀兰米"，则是新兴的大众媒体对异域新闻传播的结果。

本文追溯从洋红到胭脂虫等指向美洲红色颜料的中文术语是如何生成并发展的。需要指出的是，昂贵的美洲胭脂虫红从未在中国成为大众消费品。美洲胭脂虫在中国的历史不仅是早期近代西班牙帝国垄断商品全球史中的一环，各项名称的生成也是全球史与地方史互动的案例。[②]从知识史的角度来说，19世纪末翻译与传播西方科学知识的活动是促成美洲胭脂虫中文名称转变的重要节点，然而，术语名称的更迭并非进步的词替代落后的词。本文旨在说明"洋红"、"各作泥腊"、"呀兰米"、"呀兰米虫"与"胭脂虫"名称背后知识形成与变迁的历史。对同一舶来品的不同命名揭示了知识的传播渠道及读者群体。这些词在贸易、传教、书籍、大众媒体传播的网络中形成，并受到外部世界胭脂虫产量、价格、用途的影响，反映为不同人群对胭脂虫知识的多样化接受。

---

① Justus Doolittle, *Vocabulary and Hand-Book of the Chinese Language*, Foochow: Rozario, Marcal, and Company, 1872, p. 294.

② 从全球史与地方史互动的角度出发，笔者已另撰文 "In the Weft of Words: Mapping Global and Local Histories in the Chinese Terminology for American Cochineal," *Journal of Global History* (forthcoming, 2024). 本篇中文稿是英文稿的简化版，主要关注词语本身的变化。关于胭脂虫名称背后更多的信息，尤其是全球史、贸易史、物质文化史等方面，可参阅笔者英文稿。

一 "洋红"与中国绘画

于非闇（1889—1959）在《中国画颜色的研究》中称，1582 年后，西洋红颜料在波臣派画家曾鲸所创作的肖像画中已有所使用。[①] 曾鲸出生于福建莆田，或许在南京之时，他通过与利玛窦的交往接触到了洋红颜料。在该书的注释中，修订整理者刘乐园补充认为曾鲸在绘制《王时敏小像》（1616）时，为人物嘴唇部分所施颜料即为洋红。

洋红是上等的颜料，以颜色艳丽夺目而效果持久著称，且"不浸湿纸背，不染笔毛"，尤其适合花卉画。[②] 18 世纪末画家连朗评价洋红"其为物也，见水即化，毫无渣滓，其为色也，淡而甚鲜，浓而不黑，染百花瓣，别具娇艳之姿，染美人面，自发桃花之色，赭与脂皆逊三分也。盖燕脂多染，则浓而带黑，洋红多染，则厚而仍鲜。丹砂之上加染数次，倍觉鲜艳夺目，入花青合成莲色，更妍妙异常，是洋红在五色之外而置之五色中，可谓出类拔萃者矣。用洋红之法，宜施粉地，不宜单用，宜绢素矾纸，工细勾染，不宜生纸，写意虽写意，单用亦胜燕脂。然贵重之品，雅宜珍惜也"。[③] 因为稀少，此时洋红主要为花卉或人面染色，亦与其他颜料（如紫胶红）混用来提亮颜色。

18 世纪，洋红在中国的昂贵极其价格，主要供清宫使用。据《澳门记略》（1751）所言，"有洋红，有洋青。洋红特贵，白银一金易一两（四两为一金），色殊鲜丽可久，岁以之供内库"。[④] 洋红在澳门的价格为白银的四倍，并非普通画家可以负担，而内务府所收洋红的确出现在清宫绘画中。在 18 世纪中期的乾隆帝肖像画中，耶稣会画师郎世宁（Giuseppe Castiglione，1688—1766）用昂贵的胭脂虫红刻画了皇帝的嘴唇，而其余部分施染的红色颜料则来自紫胶红。[⑤]

---

① 于非闇著，刘乐园修订整理《中国画颜色的研究》（修订版），北京联合出版公司，2013，第 44 页。

② 丁非闇著，刘乐园修订整理《中国画颜色的研究》（修订版），第 44 页。

③ 连朗：《绘事琐言》卷四，雨金堂藏板嘉庆四年刊本，第 6 页 a—b。

④ 印光任、张汝霖：《澳门纪略》下卷"澳蕃篇"，西版草堂藏版，第 42 页 a。

⑤ 见 Giuseppe Castiglione, "Portrait of the Qianlong Emperor as the Bodhisattva Manjusri," (Mid-18th Century), Freer Gallery of Art, Smithsonian Institution, Washington, D.C.。See Blythe McCarthy and Jennifer Giaccai, eds., *Scientific Studies of Pigments in Chinese Paintings*, London: Archetype Publications Ltd., 2021, p. 64.

　　高价的洋红由海舶携来，福建、广东地区尚有渠道获取，而北方则全无出售。除作画外，在福建漳州地区，这种进口颜料还用于制作高级印泥。陈克恕《篆刻针度》（1786）提到，"近有一种洋红，用以配合印色，其鲜艳更胜于珊瑚，古所未有"。① 相传始制于康熙十二年（1673）的福建漳州八宝印泥中即添加了洋红，价格昂贵，在乾隆时期（1746）成为贡品。② 由于稀有，北方画家对这一颜料知之甚少。迮朗亦在《绘事琐言》（1791）称："古未闻有洋红也，近日画家始用之……可知洋红传至中华未久，是以山经莫载、海志无考。但知其色之极妍，而不知本系何名、产于何处、抑系何物炼成。"③

　　迮朗好奇洋红的制作原料，但在询问洋商后，却得到不同的答案。"或曰：用中国银朱烧提出标，即为是物。或曰：有山蚁，长寸许，白腰，以针刺破其腰，出血，渍于石上，干即浮起，扫而积之，盛以玻璃瓶，故嗅之有腥气。或曰：紫铆所煎，即洋燕脂。"④ 无论是银朱标、山蚁还是紫铆，迮朗只能通过自己的颜料制作经验来进行辨析。他认为"按山蚁之说，近于藤黄，为莽蛇矢。银朱标亦有腥气，而入水无质，且色带紫，近于燕脂"，最终他判断"似非朱标而紫铆为是"。⑤ 此处的"紫铆"为制作"紫胶红"的原料，是一种广泛分布于南亚及东南亚地区的昆虫。然而，迮朗并不知道，耶稣会士早已向康熙皇帝介绍了关于洋红原料的知识，且康熙亦通过梳理中文文献认为紫铆是制造洋红的原料。

二　"各作泥腊"与清宫中的知识传播

　　康熙五十年（1711）六月初十，在看过广东巡抚满丕所写进贡方物的折子后，康熙留下朱批："朕体安善。尔去时曾谕凡物不要进，又为何进了？以后若得西洋葡萄酒、颜料则来进，他物都不必进。万有需用之物，则听候颁

---

① 陈克恕：《篆刻针度》卷七，葛氏啸园光绪丁丑年刊本，第 10 页 a。
② 不过，姚衡（1801—1850）并不认为漳州八宝印泥中掺入了洋红。"漳州印泥，海内无不称誉，其研工实甲于他处，他贵不在朱也，八宝洋红之名，特以之欺瞽俗耳。"姚衡：《寒秀草堂笔记》卷四，王云五主编《丛书集成初编》第 367 册，商务印书馆，1935，第 101 页。
③ 迮朗：《绘事琐言》卷四，第 5 页 a。
④ 迮朗：《绘事琐言》卷四，第 5 页 a—b。
⑤ 迮朗：《绘事琐言》卷四，第 5 页 b。

旨。"① 康熙对西洋颜料的兴趣源自清宫中的欧洲画师及西洋绘画。耶稣会士马国贤（Matteo Ripa，1682—1746）在回忆录称，1711 年 2 月，当他第一次被召入宫中时，便得到了皇帝赏赐的西洋油画的画笔、颜料和帆布，以便进行油画创作。1713 年，马国贤再次收到了康熙赏赐的一盒欧洲颜料，这是一个大臣送给康熙的礼物。1720 年，在康熙寿辰之时，马国贤进献给康熙皇帝的礼物中也包括了四磅欧洲颜料。② 虽然回忆录中没有指明礼物具体是哪些颜料，基础的红色颜料胭脂虫红应是包含在这些作为礼物的颜料之中的——此时美洲胭脂虫已成为欧洲油画中广泛使用的红色颜料（red lake pigment）的基底。③ 而原产欧洲的克玫兹胭脂虫也在康熙时期进入清宫，但它仅用于治疗康熙皇帝的心悸。④ 通过与清宫耶稣会士的接触，康熙皇帝了解到关于洋红原料的准确知识。

在康熙皇帝去世（1722）之后，1732 年，他的一系列自然知识笔记手稿结集成册，命名为《几暇格物编》，收入《圣祖仁皇帝御制文集》刊印。《几暇格物编》共有 93 个条目，其中一条名为"各作泥腊"：

> 西洋大红，出阿末里噶。彼地有树，树上有虫，俟虫自落，以布盛于树下收之，成大红色虫，名"各作泥腊"。考段成式《酉阳杂俎》有紫铆，出真腊国，呼为"勒佉"。亦出彼国。使人云，是蚁运土于树端作案结成紫铆。唐《本草》苏恭云，紫铆正如腊虫，研取用之。《吴录》所谓赤胶，亦名紫梗，色最红，非中国所有也。又考元周达观《真腊风土记》云：紫梗，虫名，生于一等树上，其树长丈余，枝条郁茂，叶似橘经冬而凋，上生此虫，正如叶螵蛸之状，叶凋时虫亦自落，国人用以假色，亦颇难得。又唐人张彦远《名画记》云："画工善其事，必利其

---

① 《广东巡抚满丕奏报收成分数并进贡方物折》，见中国第一历史档案馆编《康熙朝满文朱批奏折全译》，中国社会科学出版社，1996，第 733 页。

② Matteo Ripa, *Memoirs of Father Ripa: During Thirteen Years' Residence at the Court of Peking in the Service of the Emperor of China*, New York: Wiley & Putnam, 1846, pp. 66, 97-98, 111.

③ 关于欧洲绘画中对胭脂虫红的使用，可参考乔·柯比（Jo Kirby）的一系列文章，如 Jo Kirby and Raymond White, "The Identification of Red Lake Pigment Dyestuffs and a Discussion of Their Use," *National Gallery Technical Bulletin*, Vol. 17, 1996, pp. 56-80; Jo Kirby, Marika Spring, and Catherine Higgitt, "The Technology of Eighteenth-and Nineteenth-Century Red Lake Pigments," *National Gallery Technical Bulletin*, Vol. 28, 2007, pp. 69-95。

④ 见关雪玲《康熙朝宫廷中的西洋医事活动》，《故宫博物院院刊》2004 年第 1 期；董少新《形神之间——早期西洋医学入华史稿》，上海古籍出版社，2008，第 112—123 页。

器。研练重采，用南海之蚁钑。"按今西洋之各作泥腊，大小正如蚁腹，研淘取色，有成大红者，亦有成真紫者。用之设采，鲜艳异于中国之红紫。是即古之紫钑无疑。而北宋以前画用大红色，至今尤极鲜润者，实缘此也。[①]

康熙知晓制造洋红的原料是产自"阿末里噶"某种树上的一种虫子，名为"各作泥腊"。值得注意的是，因西班牙帝国禁止出口活体的美洲胭脂虫，17世纪下半叶，就胭脂虫红原料到底是种子还是动物的问题，欧洲科学家们进行了广泛的研究与讨论。荷兰显微镜学家列文虎克（Antony van Leeuwenhoek，1632—1723）于1674年开始观察细菌和微小动物，但当他第一次在显微镜下观察胭脂虫红的结构时，认为它展现出种子而非动物的特性。列文虎克的朋友、英国科学家波义耳（Robert Boyle，1627—1691）则通过牙买加总督获知仙人掌的果实腐烂后产生的蠕虫是制作这种染料的原料。当波义耳代表英国皇家学会要求列文虎克再次观察胭脂虫红的性质时，列文虎克承认了标本中的确有可能是动物，至少是动物的某一部分。此外，荷兰生物学家扬·斯瓦默丹（Jan Swammerdam，1632—1680）先将胭脂虫红用酒精沾湿而后放置于显微镜下观察。他认为这是一种变态昆虫（metamorphosing insect），但其外观类似谷物，并无昆虫特征，应是在蠕虫阶段即进行加工制作的结果。1694年，法国科学家拉·海尔（Philippe de La Hire）将胭脂虫红标本浸泡数天后，在显微镜下观察到了清晰的动物结构元素，得到与扬·斯瓦默丹相同的结论。尽管如此，直到法国自然学家勒内·列奥米尔（René-Antoine Ferchault de Réaumur，1683—1757）的《昆虫史记》（ *Mémoires pour servir à l'histoire des insectes*，1734）出版，有关胭脂虫红原料的争论才完全停止。[②]不过，在18世纪初，主流意见已接受了胭脂虫红为昆虫颜料的判断，耶稣会士也将这个知识告诉了康熙。另外，虽然当时的普通人对于地名"阿末里噶"十分陌生，但南怀仁为康熙绘制的世界地图《坤舆全图》（1674）中已标记了"亚墨利加"（America）以及"新以西把尼亚"（Nueva España，即墨西哥及中美洲地区）的位置，或许康熙对于"阿末

---

① 李迪译注《康熙几暇格物编译注》，上海古籍出版社，2007，第114页。
② 从列文虎克到勒内·列奥米尔的史实，见 Jordan Kellman, "Nature, Networks, and Expert Testimony in the Colonial Atlantic: The Case of Cochineal," *Atlantic Studies*, Vol. 7, No.4, December 2010, pp. 373-395。

里噶"的地理位置有一定认知。

虽得知洋红颜料以大洋远方阿末里噶树上的昆虫为原料，康熙亦好奇中国是否已有关于这种昆虫的知识。前文已经提到，中国本土的红色颜料主要提取自植物和矿物，但也进口了克玫兹胭脂虫、波兰胭脂虫及紫胶虫等昆虫颜料。虽然美洲胭脂虫在欧洲地区逐渐取代了原有的红色染料与颜料，但印度及东南亚地区仍以紫胶虫为主，而中国亦持续进口紫胶虫。康熙时期可参考的有关紫胶虫的知识主要集成在李时珍《本草纲目》中，而李时珍将"紫铆"放在了"虫部"的类目下，讨论其多种名称以及它到底为木为虫。[1] 康熙"各作泥腊"条目中从《酉阳杂俎》到《吴录》部分的史料均节录自《本草纲目》。《唐本草》说明了紫铆为"腊虫"，而《酉阳杂俎》言"蚁运土于树端作案结成紫铆"则以之为蚁穴而非昆虫本身。因康熙已默认胭脂虫红为昆虫颜料，故而他并未摘录《本草纲目》中有关紫铆为树脂的信息。[2]

在李时珍的归纳之外，康熙从元代旅行家周达观《真腊风俗记》以及唐代画家张彦远《名画记》的记叙中找到了进一步的线索，确认紫铆即为各作泥腊。在康熙看来，《真腊风俗记》中所谓紫梗虫"叶凋时虫亦自落，国人用以假色"与对各作泥腊描述中的"俟虫自落"几乎一致。此外，根据张彦远"研练重采，用南海之蚁铆"且洋红之鲜妍胜于中国之红紫，故康熙认为清宫中所保存的宋前绘画中至今鲜润的红色部分为"洋红"颜料所绘。

在光绪以前，因康熙御制的《几暇格物编》没有作为单行本印刷，康熙关于洋红的知识主要在宫中流通，仅在小部分人群中传播。嘉庆时期的大臣赵慎畛（1761—1825）所著《榆巢杂识》中收录了"西洋大红"的条目，但仅至"各作泥腊"一词，未录入康熙对"各作泥腊"的考证。[3] 法国耶稣会士韩国英（Pierre-Martial Cibot，1776—1791）挑选了《几暇格物编》93 条中的 42 个条目译成法文，题为《康熙皇帝的物理与自然历史观察》（Observations de Physique et d'Histoire naturelle de l'empereur K'ang-Hi），发表在 1779 年耶稣会的《中国丛刊》当中。[4] 韩国英对《几暇格物编》的翻

---

[1] 李时珍：《本草纲目》卷三九，第 11 页 b—第 12 页 a。

[2] "《吴录》所谓赤曰：《广州记》云：紫铆生南海山谷。其树紫赤色，是木中津液结成，可作胡胭脂，余滓则玉作家用之，麒麟竭乃紫铆树之脂也。"李时珍：《本草纲目》卷三九，第 12 页 a。

[3] 赵慎畛：《榆巢杂识》（清代史料笔记丛刊），徐怀宝点校，中华书局，2001，第 87 页。

[4] Pierre-Martial Cibot, "Observations de Physique et d'Histoire naturelle de l'empereur K'ang-Hi," in *Mémoires concernant l'histoire, les sciences, les arts, les mœurs, les usages & c. des Chinois, par les missionnaires de Pékin*, Vol. 4, Paris: Nyon, 1779, pp. 477-478.

译反映了耶稣会士对康熙笔记内容的认知，"各作泥腊"（De la Cochenille）
这一条目也恰好收入了法译本当中。在"De la Cochenille"一节，韩国英将
"西洋大红"译为"le beau rouge que nous apportent les Européens"（欧洲人给
我们带来的美丽的红色），点明清宫中洋红颜料的来源。韩国英较为粗略地
翻译了康熙记录的中文史料中的"紫铆"（Te-kin，也被转写为 Tsée-y）、紫
梗虫（Tsee-pien-che）等内容，略过了一些艰涩部分的词句或术语。韩国英
并未评论康熙以"紫铆"为"各作泥腊"的猜测。或许他不能分辨南亚与东
南亚的紫胶虫与美洲的胭脂虫，抑或是他自己也没有明白文段中的各种术语。
陈受颐认为法译节本《几暇格物编》的译文虽能传达原书大意，但多草率与
讹误，且法译节本 42 条的次序完全改变了原书面目，为译者出于自身兴趣的
随意选译和排列。[①]"各作泥腊"条的翻译完全符合陈受颐的评价，而康熙对
该红色颜料的探索或许是韩国英选译此条的原因。

三　"呀兰米"与广州贸易

在广东、福建地区，美洲胭脂虫红则被记载为"呀兰米"或"呀兰（牙
兰/芽兰/呀嘀）"。相对于颜料"洋红"，"呀兰米"一般被认为是舶来染料，[②]
且"呀兰色"也成为猩红色之名。[③] 程美宝的研究已经说明这一名称的由来：
"呀兰"是对西语"grana"的音译，而"米"可能是对米粒形状的拉丁文克
玫兹胭脂虫（coccum）的意译。[④] 虽然这个音译词在汉语中并不指向胭脂虫
红的任何物质特性，但它出现在 19 世纪众多双语字典以及广东、福建的海关

---

① 陈受颐：《康熙〈几暇格物编〉的法文节译本》，《中央研究院历史语言研究所集刊》第 28 期下，
1957 年 5 月。
② 程美宝已经提到，在唐廷枢《英语集全》（1862）中，"呀嘀米"已经成为一个中文粤语词，归属
于"进口颜料胶漆纸札类"下，英语注明这类货品属"dyestuff"（染料），且进口税额为乾隆元年
（1736）的五倍。"呀兰米"还出现澳门望厦莲峰庙碑记（1801 或 1802）中罗列的八处神帐当中。
③ 马礼逊（Robert Morrison）编纂的《广东省土话字汇》（Vocabulary of the Canton Dialect, 1828）中
记录了"Ga lan shik 呀嘀色"。
④ 程美宝在托马斯·沃特斯（Thomas Watters）《华文散论》（Essays on Chinese Language, 1889）一书
中找到了对这一名称的解释。"The cochineal of commerce is known in China by the name ya-lan-mi (呀
兰米). Of these characters the last denotes husked rice, and ya-lan (or ga-lan) represent a foreign word.
They are probably for grana, which is the Spanish name for cochineal. This last word, as is well known, is
derived from coccum, which is originally a grain or berry and then the name for the insect from which the
material for the dark purple dye is obtained. The carmine obtained from the cochineal insect is also known
in China by its Spanish name carmin, which becomes hia-erh-min (夏儿敏)."

进出口货物档案中，指向了福建、广东的对外贸易史。

"呀兰米"这一词语揭示了福建、广东人与西班牙人贸易的信息，但在广州市场上，呀兰米的输入链极为复杂，欧洲各国均有向广州输入该商品。英国东印度公司档案显示，不晚于 18 世纪 30 年代, cochineal（胭脂虫／呀兰米）已成为英国船只输往广州的常见贸易品之一。[①] 根据菲律宾的档案，1756 年，有 24 艘到 30 艘英国、法国、荷兰、瑞典及丹麦船只将呀兰米运往广州。[②]在 1764 年，广州市场上的呀兰米有至少 11 担，[③] 上等呀兰米在广州的价格是每斤 5 两（即每担 500 两），普通呀兰米的价格是每斤 3 两。[④]

西班牙广州商行的首任大班阿格特（Miguel de Agote）在 1789—1795年日记中抄录了进出黄埔港的船只及其货品，包括呀兰米。[⑤] 不同年份各国进港船只所携带的呀兰米数量差异巨大。1790—1791 年，一艘法国船的进港货物包括了 19 担（picul）[⑥] 呀兰米，超过了当年的西班牙船及英国船。英国船输入黄埔港的呀兰米从 2 担逐年增多，并从 1791—1792 年开始超过了西班牙船只，成了广州市场上呀兰米的第一大供应商，且在 1794—1795 年对中国的出口量达到了 97.8 担。而西班牙船仅在 1790—1794 年有向中国出口呀兰米的数据，在 13 担至 19 担之间波动。

英国东印度公司通过与十三行行商合作获取中国市场的需求信息，此时有关呀兰米的情报主要来自同文行的巨贾潘有度（1755—1820）。[⑦] 1802 年，英国东印度公司在中国市场投资了 46 担呀兰米，但因输入过多，破坏了呀

---

① 此处感谢范岱克（Paul van Dyke）老师对本文所使用到的东印度公司档案数据的指导。根据东印度公司档案（Indian Office Record），在 18 世纪 30 年代已有较多英国船向中国出口胭脂虫的数据（1732 年、1735 年、1737 年、1738 年）。记录在 18 世纪 40 年代、50 年代较为缺乏，但从 1764 年起，档案数据增多，尤其是到 70 年代。18 世纪 90 年代以前的数据，见 British Library, IOR G/12/33, 35, 38, 42, 43, 44, 45, 54, 58, 61, 62, 63, 64, 67, 80, 83, 94; R/10/4, 5, 6, 9。

② Francisco Leandro de Viana, "Memorial of 1765," in Emma Helen Blair and James Alexander Robertson, trans., *The Philippine Islands, 1493-1803*, Vol. 48, Cleveland, Ohio: The Arthur H. Clark Company, 1907, p. 275.

③ 4 艘法国船只携带了 5.55 担呀兰米，两艘丹麦船只携带了 5.52 担呀兰米。见 Hosea Ballou Morse, *The Chronicles of the East India Company, Trading to China 1635-1834*, Vol.5, Cambridge, Mass.: Harvard University Press, 1929, p. 120。

④ Hosea Ballou Morse, *The Chronicles of the East India Company, Trading to China 1635-1834*, Vol. 5, p. 119.

⑤ Manuel de Agote's diaries (1779-1797), Euskal Itsas Museoa, San Sebastian, Spain, https://itsasmuseoa. eus/en/collection/typology/the-manuel-de-agote-collection.

⑥ 每担约 60 公斤。

⑦ 见程美宝《试释"芽兰带"：残存在地方歌谣里的清代中外贸易信息》，《学术研究》2017 年第 11 期。

兰米的市场价格。《东印度公司对华贸易编年史（1635—1834）》记录，1802年的英国殖民地官员认为，中国对胭脂虫红的"年需求一般只有10—12担，通常的价格约为每担800—1000银元。它们通常由西班牙人的渠道从阿卡普尔科（原始价格为每担200—225银元）经由马尼拉运往广州。因而，当供应量为年需求的四倍时，（中国市场上胭脂虫的）卖出价格很难高于420银元"。[①] 然而，以上英国东印度公司的报告与西班牙广州商行大班记载的信息有所出入。在阿格特1789—1795年日记中，仅有两年输入的呀兰米低于12担，1794—1795年英国输入的呀兰米数量已接近百担，远超过1802年英国所宣称的中国市场年需求量。

　　然而，由于价格昂贵，中国市场对于洋红的消费量仍然较少。这对应连朗在《绘事琐言》中所言，只有广东、福建地区可买到洋红颜料。不过，这一状况在19世纪各国打破西班牙帝国对美洲胭脂虫的垄断后缓解。从18世纪末开始，英法等国已试图在其殖民地饲养胭脂虫，而在1821年墨西哥独立之后，在英国、法国、荷兰的殖民地，西班牙大加纳利群岛及美国成功引进了胭脂虫种植园。在19世纪中期，伴随着全球胭脂虫红产量的激增，胭脂虫红的价格也逐渐跌落。1818年，英国商人运往广州65担呀兰米，56635两（即每担871.3两）的原价并没有将其卖出，最终成交价为25272两（即每担388.8两）。[②] 根据《东西洋考每月统记传》所载，道光十四年（1834）"省城洋商与各国远商相交买卖各货现时市价"，经摘呀兰米每担280—310银元，而未摘呀兰米每担为180—200银元。[③] 虽然广州市场的呀兰米价格不断下跌，但仍然十分昂贵。到了19世纪60年代，每担呀兰米已降至120银元以下，之后进一步下降。[④]

四　"呀兰米虫"与科学翻译

　　伴随着世界范围内胭脂虫产量的提高，中文著作中有关呀兰米的各类知

---

① Hosea Ballou Morse, *The Chronicles of the East India Company, Trading to China 1635-1834*, Vol.2, pp. 388, 390.

② Hosea Ballou Morse, *The Chronicles of the East India Company, Trading to China 1635-1834*, Vol.2, p. 330.

③ 爱汉者等编《东西洋考每月统记传》，黄时鉴整理，中华书局，1997，第80页。

④ 关于1861—1866年的进口数据，见 *Returns of Trade at the Treaty Ports for the Year 1866*, Shanghai: Imperial Customs' Press, 1867, pp. 53-54.

识迅速增加。首先是产地知识。在遍历南洋各地和世界各国的广东人谢清高口述成书的《海录》（1820）中，记录"咩哩干国"（即美国）土产有"金、银、铜、铁、铅、锡、白铁、玻璃、沙藤、洋参、鼻烟、呀兰米洋酒、哆啰绒、羽纱、哔叽"。[①] 在此书的"英吉利国"条下亦记载"呀兰米酒"。[②] 此处的"呀兰米洋酒"及"呀兰米酒"均指"cochineal tincture"，这是将呀兰米浸入酒中制成的某种药酒。同治光绪年间（1862—1908）游历欧洲各国的张德彝在《航海述奇》中亦记录英国人往冰激凌中加入呀兰米作为红色素。他将"呀兰色"视为一个中文词，并记录其英文名为"扣池呢拉"（cochineal）。[③] 除了中国人的游记，在鸦片战争之后，来华传教士开始用中文编纂一系列世界地理书籍，如郭士立（Karl Gützlaff，1803—1851）《万国地理全集》（1843）、马礼逊父子《外国史略》（1847）、玛吉士（Martino José Marques，1810—1867）《外国地理备考》（1849）等等。在这些地理书中，有关呀兰米原产地的知识，从康熙时期模糊的"阿末里噶"转变成具体的"默西可国"（即墨西哥）。而这些传教士的地理著作被魏源《海国图志》（1852）广泛引用，具有了更大的影响力。此时书籍中有关呀兰米产地的知识虽较康熙时期更为精确，但它们仅被列为地方土产。

19 世纪下半叶，另一个术语"呀兰米虫"诞生，指向美洲胭脂虫红背后的科学知识。这个术语的诞生与洋务运动学习西方科学技术的背景有关，尤其是英国人傅兰雅在上海的翻译活动。在洋务派官员建立了江南制造总局之后，他们意识到翻译西方科学技术知识的重要性。1868 年，江南总局设立了翻译馆，聘请中外学者翻译西方书籍，傅兰雅即为首席翻译之一。在上海期间，傅兰雅于 1874 年创办了格致书院，在 1876 年创办了第一本中文科学杂志《格致汇编》（*The Chinese Scientific Magazine*，后改名为 *The Chinese Scientifical and Industrial Magazine*）。在《格致汇编》第 1 卷第 11 期（1876）的"格物杂说"专栏，傅兰雅向读者们介绍了"呀兰米虫"：

> 此虫之体所成之红色染料最为鲜美，但其所食之花草，只有一种，生于热地，原为南亚美利加所生，后西历一千八百年在加那里海岛种之，虽甚茂盛然，其价极贵，而所成之呀兰米虫亦不敷用。一千八百四十八

① 谢清高口述，杨炳南笔录，安京校释《海录校释》，商务印书馆，2016，第 271 页。
② 谢清高口述，杨炳南笔录，安京校释《海录校释》，第 259 页。
③ 张德彝：《稿本航海述奇汇编》第 10 册《八述奇》卷一五，北京图书馆出版社，1997，第 203 页。

年，其虫每磅之价约银二两，而养虫之费不过五钱，故大得其利。本岛
所有之地，大半种此草，以致食粮不能种，必从他处运来。后每年所产
者极多，则价渐廉。一千八百六十年至一千八百七十年之间，其价仅一
两银一磅，至一千八百七十二年，只五钱银一磅，而至今，其价大落，
种草养虫之人甚少，几废此业。此染料最贵之时，有化学家考究新法以
他料代之，大得其益，所以因此二故，此染料不多用，而本岛之贸易亦
渐衰矣。①

　　这一段落首次向普通读者介绍了呀兰米的原料实则为一种虫子——"呀兰米
虫"。耶稣会士向康熙介绍的昆虫颜料知识在约150年后成为面向大众的科
普知识。在生物知识之外，傅兰雅以西班牙加纳利岛胭脂虫产业的兴衰为例
说明了该昆虫颜料在19世纪的社会史。而在19世纪末，德国所产化学合成
的红色染料逐步替代了这种昂贵的天然染料，胭脂虫贸易式微。

　　当胭脂虫成为域外知识主题，有关这一类昆虫的知识在三年后出现在
第一本介绍西方医学知识的著作中。1879年，由傅兰雅口译、赵元益笔
述的《西药大成》②刊布，译自英国医生来拉（John Forbes Royle，1798—
1858）等人所著《本草与治疗学手册》（*A Manual of Materia Medica and
Therapeutics*）。许多昆虫颜料都被用作药物治疗疾病，如南欧橡树上的克玫
兹胭脂虫可制成药酒治疗心悸，美洲土著也将胭脂虫用作药物。尽管来拉医
生认为美洲胭脂虫主要用作颜料，为药无甚大用，《本草与治疗学手册》中
仍然收录了美洲胭脂虫（Coccus cacti）这一词条。《西药大成》首次向中
国读者介绍了此类用作红色染料的昆虫及其产地，如生于橡树上的克蜜士
虫（Kermes insect，即克玫兹胭脂虫），产自印度树上的拉克虫（lac insect，
即紫胶虫），舍来克（shell-lac），波兰壳可司（Coccus polonicus，即波兰
胭脂虫）等等。但就"真呀兰米虫"而言，墨西哥国凉爽处的"华沙加"
（Oaxaca）等处所产"细粒"（grana fina）与往南更热之处的"委拉古庐斯"
（Vera Cruz）与巴西国（Brazil）所产"野粒"（grana silvestre）不同，前者
质量更佳。"细粒"与"野粒"对应了《东西洋考每月统记传》中价格不同的

　　① 《格致汇编》，第1卷第11期，1876年，第12页。
　　② 该书初版刊印于1847年，由英国医生海德兰（Frederick William headland）帮助并增删了第2版
　　（1855）至第5版（1867），而第6版（1876）则经英国学者哈来（John Harley）增删。《西药大成》
　　前13册对应第5版《本草与治疗学手册》，序言及后3册译自第6版的补充内容。

"已摘"与"未摘"呀兰米。《西药大成》亦精确指出，唯寄生仙人掌叶上的雌性胭脂虫体内可提取卡尔米尼克酸（Carminic acid），即现在所称"胭脂虫酸"，用以制造红色染料。[①] 傅兰雅与赵元益的《西药大成》还在原书之外附上了两幅插图，方便读者了解该仙人掌及雌、雄胭脂虫不同之处。在《西药大成》刊印之后，傅兰雅辑录了《西药大成药品中西名目表》，用以规范译词。其中表示胭脂虫属的拉丁词"Coccus"音译为"壳可司"，也对应"呀兰米"。[②]

在 19 世纪末，呀兰米仍出现在中国海关进口商品条目当中，呀兰米虫亦成为这种蚧壳虫在汉语中的种属名。虽然从"呀兰米"到"呀兰米虫"仅是术语上的一小步，指向该舶来品的生物属性，但这个术语背后的社会关注与"洋红"、"各作泥腊"及"呀兰米"完全不同。"呀兰米虫"是面向大众的一个域外知识主题，不再侧重美洲胭脂虫的商品性或颜色性，词语主要关联着知识的传播。"呀兰米虫"以及各类动物染料的知识此后出现在晚清西学汇编丛书的化学知识部分，如《西学大成》（1888）、《西学富强丛书》（1896）、《时务通考》（1897）等等。[③] 虽然这种对舶来品背后知识而非商品本身的关注持续到 20 世纪，但 19 世纪末美洲胭脂虫贸易的衰微也预示该术语最终将走向被遗忘的命运。

五　胭脂虫与域外珍闻

进入 20 世纪，受日语词汇的影响，一个新的术语"胭脂虫"出现在上海出版的报刊中，介绍这种用以染色的昆虫。在 20 世纪初，有一段"呀兰米虫"与"胭脂虫"并存的时期，随着呀兰米贸易的衰落，"呀兰米虫"一词被"胭脂虫"取代。

根据晚清民国期刊全文数据库，"胭脂虫"一词最早出现在 1913 年 9 月 1 日《时报》"珍闻俱乐部"专栏，与"铁叶花纹"及"非洲纸刀"等异域知识并列。

---

① 傅兰雅口译，赵元益笔述《西药大成》第 9 册，江南制造总局，1879，第 15—16 页。
② 傅兰雅辑《西药大成药品中西名目表》，江南制造总局，1887，第 16 页。
③ 王西清、卢梯青编《西学大成》，醉六堂书坊，1885；张荫桓辑《西学富强丛书》，鸿文书局，1896；杞卢主人：《时务通考》，点石斋，1897。

胭脂虫：此乃仙人掌上之害虫也。产于墨西哥之山地。后经染色家之试验，以其可为洋红（红之鲜明者曰洋红）也。遂以为益虫。因而饲之。喜栖于竹叶及百草木之嫩叶上。身极小，其种乃胎生，背后有两个细管突起。泌出一甘露以诱蚁。依蚁之力，迁带其种子于各处云。[①]

在此篇小文中出现"胭脂虫"及"洋红"，但作者未提及"呀兰米"。此外，作者并不认为"洋红"是一个日常词语，专门在括号中指出"红之鲜明者曰洋红"。但提到"墨西哥"时，作者并未对这一地名作出任何介绍，默认读者知晓墨西哥的地理位置。这篇"科普"文章中充满谬误，如误以为胭脂虫为胎生及胭脂虫的繁育依靠虫尾泌出的糖液吸引蚂蚁帮忙播撒"种子"。然而，这篇文章却比《西药大成》或《格致汇编》中的有关知识更受欢迎，传播更广——该文改换题目又发表在1914年《民权素》第3期中。[②]虽然这篇文章错误地使用了"种子"一词，但就洋红原料是种子还是昆虫的争论从未在中国发生。

随着洋红颜料为美洲蚧壳虫所制的知识逐渐在中国传播开来，如何用呀兰米虫制造洋红成为另一个流行的科普主题。早在1892年春季刊《格致汇编》介绍美国"农务院略章细目·第三十五门"中，就出现了"养呀兰米虫法""制呀兰米红料法"条目。[③]而在20世纪初，洋红的制作成为报刊科普文章中的常见标题。1909年，《广东劝业报》刊登了《西洋红之制法》。[④]1910年，《闽报》刊登了一篇名为《洋红原料》的科普文章，说明该颜料由名为"哥鸡尼儿"（cochineal）的小虫混合数种药品制造，雌虫7万头仅得洋红1磅。[⑤]在1913年《进步》杂志"小制造厂"专栏，计然发表了制作洋红的文章，其中用词为"呀兰米"，用巴西木制造红墨水的文章紧随洋红制造之后。[⑥]但这个专栏的文章广泛使用各类术语，意在发表技术类而非科普类的知识。此后，发表在《家庭常识》期刊第2集（1918）及第8集（1919）中

---

① 《时报》1913年9月1日，第10版。

② 《瀛闻：胭脂虫》，《民权素》第3期，1914年。

③ 傅兰雅辑《格致汇编》第6册，南京古旧书店，1992，第338页。

④ 《西洋红之制法》，《广东劝业报》第89期，1909年，第28—29页。

⑤ 《洋红原料》，《闽报》1910年6月30日，第4版。

⑥ "呀兰米一磅四两，冷热水四加仑，以呀兰米磨粉，加入水中煮之，加纳养炭养少许，煮十小时，去火，复加明矾粉六钱，搅三五分时，待各物下沉，将面上之水倾去，取下沉物质，用绢沥干，待冷，加蛋白二枚，此红色料用处极多。在我国购办巴西红木，颇不易，易红墨水与人造胭脂等物。可以此红料为之。"计然：《洋红》，《进步》"小制造厂"专栏第4卷第2期，1913年，第13页。

的"洋红制法"文章，作者称洋红的制作原料为"呀兰虫"。①20世纪第二个十年是"胭脂虫"与"呀兰米虫"二词共存的时期，但胭脂虫逐渐成为主流术语。

约从20世纪30年代开始，人们逐渐遗忘了"呀兰米"的含义。1936年《河北民政月刊》的"公牍"中载有1936年2月"指令安次县县政府据呈为检送够买戒烟药品成分清单请鉴核等情所开芽兰米系何药品应饬查明具由"一条，声称"芽兰米一药，并非部颁《中华药典》法定名称，究系何种药品，应饬查明，连同拉丁原名具报查核，即遵照附件暂存此令"。② 尽管在光绪年间（1875—1908）张德彝还认为"呀兰米"是一个本土词语，在20世纪30年代，它已成为一个词义不明的外来词药物名称，并未收入《中华药典》。另外，"胭脂虫"一词的权威性则伴随着更多的科普文章而得到确认。20世纪30年代，这些科普文章除讲解洋红的制法与原料外，③ 还介绍女士所用口红胭脂膏制自一种栖息于仙人掌上的胭脂虫，④ 介绍美洲印第安人如何使用胭脂虫，⑤ 等等。值得注意的是，这些讲解昆虫颜料的文章仅关注美洲胭脂虫而非列出不同的种类，且某些科普文章的作者认为仅有洋红一种是从昆虫体内提取出的颜料。这些认知铺垫了此后胭脂虫成为指向提取红色色素昆虫的通用名，如克玫兹胭脂虫亦在汉语中被称为胭脂虫，而傅兰雅《西药大成药品中西名目表》为拉丁词"Coccus"给出的两个规范译词均被遗忘。

进入20世纪40年代，科普文章对洋红的介绍更加深入。在1947年《小朋友》杂志刊登的《做洋红原料的胭脂虫》一文中，作者具有洞察力地指出养殖胭脂虫之于广植仙人掌的墨西哥正如养蚕之于广植桑树的我国江南一带，具有重大的经济意义。作者亦指出"这种虫又名蚜兰虫，也是属于蚜虫的一类"。在"呀兰米"一词的各种变体中，口部的"呀"暗示此词的音译性质，草字头的"芽"或误以为该颜料来自植物，而此处虫部的"蚜"则指向其昆虫属性。

此外，"呀兰米"词本身也经历了一定程度的变化。与胭脂虫贸易兴盛以"呀兰米"为通用语不同，从19世纪末开始，其留下的记录多为"呀兰"，如前述段落中提到的两处"呀/蚜兰虫"。1872年的《英华萃林韵

---

① 汴良：《洋红之制造法》，《家庭常识汇编》第2集，1918年，第144页；吴廷扬：《洋红制法》，《家庭常识汇编》第8集，1919年，第123页。

② 《河北民政月刊》1936年2月，第28页。

③ 徐学文：《做洋红原料的胭脂虫》，《小朋友》第832期，1947年，第12—13页。

④ 《胭脂岛》，《世界画报》第3期，1935年，第14页。

⑤ 《胭脂虫》，《农林新报》第13卷第1期，1936年，第28页。

府》(*Vocabulary and Hand-Book of the Chinese Language*)中记录了广州商铺双语广告中的各种真嗹丝带、呀嗹各色绒丝布料，其英文对应词为"True cochineal dyed sashes/floss/silk"。[1]此处的呀兰米缩写为"嗹"或"呀嗹"。当"呀兰米"一词从20世纪30年代开始逐渐被遗忘，它仍保留在广州南音的歌谣中，剩"芽兰"二字。如程美宝所指出，在《南烧衣》中有"烧到芽兰带，重有个对绣花鞋……呢条芽兰带，小生亲手买，可惜对花鞋重绣得咁佳"的歌词，这展示了用胭脂虫红所染的丝带或呢绒带在广州是一件较为日常的物品。[2]此外，广东木鱼书《三姑回门》中亦有"黑绫裤捆牙嗹带，重有东波裙衬个对小小金莲"一句。[3]

"呀兰米虫"与"胭脂虫"所指涉之生物相同，但前者在构词方面偏向外来语，后者更具有本土性（尽管这是一个源于日语的借词）。因此，相较而言，意义明确的"胭脂虫"更容易被大众接受。此二词分别兴盛于广东与上海，其变迁反映了鸦片战争后的历史演变——以上海为代表的通商口岸新贸易秩序替代了以广州为中心的旧贸易体系。

六　结论

外来词汇的本土历史并非只是语言的翻译史。从"洋红"到"胭脂虫"，命名这种美洲蚧壳虫的中文术语各自关联着一段特定的历史以及在特定历史环境中生成的知识，勾勒出从18世纪初到20世纪初的历史变迁。在18世纪，进口的洋红与紫胶红均是由昆虫制成的上等红色颜料，且有时在绘画中混合使用，故康熙与连朗均认为制作紫胶红的紫铆是洋红的原料。呀兰米音译了西班牙语单词"grana"，关联着西班牙帝国垄断下的胭脂虫贸易史。虽然从事贸易的商人及海关官员了解呀兰米的昂贵价格，但这个术语主要是地方性知识，流行于福建广东地区的历史最长。在19世纪，"呀兰米"已完全成为一个本土词，伴随着对世界地理与西方科学知识的关注，"呀兰米虫"出现。而随着呀兰米贸易的衰落与对西方知识兴趣的持续上升，以本土的"胭脂"来描述这种域外昆虫性质的"胭脂虫"一词最终得到广泛传播。

---

[1] Justus Doolittle, *Vocabulary and Hand-Book of the Chinese Language*, p. 444.
[2] 见程美宝《试释"芽兰带"：残存在地方歌谣里的清代中外贸易信息》，《学术研究》2017年第11期。
[3] 《三姑回门》上卷，第七甫五桂堂机器版，第2页a。

此外，只有该词所附着的历史仍在进行之中，词语本身的生命才得以存续。洋红约从 16 世纪末成为国画的颜料，使用至今，故"洋红"一词在汉语中仍具有活力。康熙与耶稣会士使用的"各作泥腊"一词则在 18 世纪东西交流结束后被遗忘。粤语音译词"呀兰米"的生命周期随着以广州为中心的海外贸易逐渐被以上海为代表的条约港口取代而走向结束，而上海所发行的报刊中广泛使用的"胭脂虫"最终成为这种蚧壳虫的种属名。

From *Yanghong* to *Yanzhichong*: Naming and Knowing American Cochineal in China from the Eighteenth to the Twentieth Centuries

Yan Niping

Abstract: This article examines the history of Chinese terminology for American cochineal from the early eighteenth to the early twentieth centuries. Native to Mexico, the cochineal insect is known for its rich dye content, which yields an intensely brilliant and enduring red color. After the Spanish conquest of Mexico in the 1520s, cochineal emerged as one of the most profitable American exports during the early modern period under the Spanish Empire, surpassed only by silver. By the sixteenth century, American cochineal gained global popularity and made its way into China as a luxury red pigment, and it was used to dye silk no later than the eighteenth century. Despite never being utilized as a daily consumer good in China, cochineal has historically been referred to in Chinese sources by a plethora of terms, such as *yanghong* (洋红), *gezuonila* (各作泥腊), *yalanmi* (呀兰米), *yalanmichong* (呀兰米虫), among others. The term *yanzhichong* (胭脂虫) ultimately emerged as the standard terminology in the early twentieth century. The evolution of the nomenclature for cochineal in China sheds light on the patterns through which diverse Chinese groups perceived and sought to understand this foreign good. The disappearance of these terminologies also serves as a reflection of the history associated with specific aspects of the material thing.

Keywords: American Cochineal; Red Dye; Chinese Terminology; Knowledge History

（执行编辑：王潞）

海洋史研究（第二十二辑）

2024 年 4 月　第 67~82 页

鼻烟壶的形成：容器、习惯与身份

陈博翼[*]

摘　要： 鼻烟壶作为中外交流中很常见的物品，是物质文化研究的极佳对象。其不仅具有容器的基本功能，且有一定的文化演进意义。通过研究基于手工技艺的物质文化来观察背后的价值观、思想、态度和预设，是一个非常有意义的尝试。以往关于鼻烟壶的研究主要讨论收藏问题，间或涉及几位皇帝的喜好。本文从容器塑造和文化心理学的角度探讨一些关键问题，观察了鼻烟壶作为对象的历时形成过程及其丰富的社会背景。

关键词： 鼻烟壶　物质文化　身份认同

我们观察一个物体，通常第一反应会是对这个物体的直觉体验，比如美丽或丑陋、顺眼或别扭、新奇或俗气等等。如果我们把思维移动到文化层面，那我们也许要充满好奇地询问：它从哪里来？最初谁创造了它？回答这两个问题的努力通常会将我们导向这个物体的功能，但是功能不能涵盖物体的所有，功能的回答不能解决何以同一功能的物体会有不同的形式和风格，或者更确切地说，不能回答“为何它现在是这样”这个问题。三个问题两前一后限定了物体在时间序列下的生命过程，实质也是导引我们去考察伊格尔·柯皮托夫（Igor Kopytoff）所谓的“物”如何被“特殊化”（singularization）的过程的物的

---

* 　陈博翼，厦门大学历史系副教授、海洋文明与战略发展研究中心执行主任。

　　本文为国家社科基金中国历史研究院重大历史问题研究专项“中国与现代太平洋世界关系研究（1500—1900 年）”（项目号：LSYZD21015）、中央高校基本科研业务费专项资金项目“东南亚史料整理研究”（项目号：20720201048）阶段性成果。

传记叙述。[①] 这也是物质文化研究开始、思考与追索的过程。以往关于鼻烟壶的研究，或仅为收藏层面讨论，或仅略涉几位皇帝的旨意，若从容器形制及文化心理的角度看，则能观察到一种物品历时性的形成过程及丰富的社会情境。

一　鼻烟壶：功能还是习惯？

虽然功能不是全部，但功能往往是前提，至少是前提之一。眼前的鼻烟壶让人意识到，必然有大量的鼻烟需要被装。对鼻烟的嗜好决定了对容器的需要。我们追溯鼻烟的产生和在华情况，追溯烟草的起源、传播与流行，物质已经让我们看到动态的宏大的历史过程和微细的可能的角落。对烟草和鼻烟的了解有利于我们对"为何是鼻烟壶"（why snuff-bottle）有更恰当的判断。比如，印第安人用葫芦装由腌制的烟草叶子干燥、烘烤、研磨成的粉末——鼻烟，葫芦当然是他们周围特有的合适"容器"，我们也可以称其为葫芦瓶。当然，印第安人还利用周围的动物骨、动物皮、树皮等制作容器。比如，苏格兰高地人用动物角（通常是公羊角）来做容器，他们一改欧洲人用长方形的盒子装盛的习惯，无疑是出于气候原因：为防水并保持鼻烟的干燥，任何时候鼻烟与外界的接触面积必须最小。这也是他们由抽烟转向鼻烟的原因——"在苏格兰那样的气候中，保持一根烟燃着不灭几乎是不可能的"。[②] 当然这是以较发达的畜牧业为基础的。所以，我们可以继续追问，为什么在西方几乎是鼻烟盒，在其他地方是其他容器，而在中国是"鼻烟壶"呢？

既然纯容器的考量不足以说明问题，那么只能拓展到物质的产生过程。很显然，西方一开始即使用鼻烟盒作为"烟的容器"。这种容器的"习惯"现在看来似乎与另外一种物质的习惯相同。川北稔先生在介绍砂糖的世界史时，又向我们展示了茶叶的容器茶匣——几乎很容易令人以为就是鼻烟盒，

① 柯皮托夫从人物传记中得到启发，提出一种"物的文化传记"的研究模式。他提醒我们设问：这个物来自何处，是谁制造了它？它到目前为止的"职业"是什么？人们认为其理想的"职业"又是什么？在物的"生命"中什么是被承认的年龄或年代？物的使用是如何随着"年龄"或年代的变化而变化？当它到达无用的终点时又发生了什么？柯皮托夫认为对物的传记的叙述，最终是为了揭示物被不同时期的文化层累地建构并投入使用的过程。详见 Igor Kopytoff, "The Cultural Biography of Things: Commoditization as Process," in Arjun Appadurai ed., *The Social Life of Things: Commodities in Cultural Perspective*, New York: Cambridge University Press, 1986, pp. 64-91。

② 伊恩·盖特莱：《尼古丁女郎：烟草的文化史》，沙淘金、李丹译，上海人民出版社，2004，第85页。

以至类型分析在这里看起来都显得多余。[①] 这种储贮的习惯并不仅仅局限于茶叶，所以，再自然不过的，这种盒子也用于装烟草，也可以是鼻烟盒，然后它们到了东方，被另一种传统改变，变成"鼻烟瓶"或"鼻烟壶"。西方人对鼻烟盒的偏好也并非开初就有，而更多是在十六七世纪以后在对法国的追慕中形成的。法国人的浪漫情怀和时尚嗅觉使得鼻烟在跨越安第斯山脉、跨越大西洋之后被装在精致的盒子里。也许美洲涌进的金银和 16 世纪以来西方（如威尼斯）玻璃工艺生产技术的提高为这种容器的生产提供了支持。路易十四的提倡使鼻烟风靡宫廷和贵族阶层，鼻烟盒迅速繁荣。"在宫廷宴会的餐桌上，鼻烟盒的规格较大；有的则是随身携带的，规格较小，贵族妇女们可以用来放在小提包里，或者悬挂在钥匙链上。"[②] 笔者曾翻检原燕京大学图书馆藏杜德芳夫人（Madame du Deffand）的通信集，其中这种叫"Snuff-box（Sunff-bottle）"（并未写作法文"tabatière"）的新潮玩意也在这位贵妇人的财产清单之中。[③]18 世纪，法国人被视为欧洲最有智慧最时髦的种族，他们的礼仪和生活方式被广泛模仿，因此当我们发现安妮王后时代英国的宫廷贵妇和骑士皆手持精巧的鼻烟盒时完全不必惊讶。也许拿破仑对鼻烟和鼻烟盒的喜好更对此推波助澜，带有法国制造标签的鼻烟盒伴随着法国的文化席卷了西方。

　　那么，相应的，中国容器的"传统"或"习惯"又是什么呢？中国版图涵盖的范围不时变动，不同时期的中国也千差万别。如此大的幅员，葫芦、兽角很难是普遍通行物，不仅流通数量有限，生产数量和供应力也十分有限；如果是普遍的制品，如盒子、瓶子，则情况也许不同。在疆域放大的过程中，满足多地适用的共同点渐渐减少，最终必然只剩下大而化之的笼统器件。即便如此，似乎瓶状物与盒状物的"传统"也是"并存"的。古典时代区域性的差异很能说明多元"传统"的汇聚。南越国文帝赵胡墓中成扁球形的银盒，其造型与内部的液金与中国传统工艺明显不同，陪葬的象牙经鉴定来自非洲

---

① 川北稔:《砂糖的世界史》，郑渠译，百花文艺出版社，2007，第 83 页。对比"清初黄金浮雕鼻烟盒与 18 世纪珠宝镶嵌鼻烟盒"与"1730 年德国镀金人物珐琅鼻烟盒"，分见朱培初、夏更起编著《鼻烟壶史话》，紫禁城出版社，1992，彩图 25；李英豪《保值鼻烟壶》，辽宁画报出版社，2000，第 15—16 页。

② 朱培初、夏更起编著《鼻烟壶史话》，第 66 页。

③ 在一份 1766 年 5 月以 Madame de Sevigne（即杜德芳夫人）为名字的清单下，"鼻烟壶"项下（第 50—51 页插图）有她的画像和姓名首字母缩写，见 W. S. Lewis and Warren Hunting Smith, eds., *Horace Walpole's Correspondence with Madame du Deffand and Wiart,* Vol.1, New Haven: Yale University Press, 1939, pp.50-51。

象。南越王墓中还有漆盒盛放43件玉剑饰，看来盒仍属礼制性器用。湖南长
沙马王堆1号西汉墓軑侯利苍夫人的墓葬中，夫人头戴发髻，还有一个用黑
色蚕丝做成的假髻，盛放在一个小盒子里。汉代还出现了多层的方形漆盒，
估计自此以后，小盒多装首饰，成为魏晋时"戴金翠之首饰，缀明珠以耀躯"
的女子的必备物品了。从各种文学作品中可以看到，唐宋元明清，无论在普
通女子的闺房，还是在青楼女子的住所，装金玉珠宝首饰的盒子应当是比较
普遍的。大的盒子大概会用来装招待客人的小食品，比如曹植将曹操的那
盒酥用来招待杨修等人，还有一些大盒或许会用来装古玩珍奇。这些例子表
明中古以前中国并非没有使用盒子的习惯。不过，似乎另一样东西——瓶子
远为流行，它是与瓷器的生产和使用紧密联系在一起的。无论是"瓶"还是
"壶"，载体都是瓷器，瓷器的生产和传播流行，使生活在这片土地上的人们
对这种形态的器物有特殊的印象和感情，也许这就是后来鼻烟壶初始形态制
作的潜因，也是呈"瓶""壶"形态的鼻烟容器得以流行的原因，至于其名称
是"鼻烟瓶"还是"鼻烟壶"，对实质并无影响（后来对装鸦片的壶即有"壶
如鼻烟瓶"之谓）。杨伯达先生曾对鼻烟壶的名称进行了探讨，认为"鼻烟
壶名称来自直接承袭扁壶与背壶之器名"。[1] 这在器物类型上是一重大突破。
若就其功能与形成过程进一步探讨，则可以看到宫廷与民间两种影响因素留
下的痕迹及鼻烟壶最终形成的轨迹。

　　回到物的过程，与西方的砂糖盒与茶匣盒同理，中国的药瓶成为鼻烟的
自然容器——中国人最初将鼻烟视为一种药，药瓶既用于装烟，也用于装药
（参见故宫博物院西洋药瓶）。鼻烟在民间流传，民众手头无特殊容器装载，
所谓"鼻烟初入中华时，并无另行特制使用之烟壶……遂多利用明目药瓶以
盛鼻烟……明时所用之烟壶，并无专制，完全为旧存之药瓶"，[2] 并且用布裹
壶，[3] 因为鼻烟是一种粉末状的物质，自然被妥善地加以分类了。李调元说：
"又有鼻烟，制烟为末，研极细，色红，入鼻孔中，气倍辛辣，贮以秘色磁器
及玻璃水玉瓶盒中。"[4] 取食鼻烟与取食药物一样——中国人最初吸烟是为了

①　杨伯达：《鼻烟壶名称探源》，《中国古代艺术文物论丛》，紫禁城出版社，2002，第290—299页。
②　赵汝珍编述《古玩指南》，胡炳光等标点，中国书店，1993，第460页。
③　"鼻烟来自大西洋意大里亚国。万历九年（1581），利玛窦泛海入广东，旋至京师，献方物，始通
中国。国人多服鼻烟，短衣数重，裹为小囊，藏鼻烟壶。"见赵之谦《勇庐闲诘》，王云五主编
《丛书集成初编》第1481册，商务印书馆，1937，第1页。
④　李调元：《南越笔记》卷五《鼻烟》，吴绮等：《清代广东笔记五种》，林子雄点校，广东人民出版
社，2006，第269页。

预防疟疾，可见其确实是把烟草作为药物看待的。[①] 因此，民间最初用药瓶装鼻烟是"合情合理"的。不过，正如我们将在下文看到的，药瓶并不是鼻烟壶唯一的源头，器物的元素还体现了"宫廷创造"。

二　淡巴菰与鼻烟跨洋入华：传统与心理

就现有材料看，鼻烟当比烟草稍晚一点。[②] 从使用上看，烟草需用火："吕宋国出一草，曰淡巴菰，一名曰醺，以火烧一头，以一头向口，烟气从管中入喉。"[③] 又，沈德潜《咏烟草》诗云："八闽滋种族，九宇遍氤氲。筒内通炎气，胸中吐白云。助姜均去秽，通酒共添醺。就火方知味，宁同象齿焚。"[④] 用明火之外，当时最普遍的吸用方式是将烟草"采而干之，刀批为丝"。[⑤] 海外经传之地亦用烟丝："吕宋人食法，用纸卷如笔管状，名几世留，然火吸而食之。"又据李朝《仁宗实录》，戊寅（1638）八月"甲午，我国人潜以南灵草，入送沈阳，为清将所觉，大肆诘责。南灵草，日本国所产之草也，其叶大者，可七八寸许。细截而盛之竹筒，或以银、锡作筒，火以吸之，味辛烈。谓之治痰消食，而久服往往伤肝气，令人目瞀。此草自丙辰、丁巳年间（案：1616—1617），越海来，人有服之者，而不至于盛行。辛酉、壬戌（案：1621—1622）以来，无人不服，对客辄代茶饮，或谓之烟茶，或谓之烟酒，

① 详参伊恩·盖特莱《尼古丁女郎：烟草的文化史》，第49—50页。作者叙述了山阴一位医生张芝平（Chang Chieh Pin）的记录。鼻烟在欧洲最初也是被当作药物使用的。第76—77页记中国人将其作为药物售往缅甸等处。第80页记英国人将其视为万能药。1616年烟草在苏黎世以药品流行。17世纪时欧洲城市用其防止病菌传染。烟草也有抑制饥饿的功效，见上书第119页："法国的农民阶级习惯吸烟，靠烟草的抑制食欲作用渡过经常出现的饥荒。"又见广东省地方史志编纂委员会编《广东省志·烟草志》（广东人民出版社，2000）和福建省地方志编纂委员会编《福建省志·烟草志》（方志出版社，1995）的相关论述，尤其是烟草在中国用于抑制饥饿情况部分，可见其仍属药物。

② 一般的说法是烟草于万历三年由吕宋传入台湾、福建。鼻烟于万历七年方由意大利籍传教士利玛窦带入广东。李调元也是先讲烟草再讲鼻烟，《南越笔记》卷五《鼻烟》云："烟草，今在处有之。按熊人林《地纬》所述，粤中有仁草名金丝醺，可辟瘴气。多吸之，能令人醉，亦曰烟酒。又有鼻烟。制烟为末，研极细，色红，入鼻孔中，气倍辛辣。贮以秘色磁器及玻璃水玉瓶盒中。价换轻重，与银相等。来自西域市舶，今粤中亦造之，足以馈远。"见吴绮等《清代广东笔记五种》，第269页。

③ 姚旅：《露书》卷一〇《错篇》，见谢国桢《明代社会经济史料选编》（上），福建人民出版社，1980，第66页。

④ 《归愚诗钞余集》卷一〇《古今体诗七十四首》，见《沈德潜诗文集》，潘务正、李言编辑点校，人民文学出版社，2011，第626页。

⑤ 谈迁：《枣林杂俎》中集《荣植·金丝烟》，罗仲辉、胡明校点校，中华书局，2006，第478页。

至种采相交易。久服者知其有害无利，欲罢而终不能焉，世称妖草。传入沈阳，沈人亦甚嗜之，而虏汗以为非土产，耗财货，下令大禁云"。① 这就是皇太极禁烟的原委。方以智的《物理小识》载："皆衔长管而火点吞吐之，有醉仆者。崇祯时严禁之不止。其本似春不老而叶大于菜，暴干以火酒炒之，曰金丝烟，北人呼为淡把姑，或呼担不归。可以祛湿发散，然久服则肺焦，诸药多不效，其症忽吐黄水而死。"②

烟草入华后，最初无人使用：

> 《明钱八将军墓表》云：文卿事太保甚谨。是时淡巴菰初出，然荐绅士人无用之者，文卿一见好之，太保见而怒鞭之，文卿惶恐，扶服谢过，太保抚之而止。呜呼，斯其所以为忠义之子弟也耶！太保嗣子浚恭以予铭其家先德之备也。③

然而短时间内，其便"行遍天下"。《鲒埼亭集》卷三《淡巴菰赋》序言："今淡巴菰之行遍天下。"④ 王士禛《香祖笔记》卷三云："今世公卿士大夫下逮舆隶妇女，无不嗜烟草者，田家种之连畛，颇获厚利。"⑤ 清初王逋《蚓庵琐语》言："予儿时尚不识烟为何物。崇祯末，我地（指其家乡浙江嘉兴）遍地栽种，虽三尺童子，莫不食烟，风俗颇改。"⑥ 清代初年的董含《莼乡赘笔》卷中云："明季服烟有禁，惟闽人幼而服之，他处百无一二焉。近日宾主相见，以此为敬，俯仰涕唾，恶态毕具。初犹城市服之，已而沿及乡村；初犹男子服之，既遍及闺阁。习俗移人，真有不知其然而然者。"⑦ 至于鼻烟，由于不需用火，记载不如烟草般生动。

从常理推测，作为"粉末状烟草"的鼻烟当晚于烟草流行。暂时还没看

---

① 转引自吴晗《谈烟草》，《光明日报》1959 年 10 月 28 日，收录于《吴晗史学论著选集》第 3 卷，人民出版社，1988，第 184 页。本条据韩国影印《朝鲜王朝实录》校改，参见国史编纂委员会编《仁祖实录》第 35 册卷三七"仁祖十六年八月甲午"条，东国文化社，1957，第 31 页。
② 方以智：《物理小识》卷九《草木类·淡巴姑烟草》，商务印书馆，1937，第 237 页。
③ 全祖望：《鲒埼亭集外编》卷五《碑铭》，《续修四库全书》集部第 1429 册，影印清嘉庆九年史梦蛟刻本，上海古籍出版社，2002，第 497 页。
④ 全祖望：《鲒埼亭集》卷三《赋·淡巴菰赋》，商务印书馆，1936，第 37 页。
⑤ 王士禛：《香祖笔记》，湛之点校，上海古籍出版社，1982，第 45 页。
⑥ 陈琮：《烟草谱》卷一《原始》，《续修四库全书》子部第 1117 册，影印浙江省图书馆藏清嘉庆刻本，第 415 页。
⑦ 陈琮：《烟草谱》卷二《烟禁》，《续修四库全书》子部第 1117 册，第 428 页。

到中文文献反映烟草与鼻烟之间的关系，也不见有人群代替使用的趋向，大抵两者并行不悖。西人对这方面的记录也语焉不详。不过鼻烟在欧洲确实曾一度风靡，甚至代替烟草，但若从更长期看，殆为并存。"人们享用烟草最钟爱的和最常见的形式就是抽烟。然而，有那么一个时期，抽烟一下失去了市场。在18世纪，吸食鼻烟一度成为主流的文化现象。"①

　　鼻烟入华后大半个世纪并未被特别注意，其后来的风靡跟宫廷的"上层"消费有绝对关系。康熙二十三年（1684）南巡时，汪儒望等进献西腊于南京，这种"西腊"也叫"士那""士那乎"，即鼻烟。此后，关于鼻烟或鼻烟壶的记载在宫中越来越多。就早期讲也不乏其例：康熙五十九年十二月三十日，皇帝在中和殿筵宴嘉乐（Charles Mezzabarba），"嘉乐进东西四样，万年护身神位一尊，作的各样西洋纸第一盒，玻璃器皿，宝玉烟盒"（梵蒂冈图书馆 No. Borg Cin. 439）。②麦德乐（Alexandre Metello de Sousa e Menezes）来使所带表文一道方物十三箱，第一号内有各色鼻烟盒十一个，第九、第十号箱内，各有"鼻烟六瓶"（梵蒂冈图书馆 No. Borg Cin. 516）。③

　　鼻烟在民间的装载，如前面已经讲的，"多利用明目药瓶以盛鼻烟"，取其便捷易带（或带烟枪或带鼻烟容器，但烟是随时随地要吸食的），且密封性相对其他容器要好的优点罢了。宫中初期鼻烟壶似乎只用于存放，故形制较为笨重。康熙帝好借鉴西洋，故现所见康熙时极罕见的铜制方壶也许便是对西方鼻烟盒融汇中西的创制——近似长方体壶身，龙腾云间图案。不仅长方体的体型（形状）——不利用"勺"，其大小和重量也显示可能不是使用型鼻烟壶而是存放型。所以无论为倒在烟碟（如果最初有的话）中还是其他器皿中，然后再如何取食，皆与勺无关。勺只是为使用型鼻烟壶配置的。④故勺应是从药瓶这一系来的，最初或为药用之勺。王士禛《香祖笔记》卷七云："近京师又有制为鼻烟者，云可明目，尤有辟疫之功，以玻璃为瓶贮之……以

① 沃尔夫冈·施菲尔布施（Wolfgang Schivelbusch）:《味觉乐园：看香料、咖啡、烟草、酒如何创造人间的私密天堂》，李公军、吴红光译，百花文艺出版社，2005，第121页。
② 阎宗临著，阎守诚编《传教士与法国早期汉学》，大象出版社，2003，第161页；阎宗临:《中西交通史》，广西师范大学出版社，2007，第126页；方豪:《中国天主教史人物传》，宗教文化出版社，2007，第460页。
③ 阎宗临著，阎守诚编《传教士与法国早期汉学》，第201页。
④ 康熙时有一画珐琅开光梅花鼻烟壶，铜胎，扁圆腹，高5.2厘米，盖上连有象牙制小勺，由其形状看出当为使用型鼻烟壶，见朱培初、夏更起编著《鼻烟壶史话》"康熙画珐琅开光梅花鼻烟壶（带勺）"，彩图38。

象齿为匙，就鼻嗅之，还纳于瓶。"①回到器物的观察，其可能的演变轨迹能让人更好地理解传统与心理的巨大影响。康熙的铜制鼻烟壶应该是现可见最早的鼻烟壶。②其铜制的厚重、色泽与龙腾图案，还有其内容物鼻烟与丹药一样珍稀贵重的隐喻，无不让人推测，新创的鼻烟壶容器是以大内藏珍稀秘制药和丹药壶为底本的。中国人对瓶壶的偏好与认可、对珍秘药物的看重，种种心理和意识最终促成了一种新型容器的出现。后来出现的鼻烟壶旁边有相应的"耳饰"，提醒我们注意鼻烟壶最初不是直接来自药瓶，大内初创的鼻烟壶比民间最初使用的药瓶装要晚（民间最初是用布裹壶而不是挂腰间），但定型有耳饰的鼻烟壶是宫廷创造的。③

就药用的功能讲，最初烟草最为显著，文献尚未谈及鼻烟。张介宾在1624年写成的《景岳全书》中最早记载了烟草传入的情况："此物自古未闻也，近自我明万历时，始出于闽广之间，自后吴楚间皆种植之矣，然总不若闽中者，色微黄质细，名为金丝烟者，力强气胜为优也。求其习服之始，则向以征滇之役，师旅深入瘴地，无不染病，独一营安然无恙，问其所以，则众皆服烟，由是遍传。而今则西南一方，无分老幼，朝夕不能间矣。"④王肱枕《蚓庵琐语》："烟叶出闽中，边上人寒疾，非此不治。"⑤姚旅《露书》谓："能令人醉，且可辟瘴气。有人携漳州种之，今反多于吕宋，载入其国售之"，"淡巴菰今莆中亦有之，俗名金丝醺，叶如荔枝，捣汁可毒头虱，根作醺"。⑥吴伟业云："闽人有此种，名曰烟酒，云可以已寒疗疾，此亦火异也。"⑦它也被用于军士防寒，杨士聪《玉堂荟记》卷四云："烟酒，古不经见。辽左有事，调用广兵，乃渐有之，自天启中始也。"甚至烟禁也因此而取消，"然不久，

---

① 王士禛：《香祖笔记》，第 131 页。
② 现在还可以看到标着顺治三年（1646）、四年等年份程荣章制的一组鼻烟壶，见李英豪《保值鼻烟壶》，第 17 页。据温桂华先生估计现在国内外藏有 20 余件。据杨伯达先生从器形、图案、款识及其他综合因素考证，当系伪造品，故本文直接从康熙铜壶开始讨论。参见杨伯达《顺治年程荣章造款铜胎鼻烟壶辨》，《故宫博物院院刊》1999 年第 4 期。
③ 传统容器有耳饰的极多，除去如爵、角、斝、尊等酒器不说，簋、簠、盘、鉴、壶、盂、罍等容器都有这种形态，鼻烟壶上的耳饰在工艺上顺承的可能性也比较大。耳饰后来也可以与壶口的穿线佩戴连接，显得更为"奇巧"。
④ 张介宾：《景岳全书》卷四八《隰草部》，《景印文渊阁四库全书》子部第 778 册，台湾商务印书馆，1983—1986，第 356 页。
⑤ 赵翼：《陔余丛考》卷三三《烟草》引，中华书局，1957，第 719 页。
⑥ 姚旅：《露书》卷十《错篇》，明天启二年刻本，第 46 页 a。
⑦ 吴伟业：《绥寇纪略》卷一二《虞渊沉》，李学颖点校，上海古籍出版社，1992，第 246 页。

因边军病寒无治，遂停是禁"。^①叶梦珠在《阅世编》也说："顺治初，军中莫不用烟。一时贩者辐辏，种者复广，获利亦倍。"^②而鼻烟也具有相应的功能，自然也能形成一定的替代性。王士祯所谓"有辟疫之功"，^③张义澍《士那补释》谓"通百脉，达九窍，调中极，逐秽恶，辟瘴疫，愈头风"，方以智《物理小识》谓"驱温（瘟）发散"，叶梦珠、王渔洋谓"避寒暑""辟瘴气，捣去其汁，可毒头虱"等都是如此，所以借助于烟草的风靡和人们形成的习惯，鼻烟也才可能如此快风靡四方。

三　鼻烟壶：权力与身份

在狄德罗（Denis Diderot）的小说《宿命论者雅克和他的主人》（*Jacques le Fataliste et son Maître*）中，主人之所以为主人，其生命的三要素就是：奴仆（雅克）、钟表、鼻烟壶（car il ne savait que devenir sans sa montre, sans sa tabatière et sans Jacques: c'étaient les trois grandes ressources de sa vie）。^④故宫博物院藏《奕詝孝钦后弈棋图轴》就显示了清代宫廷中上层人物佩戴鼻烟壶的情形。由于皇帝赏赐大臣和对外赠予，宫廷鼻烟壶也会流出，富商通过与贵族大臣的交往及在对外贸易中的优势地位等种种特权也成为宫廷鼻烟壶的使用者。大臣和商人的使用将鼻烟壶带到民间。与此同时，作为中介他们也向宫廷回馈了民间的信息，这样宫廷也开始生产有勺子的鼻烟壶，民间的上流阶层也会使用烟碟，或有勺或无勺皆成使用型鼻烟壶，^⑤从而在互相借鉴中终于完成了"合流"：之前是宫廷之鼻烟壶有瓶之形态而无后来鼻烟壶小巧之实，民间之药瓶有瓶之实而无壶之名，后来是"壶"（鼻烟壶）与"瓶"（药瓶）合流——以"壶"为名的"瓶"。颜色上，这些铜制的鼻烟壶泛黄的色泽也提醒我们注意，它们来自宫廷，有着皇家神圣的颜色，也许它们还与喜爱黄金的隐性心里有关。无论如何，最先制造的这些鼻烟壶显示了象征、传统（心理）与权力。

如果我们把视线从大小尺寸、材料、重量、外形、颜色上移开，回到纹

① （道光）《遵义府志》卷一七《物产》，清道光二十一年刊本，成文出版社，1968，第 382 页。

② 《笔记小说大观》35 编第 5 册《阅世编》，江苏广陵古籍印社，1984，第 167 页。

③ 王士祯：《香祖笔记》，第 131 页。

④ Denis Diderot, *Jacques le Fataliste et son Maître*, Tome Premier, Paris: Maradan, 1798, pp. 63-64.

⑤ 宫中使用型鼻烟壶的兴起也与时尚流行和携带有关，皇帝赏赐也方便。至于后来鼻烟是存放在丹药壶中还是仍有存放型鼻烟壶提供存所已不重要。

样、图像上继续深入讨论，我们会发现在早期不仅只是上述鼻烟壶为龙云、仙游等带有中国文化传统特质的洒脱的纹样。赵之谦《勇庐闲诘》谓"康熙中所制浑朴简古"。[①]康熙时期玉制的鼻烟壶也有与阴刻相应的浅浮雕，图像亦为云龙一类（"康熙白玉浅浮雕"）。[②]康熙时期另一种画珐琅（无论铜胎还是玻璃胎）的图像则既有这种隐逸清淡型，也有较花哨的绘有西洋风物的画珐琅。但是，阴刻与浅浮雕，连同画珐琅，这两种装饰的工艺当皆为来自西洋的影响——画珐琅自不在言，源于西方的清初黄金浮雕鼻烟壶是一个很好的例子，18世纪初后西方才流行镶嵌宝石，是故后来中国才出现一些带有花哨装饰的鼻烟壶（如"犀角刻西班牙银元纹饰鼻烟壶"）。

从鼻烟壶的流传过程看，身份认同与权力的表现非常明显。[③]对鼻烟壶作为标志的认同来源于对鼻烟作为标志认同的前提。鼻烟何以风靡中国，甚至令一大部分人放弃了以前的烟草？回答这个问题前，我们不妨先看看其他地方的情况：法国一开始上层就流行"高雅"的鼻烟，认为用烟斗抽烟为下层的低俗行为；以英国为首的其他国家大约多多少少有点"追慕"；彼得大帝推行向西欧学习，故俄国大致亦循此途。另一说也因抽烟曾引起过木质房子火灾，固很多人主张吸鼻烟；据说德国也是因为火灾危险，科隆议会禁止工人工作时抽烟，遂使鼻烟流行；在蒙古，则有喇嘛禁止抽旱烟的因素。[④]"新式"的鼻烟则未在宗教禁令之中，是故信徒们得以自由吸闻。一说在中国，崇祯皇帝禁烟令致使"臣民们研究了另外一种烟草的使用方法"。[⑤]不过此说不确，也许原书作者对中国的情况较不熟悉，又以其之前其他地方"因禁生变"的程式观点套用。禁烟说有很多，比如杨士聪《玉堂荟记》云："己卯（1639），上传谕禁之，犯者论死。庚辰，有会试举人未知其已禁也，有仆人带以入京，潜出鬻之，遂为逻者所获，越日而仆

---

① 赵之谦：《勇庐闲诘》，王云五主编《丛书集成初编》第1481册，第7页。

② 赵汝珍《鉴辨鼻烟壶》："用玉特制鼻烟壶，大概始自康熙朝，因为康熙皇帝享国时间最长，任何质地的烟壶，都自此时肇始，正是基于此点推断玉制烟壶在康熙时创始。大概是玉质烟壶的价值，全在于质地的优劣，而作工的粗细和年代产生的远近，并不重要，所以其创制的年代，世人往往忽略。"王金海编著《鼻烟壶鉴赏与收藏》，上海书店出版社，1996，第25页。

③ 烟草曾形成清教徒之间的联结。吸烟曾让荷兰人找到了他们的民族象征。鼻烟灭了火保全了英军战舰。霍普森司令取得维哥海战胜利后，从法西联军那缴获的鼻烟作为战利品在英格兰西部销售，吸鼻烟成为英国人具有爱国精神的表现。参见伊恩·盖特莱《尼古丁女郎：烟草的文化史》，第69、100页。

④ 朱培初、夏更起编著《鼻烟壶史话》，第12—21页。

⑤ 伊恩·盖特莱：《尼古丁女郎：烟草的文化史》，第73页。

人死于西市矣。相传：上以烟为燕，人言吃烟，故恶之也。"① 又如谈迁《枣林杂俎》所记："崇祯十六年（1643），敕禁私贩，至论死。"② 崇祯禁烟不会仅仅因为"烟—燕"谐音这种幼稚的缘由，大概打击流寇势力才是最直接的动因：

> 叶梦珠《阅世编》卷七：崇祯之季……后奉上台颁示严禁，谓流寇食之，用辟寒湿，民间不许种植，商贾不得贩卖，违者与通番等罪，彭遂为首告，几致不测，种烟遂绝。顺治初，军中莫不用烟，一时贩者辐辏，种者复广，获利亦倍……③

杨士聪另有《寒夜丛谈》云："崇祯初重法禁之不止，末年遂遍地种矣。余儿时见食此者尚少，迨二十年后，男女老少，无不手一管，腰一囊。"可见禁烟法是不起作用的。又"崇祯癸未，下禁锢之令。……然不久因边军病寒无治，遂停是禁。"可见很快禁烟令又停了。

在欧洲，有些人从吸食烟草转为使用鼻烟，大概最初系出于不需用火的"方便"考量，也不排除城市中产阶级有意识的"区格"（distinction）和文化创造因素。"据发表于1700年的一篇文章《粉末状烟草的正确使用方法》（Le bon usage du Tabac en Poudre）记载：'如今的乡下人像城里人一样吸食鼻烟；王公贵族、高贵绅士与广大的老百姓一样吸食鼻烟。它是高贵的妇人最喜欢的事情，市民女性竞相效仿并加入吸食队伍里来。那些高级教士、神父，甚至僧侣也都狂热地吸食鼻烟。尽管教皇颁布了禁止吸食鼻烟的禁令，西班牙的牧师还是在做弥撒的时候吸食。打开的鼻烟壶对于他们来说简直就是摆好的圣餐台'""法国大革命前夕，法国的烟草消费者中每12个人就有11个人是吸食鼻烟的""像操作鼻烟壶的那一套动作和吸食鼻烟的过程一样，变成了一种社会的和文化的识别符号"。④

也许中国人选择鼻烟有其他如便捷、钻空子等原因，不过无可否认的是，当西洋传来的珍异稀有物已经透露了这种东西在西洋的使用人群和情形等信

---

① 杨士聪：《玉堂荟记》，中华书局，1985，第69—70页。
② 谈迁：《枣林杂俎》中集《荣植·金丝烟》，第478页。
③ 《笔记小说大观》35编第5册《阅世编》，第167页。
④ 沃尔夫冈·施菲尔布施（Wolfgang Schivelbusch）：《味觉乐园：看香料、咖啡、烟草、酒如何创造人间的私密天堂》，第121、165页。

息之后，宫廷对其模仿与认同是很自然的事——对于与传统有较大差异的新事物可能不会很容易接受或"过滤"掉，但对符合自身已有体验的事物的接受则是顺理成章的对传统的继承。满蒙贵族骑马时随身携带瓶壶于腰间的传统大概对迅速接受这种新时尚至关重要。[①] 从上层开始的流行与时兴伴随着特权阶层的意识、身份认同的意识，它们同时又作为一种标签，诱导着越来越多的人追慕，似乎模仿便入上流、便"高贵"不少。[②] 而这种追求也无意间推动了有火有烟到无火无烟的"文明的进程"。对鼻烟等级差别的"区格"的心理形成了身份象征背后的这种集体（时代社会）心理：

> 沈豫《秋阴杂记》曰：鼻烟壶起于本朝。其始止行八旗并士大夫，近日贩夫牧竖，无不握此。[③]

无独有偶，访华的朝鲜使团也观察到鼻烟壶最早为上层所使用。洪大容《湛轩书外集》就指出："鼻烟者亦洋产也。贮以玳瑁匣，细末色微赤，撮少许当鼻孔而吸之。华人吸草号以烟，故此称以鼻烟也。京城列肆以卖之，装以小壶，独满人盛用之。"[④] 金景善《燕辕直指》亦云：

> 惟西洋人吸鼻烟，华人今多效之。市上所卖烟壶颇盛，而但佩壶者皆满人也。[⑤]

可见，中国人是效仿西欧人吸鼻烟，是对风潮的追随，而汉人并不佩戴鼻烟

---

① 蒙故宫博物院仇泰格研究员提示，将鼻烟壶别在腰间与满人衣装传统也有关：其早期有大量户外生活的经历，习惯于将生活相关的各种用品都挂在腰带上，包括吃肉的小刀、擦手的手巾、野炊的火镰、剔牙的牙签筒。清代中期后，因为普遍在城市生活，随身挂在腰带上的东西更丰富，甚至包括了书写用的笔记本、眼镜盒、名片夹、怀表等各式各样的"活计"。如此，用便于携带的壶去装鼻烟，似乎是合情合理、"水到渠成"的。

② "更有鼻烟一种，以烟杂香物花露，研细末，嗅之鼻中，可以驱寒冷，治头眩，开鼻塞，毋烦烟火，其品高逸，然不似烟草之广且众也。"见刘廷玑《在园杂志》卷三，中华书局，2005，第117页。可见抽烟的人数仍较多，吸鼻烟的人数少，但鼻烟"其品高逸"确为时人的观念。

③ 赵之谦：《勇庐闲诘》，王云五主编《丛书集成初编》第1481册，第7页。

④ 洪大容：《湛轩书外集》卷七《燕记》，韩国文集丛刊刊行委员会编《影印标点韩国文集丛刊》第248册，首尔民族文化推进会，2000，第250页。

⑤ 金景善：《燕辕直指》卷六《留馆别录》，林中基编《燕行录全集》第72册，首尔东国大学校出版部，2001，第356—357页。

壶，佩戴之风是从满人那流行起来的。[1]

　　鼻烟作为珍异物价格不菲。[2] 但是随着时间推移，中国市面上出现越来越多的鼻烟。海员、商人和传教士普及的习俗刺激了本土的烟草生产，乾隆年间（1736—1795）广东的烟草种植面积的迅速扩大就是显例。但鼻烟价格并未因此大大降低——鼻烟也分三六九等，上等鼻烟仍非常昂贵，[3] 只是烟草本身好坏成色尚需分辨，不容易一目了然，而此时更明显的标志就会被推到前台。

　　　　迩来更尚鼻烟，其装鼻烟者，名曰鼻烟壶，有用玉、玛瑙、水晶、珊瑚、玻璃、缕金、珐琅、象牙、伽楠各种，雕镂纤奇，款式各别，千奇百怪，价不一等。物虽极小，而好事者愿倍其价购之以自炫，然转眼间所好更变，又不知何如矣。[4]

　　鼻烟壶的制造受材料和工艺限制，故宫廷优势尤为明显，最初民间无法匹敌。王士禛谓"皆内府制造，民间亦或仿而为之，终不及"。[5] 权力在此过程中展现无遗，比如对资源的控制（如犀角鼻烟壶），从物质到精神铸就着特殊群体的生活世界。于是，鼻烟壶成了身份地位标志物或说表征物，人事交往与人际圈的活动无不赖此进行。似乎通过壶的高贵就可以判定内容物的等级。到了这时，内容物便已经不重要了，也许只是随潮偶尔吸食几口，也

---

① 蒙丁晨楠提示，我在《燕行录》中寻得这两条朝鲜史料，证明佩戴鼻烟壶最初在满人中流行，亦是《秋阴杂记》记录中认为其始于旗人的推进，谨致谢忱。

② 天宝洋行专营鼻烟，成箱制套长方形的鼻烟壶"求一箱全璧者千金莫得""为希世珍宝"。见王金海编著《鼻烟壶鉴赏与收藏》，第5—6页。又，《广东通志》云："鼻烟初至，一小瓶价二百元。"引自杨国安编著《中国烟草文化集林》，西北大学出版社，1990，第201页。又，陆耀《烟谱》："一器值数十金，贵人馈遗以为重礼。"见杨国安校注《烟谱校注》，《中国烟草》1982年第3期。又，李调元《南粤笔记》："价换轻重，与银相等。"见吴绮等《清代广东笔记五种》，第269页。

③ 《清代之竹头木屑》载："耆英为两广总督，用度奢汰。每吸鼻烟，辄以手握一把擦烟端，狼藉遍地，皆上品鼻烟也。其侍者不忍，或随时拾贮之。后其家贫甚，姑取拾贮之鼻烟售诸肆，得数百金。"清末情形尚且如此，无论前中期。当然笔记小说之载不可尽信，鼻烟壶主要是更好衡量的明显标志，与鼻烟价格变化关系不大。见辜鸿铭、孟森等《清代野史》第7册，巴蜀书社，1988，第332页。

④ 刘廷玑：《在园杂志》卷四《青莲》，中华书局，2005，第167—168页。

⑤ 王士禛：《香祖笔记》，第131页。

许只是有一点上瘾，[①]但鼻烟壶一定要随身携带，它是通往上流社会的门票，是公民的等级身份证。这样，对鼻烟壶作为标志的认同反过来增进了对鼻烟的需求。

烟草可以扩大种植降低珍稀性，烟壶的材料也可以避开珍异的选择。最早的民间容器是药瓶，瓷制。瓷器生产很发达，所以很容易制造和获取瓷鼻烟壶，为了更容易显示与药瓶的不同，故于其上增添纹饰绘画。随着画珐琅的兴起，又有新的花样。本来珐琅画由于用工多、彩料贵，生产基本在宫廷。由于广州特殊的商贸地位，富商与外销的需求不仅是市场需求，也提供了一种支撑。广州于康熙二十二年（1683）就开始生产画珐琅器皿，比北京早两年。当时广州有大量的银。由于金银比价低于其他地区，加以中国人对银的需求，地理大发现后在美洲开采出的白银明中期以后大量流入中国。广州位置特殊，西班牙葡萄牙携银而来。"用银始于闽、粤，以其地坑冶多而海舶利耳。……闽、粤银多从番舶而来，番有吕宋者，在闽海南，产银，其行银如中国行钱。西洋诸番，银多转输其中，以通商故，闽、粤人多贾吕宋银至广州，揽头者就舶取之，分散于百工之肆，百工各为服食器物，偿其值。承平时，商贾所得银皆以易货。"[②]画珐琅附于银器，而富商和外国人具备这种购买力。后来广州的珐琅画鼻烟壶兴盛发达。画珐琅在民间（广州）的兴起与玻璃的使用密切相关（这要归功于西方玻璃技术的发展）。[③]在普通民间市场无力承担其他金属或珍异材料制品的高价的情况下，玻璃是极佳的平衡替代。另外，广州有画珐琅的原料、玻璃原料，也为该地的兴盛奠定了基础。玻璃生产工艺的提高和普及推动了画珐琅的制作，珐琅制作的成熟推

---

① 赵汝珍《古玩指南》中所谓："无论贫富贵贱无不好之，有类于饮食睡眠，不可一日缺其事。几视为第二生命，可一日无米面，而不可一日无鼻烟。可一日不饮食，而不可一日不闻鼻烟。"该情况已为清末情形，其描述都让人感觉像一个"抽鸦片的民族"了，过于夸张，疑为从一些抽鸦片者那得来的印象移植。另外关于吸鼻烟引起的快感及与性欲的关联详见伊恩·盖特莱：《尼古丁女郎：烟草的文化史》，第 100 页："鼻子因为受到强烈刺激而会不停地打喷嚏，这种自然的生理反应在当时被看作是类似于性高潮的一种表现。"在中国这一点似乎没有隐喻，或者没有明显表现出来。

② 见屈大均《广东新语》卷一五《货语·银》，中华书局，1985，第 406 页；"闽、广绝不用钱而用银。"见谢肇淛《五杂俎》卷一二，辽宁教育出版社，2001，第 257 页。白银流通入华的研究，参见梁方仲《明代国际贸易与银的输出入》，《中国社会经济史集刊》第 2 期，1939 年；贡德·弗兰克：《白银资本：重视经济全球化中的东方》，刘北成译，中央编译出版社，2000；Richard von Glahn, "Myth and Reality of China's Seventeenth-Century Monetary Crisis," *The Journal of Economic History*, Vol. 56, No.2, June, 1996, pp. 429-445。

③ 关于玻璃的生产及技术，参见杨伯达《清代玻璃概述》，《故宫博物院院刊》1983 年第 4 期。

动了玻璃行业的竞争。无论如何，这就是鼻烟壶在宫廷与民间合流的例子，鼻烟壶真正流行起来。①

<h1 style="text-align:center">结　语</h1>

鼻烟壶只是中西交通中很普通的一种物品，不过却是物质文化研究的良好对象，因为它既有器物的基本功能，又有一定的文化衍展意涵。通过研究基于手工艺品研究的物质文化，观察其背后的价值观、思想观念、态度和预设，是极有意义的尝试。因为无论是物质还是意义，都只出现在特定社区或社会，物质体现着社群文化。功能的目的常常模糊了风格，但风格分析能导向更为准确和原初的文化阐释。②由"物/形"出发，反思现有物质文化理论，再回到"物形"，是鼻烟壶的案例带给我们的启发。对物体的观察永远是我们进行此类研究的核心要素——如果我们有意识地将物质和图像作为与文字和口述并列的来源材料的话。例如，当我们观察讲坛的桌子时，问题可以是"桌子为何是这种形制"。只解释桌子可以放置物品的功能当然是远远不够的。当空间的解释变得乏力时，不妨想想之前桌子的样子（如西方文明的强势造成的当代会议桌的样式），那样时间的解释力就出现了（可以标上"帝国主义侵入"的符号，也可以认为是"西方文明扩张"的结果）。当形制被推演剥离至最基本的功能层面时（比如桌子是"置物平台"，鼻烟壶是"置物容器"），功能以外附加的形制变革、当前形制和基本功能形制之间的变化就一目了然了。对物质的考察，最基本的做法是把结果转换成过程，把空间转换为时间。这也是对功能分析的超越。

The Formation of Snuff Bottle: Containers, Habits, and Identity

Chen Boyi

Abstract: As a very common thing in the communication between China and the West,

---

① 画珐琅在乾隆时期突然大量涌现，除了乾隆朝各种艺术和文化活动繁荣的大背景之外，也与西洋诸国交往的新的阶段有关，或许也是乾隆对其祖父圣祖追慕的心理推动所致。

② Jules David Prown, "Style as Evidence," *Winterthur Portfolio*, Vol. 15, No.3, Autumn, 1980, pp. 197-210.

snuff bottle is a good object for the study of material culture. It not only has the basic function as a container, but also has a certain meaning of cultural development. It is a very meaningful attempt to observe the values, ideas, attitudes, and presuppositions behind by studying the material culture based on the handicrafts. Previous studies on snuff bottle mainly discussed the issues of collections, or touched on several emperors who loved it. This paper explores the key issues from the perspective of container shaping and cultural psychology, observing the diachronic formation process of snuff bottle as an object and its rich social context.

Keywords: Snuff Bottle; Material Culture; Identity Identification

（执行编辑：林旭鸣）

海洋史研究（第二十二辑）

2024 年 4 月　第 83~110 页

18 世纪中英檀香木贸易中的定价问题探析

——以英国东印度公司档案为中心

李　干*

摘　要：檀香木是 18 世纪欧洲商人输入中国的重要商品之一。英、法、荷兰、丹麦等国东印度公司和散商运来大量的檀香木，推动了广州檀香木贸易的繁荣，但也引发了檀香木价格的波动。清朝官府和行商从各自的利益出发，试图垄断檀香木的定价，但都由于内外压力而失败。与此相反，英国东印度公司运用行政、外交、经济、军事等多种手段，不仅打破了价格垄断，而且排挤了竞争对手，逐渐获得了对商品定价的主导权。英国东印度公司的胜利表明，18 世纪晚期英国已在广州贸易中占据主导地位，这不仅预示了广州体制的转变，也折射出英国全球战略的调整。

关键词：檀香木　价格垄断　公行　英国东印度公司

中国市场对檀香木的消费由来已久，与佛教的传播有着密切的联系。宋元海上贸易兴盛，大量香药进入中国，带动了香药消费的增长。至明清，随着商品经济的发展，香药消费市场进一步扩大。[1] 新航路开辟之后，欧洲商人陆续抵达亚洲，开展对华贸易。但由于中国市场对欧洲商品的需求不高，欧

---

*　李干，中山大学历史学系博士研究生。

　　本文系国家社科基金中国历史研究院重大历史问题研究专项 2021 年度重大招标项目"中国与现代太平洋世界关系研究"（LSYZD21015）的阶段性成果。

[1]　关于明清香药贸易的研究，可参考陈媛《明代中国与东南亚国家的香药贸易及其影响探析》，《兰台世界》2014 年第 24 期；涂丹《香药贸易与明清中国社会》，杨国桢主编《中国海洋文明专题研究》第 5 卷，人民出版社，2016；孙灵芝《明清香药史研究》，中国书籍出版社，2018。

洲商人不得不支付大量的白银购买中国货物。为了平衡贸易，减少白银的支出，欧洲商人尽可能地寻找中国市场所需的货物，胡椒、檀香木和棉花自此逐渐成为英国东印度公司输入中国的主要印度产品。整个 18 世纪，在鸦片成为重要的商品之前，檀香木在维系"白银—丝茶"[①]的贸易结构中发挥了重要作用。对于英国东印度公司而言，檀香木的重要性不仅在于减少了白银的支出，而且在于强化了英国东印度公司在广州贸易中的地位。

随着广州贸易研究的不断深入，贸易中的商品成为学者关注的对象。其中，大宗商品由于对贸易发展有着重要影响，往往成为关注的焦点，如胡椒、棉花、丝绸、茶叶、瓷器等，而贸易份额相对较小的商品则容易受到忽视。檀香木作为 18 世纪一项重要的国际商品，[②]相关研究主要集中在葡萄牙人经营的澳门与帝汶之间的檀香木贸易，[③]和美国商人主导的从太平洋到广州的檀香木贸易。[④]事实上，参与这一贸易的还有荷兰和英国，但由于资料限制，研究相对不足。[⑤]马士的专著虽然对英国东印度公司档案进行了系统的梳理和统计，但无法提供更多的信息，尤其是贸易的细节。因此，以英国东印度公司档案

[①] 英国东印度公司输入的檀香木等印度产品多以现金（白银）交易，所得收入再用于投资回程商品，或是直接送往印度；而从伦敦运来的毛织品等欧洲产品，往往采取物物交换的方式换购丝茶等。

[②] 郭卫东:《檀香木：清代中期以前国际贸易的重要货品》,《清史研究》2015 年第 1 期。这篇文章从总体上概括了檀香木贸易的发展过程，认为檀香木经营地的轮替明显地反映出世界贸易的霸主地位和新兴国家的崛起。

[③] 可参考普塔克《明朝年间澳门的檀香木贸易》,《文化杂志》中文版第 1 期, 1987 年; 普塔克《1640—1667 年间澳门与望加锡之贸易》, 冯令仪译, 李庆新主编《海洋史研究》第 9 辑, 社会科学文献出版社, 2016, 第 32—47 页; 张廷茂《明清时期澳门海上贸易史》, 澳门：澳亚周刊出版有限公司, 2004; 彭蕙《明清之际澳门和帝汶的檀香木贸易》,《暨南学报》(哲学社会科学版) 2015 年第 8 期; 郭姝伶《檀香木之路：明清时期澳门与帝汶的檀香木贸易及其影响 (1557—1844)》, 博士学位论文, 澳门大学, 2020。

[④] 西方学者有相关的成果。例如 Ralph S. Kuykendall, "Early Hawaiian Commercial Development," *Pacific Historical Review*, Vol. 3, No. 4, Dec 1934, pp. 365-385. 作者讨论了早期夏威夷商业发展中毛皮贸易与檀香木贸易之间的关系。又如 Dorothy Shineberg, *They Came for Sandalwood: A Study of the Sandalwood Trade in the South-West Pacific, 1830-1865*, Melbourne University Press, 1967. 该书是对 19 世纪西南太平洋地区檀香木贸易进行的专门研究，侧重于贸易对该地区岛屿发展历史的影响。国内学者的成果主要有王华《夏威夷檀香木贸易的兴衰及其影响》,《世界历史》2015 年第 1 期; 王华《海洋贸易与北太平洋的早期全球化》,《史学集刊》2020 年第 6 期。这两篇文章主要探讨了檀香木贸易在夏威夷社会转型中的重要作用，并强调了其在北太平洋贸易网络形成中的重要作用。

[⑤] 可参考吴羚靖《英帝国扩张与地方资源博弈——18 世纪印度迈索尔檀香木入华贸易始末探析》,《自然辩证法通讯》2021 年第 5 期; 吴羚靖《英国殖民时期南印度迈索尔地区檀香贸易研究 (1799—1947)》, 博士学位论文, 清华大学, 2021; 吴羚靖《帝国的知识生产：20 世纪初全球檀香贸易与檀香植物属名之争》,《世界历史》2022 年第 2 期; 陈琰璟《17、18 世纪荷兰东印度公司对华檀香木贸易研究》, 李庆新主编《海洋史研究》第 19 辑, 社会科学文献出版社, 2022。

为中心的阅读和分析，是进行深入研究的必要条件。

由于商品的价值是通过交换来实现的，而价格是价值的表现形式，因此，在广州贸易中商品价格往往成为争论的核心问题。[1] 作为一项进口商品，檀香木的价格如何确定，受到哪些因素的影响？中英双方如何争夺定价权，并通过控制价格来对贸易施加影响？这些都是研究中英贸易时必须面对的问题，透过这个视角我们也可以在更具体的层面把握贸易的发展走向。本文将围绕这些问题展开论述，在利用英国东印度公司档案中关于檀香木价格的丰富史料的基础上，[2] 补充其他文献，以尽可能地发现贸易的真实情况和复杂面貌。

一　檀香木价格的波动及影响因素

明清两代，葡萄牙、荷兰曾数次以朝贡的形式向中国输入檀香木，但数量非常有限。[3] 随着葡萄牙人开发"澳门—帝汶"航线，帝汶的檀香木开始通过澳门大量进入中国，檀香木贸易逐渐成为澳门海上贸易的重要组成部分，对澳门乃至葡萄牙的东方利益具有重要意义。[4] 稍后进入亚洲贸易的荷兰，也积极涉足檀香木贸易，与葡萄牙展开竞争。[5] 雍正五年（1727），南洋禁令解除后，中国商人得以前往帝汶和巴达维亚，将大量的檀香木运回中国。[6] 檀香木成为广州贸易中的热门商品之一，受到商人们的重视。

---

[1] 可参考周湘《清代广州与毛皮贸易》，博士学位论文，中山大学，1999，第67—73页。作者在"皮货数量与价格"一节重点探讨了影响毛皮价格波动的因素。范岱克（Paul A. van Dyke）在《广州和澳门的商人：十八世纪中国贸易的成与败》中专章讨论了丝绸贸易的交易方式和影响因素，即通货膨胀、违禁品和预付款。Paul A. van Dyke, *Merchants of Canton and Macao: Success and Failure in Eighteenth-Century Chinese Trade*, Hong Kong University Press, 2016, pp. 171-185.

[2] 本文主要利用的是英国国家图书馆收藏的印度事务部档案 G/12 系列和 R/10 系列。经范岱克教授搜集整理，这批档案的复件收藏在中山大学历史学系资料室，方便相关学者使用。文中注释仍使用原馆藏地［London: British Library (BL), India Office Records (IOR)］范岱克教授在本人阅读档案和写作论文的过程中提供了诸多帮助，在此一并致谢。中英檀香木贸易还有另一条路线，即从孟加拉北上，经尼泊尔至西藏。但由于这条路线与广州贸易的关联不大，故本文不做讨论。

[3] 以荷兰为例，顺治十三年（1656），贡檀香10担；康熙五年（1666），贡檀香3000斤（即30担）；康熙二十五年（1686），贡檀香20担；乾隆五十九年（1794），贡檀香500斤（即5担）。梁廷枏：《粤海关志》，袁钟仁点校，广东人民出版社，2014，第447—449、451页。

[4] 关于檀香木贸易对于澳门的重要性，1702年澳门总督向议事会陈述："如果没有与帝汶的贸易，澳门将会完全消失。因为，该议事会正是从帝汶获取了该市绝大部分甚至几乎全部的税收和支出。"可参考张廷茂《明清时期澳门海上贸易史》，第219—222页。

[5] 郭姝伶：《檀香木之路：明清时期澳门与帝汶的檀香木贸易及其影响（1557—1844）》，博士学位论文，澳门大学，2020，第186—195页。

[6] 龙思泰：《早期澳门史》，吴义雄等译，章文钦校注，东方出版社，1997，第145页。

英国东印度公司成立后，积极开拓东方贸易。经过不断地尝试，公司逐渐意识到，"檀香木、胡椒、乳香和木香，是最稳定的商品"[①]。然而，从 17 世纪到 18 世纪前期，胡椒和棉花占据了公司输入广州的印度产品的主要份额，檀香木的数量相对较少，虽然利润高，但在贸易总额中所占的比重并不是很大。[②] 这与当时英国东印度公司没有稳定的货源有关，因而输入中国的檀香木数量不定，整个过程断断续续。直至 18 世纪中期之后，檀香木才成为一项较为稳定的商品，在英国东印度公司对华贸易中的重要性逐渐凸显。广州大班管理会[③]（以下简称广州管理会）在每个贸易季度末写给伦敦董事部的报告中，必会详细汇报檀香木的运销情况。18 世纪各国输入广州檀香木数量见表 1。

表 1　18 世纪各国输入广州檀香木数量

单位：担

年份	英国	荷兰	葡萄牙	中式帆船	其他
1702			1000		
1706			3500		
1707			1000		
1709			1000		
1710			3000		
1712			900		
1719			1000		
1723			3500		

---

① IOR, G/12/16, London: British Library, p. 478.

② 以 1736 年 "里奇蒙号"（Richmond）为例，该船在广州出售胡椒 3155 担，每担 10.5 两，共 33128 两；檀香木 859 担，每担 12.8 两，共 10995 两；棉花 605 担，每担 8.5 两，共 5143 两。另有没药、木香、乳香。Hosea Ballou Morse, *The Chronicles of the East India Company Trading to China, 1635-1834*, London: Oxford at the Clarendon Press, 1926, Vol. 1, p. 238.

③ 1770 年之前，英国东印度公司的船只抵达广州后，由船上大班组成管理会（council），负责处理各项事务，贸易结束后随船返回。1770 年开始，管理会留驻广州，不再随船往来。1775 年，公司在中国的业务交由大班管理会（Council of Supercargoes）进行管理。1779 年，成立特选委员会（Select Committee），取代大班管理会，但出于身体原因，1780 年贸易季度末特选委员会成员返回英国。1781 年贸易季度大班管理会恢复工作，到 1786 年贸易季度，又根据指示将管理权移交给特选委员会，此后一直延续到公司解散。1792 年还成立了秘密与监督委员会（Secret and Superintending Committee），权力在特选委员会之上，但该委员会的职能是监督政策执行问题，而不能干预实际的贸易事务。该委员会于 1794 年撤销。Hosea Ballou Morse, *The Chronicles of the East India Company Trading to China, 1635-1834*, Vol. 1, p. 2; Vol. 2, pp. 2, 61, 118, 194-195, 255; Vol. 5, p. 65.

年份	英国	荷兰	葡萄牙	中式帆船	其他
1726			3000		
1736	859		900		
1742	1350				
1745					
1746			1680（印度）		
1750				1400	
1751				800	
1753	1800				
1756	400 坎迪				
1757				500	
1758	200 坎迪	379.04（来自印度）		400	
1759	1244.06				丹麦 1120.5
1760	1335.33				
1761				385	
1764				1200	
1766				400	
1767				600	
1768				600	
1770	50 坎迪				
1771	4008.26*				
1772	1748*	890			
1773	8438.68*	951.85		1300	
1774	7077.27*	3226.37			法国 167.53
1775	1959.42				
1776	2703.56	746.97			法国 4458.1
1777	346.6	3131.32			法国 554.19
1778	2450.47	414.43			
1779	2127.44	1890.16			丹麦 33.1
1785	2323	1128.86			
1792	9120+400 坎迪	926	12000		
1794	321 坎迪				

续表

年份	英国	荷兰	葡萄牙	中式帆船	其他
1795	400 坎迪				
1797	3112				
1799	6559.57				

注：1. 英国包括了东印度公司和散商。英国运来的檀香木基本来自印度，法国运来的檀香木可能也来自印度。坎迪是印度重量单位 Candy。

2. 荷兰和葡萄牙运来的檀香木主要来自帝汶，少量来自印度。整个 18 世纪澳门与帝汶之间每年往返船只约 1—3 艘，但运载檀香木的具体数量缺乏记载。

3. 中式帆船输入的檀香木来自巴达维亚，主要是帝汶檀香木。丹麦大班曾使用中式帆船在巴达维亚装载帝汶檀香木。数据是范岱克从荷兰东印度公司档案中统计得出的。

4. * 年份数据与马士统计数据不一致。1771 年，马士统计为 3865 担。1772 年马士统计为 1748 担，但通事统计为公司 6699 担，散商 5 担。1773 年马士统计为 1734 担。1774 年马士统计为 1783 担，但通事统计为公司 4668 担，散商 4165 担。

资料来源：IOR, G/12/40, 1736.08.20, p. 39; R/10/4, 1756.07.24, p. 44; 1758.07.29, p. 72; 1759.09.04, p. 106; 1760.11.08, p. 110; R/10/7, 1770.07.06, p. 5; R/10/9, 1771.11.05, pp. 63, 73; 1772.11.20, p. 201; 1773.02.15, pp. 212-220; 1774.12.31, pp. 113-121; G/12/58, 1776.01.29, pp. 186-195; G/12/61, 1777.03.03, pp. 32-41; G/12/62, 1778.01.31, pp. 138, 140, 144-145; G/12/64, 1779.03.07, pp. 139-148; G/12/67, 1779.11.30, pp.11-17; G/12/83, 1786.02.24, pp. 142-143; G/12/265, 1793.12.21, no page numbers; G/12/103, 1792.09.23, p. 49; 1792.10.1, p. 76; G/12/108, 1795.02.27, p. 230; G/12/110, 1795.06.25, p. 41; G/12/119, 1797.12.29, p. 36; G/12/126, 1799.12.29, p. 238; Hosea Ballou Morse, The Chronicles of the East India Company Trading to China, 1635-1834, Vol. 1, pp. 238, 283, 293; Vol. 2, pp. 31, 201-202; Vol. 5, pp. 166, 170, 176, 189, 191; 张廷茂：《明清时期澳门海上贸易史》，第 293—295 页；郭姝伶：《檀香木之路：明清时期澳门与帝汶的檀香木贸易及其影响（1557—1844）》，博士学位论文，澳门大学，2020，第 107—112 页；刘勇：《近代中荷茶叶贸易史》，中国社会科学出版社，2018，第 208—241 页；Paul A. Van Dyke, Merchants of Canton and Macao: Politics and Strategies in Eighteenth-Century Chinese Trade, Hong Kong University Press, 2011, Plate 09.06, p. 241; Appendix 4A-F, 4I, pp. 263-282。

这份统计表中的数据并不完善，一些年份的数据缺失或者缺少，但仍旧可以反映出：英国东印度公司对华的檀香木贸易主要集中在 18 世纪下半叶，从 18 世纪 50 年代到 18 世纪 90 年代，输入的数量总体上是增长的，中间年份存在波动。这主要是受到市场因素的影响，当广州市场上数量过于饱和时，广州的大班就会建议减少供应，反之则增加输入。战争同样会影响到贸易，英国与法国、荷兰及印度西南部的迈索尔王国之间的战争，导致相应年份运输受阻，檀香木数量下降；战争过后，输入数量又迅速恢复，甚至有所增长。另外，政策也会影响贸易的发展。1786 年由于马拉巴尔海岸苏拉特港

口的印度王公对出口货物实行禁运，英国东印度公司就无法为下个贸易季度
采购到胡椒和檀香木。①虽然整个 18 世纪，荷兰、葡萄牙、丹麦、法国等都
或多或少向广州市场输入檀香木，但到 18 世纪后期，英国已经成为檀香木
的主要供应商，占有了市场的主要份额。

　　檀香木进口数量的波动自然影响到檀香木的销售价格。广州管理会通常
利用市场波动，寻求有利的时机卖出货物，以获得较高的价格；②而当价格较
低时，则将货物存入仓库，等待市价回升。从这个角度来看，保持价格的波
动，更符合英国东印度公司的利益。

　　通过对比可以看出，在英国东印度公司输入中国的主要商品中，铅和锡
的价格波动相对较小，棉花和胡椒的价格虽有波动，但仍不及檀香木价格波
动之大，后者最高的年份可达每担 32 两（1782 年，公司售价一般略高于市
场价），最低则只有 6.5 两（1756 年）（见表 2），甚至滞销。同一个贸易季
度，价格波动也很大。根据档案记录，1792 年贸易季度初的时候，檀香木每
担价格高达 36 两，而到英国船只抵达时，已经跌至不到 16 两。③

表 2　18 世纪广州市场上英国东印度公司主要商品售价

单位：两 / 担

年份	檀香木		棉花	胡椒	铅	锡
	公司售价	市场价				
1736	12—12.8		8.5	10.5		10.5
1745	11.5		9.5	10.5		
1756	6.5		14.5	12		
1758	7.5		11.5	13	3	
1759	8		9.5	13		
1760	9		10	15		12.5
1764		马拉巴尔，一等和二等 18—19.4；帝汶 12；马德拉斯 10.5				
1770	25		9	12, 14	4	11.3

① IOR, G/12/82, 1786.06.30, p. 23.
② 1760 年，广州管理会在给孟买和圣乔治堡办事处的信中说："棉花……檀香木……好卖，是在强调
　这些货物利润高，价格易波动，希望在价格非常高时卖出。" IOR, R/10/3, 1760.10.30, p. 103.
③ IOR, G/12/103, 1792.11.26, p. 150.

年份	檀香木		棉花	胡椒	铅	锡
	公司售价	市场价				
1771		一等13块折一担，16；二等14；三等10；帝汶7—8	9	13，14		
1772	20.5，15					
1773	23	一等13块折一担，20；二等（通常被称为一等）16；三等13；帝汶大块15	11	14，15	4	
1774	23	一等13块折一担，21；二等（通常被称为一等）16；三等13；帝汶大块，10—12	11.5	15		
1775		一等13块折一担，18；二等（通常被称为一等）14；三等10；帝汶大块4				
1776	22—24	一等13块折一担，20—24；二等（通常被称为一等）15—20；三等12；帝汶大块6—8		14.5	4.2	14
1777			9			
1778		一等13块折一担，23；二等（通常被称为一等）15；三等9；帝汶大块6				
1779	20	一等13块折一担，20；二等，（通常被称为一等）18；三等14；帝汶大块20		14.5，13	6	
1780	25		8.5		4.5	
1782		一等32；二等29；三等26。				
1783	依据质量		15	12.5	5.55	17.2
1785		一等13块折一担，28；二等（通常被称为一等）22；三等16；帝汶大块？				
1792	16，17，20		11.5	16	5	15.5，16.5
1793	22—26		11.5，10		5	
1794	17				4.3	14.5
1795	16.5				4	13.8
1796	15，14，10		12			15.5

续表

年份	檀香木		棉花	胡椒	铅	锡
	公司售价	市场价				
1797	22			12	4.5	15
1799	21—24				5	15

注：胡椒来自明古连（Bencoolen）或印度马拉巴尔（Malabar），铅来自英国，锡来自邦加岛（Banca），檀香木和棉花来自印度。

资料来源：Hosea Ballou Morse, The Chronicles of the East India Company Trading to China, 1635-1834, Vol. 1, pp. 118-119；IOR, R/10/4, 1756.07.29, p. 46；1758.08.07, pp. 82-83；1759.09.04, p. 106；1760.08.30-09.04, pp. 69-71；R/10/7, 1770.11.20, pp. 33-36；1773.11.14, p. 62；1773.11.20, p. 66；R/10/9, 1771.11.05, p. 59；1772.08.12, p. 39；1772.10.12, p. 77；1773.02.15, pp. 208-209；1774.08.09, pp. 29-30；1774.12.31, pp. 110-111；G/12/40, 1736.07.31-08.11, pp. 29-34；G/12/195, 1745.12.14, no page numbers；G/12/58, 1776.01.29, pp. 183-184；G/12/59, 1776.11.11-11.14, pp. 117, 171, 174；1776.12.29, p. 229；G/12/61, 1776.12.31, pp. 28-29；G/12/62, 1777.09.30, p. 38；G/12/63, 1778.02.19, p. 3；G/12/66, 1779.12.03, p. 108；1779.12.12, p. 24；G/12/67, 1779.12.08, p. 20；G/12/70, 1780.10.30, pp. 219-220, 1780.12.16, p. 274；G/12/76, 1782.09.05, p. 83；G/12/77, 1783.08.24, p. 60；G/12/83, 1785.11.20, pp. 28-29；G/12/103, 1792.09.21, pp. 53-54；1792.10.01, pp. 75-77；1792.11.26, pp. 149-150；G/12/105, 1793.09.22, pp. 48-50；1793.10.08, pp. 57-59；1794.01.08, p. 34；G/12/106, 1793.12.27, pp. 18-19；G/12/108, 1794.10.31, pp. 95-97；1795.01.20, p. 190；G/12/110, 1796.05.12, p. 252；G/12/116, 1796.12.29, p. 29；G/12/119, 1798.01.09-16, pp. 70-82；G/12/121, 1798.03.25, p. 34；G/12/126, 1799.12.29, p. 238；1800.01.02, pp. 246, 256-257。

　　檀香木价格的波动受到诸多因素的影响，其中最主要的是供求关系。进口数量的增加，往往会导致价格下跌。因此，在得知将有其他商船到来时，广州管理会通常会很快出售货物。1745 年 6 月 28 日，"霍顿号"（Houghton）自代利杰里（Tellicherry，印度西部海岸的港口）抵达广州，不久后管理会收到消息，其他船只即将到来，便立刻开始销售刚运来的货物，价格比其他人便宜 2 两到 3 两。管理会没有选择，因为行商 Tcingqua 在购买了公司所有货物的同时，还与荷兰人签订合同，购买了一大批货物。①

　　葡萄牙人输入的檀香木主要集中在澳门，但同样会影响到广州市场。即便到 18 世纪晚期，这种影响依旧存在。1792 年 10 月 1 日，广州管理会认为"米德尔塞克斯号"（Middlesex）和"罗金厄姆侯爵号"（Rockingham）运来的檀香木质量不错，理应获得一个好价钱。但在得知即将有 12000 担檀香木从帝汶抵达澳门时，马上决定卖掉手中这批檀香木，因为澳门"肯定会影响

---

① IOR, G/12/195, 1745.12.14, no page numbers.

这里的市场"。①

　　然而，贸易方式有时会使上述因素失效。18 世纪的广州贸易中，由于白银短缺，实际交易多为以货易货，主要体现在"毛织品—茶叶"贸易上，但其他商品的交易同样受到这种贸易方式的影响。②因此，某一项商品的价格会受到其他商品的影响，贸易双方只能相互妥协以达成交易。1758 年 8 月 3 日，Chi Hunqua 提出想要购买孟买的货物，广州管理会给出的价格是棉花 11 两、檀香木 7 两。出口方面，Chi Hunqua 对茶叶要价 13 两，而管理会只出价 12 两。此时，英国商馆接到消息，一艘荷兰船抵达，再加上公司想购买的茶叶只有 Chi Hunqua 能提供少量货物，最终双方在次日达成妥协：Chi Hunqua 同意棉花 11 两、檀香木 7.3 两，广州管理会则接受新武夷茶的价格为 13 两，双方签订合同。③通过物物交换的方式，檀香木获得了更高的价格。

　　价值决定价格。檀香木的品质是影响价格的另一个重要因素，即便在市场低迷的时候，品质上乘的檀香木仍旧可以获得相对较高的价格。1794 年，运至广州的檀香木由于不符合市场需求，价格只能低于每担 17 两，但"如果修整得更干净一些，颜色更好一些，这个尺寸的木头或许可以提价至每担 20 两"。④除去颜色和修整状态，品质还与尺寸、香味等相关。1795 年，广州特选委员会向孟买反馈称，中国人偏爱的檀香木品质"几乎没有变化"，"应当修整干净，颜色好，有香味，分成块，每块 24 英寸长，大约 12 块折合一担。只要接近这个要求所描述的，檀香木总是能卖到好价钱"。⑤其中，香味是决定檀香木价值最重要的品质。⑥相反，如果不符合以上标准，就卖不到理想的价格。1807 年，英国东印度公司船只"亨利·阿丁顿号"（Henry Addington）和"坎伯兰号"（Cumberland）运来的檀香木表面变成近乎黑色，遭到行商拒绝，最后降价 4 两才得以出售。⑦

---

① IOR, G/12/103, 1792.10.1, p. 76.

② 皮货的交易方式有两种：以皮换银，或以皮换货。周湘：《清代广州与毛皮贸易》，博士学位论文，中山大学，1999，第 69—70 页。1759 年 2 月 9 日，捷官以每担 3 两的价格（高于市场价）购买英国运来的铅，条件是以瓷器交换。5 月 2 日，以瓷器和茶叶交换铅。Hosea Ballou Morse, *The Chronicles of the East India Company Trading to China, 1635-1834*, Vol. 5, p. 72.

③ IOR, R/10/3, 1758.8.3-4, p. 81.

④ IOR, G/12/108, 1795.1.20, p. 190.

⑤ IOR, G/12/108, 1795.3.25, p. 208.

⑥ IOR, G/12/217, 1819.12.20, p. 130.

⑦ 发生变色的原因不明，据推测是浸泡在咸水中了，但航行中没有发现任何损坏。IOR, G/12/160, 1807.11.19, pp. 8, 13; 1807.12.1, p. 43. IOR, G/12/174, 1810.12.21, p. 180.

尺寸、香味、颜色等特征决定了产地成为区分檀香木品质的重要标准。表 2 中关于广州市场上檀香木价格的统计很明显反映出，印度檀香木的品质要优于帝汶檀香木，因此后者的市场价格低于前者。19 世纪初进入广州市场的斐济檀香木，品质同样不如印度檀香木，因而价格也低了很多。[①] 特选委员会在 1808 年致董事部的信中写道："印度出产的檀香木品质继续受到喜爱，零售商给前者（指斐济檀香木）出了最高价，不超过 24 元（约 17.28 两），而公司进口的檀香木通常可以获得每担 28 两到 30 两。"[②]

上面这些事例还反映出信息传递对于商品价格的重要影响。[③] 完善的信息网络可以使商业信息及时高效地在广州和印度的管理会之间传递，为销售决策提供参考。1792 年，由于大量进口，檀香木价格大跌。特选委员会没能提前收到孟买的提醒，错过了出售时机。委员会大班随后致信孟买管理会主席，希望能提前一点收到提示，"我们有理由认为能卖出个好价钱，如果在本季度初的时候能早一点知道你们的意图"。[④] 随后又致信董事部，再次要求孟买管理会提前告知货物情况，"这样我们就有机会在有利的时机签订合同，出售货物"。[⑤]

战争、自然灾害等不可控因素也会影响到市场需求，从而影响商品价格。1794 年的黄河水灾曾导致毛织品在内地滞销，进口货物如棉花、锡、铅全部跌价。[⑥]1804 年华北地区粮食歉收，市场萧条，引发檀香木价格下跌。特选

---

①　1806 年，美国船只输入的斐济檀香木，虽然质量好且尺寸大，但是由于缺乏修整，无法卖到和印度檀香木一样的价格。Hosea Ballou Morse, *The Chronicles of the East India Company Trading to China, 1635-1834*, Vol. 3, p. 4.

②　IOR, G/12/160, 1808.1.7, pp. 182-183.

③　范岱克在分析荷兰东印度公司的成功因素时，认为 "VOC 在亚洲创造出一个卓绝的航运和通信网络，商品与市场信息由此得以在巴达维亚总部及其亚洲前哨之间快速而有效地传递，这也使得公司能够智胜竞争对手"。范岱克：《1630 年代荷兰东印度公司在东亚经营亚洲贸易的制胜之道》，李庆新译，李庆新主编《海洋史研究》第 7 辑，社会科学文献出版社，2015，第 217 页。

④　IOR, G/12/103, 1792.11.16, p. 130.

⑤　IOR, G/12/103, 1792.11.26, p. 150.

⑥　Hosea Ballou Morse, *The Chronicles of the East India Company Trading to China, 1635-1834*, Vol. 2, p. 257. 乾隆五十九年（1794），河南、山西、江南等多地遭受水灾，房屋田地被毁，人员伤亡。据《清高宗实录》乾隆五十九年七月丁亥条，河南彰德、卫辉，所属安阳汲县一带，因雨水稍多，山水陡发，卫河泛涨，于六月二十四日，长至数丈，附近居民房屋，多被淹浸。据七月癸卯条，山西代州，及所属之五台、繁峙等县，自六月二十三四至七月初七八等日，大雨连绵，山水陡发，多有冲塌房屋，淹刷地亩，损伤人口。据七月甲辰条，正定地方，于六月二十三四日，雨势过大，夜间发水，以致东西南三门关厢同被水淹，房屋间有冲塌，并溺毙人口。据七月己酉条，江南境黄河水势盛涨，丰汛四堡曲家庄地方，于六月二十七日，堤口过水三十余丈。

委员会原本认为"萨拉号"（Sarah）上的檀香木可以卖到每担 26 两到 28 两的价格，但实际只卖到了每担 20 两。[①] 这也反映出广州市场与内地市场的紧密联系：当内地发生灾害时，与生存相关的粮食价格上涨，而对享受性消费品的购买力则下降，广州市场上檀香木的价格也相应下跌。

除去以上与市场相关的因素，行政因素也会对价格产生影响。18 世纪下半叶，广东官府越来越多地干预商品价格，或通过直接定价，或通过控制行商、调整关税来间接左右价格，以此加强对贸易的控制。行商则采取了联合的形式，试图垄断市场并对进口货物定价。这一点将在下文具体讨论。

通过梳理影响檀香木价格波动的因素，我们可以看到，广州市场上檀香木的价格并不是由单一因素决定的，而是多种因素共同作用的结果。为了争取有利的条件，贸易相关的各方从不同的立场出发，对商品的定价权展开了争夺。[②]

二 垄断价格：官府定价与行商联合

为了高额的利润，商人们往往追求垄断，使自身处于优势地位。18 世纪，英国东印度公司一方面试图维持自身垄断；另一方面又尽力保持广州行商之间的竞争，因为这样可以使价格根据供求关系而波动。粤海关监督和两广总督也希望保持行商之间的竞争，因为具有竞争性的价格对于保证海关税收增长具有重要意义，而这又直接关系到官员的声誉与仕途。[③] 此外，18 世纪前期，粤海关的征税标准也发生了变化，即从固定的税率转变为根据商品价格来征税。[④] 由此，商品价格直接关系到海关收入。

---

① IOR, G/12/147, 1804.11.23, pp. 172-173; G/12/148, 1804.12.30, pp. 18-19; G/12/150, 1805.12.22, p. 180.

② 关于中外商人之间的竞争，前辈学者彭泽益先生已有专文论述。他将竞争分为三个层次：第一是外国商人之间；第二是中国商人之间；第三是外国商人和中国商人之间。从文中可以看出，各种竞争的焦点就在于商品的价格。彭泽益：《广州洋货十三行》，广东人民出版社，2020，第 195—217 页。

③ Paul A. van Dyke, *The Canton Trade: Life and Enterprise on the China Coast, 1700-1845*, Hong Kong University Press, 2007, p. 20.

④ 1686 年之前，海关对货物征税是按照长度、重量、数量来计算的，关税不会随着商品的价格上下波动，因而税收也就相对稳定。但是由于通货膨胀，海关的实际税收下降，官府开始采用让关税随商品价格浮动的办法，在原有的定税之外，加征附加价值税。18 世纪初到 18 世纪 20 年代，税率从 2% 上涨至 6%。1726—1736 年，针对进口白银和出口货物，额外再征收 10%，相当于一共征收了 16% 的附加税。Huang Chao and Paul A. van Dyke, "The Hoppo's Book and the Guangdong Maritime Customs 1685-1842," *Journal of Asian History*, Vol. 55, Issue 1，2021, pp. 99-102.

　　然而，18 世纪 60 年代，随着商欠问题的加剧，[①] 广东官府的态度也逐渐发生变化，转而加强对贸易的控制，干预商品的定价。[②] 通常情况下，行商与英国东印度公司之间的"茶叶—毛织品"贸易是可以盈利的，但是由于缺乏周转资金，行商需要采取各种方式筹款。除了借贷，行商还会选择扩大交易对象和商品种类，包括购买棉花、檀香木、胡椒等进口商品，以求转手出卖，获得现金。然而，买卖这些商品的风险较大，获利的可能性也较小，更加重了其自身的财务困难。[③]1759 年，行商黎开官（Khiqua，黎光华，资元行）因债务积压而破产去世的事件引起乾隆皇帝的注意，随后两广总督李侍尧奏请《防范外夷规条》[④]，以加强对外贸易的管理，获准颁行。1776—1777 年的倪怀官（Wayqua，倪宏文，丰进行）案，欠款"半系伊兄、伊甥措缴，半系地方官代赔"，[⑤] 进一步促使官员们改变了对贸易管理的态度。

　　1779 年的商欠危机更是威胁了整个行商团体。根据档案记录，行商欠款数额惊人，有几位很明显已经无力偿还，处于破产的边缘。[⑥] 为了解决"中国债务"（Chinese Debts）问题，英国海军少将爱德华·弗农爵士（Rear-

---

①　商欠是 18—19 世纪广州贸易中出现的一个重要问题。关于商欠的研究，可参阅章文钦《清代前期广州中西贸易中的商欠问题》，《中国经济史研究》1990 年第 1 期；章文钦《清代前期广州中西贸易中的商欠问题（续）》，《中国经济史研究》1990 年第 2 期（作者在文中也讨论了商欠对行商定价权的削弱）；陈国栋《经营管理与财务困境——清中期广州行商周转不灵问题研究》，杨永炎译，花城出版社，2019。一些个案研究，可参看陈国栋《飘馨茶商的周转困局——乾嘉年间广州贸易与婺源绿茶商》，李庆新主编《海洋史研究》第 10 辑，社会科学文献出版社，2017，第 393—434 页；Paul A. van Dyke, "Yang Pinqua 杨丙观：Merchant of Canton and Macao 1747-1795," *Review of Culture*, No. 62, 2020, pp. 62-89.

②　例如，1760 年 4 月，粤海关监督就曾命令，"将官茶定价提高 5 两，结果茶叶每担增税 3 钱"。Hosea Ballou Morse, *The Chronicles of the East India Company Trading to China, 1635-1834*, Vol. 5, p. 87.

③　陈国栋：《清代前期的粤海关与十三行》，广东人民出版社，2014，第 256 页。

④　《防范外夷章规条》又称《防夷五事》：一、据称夷商在省住冬，应请永行禁止也；二、据称夷人到粤，宜令寓居行商，管束稽查也；三、据称借领外夷资本，及雇倩汉人役使，并应查禁也；四、据称外夷雇人传递信息之积弊，宜请永除也；五、据称夷船进泊处，应请酌拨营员弹压稽查也。梁廷枬：《粤海关志》，第 550—552 页。

⑤　梁廷枬：《粤海关志》，第 497 页。据说官员代赔的这笔钱还是从行商那里榨取得来的。IOR, G/12/60, 1777.11.13, N.40, no page numbers.

⑥　马士统计的 1779 年欠款总额为 4347300 元，包括潘启官和文官欠的 244710 元，这二者是有偿还能力的；1780 年总额为 4400222 元。陈国栋统计的 1780 年总额为 4372322 元，其中潘启官欠 75672 元。欠债的主要是相官（Seunqua）、科官（Coqua）、瑛秀（Yngshaw）和球秀（Kewshaw）四位行商，其中科官已经破产，其他三位也难以维持经营。IOR, G/12/66, 1779.10.14, pp. 23-25; Hosea Ballou Morse, *The Chronicles of the East India Company Trading to China, 1635-1834*, Vol. 2, pp. 46-47, 54; 陈国栋：《经营管理与财务困境——清中期广州行商周转不灵问题研究》，第 182—183 页。

Admiral Sir Edward Vernon）① 指派约翰·亚历山大·潘顿（John Alexander Panton）船长，乘坐"海马号"（Sea Horse）战舰到广州，将信件递交给两广总督和粤海关监督，"以一种友好而坚决的方式要债"。②

广东官府不得不介入其中，努力使双方达成妥协，但未能成功。1780 年 5 月 15 日，广东巡抚（Fooyuern）李质颖向北京汇报了此事。③ 后一任巡抚李湖还在奏折里建议，由一位官员管理行商与欧洲人的业务，并对商品定价（fix the prices）。10 月 23 日，广州特选委员会从粤海关监督图明阿那里确认了这一消息，对价格进行干预得到了两广总督巴延三的授权和允许。图明阿还说，"爱德华·弗农先生关于债务的陈述使北京朝廷下令，让这里的官员运用权力，阻止对中欧之间的贸易商品征收从价税"。④ 根据《粤海关志》的记载，李湖确实奏请过对进出口货物定价，并获得同意；至于选派官员监察则被驳回，因为朝廷担心会产生的弊端。⑤ 这说明，地方官员在贸易的实际管理中，并没有严格遵照中央朝廷的指示。作为安抚，图明阿也表示，在定价时"会考虑行商和欧洲人的利益，像往常一样，不会让他们定价太过分，毁了自己"。⑥

定价的消极影响很快显现出来。1780 年 9 月，特选委员会从澳门返回广州，随后的一个多月时间里，没能与任何一位行商签订茶叶合同，进口货物

---

① 爱德华·弗农于 1776 年被任命为东印度群岛总司令（Commander-in-Chief of the East Indies Station），1779 年 3 月晋升为海军少将，1781 年返回英国。1779 年马德拉斯的债权人向他寻求帮助，并承诺将追回债务的 10% 作为他的报酬。Josiah Quincy, *The Journals of Major Samuel Shaw: The First American Consul at Canton*, Taipei: Ch'eng-Wen Publishing Company, 1968, pp. 307-315; 陈国栋：《经营管理与财务困境——清中期广州行商周转不灵问题研究》，第 179 页。

② IOR, G/12/68, 1779.10.30, p. 62.

③ 1780 年 5 月 15 日，广东巡抚李质颖与粤海关监督图明阿联名上奏，汇报了处理商欠的方案。同一天，李质颖离开广州，赴任浙江巡抚，由李湖接任广东巡抚。IOR, G/12/68, 1780.5.15, p. 172; G/12/70, 1780.12.16, p. 259.

④ IOR, G/12/70, 1780.12.16, p. 262.

⑤ 乾隆四十五年（1780）七月，刑部会奏言："广东巡抚李湖奏……惟带来货物，令各行商公同照时定价销售；所置回国货物，亦令各行商公同照时定价代买，选派廉干之员监察稽看。……查行商交易，自应听从其便。今因商人每多心存诡谲，只图夷人多交货物，于临时定价，任意高下，致有亏本借贷诸弊，应行设法示禁清理。但如该抚等所请派员检查稽看，立法之初，或无他故。久或官员索规，吏胥取费，难保其无需索扰累，渐且串通作弊，更难究诘。是立一法而欲得其益，转致由此而滋其弊，亦正不可不防。其如何整饬行规，应令该督巴延三、监督图明阿一并查明妥议，具奏到日，再议。"梁廷枏：《粤海关志》，第 497—498 页。

⑥ IOR, G/12/73, 1781.12.20, p. 71.

的价格也无法确定。[①] 这就阻碍了羊毛制品、棉花、檀香木及私人商品的交易，使东印度公司的贸易陷入停滞。最后在一位官员的影响下，各项货物的价格才确定下来。但一些行商拒绝买进，许多欧洲人也不愿以低价出售，导致货物堆满了仓库和商馆，直到贸易季末，还有很多仍在船上，无法起卸。[②] 相应的是，这些船只也无法及时装载出口货物返航，又失去了在欧洲市场的优势。

　　为了偿还债务，官员们还要求加征税额以增加收入，这就间接提高了货物价格。从 1780 年开始，广东官府对进口货物按价格征收 3% 作为行用（Consoo fund）。根据海关税簿，檀香木的固定价格为每担 15 两，行用为 0.45 两，这就相当于每担又加价 0.45 两。[③] 行商为了转移负担，要么压低进口货物价格，要么提高出口货物价格。1781 年，潘启官的生丝价格每担上涨了 5 两，就是因为加征了 6% 的税，广州管理会被迫接受。[④] 1783 年，粤海关监督又对每担生丝加征关税 4.8 两，并下令加倍征收非行商的货物税，迫使出售瓷器的行外商人提高货物价格。[⑤] 1784 年，舒玺又奏请"嗣后洋商接受夷人货物，必须公平定价，并令众商立保，将来可以清偿，始准存留"，[⑥] 获得批准。官员们如此执着于控制价格，是因为他们认为，价格不公平，才导致了商欠问题的出现，而商欠反过来又致使交易不公平。[⑦] 官员们认为，通过定价，实现公平交易，可以防止商欠的产生。直到 19 世纪，这一思路仍旧影响着官员们对贸易管理的态度。

　　商欠带来的另一个后果是，行商的联合加强了。由于要分摊高额的债务，

---

① IOR, G/12/70, 1780.12.16, p. 264.

② 武夷茶的价格定为每担 15 两，棉花 8 两，胡椒 10 两，锡 13 两，铅 4.5 两，其他货物也是如此定价。IOR, G/12/70, 1780.12.16, pp. 264-265.

③ 征收行用的参考价格是固定的，不随市场价格波动。Huang Chao and Paul A. van Dyke, "The Hoppo's Book and the Guangdong Maritime Customs 1685-1842," *Journal of Asian History*, Vol. 55, Issue 1，2021, p. 102. 陈国栋：《经营管理与财务困境——清中期广州行商周转不灵问题研究》，第 85 页。

④ 1781 年 4 月 25 日，潘启官（Puan Khequa）按照官府要求，还了瑛秀（Yngshaw）和球秀（Kewshaw）的一部分债务。IOR, G/12/73, 1781.12.20, pp. 57-58.

⑤ Hosea Ballou Morse, *The Chronicles of the East India Company Trading to China, 1635-1834*, Vol. 2, pp. 91-92.

⑥ 梁廷枏：《粤海关志》，第 499 页。

⑦ 据广东巡抚李湖奏言，"行商惟与来投本行之夷人亲密，每有心存诡谲，为夷人卖货，则较别行之价加增；为夷人买货，则较别行之价从减；只图夷人多交货物，以致亏本，遂生借银换票之弊"。梁廷枏：《粤海关志》，第 497 页。

行商只能寻求联合，垄断价格，从贸易中赚取利润以支付欠款。早在 17 世纪末，行商就有了垄断的意识，康熙三十八年（1699）出现了一个商人联合组织；到 18 世纪，行商最突出的成就则是组建了公行。[①]1720 年成立的公行得到了粤海关监督的支持，并制定了 13 条规约，这些看起来是为了发展贸易，防止欺诈等行为，实则是将贸易垄断在公行之内。[②]但由于英国东印度公司反对，甚至表示要停止对广州的贸易，加之两广总督的反对，1721 年公行解散。

行商第二次组建公行是在 1760 年，至 1771 年解散。早在 1755 年，行商就已独占贸易。这一年 5 月，两广总督策楞和粤海关监督李永标联名发布法令，加强对贸易的管理，其中第二条明确禁止店铺主与欧洲人直接贸易。[③]广州管理会大班约翰·米森诺（John Misenor）评价道："上述法令的真实意图，是将全部贸易交在少数行商之手，使他们可以将欧洲人的货物随意订货定价，取得利益。简言之，无非是排斥其他商人而建立一个独占制度，最终使我们的贸易受到致命的打击。"[④]可以说，1760 年公行的建立是行商们一直努力的结果，是对 1755 年贸易垄断的强化。

乾隆二十五年（1760）成立的公行得到了官方批准，[⑤]英国东印度公司的档案也显示，这一次公行获得了官员的有力支持。[⑥]行商们垄断了当年茶叶的价格。虽然两广总督保证，"如行商低价收购尔等货物，而提高彼等出

---

① 关于广州公行的起源和屡兴屡废的问题，可参阅彭泽益《广州洋货十三行》，第 18—25 页。文中认为广州公行起源于 1699 年（康熙三十八年），而非 1720 年（康熙五十九年）。但作者误认为 1704 年（康熙四十三年）的商人联合出现在广州，实则是在厦门。马士称之为 "广州公行的先驱者"。Hosea Ballou Morse, *The Chronicles of the East India Company Trading to China, 1635-1834*, Vol. 1, pp. 89-90, 132.

② 规约第四条最能体现这一目的："从中国各地来的商人与外人贸易者本行应与他协定价格，使卖者获得合理的利润；如任何人自定货价或暗中买入者，必予惩处。"Hosea Ballou Morse, *The Chronicles of the East India Company Trading to China, 1635-1834*, Vol. 1, p. 164.

③ 《有关广州的欧洲人贸易第一个法令的译文》："第二条，凡无官方许可之铺户，不得与欧洲人买卖或交换货物，各种货物必须由行商发售。……严禁铺户直接与欧洲人贸易……" Hosea Ballou Morse, *The Chronicles of the East India Company Trading to China, 1635-1834*, Vol. 5, p. 39.

④ Hosea Ballou Morse, *The Chronicles of the East India Company Trading to China, 1635-1834*, Vol. 5, pp. 30, 36.

⑤ 梁廷枏：《粤海关志》，第 501 页。

⑥ 根据 1761 年广州管理会大班布朗特记载，公行是与前任总督和现任海关监督有利害关系的。这一年广州管理会给董事部的报告也称，"公行是由广州当局支持而不是皇上的规定"。Hosea Ballou Morse, *The Chronicles of the East India Company Trading to China, 1635-1834*, Vol. 5, pp. 103-104.

售之货价，我等知之必予改正"，[1] 但公行持续压低公司输入广州的货物价格：
1761 年贸易季度，公行将茶叶价格定得非常高，而将毛织品的价格定得非常
低，并在 1762 年至 1764 年贸易季度持续提高茶叶价格。[2]1765 年，管理会
大班抱怨说，公行"今日定一种规章，明天又更改等等，但很少对外国商人
有利"。[3] 不过，由于行商之间的竞争，公行的控制力逐渐削弱，至 1771 年
2 月 11 日，两广总督李侍尧下令，贸易仍按公行成立以前的方式进行，宣告
了公行解散。[4]

　　18 世纪的后 30 年里，公行重建的消息屡有传出，[5] 背后既有行商们鼓动，
也有官员们推动，但都未能获得实质上的成功。然而，公行始终是"悬在大
班们头上的达摩克利斯之剑"，[6] 对于定价影响颇大。行商曾请公司大班从马
德拉斯运来紫檀木，但却故意压低价格，大班们只得向两广总督等上禀，"打
探公行卖与外人，极细的都取价十两，今大条好的，要他七两。行商知道见
外人难过，都出价钱不起，止出三两六钱"。[7] 乾隆四十三年（1778），公司
大班听闻又要重建公行，遂禀称"行商茶，又杂又不好，价钱又高。今又埋
回公行，实有坏公班衙生意。……如有公行交易，货低价高，任公行主意，
不到我夷人讲话"。[8] 由此可见，公行的存在是英国东印度公司争夺定价权的
重要障碍。

　　虽然行商的联合并非都得到了官员的支持，但是我们也可以看到，更多
时候双方是合作的关系，因为定价是由公行或者行商联合来实施的，官员们
需要通过控制行商来实现对贸易的控制。例如 1780 年的定价，就是由潘启

---

[1]　IOR, R/10/4, 1760.8.24, p. 65; Hosea Ballou Morse, *The Chronicles of the East India Company Trading to China, 1635-1834*, Vol. 5, pp. 92-93.

[2]　Hosea Ballou Morse, *The Chronicles of the East India Company Trading to China, 1635-1834*, Vol. 1, p. 300; Vol. 5, pp. 103-104, 115-116.

[3]　Hosea Ballou Morse, *The Chronicles of the East India Company Trading to China, 1635-1834*, Vol. 1, p. 163; Vol. 5, pp. 30, 126.

[4]　Hosea Ballou Morse, The Chronicles of the East India Company Trading to China, Vol. 5, p. 153.

[5]　1775 年、1776 年、1777 年、1778 年、1780 年、1782 年、1795 年都曾传出公行成立的消息。Hosea Ballou Morse, *The Chronicles of the East India Company Trading to China, 1635-1834*, Vol. 2, pp. 13-17, 23-24, 33, 58-59, 82, 268-270.

[6]　Hosea Ballou Morse, *The Chronicles of the East India Company Trading to China, 1635-1834*, Vol. 2, pp. 33, 268.

[7]　许地山编《达衷集：鸦片战争前中英交涉史料》卷下，台北：文海出版社有限公司，1974，第136—137 页。

[8]　许地山编《达衷集：鸦片战争前中英交涉史料》卷下，第 153—154 页。

官带头的少数行商共同议定的，最后交给粤海关的一位武员公布。广州管理会也非常清楚，"这只不过是一种形式；由于潘启官拥有较大的权势，我们相信武员行事几乎全以他的意志为转移"，"官员们不过按照他们规定的价格批准执行而已"。[1] 定价的影响持续了好几年，1781 年的官方定价比较低，广州管理会希望能诱使行商们给出更好的价格，从而使这个不公平的规则无效。但在与石鲸官（Shy Kinqua）、蔡文官（Munqua）和周官（Chowqua）商谈时，他们都拒绝了。后两位说，他们希望管理会能以固定的价格卖一部分货物给他们。[2] 行商们还以官府尚未定价公布为借口，拒绝签订贸易合同，以此压低进口货物的价格。[3]

18 世纪下半叶，商欠问题使得官府加强了对广州贸易的管理，定价成为官府用于控制贸易、限制英国东印度公司影响的办法之一。官员们越来越多地干预进出口货物的价格，但又向外国商人保证不会出现垄断。这种矛盾的态度是由海关税收和官员们自身的利益决定的：一方面他们需要"防范外夷"，维持商业秩序，因而加强对贸易的控制；另一方面又希望保持海关税收稳定增长，增添政绩，因此反对行商垄断价格。作为对外贸易的受益者，无论是中央朝廷，还是地方官府，都反复强调在交易中要"公平定价""务照时价"，[4] 以免损害贸易发展。

从行商群体的角度来看，加强联合、垄断价格对于行商是有利的。但是，对于群体内部而言，利益并非完全一致的，垄断价格对大行商更为有利，因为他们掌握着主导权，而小行商只能被迫接受定价，或者放弃贸易的机会。行商与非行商（包括店铺商、零售商和内地商人等）、行商与官员、行商内部的利益冲突，决定了各种形式的联合都易于打破。英国东印度公司正是利用了这一点，成功突破了定价的限制。

---

① Hosea Ballou Morse, *The Chronicles of the East India Company Trading to China, 1635-1834*, Vol. 2, pp. 58-59, 70.

② IOR, G/12/72, 1781.10.15, p. 145.

③ IOR, G/12/73, 1781.12.20, p. 70.

④ 1780 年，广东巡抚李湖建议"惟带来货物，令各行商公同照时定价销售；所置回国货物，亦令各行商公同照时定价代买，选派廉干之员监察稽看"。1784 年，粤海关监督穆腾额也建议，"嗣后洋商接受夷人货物，必须公平定价"。1813 年，监督德庆奏言"各商与夷人交易货物，务照时价，一律公平办理，不得任意高下，私相争揽"。1814 年，两广总督蒋攸铦、监督祥绍上疏，请求加强监察，控制商欠，"如此夷人不能抬价居奇，以挟制洋行；洋行亦不敢低估侵欺，以拖累商价"。梁廷枏：《粤海关志》，第 497、499、503、564 页。

三　打破垄断：英国东印度公司对定价的主导

英国东印度公司伦敦董事部曾规定，"无论如何，我们要把每件货物卖出一个好价钱，而不是以货易货"。[①]虽然这一原则经常被忽视，但价格仍然是贸易中主要讨论的问题。因此，官府或者行商对货物进行定价的行为，必然招致公司大班们的抗议。广州管理会（或特选委员会）还采取各种商业策略，争取对商品定价的主导权。18 世纪后期，在影响檀香木价格的因素中，除去中国国内发生的战争和自然灾害，其余因素越来越多地受到英国东印度公司的影响；广东官府和行商的抵制逐渐失效，官员们将"贸易置于一切之上"。[②]

面对官府或行商的垄断，公司大班们首先会向广东官府申诉。出于保持贸易稳定的考虑，两广总督或粤海关监督通常会允其所请，政府的政策表面上看似强硬，实则宽容且灵活。[③]例如 1721 年公行的解散，就是因为广州管理会明确表示反对，并决定停止对广州的贸易。1759 年在与粤海关监督会面时，广州管理会投诉说每项货物都重复征税，粤海关监督则承诺每一项都会改正。[④]1776 年，行商联合起来，并在两广总督的支持下，给每种商品定价。[⑤]管理会随即对这种垄断表达了不满，称这样破坏了贸易自由，并直接指出，这会导致"行商们任意决定出口货物和上述进口货物的价格，虽然不是无法承受的，但最终会增加公司的贸易负担"。[⑥]管理会还以贸易为筹码，请求两广总督和粤海关监督免除对进出口货物加征 10% 的税。粤海关监督只得答应，贸易继续且不再加征新税。[⑦]广州管理会"最终获得成功"，[⑧]如表 3 所示，进口货物的实际交易价格不仅高于定价，甚至还略高于市场价。

---

① IOR, G/12/40, 1736.8.3, p. 32.

② Paul A. van Dyke, *Whampoa and the Canton Trade: Life and Death in a Chinese Port, 1700-1842*, Hong Kong University Press, 2020, p. 264.

③ Paul A. van Dyke, *Whampoa and the Canton Trade: Life and Death in a Chinese Port, 1700-1842*, pp. 262-263.

④ IOR, R/10/3, vol. 4, 1759.8.12, p. 91.

⑤ 两广总督担心大量的散商船只来会导致各类商品供过于求，因而支持定价，即由欧洲人和行商们共同商量一个合理的价格。IOR, R/10/8, 1776.12.27, p. 136.

⑥ IOR, G/12/59, 1776.08.20, p. 55.

⑦ IOR, R/10/8, 1776.08, pp. 22-23; 1776.12.27, p. 137.

⑧ IOR, R/10/8, 1776.12.10, p. 113.

表3　1776年东印度公司主要货物价格

单位：两

	檀香木	铅	胡椒	锡
定价	18	3.4	10.5	11
市场价	一等 20—24	3.6—4	马拉巴尔 13—14.5	13—14
公司售价	22—24	4.2	14.5	14

注：公司售价这组数据与马士记录的略有出入，但都可以看出实际售价突破了定价的限制。马士记录，胡椒14.2两、锡14两或更高、铅4两。这三者此前的定价分别为10.5两、10.5两、3.6两。

资料来源：IOR, G/12/61, 1776.12.31, pp. 28-29; R/10/8, 1776.12.27, pp. 141-142; Hosea Ballou Morse, *The Chronicles of the East India Company Trading to China, 1635-1834*, Vol. 2, p. 22.

除了上述途径，英国东印度公司还利用市场规律，通过控制檀香木的进口数量左右市场价格。公司董事部通常会根据广州管理会的反馈和建议来决定次年的运输数量。例如，1777年檀香木进口数量很少，广州管理会预测下个贸易季度价格应该会很不错，遂向孟买管理会总督建议，"尽可能弄到一大批，1778年运到广州来"。[1] 由于市场饱和，19世纪特选委员会则建议减少进口，以抬高价格。1802年1月，特选委员会在给董事部的报告中强调，"檀香木每年进口的总数不应该超过10000担，超过了就会影响价格"。[2] 1809—1810年贸易季度，由于大量进口，加上从斐济运来的，广州市场上檀香木滞销，特选委员会遂向圣乔治堡管理会强烈建议，"下个贸易季度收购的檀香木应当存在你们的仓库里，至少存一个贸易季度，这是能保持高价的唯一希望了"。[3]

即便是运到广州的木头，如果价格不能达到预期，特选委员会也不会立刻卖掉，而是选择储存货物，等待有利的时机。1793年，当得知市场上没有什么檀香木的消息后，管理会立马决定延迟出售，等待价格上涨。石鲸官为了与公司做生意，提议将檀香木从船上卸下，存放在他的仓库里，风险则由他承担。随后，卢茂官（Mowqua）和钊官（Geowqua）都效仿石鲸官，提议将檀香木暂存在他们的仓库里。[4] 这一行为也从侧面反映了英国东印度公司实力的增强，不再像18世纪前期需要迅速出手货物，以获得购买出口货物的

---

[1]　IOR, R/10/8, 1777.10, p. 57.

[2]　IOR, G/12/138, 1802.01.18, p. 12.

[3]　IOR, G/12/170, 1810.2.15, p. 41.

[4]　IOR, G/12/105, 1793.9.22, pp. 48-50.

资金，或是担心其他商船的到来致使价格下跌。

广州市场上的激烈竞争还使英国东印度公司加强了对檀香木品质的控制，公司借此击败了竞争对手，获得优势。通常情况下，在印度采购的檀香木会汇集到孟买和代利杰里，或马德拉斯的圣乔治堡，称重后装船运往广州。这些木头会根据中国市场的偏好进行修整，切割成合适的尺寸，具体标准上文已述。检验师会对木头品质进行鉴定，一般分为 2 个或 3 个等级，并在发票和提货单上注明，以供广州管理会的大班们核验。① 虽然这一整套流程加强了管理，但偶尔也会出现品质问题。例如 1772 年，"伦敦号"（London）运来的檀香木中，有 63 担因为修整不当和掺进了假木头，遭到石鲸官的拒绝。② 广州管理会很快向孟买和代利杰里管理会反映了此事，并送去样品进行检验。③ 第二年，两地管理会回信称，为确保以后不会再有假木头，或是品质残次的，已经要求"所有公司账户下的檀香木必须被打上标记并计数"。④

英国东印度公司对檀香木品质的把控，确立了印度檀香木在广州市场上的优势。通过对比货物，印度产品得了行商的认可和称赞，这种方法也体现在胡椒和棉花的交易中。⑤ 表 2 中的市场价格清楚地表明，18 世纪 70 年代后印度檀香木已是上等品的代表，其价格是最低一等的帝汶檀香木的数倍（1775 年差距最大，为 4.5 倍）。即便是 19 世纪斐济檀香木的输入，也无法动摇印度檀香木的地位。优质的品质成为公司大班要求提高价格的重要依据。

军事行动的配合进一步强化了英国东印度公司在檀香木贸易中的优势。⑥ 这主要表现在两个方面：一是排挤其他竞争对手，二是对檀香

---

① 例如，1772 年"伦敦号"代利杰里的发票上注明：一等檀香木 200 坎迪，每坎迪 155 卢比；二等檀香木 200 坎迪，每坎迪 145 卢比。IOR, R/10/9, 1772.07.16, p. 21. 孟买市场上，檀香木分为三个等级，1796 年的价格分别为：一等 180 卢比，二等 160 卢比，三等 120 卢比。IOR, G/12/113, 1796.10.14, p. 149.

② IOR, R/10/9, 1772.10.12, p. 77.

③ IOR, R/10/7, 1773.11.14, p. 60.

④ IOR, R/10/7, 1773.7.21, p. 9.

⑤ 1760 年，为了说服行商对胡椒加价，广州管理会要求将荷兰人的胡椒与公司运来的进行比较，结果显示差别很大。19 世纪公司引入印度其他产地的棉花到广州市场试水，管理会大班同样要求进行对比，"这样我们就能与中国人沟通数量、价格"。IOR, R/10/3, Vol. 4, 1760.9.2, p. 70; G/12/174, 1810.10.24, p. 19.

⑥ 欧洲人之间的战争，与大英帝国在印度和全球的影响，对英国东印度公司在中国贸易中占据主导地位起到了重要作用。Paul A. van Dyke, *Whampoa and the Canton Trade: Life and Death in a Chinese Port, 1700-1842*, p. 36.

木资源的控制。英法七年战争（1756—1763）中，英国攻占了本地治里
（Pondicherry）等法国据点，排挤了法国在印度的势力。通过第四次英荷战争
（1780—1784），英国又击溃荷兰的海军力量，掠夺了荷兰丰厚的商队物资
与殖民地。荷兰东印度公司也因战败而出现经济危机，最终于1799年破产解
散。18世纪60年代到90年代，通过四次英迈战争（Anglo-Mysore Wars），
英国东印度公司的势力深入印度内陆，最终控制了迈索尔地区的檀香木资源，
成为广州市场上的主要供应商。[①] 相对稳定的货物供应，加上竞争对手的退
出，使英国东印度公司在广州市场上的优势地位愈发稳固。

为了保证运往广州的檀香木的数量和品质，英国东印度公司还建立了相
对完善的信息传递系统。广州管理会与伦敦董事部以及孟买、代利杰里、马
德拉斯等地的管理会保持着密切联系，密封的包裹和信件由往来于广州与印
度、欧洲之间的船只传递。[②] 除了定期汇报之外，广州管理会还会将当季的
贸易情况及时反馈给公司在印度的管理会，提醒他们注意货物的品质和数量，
以及财务状况。另外，还有专门送信的邮船，往返于印度和广州之间，传递
信息。[③]

英国东印度公司还广泛收集广州和内地市场的信息，以便在货物出售前，
为销售决策提供依据。[④] 除了通过行商、通事、官员等渠道搜集情报，还会
派人前往内地，打探市场行情。[⑤] 乾隆二十五年（1760），两广总督李侍尧
在《防范外夷规条》中就曾指出，"近因行商拖欠其债务未清。账项未了。外
商借口住居省城，专事探听货价，低价收购，获致厚利"，"而内地民人，亦
遂有诱令诓骗者"；"迩来不少外商，分遣内地民人前往南京、浙江等省买卖。

---

① 吴羚靖：《英帝国扩张与地方资源博弈——18世纪印度迈索尔檀香木入华贸易始末探析》，《自然辩
　证法通讯》2021年第5期。

② 传递信件的既有英国东印度公司的船只，也有散商的，还有葡萄牙、荷兰、瑞典、丹麦、美国等
　欧美国家的船只，甚至还有中国帆船。

③ 1783年6月5日，公司邮船"羚羊号"（Antelope）运送信件给广州管理会，既没有载货，也没有
　载运白银。面对各级官员的询问，广州管理会解释说，"它和以前的其他小船一样，不过载运信
　件"。1802年2月18日，"羚羊号"再次运送邮包到广州。Hosea Ballou Morse, *The Chronicles of
　the East India Company Trading to China, 1635-1834*, Vol. 2, pp. 87, 369-370.

④ 1770年11月20日，广州管理会致信公司董事部："关于进口货物，我们在收集到足够的市场信息，
　进行售价估价之后，才给潘启官送信，告诉他我们准备和他做生意。" IOR, R/10/7, 1770.11.20, p.
　33.

⑤ 内地商人Cainqua曾为英国东印度公司提供丝绸价格等信息。Paul A. van Dyke, *Merchants of Canton
　and Macao: Success and Failure in Eighteenth-Century Chinese Trade*, p. 176.

甚至雇佣驿马传递货物市价消息。……此项弊端，应予禁绝"。[1] 由此可见其信息网络之广泛。

在实际交易过程中，由于购买茶叶与出售毛织品结合得越来越紧密，[2] 英国东印度公司开始更多地利用出口来影响进口，从而控制檀香木的价格。18 世纪下半叶，英国东印度公司在广州茶叶出口中所占的份额越来越大，1775 年接近四分之一，1798 年则已超过五分之三。[3] 茶叶贸易使公司在议价中有了更多的主导权。通过物物交换，公司往往可以获得更高的价格。[4]1773 年，粤海关监督德魁曾向广州管理会表示，"他愿意在各方面方便外国人，特别是对来此的商船数目和贸易额占主要部分的英国人"。[5] 可见当时广东官府就已意识到英国东印度公司在贸易中的重要地位。到 19 世纪，这一点就更为明显。[6]

与此相反，行商的实力由于商欠问题被大大削弱了，他们对外国资本的依赖逐渐加深。杨丙观的破产是一个很典型的例子。他出任行商前还很富有，1782 年成为行商后，贸易规模迅速扩大，同时承担的债务也迅速增加。他不得不向内地商人赊销，并从外国商人那里获得贷款来保持运营。1791 年承担了吴昭平的债务后，杨丙观破产。[7] 嘉庆元年（1796），首席行商蔡文官

---

① Hosea Ballou Morse, *The Chronicles of the East India Company Trading to China, 1635-1834*, Vol. 5, pp. 94-97;《史料旬刊》第 9 期，故宫博物院文献馆，1930，第 307—310 页；梁廷枏:《粤海关志》，第 550、552 页。

② 乾隆三十四年（1769）形成呢羽交茶制度，行商为了获得预付款来维持周转，不惜冒险购入毛织品。公司却因此逐步控制行商的贸易份额，从而控制行商的货价和利润。Hosea Ballou Morse, *The Chronicles of the East India Company Trading to China, 1635-1834*, Vol. 5, pp. 137, 151；章文钦:《广东十三行与早期中西关系》，广东经济出版社，2009，第 269 页。

③ Hosea Ballou Morse, *The Chronicles of the East India Company Trading to China, 1635-1834*, Vol. 2, pp. 11, 311.

④ 例如，1783 年"诺森伯兰号"（Northumberland）的胡椒，定价为 10 两，而大班索价 11 两。作为保商的周官提出，以每担 10.3 两的价格收购五分之四的胡椒（4000 担），售给公司的 1500 箱屯溪茶和松萝茶，每担按 25 两和 23 两算，另外 600 箱武夷茶，每担银 14.5 两。钊官则以同样的价格收购剩下的五分之一的胡椒，并出售茶叶。先前茶叶的价格分别为 26 两、24 两、15 两。"用这个办法就解决了武夷茶合约价格的问题，这是一件至关重要的事情。"Hosea Ballou Morse, *The Chronicles of the East India Company Trading to China, 1635-1834*, Vol. 2, p. 91.

⑤ Hosea Ballou Morse, *The Chronicles of the East India Company Trading to China, 1635-1834*, Vol. 5, pp. 174-175.

⑥ 嘉庆四年（1799）十一月，总督吉庆奏言:窃查各外夷来粤贸易船只，惟英吉利船大货多。嘉庆十九年（1814）十月，两广总督蒋攸铦、监督祥绍疏:查南洋诸夷，以英吉利为最强。梁廷枏:《粤海关志》，第 512、563 页。

⑦ Paul A. van Dyke, "Yang Pinqua 杨丙观: Merchant of Canton and Macao 1747-1795," *Review of Culture*, No. 62, 2020, pp. 86-87.

（Munqua，蔡世文，万和行）破产后自杀身亡，因为害怕得不到英国东印度公司的帮助，反映出行商对外商经济依赖的加深。① 公司不仅决定着行商的成败，还极大地影响着贸易的方式。②

行商的定价权随之被削弱，到18世纪晚期，为了将贸易维持下去，行商不得不接受较高的价格。1792年，作为"比克勒夫伯爵号"（Duke of Beucleugh）保商的卢茂官，宁愿出价17两，"也不能不买檀香木"。③ 1796年，潘启官看过"不列颠尼亚号"（Britania）的檀香木后，给出每担16两的价格，打算全部买下。但特选委员会认为市场上价格正在上涨，且行商们给出的价格抵销不了成本，潘启官被迫加至每担16.5两，直到委员会认为"这是一个很不错的价格"。④ 1798年也是同样的情况，特选委员会待价而沽，潘启官先后两次加价，从每担18两加至每担22两，即以市场价购买了四分之一的份额。随后，卢茂官和叶仁官（Yanqua）也以同样的价格购买了檀香木，但卢茂官说"这个价格比市场能承受的价格高出太多"。⑤ 行商们愿意接受如此高的价格，是为了获得出口茶叶的份额，来维持贸易的运转。然而，如此贵买贱卖，越发加重了行商的财务困境，"迨至积欠逾多，不敷挪掩，为夷商所挟制，是以评估货价不得其平，内地客商转受亏折之累"。⑥

面对行商的联合，英国东印度公司往往采取分化策略，使垄断无法继续。具体来说，就是贸易季度开始之后，广州管理会（或特选委员会）一般不会立刻出售货物，而是与每位行商单独商谈，鼓励、诱导行商在当前价格的基础上不断追加，以求获得更高的价格。对此，公司大班们有着非常清楚的认识：

> 我们处在一个非常不利的形势。当商人越多，越需要公平，他们就会像现在这样固定价格；但是这种规则和协议将会被打破，他们会秘密地比别人出更高的价格，每个人都会为自己辩护说，如果他不这样做，

① 章文钦：《广东十三行与早期中西关系》，第238—239页。
② Paul A. van Dyke, *Whampoa and the Canton Trade: Life and Death in a Chinese Port, 1700-1842*, pp. 29, 38.
③ 在此之前，潘启官购买的价格为16两。卢茂官说（17两）这是他能出得起的最高价了。IOR, G/12/103, 1792.10.22, p. 107.
④ 该贸易季度初，一等檀香木每担12两，二等每担10两。IOR, G/12/110, 1796.5.12, p. 252.
⑤ IOR, G/12/119, 1798.1.13, pp. 74, 77, 80.
⑥ 梁廷枏：《粤海关志》，第564页。

别人就会抢了他的优势，他们对彼此完全缺乏信心。但是现在他们不敢这样做，是因为惧怕潘启官。如果他们要毫无保留地遵守他的指示，我们就要让他们看到，潘启官将要独占利润，而不是按照以前的惯例，给每人分一杯羹。那是一种不变的做法，没有人会出比其他人更好的价格，因为他看到自己不能从中获益。①

1771 年，广州管理会在给董事部的报告中指出，"他（瑛秀）是一个集团的首领，潘启官是另一个集团的首领，他们之间是相互妒忌与憎恨的，这曾是我们反对不合理货价的巨大保证"。② 据说，公行解散就是潘启官运作的结果。③ 为了突破定价的限制，1781 年广州管理会没有按照惯例将进口货物分给不同的商人，而是决定将所有的棉花一起出售，以此为诱饵让行商在已经公布的价格上再加价；并暗示行商，如果他们继续缩手缩脚，将失去英国人所提供的一切优惠。"我们认为他们对此很敏感，也希望这样能对打破这种压迫政策产生一些影响。"④

分化政策加剧了行商之间的竞争，严重削弱了行商的议价能力。一些行商"为夷人卖货，则较别行之价加增；为夷人买货，则较别行之价从减，只图夷人多交货物，以致亏本"；⑤ 行商也承认，其内部"良莠不齐，人心叵测，其贵买贱卖，希图邀结者，亦难保无其人"。⑥ 嘉庆年间，这种情况更为严重，公司控制着贸易份额，行商只得"曲意逢迎，希图多发货物，转售获利"，造成的后果就是"有殷商而少分者，有疲商而多拨者，以致年账不清，拖欠控追者，不一而足"。⑦ 嘉庆十八年（1813），监督德庆上奏称，"不肖疲商，于夷船进口时，每有自向夷人私议货物，情愿贵卖贱卖，只图目前多揽，不顾日后亏折"，"众商争先私揽，相率效尤，遂成积习"。⑧ 到了道光年间，行商与外商的关系发生了根本变化。行商全盛时，"随意订

---

① IOR, G/12/72, 1781.10.15, p. 146.

② Hosea Ballou Morse, *The Chronicles of the East India Company Trading to China, 1635-1834*, Vol. 5, pp. 160-161.

③ 潘启官为这件事花了 10 万两，后由英国东印度公司补偿给他。Hosea Ballou Morse, *The Chronicles of the East India Company Trading to China, 1635-1834*, Vol. 1, p. 301; Vol. 2, p. 24; Vol. 5, pp. 132, 152.

④ IOR, G/12/73, 1781.12.20, p. 72.

⑤ 梁廷枬：《粤海关志》，第 497 页。

⑥ 许地山编《达衷集：鸦片战争前中英交涉史料》卷下，第 142 页。

⑦ 梁廷枬：《粤海关志》，第 554—555 页。

⑧ 梁廷枬：《粤海关志》，第 503 页。

定全船货价，亦不征外人同意"；[1]而道光年间，"商之所以投夷好者，无乎（所）不至。勾通幕府，官有举动，夷辄先知。又虑大班遇事挑斥，益低首下心，委婉而承顺之"。[2]甚至行商退休，还要获得英国东印度公司的许可，才能成功。[3]

到18世纪结束的时候，英国东印度公司几乎已经控制了檀香木贸易的各个环节，从货源、品质，到运输、定价，再到最终交易完成。通过对影响价格的因素加以控制和利用，英国东印度公司逐渐打破了广东官府和行商的垄断，主导了檀香木的定价，虽然不是像粤海关或公行那样明文规定，事实上却是不定而定。

英国东印度公司之所以在广州拥有如此强大的影响力，与英帝国全球战略的调整有着密切联系。一方面，18世纪下半叶北美殖民地的独立，促使英国将帝国的重心转移到印度，着重发展对东方尤其是中国的贸易，中印英三角贸易逐渐形成。频繁的战争既是为了争夺殖民地，也是为了保护海外贸易。另一方面，工业革命对原料和市场的需求也促成了这种转变。加拿大既无法提供原料，也没有广阔的市场，英属西印度群岛也由于废奴运动冲击了种植园经济而走向衰落，因此，以工业为基础的新帝国不可能在大西洋地区维持繁荣。随着工业革命和海外扩张的推进，英国政府从重商主义转向自由贸易，这使印度的战略地位逐渐重要起来。政府对英国东印度公司事务的干预也逐渐加强，与中国的贸易成为"国家政策的主要目标"，对新帝国的形成具有重要意义。工业革命还加速了英国消费社会的形成。随着茶叶、棉布等消费的迅速增长，[4]垄断东方贸易的英国东印度公司在广州的出口贸易中获得了优势地位，中西贸易逐渐变成了中英贸易。凭借这一优势，英国东印度公司开始对进口货物施加影响，使价格有利于自己。或许正如1812年英国摄政王威尔士亲王所说，"我们在地球的每一个角落对敌人都取得了完全的胜利"。[5]虽然有所夸张，但也反映了这一时期英国的实力与影响力。

① 梁嘉彬：《广东十三行考》，上海书店出版社，1989，第199页。
② 梁廷枏：《夷氛闻记》，商务印书馆，1937，第10页。
③ 叶仁官、卢茂官和潘启官的退休事件可以充分说明这一点。Paul A. van Dyke, *Whampoa and the Canton Trade: Life and Death in a Chinese Port, 1700-1842*, pp. 29-30.
④ 可参考王洪斌《18世纪英国服饰消费与社会变迁》，《世界历史》2016年第6期；郭斌《论"茶为国饮"与英国工业化的相互促进》，《农业考古》2020年第5期。
⑤ G/12/207, 1817.04.24, p. 38.

结　语

18 世纪是英国东印度公司在亚洲快速扩张的时期，也是大英帝国成为"日不落帝国"的时期，英国的对华贸易迅速增长。檀香木贸易作为能供给中国市场的为数不多的商品之一，也迎来了繁荣的贸易时机。檀香木的大量涌入，导致了这一商品在广州市场上的价格波动。贸易相关的各方都试图控制影响价格波动的因素，以使贸易有利于自身。

广东的官员为了保证海关税收的稳定增长，刻意保持价格的竞争性，反对行商联合下的垄断。但随着商欠问题的加剧与英国东印度公司影响力的增强，官员们又不得不加强了对贸易的控制，开始直接或间接地干预价格，突出表现为官府定价和加征附加税。然而，粤海关对贸易的依赖，决定了以上措施不可能取得较好的效果；官员们对"公平交易"的强调也使政策相对宽松，价格仍有商量的余地。

行商则采取了联合的形式，并借助行政权力实现垄断，具体表现为公行的屡兴屡废，试图以此抵制来自英国东印度公司的影响。但由于公行内部的利益不一致，又要面对来自行外商人的竞争，以及来自官府的压力，这种联合被英国东印度公司逐一击破。这或许要归因于公行的性质，它虽然限制竞争，却不像手工业行会那样具有"严格的垄断性和排外性"，"公行的职能运行起来大体上是很少有障碍的一种制度，几乎成了所有争执的不可缺少的缓冲物"。[①] 同时，积累多年的商欠问题大大削弱了行商的实力，使其在贸易中处于更为不利的境地；而且还反映出，以限制为目的且一成不变的公行制度，不能适应要求扩张且急速变化中的环境。[②]

与此相反，英国东印度公司通过一系列商业策略，打破了价格垄断，控制了贸易的各个环节，从而主导了商品的定价权。英国东印度公司的胜利表明，18 世纪晚期英国已经在广州贸易中占据了主导地位。[③] 面对如此强大的

---

① 彭泽益：《广州洋货十三行》，第 24—25 页。格林堡认为，公行不是一个像东印度公司一样的垄断公司，而是一种散漫的商人组织。格林堡：《鸦片战争前中英通商史》，康成译，商务印书馆，1964，第 47—48 页。

② 格林堡：《鸦片战争前中英通商史》，康成译，第 65 页。

③ 范岱克教授认为，1784 年《减税法令》(Commutation Act) 颁布后，英国东印度公司在广州市场上占据了主导地位。Paul A. van Dyke, *Whampoa and the Canton Trade: Life and Death in a Chinese Port, 1700-1842*, pp. 26-28, 255.

商业势力，广东官员与行商的对策有限且收效甚微，逐渐失去了对定价的主导权。这种变化预示了 19 世纪广州体制的转变，即逐渐建立起一个对英国商人更为有利的体制。从更广阔的视野来看，18 世纪英国经历了从"第一帝国"向"第二帝国"的转变，帝国的重心从北美转移到印度。此时的英国需要通过在亚洲的扩张和对贸易的控制来确保帝国的竞争力，并为工业革命积累资本、开拓市场。因此，广州市场上的种种变化，也是英国全球战略调整的结果。

An Exploration of the Pricing Issues in the Sino−British Sandalwood Trade in the 18th Century —Centered on the East India Company Records

Li Gan

Abstract: Sandalwood was one of the important commodities imported into China by European merchants in the 18th century. Country traders and East India companies from England, France, Netherland, and Denmark shipped large quantities of sandalwood to Canton, which promoted the prosperity of sandalwood trade in Canton market, meanwhile triggered fluctuations on its price. The Qing government and Hong merchants attempted to monopolize the price of sandalwood for their own interests, but both failed due to internal and external pressure. In contrast, the British East India Company not only broke the price monopoly, but also crowded out competitors and gradually gained dominance over the sandalwood pricing through many commercial strategies, combined with military action. The victory of the British East India Company demonstrated the dominance of Britain in the Canton trade in the late 18th century, which not only heralded the transformation of the Canton system, but also reflected the adjustment of the British global strategy.

Keywords: Sandalwood; Price Monopoly; Cohong; British East India Company

（执行编辑：申斌）

海洋史研究（第二十二辑）

2024 年 4 月　第 111~127 页

沉香传说：占婆天依阿那仙女形象
在越南王朝国家的演变

叶少飞　黄先民[*]

摘　要： 越南芽庄占婆塔供奉占人的婆那伽女神，流传至今的祭歌吟唱女神创造了沉香和稻米。北方的大越——安南国南进，逐步夺取占婆王国的区域，最终被灭国。国虽不存，但斯土斯民仍在，占人对婆那伽女神的祭祀为越人所重，将女神改造为越南道教中乘沉香木而来的玉仙仙主。女神又进入越南的儒教国家祭祀体系，成为天依阿那演妃主玉，越人由此完成了占越文化的融合。在天依阿那仙女形象的演变过程中，名贵的沉香是至关重要的神圣物品，也是沉香产区神灵与物产结合发展的典范。

关键词： 琦瑰沉香　占婆　越南　婆那伽　天依阿那仙女

---

* 叶少飞，红河学院越南研究中心教授；黄先民，红河学院越南研究中心助教。
　本文为 2021 年度国家社科基金项目 "20 世纪越南史学研究" （21XSS002）阶段性成果。
　关于天依阿那女神，于向东《天依阿那演婆海神传说及其意义述略》（《东南亚纵横》2008 年第 10 期）根据官修《大南一统志》记载的天依阿那女神事迹展现了其作为占婆人海洋保护神的特点和意义；牛军凯《从占婆国家保护神到越南海神：占婆女神浦那格的形成和演变》（《东南亚南亚研究》2014 年第 3 期）依靠占婆碑铭详细介绍了浦那格女神因地域缩减从占婆全国性神灵转变为占人的大地之神和丰收之神的过程，并简要揭示了女神的越南化过程及在越人信仰系统中的情况，即成为京族人的神灵和越南道教神祇。关于天依阿那女神在越人信仰中的演变过程，潘清简撰写的《天依仙女传记》碑是相当关键的文献，前述二文皆未采用，本文即以此碑为基础，结合占语文献，探讨天依女神在越人信仰体系的具体呈现和演变，同时揭示女神形象演变与沉香的关系。
　天依阿那女神的占语名 Inâ nagar 越南古人译为 "依阿那"。占人又称天依女神为 Po Nagar，牛军凯译作 "浦那格"，本文据梵汉对音传统及占语实际发音译为 "婆那伽"。

　　越南庆和省芽庄市河流入海口虬牢山上矗立着一座高大的红色砖塔（见图 1），供奉占婆人的守护神婆那伽女神（Po Nagar）（见图 2、图 3），左右分别有一座规模略小的塔。[①] 在红河流域的大越—安南国持续不断的进攻下，占婆人节节败退，1471 年被黎圣宗攻破阇盘城（在今平定省），丧失了美山圣地（在今广南省）。1653 年广南阮主军队攻占古笪，芽庄圣地丢失。1697 年阮主置平顺府，政权级别的占婆王国灭亡。婆那伽女神逐渐进入大越—安南国的神灵体系中，成为天依阿那（Thiên Y A Na）女神，是沉香之灵。又进入越南道教名著《会真编》中，称"玉仙仙主"，是一位很纯粹的道教神祇。后阮朝将天依阿那女神列入国家祀典。嗣德十八年（1865）《大南一统志》初步编撰完成，之后补充修订，嗣德三十五年（1882）草本完成，因战乱未能刊印。维新三年（1909）由高春育在嗣德本基础上重编地志，刊刻付印，亦称《大南一统志》。[②] 两种《大南一统志》皆录入天依阿那女神的传说故事，

图 1　芽庄占婆塔主塔，叶少飞摄于 2016 年 11 月 19 日

---

① "芽庄、虬牢"皆为古占语地名。"芽庄"占语谓 aia traǹ，"芦苇滩"之意；"虬牢"占语谓 kulao，"岛屿"之意。

② 牛军凯《〈大南一统志〉嗣德版刊序》，越南阮朝国史馆编《大南一统志》（嗣德版）法国亚洲学会藏抄本，西南师范大学出版社、人民出版社，2015，第 1 页。

图 2　芽庄占婆塔主塔供奉越氏脸庞、头戴后冠的天依阿那女神像，
叶少飞摄于 2016 年 11 月 19 日

图 3　天依阿那女神的印度化神像手臂，叶少飞摄于 2016 年 11 月 19 日

故事的文本其实来自嗣德九年（1856）潘清简撰写的《天依仙女传记》，此碑现立于芽庄占婆塔之侧，《大南一统志》录入时做了删改。天依阿那女神作为占婆人的主要神灵逐渐进入越南道教，又进入儒教国家祀典，阮朝以王朝国家意识塑造了天依阿那女神的形象，越人由此以胜利者的姿态完成了占越文化的融合。在女神从占人信仰体系进入越人神祇体系的过程中，沉香是不可或缺的神圣物品，这也体现了占婆作为沉香产地的特征以及神灵与宝物的密切关联。

一　占婆沉香与天依阿那女神

占婆国，汉至隋代中国称林邑，唐代称环王，宋代及以后称占城。《梁书·林邑国》记载：

> 林邑国者，本汉日南郡象林县，古越裳之界也。伏波将军马援开汉南境，置此县。……又出玳瑁、贝齿、古贝、沉木香。……沉香者，土人斫断之，积以岁年，朽烂而心节独在，置水中则沉，故名曰沉香。次不沉不浮者，曰栈香也。[1]

沉香为占婆贵重特产，品质上佳，历代以之进贡中央政府。[2]范晔曾撰《和香方》，序曰："麝本多忌，过分必害；沈实易和，盈斤无伤。"范晔自比为"沈实"即沉香。[3]葡萄牙水手托梅·皮雷斯所撰《东方诸国记》中载："占婆主要的商品 calambak，即沉香木，其乃上等佳品。"[4]芽庄所在的庆和省现在仍是重要的沉香产地。占婆塔附近的有德村（Làng Hữu Đức）占人祭祀婆那伽女神的唱词中可以感受到与沉香的密切关系：

> 从前婆那伽女神创造了大地、沉香和稻米。
> 来自婆那伽女神的沉香和琦楠馥郁芬芳。

---

① 姚思廉：《梁书》卷五四《林邑》，中华书局，1973，第784页。
② 请参看温翠芳《中古中国外来香药研究》，科学出版社，2016。该书详细考证了中古时代从海外输入中国的各种香药及功能用法，沉香是其中大宗，为社会所推重。
③ 沈约：《宋书》卷六十九《范晔传》，中华书局，1974，第1829页。
④ Tomé Pires, *The Suma Oriental*, The University Press Glasgow, 1944, p.133.

环绕婆那伽女神的稻米散发柔和的香气。

神圣的菩提树生出了婆那伽女神。

我们准备蒌叶和槟榔供奉您，您如果闻到了稻米的香气，就请您享用奉献的果实吧！

啊！女神！请您接受我们的礼仪吧！

请您实现我们的祈求吧！①

Yan Inư Nưgar 为占语词 yaṅ inâ nagar 的越语音译，汉字表达为"演依那伽"，即婆那伽女神。"演"占人碑铭写作ᨠᨶ，转写为 yaṅ，音 yang，即神的意思。yaṅ / yan 音译为"演"，阮朝据此称"演妃"。越人称"演"（Diễn），实因越人中南部方言"演"字读音不区分韵尾前后鼻音，以 diễng / yang 作 diễn / yan，遂以汉字"演"记占婆神名 yaṅ。gỗ trầm 直译为"沉木"，即沉香。据牛军凯的研究，这时的天依阿那女神已经从国家守护神转变为大地之神和丰收之神，这首祭歌即具有这样的特征。②女神同时也是沉香之神，她创造了沉香，其中的极品就是琦璃，又名琦楠、珈璃。"琦璃"一词出自梵语 kāla，本意为"黑色"。日本今仍称越南上等沉香为"伽罗"，皆出于此。占人将此种香木称为 kāla-mak，音"奇楠木"，故占语中方有 kalambak 一词指"沉香"。③此祭歌应该是根据占语翻译过来的。女神创造沉香和稻米，人民生产、祭拜，女神享用沉香和稻米的香气。还有一首祭歌则是说婆那伽女神创造稻米，教民种植，人民将沉香和稻米献给天帝。④

占婆潘里（Phan Rí）地区迎请天依阿那女神时，乐师吟唱：

自大地创始、我被创造以来，自沉香及婆那伽神诞生以来，自大地创始、你被创造以来，自稻米及婆那伽神诞生以来。自大地创始、万物出现以来，自村庄及婆那伽神诞生以来，沉香散落在树林之中。

---

① Ngô Văn Doanh, *Tháp cổ Chămpa: Sử thật và Huyền thoại*, Nhà xuất bản Văn hoá-Thông tin, Hà Nội, năm 1994, tr.146. 祭歌汉语为叶少飞译。

② 牛军凯：《从占婆国家保护神到越南海神：占婆女神浦那格的形成和演变》，《东南亚南亚研究》2014 年第 3 期。此文引用的另外一首祭歌也提到"尊敬的国王可以闻到勤劳人民种植的香米和香木"。

③ 现代占语中 kalambak 一词已较为罕用，指"沉香"多用 gahluw 一词，参考马来语中的 gaharu。

④ Ngô Văn Doanh, *Tháp cổ Chămpa: Sử thật và Huyền thoại*, Nhà xuất bản Văn hoá-Thông tin, Hà Nội, năm 1994, tr.144-145.

伸手按抚这沉香木啊，抚摸天赐的沉香木，您化身于沉香之中。抚摸真实的沉香木，您自沉香中化身出，去抚摸沉香木啊，您化身进入沉香。您安身于沉香内，让世人都知晓您。

沉香及摩衍树啊，是婆那伽神的骨肉。沉香及摩栎树啊，是婆那伽神的子孙。沉香氤氲烟中至，稻米芬芳南垅来。

婆那伽神于林中，神气往来各通衢。寻寻又觅觅，唯恐神气惹尘埃。[①]

在祭歌的首段，乐师代表的"人"、沉香代表的"你"和万物在婆那伽神诞生之时就已经存在，沉香、稻米与村庄并列为与婆那伽神共同诞生之物。神化身为沉香木，隐于沉香木中，沉香和摩衍树是婆那伽神的骨肉，沉香又和摩栎树是婆那伽神的子孙，沉香就是神的化身，沉香的香气传达四方，让人敬畏和欢喜。

而在占婆的各种传说中，天依阿那女神也同沉香有紧密的联系。占婆传说言，有伐木为生的夫妇二人膝下无子，一日进山伐木，遇一小女流落山林间，大喜，遂带回领养。小女长大后入山林，见奇楠木，告知养父母此乃婆依阿那（Po Inâ）之神谕，应北往而寻夫。后女子果嫁与北方皇子，得一子，复回山林回报、孝养父母。[②]此传说中的婆依阿那即为天依阿那的别称。

在法藏占婆抄本之中，载有相似的传说。传说的主人公为婆耐（Po Nai，即"小女神"）。一对住在古笪国奇楞山（Cek Galeng）种瓜的老夫妇膝下无子，一日，自月中来一女子，出现在夫妇俩的瓜园中，夫妇俩遂收为养女，取名婆耐。数月间，婆耐只知砌砖垒塔，不问他事。受不了夫妇俩的唠叨，于是婆耐离家出走，漂于海上。见一沉香木，遂藏身其中，流至中国，成为皇后。生皇子名为制

---

① Sử Văn Ngọc, Sử Thị Gia Trang: Lễ hội Rija Nagar của người Chăm, Nxb. Hội nhà văn, Hà Nội, 10/2016. tr.74-75, tr.434-439. 汉语由黄先民根据占语原文直译，并根据越语译文校勘。摩衍树和摩栎树待考。此地祭歌演唱之前要进行占人一年中最重要的祭祀之一为"村祭"（Rija Nagar），通常在占历新年后（公历4月左右）第一声雷响后举行。祭祀仪式开始后，乐师、术师各一人，又有唱师三男三女共六人，均坐于祭屋之中，其中乐师坐于南向。唱礼开始后，术师首先点燃沉香，并斟酒邀请诸神前来，"村祭"邀请的诸神有22位，第三位为国母神（po inâ nagar，即天依阿那），第十八位为沉香神（po gahlau），在此天依阿那女神和沉香神分列，现在尚不知晓二者的关系，此处的天依阿那女神很可能仍是占婆早期国家守护神的代表，与后期女神和沉香、稻米关系紧密的情况不同，仅作一说。

② 见 A. Sallet, *La légende de Thiên y-a-na, La princesse de Jade*, in Extrême Orient Asie, juillet 1926; 又见 Đào Thái Hành, *Histoire de la déesse Thiên y a na*, B.A.V.H., 1914, p.163。

智（Cei Tri），生皇女名为耐奎（Nai Kuik）。后因思乡过度，婆耐返回古笪国，为已过世的养父母砌塔，并教导占人识字等。[1]

据另一占婆传说，婆那伽占塔后有一圣碑，于其处发现一根巨木，木身黑色。后洪水将巨木携至平水（Bình Thuỷ），当地占人设庙供奉。一中国富商得知为沉香，意欲运回中国。刹那风暴四起，不能行。富商复求于制香师，归还巨木后，风暴乃止。为护沉香，制香师将巨木化为石头。[2]石泰安（Rolf Stein）在《壶中天地——东亚宗教思想中的盆景与民居》中专设一节"沉香木与天依阿那"，也收录了类似富商寻宝的传说，又收入与下文潘清简撰《天依仙女传记》相近的故事及多种占人沉香传说，指出天依阿那即是沉香之灵。[3]

可知无论是在占人的祭歌还是在占人的传说中，天依阿那女神同沉香的关系都密不可分，是神灵神性的重要载体。

二　沉香女神玉仙仙主

道教在越南渊源久远，葛洪因勾漏山产上等丹砂求为交阯令，位于广宁省的安子山传说为安期生的道场，李陈帝王亦三教并行，黎初帝王则专宠道教，黎圣宗公开宣扬自己为仙童转世。[4]道教在越南很快也实现了本地化发展，出现了神祇皆为越南本地人的典籍，《会真编》即全部记载越地神仙。此书由清和子于绍治七年（1847）作序，言从《鸡窗缀拾》中编录，亦采《传奇漫录》中的故事。玉仙仙主事迹如下：

> 玉仙，不知何许人。延庆府（今广南）虬牢山，山下有潭通海。陈、黎以前，其地属占城。时间有异木一株，浮海至此，云气盖其上，众以为异，挽之不动。占王子试拽之即上岸，于是命移入城，香气大馥。忽月夕，有一美女至此盘桓，体光如玉，因号玉仙。事闻，占王具礼迎之，为太子配。数年，生男女各一。已而，自言谪满将去，命工即山间建塔，用前木做像四，安于塔，付土人奉之，遂同升举。塔中祭器，皆

① 法国远东博物馆馆藏，抄本编号 CAM 246-B，第 169—171 页。

② Rolf Stein, *Jardins en miniature d'Extrême-Orient*, Bulletin de l'École française d'Extrême-Orient Année 1942, p. 74. 该书由学者陶金译为中文，即将在广西师范大学出版社刊出，笔者协助校稿，采用了陶博士的译名。

③ Rolf Stein, *Jardins en miniature d'Extrême-Orient*, Bulletin de l'École française d'Extrême-Orient Année 1942, pp. 73-74.

④ 叶少飞：《越南黎初帝王的道教信仰》，未刊稿。

真金银，众不敢犯。山潭间鳄鱼恶兽甚多，未尝为人物害。祈祷稳应，至今犹然。黎景兴丁亥间，有赦免奉事民徭役。后人题诗曰：

异株何日结香云，换尽行山作苾芬。妙色不随陵谷变，虹山仰圣海蛟神。①

《传奇漫录》中未载玉仙仙主，当来自已经亡佚的《鸡窗缀拾》。玉仙仙主所在即是现在芽庄占婆塔之处，故事主角则是占婆王子。异木浮海而至，香气馥郁，虽然没有明言至此盘桓的美女为异木中来，但玉仙飞升前要求用香木造像，二者的联系应该是很紧密的。仙主所乘香木即占城的重要财富——沉香，玉仙仙主即沉香仙女。

中国虽然经常得到占婆沉香，但毕竟与之天悬海隔，且沉香也并非仅占婆出产。宋人叶庭珪云："沉香所出非一，真腊者为上，占城次之，渤泥最下。"②现在尚未见中国道教神话对占婆神灵和沉香的直接演绎。③黎朝逐渐攻夺占婆王国后，对占城的神塔、神像及特点有更直接的认知，根据占婆人的神话将创造沉香的天依阿那女神塑造为《会真编》具备道教神性的沉香女神玉仙仙主。《会真编》题诗言"异株何日结香云"生动展示了女神和沉香的关系，"换尽行山作苾芬"即沉香女神享用祭拜时的沉香芬芳。玉仙仙主故事没有祭歌中天依阿那女神同时创造的稻米，仅保留了沉香。仙主的沉香木浮海而来，与占人传说沉香来自水中的情况类似，与祭歌所唱的婆那伽女神创造沉香有所区别。

图4为河内玉山祠藏板，人物与故事相配，云雾最上有一男仙当为占王子，旁边女仙当为玉仙仙主，二仙童即两人婚育子女。右上角的塔是越式的佛塔，与河内还剑湖边的报恩古塔（见图5）造型相近，与芽庄的占婆古塔完全不同，且芽庄占婆塔为一大三小，倘若绘图者亲眼见过，当不至于出现如此大的差异，故事及图画也没有提到遍布古塔门壁的占婆文，由此推断玉仙仙主故事的蓝本当形成于1627年郑阮开战、南北分裂与1789年中兴黎朝灭亡之间的某个时段。芽庄属于阮主管辖，都城昇龙于郑主管辖，南北对峙，相互隔绝，北方士人到南方游历多有不便。

---

① 《会真编》，孙逊、郑克孟、陈益源主编《越南汉文小说集成》第3册，上海古籍出版社，2010，第369页。
② 陈敬著，伍茂源编著《香谱》卷一，江苏凤凰文艺出版社，2019，第11页。
③ 周能俊《林邑、女仙、良药与警兆：中古时期的"琥珀"形象——以道教仙话〈南溟夫人传〉为中心》，刘中玉主编《形象史学》总第14辑，社会科学文献出版社，2019，第156—167页。作者推断南溟夫人可能为林邑女王，琥珀为林邑特产，《南溟夫人传》全文虽然并无明显的包含"林邑"或"环王"的身份地域标识，但唐代安南都护府与环王国毗邻，文化的交流是可能发生的。

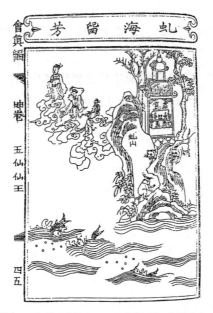

图 4　《会真编》玉仙仙主插图，玉山祠藏板，《越南汉文小说集成》
第 3 册，第 371 页

图 5　河内还剑湖报恩塔，叶少飞摄于 2017 年 2 月 10 日

三　珊瑚传说：潘清简撰《天依仙女传记》

嗣德九年（1856）二月潘清简出任《钦定越史通鉴纲目》撰修总裁，当年五月撰写了一篇《天依仙女传记》，此碑现立于芽庄占婆塔之侧。全文如下：

夫天下代愈古，则其事愈奇，地愈蔓，则其迹愈异。要之有以度世而资于人者，载籍所不废也。珞珈之观世音，粤洋之林天后，事非不奇也，迹非不异也，而往往见之记乘。定省柳杏主，其降胎以及神怪诸事，野录言之。历历南中，风气最厚，敦庞最远，与北洋闽粤对境而治，南讹未宅，（韩？）车未锡，此一辰也。小国寡民而德能纪远，缦餐汤穆之治，神灵磅礴之乡可征，方丈、蓬莱与人间不远也。

闻昔天依主之事，恨无载籍可考，途径庆和，询之故老，犹有能言之者。及得野乘而略有端绪焉。其言曰：天依仙女也，初降灵于大安山，今属庆和省大安社是也。此地近临虬勋，外引大洋，拱揖群山，碧海洞天，真古仙灵之遗迹也。有夫妇二人，老而无子，筑于山阿瓜田，告熟每有摘者。怪而伺之，有（二？）女年可十余岁，从月下把瓜戏弄，近前问之，怜其幼而丧者，遂携归子养之，夫妇钟爱焉。一日，山雨潦至，忽忆三神旧历移□□石作假山，以象之，老者蠢怒而骂之。方懊悔间，适珊瑚树从潦而至，树竟从大洋漂去，纵其所至，泊于海北。北人诧异，相率迎致，重不可举。国太子年弱冠，贵重择配，国之人无可意者，郁郁不乐，如有所求，闻之欣然。命驾至于海滨，亲下牵之，应手而起，归置诸殿阁。每抚树徘徊，从月光香璎间缥缈见若有人来者。如此者非一，近之则失其所在，心甚异之。一夜乘人定后，独往伺之，迟之又久复见，如前薄之，果丽人也。见之仓皇欲遁，持而问之，不能去也，遂告之故，惊喜闻之于王。王怪之，命筮之，曰吉。遂许结亲焉。居久之，生子曰淄，女曰季，琴瑟调和，未尝反目。忽一日，心怀故山，不能自止，乃携子女俱入香木，渡海而南，直抵虬勋，寻山阿故居，则老夫妇久已革世矣。遂即其地增垦，围场立祠以祀之，以世降既久，山民愚朴不能治生而捍患，乃为之稍建法纪，教以作业，使知相生相养之道。又于山顶凿石留像，俄而白日乘鸢仙去。

北海太子失天女所在，遂遣舟纵迹之，舟人无知，虐所在民人，又不敬神像，忽风涛大作，举舟沉覆，海门树起一大石碣，字皆蝌蚪文，不可晓。自是大著灵应，常往来于燕屿虬山之间，救护生民，有求辄应。方民神之，远近莫不尸祝而祷祭之。乃于虬牢山上筑塔，高六丈，祀仙主，右建一小塔，高二丈，祀太子，塔后建小祠，祀主子女，左构小祠，祀老夫妇二人。塔前又凿一石碑，字与海碣同。至今围场花果茂盛，登临者可饱食而不可□。每遇岁节，山兽海族莫不于祠前游伏焉。古人号天依阿那演妃主玉圣妃。本朝累赠鸿仁普济灵应上等神，以虬牢民充祠夫焉。

异哉！若天女者胡为乎来哉！始也山阿呴哺，若将终身焉。无故辞猿鹤，凌波涛，自南而北，皇皇将何至也？乃伉俪方殷，情缘忍断，舍百龄之结而返乎故宇，则又何为也？及岩扃既启，物是人非，然后乘风驾云，方显其威。神将行止之间，虽鬼神亦不能自主耶？此又奇之奇也。

嗣德九年五月十二日

右协办大学生领礼部尚书潘清简奉撰

通政副使调领庆和布政使阮炯奉立石[1]

潘清简（1796—1867），字靖伯，少有文名，明命七年（1826）进士及第入仕，其先明朝人，明末南迁。嗣德十一年（1858）法国联合西班牙炮击岘港，之后攻占嘉定，嗣德十五年（1862）潘清简与林维浃议和，割让嘉定、定祥、边和三省，潘清简随即被革职。后出任南圻经略大使。嗣德二十年（1867）法军要求再割让永隆、河仙、安河三省，潘清简知事不可为，开城投降，服药自尽，卒年72岁。次年嗣德帝追夺其职衔，同庆元年（1886）方开复原衔。[2]

阮朝统一诸神，建立祀典，将各地神灵纳入国家信仰体系。天依仙女在阮朝已有封敕，但内容简略，仅有神号、封赠和崇祀要求。潘清简既是史官总裁，又是礼部尚书，他很清楚自己撰写的《天依仙女传记》即代表朝廷对天依女神的认知，必然会被采入各类官民文献之中，他清晰地描写了天依仙女的神性、神号以及灵应，以丰富的内涵呈现了仙女从占人神灵到阮朝国家

[1]　此碑为叶少飞2016年11月20日拍摄并录文。
[2]　阮朝国史馆：《大南正编列传第二纪》卷二十六，庆应义塾大学言语文化研究所，昭和56年（1982）影印版，第7891页。

神灵的转变和定位。

潘清简首先认定天依仙女与珞珈之观世音、粤洋之林天后，以及越南南定省的柳杏公主同为对境而治的海洋神灵，并且给予了很高的评价。接着说"小国寡民而德能纪远，飧餐沕穆之治，神灵磅礴之乡可征，方丈、蓬莱与人间不远也"，指出庆和本地能够祭祀神灵，塔筑雄伟，堪称人间仙境，与下文的"近临虬勋，外引大洋，拱揖群山，碧海洞天，真古仙灵之遗迹也"前后呼应。其所言"小国寡民"虽是典故，但此处为占婆故地，其义自现。

潘清简"闻昔天依主之事，恨无载籍可考。途径庆和，询之故老，犹有能言者"，《天依仙女传记》言香木为"珈瑚树"，"珈瑚"即琦楠，《会真编》中没有提到琦楠，但占婆祭歌说到婆那伽女神创造了沉香和琦楠，诸多传说中则是仙女隐于沉香或乘沉香而来，潘清简采用了后者。仙女与沉香和琦楠息息相关。潘清简又"得野乘而略有端绪"，此"野乘"当是《会真编》中的玉仙仙主传，其中香木浮海、婚配占王、夫妻仙去、建塔祭祀这几个关键情节都出现在潘清简所撰《天依仙女传记》中。潘清简时为礼部尚书，有整齐百神之责，阅读《会真编》是很自然的事情。

潘清简增补了如下内容。老夫妇结庐种瓜，仙女月下摘瓜，为老夫妇收养，仙女因受叱骂，大雨中化为珈瑚树漂洋而去。北国得树，置于殿阁，仙女自香树中缥缈现身，与太子结合，生儿育女。仙女因怀故山，"携子女俱入香木"还归芽庄，教民耕植，在山顶凿石留像，升仙而去。

《会真编》中玉仙仙主婚配芽庄所在地的占王子，而潘清简未言王子身份，并将之北移，写仙女乘化身珈瑚树浮大洋至海北，婚嫁海北太子，生儿育女。法藏抄本则明确仙女成为中国皇后。芽庄之北有大越——安南国和中国，于向东据黎贵惇《抚边杂录》记载的"北海队"，认为仙女所到当指广南阮主辖区，仙女抛夫离开，则寓示着占人和越人关系的恶化。[①]潘清简以越人身份如此重述天依仙女故事，确实能够体现越人对占人神祇的接纳和尊重。

天依仙女离开北国太子携子女回南，教民耕稼，白日飞升仙去，民人祭祀。太子下令寻找仙女的舟人虐所在民人，不敬神像，仙女显灵，"忽风涛大作，举舟沉覆"，这表达了潘清简对恶吏施政的不满。之后天依仙女"常往来于燕屿虬山之间，救护生民，有求辄应"，成为保佑平安的海神，阮朝褒封"鸿仁普济灵应上等神"。最后潘清简感慨仙女猿鹤波涛，至北婚嫁，又

---

① 　于向东：《天依阿那演婆海神传说及其意义述略》，《东南亚纵横》2008 年第 10 期。

舍弃情缘返回故土，但已然物是人非，最后"乘风驾云，方显其威"，神灵行止非凡人可以揣测的。

在碑文中潘清简确立了天依仙女的阮朝国家神灵地位，他对女神的描写和定位有深刻的政治历史背景。黎朝正和十二年（1693）占婆国王谋反被杀，阮主出兵，政权级别的占婆王国灭亡，阮主先置顺城镇，1697 年置平顺府，但保留占婆王室，并拥有一定的自主权。明命十三年（1832）占王后裔阮文承响应明命帝改土归流政策，"率其土民愿入户籍"。[①] 次年明命帝封阮文承为延恩伯，在京师及平顺省建占城王尊庙，春秋致祭，谕曰：

> 自古王者推恩胜国，所以有厚道而示至公。我国家肇基南服，缔造二百余年于兹，朕祗绍鸿图，辑宁雨夏，徽甸以南，顺省以北，原系古占城国之地，仰惟昊天，眷求明德，作邦作对，授之以我朝。列圣皇帝开拓光大，以有今日，其占城国王之后，经奉历朝，宠以官职，俾延崇祀，再著于京地，并平顺省城外各营建占城国王等庙，祀典祀器由部妥议具奏，候旨施行。[②]

明命帝以仁圣的姿态存续占城国王祀，这也是儒教政治的传统。明命十五年（1834）四月阮文承卷入嘉定叛乱被明命帝治罪诛杀，占城遂绝祀。[③] 但明命帝并没有因此撤销占城国王庙，而是继续增建，明命十七年（1836）"奏准建占城国王庙于平顺省禾多县春会村，分春秋二祭，由该布政员行礼，其礼品与在京同"。[④]

从明命年间占婆改土归流到阮文承被杀、占城绝祀，以及立占城国王庙之事，潘清简都亲身经历，虽然品秩不高难以参与决策，但作为有政治觉悟的历史学家，对这些事的印象定然极深。面对巍峨的占婆古塔，以及难以识别的蝌蚪文字，潘清简清楚地知晓这些与阮朝秉承的儒教文明有很大的差异，但现在其民其地皆入于阮朝，朝廷在京中奉祀占城国王，他要以神灵的名义

---

① 《大南实录正编第二纪》卷一百二十五，庆应义塾大学影印本，第 9 册，1974，总第 3235 页，册第 155 页。

② 越南阮朝国史馆编《钦定大南会典事例》卷九一《礼部·群祀》，西南师范大学出版社、人民出版社影印本，2015，第 1444 页。

③ 《大南正编列传初集》卷三十三，庆应义塾大学影印本，第 4 册，1962，总第 1407—1408 页，册第 395—396 页；《大南实录正编第二纪》卷一百二十五，总第 3235 页，册第 155 页。

④ 《钦定大南会典事例》卷九一《礼部·群祀》，第 1444 页。

将占婆人彻底融入阮朝。天依阿那仙女即成与南海观世音、粤洋林天后、南定柳杏公主对境而治的神灵，其中神灵伟迹及珈琲神香则据传说和典籍整理而来。阮朝祭祀先农，皇帝亲耕籍田，农业为国家根本，创建了以儒教文化为主导的农业秩序，因此潘清简延续道教《会真编》的香木传说，只写了仙女乘珈琲，没有提及占人祭歌中仙女和稻米的关系。

碑文撰成后，"通政副使调领庆和布政使阮炯奉立石"，显然供奉天依阿那女神以怀柔占人是阮朝中央和地方的共识。

四　儒教国家祀典：天依阿那演妃主玉

潘清简撰写的传记写道天依阿那仙女"古人号天依阿那演妃主王圣妃"，"本朝累赠鸿仁普济灵应上等神"。明命五年（1824），朝廷敕封"天依阿那演妃主玉尊神"为"鸿仁普济灵感上等神"，[①]明命十年（1829），因富安镇同春县安盛村的天依阿那演妃神敕因保管不善被虫穿，奉守人潘文泰被杖责枷号严惩。承天府香茶县定门社的神敕因水潦损坏，宽大未罚，朝廷更换"天依阿那演妃主玉赠敕一道"。[②]绍治二年（1842），朝廷加封美字"妙通"，敕"洪惠普济灵感天依阿那演玉妃上等神"为"洪惠普济灵感妙通上等神"，此神敕颁给承天府广田县安城社。[③]绍治五年（1845），又将同样封赠内容的封敕颁给承天府香茶县洪福社，只是更换了奉祀府县名称和颁布时间，内容一致。[④]

潘清简碑文似是依照明命五年（1824）封敕来写，但"灵感"写为"灵应"。朝廷封敕皆为"主玉"，潘清简碑文写"主王"，应该是因"玉""王"通用。潘清简又称"圣妃"，嗣德本《大南一统志》庆和省"占城天依古塔"条在录完潘清简撰写的传记之后，言"占人号天依阿那演妃主玉圣妃"，平顺省禾多乡永安村天依祠祀"天依阿那演妃主王圣妃，累赠鸿仁普济灵应上

① Phan Thanh Hải, Lê Thị Toán chủ biên, *Sắc phong Triều Nguyễn: Trên địa bàn Thừa Thiên Huế*, Nhà xuất bản Thuận Hoá, năm 2014, tr.35.

② 《钦定大南会典事例》卷一二二《礼部·群祀》，第 1939 页。

③ Phan Thanh Hải, Lê Thị Toán chủ biên, *Sắc phong Triều Nguyễn: Trên địa bàn Thừa Thiên Huế*, Nhà xuất bản Thuận Hoá, năm 2014, tr.63.

④ Phan Thanh Hải, Lê Thị Toán chủ biên, *Sắc phong Triều Nguyễn: Trên địa bàn Thừa Thiên Huế*, Nhà xuất bản Thuận Hoá, năm 2014, tr.79.

等神"，^① 显然"主玉"即为"主王"，后者与潘清简碑文保持一致。

就现在所见文献，"天依阿那演妃主玉"在明命五年（1824）已经是官方称谓，显然其产生的时间更早。"天依阿那"（Thiên Y A Na）是越人基于占语词 inâ nagar 音译后的演绎。占人将占婆王国的守护神称为 inâ nagar，意即"王国之母"。越人接触到该信仰时，仅音译出了占语的前半部分"inâ"（母亲）为"依阿那"，而略掉了"nagar"（国家）一词，同时又缀以越南语词"thiên"（天），即"天母"。^② 这是越人对占人信仰的再理解。

"演妃"来自占语"神"一词 yaṅ，"妃"是古汉语对女神的尊称，娥皇女英为湘妃，洛神为宓妃，妈祖称天后，亦称天妃，"演妃"即汉语和占语两个神灵尊称的叠用。嘉隆五年（1806）成书的《皇越一通舆地志》记有古庙"祀天依阿罗演婆主玉"，^③ "天依阿罗"或为"天依阿那"的别称。^④ "演婆"当为占语神灵尊称 yaṅ 和 po 的并用，并非越语尊称"Bà（婆）Diễn（演）"的汉字表达。可能是因为占语"po"和越语"婆 bà"易于混淆，明命帝时统一称为"天依阿那演妃"。

但"主玉"却并非占人传说和祭歌所有，而是典型的越语语法"chúa Ngọc"，这应该是来自《会真编》的玉仙仙主传记，以越语简称其为"主玉"。潘清简最后缀以"圣妃"，明命五年（1825）封敕缀以"尊神"，此即古汉语语法中对神灵的尊称。

明命时朝廷颁定的女神官方名称"天依阿那演妃主玉"即一个结合占语、越语、汉语，同时吸纳了占婆人信仰和越南道教的神名，其融合的过程应该开始于更早的阮主时代，可惜文献阙如，详情已不得而知。

潘清简撰写的《天依仙女传记》与占婆古塔一起成为芽庄名胜，这个文

---

① 《大南一统志》（嗣德版）法国亚洲学会藏抄本，第 468、523 页。

② 蒲达玛（Po Dharma）认为天依阿那一词来自梵语 deviy ā na "天乘 / 提婆衍那"一词音意兼顾的翻译方式。参见 Po Dharma, Etat Des Dernières Recherches Sur La Date De L'absorption Du Campa Par Le Viêtnam,Actes du Séminaire sur le Campa,Ed.: ACHCPI, 1988, pp.59-70; Les Frontières Du Campa (Dernier État Des Rechereches) Les Frontières Du Vietnam. Paris: Éditions L'Harmattan. 1989. pp.128-135. W. B. Noseworthy 亦从此说。参见 William B. Noseworthy, "The Mother Goddess of Champa: Po Inâ Nâgar," Suvannabhumi, Vol.7, Issue 1, 2015, pp.107-137. 但笔者认为，婆那伽女神是占人群体中固有的神灵，且占婆碑铭中亦有梵语借词 bhagavatī（婆伽蒂）来指称该女神的说法，因此占语中不必另借梵语来指称本族神灵。故笔者并不赞同上述说法。

③ 黎光定纂修《皇越一统舆地志》上册，西南师范大学出版社、人民出版社，2015，第 170 页。

④ "那"字越语音读 na，"罗"字越语音读 la。越南方言中亦有鼻音边音混淆的情况，因此"天依阿罗"有可能为"天依阿那"之误。

本的天依女神故事因潘清简礼部尚书的身份也就具有了官方色彩，后被改编采入嗣德本《大南一统志》和高春育主编刻印的成泰本《大南一统志》之中。潘清简书写的故事与占人祭歌对天依女神的认知存在很大的差别，倒与抄本的传说接近。嗣德二十四年（1871）夏五月吉日，顺庆巡抚阮威等人游览，"天依阿那圣妃古塔耸于山巅"，识读碑碣，作文感慨：

> 虬山之灵，圣妃之生，信其然乎？圣妃事迹，潘梁溪先生得之野乘，美瓜浮琉等事，碑记在焉，反覆推测其辞，正以微其思深以疑，然而所以然之故。先生未尝定论，我辈登谒相与游览题咏，（？）以意见续补，庶几少解后人之疑。并书拙什以志其事。①

此时阮朝丧失南圻六省，潘清简自尽，名字亦被从进士题名碑中凿去，但政治成败并不能掩盖其文名。潘清简撰文在前，对天依仙女故事已经叙述详尽，阮威等人遂另辟蹊径，讲古塔得山水阴阳之形胜，但神灵之事莫测，潘清简未曾定论，所以自己也不能给出明确的答案，立碑在此，为古塔再添一段佳话。

占婆人信仰的天依阿那女神在占婆王国消亡之后，为占领其地的越人所信服，并逐渐进入了越南道教和秉承儒教治国的阮朝国家祀典之中，被赠以"天依阿那演妃主玉"的神号，官民供奉，传承至今。天依阿那女神作为占婆人的主要神明，成为阮朝国家神灵，展现了越人对占人的怀柔，以及越南的儒教和道教改造占婆人信仰的过程，这既是国家政治的呈现，也是阮朝官员的主动觉悟。在越人的有意融合和尊崇之下，占婆神灵天依阿那女神增加了道教玉仙仙主和儒教国家祀典天依阿那演妃主玉两个形象，以多元多面的形态呈现于世，而沉香是不可或缺的神圣物品，连通了占、越、儒、道各种文化，超凡入圣，馥郁人间。

---

① 此碑为 2016 年 11 月 19 日叶少飞自摄并录文。

The Legend of Agarwood: The Evolution of the Image Thirn-y-a-na of Champa in Vietnamese Dynasty

Ye Shaofei, Huang Xianmin

Abstract: The Champa Pagoda in Nha Trang, Vietnam is dedicated to the goddess Po Nagar of the Cham people. In a hymm to goddess through to the modern day Cham people chant that Po Nagar has created agarwood and rice. The Dai Viet-Annam Kingdom in the north striked southward and gradually seized the region of Champa, and the Kingdom of Champa was eventually destroyed. Although the country does not exist, the land and the people are still there. The Viet people pay more attention to the worship of the goddess Po Nagar by the Cham people. The goddess was transformed into the fairy Ngoc-tien Tien-chua who came from the agarwood in Vietnamese Taoism, and entered national Confucianism sacrificial system of Vietnam as Chua-ngoc Dien-phi Thien-y-a-na. From this, the Vietnamese people have integrated the Vietnamese culture with Cham culture. In the evolution process of the image of fairy Thien-y-a-na, the precious agarwood is a crucial sacred item, and it is also a model of the combination of gods and products in the agarwood producing area.

Keywords: Ky-nam Agarwood; Champa; Vietnam; Po Nagar; Thien

（执行编辑：彭崇超）

海洋史研究（第二十二辑）

2024 年 4 月　第 128~153 页

晚清民国福州外销茶盒研究

黄忠杰　　陶林琛 *

摘　要：随着鸦片战争的爆发，清末"以茶富国"之思想引发热议，带动了我国茶业的发展，也带动了制箱等下游产业的发展。在往来频繁的茶路当中，茶箱扮演着重要的角色。此期，相关的图案、文字被印制在茶箱之上，使茶箱具有了一定文化内涵，逐渐形成以福建本土文化为主体、西洋文化为辅的内核，承载着近代福建社会文化发展的精神财富。本文以晚清民国福州及闽东地区的历史及社会情况为基础，分析福州茶盒的起源及木制漆茶盒图示至马口铁茶罐图示的流变，试以研究茶盒的艺术风格及其所反映的社会场域互动关系。

关键词：晚清　民国　福州港　茶叶贸易　茶盒

自 18 世纪 20 年代起，中国茶叶成为世界贸易的核心商品，泰西诸国皆垂涎于这种"绿色黄金"，间接导致了 1840 年鸦片战争的爆发。1840—1949 年，中国茶业从兴盛到衰退，经历了一个大起大落的特殊时期，福州茶盒便诞生在这个特殊时代。作为世界贸易的附属品，茶盒上的图案、文字成为该时期视觉物质文化的组成部分。近年来学者对福州茶埠之兴衰做出了许多探究，包括茶业贸易、茶业商行、茶业本体，而对茶盒的视觉文化及其背后的全球化贸易和海洋史交流却着力不多，相关研究仍付阙如。

---

*　黄忠杰，福建师范大学美术学院教授；陶林琛，福建师范大学美术学院硕士研究生。

本文为国家社科基金重大研究项目"西方与近代中国沿海的图绘及地缘政治、贸易交流丛考"（项目号：20&ZD233）研究成果。

一　晚清民国福州茶埠贸易与茶盒之兴起

福建是中国著名的产茶区，依山傍水，茶山连绵，闽茶自宋时就已通过泉州港运销海外。可谓"名茶甲天下"。

1854年，美国旗昌洋行派买办深入武夷茶区购茶，大获成功，引起了其他洋行的效仿，各国船只驶闽运茶者繁多。

> 中国茶商向自产茶区采办茶叶，由陆路运往粤、沪两埠销售，但是时华南各省已被发匪蹂躏，商人率多裹足不前，美商罗素洋行乃毅然遣派华人携资驰赴武夷，采办茶叶，取道闽江，运至福州。翌年，其他洋行因见该行经营茶叶业告成功，于是群起仿效。①

图1数据根据林仁川编《福建对外贸易与海关史》②、彭泽益编《中国近代手工业史资料（1840—1949）》第1卷③及陶德臣编《近代中国茶叶外销数量的初步估算》④计算。自1859年起，中国海关才有茶叶出口统计数据，但1860年和1861年的数据存在极大的落差，一定程度上反映福州茶叶贸易的

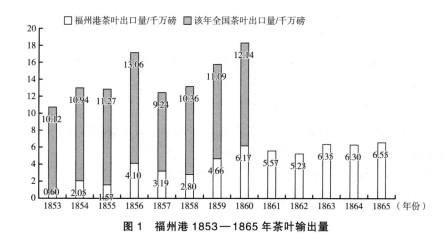

图1　福州港1853—1865年茶叶输出量

---

①　姚贤镐编《中国近代对外贸易史资料（1840—1895）》第1册，中华书局，1962，第609页。

②　林仁川：《福建对外贸易与海关史》，鹭江出版社，1991，第241页。

③　彭泽益编《中国近代手工业史资料（1840—1949）》第1卷，中华书局，1962，第580页。

④　陶德臣编《近代中国茶叶外销数量的初步估算》，《茶叶通报》2021年第2期。

状况。

19 世纪 60—80 年代，福州成为全国最重要的茶叶出口基地之一。90 年代后走向衰落。萧条的境况倒逼茶商们提供更优良的茶叶，以面对市场的竞争，首要的是改良茶叶包装，给人以良好的第一印象。

光绪二十四年（1898），福州制漆名家沈正镐创作的"茶叶箱"在法国巴黎博览会上荣获头等金牌及牌照。[1] 据《闽都漆艺》一书载，"茶叶箱"与"古铜漆彩绘花鸟纹茶叶箱"为同类款式，木胎箱子，长 25 厘米，宽 18 厘米，高 13 厘米，落款为沈正镐。外漆古铜为底色，内壁黑漆洒金，内置山水人物图案锡盒。用色精巧富丽，质造巧夺天工。[2] 沈氏茶箱的获奖，说明这种茶箱在外形上、工艺上有所创新。可见自闽漆崛起之后，福建茶商为扭转茶叶贸易失败导致的行业衰退，将注意力转移至制作小巧精美的茶盒之上，打造"质量极优"的品牌印象，福州茶盒由此逐渐发展而来。

二　晚清民国闽茶茶盒的风格与样式

无论是木制漆茶盒，还是马口铁茶罐，从秀雅精致、意蕴人文的中国绘画题材，到充满异域风情的西洋风格，其质造工艺的变迁都反映晚清民国时代中国人的生存状态与社会变迁。

（一）木制漆茶盒

19 世纪末，随着闽省大漆行业的振兴，除产茶区内地茶庄制作大型茶箱外，福州茶行也联合当时各地漆作坊制作茶盒，窑花井一带的漆作坊是当年闽省漆产品主要产区（见图 2）。[3]

窑花井制作生产的茶盒尺寸基本为宽 10 厘米，高 12 厘米，深 17 厘米，分 6 面，可装茶一斤。茶盒各面多以寿星、福星、侍女、瓜果、花卉、禽鸟等中国绘画元素作为画面（见图 3 至图 9）。其中商号辅以卷轴图式、祥云纹样。整体画面有优有劣，元素的传神度有高有低，但总体的绘画技法具有一致性。

---

① 陈遵统等编纂《福建编年史》（下），福建人民出版社，2009，第 1465 页。
② 福州闽都文化研究会编《闽都漆艺》，海峡文艺出版社，2018，第 111 页。
③ 高炳庄：《福州漆器与福州漆画》，福建省工艺美术研究所，2001，第 31—32 页。

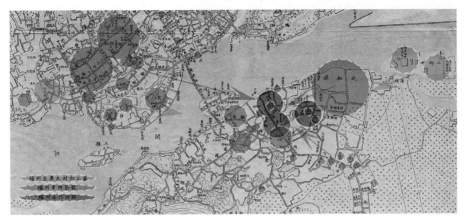

图2 福州市内主要茶号、漆作坊群及主要木材加工地分布示意，
原图《民国十七年六月福州市全图》，笔者绘

图3 "洪春生"茶行茶盒，"陆经斋"
黄氏旧藏，尺寸为 17cm×12cm×10cm

图4 "斋泰丰"茶行茶盒，"陆经斋"
黄氏旧藏，尺寸为 17cm×12cm×10cm

图5 "张德生"茶行茶盒，"陆经斋"
黄氏旧藏，尺寸为 17cm×12cm×10cm

图6 "春德隆"茶行茶盒，"陆经斋"
黄氏旧藏，尺寸为 17cm×12cm×10cm

图 7　"李公记"茶号的　　　图 8　"斋泰丰"茶号的　　　图 9　"大生福"茶号的
　　侍女形象，"陆经斋"　　　　　寿星形象，"陆经斋"　　　　　福星形象，"陆经斋"
　　黄氏旧藏　　　　　　　　　　黄氏旧藏　　　　　　　　　　黄氏旧藏

1. 传统主题与格式化风格

从多款福州茶盒的山水画面看，画面整体上处于"人大于山，水不溶泛"的稚拙状态，且画工技艺各有参差（见图 10、图 11）。例如，"斋泰丰"茶盒上所绘之山石不及"郁恒泰"茶盒成熟，后者给人一种山险石高之感。此外，福州漆工在茶盒的山水画面上留下题跋，如"德泰号"茶行茶盒山水画面上留有"时丙午□□月仿古人法"的字样，反映出福州木制漆茶盒对中国传统的继承，"时丙午□□月"还反映了茶盒制造年代。

图 10　"福森隆"茶行茶盒山水画面，　　　图 11　"德泰号"茶行茶盒山水画面，
　　　　"陆经斋"黄氏旧藏　　　　　　　　　　　　"陆经斋"黄氏旧藏

作坊地域、制作工序具有一致性，造就了现存众多福州茶盒风格格式化这一基本特点。如"斋泰丰"茶盒、"春德隆"茶盒等（见图 12 至图 15），这一系

列茶盒皆由福州南台岛泛船埔附近的窑花井漆作坊制造。茶盒以流水线的方式制作，制作数量大，生产周期短，具有相似的艺术风格。

图12 "春德隆" 图13 "春德隆" 图14 "李公记" 图15 "李和记"
茶盒格式化   茶盒格式化   茶盒格式化   茶盒格式化
装饰元素1，   装饰元素2，   装饰元素，   装饰元素，
"陆经斋"黄   "陆经斋"   "陆经斋"   "陆经斋"
氏旧藏   黄氏旧藏   黄氏旧藏   黄氏旧藏

2. 文人雅趣与社会性内容

茶联是中国茶文化的产物，也是中国茶文化与美学价值观的重要文化载体。它既是茶诗，亦是茶词；既是茶曲，亦是茶文。福州木制漆茶盒茶联佳句注重营造文人风雅，注重审美感受。"福森隆"茶盒以对仗的五言绝句写于两侧，文字外则以双红线方形纹路套住。茶盒的右侧写有"午夜攻书倦，斟来睡亦醒。诗脾清可沁，茶韵淡同诗"，左侧则为"松下敲冰煮，清风两腋生。若逢寒客至，聊□□壶倾"（见图16）。这不仅是一种在福建茶文化熏陶之下流行的装饰艺术，更是深邃的中华文化的具体体现。

图16 "福森隆"监制木制漆茶盒侧面的茶联佳句，"陆经斋"黄氏旧藏

　　除文字外，福州茶盒的绘面亦充满了文人诗意，如"陆经斋"监制款古铜漆彩绘山水人物茶叶盒正面绘制的山水，虽因时间久远导致漆面破损，但细看其间，画工所作人物形态巧妙地衬托出旅者极其传神之模样（见图17）。其构图完整精美，画工精湛，用色统一，细节构造一丝不苟，极具功力，可谓"陆经斋"监制茶盒中的精品。

图17　"陆经斋"监制款古铜漆彩绘山水人物茶叶盒正面，"陆经斋"黄氏旧藏

　　第一次世界大战爆发，日本企图夺取德国在中国山东的权益，1915年5月9日，袁世凯政府接受日本政府最后通牒，承认耻辱的"二十一条"。"洪春生"茶盒将"五月九日""否认条约"记于其上，展现了"洪家茶"的家国责任（见图18）。这反映出在小农经济、民族工商业、帝国资本的夹缝间中国人的生存现状。在半殖民地半封建社会，中国人面对外侵内腐、多灾多难的屈辱，前仆后继，反抗西方列强侵略，这切合了中国近代茶叶贸易之主题——"以茶制夷，图存富国"。

图18　"洪春生"监制款木制漆茶盒侧面，"陆经斋"黄氏旧藏

处于时代漩涡之中的大批福州茶行在茶盒上刻画上述语句。可见，在资本主义商业席卷之下的中国人依然保有伟大的爱国主义精神，在家国与利润的天平上，许多茶行选择了同国家站在一起，是近代爱国主义的表现。

用于海外销售的福州漆茶盒有所不同，这皆来源于"来样定制"的传统。至迟在明代，福建地区的漆工已经开始了"来样定制"的漆器制作。清末福州开埠，洋商的涌入使"来样定制"的漆茶盒变得更加多样化。

当时的箱栈根据茶商的要求，由画工定制茶行需要的图像，茶行往往充当监制的角色，这类茶盒往往售价更高。譬如，"陆经斋"茶行其店主委托监制的"古铜漆彩绘山水人物茶叶盒"（见图19）亦是这一时期的杰出代表作。

"陆经斋"是福州历史最为悠久的茶庄之一，茶叶曾远销欧美。其茶盒呈长方形，顶部采用比利时进口的玻璃，目的是让顾客可透过玻璃观察盒内盛放的茶叶的条索与品质。古铜漆为地，彩绘山水人物，盒顶上下两行分别写有"陆经斋老号""鼓楼前大街"，底款"陆经斋监制"。整件茶盒制作极其精美，是福州传统制漆行业的精品。

图19 "陆经斋"古铜漆彩绘山水人物茶叶盒，"陆经斋"黄氏旧藏

随着茶行及洋人时尚发生转变，茶盒原本基本以寿星、福星、侍女等人物以及山水垂钓图作为典型的母题样式，此时在海外已经转变为更异的艺术风格，特别是对茶叶制造的描绘，以此来迎合外国受众的特殊品味。欧洲早在19世纪就对中国的制茶技术充满好奇心。罗伯特·福特尼（Robert Fortune）在《居住在华人之间》（"A Residence among the Chinese"）一文中写道：

我便急于想知道所谓"珠兰"茶（Caper）和"橙黄白毫"是怎样

制造的……对于一个外国人初次看到制造这种茶叶的方法，实在是一种奇观。[①]

欧洲对机器以及中国制茶之好奇，导致制茶图示的流行。这一时期海外茶盒经常在图文样式上选择制茶机器、制作，抑或是茶叶售卖过程（见图20）。

图20　"斋泰丰"茶盒上反映的福州"来扇馆"，"陆经斋"黄氏旧藏

（二）马口铁茶罐

1887年后，茶市萎靡，茶行降低茶箱的成本，导致此时期的茶箱质量欠佳，常出现破损，造成茶叶损失。1903年《艺政通报》报道箱板不坚，均足以坏全份之茶，海路颠簸，难免因为事故导致茶叶进水造成损失，铁罐茶盒逐渐取代了木制漆茶盒，进入了运销环节。

1. 西化审美与契约精神

民国马口铁茶盒图式（见图21）受到了福州海外漆茶盒的影响，不再像销往国内的茶盒那样单一，更倾向了广告包装功能，出现了以美女人物为主的母题以及英文，具有文人气息的茶联佳句也少有出现，取而代之的是茶行信息以及饮茶之功效，文字叙述更加大众化与国际化。这种变化适应当时茶叶市场的国内外需求，国际顾客多重视健康，关注茶叶给人体带来的益处。

马口铁茶罐上出现的美女图式深受"月份牌"之影响（见图22、图23）。"月份牌"是洋商在商业竞争之中为推销商品所制作的广告画，脱胎

[①]　彭泽益：《中国近代手工业史资料（1840—1949）》第1卷，第486页。

图 21　民国福州马口铁茶盒（左图来自福州"庆林春"茶庄，中图来自福州"鲍乾顺"
茶庄，右图来自福州"中大"茶庄），"陆经斋"黄氏旧藏

图 22　"福胜春"铁罐茶盒，"陆经斋"黄氏旧藏

图 23　民国马口铁茶罐美女图案，"陆经斋"黄氏旧藏

于欧美广告画，中国的商标设计受外商的影响。许多马口铁茶罐上的商标以"月份牌"年画的风格制作，图样内容表现丰富，图案色彩绚丽繁复，线条构成复杂，商号文字直白。

除了美女图式，福州茶庄会在马口铁茶罐上将本号主营茶叶简明易懂地表现出来（见图24、图25），并且对茶叶卫生十分重视。如"聚春成"茶行在本号茶罐上标明："本号开设福州南台，精选武夷岩茶……品质精良。诚解酒消愁，卫生益智之妙品也。"

图 24 "福胜春"茶盒上的茶行广告，"陆经斋"黄氏旧藏　　图 25 "得宜永"茶盒上的茶行广告，"陆经斋"黄氏旧藏

"得宜永"监制款马口铁茶罐印有花卉图，"得宜永"茶庄将此图作为本号商标，画面下方写有"特用丹凤为记。"在此面，"得宜永"茶庄对本号商标保护着重进行了介绍，是民国时期马口铁茶罐制作中的通常做法。

图 26 "福胜春"号注册使用的圆形红色"洪"字牌茶叶商标

"福胜春"监制款马口铁圆茶罐上以黑颜色印文字"商部注册禀用【洪】商标，别人不得冒效。福胜春茶庄主人洪岁绥谨识……FUH SHING CHUA TEA FIRM。"（见图26）

从茶罐上反映出的信息可见，随着民族商业从晚清帝制的牢笼中解脱出来，资本开始在古老的土地上遍地生花。"诚信经营，童叟无欺"不再是商店吆喝的口号，而是镌

刻在马口铁罐之上的符文。中英文商号名称的出现证明了"福胜春"茶行茶叶营生的国际化。从其对茶叶品质的宣传亦能看出此时中国茶业对于茶叶质量的追求，皆因国际市场上印度、锡兰茶对华茶的攻势。至于商标的运用相比于晚清更加规范，可以感知此时中国茶业对于自身产业规范的考虑以及品牌保护意识的增强。

2. 营销国货与民族意识

"乾祥厚"茶庄为军阀王占元 1930 年开设的，而值得深究的是，不似日本与皖系军阀那样露骨的勾结，王占元作为直系军阀一脉，其在政治立场上是与英美苟合的。然而笔者对"乾祥厚"监制款马口铁茶长筒圆罐（见图 27）研究后发现，从"乾祥厚"商标看，王占元选择了"合和"以及日本女性人物图绘作为茶罐的装饰，这是英美与直系军阀关系中不寻常的一面。在国际政治上，帝国主义列强对北洋各派军阀势力的支持与否，是根据其在华切身利益得失为转移的，但是反之，站在中国人的立场上看，北洋各派军阀们也并非完全倒向一边，而是根据切身利益，时常与列强处于暧昧关系之中。

图 27 "乾祥厚"马口铁茶盒，"陆经斋"黄氏旧藏

茶庄主自诩"遍阅全球，我国产茶为最"，茶行成为敛财工具，"乾祥厚"利用民族元素进行宣传。不可否认，印在茶罐上的文字进一步表明除了对品牌及商业运营模式的探索外，当时民族主义思想进一步被强化。特别是 19 世纪末在印度锡兰茶的冲击之下，国茶不得不加强其国货属性宣传，扩大其内销市场。

"五顶峰"茶行茶罐则简明的将推销国货写于茶罐之上："茶为吾国出产大宗。"（见图28）其时代特征极为明显。

图28　"五顶峰"马口铁茶盒，"陆经斋"黄氏旧藏

三　福州茶盒与晚清民国的东西洋茶市

晚清民国时期，福州港口外销茶盒的兴起有几个问题值得讨论，首先关乎茶盒制造的时局。福州茶盒起于华茶衰落之际。闽茶贸易在印度锡兰茶的冲击下呈现衰退之势，缘何茶盒会在福建乃至全国茶业贸易衰败之际逆势而兴？

这有多方面的原因，关键在于茶业贸易所带动的东西洋茶市互动，外国力量更多扮演了推动福州茶盒艺术与文化发展的角色（见图29、图30）。福州茶盒随着闽茶的外销路线，从福州、上海港出发，绕行马六甲海峡，经斯里兰卡（科伦坡港）驶向亚丁港，再经过红海、苏伊士运河、地中海到达法国和英国等欧洲国家。在一定时期内，世界市场对闽茶的热爱驱使外国商船满载着中国茶文化的芬芳，运往世界各地。正如英国女诗人佛克斯·史密特·西瑟里（Cicely Fox Smith）于1926年所写的那样："途经古老的罗星塔，我们扬帆启航，任船儿在风中游荡，扬帆扬帆。任浪花拍击着船板，我们朝着伦敦竞航，满载着中国茶的芬芳，沁香那泰晤士河畔……从罗星港出发，满载着中国茶的芬芳。"①

---

① Fox Smith Cicely：*Full sail: more sea songs and ballads*，Methuen & co. ltd，1926.

图 29　中国茶箱与女孩 1，1876，
Lewis Carroll 摄，维多利亚
和阿尔伯特博物馆藏

图 30　中国茶箱与女孩 2，1876，
Lewis Carroll 摄，维多利亚
和阿尔伯特博物馆藏

　　随着闽茶海外贸易的持续发展，闽茶的销售刺激了当地茶市场的发育，约翰·塔利斯（John Tallis）绘制的伦敦导览图忠实描绘了伦敦各处街景超过 100 栋建筑，这被放在当时许多英格兰、威尔士、爱尔兰和苏格兰的书商和玩具商店公开售卖。其中便绘制着 "Tea Dealers & Grocers"，并且在多页的导览地图中，茶叶商店也经常出现（见图 31）。

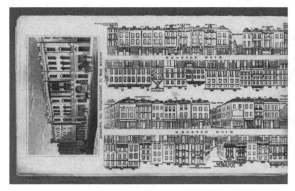

图 31　伦敦地图上的茶叶商店，1838，John Tallis 绘，大卫·拉姆齐历史地图集藏

　　在波士顿的 D. H. 赫德公司根据政府调查、县记录和个人调查编制的康涅狄格州城镇地图集中，由英国罗杰斯兄弟（Rodgers Bros）经营的工业制造商公司亦出现在了插图之中（见图 32），该公司主营业务便有茶具制造，凡此种种皆反映出茶业已经成为海外各地占比重要的经济成分，因此茶盒亦成为欧洲茶叶贸易中的重要一环。

　　大英博物馆馆藏编号 1866,1013.964 的图画中的茶叶盒（见图 33）十分引人瞩目，可见英国人此时家中摆放装潢华丽之茶盒，装贮茶叶，加锁珍藏。

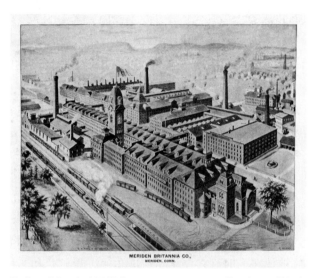

图 32　大不列颠梅里登公司与中国茶叶，1893，R. Caughey 绘，大卫·拉姆齐历史地图集藏

图 33　英国家庭早茶与中国茶盒，1822，大英博物馆藏，馆藏编号 1866, 1013.964

　　1856 年约翰·贝尔爵士肖像身旁桌上的茶叶盒也引人注目（见图 34），说明茶叶盒在当时是身份显赫之人所用之物，茶叶受到英国人的珍视——英人视茶如命。

　　海外客户对茶盒制造提出要求，影响到福州茶盒的制造，在《橱柜制造商和室内装潢师指南》（*The Cabinet-Maker and Upholsterer's Guide*）（封面见图 35）中收录的"tea caddies"和"tea chests"两节中，作者乔治·赫普尔怀特（George Hepplewhite）详细描述了茶盒制造的装潢要点，即"装饰品可以镶嵌各种颜色的木材，也可以涂漆和清漆"，[①] 绘制了茶盒制造的详细设计图纸，指导茶盒制作，为当时的福州提供茶叶盒仿制蓝本。

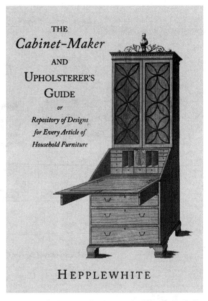

图 34　约翰·贝尔爵士的肖像，大英博物　　　　图 35　《橱柜制造商和室内装潢师指南》，
　　　馆藏，馆藏编号 1912,0612.40　　　　　　　　　　1794 年版封面

　　英国产的木制漆茶盒遵循"茶盒饰面由各色木材组成，再于其上涂透明漆"的要求（见图 36），现存的早期英国产木制茶盒都保留了原木的色彩，通过透明漆使得其易于长久储存不腐朽，具有"闪闪发光"的特质。

---

　　① 　George Hepplewhite, *The Cabinet-Maker and Upholsterer's Guide*, Dover Publications, 1794, p.28.

Pl.57

Tea Caddies.

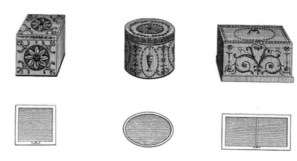

Plans.

London, Published Sept', 1st, 1787, by I.&J. Taylor, No.56, High Holborn.

Pl.58

Tea Chests.

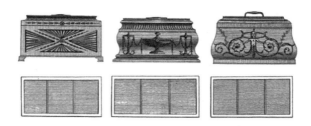

Plans

London, Published Sept', 1st, 1787, by I.&J. Taylor, No.56, High Holborn.

图 36　英国产八边形茶叶盒，19 世纪，维多利亚和阿尔伯特博物馆藏

　　1840年前，广州茶埠在东西洋茶业贸易中居于重要位置，但在五口通商之后，其在世界茶业贸易之中的地位开始跌落，大量曾为英国定制茶盒的广漆工人来到福州，客观上推动了福州漆业的发展。并且，福州茶埠的外贸出口亦需要茶叶盒包装，因此茶盒制造产业在福州开始兴盛起来。福州港茶盒吸收了广漆茶盒的风格特点，以图绘的精美性来吸引海外客户。但福州港茶盒不仅仅是对既往成就的继承，而是又有自己的锐意创新。

　　福州港茶盒摆脱了广州港茶盒对茶事生产的热衷，转而赋予画面更多文化内涵，"梅、兰、竹、菊""牡丹"大量作为寓意性或代表性纹饰出现在画面之中，花鸟、山水绘画亦成为福州茶盒极为热衷表现的主题（见图37），这与福州当时社会风气分割不开，也足可见当时福州浓郁的传统文化氛围。从广州"王广兴"款茶叶漆盒（见图38）与福州"陆经斋"茶叶漆盒的对比可以看出，这一时期福州港茶盒不是仅仅局限在描绘茶叶市场的风貌，更是将独具风雅的中国风格呈现到了茶盒之上，展现出诗画共存的艺术特征，使福州茶盒的艺术价值居于全国前列，达到了新的高度。

图37　福州精制木漆茶盒，大英博物馆
　　　藏，馆藏编号2016,3064.1

图38　广州市"王广兴"款茶叶漆盒，
　　　广东省博物馆藏

　　随着东西方茶业互市的深入，福州近代产业也取得了发展。福州茶盒的制造涉及了多条产业链，即木材加工业、茶行以及漆作坊，其中不乏外国洋行的身影。光绪末年，福建的木材加工业就已经进入了兴盛时期，天祥洋行、禅臣洋行先后在福州设立机器锯木厂。1910年前后，福州聚集了约有十余家锯木厂，如日商"建兴"，英商"义昌慎""祥泰"，德商"禅臣"等。在福州进行交易的木材大部分为杉木，虽然无法知晓其具体的交易额，但满载圆木、方材和板材的轮船频繁驶出马尾港，通过海关的木材输出额每年达银150万两，通过常关的民船（戎克船）输出额达银170万两以上。[①] 如此发达的木材加工业使福州能获取大量廉价的木材，因此箱栈等配套产业也开始兴盛起来，这为茶盒的制造奠定了物质基础。

据《福建之茶》记载，有22家外国茶商云集南台，如著名的怡和、裕昌、德兴等洋行都聚集在南台岛的泛船浦、下渡、菜园山、观井路等处，该地域也是福州漆作坊集中聚集的区域，这为西洋图示与中国茶盒的结合提供了可能。随着洋行势力的刺激，福州漆器行业从业人员的增多难免加剧同行的竞争，各漆器作坊囿于资本额及周转需要，往往以量取胜，生产之漆器作品虽不乏精品，但次货占绝大多数，木制漆茶盒之质量、图文皆呈现出优劣参差的特点。因此，南台茶行林立，又临近木材加工地，再加上福州三大漆作坊集群的加盟，三者共同使该地区成为福州漆制木茶盒极佳的孵化摇篮，成本更加低廉的福州港茶盒开始涌入市场，20世纪初窑花井福州港茶盒大量出现，标志着闽茶的衰落以及茶业开始转向内销市场。

福州茶盒从纹饰的结合，发展到中西文化图示的融合，显现出更深层次的文化交流。一方面，茶盒上凸显的基督教元素反映出自鸦片战争以后，清政府不得不在宗教问题上妥协，宣布解除禁教令。而茶盒上所表现的元素，进一步显示出西方文化渗透之深。另一方面，"姑苏城外寒山寺，夜半钟声到客船"出自唐代诗人张继的《枫桥夜泊》，福州茶盒艺术将这一中国传统诗词转换成图示，再与象征着西方图示的"基督教建筑"结合到一起，使该款茶盒兼具中西之特色，再加上往来繁忙的运茶景象，皆凸显出西方势力在闽地影响之深入以及闽洋关系交融之复杂（见图39）。

茶叶贸易的兴盛亦带动了福州茶文化的繁荣，其中茶馆业尤为发达。1947年3月建设厅调查结果显示，福州烟茶酒业有500家。[②] 据《福州市志》记载，1947年5月登记的全市注册登记工业达68个，共13672人。其中福州茶馆业公会有718人，是仅次于福州人力车公会与福州木作业公会的第三大公会。

福州茶馆类别各异，经营有别的茶馆争奇斗艳，共同塑造了福州社会浓郁的茶馆文化。《鲁迅论儿童教育》的"潇红忆鲁迅"一节中写道："从福建

---

① 日本东亚同文会编《中国省别全志（1907—1917）》卷一四《福建省》，李斗石译，延边大学出版社，2015，第324页。

② 福州市政府统计室编《福州要览》第1辑，福州市政府统计室，1947，第10页。

a

b

图 39　福州制海外茶盒，"陆经斋"黄氏旧藏

茶馆叫的菜，有一碗鱼做的丸子。"①"鱼做的丸子"便是福州名小吃"鱼丸"，而从这句话看，福州的茶馆不单卖茶，还兼营餐饮。大多数茶馆内设戏台，邀请戏班演出（见图 40、图 41）。南台一带聚集了一批茶馆酒楼，如"广聚楼""都会楼""广升楼""广福楼"等，规模宏伟，格调清雅，成为有钱人及官绅商贾消金休闲之所，兴盛一时。福州有些茶馆还兼营浴池生意，如"东街三山座""妙巷别有天""新世界"等。

---

① 董操等编《鲁迅论儿童教育》，山东教育出版社，1985，第 216 页。

图 40　"福源兴"茶盒上反映的福州茶馆戏台演出
场景，"陆经斋"黄氏旧藏

图 41　"大生福"茶盒上反映的福州茶馆戏台演出
场景，"陆经斋"黄氏旧藏

除了有固定经营的茶馆外，还有各种未入流的不同小茶摊。"来扇馆"便是乡间小茶寮，摊主仅有一人，客人来时，始取柴入炉，汲水入罐，以蒲扇吹火等待煮沸，泡茶饷客。[①]这类茶馆主要服务于中下层民众，反映出清至民国时期茶业消费主体的新变化：清末民国中国饮茶之风普及，茶馆消费主力以普通民众为主。女子饮茶也进入大众视野，平民百姓的茶叶消费与市场联系较以往更加紧密。

福州茶市发展，导致原有的社会发生改变，出现新型职业，如专门从事茶业交易的品茶师、掮客等，其中还有外国人的身影，这些画面被画家用图像记录了下来。

---

① 未入流：《来扇馆》，《海报》1945 年 3 月 27 日，第 2 版。

东西互市促进职业专业化，社会商业气息愈加浓重，中国民俗信仰亦受到外国影响。壁画是妈祖宫建筑艺术的一大特色，大多数宫殿壁画都用来呈现妈祖圣迹传说与历史故事题材，但在福鼎市店头镇天后宫中，洋人画像及洋船入鼎购茶之景被绘制于墙壁上（见图42），这便是重要茶区天后宫区别于其他地区妈祖宫殿建筑艺术的重要特征，也是福建茶叶贸易深入至文化的生动见证。

图42　福鼎市天后宫藻井壁画中的洋人画像，笔者摄

点头天后宫始建于明代，清乾隆二十年（1755）重修，现存藻井壁画为1875年当地画师梁九畴等绘制。其最有特点之处是罕见的洋人绘像，仿洋文写法落款。此外前厅中间藻井下方还清晰绘有一艘西洋轮船，这便是当地人口口相传的"火轮船"（见图43）。据庙祝言，该宫曾受到英国人资助，当地画师依洋行所托绘制壁画，因此才留下"火轮船"及洋人画像，这也是欧洲蒸汽船取代"卡蒂萨克"号，成为装载茶叶往返中国与欧洲的标志。此外，这说明了在1899年三都澳开埠之前，闽茶重要产茶区的港口已有外国商船活动，留下了重要的历史物证。

清末中国人学习西方的潮流中，中国的传统信仰为洋人所用，泰西洋人资助建庙成为促进中国文化发展的一个因素。这一方面自然有西方文明的渗透，英国人借传统之手扩张在闽茶产区的影响力；但另一方面也说明在西方变革与进步的时代，中国元素并不显得落后，而为泰西诸国所接受。因此，许多中国文化，如传统信仰、艺术等通过经济贸易的往来到达欧洲大陆。

若说东西洋联系之初，两方还保持着势均力敌之态势，那么，自洋铁西来后，中国这个茶叶帝国愈来愈沉沦于列强控制的世界贸易之中。15世纪新

图 43　福鼎市点头镇天后宫藻井壁画中的外国洋船，笔者摄

航路开辟以来，中国被卷入世界市场之中，开始出现"西物东渐"的趋势，许多洋货开始进入中国销售，鸦片战争之后趋势愈加明显。马口铁罐成为制作福州茶叶罐的新材质，自然推动了福州茶盒艺术的发展，并且洋商成为同海外茶叶贸易中不可或缺的一个部分。闽茶包装的制造生产愈来愈依赖于国外技术，马口铁罐取代木制漆茶盒，说明西方茶叶贸易行为推动了茶盒包装的发展，并逐渐掌握中国茶叶贸易的话语。

马口铁罐的制作工厂集中于上海、天津，福州木制漆器茶盒逐渐丧失了其在闽茶中的特殊地位。闽茶弃闽漆转用马口铁，福州南台的漆茶盒产业逐渐走向衰落。

将福州茶盒与中国沿海各口岸茶盒的艺术图文进行对比（见图 44、图 45），不难发现，晚清福州木制漆茶盒与天津马口铁印刷图文样式相似，皆热衷于描绘中国传统纹样、传统故事，记录文人风雅之茶诗。最具特色的是其对风景的描绘，福州木制漆茶盒通过对山水的描绘抒发出一股文人茶意般抒情的情感共鸣，天津一带制罐厂亦是如此，这得益于活跃于京津地区艺术市场的画家们皆是充满文人风情的雅客。他们还在茶盒之上刻写自己的落款钤印，如张壮一的"庄宜"、陈嘉祥的"嘉羊"、肖向新的"红叶"、张守明的"大明"。从图像角度看，福州木制漆茶盒通过茶叶贸易，对天津茶盒图文的审美产生一定影响。需要说明，晚清民国以来，福州茶行的马口铁茶罐多为天津的制罐厂所做。福州木制漆茶盒的艺术风格影响了天津一带，而天津吸收了这种风格，通过马口铁罐展现出来，反而能吸引福州市场的受众，可见茶叶贸易交流之下异地艺术形成互动关系。

图 44 "李公记"监制木制漆茶盒的仙鹤形象，　图 45 "福胜春"监制款马口铁圆
"陆经斋"黄氏旧藏　　　　　　　　　　茶罐的仙鹤形象，
"陆经斋"黄氏旧藏

　　从物至域，从域至人，从人至国家，福建茶盒见证了时代，成为复杂矛盾的综合体。从中国角度看，一方面，其一直承载着复兴国家、振兴民族的希望，救亡图存与保守的主题一脉相承；但另一方面，其又反映了对新鲜事物的追求和对时代热潮的追随。从西方角度看，茶盒代表着落后愚昧的农业社会产品，劣质不耐用，却蕴涵着致命的吸引力和东方传奇的神秘意味。对茶叶的需求、对东方纹饰的渴望、对扩张势力的理想，使得茶盒跨越了欧洲与中国，文化与艺术跨越了时间与空间，在土洋并蓄中博采众长、生生不息。

结　语

　　通过分析晚清民国时代福州港的茶叶贸易及茶盒艺术样式系统的演变，可以发现，从中国传统文化意味极其浓重的木制漆茶盒，到土洋兼具的马口铁茶罐，其图文与材质的变化反映了当时复杂的社会环境与时局动态。茶盒在茶叶贸易中扮演着重要的角色，民国以前，各茶行通过箱栈定制茶盒，包装自己的产品，在商业竞争中尽可能地表现出差异化的特征，而且有默契地将文人雅士品茗以及茶馆品茗趣味作为各自茶盒上的装饰图案，反映出此时期茶文化的两个重要特征：一是将精神境界的追求置于物质之上，文人风雅是市民阶层各自都竞相推崇的雅趣；二是在商业市场之中，茶行品牌意识逐渐被培养起来，差异化的竞争趋势逐渐凸显，反映了资本主义商业发展速度很快。而外销茶盒纹样的变化则反映出在世界浪潮中闽地文化出现变化。它既有保守的一面，以中国传统抵御着西方文化；又有开放的一面，主动吸收西洋图示，迎合世界市场。民国时期出现美女图示、英文广告，打造民族品牌，关注饮茶卫生则反映出在小农经济、民族工商业、帝国资本的夹缝间国人的生存状况。物欲的追求超过了精神的护佑，中国人对身体、对性的重视明目张胆地表现在公众的视野之中，受伦理纲常禁锢千年的中华民族在泰西各国价值观的不断冲击中，显现出一个色彩更加丰富的形态。这是一个矛盾冲突的时代，通过福州港茶盒的制造与外销，跨越时间与空间，鲜活地呈现在了观者面前。

Study on the Export of Tea Boxes in Fuzhou in the Late Qing Dynasty

Huang Zhongjie, Tao Linchen

Abstract: With the outbreak of the Opium War, the idea of "using tea to make prosperity" became popular in the late Qing Dynasty, which led to the development of China's tea industry, but also brought the progress of the downstream industry. Tea boxes play an important role in the frequent tea road. The relevant patterns and characters of this period were printed on the tea box, which gave it a certain cultural connotation. In the integration of Chinese and Western cultures, it gradually formed with Fujian native culture as the main body and Western culture as the auxiliary, carrying the spiritual wealth of the social and cultural development of modern Fujian. Based on the historical and social conditions of Fuzhou and eastern Fujian in the late Qing Dynasty and the Republic of China, this paper analyzes the origin of Fuzhou tea boxes and the change from the wooden lacquered tea box pictures to the tin tea pot pictures, so as to study the artistic style of tea boxes and the reflected interaction of social fields.

Keywords: Late Qing Dynasty; Republic of China; Fuzhou Port; Tea Trade; Tea Box

（执行编辑：刘璐璐）

海洋史研究（第二十二辑）
2024 年 4 月　第 154~174 页

明代陶瓷在东亚海域的流转及其影响

钟燕娣 *

摘　要：本文以东亚地区各类考古遗址发现的明代陶瓷为研究对象，结合历史文献与考古材料，讨论明代不同时期中国瓷器输出的特点与变化及其输入东亚各国的渠道，考察东亚各国陶瓷市场需求与中国瓷业生产的互动关系。在明前期和"空白期"，朝贡贸易为主，东亚瓷器贸易主要以琉球为中心。在明中期，朝贡贸易逐渐衰落，走私活动盛行，琉球转口贸易受到波及，但在东亚仍然占有重要地位，东亚各国输入的中国瓷器相对均衡。在晚明至明末，民间贸易逐渐取代朝贡贸易，西方势力参与东亚海域贸易，日本成为东亚各国与中国瓷器贸易的中心。从中国瓷业生产格局看，明中期浙江龙泉窑衰落，景德镇制瓷手工业产量和质量迅速提高，青花瓷成为东亚市场最受欢迎的瓷器产品，受海外市场需求刺激，明晚期漳州窑产品开始大量销往东亚地区。

关键词：明代　中国陶瓷　东亚　陶瓷贸易

明代作为贸易陶瓷发展史上的重要阶段，一直备受学界重视。明前期严格实行海禁政策，把朝贡与贸易合二为一，海外国家必须先与明朝确立朝贡关系，才能获得合法的贸易权利，使朝贡贸易成为中国瓷器的主要输出渠道。韩国、日本及琉球凭借与明朝的朝贡关系，从海上贸易中获取了较多的中国

---
* 钟燕娣，上海大学海洋考古学研究中心、复旦大学科技考古研究院特聘副研究员。
本文为中国博士后科学基金面上资助项目（项目号：2021M700816）、中国博士后科学基金特别资助项目（项目号：2022T150132）、上海市"海洋考古与文化遗产价值阐释及传播"重点创新团队研究成果之一。

瓷器，琉球凭借海洋区位与贸易优势将中国瓷器转输至东亚、东南亚各地。明中期朝贡贸易衰落，海禁渐弛，私人海上贸易兴起，西班牙、葡萄牙、荷兰等欧洲势力接踵而至，中国与东南亚可直接进行瓷器贸易，出现专门定制出口的瓷器，琉球对东南亚的转口贸易优势不再，但在东亚海域的中转地位并未丧失。隆庆开海，中国陶瓷外销迎来新高峰，私人海上贸易迅猛发展，旺盛的海外市场需求刺激了中国制瓷业的发展，这一时期输入东亚海域的中国瓷器数量更多，品种也更加丰富。[①]

本文以东亚地区发现的明代陶瓷为研究对象，系统梳理韩国、日本本岛及冲绳等地古城、墓葬、居住址、港口等各类考古遗址，结合历史文献与考古材料，讨论明代不同时期中国瓷器输出的特点与变化及其输入东亚各国的渠道，考察东亚各国陶瓷市场需求与中国瓷业生产的互动关系。

一 东亚各国考古中发现的明代中国陶瓷

（一）韩国

韩国出土明代中国瓷器主要集中于首尔、京畿道，少量发现于忠清北道、庆尚北道、庆尚南道，遗址可分为窑址、寺庙、军事遗址、官府遗址、宫殿、普通生活遗址、墓葬、倭馆等。[②] 15世纪中期至晚期，朝鲜王室在京畿道的

[①] 本文以中国明代贸易陶瓷为研究对象，故以当前学界对明代陶瓷的年代分期为依据。当前对明代陶瓷的分期大同小异，大体可以把其分为三期。1961年，尾崎洵盛将明代窑业分为"洪武至天顺""成化至正德""嘉靖至明末崇祯"三期（尾崎洵盛「元·明陶磁の概観」『世界陶磁全集·第十一卷·中國元明篇』河出書房新社、1961）；1989年，相贺徹夫编著『世界陶磁全集·第十四卷·明』时基本同尾崎洵盛的分期，（相贺徹夫编『世界陶磁全集·第十四卷·明』小学館、1989）；耿宝昌著《明清瓷器鉴定》将明代窑业分为"洪武·建文""永乐·洪熙·宣德""正统·景泰·天顺""成化·弘治·正德""嘉靖·隆庆·万历""泰昌·天启·崇祯"六期进行了探讨（耿宝昌：《明清瓷器鉴定》，紫禁城出版社，1993）。按照陶瓷学界对明的时期界定，本文将明早期界定为"洪武至宣德"（1368—1435），明"空白期"界定为"正统至天顺"（1436—1464），明中期界定为"成化至正德"（1465—1521），明晚期界定为"嘉靖至万历"（1522—1620），明末期界定为"泰昌至崇祯"时期（1621—1644）。此外，对几大主要的明代外销瓷生产窑口，如江西景德镇窑、浙江龙泉窑、福建漳州窑等的分期研究具有不平衡性，其中对江西景德镇窑的分期研究最为详尽，如上文所述的五个阶段，但对明代龙泉窑主要分为了明早期至中期、明中晚期两个阶段，分期成果较为简略，对福建漳州窑的研究则主要为明代晚期及以后，故在叙述不同时期东亚海域流通的中国瓷器产品的特征时，为了方便，主要将其分为了明早期及明"空白期"，明代中期，明晚期及明末期三个阶段进行概括。

[②] 金银珠：《韩国出土15—17世纪初中国青花瓷研究》，硕士学位论文，北京大学，2019。在收集韩国出土中国明代瓷器资料时，得到金银珠女士的诸多帮助，在此谨致谢忱。

广州地区设立官窑，生产宫廷用瓷，明代中国瓷器在朝鲜官窑中多有发现，出土地点有道马里 1 号窑址、牛山里 15 号窑址、牛山里 9–3 号窑址和樊川里 5 号窑址；[①] 寺庙有京畿道杨州郡桧岩寺[②] 和首尔水西洞奉献寺，这些寺庙是当时朝鲜王室寺庙；军事遗址包括京畿道龙仁市壬辰山城、[③] 首尔市厅新厅舍军器司遗址、首尔东大门运动场遗址[④] 及釜山加德岛天城镇遗址，壬辰山城是古代朝鲜关防重地，军器司是掌管兵器制造的官厅，首尔东大门运动场遗址主要分布着朝鲜时期军队练训院和朝鲜军队驻地下都监建筑遗迹，釜山加德岛天城镇是为防止倭寇进犯所建；官府遗址主要位于首尔清进洞与唐珠洞，清进洞位于朝鲜时期都城的中心地区，考古发掘中发现各种朝鲜时期的店铺、官厅、富商居民区等遗址；[⑤] 宫殿遗址主要为首尔庆熙宫、景福宫等；普通生活遗址包括京畿道杨州市广沙里、[⑥] 首尔中区乙支路、[⑦] 首尔中区长桥洞、[⑧] 首尔钟路区钟路一街、首尔瑞麟洞、首尔公坪洞与清州龙亭洞[⑨] 遗址等；墓葬出土点有京畿道高阳市德阳区西三陵淑慎公主墓（1645 年）、京畿道华城卧牛里 15 号土圹墓、京畿道水原市灵通区二仪洞 6–1 地点 3 号土圹墓、[⑩] 京畿道坡州市汶山邑堂洞里 8 地点朝鲜 2 号土圹墓、[⑪] 忠清北道清州市金川洞 103 号墓与庆尚北道龟尾珍坪 VI–11 号墓；[⑫] 倭馆为庆尚南道昌原市镇海区茅德洞乃而浦倭馆遗址。[⑬]

---

① 曹周妍：《韩国出土明代瓷器的初步研究》，中国国家博物馆水下考古研究中心编《水下考古学研究》第 1 卷，科学出版社，2012，第 313—330 页。

② 〔韩〕高美京：《桧岩寺址出土中国瓷器的年代与特点》，《桧岩寺的陶瓷》，桧岩寺址博物馆，2015，第 127 页。

③ 〔韩〕京畿道博物馆、三星物产（株）住宅部门：《龙仁壬辰山城抢救性考古发掘报告》，现代 offset 出版社，2000。

④ 〔韩〕首尔特别市、中原文化财研究院：《东大门运动场遗址 I、II、III——东大门历史文化公园房基发掘调查》，周留城出版社，2011。

⑤ 〔韩〕韩蔚文化财研究院：《钟路清进 12—16 地区遗迹发掘报告 IV》，ACT 出版社，2013。

⑥ 〔韩〕国立中央博物馆：《（国立中央博物馆藏）中国陶瓷》，国立中央博物馆，2007。

⑦ 曹周妍：《韩国出土明代瓷器的初步研究》，《水下考古学研究》第 1 卷，第 313—330 页。

⑧ 〔韩〕国立中央博物馆：《（国立中央博物馆藏）中国陶瓷》。

⑨ 〔韩〕韩蔚文化财研究院：《首尔清进洞地区光化门地铁站改善工作地皮遗迹发掘报告》，兴盛计划，2017。

⑩ 〔韩〕韩蔚文化财研究院、京畿都市公社：《广桥新城市文化遗产 II》，2011。

⑪ 〔韩〕京畿文化财团、京畿文化财研究院、京畿都公社：《汶山洞里遗迹—汶山 LCD 地方产业园区文化财事试发掘调查》，2009。

⑫ 曹周妍：《韩国出土明代瓷器的初步研究》，《水下考古学研究》第 1 卷，第 313—330 页；〔韩〕国立大邱博物馆：《我们文化里的中国陶瓷》，2004。

⑬ 〔韩〕头流文化研究所财团：《镇海熊东地区进入公路开设区段内发掘简报》，2019。茅德洞乃而浦倭馆遗址在 15 世纪中晚期至 16 世纪初常驻有对马岛驻外使臣、日本使臣和琉球使臣。

　　韩国发现的明早期（洪武至宣德时期，1368—1435）及明"空白期"（Ming Gap）（正统至天顺时期，1436—1464）中国瓷器主要为浙江龙泉窑青瓷及少量江西景德镇窑青花瓷器，出土量并不大。其中龙泉窑青瓷主要为民窑碗、盘、高足杯等，纹饰主要有内壁压印菊瓣纹或内底压印折枝菊纹、团莲纹；① 少量青花器主要为明"空白期"即正统至天顺时期景德镇民窑日用器皿，如碗、盘、瓶等，纹饰主要为折枝花草纹。②

　　韩国发现的明中期（成化至正德时期，1465—1521）中国瓷器大多为景德镇窑青花瓷器，另有少量龙泉窑青瓷等。景德镇窑青花瓷器主要为民窑器物，以碗、盘、执壶、罐等日常用器为主，纹饰种类丰富，最具代表性的为缠枝花卉纹（莲、西番莲、灵芝）与缠枝莲托八宝纹，也有其他花卉树石、人物、动物和宗教类纹饰；龙泉窑青瓷主要为碗、盘、砚滴、人像等，纹饰主要有外壁刻划仰莲瓣纹、压印折枝莲纹等。③ 明代早中期的龙泉窑青瓷发现数量较少，据韩国学者吴瑛仁统计，朝鲜时代前期（15—16世纪）遗址共出土 21 件龙泉青瓷，且其中较多的属于 15 世纪，16 世纪少见，从数量和种类上看远不及景德镇窑青花瓷丰富。④

　　明晚期及明末期（嘉靖至崇祯时期，1522—1644）中国瓷器主要为大量的景德镇窑青花瓷、五彩瓷，以及少量福建地区漳州窑青花瓷。青花瓷与五彩瓷主要为景德镇民窑器物，多为碗、盘、杯、盒、罐等日常用具。⑤ 纹饰种类多样，主要有缠枝花卉纹（莲、菊、牡丹、灵芝）与缠枝莲托八宝纹，另有其他花卉树石、人物、动物和宗教类纹饰。款识见有"大明年造""大明年制""宣德年造""大明嘉靖年制""大明万历年制""永保长春""长春佳器""富贵佳器"等。

---

① 〔韩〕吴瑛仁：《朝鲜前期（15—16 世纪）对中国龙泉青瓷的爱好与模仿》，《美术史与视觉文化》2018 年第 21 期，图一，表 4。

② 〔韩〕高美京：《桧岩寺址出土中国瓷器的年代与特点》，《桧岩寺的陶瓷》，图 9-10。

③ 金银珠：《韩国出土 15—17 世纪初中国青花瓷研究》，硕士学位论文，北京大学，2019，第 31 页；〔韩〕国立中央博物馆：《〈国立中央博物馆藏〉中国陶瓷》，第 311—317 页；曹周妍：《韩国出土明代瓷器的初步研究》，《水下考古学研究》第 1 卷，图一一。

④ 〔韩〕吴瑛仁：《朝鲜前期（15—16 世纪）对中国龙泉青瓷的爱好与模仿》，《美术史与视觉文化》2018 年第 21 期。

⑤ 其中瓷器性质较为特殊的是京畿道高阳市德阳区西三陵淑慎公主墓（1645 年）出土瓷器，有学者认为这些带"大明嘉靖年制""大明万历年制"款识的瓷器为景德镇官窑器物，笔者认为其为景德镇民窑生产的品质较好的产品。图像材料可参考〔韩〕韩蔚文化财研究院：《钟路清进 12—16 地区遗迹发掘报告 IV》，第 216、218、241 页；〔韩〕国立中央博物馆：《〈国立中央博物馆藏〉中国陶瓷》，第 318—320 页。

（二）日本本岛

日本出土明代中国瓷器的遗址分布十分广泛，从南部的九州、四国地区，到中国地区的岛根、广岛等县，近畿地区，中部地区，再到东北地区的西部沿海地带和北海道地区，这些遗址可分为城堡遗址、城市居住遗址、寺庙、窖藏、商馆及港口遗址。城堡遗址与城市居住址出土瓷器最多，城堡遗址如鹿儿岛县向栫城、[①] 栫城、[②] 虎居城、[③] 串木野城、[④] 松尾城、[⑤] 上野城，[⑥] 宫崎县佐土原城、[⑦] 池之上城、[⑧] 金石城、[⑨] 穆佐城、[⑩] 田之上城、[⑪] 盐见城、[⑫] 坪谷城，[⑬] 熊本县古麓城、[⑭] 棚底城、[⑮] 竹崎城、[⑯] 奥野城、[⑰] 川尻外城，[⑱] 长崎县三城城下、[⑲] 旧金石城、[⑳] 直谷城、[㉑] 金石城、[㉒] 佐治原城，[㉓] 高知县

---

① 鹿児島県立埋蔵文化財センター『鹿児島県立埋蔵文化財センター発掘調査報告書 129：向栫城跡 26』、2008。

② 鹿児島県立埋蔵文化財センター『鹿児島県立埋蔵文化財センター発掘調査報告書 155：栫城跡 30』、2010。

③ 鹿児島県立埋蔵文化財センター『鹿児島県立埋蔵文化財センター発掘調査報告書 197：虎居城跡』、2018；鹿児島県立埋蔵文化財センター『鹿児島県立埋蔵文化財センター発掘調査報告書 162：虎居城跡』、2011。

④ 串木野市教育委員会『串木野市埋蔵文化財発掘調査報告書 2：串木野城跡 1』、2000。

⑤ 鹿児島県立埋蔵文化財センター『鹿児島県立埋蔵文化財センター発掘調査報告書 42：松尾城跡』、2002。

⑥ 鹿児島県立埋蔵文化財センター『鹿児島県立埋蔵文化財センター発掘調査報告書 68：上野城跡 9』、2004。

⑦ 宮崎市教育委員会『宮崎市文化財調査報告書 109：佐土原城跡第 6 次調査』、2016。

⑧ 都城市教育委員会『都城市文化財調査報告書 99：池之上城跡』、2010。

⑨ 都城市教育委員会文化課『都城市文化財調査報告書 19：金石城跡』都城市教育委員会，1992。

⑩ 宮崎市教育委員会『宮崎市文化財調査報告書 79：史跡穆佐城跡 4』、2010。

⑪ 宮崎県えびの市教育委員会『えびの市埋蔵文化財調査報告書 37：小岡丸地区遺跡群 北田遺跡·田之上城跡』、2003。

⑫ 宮崎県埋蔵文化財センター『宮崎県埋蔵文化財センター発掘調査報告書 210：塩見城跡』、2012。

⑬ 宮崎県埋蔵文化財センター『宮崎県埋蔵文化財センター発掘調査報告書 251：坪谷城跡』、2020。

⑭ 熊本県教育委員会『熊本県文化財調査報告 227：古麓城跡 1』、2005。

⑮ 天草市教育委員会『天草市文化財調査報告書第 8 集：国指定史跡棚底城跡Ⅳ』、2020。

⑯ 熊本県教育委員会『熊本県文化財調査報告 17：竹崎城 1』、1975。

⑰ 熊本県教育委員会『熊本県文化財調査報告 92：奥野城跡 1』、1987。

⑱ 熊本県教育委員会『熊本県文化財調査報告 279：川尻外城町遺跡 1』、2013。

⑲ 長崎県教育委員会『新幹線文化財調査事務所調査報告書 8：三城城下跡 8』、2018。

⑳ 対馬市教育委員会『対馬市文化財調査報告書 10：旧金石城庭園』、2016。

㉑ 吉井町教育委員会『吉井町文化財調査報告書 1：直谷城跡』、1991。

㉒ 厳原町教育委員会『厳原町文化財調査報告書 1：金石城』、1985。

㉓ 厳原町教育委員会『厳原町文化財調査報告書 4：栈原城跡調査報告』、1995。

吉良城、[①] 芳原城、[②] 冈丰城、[③] 扇城、[④] 西山城、[⑤] 姬野城，[⑥] 香川县天雾城，[⑦] 奈良市藤尾城，[⑧] 三重县伊坂城，[⑨] 静冈县骏府城，[⑩] 岐阜县岐阜城，[⑪] 长野县饭田城下町，[⑫] 东京都八王子市八王子城址[⑬] 和青森县浪岗城址；[⑭] 城市居住遗址如鹿儿岛县芝原遗址，[⑮] 熊本县矢部町肥后阿苏氏浜御所、[⑯] 浜之馆、[⑰] 松冈公馆遗址，[⑱] 长崎县谏早家御屋、[⑲] 荣町遗址，[⑳] 奈良市女子大学内遗址，[㉑] 京都市七观音町、[㉒] 安禅寺杉之坊遗址，[㉓] 爱知县清洲城下町，[㉔] 东京都新宿区内藤

① 春野町教育委員会『吉良城跡Ⅱ』、1985。

② 春野町教育委員会『春野町埋蔵文化財調査報告書 13：芳原城跡 2』、1993。

③ 高知県教育委員会『岡豊城跡発掘調査概報』、1988 年。

④ 公益財団法人高知県文化財団埋蔵文化財センター『高知県埋蔵文化財センター発掘調査報告書 3：扇城跡』、1992。

⑤ 公益財団法人高知県文化財団埋蔵文化財センター『高知県埋蔵文化財センター発掘調査報告書 106：西山城跡』、2008。

⑥ 葉山村教育委員会『葉山村埋蔵文化財発掘調査報告書 2：姫野々城跡 1』、1995。

⑦ 一市二町天霧城跡保存会『天霧城跡』、1983。

⑧ 奈良市埋蔵文化財調査センター『平成 27 年度秋季特別展　近世奈良の開幕―多聞城と郡山城―』、2015。

⑨ 三重県埋蔵文化財センター『三重県埋蔵文化財調査報告 323：伊坂城跡（第 3 次）発掘調査報告』、2012。

⑩ 財団法人静岡県埋蔵文化財調査研究所『静岡県埋蔵文化財調査研究所調査報告 203：駿府城内遺跡』、2009。

⑪ 岐阜市教育委員会他『岐阜城跡4』、2016。

⑫ 飯田市教育委員会『飯田城下町遺跡 3』、2006。

⑬ 長谷部楽爾・今井敦編著『日本出土の中国陶磁』平凡社、1995、図版 82。

⑭ 浪岡町教育委員会『浪岡城跡Ⅹ』、1989；長谷部楽爾・今井敦編著『日本出土の中国陶磁』、図版 86。

⑮ 鹿児島県立埋蔵文化財センター『鹿児島県立埋蔵文化財センター発掘調査報告書 170：芝原遺跡3　古代　中世　近世編 10』、2012。

⑯ 長谷部楽爾・今井敦編著『日本出土の中国陶磁』、図版 75—77。

⑰ 熊本県教育委員会『熊本県文化財調査報告 21：浜の館 1』、1977。

⑱ 熊本県教育委員会『熊本県文化財調査報告 150：松岡屋敷跡 + 平山瓦窯跡 1』、1995。

⑲ 長崎県教育庁長崎県埋蔵文化財センター『長崎県埋蔵文化財センター調査報告書 2：諫早家御屋敷跡』長崎県教育委員会、2011。

⑳ 長崎県教育委員会『長崎県文化財調査報告書 162：栄町遺跡』、2001。

㉑ 奈良女子大学埋蔵文化財発掘調査会『奈良女子大学構内遺跡出土遺物にみる肥前陶磁の世界』、2004。

㉒ 長谷部楽爾・今井敦編著『日本出土の中国陶磁』、図版 74；公益財団法人京都市埋蔵文化財研究所『京都市内遺跡立会調査概報　平成 9 年度』、1998。

㉓ 公益財団法人京都市埋蔵文化財研究所『平成 29 年度　京都市埋蔵文化財出土遺物文化財指定準備業務報告書』、2018。

㉔ 公益財団法人愛知県教育・スポーツ振興財団　愛知県埋蔵文化財センター『愛知県埋蔵文化財センター調査報告書 183：清洲城下町遺跡 ⅩⅠ』、2013。

町，①山梨县武田氏馆、②胜沼氏馆，③福井县一乘谷朝仓氏遗迹，④新潟县堀越馆、⑤板山馆，⑥北海道上之国胜山馆遗址；⑦寺庙如宫崎县昌明寺，⑧和歌山县根来寺，⑨京都市下京区柿本町本国寺、⑩法住寺、⑪妙觉寺，⑫新潟县上越市至德寺遗迹；商馆遗址有长崎县荷兰商馆遗址；⑬港口或贸易城市遗址则有福冈县博多遗址、⑭大阪府堺市堺環濠城市遗址；⑮另外和歌山县纪淡海峡⑯也有瓷器出水。

　　日本发现的明早期及明"空白期"中国瓷器主要为浙江龙泉窑青瓷，少量江西景德镇窑青花瓷及福建地区窑口生产白瓷、青瓷等。龙泉青瓷器发现较多，遍布各大遗址，多为日常用器，如碗、盘、杯、瓶、炉、盒等，器物装饰技法及题材较丰富，主要为植物类及文字类纹饰，器物外底心多刮涩圈以便放置垫饼；发现的景德镇窑青花瓷较少，多为碗、盘等日用器，青花发色偏灰，器类主要为碗、盘等日常用器，纹饰简单多为植物类；福建仿龙泉青瓷主要为碗、盘等，釉色偏青灰，制作较龙泉青瓷粗糙，内底见有涩圈，装饰较少；福建地区窑口生产的白瓷多为碗盘，釉色灰白失透，外壁施釉不及底，内底多见泥点支烧痕迹，基本为素面。

---

①　長谷部楽爾・今井敦編著『日本出土の中国陶磁』，图版 90—91。

②　甲府市教育委員会『甲府市文化財調査報告 8：史跡武田氏館跡 IV』、1999。

③　甲府市教育委員会『甲府市文化財調査報告 43：武田城下町遺跡 III』、2009。

④　長谷部楽爾・今井敦編著『日本出土の中国陶磁』，图版 80。

⑤　財団法人新潟県埋蔵文化財調査事業団『新潟県埋蔵文化財調査報告 99：堀越館跡』、2001。

⑥　新発田市教育委員会『新発田市埋蔵文化財調査報告 57：板山館跡発掘調査報告書 4』、2018。

⑦　上ノ国町教育委員会『史跡上之国勝山館跡 XXVI 26』、2005 年；上ノ国町教育委員会『史跡上之国勝山館跡 V 5』、1984。

⑧　宮崎県えびの市教育委員会『えびの市埋蔵文化財調査報告書 30：昌明寺遺跡』、2001。

⑨　和歌山県文化財センター『根来寺遺跡』、2012；財団法人和歌山県文化財センター『根来寺坊院跡』、1989；財団法人和歌山県文化財センター『根来寺坊院跡』、1994。

⑩　長谷部楽爾・今井敦編著『日本出土の中国陶磁』，图版 84。

⑪　古代文化調査会『妙法院境内・法住寺殿跡』、2013。

⑫　古代文化調査会『妙覚寺城跡』、2013。

⑬　長崎県教育庁長崎県埋蔵文化財センター『長崎県埋蔵文化財センター調査報告書 11：出島和蘭商館跡』長崎県教育委員会、2014。

⑭　長谷部楽爾・今井敦編著『日本出土の中国陶磁』，图版 81；福岡市教育委員会『福岡市埋蔵文化財調査報告書 758：博多 87』、2004；福岡市教育委員会『福岡市埋蔵文化財調査報告書 849：博多 103』、2005。

⑮　長谷部楽爾・今井敦編著『日本出土の中国陶磁』，图版 89；堺市教育委員会『堺環濠都市遺跡調査概要報告—SKT230 地点：堺市文化財調査概要報告 14』、1991。

⑯　長谷部楽爾・今井敦編著『日本出土の中国陶磁』，图版 71。

　　日本发现众多的明中期中国瓷器，大量为景德镇窑产品，主要包括青花、五彩、白釉器等，另有部分龙泉窑青瓷、福建白瓷。其中龙泉窑青瓷以碗、盘为主，数量减少，釉层变薄，装饰技法以刻划花、戳印为主，器物口沿下回纹刻划较粗犷，外壁见竖划线形成的简化莲瓣纹，内壁多饰有戳印的菊瓣或"金玉满堂"纹等；景德镇窑产品主要为民窑青花瓷器，器类主要为日常用具，如碗、盘、碟、杯、瓶等，纹饰种类较早期大为丰富中，缠枝莲纹最多，也有诸多花卉树石、人物、动物、宗教、简易符号及文字类纹饰等，款识见有"大明年造"、"弘□□□"、"福"、梵文款等。

　　日本发现的明晚期及明末中国瓷器主要以景德镇窑青花、五彩、白釉、蓝釉、青釉、酱釉瓷为主，和部分福建漳州窑青花、五彩、蓝釉白花、白釉瓷及三彩陶器，少量龙泉窑青瓷。其中景德镇窑产品主要为民窑青花瓷，器类包括碗、盘、普通杯、高足杯、碟、钵、盒、瓶、器盖，纹样较中期更为丰富，主要包含花卉树石及山水风景类、人物、动物、宗教、简易符号及文字类纹饰等，还有大量较为典型的万历时期"克拉克"类型瓷器，外底见有方形印章、花押、"万福攸同""富贵佳器""长命富贵""天下太平""大明年造"款，还见有"洪武年造""大明宣德年造""大明成化年制""大明嘉靖年制""大明万历年制"一类典型的晚明寄托款；较为特殊的是博多遗址发现一件外底有青花双圈"大明嘉靖年制"楷书款的青花碗，外壁绘折枝花果纹，内壁缠枝花卉纹，内底为龙纹，纹饰精美，器形与款识均十分规整，应该为景德镇嘉靖时期官窑器物；[①]尽管这一时期龙泉青釉瓷器少见，但发现诸多景德镇仿龙泉青釉的花形盘，外底多施白釉，裹足刮釉正烧；漳州窑青花、五彩、蓝地白花瓷也发现较多，器形主要有碗、碟、盘，白胎及白釉发黄，内底多见有涩圈，青花发色多发灰，纹饰题材与景德镇相似，但胎釉及纹饰绘制较景德镇窑瓷器粗糙；[②]此外，还发现较为特殊的三彩陶器，这一类三彩陶多被称为"交趾三彩""华南三彩"，既包括单色铅釉器，也包括三色铅釉器，目前发现在漳州窑有烧造，年代约在明嘉靖至清初。日本发现的漳州窑三彩陶器，既有单色绿釉、孔雀蓝釉器，也有施黄、绿、紫、白色釉的器物，基本均为模制成形，器形主要有菊瓣形碟、盘、瓶、执壶、鸭形水滴等。[③]

①　福冈市教育委员会『福冈市埋蔵文化財調査報告書449：博多52』、1996、图版14。
②　長谷部楽爾・今井敦編著『日本出土の中国陶磁』图版77。
③　長谷部楽爾・今井敦編著『日本出土の中国陶磁』图版91。

（三）日本冲绳

　　日本冲绳位于中国、东南亚、日本列岛的中间地带，是古琉球王国之地，自明洪武五年（1372）琉球与明朝建立起正式的朝贡关系开始，至琉球划归日本的 1879 年止，中琉朝贡贸易持续了 500 余年的历史，同时开展朝贡贸易和民间贸易。在冲绳县本岛及周围各岛均发现大量明代中国瓷器，遗址包括城堡遗址、沿海码头、窑址等。城堡遗址有冲绳县本岛的今归仁城、[①] 首里城、[②] 胜连城 [③] 等，首里城为三山时代 [④] 中山王国都城，1429 年琉球王国统一，仍以此为国都，此后 500 年首里城一直为琉球王国的政治和文化中心，今归仁城为三山时代北山王国都城，胜连城是一座 14 世纪至 15 世纪中期在平地修建的城址，曾为阿麻和利的居城；沿海码头如那霸港入海口的渡地村遗迹[⑤] 和东村遗迹；[⑥] 窑址如涌田古窑址。[⑦] 此外周围各岛也有发现，如西表岛、[⑧] 阿波根古岛 [⑨] 和石垣岛等。

　　冲绳发现的明早期及明"空白期"中国瓷器主要为浙江龙泉窑青瓷和江西景德镇窑青花、五彩、白釉、红釉、蓝釉描金瓷，少量福建地区窑口生产的白瓷及青瓷等。龙泉青瓷器发现最多，遍布各大都城遗址，既有日常用器如碗、盘、碟、杯，也有体量较大的盆、瓶、执壶、罐等，器物胎体厚重，釉层较厚，釉色以深青绿色为主，器物装饰技法与题材较丰富，多装饰回纹、

① 今帰仁村教育委員会『今帰仁村文化財調査報告書 9：今帰仁城跡発掘調査報告 1』、1983。
② 沖縄県立埋蔵文化財センター『沖縄県立埋蔵文化財センター調査報告書 93：中城御殿跡（首里高校内）』、2017；『沖縄県立埋蔵文化財センター調査報告書 18：首里城跡』、2004；『沖縄県立埋蔵文化財センター調査報告書第 34 集：首里城跡－御内原北地区発掘調査報告書』、2006；『沖縄県立埋蔵文化財センター調査報告書 54：首里城跡－御内原北地区発掘調査報告書』、2010；『沖縄県立埋蔵文化財センター調査報告書 78：首里城跡－大台所、料理座地区周辺発掘調査報告書』、2015。
③ 亀井明徳「勝連城跡出土の陶磁器組成」『貿易陶磁研究』4 号、1984 年 4 月、33－40 頁。
④ 从 12 世纪开始，琉球进入历史记载。12 世纪开始至 1429 年三山统一之前的城砦时代，琉球本岛上中山、山南、山北三国并立，史称"三山时代"。15 世纪初，尚巴志拥立其父尚思绍为中山王，此后先后攻灭山北、山南，于 1429 年建立了统一的琉球王国，以首里城为王城，史称"第一尚氏王朝"。1470 年，第二尚氏王朝建立，以 1609 年萨摩藩入侵为界，第二尚氏王朝可分为前后两期。1879 年，日本侵占琉球，进行"琉球处分"，成立冲绳县，琉球正式划为日本领土。
⑤ 沖縄県立埋蔵文化財センター『沖縄県立埋蔵文化財センター調査報告書 46：渡地村跡』、2007。
⑥ 沖縄県立埋蔵文化財センター『沖縄県立埋蔵文化財センター調査報告書 92：東村跡』、2017。
⑦ 沖縄県教育庁文化課『沖縄県文化財調査報告書 111：湧田古窯跡 1』、1993。
⑧ 沖縄県教育庁文化課『沖縄県文化財調査報告書 131：西表島慶来慶田城遺跡』、1997。
⑨ 沖縄県教育庁文化課『沖縄県文化財調査報告書 96：阿波根古島遺跡』、1990。

莲瓣纹或如意云头形莲瓣纹、龙纹、双鱼纹等，其中不乏诸多高档青瓷，制作精美，施釉裹足，外底心刮涩圈以便放置垫饼；发现的景德镇窑青花瓷、五彩瓷主要为明"空白期"民窑器物，器类丰富，有碗、盘、普通杯、高足杯、壶、罐、方瓶、梅瓶、玉壶春瓶、盘口长颈瓶等，青花发色纯正，少量颜色发灰，多见铁斑，青料晕散，纹饰题材丰富，有花卉树石及山水风景、动物、宗教及文字类纹饰；发现的景德镇窑白釉、红釉与蓝釉描金瓷器数量不多，其中首里城京之内遗址出土了一件白釉玉壶春瓶、一件红釉与一件蓝釉描金执壶，制作精美，可能是明王朝的赏赐品；[1] 福建地区窑口生产的白瓷与青瓷则主要为碗盘等日常用器，质量不及景德镇及龙泉地区窑口生产的瓷器。

　　冲绳发现的明中期中国瓷器多为景德镇窑产品，主要包括青花、五彩、珐华彩、白釉器等，另有部分龙泉窑青瓷、福建白瓷。其中景德镇窑产品主要为民窑青花瓷器，器类主要为日常用具，如碗、盘、碟，兼有杯、瓶、壶、罐等，纹饰主要有花卉树石及山水风景、动物、宗教、简易符号、文字类纹饰等，款识见有"大明年造"、"□德□造"、"成"、梵文和花押款等；龙泉窑青瓷的器类减少，以碗、盘、盆、罐为主，碗、盘类器物的器型减少，变得较为单调，器物口沿下回纹刻划较粗犷，外壁常见竖划线形成的简化莲瓣纹，内底心常见戳印花卉纹。[2]

　　明晚期及明末冲绳发现的中国瓷器主要为景德镇窑青花、五彩、白釉、蓝釉、紫金釉瓷，以及福建地区窑口青花、五彩、白釉瓷和三彩陶器，龙泉窑青瓷基本未见。其中景德镇窑产品主要为民窑青花瓷，器类包括碗、盘、普通杯、高足杯、碟、钵、瓶、器盖，青花呈色多略泛灰，纹样与日韩发现的该阶段瓷器较为相似，主要包含花卉树石及山水风景类、人物、动物、宗教及文字类纹饰等，还有较为典型的万历时期"克拉克"类型瓷器纹样，外底见有方形印章、兔子、花押、"万福攸同"款，还见有"宣德年造""大明成化年制"一类典型的晚明寄托款；福建地区窑口的青花瓷与三彩陶器可能来自漳州窑，冲绳发现了大量的漳州窑三彩陶器，器形主要有盘、钵、盆、罐、象生型执壶及瓶、鸭形与鱼形水滴、香炉、人像、陶枕等。

---

[1]　沖縄県立埋蔵文化財センター『重要文化財公開 首里城京の内跡出土品展平成 29 年度：探求し続ける心』、2018、6 頁。

[2]　沖縄県立埋蔵文化財センター『沖縄県立埋蔵文化財センター調査報告書 93：中城御殿跡（首里高校内）』、2017、200、202-208、211 頁。

二　东亚地区所发现不同时期的明朝陶瓷的特点

比较不同阶段韩国、日本本岛及冲绳出土的明朝瓷器，可以发现一些共性：明早期及"空白期"均以浙江龙泉窑青瓷为主，江西景德镇窑青花瓷次之，日本本岛及冲绳发现部分福建地区窑口生产的白瓷、青瓷；明中期的中国瓷器则以景德镇窑青花瓷为主，这一时期有部分龙泉窑青瓷器，但数量远不及景德镇窑瓷器；明晚期及明末期则均以景德镇窑青花瓷为主，基本不见龙泉窑青瓷，日本本岛及冲绳均出现大量福建漳州窑瓷器。

这些区域出土的瓷器存在明显区别。明早期及"空白期"，韩国、日本本岛发现的中国瓷器不如冲绳丰富。冲绳发现可能是明初景德镇窑官窑生产的红釉、蓝釉描金器，明"空白期"有龙泉窑青瓷，以及大量的景德镇窑青花瓷器；不仅有常见的碗盘等日用器，也有壶、罐、方瓶、梅瓶、玉壶春瓶、盘口长颈瓶等东亚地区基本不见的陈设用器及官窑器。明中期，这些区域都发现较多景德镇窑青花瓷，冲绳不再有特别之处。明晚期，日本本岛发现的中国瓷器釉色品种、器类、数量均较韩国、冲绳丰富，常见有景德镇民窑器物；在贸易港口博多遗址发现嘉靖时期景德镇官窑器，在京都都城遗址发现大量克拉克风格的景德镇窑与漳州窑青花瓷，有制作精美、外底书"大明嘉靖年制"的民窑器物；虽然在冲绳也发现了晚明克拉克风格的瓷器，但远不及日本本岛丰富。整体而言，日本本岛及冲绳发现的明代中国瓷器组合有较多的相似性，韩国发现器物组合上较单调，数量也不及日本本岛、冲绳。

韩国、日本本岛及冲绳出土的中国明代瓷器，可见其器类和纹饰基本相似，不同于东南亚、中东、欧洲地区发现的中国瓷器较多包含伊斯兰文化及西方文化因素，东亚各国较少发现具有异域风格的器物，体现了东亚各国共同的文化认知。[①]不同阶段的中国瓷器的变化更多体现在窑口、器物品种及数量上，这些变化与明代陶瓷贸易方式、贸易中心变化及瓷业生产格局的变迁有关。

三　东亚地区陶瓷贸易方式及其转输中心

明朝自洪武年间开始实行海禁政策，海外国家必须先与明朝建立朝贡关

---

①　钟燕娣、秦大树、李凯：《明中期景德镇窑瓷器的外销与特点》，《文物》2020 年第 11 期。

系，才能获得合法的贸易权利，对与民间开展的私商贸易是明令禁止的，形成了朝贡贸易体制。[1] 正统时期，官方出台了禁止将景德镇窑青花瓷卖给外国使臣的政策：正统十二年（1447），"禁约两京并陕西、河南、湖广、甘肃、大同、辽东沿途驿递镇店军民客商人等，不许私将白地青花瓷器皿卖与外夷使臣"。[2] 东南亚的考古学者发现景德镇青花瓷在1352—1487年有一段外销上的空白，提出明代"空白期"（Ming Gap）的概念。[3] 罗克珊娜·布朗（Roxanna Brown）博士通过整理东南亚的沉船资料发现，在1368—1487年的东南亚沉船中发现的中国瓷器的比例由之前的100%下降到30%—40%，甚至一度低于5%，并且这个时期中国青花瓷器在东南亚几乎没有发现。[4] 但事实上，这一时期海外发现的龙泉窑青瓷器的数量还是十分丰富的，基本遍布东亚、东南亚、阿拉伯海及非洲地区，景德镇窑瓷器的出口也在缓慢增加。[5]

因此，以往学术界认为中国明代瓷器外销的"空白期"并不空白，这在东亚发现的大量中国瓷器中体现得更为明显，特别是冲绳发现的明早期及"空白期"中国瓷器尤为丰富，不仅有龙泉窑青瓷，还包括景德镇明初官窑器物及大量景德镇民窑青花瓷，这与明前期对琉球国的优待政策下琉球频繁的朝贡贸易有关。据文献记载，明洪武七年（1374），朱元璋命刑部侍郎李浩及通事梁子名出使琉球国，"赐其王察度文绮二十匹、陶器一千事、铁釜十口；仍令浩以文绮百匹、纱罗各五十匹、陶器六万九千五百事、铁釜九百九十口，就其国市马"。[6] 此后明朝每位皇帝即位后，均会遣使册封琉球。琉球也十分重视对明朝朝贡。明朝遵循"厚往薄来"的原则，对琉球赏赐颇

---

① 李金明：《明代海外贸易史》，中国社会科学出版社，1990，第11页。

② 《明英宗实录》卷一五八"正统十二年九月戊戌"条，（台北）"中研院"历史语言研究所校印，1962，第3074页。

③ Tom Harrisson, "The Ming Gap and Kota Batu, Brunei," *The Sarawak Museum Journal*, Vol.8, No.11, 1958, pp. 273-277.

④ Roxanna Maude Brown, *the Ming Gap and Shipwreck Ceramics in Southeast Asia: Towards a Chronology of Thai Trade Ware*, Bangkok: the Siam Society under Royal Patronage, 2009；徐文鹏：《持续与转变：14世纪晚期至15世纪中国陶瓷的外销状况》，《陶瓷考古通讯》2014年第2期，总第4期。

⑤ 秦大树：《从海外出土元代瓷器看龙泉窑外销的地位及相关问题讨论》，故宫博物院、浙江省博物馆、丽水市人民政府编《天下龙泉——龙泉青瓷与全球化》卷3《风行天下》，故宫出版社，2019，第272—297页；卢泰康《海外遗留的明初陶瓷与郑和下西洋之关系》，陈信雄、陈玉女编《郑和下西洋国际学术研讨会论文集》，台北：稻乡出版社，2003，第219—257页。

⑥ 《明太祖实录》卷九五"洪武七年十二月乙卯"条，第1645—1646页。

丰，陶瓷多在赏赐品之列。洪武九年（1376）夏四月，刑部侍郎李浩从琉球购买马匹及硫黄回国，琉球国王派遣其弟泰期跟从朝贡，朱元璋"命赐察度及泰期等罗绮、纱帛、袭衣、靴袜有差"。李浩认为瓷器和铁釜更适合赐予琉球，"因言其国俗，市易不贵纨绮，但贵磁器、铁釜等物。自是，赐予及市马多用磁器、铁釜云"。[①] 在今归仁城址、首里城等琉球王国时期都城考古中，出土明初高等级龙泉窑青瓷器，景德镇窑红釉、蓝釉描金等疑似官窑器物，可能来自明朝赏赐。明代会同馆贸易有时间限制，但官府对琉球、朝鲜使者优待，不限制时间。《礼部志稿》记载：

> 各处夷人朝贡领赏之后，许令会同馆开市三日或五日，惟朝鲜、琉球不拘期限，俱主客司出给告示于馆门，手张挂禁戢收买史书及玄黄紫大花西番莲段匹，并一应违禁器物，各铺行人等将入馆内两平交易。[②]

《明史》记载，洪武初设市舶提举司于太仓黄渡，寻罢，复设于宁波、泉州、广州。宁波通日本，泉州通琉球，广州通占城、暹罗、西洋诸国。[③] 泉州市舶司负责对琉球的贸易。据宣德七年（1432）温州知府何文渊呈奏：

> 行在礼部言，永乐间琉球船至，或泊福建或宁波或瑞安。今其国贡使之舟凡三二泊福建，一泊瑞安，询之盖因风势使然，非有意也。[④]

可见明前期琉球船常停泊在宁波或福建地区，即使停泊在并非明朝许可停泊的港口瑞安，也获得了谅解。正统时期，"琉球国往来使臣俱于福州停住，馆谷之需，所费不赀"。[⑤] 故市舶司随移福州。有学者认为，福建市舶司的迁移，可以从陶瓷贸易角度进行思考。瑞安位于温州东南部，地理上方便就近采买丽水的龙泉大窑青瓷。此外，明代龙泉窑在毗邻浙江的福建东北地区开了许多新窑，这些地方相对方便获得中国瓷器。[⑥]

---

① 《明太祖实录》卷一〇五"洪武九年四月甲申"条，第1754—1755页。
② 俞汝楫编《礼部志稿》，《景印文渊阁四库全书》册五九七，卷三六，台北：台湾商务印书馆，1983，第597—676页。
③ 张廷玉等：《明史》卷八一《食货志》，中华书局标点本，1974，第1980页。
④ 《明宣宗实录》卷八九"宣德七年四月甲寅"条，第2051—2052页。
⑤ 《明英宗实录》卷五八"正统四年八月庚寅"条，第1114页。
⑥ 彭盈真：《琉球出土中国陶瓷——十五世纪陶瓷消费地之个案研究》，硕士学位论文，台湾大学，2005，第73页。

明前期禁止民间私商贸易，但琉球与明朝关系良好，私商贸易有时也获得通融。永乐二年（1404），琉球商人违法前往处州购买瓷器，但明政府采取怀柔政策，也未对其定罪。"礼部尚书李至刚等奏，琉球国山南王遣使贡方物，就令赍白金诣处州市磁器，法当逮问。上曰远方之人，知求利而已，安知禁令。朝廷于远人当怀之，此不足罪。"①

琉球在与明朝贸易中获得了大量中国瓷器，除了在琉球本土消费以外，还将其馈赠或转运到其他国家，从而获得胡椒、苏木等物。据统计，1419—1470年，琉球发往东南亚的船有21艘，并将龙泉窑青瓷器作为礼品送出，去往暹罗28次、巨港7次、爪哇5次、马六甲9次、苏门答腊2次，朝鲜1次。②琉球转口贸易成为明早期及"空白期"中国瓷器输出的重要通道，构成了中国、琉球及东南亚多边贸易的一项重要内容。③

在明前期及"空白期"，朝鲜获得中国瓷器的途径更多元，除了与琉球一样通过与明朝朝贡贸易获得瓷器外，还有琉球与日本使者进献中国瓷器。《朝鲜王朝实录》《历代宝案》等文献记载，这些器物种类十分丰富。金银珠女士统计，明宣德皇帝赏赐瓷器记录有4次；明朝使臣进瓷器记录有13次，最早时间为1408年，明早期12次、明中期1次，输入瓷器数量约180件。日本使者进瓷器记录11次，明早期9次、明中期2次，输入瓷器数量约3200余件。琉球国进瓷器记录6次，最早年代是1418年，明早期2次、明中期4次，输入瓷器20余件。个人进献记录4次，其中2人为朝鲜人、2人为中国使者和将军。日本输入朝鲜的瓷器计3200余件，数量远远高于从明朝及琉球的输入瓷器数量，原因恐怕是琉球与朝鲜没有直接贸易，国内亦缺少熟悉前往朝鲜海路的人，多聘对马岛商人或日本僧侣、商人为使臣。④

至于明早期及"空白期"，东亚地区日本冲绳发现的该时期中国瓷器最多，韩国、日本本岛并不多。当时琉球国瓷器贸易一方面满足本土需求，另一方面也为了转口贸易，这一时期韩国、日本本岛发现的中国瓷器有可能来

① 《明太宗实录》卷三一"永乐二年五月甲辰"条，第556页。
② Chuimei Ho、Malcolm N. Smith:《Gaps in Ceramic Production: Distribution and the Rise of Multinational Traders in 15th Century Asia》，（台北）《美术史研究集刊》1996年第7期。
③ 陈洁:《明代早中期瓷器外销相关问题研究——以琉球与东南亚地区为中心》，《上海博物馆馆刊》2012年第1期；聂德宁:《明代前期中国、琉球及东南亚多边贸易关系的兴衰》，福建师范大学闽台区域研究中心编《第九届中流历史关系国际学术会议论文集》，海洋出版社，2005，第10页。
④ 金银珠:《韩国出土15—17世纪初中国青花瓷研究》，硕士学位论文，北京大学，2019，第101页。

自琉球。

但是到了明中期以后，情况发生巨大改变。明宣宗罢宝船，停止下西洋的航海活动，朝贡贸易走向衰落，琉球受影响最大。一方面，洪武时赋予琉球"朝贡不时"的特权不复存在。成化十年（1474），发生琉球使节杀害福州府怀安县民案件，明朝限琉球二年一贡，除国王贡品、附搭货物以外，禁止使节带来个人货物进行贸易。[1] 正德二年（1507），琉球再次请求一年一贡，得到许可。[2] 嘉靖元年（1522）再次减为二年一贡。[3] 万历四十年（1612）改为十年一贡。琉球试图改贡期，被明廷拒绝。[4] 天启三年（1623），琉球世子请封贡，改为五年一贡。[5] 冈本弘道绘制的"琉球朝贡动向图"显示，明中期开始，琉球的朝贡次数锐减。[6] 另一方面，琉球在明朝贸易不再受优待及宽恕。成化六年（1470），福建按察司奏琉球使臣程鹏进贡方物，"至福州，与委官指挥刘玉私通货贿，俱当究治"。[7] 弘治十四年（1501），会同馆礼部主事刘纲言：

> 旧例各处夷人朝贡，到馆五日一次放出，余日不许擅自出入，惟朝鲜、琉球二国使臣，则听其出外贸易，不在五日之数，近者刑部等衙门奏行新例，乃一概革去，二国使臣颇缺望。[8]

与朝贡贸易衰落相对应的是明中期以后民间贸易的增长。《东西洋考》记载："成、弘之际，豪门巨室间有乘巨舰贸易海外者。奸人阴开其利窦，而官人不得显收其利权。"[9] 正德时广东官府对民商"不拘年分，至即抽货"，"以致番舶不绝于海澳，蛮夷杂沓于州城"。[10] 嘉靖二年（1523），日本大名细川氏和大内氏势力各派遣朝贡使团来华贸易，在宁波发生争贡事件，大内氏宗设在宁波烧杀抢掠，致使明政府罢浙江市舶司，中日关系急转直下，直接导

① 《明宪宗实录》卷一四〇"成化十一年四月戊子"条，第2614页。
② 张廷玉等：《明史》卷二三二《外国四》，第8366页。
③ 《明世宗实录》卷一四"嘉靖元年五月戊午"条，第478页。
④ 《明神宗实录》卷五三〇"万历四十三年三月乙卯"条，第9969—9970页。
⑤ 《明熹宗实录》卷三二"天启三年三月丁巳"条，第1672页。
⑥ 冈本弘道：《明代朝贡国琉球的地位及其演变》，《海交史研究》2001年第1期。
⑦ 《明宪宗实录》卷七六"成化六年二月辛未"条，第1469页。
⑧ 《明孝宗实录》卷一七〇"弘治十四年正月壬申"条，第3086页。
⑨ 张燮：《东西洋考》卷七《饷税考》，中华书局，2000，第131页。
⑩ 《明武宗实录》卷一九四"正德十五年十二月己丑"条，第3631页。

致闭关绝贡和海禁趋紧。① 随后葡萄牙、荷兰人先后到达东亚海域，加入东亚贸易网络中。双屿岛成了葡萄牙与中国、日本进行海上走私贸易的重要据点。② 但双屿岛贸易为时不长，朱纨于嘉靖二十七年（1548）剿灭了双屿岛的葡萄牙人。嘉靖后期，明朝逐渐放松了海禁政策，认可了中国人的出海贸易活动，隆庆改元（1567），福建巡抚都御使涂泽民请开海禁，准贩于东西二洋。③ 民间贸易获得合法地位，民间私人海上贸易取代朝贡贸易成为贸易主体。民间贸易增长，促进了中国与东亚各国的陶瓷贸易。福建老牛礁一号沉船出水瓷器，与琉球（日本冲绳）、日本本岛、韩国出土的中国瓷器有诸多类同，表明沉船可能是明中期的民间贸易船。④

明中期朝贡贸易衰落，但琉球仍与明朝保持较密切关系。据李庆新统计，成化至正德时期，琉球朝贡次数为 36 次，日本为 6 次，朝鲜为 0 次。⑤ 该时期琉球仍是日本、朝鲜获得中国瓷器的重要渠道。值得注意的是，明中期沿海走私贸易与奥斯曼帝国发达的海上贸易相激荡，促成中国瓷器贸易出现小高峰。这一时期中国瓷器输出范围扩大，从东亚的朝鲜、日本，东南亚岛屿地区和中南半岛诸国，印度洋上的斯里兰卡、印度，波斯湾沿岸地区、阿拉伯半岛，非洲的埃及、埃塞俄比亚、肯尼亚、坦桑尼亚及马达加斯加、科摩罗，地中海沿岸的叙利亚、土耳其，到葡萄牙、西班牙、意大利等国，均发现了较多的明中期瓷器。⑥

明晚期朝贡贸易崩溃，琉球在东亚中转贸易的地位也不复存在。东南沿海私商与澳门葡萄牙人通过中日航线，使日本获得更多的中国瓷器，1553 年，葡萄牙人在王直带领下到达长崎，会见时平户领主松浦氏。16 世纪 70 年代澳门—长崎航线开拓，对琉球的日本市场造成冲击。⑦ 17 世纪初荷兰人加入对日贸易，在平户港建立荷兰商馆，1641 年将商馆移至出岛。由于福建漳州

① 万明：《中国融入世界的步履——明与清前期海外政策比较研究》，社会科学文献出版社，2000，第 212—213 页。
② 戚文闯：《宁波"争贡"事件与中日海上走私贸易》，《浙江海洋大学学报》（人文科学版）2017 年第 6 期。
③ 张燮：《东西洋考》，第 131 页。
④ 国家文物局水下文化遗产保护中心等编《福建沿海水下考古调查报告（1989—2010）》，文物出版社，2017，第 62—90 页。
⑤ 李庆新：《明代海外贸易制度》，社会科学文献出版社，2007，第 168 页。
⑥ 钟燕娣、秦大树、李凯：《明中期景德镇窑瓷器的外销与特点》，《文物》2020 年第 11 期。
⑦ 赖泽冰、汤开建：《明代的澳门与长崎——以 1608 年澳门日本朱印船事件和 1610 年长崎葡萄牙黑船事件为例》，《古代文明》2018 年第 4 期。

月港准许中国商船出海贸易，但禁止外商来华贸易，[①] 因此荷兰在巴达维亚、中国台湾地区建立贸易据点，[②] 与中国贸易。当时广州允许外商到广州参加"交易会"，葡萄牙人可在夏季"交易会"买货物运往日本。[③] 大体上，晚明中国瓷器输出是从景德镇运往福州、漳州、广州等沿海港口，再运到中国澳门、台湾地区和巴达维亚，一部分被运往欧洲，另一些则被运至日本。日本长崎荷兰平户商馆遗址发现销往欧洲的"克拉克"风格瓷器，可以佐证这一点。[④] 此外日本与朝鲜、琉球也有贸易往来。考古资料显示，日本本岛出土的晚明瓷器釉色品种、器类、数量较韩国、琉球（日本冲绳）发现的瓷器丰富，日本取代琉球，成为东亚海域对中国瓷器贸易的中心。

四　东亚海上陶瓷贸易与中国瓷业

浙江龙泉窑从唐代开始烧造青瓷，北宋晚期逐渐形成自己的风格，产品在各阶层普及，并进入皇家；南宋时期产品开始大量外销，窑业规模迅速扩大；元代龙泉青瓷生产进入鼎盛期，规模扩大，成为中国外销瓷器的主要品种。元代及明早期龙泉青瓷在外销市场中占有绝对性主导地位，影响很大，周边及其他地区窑场积极仿烧龙泉窑瓷器，例如福建武夷山遇林亭窑、同安汀溪窑、漳浦石寨窑等。[⑤] 明初龙泉窑承担为宫廷烧造瓷器的任务，《大明会典》记载，洪武二十六年（1393），"凡烧造供用器皿等物，须定夺样制，计算人工物料。如果数多，起取人匠赴京，置窑兴工。或数少，行移饶、处等府烧造"。[⑥] 这种情况一直持续到成化年间。天顺八年（1464）诏：

> 江西饶州府，浙江处州府，见差内官在役烧造瓷器，诏书到日，除已烧完者照数起解，未完者悉皆停止，差委官员即便回京，违者罪之。[⑦]

① 李金明：《十六世纪中国海外贸易的发展与漳州月港的崛起》，《南洋问题研究》1999 年第 4 期。
② 包乐史：《巴达维亚的中国洋船及华商：以瓷器贸易为中心》，李天贵译，李庆新主编《海洋史研究》第 9 辑，社会科学文献出版社，2016；李金明：《十七世纪初荷兰在澎湖、台湾的贸易》，《台湾研究集刊》1999 年第 2 期。
③ 李庆新：《明代海外贸易制度》，第 349—352 页。
④ 長崎県教育庁長崎県埋蔵文化財センター『長崎県埋蔵文化財センター調査報告書 11：出島和蘭商館跡』長崎県教育委員会、2014。
⑤ 翁倩、郑建明：《21 世纪以来仿烧龙泉青瓷窑址考古新进展》，《文物天地》2020 年第 3 期。
⑥ 李东阳等撰，申时行等重修《明会典》卷一五七《工部·窑冶·陶器》，明万历内府刊本。
⑦ 《明宪宗实录》卷一"天顺八年正月甲戌"条，第 17 页。

此后，文献再无明确记载龙泉窑烧造官器。

明中期以后，龙泉窑走向衰落。究其原因，有学者认为，是龙泉窑为扩大出口追求数量，以及大范围不受控制的模仿、复制，导致产品质量下降；成化年间龙泉官器停烧，皇宫再无需求，龙泉窑失去官府支持。[1] 明政府的苛捐杂税导致盈利微薄而减产，也是龙泉窑衰落原因之一，所谓"器出于琉田（大窑）者已粗陋，利微而课额不减，民甚病焉"。[2] 这一时期龙泉地区矿工起义，对窑业也造成破坏。[3] 永乐、天顺间景德镇御器厂仿烧精美的龙泉青瓷，景德镇民窑大量生产仿龙泉青瓷器，对龙泉窑造成竞争，龙泉窑退出皇家需求，走向衰落。[4] 此外，明代海禁政策也对龙泉窑的生产和销售造成了很大影响，明中期以后有些窑工将生产转移到管控较松的粤东、闽南地区，方便瓷器走私，甚至将技术输出到东南亚的泰国、越南一带，国内外仿龙泉青瓷占据了龙泉青瓷的海外市场。[5]

明代龙泉窑窑业走向衰落，主要表现在质量最高的大窑片区普遍凋敝，窑址数量比元代约减少30%。金村—上垟片区，明代窑址数量不多；溪口片区不见明代遗存；东区盛烧期在元代，遗存最晚的时代为明代早期至中期稍后，明中期以后衰败。只有庆元竹口一带，是新的龙泉青瓷生产中心，明中晚期达到鼎盛，延续到清早期。[6] 此外，龙泉窑产品质量粗陋。龙泉窑青瓷生产凋敝影响东亚地区的瓷器消费，东亚地区发现的明早期及"空白期"中国瓷器以龙泉窑青釉瓷器为主，不少为福建窑口仿烧的龙泉青瓷，但明中期以后迅速减少，龙泉窑中心转移到交通便利的庆元。

江西景德镇窑创烧于中晚唐，经过五代时期的发展，到宋代已十分成熟。元代景德镇从地方窑场，或者是地方官府监管的窑场，进入了朝廷的造

① 王光尧：《关于清宫旧藏龙泉窑瓷器的思考——官府视野下都龙泉窑》，浙江省文物考古研究所、北京大学考古文博学院、龙泉青瓷博物馆编著《龙泉大窑枫洞岩窑址》，文物出版社，2015，第26—27页。

② 嘉靖《浙江通志》卷八《地理志》，《中国方志丛书·华中地方·第五三二号》影印明嘉靖四十年刊本，台北：成文出版社，1983，第444页。

③ 李冰：《明代龙泉窑衰落原因初探》，中国古陶瓷学会编《龙泉窑瓷器研究》，故宫出版社，2013，第137—149页。

④ 钟燕娣、沈岳明：《竞争，效仿与替代：明代景德镇窑仿龙泉青瓷的生产与衰落》，中国古陶瓷学会、景德镇陶瓷大学、景德镇御窑博物馆编《中国古陶瓷研究》第27辑，科学出版社，2022，第92—106页。

⑤ 沈岳明：《从"龙泉天下"到"天下龙泉"——元明时期龙泉窑对外输出方式的变革》，《博物院》2020年第6期。

⑥ 刘净贤：《元明清龙泉窑生产状况及文化因素研究》，博士学位论文，北京大学，2015。

作系统，成为元代制瓷业中心之一。明初在景德镇设置御窑，集中最优秀的工匠，使用景德镇地区最优质的原料和进口的原料，为宫廷烧造瓷器，也为民窑的生产和发展提供了良好的技术基础，促进民窑制瓷业向市区集中。明宣德以前，景德镇民窑处在复苏阶段，产品以白釉、青白釉和仿龙泉青釉器为主。宣德末年到正统时期，景德镇民窑发展迅速，开始生产青花瓷器。正统至天顺三朝，青花瓷在景德镇窑业中确立了统治地位，民窑发展快速，生产地点从景德镇镇区及其周边地区迅速向镇区集中，分工加强，形成了规模化生产中心，[①] 沿昌江十三里窑场成为明清窑业核心地区，开启了工业化进程。[②]

明前期景德镇民窑产品质量较差，不及官窑。明中期是景德镇制瓷手工业承前启后的重要时期，产业的集中与专业化分工促使景德镇窑瓷器产量和质量大为提高。东南亚沉船出水的弘治时期瓷器以及正德年间葡萄牙国王定制的器物，胎釉细致、青花纹饰精细，可媲美官窑器物。明晚期实施"官搭民烧"，民窑承担烧造御用瓷器的重任，优质制瓷原料及制瓷技术可在民窑直接使用；而万历后期御窑厂停烧，大批官匠失业，流向民间，[③] 促进民窑崛起，使民窑产品可与官窑比肩。韩国、日本明晚期遗址均出土大量制作精美、质量不亚于官窑器的景德镇民窑青花瓷。景德镇陶瓷产品在国内外市场颇受欢迎，也是东亚地区世界陶瓷市场上最主要的商品。

福建漳州窑是直接受海外市场需求刺激而诞生的窑口，明晚期漳州月港成为民间海外贸易中心，月港附近的平和、漳浦、漳平、南靖等地窑业兴起。[④] 嘉靖时期漳州窑仿烧景德镇民窑瓷器，万历中晚期大量烧制"克拉克"风格瓷器，在海外贸易中占重要地位。万历末至天启间，漳州窑瓷器纹饰趋向简单化、生活化。崇祯至顺治年间月港衰落，依赖国际市场的漳州窑退出了海上贸易体系。[⑤]

综上所述，东亚市场对中国陶瓷的需求与中国瓷业生产息息相关、相互影响，龙泉窑于明前期兴盛，明中期走向衰落。明前期景德镇民窑青花瓷生

① 秦大树、高宪平：《景德镇明代正统、景泰、天顺三朝瓷窑遗址考古发现综论》，上海博物馆编《15世纪的亚洲与景德镇瓷器》，上海古籍出版社，2020，第181—210页。
② 钟燕娣：《明中期景德镇制瓷手工业的考古学研究》，博士学位论文，北京大学，2020。
③ 王光尧：《明代宫廷陶瓷史》，紫禁城出版社，2010，第278—280页。
④ 王新天、吴春明：《论明清青花瓷业海洋性的成长——以"漳州窑"的兴起为例》，《厦门大学学报》（哲学社会科学版）2006年第6期。
⑤ 牛楠楠：《漳州窑分期研究试论》，硕士学位论文，厦门大学，2015。

产初兴，但在"空白期"有所发展，明中期以后兴盛，东亚海域市场的瓷器品种随之发生巨大变化，即由以龙泉青瓷为主，转变为以景德镇窑青花瓷器为主；而且龙泉外销青瓷的衰落与景德镇外销青花瓷异军突起，并非出现在某一市场区域，而是全球性现象，这与中国窑业生产格局变化也相吻合。受明晚期海外市场需求刺激，漳州窑创烧也影响东亚海域瓷器消费，这一时期漳州窑青花瓷、三彩陶器在日本本岛及冲绳（琉球）的诸多遗址中均有发现。

结　语

本文梳理了韩国、日本本岛、琉球（日本冲绳）等地各类遗址中发现的中国明代陶瓷，发现不同阶段东亚各国流通的中国瓷器体现了中国外销瓷在窑口、器物品种、瓷器数量等方面的诸多变化。例如，明前期及"空白期"，输入琉球的中国瓷器品种及数量最丰富且最有特色；明中期东亚各国大体相同；明晚期至明末期，输入日本的中国瓷器最丰富。明中期浙江龙泉窑青瓷被江西景德镇窑青花瓷取代，不再是东亚市场数量最多的商品；明晚期漳州窑瓷器崛起，给东亚市场增添了新的中国瓷器。

这些变化与明代陶瓷贸易方式、贸易中心及瓷业生产格局变迁互相关联。明前期及"空白期"，中国瓷器贸易以海外各国与明朝的朝贡贸易为主，也有部分为朝贡贸易下的私下交易，这一时期东亚瓷器贸易以琉球为中心；明中期朝贡贸易衰落，民间走私盛行，琉球转口贸易受到冲击，但其在东亚地区仍然具有重要的地位；晚明至明末，民间海上贸易取代朝贡贸易成为海外贸易的主体，西方势力加入东亚海域贸易之中，日本取代琉球在东亚的中转贸易地位，成为东亚各国与中国瓷器贸易的中心。从中国瓷业生产格局看，明中期浙江龙泉窑衰落，输入东亚市场的龙泉窑青瓷迅速减少；与此同时，景德镇制瓷手工业完成产业集中与专业化分工，产量和质量大为提高，迅速占领海内外市场，景德镇窑瓷器成为东亚海域最畅销的瓷器产品；受海外市场需求刺激，漳州窑依托月港的优势，一方面仿制景德镇民窑瓷器，另一方面生产出具有自己特色的产品，产品开始大量销往东亚地区。

The Circulation and Influence of Chinese Ceramics during the Ming Dynasty in the East Asian Market

Zhong Yandi

Abstract: This paper focuses on the Ming Dynasty ceramics discovered in various archaeological sites in East Asia. By combining historical literature and archaeological materials, it discusses the characteristics and changes of Chinese ceramics exported to East Asian countries during different periods of the Ming Dynasty, the channels for inputting to East Asian countries, and the interactive relationship between the demand in the ceramic markets of East Asian countries and China's ceramic production. During the early Ming Dynasty and the "blank period," tribute trade was the main trade, and the trade of East Asian ceramics was mainly centered on Ryukyu. During the middle Ming Dynasty, tribute trade gradually declined, and smuggling became prevalent, affecting the re-export trade of Ryukyu, but it still played an important role in East Asia, and the ceramic imports by East Asian countries from China were relatively balanced. From the late Ming Dynasty to the end of the Ming Dynasty, folk trade gradually replaced tribute trade, and Western forces participated in East Asian maritime trade. Japan became the center of porcelain trade between East Asian countries and China. From the perspective of China's ceramic production pattern, the decline of Longquan kiln in Zhejiang Province occurred in the middle Ming Dynasty, and the production and quality of Jingdezhen porcelain manufacturing improved rapidly. Blue and white porcelain became the most popular ceramic product in the East Asian market. Stimulated by overseas market demand, products from Zhangzhou kiln began to be sold in large quantities to East Asian countries in the later Ming Dynasty.

Keywords: Ming Dynasty; Chinese Ceramics; East Asia; Trade of Ceramics

（执行编辑：林旭鸣）

海洋史研究（第二十二辑）

2024 年 4 月　第 175~185 页

郑和下西洋与明初瓷器海外贸易

陈　宁　刘雨婷[*]

摘　要： 明初实施严厉的"禁海"政策，朝贡贸易在中外经贸往来和文化交流中起到了十分重要的作用。作为明初一项重大的外交活动，郑和下西洋无疑促进了朝贡贸易的发展，将中国瓷器传播到海外，海外诸国纷纷前来中国朝贡，瓷器是明朝皇帝赏赉的重要物品之一。此外，海外使团到中国后，经常违反明廷律法规定，私自与民间交易瓷器等物品。中国瓷器输出到海外后，对海外诸国的陶瓷制作、饮食方式、生活习俗、文化艺术等产生了重要影响。

关键词： 郑和下西洋　瓷器　海外贸易

一　引言

明初，朝廷"耀兵异域，示中国富强"，[1] 以实现"宣德化而柔远人"的政治目的。永乐三年（1405）至宣德八年（1433），明廷派遣郑和七次出使西洋。这是世界古代航海史上持续时间最长、参与人数最多、航海规模最大、活动范围最广的航海活动，其航线长达 10 万余公里，涵盖 30 多个国家和地区，明朝与这些国家和地区建立了友好的经贸往来关系和深厚情谊。当时，朝廷实行了严厉的"禁海"政策，"片板不许入海"，[2] 这使朝贡贸易成为唯一合法的对外贸易方式，朝贡国到中国向明朝皇帝朝贡方物，明朝以"赏赐"

---

　　* 陈宁，景德镇陶瓷大学考古文博学院研究员；刘雨婷，景德镇陶瓷大学考古文博学院硕士研究生。

①　张廷玉等：《明史》卷三〇四《郑和传》，中华书局，1974，第 7766—7767 页。

②　张廷玉等：《明史》卷二〇五《朱纨传》，第 5403 页。

的方式厚赠朝贡使者，亦即"先朝贡，后赏赍"。此外，还有明朝皇帝派遣使臣出使海外，宣示诏书，赏赍物品，然后朝贡国向明廷朝贡方物，也就是"先赏赍，后朝贡"的贸易方式。

郑和下西洋使明廷获取了大量的奇珍异宝，所谓"明月之珠，鸦鹘之石，沉南龙涎之香，麟狮孔翠之奇，梅脑薇露之珍，珊瑚瑶琨之美，皆充舶而归"，具有一定的经济目的；海外诸国纷纷向中国朝贡，"凡穷岛绝域，纷如来宾，而天堂、印度之国，亦得附于职方"，[①] 达到了既定的政治目的。正如跟随郑和多次下西洋的马欢所言："高山巨浪岂曾观，异宝珍奇今始见。俯仰堪舆无有垠，际天极地皆王臣。"[②] 永乐年间进士刘球曾总结郑和下西洋的功绩：

> 圣天子德加海外，间遣中贵人总甲士帆大舶，穷舻道海洋，抵暹罗、阿丹、爪哇、满剌加、古里、苏门、天方、真腊、锡兰山诸国，收其所谓麒麟、福鹿、狮虎、象犀诸异兽，驼鸡、□鹈、墩铎、莺哥诸珍禽，金砂、珠香、翠贝、齿角，与凡彼产所有、此蓄所无之奇货，以入中国，以为苑囿之实、府库之藏、器玩服饰之用，使远方之人亦得因是以修其敬于朝廷。[③]

郑和下西洋极大地促进了明初与海外诸国的官方经贸往来，不仅使海外的奇珍异宝大量流入中国，也使中国诸如瓷器、丝绸、茶叶之类的商品货物大量输出海外。这些商品货物受到了海外诸国的喜爱，并对其生产生活方式产生了重要影响。史载中国货船到达之处，出现了"天书到处腾欢声，蛮魁酋长争相迎"的场面。[④]

关于郑和下西洋与明初海外贸易的研究，1905 年梁启超就撰有《祖国伟大航海家郑和传》。1912 年，埃及政府古物部组织发掘了福斯塔特（Fustat）遗址，出土了大量的中国陶瓷器，引发了海外学者对于中国陶瓷外销的一系列研究。日本学者三上次男在《陶瓷之路》中比较了文献记载与东非以及阿拉伯地区出土中国瓷器的情况，认为郑和下西洋为后续中国向东南亚移民并

---

① 黄省曾著，谢方校注《西洋朝贡典录校注·自序》，中华书局，2000，第 1 页。
② 马欢：《瀛涯胜览》，中华书局，1985，第 4 页。
③ 刘球：《两溪文集》卷八《送礼部员外沈君还南京序》，上海古籍出版社，第 1243 册，1991，第 514 页。
④ 马欢：《瀛涯胜览》，第 3 页。

由此拓展中国陶瓷海外贸易提供了契机。① 中国学者向达曾对相关文献《西洋番国志》《瀛涯胜览》等进行了校注整理与研究，编纂了"中外交通史籍丛刊"，做出了突出贡献。

20 世纪 60—70 年代，国内关于郑和下西洋与明初海外贸易的研究文章达近百篇。而英国学者 Tom Harrisson 基于对加里曼丹岛沿岸上百英里（1 英里 =1.609344 公里）海岸线的瓷器遗存调查，提出了"Ming Gap"这一概念。② 泰国学者 Roxanna Maude Brown 于 2004 年完成的博士学位论文肯定了这一概念，通过系统梳理东南亚出水的 15 艘沉船中的陶瓷器，统计了中国瓷器和东南亚陶瓷器所占的比例，认为受明初"禁海"政策的影响，中国瓷器的海外贸易经历了 60 余年的衰落期，直至明万历以后才恢复其垄断地位。③ 此后"Ming Gap"一词逐渐成为国际学者关于明初瓷器外销状况的共识。不过，这些研究大多是基于东南亚地区沉船的发现，资料缺乏年代的连续性，也忽视了这一时期琉球、日本等国家和地区在朝贡贸易下"走私"中国瓷器的实际情况。21 世纪，世界多国对印度洋北岸和东岸的考古发掘范围的扩大，证明仅仅依靠沉船出水的遗存是不够的，并不能涵盖中国明代瓷器海外贸易的整体状况。

20 世纪 80 年代以后，尤其是近十年来，其相关研究形成一个热潮，国内一些高校和考古文博单位与海外国家联合开展考古发掘，印度洋沿岸的陆上遗存和沉船出水遗物不断被发现与公布，这为郑和下西洋研究提供了可靠翔实的实物资料。以往有关郑和下西洋与明初海外贸易的研究，主要集中在朝贡贸易或某一特定地区或专题方面的讨论，而探讨郑和下西洋对明初瓷器海外贸易影响的研究相对较少。本文以瓷器为例，结合文献与国内外考古发掘材料，探讨郑和下西洋与明初瓷器海外贸易，以及已开肇端的瓷器贸易全球化格局。

二　郑和船队直接进行的官方瓷器贸易

郑和船队在海外直接进行的瓷器贸易有两种类型。一是上文提到的"先

---

① 〔日〕三上次男：《陶瓷之路》，李锡经、高喜美译，文物出版社，1984，第 39—53 页。

② Tom Harrisson, "The Ming Gap and Kota Batu," *The Sarawak Museum Journal*, No.6, 1958, pp. 273-277.

③ Roxanna Maude Brown, *The Ming Gap and Shipwreck Ceramics in Southeast Asia: Towards a Chronology of Thai Trade Ware*, The Siam Society under Royal Patronage, 2009, pp. 2-7.

赏赉，后朝贡"，即郑和使团代表明朝皇帝"赏赐"当地国王或酋长，后者向前者贡献方物，郑和使团代为收纳。这种方式在洪武时期就已多次出现，如洪武七年（1374），明太祖命刑部侍郎李浩及通事梁子名使琉球国，"以文绮百匹、纱罗各五十匹、陶器六万九千五百事、铁釜九百九十口，就其国市马"。[①]洪武十六年（1383），明太祖"遣官赐［占城国］以勘合、文册及织金文绮三十二、磁器万九千"。[②]永乐年间，这种贸易方式更加频繁。二是郑和船队与当地民众进行直接贸易。查阅马欢《瀛涯胜览》、费信《星槎胜览》、巩珍《西洋番国志》，有关当时中国瓷器海外交易的情况如表1所示。

表1　郑和船队随行人员记录的中国瓷器海外交易情况

国家或地区	瓷器品类	交易方式	交易情形	史料出处
占城国	青瓷盘碗	以淡金交易	其买卖交易，使用七成淡金或银。中国青磁盘碗等品，纻丝、绫绢、烧珠等物甚爱之，则将淡金换易	马欢《瀛涯胜览》
	青瓷盘碗	执金转易	其买卖交易，惟以七成色淡金使用。所喜者中国青磁盘碗等器及纻丝、绫绢、硝子朱等物，皆执金来，转易而去	巩珍《西洋番国志》
暹罗国	青白花瓷器	以海蚆代钱买易	以海蚆代钱，每一万个准中统钞二十贯，货用青白花磁器、印花布、色绢、色段、金银、铜铁、水银、烧珠、雨伞之属	费信《星槎胜览》
交栏山	青碗		货用米谷、五色绢、青布、铜器、青碗之属	费信《星槎胜览》
爪哇国	青花瓷器	用铜钱买易	国人最喜中国青花瓷器并麝香、花绢、纻丝、烧珠之类，则用铜钱买易	马欢《瀛涯胜览》
	青花瓷器		国人最喜［中国］青花磁器并麝香、花绣、纻丝、硝子珠等货	巩珍《西洋番国志》
旧港国	青白瓷器、大小瓷瓮		货用烧炼五色珠、青白磁器、铜鼎、五色布绢、色段、大小磁瓮、铜钱之属	费信《星槎胜览》
吉里地闷国	瓷碗		货用金银、铁器、磁碗之属	费信《星槎胜览》

① 姚广孝等：《明太祖实录》卷九五"洪武七年十二月己卯"条，（台北）"中研院"历史语言研究所，1962年校印本，第1646页。
② 张廷玉等：《明史》卷三二四《外国五·占城》，第8385页。

续表

国家或地区	瓷器品类	交易方式	交易情形	史料出处
满剌加国	青白瓷器		货用青白磁器、五色烧珠、色绢、金钱之属	费信《星槎胜览》
龙牙加貌国	青白花瓷器		货用印花布、八察都布、青白花磁器之属	费信《星槎胜览》
阿鲁国	瓷器		货用色段、色绢、磁器、烧珠之属	费信《星槎胜览》
淡洋	瓷器		货用金银、铁器、磁器之属	费信《星槎胜览》
苏门答剌国	青白瓷器		货用青白磁器、铜铁、爪哇布、色绢之属	费信《星槎胜览》
花面国	瓷器		货用段帛、磁器之属	费信《星槎胜览》
锡兰山国	青花白瓷器		货用金钱、铜钱、青花白磁器、色段、色绢之属	费信《星槎胜览》
锡兰国	青瓷盘碗	将宝石、珍珠换易	中国麝香、纻丝、色绢、青瓷盘碗、铜钱、樟脑甚喜，则将宝石、珍珠换易	马欢《瀛涯胜览》
	青瓷盘碗	以宝石、珍珠换易	[国人]甚爱中国麝香、纻丝、色绢、青磁盘碗、铜钱，就以宝石、珍珠易换	巩珍《西洋番国志》
溜山洋国	瓷器		货用金银、段帛、磁器、米谷之属	费信《星槎胜览》
大葛兰国	青白花瓷器		货用金钱、青白花磁器、布段之属	费信《星槎胜览》
柯枝国	青花白瓷器		行使小金钱名吧喃，货用色段、白丝、青花白磁器、金银之属	费信《星槎胜览》
古里国	青花白瓷器		货用金银、色段、青花白磁器、烧珠、麝香、水银、樟脑之属	费信《星槎胜览》
榜葛剌国	青花白瓷器	以海𧵅代钱买易	通使海𧵅，准钱市用……货用金银、段绢、青花白磁器、铜铁、麝香、银朱、水银、草席之属	费信《星槎胜览》
卜剌哇国	瓷器		货用金银、段绢、米豆、磁器之属	费信《星槎胜览》
竹步国	瓷器		货用土朱、段绢、金银、磁器、胡椒、米谷之属	费信《星槎胜览》
木骨都束国	瓷器		货用金银、色段、檀香、米谷、磁器、色绢之属	费信《星槎胜览》
阿丹国	青白花瓷器		货用金银、色段、青白花磁器、檀香、胡椒之属	费信《星槎胜览》
剌撒国	瓷器		货用金银、段绢、磁器、米谷、胡椒、檀香、金银之属	费信《星槎胜览》

续表

国家或地区	瓷器品类	交易方式	交易情形	史料出处
祖法儿国	瓷器	将乳香、血竭、芦荟、没药、安息香、苏合油、木鳖子之类换易	中国宝船到彼开读赏赐毕，王差头目遍谕国人，皆将乳香、血竭、芦荟、没药、安息香、苏合油、木鳖子之类来换易［中国］纻丝、瓷器等物	马欢《瀛涯胜览》
	瓷器		货用金银、檀香、米谷、胡椒、段绢、磁器之属	费信《星槎胜览》
	瓷器	以乳香、血竭、芦荟、没药、安息香、苏合油、木别子之类换易	中国宝船到，开读诏书并赏赐劳，王即遣头目遍谕国人，皆以乳香、血竭、芦荟、没药、安息香、苏合油、木别子之类来易纻丝、磁器等物	巩珍《西洋番国志》
忽鲁谟斯国	青花瓷器		行使金银钱……货用金银、青花磁器、五色段绢、木香、胡椒之属	费信《星槎胜览》
天方国	瓷器		宣德五年，钦蒙圣朝差内官太监郑和等往各番国开读赏赐，分船到古里国时，内官太监洪见本国差人往彼，就选差通事等七人，赍带麝香、瓷器等物，附本国船只到彼。往回一年，买到各色奇货异宝、麒麟、狮子、驼鸡等物，并画天堂图真本回京	马欢《瀛涯胜览》
	青白花瓷器		货用金银、段匹、色绢、青白花磁器、铁鼎、铁铫之属	费信《星槎胜览》

从表 1 可以看出，瓷器是郑和下西洋对外贸易的重要货品之一，受到许多国家和地区的喜爱，甚至被当作货币使用。近年来，随着印度洋沿岸阿拉伯及非洲地区陶瓷考古工作的展开，许多明初瓷器遗存被发现。肯尼亚乌瓜纳（Ungwana）遗址出土瓷器标本 06UNG64，是一件近乎完整的明初龙泉官窑瓷器。[1] 格迪（Gedi）古城遗址出土了 478 件元末明初的龙泉窑瓷器以及 22 件景德镇窑瓷器。[2] 曼布鲁伊（Mambrui）[3]、上加

---

[1]　丁雨、秦大树：《肯尼亚乌瓜纳遗址出土的中国瓷器》，《考古与文物》2016 年第 6 期。

[2]　刘岩、秦大树、齐里亚马·赫曼：《肯尼亚滨海省格迪古城遗址出土中国瓷器》，《文物》2012 年第 11 期。

[3]　丁雨、秦大树：《肯尼亚乌瓜纳遗址出土的中国瓷器》，《考古与文物》2016 年第 6 期。

（Shanga）①遗址亦有明初龙泉官窑瓷器残片出土。在这些遗址的明初地层中，中国瓷器标本在所有出土瓷器标本中的占比约为 2%，大多分布在城市遗迹的核心区域，彰显其使用者大多是当地社会上层人士。格迪古城作为 14—15 世纪阿拉伯人控制下东非地区重要的贸易中转站，其出土的中国元末明初瓷器数量相较其他地区稍多，占该遗址出土瓷器标本总数的 17.34%，结合东非其他地区的瓷器出土情况，亦可证明这一时期此处中转的中国瓷器主要供销西亚甚或欧洲更为富裕的地区。

中国瓷器输出到海外，对海外的饮食方式、生活习俗等产生了重要影响。文献记载文郎马神国"初盛食以蕉叶为盘，及通中国，乃渐用磁器。又好市华人磁瓮，画龙其外，人死，贮瓮中以葬"。②美洛居国"嫁女，多市中国乘酒器，图饰其外，富家至数十百枚，以示豪侈"。③在非洲奔巴（Pemba）、桑给巴尔（Zanzibar）、格迪、基尔瓦基斯瓦尼（Kilwa Kisiwani）、大津巴布韦（Great Zimbabwe）等地的清真寺米哈拉布遗迹，其表面均以中国的龙泉青瓷或青花瓷器装饰。斯瓦西里地区民族考古调查显示，当地民众认为进口的中国瓷盘能够吸收"邪恶之眼"（The Evil Eye），可以保护它们的持有者不受侵害，当地民众将残破的中国瓷片制成吊坠之类的"护身符"，让女性或儿童佩戴。④由此可见中国瓷器对海外影响之深远。

三　郑和下西洋影响下的官方瓷器贸易

受明初郑和下西洋的影响，海外国家纷纷向明朝示好，遣派使团前来朝贡，明廷一度出现"万国来朝"的壮观景象。朝贡使团在中国的贸易方式亦主要有两种：一是上文所言的"先朝贡，后赏赉"方式，即朝贡使团抵达中国后，向明朝皇帝贡献方物，明朝皇帝以"赏赐"的方式赠予物品；二是朝贡使团在中国市场上采购货物。下面以瓷器为例，对这两种贸易方式加以论述。

---

① 秦大树：《肯尼亚出土龙泉瓷器的初步观察及相关问题讨论》，沈琼华主编《2012 海上丝绸之路——中国古代瓷器输出及文化影响国际学术研讨会论文集》，浙江人民美术出版社，2013，第 267—278 页。

② 张燮：《东西洋考》卷四《西洋列国考·文郎马神》，谢方点校，中华书局，2000，第 85—86 页。

③ 张燮：《东西洋考》卷五《东洋列国考·美洛居》，第 101 页。

④ Bing Zhao, *Luxury and Power: The Fascination with Chinese Ceramics in Medieval Swahili Material Culture*, Orientations，2013，pp.71-78.

（一）明朝皇帝赏赉瓷器

中国瓷器深受海外喜爱，自明初就成为朝贡贸易中重要的赏赉品类。受郑和下西洋影响，海外诸国使节多次跟随郑和船队到达中国，受到明朝皇帝的赏赉，赏赉物品中就有不少瓷器。明廷奉行"厚往薄来"的政策，赏赉之物远多于朝贡之物，以彰显明朝怀柔之意。[①] 海外诸国为获得赏赉，纷纷向明廷示好，郑和下西洋时期，朝贡国家数量之多达到空前。以古里国为例，28 年间到明朝朝贡达 16 次，每次朝贡人数多达百人；海外诸国有时一起来中国朝贡，人数最多时达 1200 余人，造成"诸蕃使臣充斥于廷"。[②] 为了彰显明朝"天朝上国"的富足，明朝皇帝对朝贡使团都有"赏赐"，甚或对没有贡物的使团也给予"赏赐"。《明史》记载：

> 宣德六年，［满剌加］遣使者来言："暹罗谋侵本国，王欲入朝，惧为所阻，欲奏闻，无能书者，令臣三人附苏门答剌贡舟入诉。"帝命附郑和舟归国，因令和赍敕谕暹罗，责以辑睦邻封，毋违朝命。初，三人至，无贡物，礼官言例不当赏。帝曰："远人越数万里来诉不平，岂可无赐。"遂赐袭衣、彩币，如贡使例。[③]

明廷大规模的"赏赐"，消耗了大量的国库收入。据《明宪宗实录》卷一二○记载，成化九年（1473），内承运库太监奏言：

> 本库自永乐年间至今，收贮各项金七十二万七千四百余两，银二千七十六万四百余两。累因赏赐，金尽无余，惟余银二百四十万四千九百余两。[④]

可见，明初朝贡贸易中用于赏赉的金银数量是十分惊人的，而用于赏赉的瓷器，通过文献记载与传世器物、出土标本相印证，其数量也是不少的。

---

①　姚广孝等：《明太祖实录》卷一五四"洪武十六年五月戊申"条，第 2402 页。
②　张廷玉等：《明史》卷三二六《外国七·古里》，第 8440 页。
③　张廷玉等：《明史》卷三二五《外国六·满剌加》，第 8417 页。
④　刘吉等：《明宪宗实录》卷一二○，"成化九年九月癸丑"条，（台北）"中研院"历史语言研究所，1962 年校印本，第 2326 页。

琉球国《历代宝案》记载，琉球与暹罗、满剌加、旧港、爪哇等地均有陶瓷贸易往来，不少为 2000 个青瓷碗及数量不等的大小青盘的组合。[①] 琉球本地没有生产如此众多瓷器的能力和条件，从近年来首里城出土瓷器的情况来看，其贸易瓷器大多为中国浙江龙泉青瓷，[②] 且多为明廷之赏赉瓷。

（二）外国使团在中国采购瓷器

外国使团到达中国后，还在官方市场上购置瓷器，明初朝廷对这些交易予以税费优待。洪武四年（1371）七月，明太祖朱元璋谕福建行省，"占城海舶货物皆免其征，以示怀柔之意"。[③] 永乐时期更加优待，不仅免于征税，还使"远人来归者，悉抚绥之，俾各遂所欲"。[④] 朝贡使团常伴随有商人，以求取尽可能多的经济利益。《明史》记载："番使多贾人，来辄挟重资与中国市。"[⑤] 这表明朝贡使团来到中国，名为朝贡，实则为了通商牟利。

明初对朝贡使团在京城买卖的时间、地点、货品和数量都有明确限定："贸易使臣进贡到京者，每人许买食茶五十斤，青花磁器五十副……不许过多，就馆中开市五日。"[⑥] 但是，受利益的驱使，朝贡使团经常违规到民间市场售卖其国方物，或购买中国瓷器、丝绸、茶叶等物。如永乐二年（1404）四月，"山南使臣私赍白金诣处州市磁器，事发，当论罪。帝曰：'远方之人知求利而已，安知禁令。'悉宥之"。[⑦] 可见，这种"违规"交易并没有受到明廷严厉的、具体的惩罚，很多时候会被皇帝"赦免"，甚至还会得到赏赉。

海外商人以各种借口来到中国，有时甚至假冒贡使。《明史》记载：

　　［洪武］二十年，温州民有市其沉香诸物者，所司坐以通番，当弃市。帝曰："温州乃暹罗必经之地，因其往来而市之，非通番也。"乃获宥。[⑧]

　　［永乐］二年有番船飘至福建海岸，诘之，乃暹罗与琉球通好者。

① 《历代宝案》（第一集），台湾大学，1972，第 1273—1302 页。
② 项坤鹏：《日本出土龙泉瓷器及其相关问题研究》，《故宫学刊》总第 22 辑，故宫出版社，2021。
③ 姚广孝等：《明太祖实录》卷六七 "洪武四年七月乙亥" 条，第 1261 页。
④ 杨士奇等：《明成祖实录》卷二三 "永乐元年十月辛亥" 条，（台北）"中研院" 历史语言研究所，1962 年校印本，第 435 页。
⑤ 张廷玉等：《明史》卷三三二《西域四·天方》，第 8623 页。
⑥ 申时行等修《明会典》卷一一二，中华书局，1989，第 595 页。
⑦ 张廷玉等：《明史》卷三二三《外国四·琉球》，第 8363 页。
⑧ 张廷玉等：《明史》卷三二四《外国五·暹罗》，第 8397 页。

所司籍其货以闻，帝曰："二国修好，乃甚美事，不幸遭风，正宜怜惜，
岂可因以为利。"所司治其舟给粟，俟风便遣赴琉球。[1]

明廷对于朝贡使团和海外商人的"违规"行为不予惩罚的做法，大大助长了
他们的"走私"行为。

结　语

综上所述，中国瓷器是郑和下西洋时的重要贸易货物，也是明初朝贡贸
易的重要品类，深受海外人们的欢迎和喜爱，并对海外诸国的陶瓷制作、饮
食方式、生活习俗、文化审美等产生了重要影响。郑和下西洋所带来的影响
有其积极的一面，即通过"昭示恩威"的方式，达到了"声教洋溢乎四海，
仁化溥洽于万方"的政治目的，[2]一度形成了"万国来朝"的景象；不过也有
其消极的一面，正如《明史·郑和传》中言："所取无名宝物不可胜计，而中
国耗废亦不赀。"[3]另据明代王士性的《广志绎》记载："国初府库充溢，三宝
太监下西洋，赍银七百余万，费十载，尚余百万归。"[4]

为了"宣德化而柔远人"，明廷多次委派使臣出使海外，推动朝贡贸易，
对海外诸国实行一系列的优惠政策，诸如"厚往薄来""免征货税"等，吸
引海外诸国前来朝贡，这给明初的财政经济和百姓生活带来了沉重负担。也
正因如此，明代宣德八年之后，郑和下西洋成了"绝唱"，此后明代不再出
现如此大规模的出海贸易活动。例如正统年间，朝廷曾想再派使团出使西洋
诸国，遭到许多大臣的激烈反对，最终未能实现。张昭曾将下西洋之举视为
"朝廷之末策"。[5]正统以后，私人海上贸易兴盛起来，"私舶以禁驰而转多，
番舶以禁严而不至"，[6]即民间的走私贸易开始繁盛，而官方的朝贡贸易渐趋
衰落。随着大航海时代的到来，本应参与其中甚至可以成为引领者的中国却
错失了这一重要契机，后来逐渐落后于欧洲诸国。

---

① 张廷玉等：《明史》卷三二四《外国五·暹罗》，第 8398 页。
② 巩珍：《西洋番国志·自序》，向达校注，中华书局，2000，第 5 页。
③ 张廷玉等：《明史》卷三〇四《郑和传》，第 7768 页。
④ 王士性：《广志绎》卷一，吕景琳点校，中华书局，1981，第 5 页。
⑤ 张廷玉等：《明史》卷一六四《张昭传》，第 4458 页。
⑥ 李东阳等：《明孝宗实录》卷七三"弘治六年三月丁丑"条，（台北）"中研院"历史语言研究所，
　　1962 年校印本，第 1368 页。

Zheng He's Voyage and Overseas Trade of Porcelain in the Early Ming Dynasty

Chen Ning, Liu Yuting

Abstract: During the early Ming Dynasty, the strict implementation of the "Maritime Prohibition" policy had a significant impact on Sino–foreign economic and cultural interactions, particularly in the context of tribute trade. Zheng He's Voyage, as a major diplomatic endeavor of the early Ming Dynasty, undoubtedly facilitated the development of tribute trade by promoting the dissemination of Chinese porcelain overseas. As a result, numerous foreign countries engaged in tribute relations with China, and Chinese porcelain became one of the prized items bestowed by the Ming emperors. Moreover, upon the arrival of overseas tributary mission in China, there were frequent violations of Ming regulations, as envoys conducted unauthorized trade with local merchants involving porcelain and other goods. The dissemination of Chinese porcelain abroad exerted a profound influence on ceramic production, dietary mode, life styles, culture and art in overseas countries.

Keywords: Zheng He's Voyage; Porcelain; Overseas Trade

（执行编辑：杨芹）

海洋史研究（第二十二辑）

2024 年 4 月　第 186~199 页

15—16 世纪博多商人与东北亚的陶瓷贸易

成高韵（Gowoon Seong）[*]

摘　要：从 15 世纪到 16 世纪，博多商人在东北亚的中国瓷器和朝鲜陶瓷流通中发挥了重要作用。博多商人从 15 世纪初开始介入由琉球主导的陶瓷贸易市场，并且利用日本豪族势力和朝鲜使臣的联结，通过官方贸易往朝鲜输入了大量的明朝瓷器。然而，随着明朝瓷器流通数量的减少，博多商人遇到了供应危机。为此，博多商人主动探索生路，伪装成琉球的使节，持续往来朝鲜，并获取了将朝鲜粉青沙器作为中国青瓷的替代品向日本市场供应的机会。博多商人在陶瓷贸易中的参与，不仅呈现了东北亚陶瓷贸易转向的具体面貌，还展现了贸易陶瓷的价值在具体文化语境中的转换与改变。

关键词：博多商人　龙泉青瓷　朝鲜粉青沙器　伪使　贸易

博多是日本九州地区的一个贸易港口，唐宋时期以来大量中国物品通过这个港口流入日本。明代，由于遣明船有所减少，博多地区开始通过琉球和朝鲜，间接获得中国物品。在此过程中，博多和对马周围海域的一部分倭寇转为商倭，成为重要的贸易中介。以往学者多从海域交流史及对外关系史角度，探讨 15—16 世纪中日韩对博多和对马地区倭寇的控制及瓦解，以及博多商人在与朝鲜和琉球交往过程中的作用。[①] 日本学者关周一在朝日贸易研

---

　　*　成高韵，复旦大学文物与博物馆系博士后。

　　①　〔日〕田中健夫：《倭寇——海上历史》，杨翰球译，社会科学文献出版社，2015；한문종（韩文钟）「조선전기 일본왕 국사의 조선통교（朝鲜前期日本王国使的朝鲜通交）」『한일관계사연구（韩日关系史研究）』21、2004；王鑫磊：《朝鲜王朝初期"向化倭人"平道全研究》，《韩国研究论丛》第 36 辑，社会科学文献出版社，2018，第 109—125 页；사에키코지（佐伯弘次）『조선전기 한일관계와 박다·대마（朝鲜前期韩日关系的博多、对马）』경인문화사、2010。

究中，考察了博多和对马地区出土的瓷器。^① 另外，关于中国贸易瓷器向东北亚海域输出的讨论，比较集中在琉球的中介贸易角色上。明朝海禁时期，琉球获得了长期赴明的许可，中国瓷器便通过琉球销往日本、朝鲜及东南亚等地，其中以龙泉青瓷为大宗。结合琉球考古材料和沉船出水材料，可以看出 14 世纪后半叶龙泉青瓷的流通量骤增，15 世纪末渐趋下降，至 16 世纪几近消失。^② 韩国学者尹宝临从朝日关系角度考察了朝鲜白胎青瓷和明代龙泉青瓷的关系，揭示出参与青瓷进口的使臣在身份上多与倭寇有关。^③ 以上成果回答了博多商人如何介入了瓷器贸易市场，但是对贸易瓷器的流通和博多商人的关系，则未见专门的讨论。

本文聚焦中、日、朝贸易中主动探索生路的博多商人，通过《朝鲜王朝实录》以及朝鲜使臣赴日的相关记载，结合日本、韩国的考古出土资料，尝试对贸易瓷器在流通过程中出现的变化以及博多商人在其中扮演的角色等问题进行探讨，揭示贸易陶瓷从走私贸易物品到官方贸易品的转换过程和贸易陶瓷获取新价值的过程。

一　博多商人与明代瓷器流通

（一）博多商人介入琉球—日本的瓷器贸易

15 世纪前半叶始，明代瓷器主要通过琉球流入日本。琉球船舶每次进入日本国王居住的畿内地区时，须缴纳 1000 贯税金。^④ 尽管税金不菲，但琉球仍积极以中介的身份参与明日贸易。佐伯弘次曾指出，琉球的对日贸易利率应该高于税金，正因有利可图，商人才乐此不疲。

琉球参与中国瓷器中介贸易规模庞大。琉球《历代宝案》记载，1425—

---

① 関周一『対馬と倭寇：境地における中世びび』高志書院、2012。研究者参考了大量的日本考古研究成果，该研究为小野正敏主持的。小野正敏是最早试图利用科学的考古学方法的学者，结合在日本各地出土的明代瓷器，梳理了出土品的编年。小野正敏・萩原三雄編『戦国時代の考古学』高志書院、2003。

② 彭盈真：《琉球出土中国陶瓷——十五世纪陶瓷消费地之个案研究》，硕士学位论文，台湾大学，2005；森達也「青磁輸出の終焉–15 世紀後半から 17 世紀の中国貿易陶器」『中国青磁の研究：編年と流通』汲古書院、2015、245—246 頁。

③ 윤보름（尹宝临）『조선시대 15–17 세기 백태청유자 연구（朝鲜时代 15—17 世纪白胎青釉瓷研究）』고려대학교 석사학위논문、2016、29—39 頁。

④ 사에키코지（佐伯弘次）『조선전기 한일관계와 박다·대마（朝鲜前期韩日关系的博多、对马）』、12 頁。

1442 年，琉球和泰国共进行了 15 次瓷器贸易。[①]1430 年，琉球与爪哇国也有贸易。1463 年，其贸易扩大至满剌加国和苏门答剌国。瓷器贸易品种主要为大青盘、小青盘和小青碗。各类瓷器交易数量不等，大青盘为 10—20 件；小青盘 20 件、100 件或 400 件，其中 100 件最为多见；小青碗为 1000—2000 件。比较文献记载与博多地区出土的明代瓷器，可以确认流入日本、琉球的主要瓷器品种是青盘和青碗。

　　博多商人大约在 15 世纪前半叶开始介入琉球与日本间的瓷器贸易。博多商人原以漂流民为主，多无确切国籍，来自中国、朝鲜、日本，一段时间内都被称为倭寇。[②]1414 年，一批自称"商倭"的群体开始正式出现于东北亚海域贸易中，部分商倭后来发展为博多商人。[③]琉球人主要经由畿内地区至日本开展贸易，缺乏对九州航线的认识，后在博多商人指导下，开始利用九州至朝鲜的航线。[④]博多商人对东北亚海域和航线了如指掌，有能力主动介入琉球和日本的瓷器贸易。博多商人道安曾经向朝鲜国王献上九州、琉球、日本全岛的地图，可见当时博多商人掌握着东北亚海域的空间信息。[⑤]另外，博多商人将朝鲜漂流民送还朝鲜时，先由海路经琉球—萨摩州—冰骨，后转陆路到达博多。[⑥]由于博多商人的参与，经由九州地区传入日本的中国物品，远多于其他地区。

（二）博多商人主导下的日朝官方瓷器交易

　　由海域连接的琉球和日本之间，博多商人逐渐成为贸易中介，而博多港也逐渐转变为瓷器贸易的中转港口。[⑦]1423 年以后，博多商人开始在日朝官

---

① 　《历代宝案》第 1 集第 40 卷，（台湾）台湾大学，1972，第 1273—1330 页。

② 　大庭康時『中世日本最大の貿易都市：博多遺跡群』新泉社、2009、50 頁。

③ 　〔日〕田中健夫：《倭寇——海上历史》，第 39 页。

④ 　《朝鲜王朝实录·端宗实录》卷六，端宗元年（1453）五月十一日，太白山史库本，第 2 册，第 23 页 a。"琉球国与萨摩和好，故博多人经萨摩往琉球者，未有阻碍。……因示博多、萨摩、琉球相距地图。"

⑤ 　田中健夫「『海東諸国記』の琉球図とこの東アジア史の意義と南波本の紹介」（『東アジア通交圏と国際認識』吉川弘文館、1997），转引自佐伯弘次「15 世紀后半の博多貿易商人道安と朝鮮・琉球」『全北史学』29、2006、158 頁。

⑥ 　《朝鲜王朝实录·成宗实录》卷一〇四，成宗十年（1479）五月十六日，第 16 册，第 11 页 a。"今来博多倭人新時罗等，出送，四日四夜，到萨摩州，留一期，发船行二日二夜，至冰骨，陆行二日，至博多。"

⑦ 　사에키코지（佐伯弘次）『조선전기 한일관계와 박다·대마（朝鲜前期韩日关系的博多、对马）』、72—73 页。

方往来中崭露头角。在《朝鲜王朝实录》中，可找到琉球和日本各地向朝鲜派遣使臣并带去明代瓷器的记载，其中，由琉球派遣出发的次数高达 6 次，前九州和筑前州各派遣了 4 次和 5 次，而从对马出发的派遣次数仅为 2 次（见表 1）。由琉球地区派遣使臣的次数虽多，但由此地输入朝鲜的明朝瓷器数量却远低于前九州和筑前州地区。

表 1　琉球 / 日本各派遣群体带入朝鲜的明朝瓷器数量统计

单位：次、件

序号	派遣出发地	派遣次数	输入朝鲜的明朝瓷器数量	总件数
1	琉球	6	230	
2	前九州（九州）	4	1319	
3	筑前州（筑州）	5	1260	
4	对马岛	2	599	3421
5	肥前州（肥州）	2		
6	竺二州	1	11	
7	越、尾、远三州	1		
8	京城	1	2	

　　九州地区的博多商人曾作为使臣被派遣到朝鲜，并与豪族勾结，干涉明朝瓷器的流通。1420 年，朝鲜使臣宋希璟作为回礼使抵达日本，了解到此时日本各地豪族并不受日本国王和幕府的控制。[①] 在多方势力割据中，九州地区的博多商人权力逐渐扩大。宋希璟在《老松日本行录》中提到，博多商人与日本僧侣、武士一起，共同接待了宋希璟，此后，博多商人与日朝贸易的联系也进一步加强。[②] 博多商人宗金不仅在博多地区全程亲自招待宋希璟，还在其回到朝鲜之后，分别于 1420 年、1421 年以及 1425 年向朝鲜王室供奉土产物。1425 年 1 月，朝鲜王室赐予宗金正式的通交许可（"命造给宗金图书，因其请也"），[③] 拥有这一许可"图书"的博多商人可以和朝鲜直接通交。这意味着博

---

①　립중앙도서관（国立中央图书馆）『선본해제（选本解题）』조선통신사（朝鲜通信史）16、국립중앙도서관、2014、33 页。

②　宋希璟：《老松日本行录》，复旦大学文史研究院编《朝鲜通信使文献选编》第 1 册，复旦大学出版社，2015，第 37 页。

③　《朝鲜王朝实录·世宗实录》卷三〇，世宗七年（1425）十月十八日，第 10 册，第 5 页 a。

多商人可以省去经由对马岛的额外耗时。① 宗金获得直接通交的机会之后，于 1426 年 1 月，同藤原满贞向朝鲜朝廷进献了大量瓷器作为回礼。

宋希璟赴日时，负责九州行政事务的石城管事平满景，② 和宗金一起接待并护送了这位来自朝鲜的使臣。平满景作为九州重臣，也向朝鲜递送了大量瓷器。③ 他与博多商人关系密切，曾经同宗金一道，作为正式的日本国王使节赴朝。④ 可见，博多商人曾与平满景等一起接待朝鲜国王使臣，提供用于和朝鲜官方往来的明朝瓷器，并将瓷器亲自带往朝鲜（见表 2）。

表 2　1423 年日朝官方的瓷器往来

文献中的器物名称	数量及单位	派遣群体	资料来源
盘	100 片	日本筑州石城管事宗金、大宰少贰藤原满贞	《朝鲜王朝实录·世宗实录》卷三四，世宗八年十一月一日
白磁茶碗	10 个	日本九州多多良德雄、筑前州管事平满景	《朝鲜王朝实录·世宗实录》卷一九，世宗五年十月十五日
青磁茶碗	30 个		《朝鲜王朝实录·世宗实录》卷一九，世宗五年十月十五日
青磁盘	30 个		《朝鲜王朝实录·世宗实录》卷一九，世宗五年十月十五日

经由博多商人流通的明代瓷器，由官窑生产的可能性较小，更可能是经琉球从明朝获得的龙泉青瓷，类型以青瓷碗和青瓷盘为主。彭盈真推测，琉球的遣明船在港口（福建、宁波或瑞安）停泊期间，商人通过走私贸易获取龙泉青瓷。⑤ 大量瓷器极有可能是龙泉民窑青瓷。有意思的是，朝鲜王室相关遗迹中也出土了相似器物（见表 3）。例如，景福宫外烧厨房出土过一件龙泉青瓷盘。此处是准备国家祭祀或国内臣子宴会饮食的场所，与负责朝鲜国王

---

① 《朝鲜王朝实录·成宗实录》卷一〇四，成宗十年（1479）五月十六日，第 16 册，第 11 页 a。"发船行一日，至一岐岛留三日，至对马岛留二朔，今年四月初九日，发船，今五月初三日，到盐浦。"

② 佐伯弘次「中世都市博多と『石城管事』宗金」『史渊』、1996、7 頁。

③ 사에키코지（佐伯弘次）『조선전기 한일관계와 박다·대마（朝鲜前期韩日关系的博多、对马）』、73—74 頁。

④ 《朝鲜王朝实录·世宗实录》卷三九，世宗十年（1428）一月二十五日，第 12 册，第 13 页 a。"曹据庆尚道监司金关启：'日本左卫门大郎、平满景、宗金，使送人私赍铜铁二万八千斤，来泊乃而、富山二浦，请输绵绸二千八百匹于本道，令准市价贸易。'从之。"

⑤ 彭盈真：《琉球出土中国陶瓷——十五世纪陶瓷消费地之个案研究》，硕士学位论文，台湾大学，2005，第 70—73 页。

御膳的内烧厨房分工不同。[①] 在桧岩寺也发现了龙泉青瓷，世宗的儿子曾亲自在该寺主持佛事活动，可知此遗址与朝鲜王室的特殊关系。[②]

表 3　朝鲜王室相关遗址出土的明代龙泉瓷器

瓷器名称	大小	实物	线图	出土地点
青瓷双鱼纹盘片241 号	口径 13.4 厘米高 4.65 厘米底径 6.3 厘米			景福宫烧厨房址外烧厨房南行阁址 *N70E19 出土
青瓷折扇纹碗片	口径 11.4 厘米底径 4 厘米			桧岩寺址 7/8 区东侧出土

注：* 국립문화재연구소（国立文化财研究所）『경복궁 소주방지 발굴조사 보고서（景福宫烧厨房址发掘调查报告书）』、275 页。

由上述分析可知，15 世纪初期，相对粗质的明代民窑瓷器在流入日本后，被博多商人以官方往来的形式输入朝鲜，在朝鲜王室的不同场合中使用。并且，这类民窑瓷器的流通时间，与明朝宣德皇帝御赐朝鲜王室的官窑瓷器的时间几乎一致。由此可知，明朝官窑瓷器和龙泉民窑青瓷在同时期经由不同途径流入朝鲜，并为朝鲜王室使用。

二　明代瓷器输入的减少与博多商人的应对

（一）从博多商人到琉球国"伪使"

从博多地区出土的明代瓷器看，15 世纪末 16 世纪初，当地明代瓷器流

① 국립문화재연구소（国立文化财研究所）『경복궁 소주방지 발굴조사 보고서（景福宫烧厨房址发掘调查报告书）』국립문화재연구소、2008、309 页。

② 《朝鲜王朝实录·世宗实录》卷六八，世宗十七年（1435）五月二十日，第 22 册，第 15 页 a。"若汉江、桧岩无遮之会，一孝宁大君能办之……"《朝鲜王朝实录·世宗实录》卷八五，世宗二十一年（1439）四月十九日，第 27 册，第 14 页 a。"自往岁汉江水陆之设、桧岩大会之后，僧势复振……"

通有所减少。但同时，1470年后博多商人越来越活跃。根据佐伯弘次的研究，奥堂氏和神屋氏等博多商人拥有与僧侣及武士阶级同等的财产和权力，积累了相当数量的土地。^①部分博多商人从事农业，放弃了商业生活。然而，另一部分博多商人似乎成功克服了贸易减少的危机。由于明朝允许日本派遣明使的频率变为每10年或20年一次，原本从事海外贸易的博多商人拓展同朝鲜的通交，充当琉球国王派遣的"伪使"。^②田中健夫通过考察琉球与朝鲜的关系，发现博多商人假借琉球使臣的身份与朝鲜来往，因而称之为"伪使时期"（1469—1544）^③。如上所述，博多商人深度介入了琉球—日本的贸易，熟悉并掌握了航线和海域情势，使贸易得以存续。1479年，琉球国王委托博多商人遣送漂流民。《朝鲜王朝实录》记载："俺本博多人，去丁酉年十月，与副官人，因兴贩往适贵国，漂流人到泊，国王授书契，使俺等押来，戊戌七月二十八日，发船出来。"^④

韩国学者尹宝临指出，将瓷器带入朝鲜的琉球使臣中，可能有4次为伪使往来。^⑤《朝鲜王朝实录》记载了不少博多商人作为国家使臣被派遣的类似事例，朝鲜王室也怀疑他们的真实身份。可以认为，熟悉航线的博多商人以假借琉球国使者的方式，从朝鲜获得更多利益。因而约1525年之后，明朝物品主要通过这种方式输往日本。^⑥1470年博多商人以伪使身份带入朝鲜的瓷器，有非常明显的品种变化，除了官方贸易常见的龙泉青瓷，还出现景德镇青花瓷。这一时期博多地区及朝鲜出土最多的瓷器便是青花瓷。可以想见，将明代青花瓷从琉球运往朝鲜的博多商人，也将部分青花瓷运往了日本国内（见表4）。

---

① 사에키코지（佐伯弘次）『조선전기 한일관계와 박다·대마（朝鲜前期韩日关系的博多、对马）』、35頁。
② 사에키코지（佐伯弘次）『조선전기 한일관계와 박다·대마（朝鲜前期韩日关系的博多、对马）』、106頁。
③ 田中健夫将14世纪末到16世纪前半叶的琉球—朝鲜的交流划分为三个时期：第一时期，直接通交时期（1392—1430）；第二时期，通过日本的通交中介时期（1431—1468）；第三时期，伪使时期（1469—1544）。田中健夫「琉球に関する朝鲜史料の性格」『中世对外关系史』東京大学出版会、1975、5—6頁。
④ 《朝鲜王朝实录·成宗实录》卷一〇四，成宗十年（1479）五月十六日，第16册，第11页a-b。
⑤ 윤보름（尹宝临）『조선시대 15—17 세기 백태청유자 연구（朝鲜时代15—17世纪白胎青釉瓷研究）』、44—48頁。
⑥ 박평식（朴平植）『조선전기 대외관계와 화폐연구（朝鲜前期对外贸易和货币研究）』지식산업사、2018、204—207頁。

表 4　由作为琉球伪使的博多商人输入朝鲜的瓷器

次数	年份	文献中的名称	数量及单位	文献出处	派遣群体
1	1470	白地青花盘	20 个	《历代宝案》第 1 集第 41 卷	琉球国中山王尚德
		白地青花碗	20 个	《历代宝案》第 1 集第 41 卷	
		青盘	20 个	《历代宝案》第 1 集第 41 卷	
		大青碗	50 个	《历代宝案》第 1 集第 41 卷	
		小青碗	100 个	《历代宝案》第 1 集第 41 卷	
		白碗	1 双	《历代宝案》第 1 集第 41 卷	
2	1477	种树器青磁	1 对	《朝鲜王朝实录·成宗实录》卷八一，成宗八年六月六日	琉球国王尚德
		青磁香炉	1 个	《朝鲜王朝实录·成宗实录》卷八一，成宗八年六月六日	
3	1480	青磁酒海	1 个	《朝鲜王朝实录·成宗实录》卷一一八，成宗十一年六月七日	琉球国王尚德
		青磁钹	2 枚	《朝鲜王朝实录·成宗实录》卷一一八，成宗十一年六月七日	
4	1494	青瓷漱器	1 个	《朝鲜王朝实录·成宗实录》卷二九〇，成宗二十五年五月十一日	琉球国中山府主

　　到了 16 世纪，朝鲜的青花瓷出土范围显著扩大。具体来说，这些瓷器的出土地点遍布首尔（26 个地点）、京畿道（8 个地点）、庆尚道（5 个地点）、忠清道（3 个地点）、全罗道（1 个地点）、江原道（2 个地点）和济州道（1 个地点）。这些地点不仅覆盖了 8 处墓葬区域，还包括了 16 处两班贵族居住地、4 处商业活动区和 5 处普通民居区（见图 1）。从汉阳都城的两班阶层到乡下地区的士大夫阶层，再到市场商人阶层及低于士大夫阶层的"中人"阶层，明代瓷器在朝鲜流通使用的范围进一步扩大。值得注意的是，一些博多商人当时会居住在汉阳都城内。藤安吉是博多商人的儿子，居住在朝鲜汉阳都城内。他的女婿信盈也获得了朝鲜王室授予的官职，居住于汉阳都城内。这个案例说明，博多商人在汉阳都城形成了自己的根据地，并延续了至少 3 代。①

---

①　朝鲜古书刊行会『朝鲜群书大系』别集第 7 辑、续续第 3 辑、『海行摭载』、申叔舟『海东诸国记·日本国纪·西海道九州』，59 页。"司果信盈，己丑年来受职向化，卒。中枢藤安吉女婿。安吉父曾来朝，死于京馆，因葬于东郊。其母命安吉来待朝，仍守父坟。安吉死，弟茂林又来待朝，为副司果。安吉母时时遣船，称藤氏母大友殿管下。"其母亲有时会派船来朝，可能与有交易有关，但此处有待进一步研究。

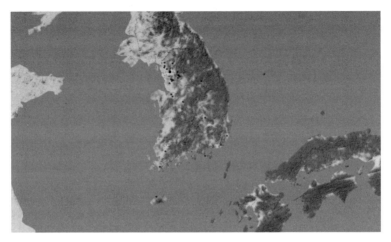

图1　韩国出土明代瓷器的地点（笔者绘）

　　此外，汉阳都城内的倭馆东平馆，也发挥了重要作用。倭馆是参与官方贸易的博多商人的下榻地。朝鲜王室会为官方往来的使者举办宴会，一年之内宴会次数最多可达20次，最少为9次，9次中有4次在倭馆举办。[1] 此外，作为伪使自行来到汉阳都城的博多商人在东平馆停留时间不短，至少不少于10天。朝鲜朝廷曾担心倭人停留时间过长，为此制定新的规章，即根据倭人贸易活动的规模，将其停留时间定为10天、20天或30天，但最终未能实施。[2] 朝鲜官方文件中有不少是对在汉阳进行走私活动的倭人的管理记录。[3] 比如，朝鲜商人亲自去倭馆贸易，或者根据日本使臣的路线，在汉江边等候时机交易，[4] 这当中包括瓷器的走私。从地图上看，出土明代瓷器的市场遗址就在汉阳都城内的倭馆前侧，另外，明代瓷器的出土地点多在博多商人的故居周边

---

① 한문종（韩文钟）「조선전기 왜관 설치의 기능（朝鲜前期倭馆设置技能）」『인문과학연구（人文科学研究）』32、2012、261页。

② 《朝鲜王朝实录·世宗实录》卷八二，世宗二十年（1438）九月十三日，第26册，第22页a。"倭人所持之物三十驮以下者，留馆十日；四十驮以上者，留二十日；八十驮以上者，留三十日。以此为留馆之期。"

③ 손승철（孙承哲）「조선전기 서울의 동평관과 왜인（朝鲜前期首尔的东平馆和倭人）」『향촌서울（乡土首尔）』、1996、121—125页。

④ 《朝鲜王朝实录·世宗实录》卷四四，世宗十一年（1429）六月十四日，第14册，第24页b。"因此奸诈之徒，于倭客发行日，就汉江及中路宿所，潜行贸易。"《朝鲜王朝实录·光海君日记》卷一〇，光海君二年（1610）三月六日，第10册，第8页b。"昔在先朝……先王深轸忧虑，痛绝潜商，累教申饬，及到东平馆，别令兵曹、捕监盗厅，巡逻设禁，法非不严矣。……每昏夜，并赂巡逻守直军士，而抵死交易……商贾虽知法至严，被诛者无几，获利者甚溥，其冒禁固宜。"

（见图2）。在倭馆和博多商人居住地附近私下交易，可能是朝鲜商人获得外来物品的一个渠道。

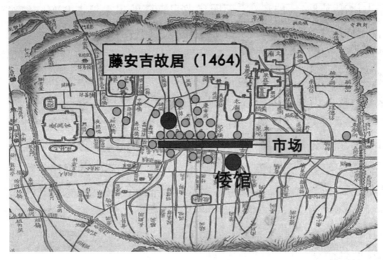

图2　汉阳都城内的市场遗址分布

资料来源：笔者以19世纪《首善全图》（首尔市文化财第296号）为底图绘制。

综上所述，博多商人介入琉球和朝鲜之间的贸易，似乎不再受限于明代物品的直接进口，而是借由伪使身份，并利用位于汉阳都城的倭馆或部分商人的据点扩大了走私范围。他们假借琉球使臣的身份，将明代瓷器带入朝鲜，并与朝鲜官方建立联系，获得在倭馆长期停留的许可，有机会进一步从事走私贸易。

（二）寻找明朝瓷器的替代品

博多商人不停地在朝鲜从事走私贸易，还与被朝鲜赋有倭护军职位的对马人合作，频繁往来朝鲜，此后朝鲜本土制造、供应倭馆的粉青沙器也通过海路传到了日本。朝鲜陶瓷在日本的流通情况可以从对马岛和博多地区的出土资料中得到反映。一直到16世纪初期，对马岛和博多地区出土的朝鲜陶瓷比例都在持续增加。原因之一可能是博多商人将朝鲜陶瓷作为了明代陶瓷贸易的替代品。从15世纪末开始，朝鲜陶瓷在日本的影响力逐步扩大，并在日本茶道中占据了重要的角色。

2000年，日本学者森本氏和片山氏提出，明代瓷器流入日本数量的下降与朝鲜粉青沙器贸易量增加有关，认为朝鲜陶瓷在长崎县出土数量增加的原因，是其作为中国瓷器的替代品，被用作餐具。[①] 2010 年以后的出土资料显示出朝鲜粉青沙器和明代瓷器所占比例的变化。15—16 世纪博多地区遗址中一直有朝鲜陶瓷出土。[②] 北九州地区中须西原遗址和山名氏馆址中，朝鲜陶瓷占比达到 8%、12%，[③] 而明代龙泉青瓷的出土量占 92%、87%；然而在 16 世纪的城下町遗址，明代龙泉青瓷则大幅减少，仅出土了 8 件。[④] 在南九州地区发掘的遗址中，朝鲜粉青沙器从 16 世纪开始出现，明代青瓷从 15 世纪到 16 世纪所占比例也大幅降低。[⑤] 由此可见，明代陶瓷和朝鲜陶瓷在博多以及九州地区出现的比例呈一减一增的变化趋势。

片山氏对相关出土资料进行了分析，由于"金海"铭朝鲜粉青沙器同时在朝鲜倭馆（乃而浦）、对马岛、博多出土，她认为粉青沙器可能通过"朝鲜—对马岛—博多"这条航线流入日本。[⑥] 粉青沙器上的刻铭常代表其在朝鲜的产地，因此"金海"铭粉青沙器很可能在金海地区生产，并供该地区官府使用（见图 3）。据《朝鲜王朝实录》记载，1423 年乃而浦和富山浦分别设立了金海府和东莱府，为倭人的入港地，推测朝鲜朝廷曾在此地招待倭人，烧造所需餐具。[⑦]

近年来，对马岛出土的一些粉青沙器材料被公布。在乃而浦倭馆原址发现了粉青沙器，与前述"金海"铭粉青沙器装饰手法相似（见图 4），类似器物在对马岛港口遗址中也曾出土。它们都在口缘下饰有多道弦纹，内壁印有连圈纹；内底印菊花纹，并环绕一周弦纹及连圈纹。这种简化口沿纹饰和密集装饰连圈印花纹的装饰手法，出现于粉青沙器的衰退期，即 15 世纪末到 16 世纪前半

① 森本朝子・片山まび「博多出土の高麗・朝鮮陶磁の分類試案─生産地の年代記」『博多研究会誌』8、2000、41—75 頁。

② 大庭康時『中世日本最大の貿易都市：博多遺跡群』新泉社、2009、75 頁。

③ 村上勇「中国地域における 15・16 世紀の貿易陶磁の様相と課題」『貿易陶器研究』36、2016、5—6 頁。

④ 村上勇「中国地域における 15・16 世紀の貿易陶磁の様相と課題」『貿易陶器研究』36、2016、7—8 頁。

⑤ 中村和美「南九州における中世後期の貿易陶器の模様」『貿易陶器研究』35、2015、44 頁。

⑥ 카타야마 마비（片山まび）「일본출토 경상남도 도자기（日本出土庆尚南道陶瓷）」『기장도자：지방민의 삶을 담은 그릇（机张陶瓷：盛载地方居民生活的器皿）』정관박물관、2015、124—135 頁；카타야마 마비（片山まび）「조선시대 김해도자기로 본 한일관계（基于朝鲜时代金海瓷器考察韩日关系）」『한국예다학（韩国艺茶学）』6、2018、1—13 頁。

⑦ 《朝鲜王朝实录・世宗实录》卷二二，世宗五年（1423）十月二十五日，第 7 册，第 7 页 b。"客人所泊乃而浦、富山浦两处，令船军加造馆舍及库廪公备铺陈、器皿而藏之。"

图 3　韩国金海遗址出土粉青沙器底部残片

说明：底径 5.9 厘米。

资料来源：두류문화연구원（头流文化研究院）『김해 봉황동 유적（金海凤凰洞遗址）』두류문화연구원、2016、32、54 頁。

图 4　荠浦倭馆遗址出土粉青沙器印花纹钵片

资料来源：韩国国立金海博物馆收藏，笔者拍摄。

叶。^①根据陶瓷出土地属于对马岛港口附近的仓库，加上当时控制对马岛的早田氏曾将对马岛作为九州贸易的中转地等情况，李泰勋推测对马岛可能的确是连接朝鲜乃而浦和九州的中转地，对马岛与九州的商人合作，从事着陶瓷贸易。^②

通过朝鲜粉青沙器的生产、流通情况，或许可以推测，这类器物被博多商人作为明朝瓷器的替代品传到日本并产生了很大的影响。日本从 16 世纪开始对粉青沙器产生好感，其独特的美感，迎合了日本人的审美喜好。根据 1588 年的记载，粉青沙器已经超越中国瓷器，广泛流行于日本茶道。^③17 世纪以后，甚至有倭馆窑专门负责生产日本订制的陶瓷。

从出土资料的变化情况看，15—16 世纪博多及九州地区，朝鲜粉青沙器贸易部分满足了日本人对明朝龙泉青瓷的需求，成为博多商人解决明朝贸易青瓷短缺的替代方案。通过这一转向，流入日本的朝鲜粉青沙器获得了日本消费者的喜爱，成为茶道文化的一种载体。

结　语

本文以博多商人的相关研究成果为基础，结合陶瓷贸易相关文献和日本冲绳、九州及韩国出土的考古材料，梳理 15 世纪经由海路贸易进入朝鲜、日本的瓷器数量、性质、从事者及不同瓷器品类比例的变化，从贸易介入、贸易主导以及应对产品短缺危机三个角度，综合考察博多商人在这场国际性多边瓷器贸易中所扮演的角色。博多商人在介入由琉球主导的对日贸易后，开拓了明朝瓷器贸易的通道。此后复与日本豪族势力联手，引导官方贸易往朝鲜发展，使大量明朝瓷器流入朝鲜。随着明朝瓷器输入的减少，博多商人以多种方式应对，参与对朝贸易，并将朝鲜粉青沙器作为明朝瓷器的替代品引入日本，克服了瓷器供应危机。从 15 世纪到 16 世纪前半叶，博多商人对陶瓷贸易产生了巨大的影响：一方面，明朝民窑瓷器通过博多商人经历了从民间商品到官方交易品的性质转换；另一方面，朝鲜粉青沙器也从倭馆使用的粗制餐具，上升为日本茶道中的重要用具。

---

① 강경숙（姜敬淑）『한국도자사（韩国陶瓷史）』일지사、1989、329—330 頁。

② 이태훈（李泰勋）「웅천 도요지와 미즈사키（카리야도）유적에서 본 조일교류（通过熊川陶窑址和水崎（假宿）遗迹看朝日交流）」『한일관계사연구（韩日关系史研究）』48、2014、34—35 頁。

③ 《山上宗二记》，转引自카타야마 마비（片山まび）「일본출토 경상남도 도자기（日本出土庆南道陶瓷）」『기장도자：지방민의 삶을 담은 그릇（机张陶瓷：盛载地方居民生活的器皿）』、126 頁、注 38。

Hakata Merchants and the Distribution of Ceramics in Northeast Asia in the 15th–16th Centuries

Gowoon Seong

Abstract: Hakata merchants served an essential role in the circulation in Northeast Asia of Ming ceramics and Chosŏn ceramics in the 15th to 16th centuries. Hakata merchants were involved in the ceramic trade in the early 15th century when the Ryukyu islanders monopolized and manipulated the ceramics trade market to the Japanese archipelago. As a result of a decrease in the circulation of Chinese Longquan celadon, Hakata merchants disguised themselves as Ryukyuan envoys and provided Chosŏn's Buncheng stoneware to Japan market as a substitute for Chinese celadon. The participation of Hakata merchants in the ceramic trade not only presents the specific transformation of ceramic trade in Northeast Asia, but also demonstrates the transformation and change of the value of trade ceramics in specific cultural contexts.

Keywords: Hakata Merchant; Longquan Celadon; Chosŏn's Buncheng Stoneware; Counterfeit Ambassador; Distribution

（执行编辑：申斌）

海洋史研究（第二十二辑）

2024 年 4 月　第 200~223 页

伊万里瓷器与东亚海域

董少新 *

　　摘　要： 17 世纪烧制成功的日本伊万里瓷器，从诞生到原料、技术、风格和样式的迭代，从畅销亚欧各地到退出国际市场，无不是东亚海域局势变化的结果。本文在前人研究的基础上，考察伊万里瓷器与东亚海域之间的密切关联性：一方面是从陶瓷史的角度，将伊万里瓷器的产生、发展和衰落的历史，放在东亚海域史乃至全球史的脉络中来考察；另一方面是将伊万里瓷器作为观察东亚海域史的一个视角，作为东亚海域变迁的史料和物证，通过伊万里瓷器的历史来观察"长 17 世纪"的东亚海域的特征与演变，呈现东亚海域作为一个独立历史空间的合理性。

　　关键词： 伊万里瓷器　东亚海域　物质文化　战争

　　16—17 世纪的东亚海域发生了剧变。葡萄牙、西班牙、荷兰等欧洲国家先后进入东亚海域，控制了多条主要贸易航线，同时也把东亚海域的贸易网络拼接到全球贸易网络之中，不仅东方的香料、陶瓷、丝绸等商品拓展了欧洲市场，而且日本和美洲的白银（主要银矿均发现于 16 世纪）被源源不断运至中国；中日之间的官方往来彻底断绝，但民间贸易并未中断，仍通过中日海商（海盗）、葡萄牙商人以及后来的荷兰商人直接或间接地进行着；这一时期东亚海域战争不

---

　　* 　董少新，复旦大学文史研究院研究员。

　　本文为国家社科基金重大项目"西方与近代中国沿海的图绘及地缘政治、贸易交流丛考"（项目号：20&ZD233）子课题和 2019 年度上海市教育委员会科研创新计划冷门绝学项目"17—18 世纪有关中国的葡萄牙文手稿文献的系统翻译与研究"（项目号：2019-01-07-00-07-E00013）阶段性成果。感谢胡涵菡、戴若伟和谢程程三位同学阅读本文初稿后提供的修订意见。

断，既包括打击倭寇的军事行动、日本侵朝战争、荷兰人东来后与葡萄牙人之间的海上冲突，更包括明清战争、郑成功夺取台湾、三藩之乱以及清朝收复台湾等，战争的频率和规模在东亚海域史上是空前的。

　　从东亚海域的整体历史来看，这一时期可以说是"乱世"。传统的中国天下秩序和朝贡贸易体系受到了挑战：首先，我们很难将出现在东亚海域的葡萄牙、西班牙、荷兰和英国视为朝贡国；其次，日本彻底脱离了中国的朝贡贸易体系，走上了构建以日本为中心的新秩序的道路；再次，明清易代后，清代中国在东亚世界的礼仪中心地位受到削弱，朝鲜、日本、越南均产生"小中华"意识；最后，这一时期中国的海洋政策在"禁"与"开"之间多次转换，日本亦对海外贸易严加把控，但私商海上活动趋于频繁，包括海盗、郑氏集团、各国沿海商民等，与官方若即若离，逐渐成为东亚海域舞台上的重要角色。从以中国为中心的天下秩序和朝贡贸易体系的角度来看，这一时期的东亚海域世界处于一个趋向"疏离"的阶段，但无论是海禁、"锁国"、"迁海"还是频繁的战争，都没能阻止这一海域活跃的海上活动，相反，从贸易和交流的角度，这一时期的东亚海域不仅内部联系更加紧密，而且范围大大拓展了。如果我们为东亚海域做历史分期，那么16—17世纪（或至18世纪）或可被视为东亚海域的"近代早期"（Early Modern）阶段。

　　政治秩序的渐趋疏离也好，贸易、交流关系的愈加紧密也罢，甚至是作为一个历史空间的"东亚海域"是否成立的问题，[1] 其实都不是不言自明的。[2] 与"儒家文化圈""汉字文化圈"不同，东亚海域是北起鄂霍次克海、南至爪哇海、东达新几内亚岛、西到马六甲海峡的一片以海洋为中心的广阔区域，不仅空间上远超"儒家文化圈"，而且内涵上也远非"儒家""汉字"等单一文化现象所能涵盖。一个地理空间能否成为历史空间，决定因素之一是看该地理空间内部是否长期存在紧密的贸易、人员的往来和物质、文化的交流。[3] 全面检讨东亚海域作为一个独立的历史空间是否成立的问题，不是本文能够达成的任务，但通过物质文化交流的视角来考察东亚海域内部相互联系的紧

---

[1]　"东亚海域"的概念由日本学者首先提出，并在日本学界获得广泛使用；中国学界近年来也开始使用，例如复旦大学文史研究院编《世界史中的东亚海域》（中华书局，2011）。

[2]　葛兆光先生曾发表长文，专门论述作为一个历史世界的"东部亚洲海域"之成立问题，参见葛兆光《作为一个历史世界——蒙古时代之后的东部亚洲海域》，《文史哲》2022年第4期。

[3]　董少新：《从"东亚"到"东亚海域"——历史世界的构建及其利弊》，复旦大学文史研究院编《全球史、区域史与国别史——复旦、东大、普林斯顿三校合作会议论文集》，中华书局，2016，第33—46页。

密性，起码可以为东亚海域成立与否的问题提供部分阐释的依据。

海洋与物质文化关系密切，我们因此提出"海洋物质文化"（Maritime Material Culture）的概念。它起码包含以下两个方面：其一，"靠海吃海"的滨海区域人民创造的与海洋有关的物质文化，船只、海产食物、临海建筑、生产生活器具乃至与海神信仰相关的器物等是其中理应包含的内容；其二，通过海洋交通运输的商品，亦是海洋物质文化的重要内容。后者中的商品种类，取决于目的地市场的需求，而其中手工产品的风格与样式，不仅会对行销区域的社会文化和消费观念产生影响，而且会因迎合目标市场消费者的品味而发生自身的改变。创烧于 17 世纪头十年并一度取代中国瓷器畅销东南亚和欧洲的日本伊万里瓷器（Imari porcelain）[①]，便是此类手工商品的一个典型。它从诞生到原料、技术、风格和样式的迭代，从畅销亚欧各地到退出国际市场，无不是东亚海域局势变化的结果，因此，只有在东亚海域的视野中，才能真正全面理解伊万里瓷的历史。同时，伊万里瓷器从诞生到衰落的历史也是管窥"长 17 世纪"（Long Seventeenth Century，1550—1750）东亚海域历史变迁的绝佳视角。

关于伊万里瓷器，日本学界有着丰富且细致的研究成果，[②] 也出版了很多种研究性的图录。[③] 近年来中国馆藏机构对伊万里瓷器也多有关注，曾先后举办过数次伊万里瓷器主题展览，其所出版的研究性图录，收录了多位日本陶瓷史专家的研究成果；[④]2019 年，东莞展览馆召开伊万里瓷专题研讨会，

---

① 近些年，日本学界也多使用"肥前瓷""有田烧"来代替"伊万里瓷"，但由于中国学界用"伊万里瓷"指称 17—18 世纪的日本瓷器已是约定俗成的做法，因此本文仍使用"伊万里瓷"，也间或使用"伊万里"和"日本瓷器"。

② 略举数种研究著作，如野田敏雄『古伊万里再発見』創樹社美術出版、1990；大橋康二・坂井隆『アジアの海と伊万里』新人物往来社、1994；矢部良明『世界をときめかした伊万里焼』角川書店、2000；大橋康二文・松尾宏也写真『有田・伊万里』淡交社、2002。

③ 略举数种图录如下：山下朔郎『初期の伊万里』徳間書店、1971；山下朔郎『盛期の伊万里』徳間書店、1974；野々上慶一編著『紅毛絵伊萬里』吾八ぷれす、1973；永竹威・矢部良明『伊万里』平凡社、1989；白谷達也写真・上野武文『セラミックロード：海を渡った古伊万里』朝日新聞社、1986。

④ 2012—2013 年，时值"中日邦交正常化 40 周年"之际，北京艺术博物馆与甘肃省博物馆、辽宁省博物馆、厦门市博物馆、内蒙古博物院携手引进日本国大阪市立东洋陶瓷美术馆珍藏的江户时代伊万里瓷器进行巡展，出版《江户名瓷伊万里展》图录；2015 年台北故宫博物院南院—亚洲艺术文化馆（嘉义）举办"扬帆万里：日本伊万里瓷器特展"，展出大阪市立东洋陶瓷美术馆藏 161 组伊万里瓷器以及少部分台北故宫博物院藏伊万里瓷器，并出版特展图录：翁宇雯主编《扬帆万里：日本伊万里瓷器特展》，（台北）台北故宫博物院，2015（以下简称《扬帆万里》）；2017 年东莞展览"竞妍——海上瓷路之中日‘伊万里’风格瓷器展"；2020 年成都博物馆与东莞展览馆联合举办的"竞妍——清代中日伊万里瓷器特展"，展出 168 件套伊万里瓷器。

邀请到数位日本陶瓷史专家与会，并在会后出版了论文集。① 中国学界如陆明华、熊寰、谢明良、吉笃学、刘朝晖等学者，也发表过一系列专题论文。

本文在前人研究的基础上，转换角度，侧重于研究伊万里瓷器与东亚海域之间的密切关联性：一方面，将伊万里瓷器的产生、发展和衰落的历史，以及其风格的变化、技术的革新、原材料的来源、外销市场等，放在东亚海域史乃至全球史的脉络中来考察，即考察"长17世纪"东亚海域的战争事件、贸易政策、新的贸易网络等是如何影响乃至决定伊万里瓷器的历史的；另一方面，将伊万里瓷器作为观察东亚海域史的一个视角，作为东亚海域变迁的史料和物证，通过伊万里瓷器的历史来观察"长17世纪"的东亚海域的特征与演变，呈现东亚海域作为一个独立历史空间的合理性。

一　壬辰战争与伊万里瓷器的诞生

在科学技术史上，战争是科技传播的重要途径。古代如751年的唐与大食怛罗斯之战导致中国造纸术等手工技术传入西亚，蒙古西征促使火器的西传；近现代则有一战、二战后科技的突飞猛进和广泛传播。就陶瓷技术史而言，朝鲜早在9世纪已能烧制瓷器，其生产的青瓷甚至受到宋朝宫廷的青睐，而朝鲜的这一成就得益于为避免战火而逃至朝鲜的中国南方陶瓷工匠。② 越南陶瓷虽历史悠久、自成体系，但其青瓷、青花的风格也与蒙古军队南征和永乐朝安南用兵等战争有关联。③ 令人颇感意外的是，崇尚瓷器的日本，迟至16世纪仍未掌握瓷器生产技术，不能烧造瓷器，而此时，朝鲜全罗地区和越南红河流域的瓷器都已达到很高水准。

日本瓷器的诞生，则缘于一场对东亚格局造成深远影响的战争，即壬辰战争（1592—1598）。日本入侵朝鲜的一个严重后果，是对朝鲜陶瓷产区（尤其是全罗道）造成极大破坏，窑场被毁，陶工逃命或被掳，朝鲜瓷器生产从此一蹶不振。朝鲜曾长期是日本的瓷器进口国，在中日官方往来彻底断绝的情况下，朝鲜瓷器生产能力的丧失，使日本更为迫切需要瓷器自产；不仅

①　2019年东莞展览馆主办"中日伊万里风格外销瓷学术研讨会"，出版了论文集：东莞展览馆编《模仿与超越：东莞展览馆藏中日"伊万里"风格外销瓷鉴赏与研究》，文物出版社，2020（以下简称《模仿与超越》）。

②　〔美〕罗伯特·芬雷：《青花瓷的故事：中国瓷的时代》，郑明萱译，海南出版社，2015，第202—203页。

③　〔美〕罗伯特·芬雷：《青花瓷的故事：中国瓷的时代》，第233页。

如此，在日本成功生产瓷器以后，日本瓷器也少了一个国际陶瓷市场的潜在竞争对手。

1598年日本撤出朝鲜时，掳走至少6万朝鲜人，其中包括数以百计的陶工及其家属。肥前藩主锅岛胜茂的军队掳掠的朝鲜陶工最多。锅岛胜茂将朝鲜陶工带到自己领地上的窑场，派兵看守，迫使他们为他烧制陶瓷。[①]1600—1610年，佐贺县南部的伊万里、雄武等地陶窑数量和产量均激增，[②]"高取烧、上野烧、萨摩烧等九州各地的窑业渐次兴起"。[③]朝鲜陶工在这些地方广建朝鲜式龙窑（日本称"登窑"），窑内可获得制瓷所需的高温，[④]这意味着日本烧制瓷器的技术条件均已具备。

17世纪头十年，在有田西部出现陶、瓷并烧的窑场，标志着日本瓷器的正式诞生；稍后在有田东部的泉山，朝鲜陶工发现优质瓷石，于是出现专门烧制瓷器的窑场，有田的陶瓷生产重心随即转移至东部。[⑤]从日本瓷器诞生的整个过程来看，通过壬辰战争从朝鲜掳掠而来的陶工发挥了至关重要的作用。如果没有这次的朝鲜陶工战俘，日本不知还要等待多久才能生产瓷器。因此，有学者将壬辰战争称为"陶瓷战争"或"茶碗战事"，[⑥]这虽有过于片面之嫌，但仅从东亚陶瓷史的角度而言，亦未尝不可。中国是瓷器的原产国，朝鲜瓷器的诞生得益于中国战争移民，越南瓷器亦受到中国战争移民影响，18世纪欧洲瓷器的诞生则源自科学手段和耶稣会传教士在景德镇的考察报告，而日本瓷器的诞生则源自发动战争、掳掠陶工战俘。在整个陶瓷生产技术传播史上，日本是一个特例。

如果我们把壬辰战争视为日本企图颠覆东亚海域传统体系、建立以日本为核心的新秩序的重大举动，那么这场前后达六年的战争虽然没有让日本的野心完全得逞，但也达到了部分目的。明初建立的中日官方关系从此断绝了，且一直断绝至1870年。丰臣秀吉死后，德川幕府继续构建以日本为核心的秩序，如实行朱印船制度、严厉推行所谓的"锁国"政策，尤其是以出征琉球王国为代表的一系列构建日本朝贡圈的举动，乃至视荷兰为朝贡国。从物质文化的角度来看，伊万里瓷器的诞生可以说是日本脱离传统东亚体系举动的

---

① 〔美〕罗伯特·芬雷：《青花瓷的故事：中国瓷的时代》，第207—208页。
② 〔日〕大桥康二：《出口世界各地的肥前陶瓷》，《模仿与超越》，第170—171页。
③ 〔日〕铃田由纪夫：《伊万里瓷器的历史与特征》，《扬帆万里》，第309页。
④ 〔日〕铃田由纪夫：《伊万里瓷器的历史与特征》，《扬帆万里》，第313页。
⑤ 〔日〕铃田由纪夫：《伊万里瓷器的历史与特征》，《扬帆万里》，第310页。
⑥ 〔美〕罗伯特·芬雷：《青花瓷的故事：中国瓷的时代》，第208—209页。

结果，通过掳掠朝鲜陶工实现瓷器的自产，以使日本摆脱对中国瓷器的依赖；另外，掌握瓷器生产技术也有助于日本脱离传统东亚体系，因为日本一旦有能力大批量生产高品质的瓷器，便有可能在国际市场上实现对中国瓷器的超越，从而主导陶瓷的国际市场。当然，早期伊万里瓷器的烧制水平比较低端，但下文我们会看到，日本瓷器的发展很快，仅用半个多世纪，便达到了相当高的水准，形成了自己的风格，并迅速畅销于国际市场。这在世界陶瓷史上是空前的。

受朝鲜陶工的影响，早期伊万里瓷器的生产技术多是从朝鲜移植而来的，龙窑、支钉①、用于成型的脚踏辘轳②，以及朝鲜样式的青瓷、白瓷等，都存在朝鲜陶瓷技术影响的痕迹。朝鲜陶工擅长青瓷、白瓷的烧制，但是早期伊万里瓷器中，青瓷、白瓷所占比例很小，数量最多的反而是青花（日本称"染付"）。使朝鲜陶工"扬短避长"以烧制青花为主的，是日本国内对瓷器风格的偏好。正如日本陶瓷史学者铃田由纪夫所说，"相较于朝鲜风的瓷器，日本市场其实对中国款式更青睐有加"。因此，从风格角度而言，早期伊万里瓷器以中国瓷器为追求目标，呈现出明显的中国瓷器风格，器形、釉彩、瓷绘纹样和题材等全方

图1　早期伊万里青花瓶
（染付山水文挂花生，
初期伊万里）

资料来源：山下朔郎『初期の伊万里』，原色图版第14图。

位模仿中国瓷器（见图1）。至17世纪三四十年代，伊万里瓷器开始出现带有"福"或"大明成化年制"等的仿款，也都是追随中国瓷器风格的结果。③

早期伊万里瓷器对中国瓷器风格的借鉴是有物质基础的，这主要体现在

---

① 陆明华：《从景德镇到伊万里——瓷器风格的转变》，中国古陶瓷学会、故宫出版社编《外销瓷器与颜色釉瓷器研究》，紫禁城出版社，2012，第141页。

② 〔日〕铃田由纪夫：《伊万里瓷器的历史与特征》，《扬帆万里》，第311页。

③ 〔日〕铃田由纪夫：《伊万里瓷器的历史与特征》，《扬帆万里》，第309—310页；陆明华：《再议景德镇和伊万里瓷器》，《模仿与超越》，第154—155页。关于中国瓷器对早期伊万里的影响，刘朝晖先生做了非常系统的研究，参见刘朝晖《17世纪景德镇瓷器对日本初期伊万里瓷器的影响》，中国古陶瓷学会编《中国古陶瓷研究》第14辑，紫禁城出版社，2008，第475—500页。

如下几个方面。第一，尽管中日之间的官方往来已彻底断绝，但这一时期中国瓷器仍通过私人贸易和荷兰东印度公司等途径源源不断出口至日本，除了填补该时期日本瓷器产量有限导致的国内市场缺口外，也为日本瓷器生产提供了充足的样本。①有学者估计，17世纪最初的几十年，中国瓷器产量的四分之一销往日本，其中仅1635年和1637年，荷兰东印度公司便运送了80万件瓷器至日本。②销往日本的中国瓷器，除了景德镇的产品，也有很多是漳州、德化、龙泉等窑场生产的。据记载，崇祯十四年（1641）七月从福州运往日本的瓷器有27000件，同年十月有大小97艘船运出龙泉青瓷3万件至长崎。③陆明华先生甚至认为，"伊万里瓷器在前期烧造过程中，曾借鉴、参考中国瓷器元素的不仅仅是江西景德镇，更多的可能还有福建漳州、德化和浙江龙泉窑等不少烧造技法和产品工艺特点"。④第二，伊万里青花瓷所用青料（日本称"吴须""茶碗药"），多源自中国。17世纪长崎《唐蛮货物帐》中常出现"茶碗药"。⑤日本学者通过化学分析这一时期伊万里青花瓷，也证实其使用过中国青花原料。⑥至17世纪中叶，在长崎的荷兰人注意到从中国和安南运来的青料，因此在长崎荷兰商馆档案中留下了详细的记录，参与其中的有福州、漳州、安海、舟山等地开来的船只，也包括郑成功的船只和安南的船只。例如1650年，有漳州船4艘，分别运送青料1650斤、2500斤、1300斤、2000斤；福州船4艘，其中两艘分别运送青料300斤、20斤；安南船4艘，分别运送青料2500斤、1500斤、290斤、1350斤。⑦第三，早期伊万里瓷器的纹饰除了有大量中国进口瓷器可供模仿外，中国的版画也是其纹饰题材和样式的重要参考。一般认为，成书于万历、天启年间的徽派版画代表之一的

① 伊万里瓷器的早期阶段，也正是中国陶瓷史上的"过渡期"（也称"转变期"）的早期阶段，景德镇民窑迎来蓬勃发展的时机，以市场为导向的民窑生产，注重海外市场，这也是天启、崇祯时期中国瓷器大量出口至日本的主要原因之一。刘朝晖先生专门考察过17世纪中国瓷器出口日本的情况，参见刘朝晖《17世纪外销日本的中国瓷器》，复旦大学文物与博物馆学系编《文化遗产研究集刊》第2辑，上海古籍出版社，2001，第243—260页。
② 〔美〕罗伯特·芬雷：《青花瓷的故事：中国瓷的时代》，第227—228页。
③ 谢西营、沈岳明：《古伊万里时代的浙江瓷业》，《模仿与超越》，第159页。
④ 陆明华：《从景德镇到伊万里——瓷器风格的转变》，《外销瓷器与颜色釉瓷器研究》，第143页。
⑤ 〔日〕铃田由纪夫：《伊万里瓷器的历史与特征》，《扬帆万里》，第312页。
⑥ 陆明华：《从景德镇到伊万里——瓷器风格的转变》，《外销瓷器与颜色釉瓷器研究》，第135页。
⑦ 永積洋子编『唐船輸入品数量一覧一六三七～一八三三年』創文社，1987，转引自陆明华《从景德镇到伊万里——瓷器风格的转变》，《外销瓷器与颜色釉瓷器研究》，第134页。关于1650—1658年中国船只向日本运输的青料数量，荷兰学者T. Volker根据荷兰东印度公司档案做了逐年统计，参见氏著 *Porcelain and the Dutch East India Company*, Leiden: E. J. Brill, 1971, pp. 124-128。

黄凤池的《唐诗画谱》，便是早期伊万里瓷器纹饰的来源之一。[①]

由此可见，伊万里瓷器的早期发展，离不开来自中国的瓷器样本、原料和版画等素材资源，而其获得途径有多种，包括中国沿海各地的私商船只、游弋于海上的郑氏船只、荷兰东印度公司船只和安南船只等，有的经营中日间直航贸易，也有的在东亚海域范围内从事转口贸易。仅从瓷器及其原料的贸易角度也可以看出，17世纪前期东亚海域的贸易活动仍十分活跃。日本为摆脱传统的以中国为中心的朝贡贸易体系、建立以日本为中心的朝贡贸易体系的种种措施，不但没有阻碍东亚海域各国之间的贸易和交流，反而促使各国之间更为相互需要，从而使东亚海域内部的联系比以往更为紧密了。此外，荷兰取代葡萄牙成为日本允许贸易的唯一欧洲国家；葡萄牙则仍是唯一获得中国官方许可从事直接贸易的欧洲国家；西班牙仍占据马尼拉，经营太平洋航线，并一度占领台湾岛北部；荷兰东印度公司于1619年建立巴达维亚殖民据点，并对这一海域的葡萄牙和西班牙势力发起挑战；再加上郑氏势力活跃于海上，东亚海域的内部联系呈现出更为多元、更为复杂的局面。

促使早期伊万里瓷器迅速发展的另一个原因，是藩主对瓷器产区各窑场的整合。宽永十四年（1637），锅岛藩主强行遣散了826名日本窑工，朝鲜陶工则得到留任，同时将伊万里4处和有田7处窑场统合到13个有田窑场，有田窑场停止了日常陶器的生产，确立了以瓷器生产为中心的窑业体系，不仅专门化程度得到提升，而且瓷器生产水平和质量也进入快速发展的时期。早期伊万里瓷器全部内销，其低端产品主要竞争对象为进口的漳州粗瓷，而其品质较高的产品则以进口的景德镇瓷器为竞争对象。[②]伊万里瓷器的出口外销，以及由青花向彩瓷的转变，则需要等到东亚海域另一个契机的出现。

二 明清战争与伊万里瓷器的发展

明清战争（1618—1662）、明亡清兴是17世纪东亚海域发生的规模最大、影响最为深远的政治、军事事件，在当时可与之相比的，可能只有约略同时发生的欧洲三十年战争（1618—1648）。在一个内部联系紧密的区域中，

---

① 刘朝晖：《17世纪景德镇瓷器对日本初期伊万里瓷器的影响》，《中国古陶瓷研究》第14辑，第488—493页；谢明良：《清宫传世的伊万里瓷》，《扬帆万里》，第324页。

② 〔日〕大桥康二：《出口世界各地的肥前陶瓷》，《模仿与超越》，第170—171页；〔日〕铃田由纪夫：《伊万里瓷器的历史与特征》，《扬帆万里》，第314页。

一国发生的重大事件会在整个区域内造成连锁反应，且区域内部的联系越紧密，连锁反应就会越广泛、越强烈也越快。学界已从东亚海域史、全球史的角度对明清鼎革有所关注，① 本节则把这一问题具体化，从物质文化的角度考察明清战争在东亚海域的联动中对伊万里瓷器的影响，同时也尝试通过伊万里瓷器这一物质视角，观察明清战争在东亚海域造成的连锁反应。

在伊万里瓷器的发展史上，1647 年是一个很特殊的年份。这一年，伊万里彩绘瓷器出现，并很快取代青花而成为伊万里瓷器的主流；也是在这一年，伊万里瓷器首次出口，并迅速取代中国瓷器，成为国际市场上的主角。这两项重大发展，均与明清战争有着密切的关系。

（一）伊万里彩瓷的出现与发展

朝鲜陶工并不掌握彩瓷技术，而明代中国的釉下彩、釉上彩技术均已比较成熟。伊万里彩瓷的出现，一定与中国彩瓷技术有关系。这一判断也有文献支持，据酒井田家古文书《觉》记载，伊万里商人向居住在长崎的中国人学习彩瓷技术，初代柿右卫门则成功实践了施彩巧技。初代柿右卫门作为有经验的日本陶工，在锅岛藩主整合有田、伊万里陶瓷业的过程中得以留下，17 世纪 40 年代由于率先掌握了彩瓷技术而巩固了在有田瓷器生产中的地位。② 1647 年彩瓷的成功烧制，是日本瓷器发展的一次飞跃，用日本陶瓷史学者大桥康二的话说，就是"完成了从朝鲜技术向中国技术的转换变革"。③

由于文献失载，我们可能永远无法知道向有田商人传授彩瓷技术的中国人到底是谁。如果是居住长崎已久的中国人，则日本人应该更早就向其学得此术。既然文献明确记载此事发生于 1647 年，则不能不让我们推测，向日本人传授彩瓷技术的中国人很可能是因明清战争而逃难至日本的陶工。1644 年清军占领北京后，迅速挥师南下，至 1647 年已先后消灭南京的弘光政权和福州的隆武政权，浙江、江西、福建等生产瓷器的省份均被清军征服。如果我们推测浙江或福建的陶工为避战祸乘船逃至长崎，虽然没有文献依据，但也并非不可能。林春胜、林笃信编《华夷变态》卷一首篇《李贼复史君门》，是抄录自 1644 年冬抵达长崎的南明船提供的消息；此卷另有《大明兵乱传

① 对这场战争的最新研究，参见复旦大学文史研究院编《全球视野中的明清鼎革》，中华书局，2022。
② 〔日〕铃田由纪夫：《伊万里瓷器的历史与特征》，《扬帆万里》，第 314 页。
③ 〔日〕大桥康二：《出口世界各地的肥前陶瓷》，《模仿与超越》，第 171 页。

闻》二通，其一是崇祯十七年（1644）八月初四抵达长崎的弘光朝民间商船所载明遗民口述，其二是弘光元年（1645）六月三日抵达长崎的商船所载遗民口述。隆武二年（1646）十月初十，有福州商船抵达长崎，口述清兵征服福建、火烧福州和泉州等消息。① 可见这几年不断有船只从中国东南沿海航行至长崎，若有中国陶工搭乘其中，也完全不会令人意外。如果教授日本人彩瓷技术的中国人确为逃至长崎的明清战争难民，那么伊万里瓷器的此次飞跃式发展倒是与朝鲜、越南的瓷器史有了类似之处。

从彩瓷成功烧制到其成为市场主流需要一个过程，在此过程中，伊万里瓷器仍以青花为主。外销伊万里青花中（详见下文），面向东南亚市场的以粗瓷为主，常见的有海涛纹青花碗、碟，多仿漳州瓷器的样式；而销往欧洲的瓷器要精细得多，以克拉克瓷器（日本称"芙蓉手"）纹样最为常见，仿自景德镇外销瓷纹样。17 世纪 50 年代伊万里青花所需青料大量从中国进口，这一点有荷兰文献的记载，已见于上文。至于纹样模仿漳州窑和景德镇窑，除了订购者提供样品这一渠道外，持续到来的明遗民或难民很可能是另一重要渠道。韦祖辉根据日本文献统计，在 1651—1661 年间，抵达长崎的南明官、民船只依次有 40、50、56、51、45、57、51、43、60、45、39 艘，经南洋抵达长崎的南明商船依次有 13、13、19、11、5、18、19、13、10、20、7 艘，合计平均每年达 60 余艘。② 大量中国人乘这些船只来到长崎，其中很可能有中国陶工到达日本后传授中国青花瓷的纹样、技法。

彩瓷的工艺、原料、样式、技术都很复杂，在 17 世纪的东亚海域，通过一个人、一次性完成彩瓷烧造技术的传播是不可想象的。即便如此，从 1647 年彩瓷在日本的首次烧造至 17 世纪 70 年代成熟的彩瓷——柿右卫门风格瓷器——的出现，仅用了 20 余年的时间，可以说是速度极快了（见图 2）。初期柿右卫门彩瓷通体色调较暗，至 17 世纪 60 年代逐渐变得明亮，而这种变化的关键，是使用一种奶白色的色釉制成一种特别的白瓷（日本称"乳白手"或"浊手"），然后再在这种白瓷之上以红、黄、绿、青、紫等色料绘制纹饰，再以低温烧制而成，色泽靓丽，高雅鲜艳。柿右卫门样式不用青料，盘子以15—25 厘米的尺寸为主，且采用"形打"技术制作花口形或八方形、十方形，以铁汁涂口缘。③ 在纹饰题材和造型上，出现了具有日本文化风格的美

---

①　韦祖辉：《海外遗民竟不归——明遗民东渡研究》，商务印书馆，2017，第 46—53 页。

②　韦祖辉：《海外遗民竟不归——明遗民东渡研究》，第 65 页。

③　〔日〕铃田由纪夫：《伊万里瓷器的历史与特征》，《扬帆万里》，第 316 页。

人像和相扑像。由于这些新元素、新变化，日本学者小林仁认为"柿右卫门样式这项新产品，脱离了当初的中国瓷器仿制品定位，并且确立了伊万里瓷器独有的产品及品牌"。但同时，小林仁也承认，尽管柿右卫门彩瓷的确融入了日本风格，但基本上依旧是"符合中国样式规格的纹样"居多，纹样主题也多来自中国。[1] 至于柿右卫门彩瓷所使用的乳白色釉源自何处，目前尚不清楚。陆明华先生指出，在柿右卫门白釉烧成时，中国的德化、漳州窑瓷器"早已大量烧造，特别是德化窑的白瓷，有较多产品烧成了'象牙白'"，进而提出柿右卫门与德化白瓷之间可能存在关联。[2]

图 2　伊万里柿右卫门风格盘

色绘树下鹿花鸟图皿，元禄年间（1688—1703）

资料来源：栗田英男『伊万里』栗田美術館、1975、123 頁。

由此可见，柿右卫门彩瓷的诸多新变化，从原料、技术到纹饰、器形，很多都有中国瓷器的影子。这些变化并非一蹴而就，而是需要外来技术、知识、纹样、材料的持续输入。清初实施海禁、迁海政策期间，由中国东南沿

---

① 〔日〕小林仁：《远渡欧洲的江户美人——17 至 18 世纪伊万里外销瓷器的美人纹考察》，《模仿与超越》，第 134—136 页。

② 陆明华：《从景德镇到伊万里——瓷器风格的转变》，《外销瓷器与颜色釉瓷器研究》，第 138 页。

海驶至长崎的船只锐减，但从台湾、安南、巴达维亚等地前往长崎的华人商船，每年都在 20—40 艘，有很多逃亡海外的明遗民搭乘这些船只到达长崎。[①]17 世纪 40—70 年代伊万里青花和彩瓷的快速发展、不断迭代更新，应与不断来到长崎的明遗民有密切关系。另外，若从海外市场的角度看，柿右卫门的瓷器样式更加符合欧洲市场的品味，迎合外销市场的需求也是促进伊万里瓷器自身不断提升品质、更新风格的一种推动力，而伊万里瓷器从外销到取代中国瓷器占领海外市场，也与明清战争、清初海禁有着莫大的关系。

（二）伊万里瓷器的外销

1647 年，郑成功属下船队经暹罗运送 174 捆伊万里粗瓷至柬埔寨，[②] 这是见于史料记载的伊万里瓷器的首次外销，从此开启了日本瓷器外销的时代。伊万里瓷器原本仅限于内销，且日本本国商人因"锁国令"而无法从事海外贸易，因此，此时伊万里瓷器得以开始外销，其原因不在内而在于外，在于东亚海域的形势变化与联动。

1645—1646 年，南下清军在征服江南、浙江、江西和福建的过程中，对这一带的陶瓷生产造成严重破坏，进而导致中国陶瓷外销锐减。清初为对抗郑成功海上势力，多次颁布禁海令，且一次比一次严厉。1656 年，规定"片帆不许入口"；1661 年，颁布"迁界令"，将山东至广西的沿海居民内迁 50 里，"片板不许下水"，"违禁出界贸易"以通敌罪处斩。"三藩之乱"（1673—1681）初期，清军与吴三桂、耿精忠军队在饶州展开拉锯战，景德镇"民居被毁，而窑基尽圮"，"窑户尽失其资，流离徙业……业窑者十仅二三"，陶瓷生产几遭灭顶之灾。[③]中国陶瓷业在这一系列战争的冲击下，生产和出口贸易遭到重创，由此在东亚海域引起的连锁反应也是空前的。

首先是中国向日本出口瓷器逐渐断绝了，而伊万里瓷器迅速抓紧时机，

---

① 具体数据参见韦祖辉《海外遗民竟不归——明遗民东渡研究》，第 103—106 页。

② 〔日〕大桥康二：《出口世界各地的肥前陶瓷》，《模仿与超越》，第 171 页；熊寰：《中日古瓷国际竞市研究——以景德镇和肥前瓷器为例》，《中山大学学报》（社会科学版）2012 年第 1 期，第 109 页。

③ 关于明清战争、清初海禁政策和三藩之乱对中国陶瓷生产的严重冲击，参见熊寰《中日古瓷国际竞市研究——以景德镇和肥前瓷器为例》，《中山大学学报》（社会科学版）2012 年第 1 期，第 110—111 页。

扩大生产规模，独占本国市场。①这是中日陶瓷贸易史的重要转折点，从此中国瓷器在日本市场辉煌不再。其次，中国向东南亚和欧洲的瓷器出口也很快中断。据学者统计，1644 年，仅两位商人就为荷兰订购 35 万多件中国瓷器，1645 年荷兰从中国进口的瓷器量降为不足 23 万件，1646 年进一步降至 7 万件，而至 1647 年，中荷陶瓷贸易基本断绝，②这种状况一直持续至 17 世纪 80 年代。

中国瓷器退出东南亚市场的同时，伊万里瓷器迅速填补了这一空缺，成为东南亚很多地区进口瓷器的主流。出口至东南亚各地的伊万里瓷器大都类似漳州外销粗瓷，以青花为主，瓷器内底多绘有海涛纹。从东南亚考古发掘来看，此类伊万里粗瓷广泛见于越南、柬埔寨、泰国、老挝、马来西亚、印尼和菲律宾，而且都集中在 17 世纪后半叶，也即中国瓷器缺席的这段时期内。③此外，中国考古工作者在福建古冬湾海滩、西沙群岛等处发掘的沉船中也都发现了这一时期的海涛纹伊万里青花粗瓷。④这些考古证据准确地呈现了明清战争对亚洲海域陶瓷贸易造成的连锁反应。

将伊万里瓷器运送至东南亚各地的，主要是郑成功的船只和荷兰东印度公司的船只。明清易代后，郑成功仍拥有强大的海上力量，通过经营东亚海域贸易积累财富以抗清。据荷兰东印度公司文献记载，1654 年 11 月至 1655 年 9 月，停泊在长崎的 57 艘中国船中，有 41 艘来自安海，大都是郑成功的船只；而在 1653—1663 年间，有 22 艘中国船装有瓷器，其中郑成功的安海船有 13 艘。⑤1661 年，有中国船只运输日本制 1100 个啤酒杯和 5900 个大瓷杯经交趾至巴达维亚；1671 年，一艘中国船装载粗瓷从长崎前往交趾；1681年，有 2 艘中国船装载日本瓷器从长崎经交趾航向马六甲。这些都见于荷兰文献的记载。⑥1662 年，郑成功将荷兰人逐出台湾后，一度控制了东亚海域大部分航线，东南亚各地的伊万里瓷器，主要是郑成功的船只运输的。由郑氏船队运至马尼拉的伊万里瓷器，再由西班牙大帆船经太平洋航线进一步运

①　〔日〕大桥康二：《出口世界各地的肥前陶瓷》，《模仿与超越》，第 170—171 页。
②　熊寰：《中日古瓷国际竞市研究——以景德镇和肥前瓷器为例》，《中山大学学报》（社会科学版）2012 年第 1 期，第 109 页。
③　〔日〕大桥康二：《出口世界各地的肥前陶瓷》，《模仿与超越》，第 173—175 页。
④　栗建安：《中国水下考古发现的伊万里瓷器》，《模仿与超越》，第 148—151 页。
⑤　程绍刚译注《荷兰人在福尔摩莎（1624—1662）》，（台北）联经出版事业公司，2000，第 450 页，转引自熊寰《中日古瓷国际竞市研究——以景德镇和肥前瓷器为例》，《中山大学学报》（社会科学版）2012 年第 1 期，第 111 页。
⑥　〔日〕大桥康二：《出口世界各地的肥前陶瓷》，《模仿与超越》，第 173—174 页。

到墨西哥、古巴乃至西班牙本土,[①] 成就了伊万里瓷器的最远距离贸易输出。1662—1672 年,有 21 艘中国船只向巴达维亚运送了近 110 万件日本瓷器。这一时期在伊万里瓷器出口至东南亚市场的贸易中,以郑氏船只为主的中国船只运载量超过荷兰东印度公司的船只运载量。[②] 其他学者的研究也证实了这一点,据统计,"从 1650 年至 1682 年间,约有四百万件肥前陶瓷被输出,其中约一百九十八万件是由荷兰船只所运送的,而华商(唐船)的输出量则在两百零三万左右"。[③]

1650 年,从长崎驶往河内的一艘荷兰东印度公司船只载有 145 件粗瓷,由此揭开该公司向东南亚运输日本瓷器的序幕。[④] 万丹遗址出土的青花碟、盘、碗,以及巴达维亚的荷兰药局、医院所用药罐、药壶等,有郑氏船队贩运的,也有荷兰船只运输的。[⑤] 但是对于伊万里瓷器而言,荷兰东印度公司发挥的更大作用是将其贩运回欧洲,从而打开了欧洲市场。

早在 1644 年 1 月,荷兰东印度公司已经收到景德镇遭受战乱波及的消息。[⑥] 至 1647 年,荷兰人已经基本上买不到中国瓷器了。鉴于瓷器的需求量在欧洲市场上有增无减,荷兰人开始将目光转向日本。1652 年,荷兰东印度公司尝试性地从日本购入了 1265 件伊万里瓷器,此后数年,每年进货量都有数千件,到 1659 年,荷兰东印度公司购入的伊万里瓷器数量遽增,达 56000余件,[⑦] 这标志着伊万里瓷器正式受到欧洲市场的认可。

需要特别指出的是,此时欧洲市场已习惯中国瓷器的风格样式,因此荷兰东印度公司向日本订制瓷器时,明确要求日本生产方以中国瓷器为样本,并将中国瓷器带至日本,以便于日本瓷工仿制。[⑧] 可以说,这一时期伊万里青花、彩瓷品质的提升、样式的更新,原因之一就在于这种市场需求的倒逼。

---

① 〔日〕大桥康二:《出口世界各地的肥前陶瓷》,《模仿与超越》,第 175 页。

② 〔日〕铃田由纪夫:《伊万里瓷器的历史与特征》,《扬帆万里》,第 316 页。

③ 山脇悌二郎「唐・蘭船の伊万里焼輸出」『有田町史商業編 I』有田町、1988,转引自卢泰康《十七世纪台湾外来陶瓷研究:透过陶瓷探索明末清初的台湾》,博士学位论文,台湾成功大学,2006,第 219 页。

④ 〔日〕铃田由纪夫:《伊万里瓷器的历史与特征》,《扬帆万里》,第 315 页。

⑤ 〔日〕大桥康二:《出口世界各地的肥前陶瓷》,《模仿与超越》,第 171、173—174 页。

⑥ 〔日〕出川哲朗:《欧洲的伊万里瓷器》,《扬帆万里》,第 303 页。此时景德镇被明末农民战争波及。

⑦ 参见熊寰《中日古瓷国际竞市研究——以景德镇和肥前瓷器为例》,《中山大学学报》(社会科学版)2012 年第 1 期,第 109 页。

⑧ 熊寰:《中日古瓷国际竞市研究——以景德镇和肥前瓷器为例》,《中山大学学报》(社会科学版)2012 年第 1 期,第 112 页。

从荷兰订单中我们可以看到，无论是克拉克样式、"过渡期"样式还是彩瓷，都以中国陶瓷设计为样板。[①] 迎合欧洲品味的柿右卫门瓷器的出现，与其说是伊万里瓷器具有日本本土风格的开始，毋宁说是中国外销瓷器风格影响的结果。有趣的是，这种影响不是中国瓷器对日本瓷器直接产生的，而是在中国瓷器断供的情况下，通过荷兰在日本订制瓷器实现的。

此后，虽然受到荷英战争（1665—1666、1672—1674）和荷法战争（1672—1678）的影响，[②] 荷兰东印度公司每年运往欧洲的伊万里仍有数万件。柿右卫门样式的折沿盘出现在了欧洲贵族的餐桌上，具有装饰性的柿右卫门瓷瓶也常见于英国、德国的宫廷中。[③] 通过从日本订购瓷器，欧洲继续着中国风尚。

没有证据表明，这一时期的伊万里瓷器进入中国消费市场；至于伊万里瓷器是否销售到朝鲜市场，目前笔者也未见到相关的研究。除此之外，17 世纪 50—80 年代的伊万里瓷器已全面占领日本市场、东南亚市场（包括自身生产瓷器的越南和暹罗）和欧洲市场，成为中国瓷器的替代品。这一时期，中国陶瓷生产和外销陷入低谷，而伊万里瓷器则以此为契机蓬勃发展，走向鼎盛。陆明华先生有一个精彩的论断："中国瓷器或者说景德镇瓷器阶段性的发展，是衡量伊万里瓷器发展的晴雨表。特别是 17 世纪后期，伊万里瓷器进入烧造高峰时期，而当时在中国景德镇经历了不同的历史发展过程和不同的瓷器烧造阶段，这时期的每一个兴衰或发展阶段实际上都可能与伊万里瓷器的兴衰和发展有一定关系。"[④] 景德镇与伊万里之间的这一联动关系，实则体现了这一时期东亚海域的情势。战争破坏了中国瓷器生产，海禁阻断了中国瓷器外销，但东亚海域的贸易与交流活动并没有因战争、海禁而趋缓，反而明遗民的迁移，郑氏海上势力的强盛，荷兰通过巴达维亚、长崎、马六甲等据点持续参与东亚海域内部及亚欧之间的贸易，以及西班牙经营的太平洋航线，东南亚各国商人的海上贸易，这些因素共同使东亚海域贸易和交流活动更为活跃。

---

① 〔日〕出川哲朗：《欧洲的伊万里瓷器》，《扬帆万里》，第 304 页；谢明良：《清宫传世的伊万里瓷》，《扬帆万里》，第 325 页。

② 〔日〕出川哲朗：《欧洲的伊万里瓷器》，《扬帆万里》，第 304 页；〔美〕罗伯特·芬雷：《青花瓷的故事：中国瓷的时代》，第 228 页。

③ 〔日〕大桥康二：《出口世界各地的肥前陶瓷》，《模仿与超越》，第 172、175 页。

④ 陆明华：《从景德镇到伊万里——瓷器风格的转变》，《外销瓷器与颜色釉瓷器研究》，第 132—133 页。

三 清朝开海与伊万里瓷器外销由盛转衰

从 17 世纪 40 年代至 80 年代，在中国瓷器退出国际市场的情况下，伊万里瓷器得以迅速取而代之，成为国际市场的"宠儿"。不过好景不长，随着中国恢复开海政策，中国瓷器重启出口，在东南亚和欧洲市场上不断"收复失地"。

在平定三藩之乱后不久，清朝于 1683 年击溃郑氏政权，正式将台湾纳入版图，来自海上的威胁彻底解除。次年，清政府颁布"展海令"："今海内一统，寰宇宁谧，满汉人民俱同一体，应令出洋贸易，以彰庶富之治。得旨开海贸易。"① 随后，清政府在江、浙、闽、粤设立海关，实行上海、宁波、漳州、广州四口通商。从此，关闭近 30 年的海疆国门终于再度打开。这意味着明清战争对东亚海域的影响的结束，中国正式重返海洋，东亚海域的情势以及东西方贸易关系也随之出现重大变化。这种变化很快在日本瓷器和中国瓷器的生产、外销上有明显的体现，其速度之快一方面体现了作为最重要贸易商品之一的瓷器及其市场对区域局势变化的极度敏感性，另一方面也表明作为一个整体的东亚海域内部联系的紧密性。

开海后的最初几年，景德镇正值大量烧制御窑瓷器的时期，受此影响，民窑尚无力生产外销瓷。康熙二十七年（1688），景德镇御窑停烧，匠师回归，从而释放了民窑的产能。重获活力的民窑也随即投入外销瓷的生产。② 中国瓷器恢复出口，有点"王者归来"的味道。就整个东亚区域的陶瓷生产而言，中国瓷器产量大、品质高和价格低的特点，是所有其他产区无法比拟的。因此，中国瓷器一经"复出"，越南等东南亚陶瓷便迅速退出了出口市场，③ 而伊万里瓷器则在与中国瓷器的竞争中寻求技术和样式的革新，以努力保住欧洲市场。伊万里瓷器技术和样式革新的成果，便是金襕手瓷器的出现（见图 3）。

① 《圣祖仁皇帝实录》卷一二〇"癸巳"条，中华书局，1985，第 263 页，转引自熊寰《中日古瓷国际竞市研究——以景德镇和肥前瓷器为例》，《中山大学学报》（社会科学版）2012 年第 1 期，第 114 页。
② 陆明华：《再议景德镇和伊万里瓷器》，《模仿与超越》，第 154 页。
③ 〔美〕罗伯特·芬雷：《青花瓷的故事：中国瓷的时代》，第 234 页。

图 3　伊万里金襕手风格罐

色绘龟甲地纹山水花草图雉子摘盖附大壶，元禄年间（1688—1703）

资料来源：栗田英男『伊万里』、311 頁。

　　伊万里瓷器的金襕手样式诞生于 17 世纪 90 年代。金襕手的显著特点，是在青花纹样上装饰以金彩为主的红、黄、绿、紫等色，以青花的蓝、金彩和红彩为基础色调，[①] 其华丽、富贵的气质远超柿右卫门样式。"金襕手"这个词，本是日本称 16 世纪后期中国出现的矾红彩描金和绿釉描金贸易瓷的。吉笃学认为，伊万里金襕手和清前期金彩瓷器都是对明嘉靖、万历景德镇金彩瓷的继承和发展，且金襕手是仿康熙青花五彩描金技术，但因日本青花发色偏蓝黑，故需在深蓝、枣红和朱砂红基调下用金彩勾勒渲染，以达到富贵艳丽的艺术效果。[②] 不过，伊万里金襕手是通过何种途径得以模仿康熙五彩描金技术的，这一问题仍需进一步研究。清政府"展海令"颁布后，一年就

---

① 〔日〕铃田由纪夫：《伊万里瓷器的历史与特征》，《扬帆万里》，第 316 页。
② 吉笃学：《"金襕手"瓷器浅识》，《模仿与超越》，第 198、200 页。

有 9000 多名中国商贾乘坐 193 艘船前往日本。[①] 这一时期中日间的瓷器技术交流是否与这些中国商人有关，目前还没见到确凿的证据。此外，金襕手的生产技术和原料通过荷兰人而受到欧洲和中国的综合影响，这种可能性亦存在。

在器形和瓷绘题材方面，金襕手相较于柿右卫门有了明显的变化，而这些变化既是迎合欧洲市场品味的结果，也与日本对外贸易政策变化有关。1685 年，幕府颁布长崎贸易限制令，并废止依体积征收关税的制度，大型伊万里瓷器的出口逐渐增多。有的大型金襕手高度达 90 厘米，纹饰富丽堂皇，刚好符合 18 世纪上半叶欧洲流行的后巴洛克风格，因而被用于宫殿和贵族宅邸的室内装饰，[②] 其中尤其引人注目的是五件套大型罐、觚形器组合，两者比例为 3∶2，摆放于壁炉之上或壁龛之中，尤显贵气。通过荷兰东印度公司运回欧洲的这类大瓷罐和大型觚形器，1709 年分别为 2256 个和 1286 个，1711 年分别为 9619 个和 4076 个，1712 年分别为 2180 个和 1490 个，近于 3∶2 的比例，在欧洲以五件套的形式组合摆放。[③]

另一变化是日本美人纹的出现。金襕手瓷器上出现的美人纹是身穿和服、袒胸露乳的游女及其侍女（日语称为"秃"）的形象，游女有启门、行走、卧坐书写或绘画等姿势。该题材贯穿于各种金襕手瓷器外销始终，成为 18 世纪伊万里外销瓷的代表纹饰之一，但此纹饰不见于日本本土市场。这一设计显然是专门针对欧洲市场的，而且增加此一日本元素，目的就在于与中国瓷器形成差异，以便与中国瓷器竞争。[④] 伊万里瓷器"本土化"策略的另一表现，是"阳伞夫人"（Parasol Lady）纹样的引入。该纹样是荷兰东印度公司委托阿姆斯特丹画家普朗克（Cornelis Pronk, 1691–1759）于 1734 年设计的，纹样中的两位人物原本为中国女性形象，是一种"中国风"设计，[⑤] 但在伊万里瓷器上，两个人物变为日本女性形象，场景也相应地本土化了。由于这些典型日本元素的出现，18 世纪 20 年代在强者奥古斯都的收藏目录中已经有明

---

① 〔美〕罗伯特·芬雷：《青花瓷的故事：中国瓷的时代》，第 228 页。
② 〔日〕小林仁：《远渡欧洲的江户美人——17 至 18 世纪伊万里外销瓷的美人纹考察》，《模仿与超越》，第 142—144 页。
③ 〔日〕大桥康二：《出口世界各地的肥前陶瓷》，《模仿与超越》，第 178 页。
④ 〔日〕小林仁：《远渡欧洲的江户美人——17 至 18 世纪伊万里外销瓷的美人纹考察》，《模仿与超越》，第 142 页。
⑤ 关于"阳伞夫人"纹样，参考本辑《海洋史研究》中戴若伟的论文。

确的日本制品类别，^①表明欧洲已能够区分中国瓷器和日本瓷器。

金襕手是伊万里瓷器在中国瓷器挑战下发展出的新样式，是伊万里瓷器生产工艺、技术、风格设计达到鼎盛的标志，也的确使伊万里瓷器在欧洲市场上继续销售了半个世纪。但是从对欧出口量来看，中国瓷器重返欧洲市场后，伊万里瓷器的销量便持续下降。^②除了物美、价廉、量大的中国瓷器的冲击，学界也从当时德川幕府的统治理念和对外政策方面寻找伊万里瓷器外销衰落的原因，认为幕府坚守新儒学，高度仰赖农业而轻视商业；贞享二年（1685）颁布的《贞享令》和正德五年（1715）颁布的《正德新例》限制了日本对外贸易的发展，导致荷兰东印度公司对日本的商业交易模式和瓷器质量多有抱怨，也导致日本很多窑场关门大吉，其中就包括柿右卫门的窑场。^③

反观中国的贸易政策，康熙开海后设立四处海关，对外贸易向公行体制转变，即使在1757年海路通商限于广州一口，但欧洲多国均可前往广州贸易，而非如日本那样仅允许荷兰一个西方国家在长崎出岛贸易。整个18世纪，欧洲国家与中国贸易要比与日本贸易容易得多。也正是在1757年，荷兰最后一次向日本订购伊万里瓷器，且仅有用于荷兰总督官邸的"金彩平钵、金彩大盘等300件"。^④伊万里瓷器就这样正式退出了行销一个世纪的欧洲市场。据统计，在这一百余年中，通过荷兰东印度公司正式出口的日本瓷器有123万余件，^⑤总量并不算多，尤其是无法跟中国销往欧洲的瓷器数量相比，例如1750—1755年仅瑞典东印度公司购买的中国瓷器就达1100万件。^⑥相比之下，伊万里金襕手成了日本瓷器的落日余晖。

但伊万里瓷器的风格并没有在欧洲市场上消失，而是被中国瓷器所继承和融合。正如伊万里瓷器销往欧洲的初期被欧洲订制者要求按照中国瓷器样式烧造一样，中国瓷器重返欧洲市场之初，熟悉了伊万里风格的欧洲市场也

---

① 〔日〕小林仁：《远渡欧洲的江户美人——17至18世纪伊万里外销瓷器的美人纹考察》，《模仿与超越》，第144页。

② 荷兰学者沃尔克对1683—1757年经荷兰东印度公司出口的伊万里瓷器情况做了编年式考察，参见 T. Volker, *The Japanese Porcelain Trade of the Dutch East India Company after 1683*, Leiden: E. J. Brill, 1959。

③ 〔美〕罗伯特·芬雷：《青花瓷的故事：中国瓷的时代》，第228—229页；谢明良：《清宫传世的伊万里瓷》，《扬帆万里》，第325页。

④ 〔日〕大桥康二：《出口世界各地的肥前陶瓷》，《模仿与超越》，第178页。

⑤ 〔日〕铃田由纪夫：《伊万里瓷器的历史与特征》，《扬帆万里》，第315页。

⑥ 熊寰：《中日古瓷国际竞市研究——以景德镇和肥前瓷器为例》，《中山大学学报》（社会科学版）2012年第1期，第119页。

要求中国瓷器生产者烧制伊万里样式。这对于景德镇瓷工而言，无论是材料、技术，还是绘制主题和技法，都不是问题，因此很快便大量生产。这种在中国生产的伊万里风格的瓷器，被称为"中国伊万里"。"中国伊万里"瓷器盛烧于18世纪，主要提供欧洲市场。荷兰东印度公司档案记载，仅1729年一年该公司便从广州进口191000件"中国伊万里"瓷器。[①] 同时，伊万里瓷器风格也成为德国梅森、荷兰代尔夫特、英国伍斯特和切尔西等陶瓷厂模仿的对象。[②] 仅在欧洲市场销售一个世纪的伊万里瓷器，在世界陶瓷史上留下了更为长久的、独特的印记。

在中国瓷器中，用景德镇的素瓷在广州加彩的广彩瓷，逐渐形成了大量使用金彩、繁复绚丽的风格，这类瓷器的目标市场主要为欧美。广彩又称织金彩，而织金彩是"积金彩"的讹传，后者缘于其多用金彩的风格。[③] 至于广彩是否受到伊万里瓷器尤其是金襕手的影响，则是一个需要进一步探讨的问题。

1684年清朝颁布"展海令"后，中国重返海洋，东亚海域的情势为之一变。在中国实行积极海洋政策的同时，日本却推行了海洋收缩策略，《贞享令》（1685）、《正德新例》（1715）的颁布表明日本在海外贸易上趋于保守。17世纪后期至18世纪，除了荷兰、葡萄牙和西班牙外，法国、英国、瑞典、丹麦、美国等西方国家的贸易公司和私商也陆续进入东亚海域。这三个因素为这一时期的东亚海域奠定了基调。相较而言，中国的积极海洋政策，包括设立海关、实行公行体制等，更为适应这一时期东亚海域的新变化，而日本的保守海洋政策则将除荷兰之外的所有其他西方贸易船只拒之门外，即使是荷兰，在与日本贸易的过程中也越发感到困难。结果我们看到，18世纪广州贸易的繁盛，世界各地的商船云集；而长崎贸易衰落，出岛上飘的荷兰旗帜形单影只。

17世纪后期至18世纪，世界陶瓷史的一个明显特征是技术、材料、风格的交流与融合。不是说此前的陶瓷不存在交流与融合，事实上，一部世界陶瓷史从一定意义上说就是一部交流与融合的历史，而在17世纪后期至18

---

①　栗田英男『伊万里』、474页，转引自熊寰《中日古瓷国际竞市研究——以景德镇和肥前瓷器为例》，《中山大学学报》（社会科学版）2012年第1期，第116页。

②　〔美〕罗伯特·芬雷：《青花瓷的故事：中国瓷的时代》，第229页；谢明良：《清宫传世的伊万里瓷》，《扬帆万里》，第325页。

③　承蒙广彩传人陈文敏先生向笔者面授这一观点。

世纪，这种交流与融合的广度、深度和频率都是空前的。这一时期陶瓷贸易的范围是全球性的，技术、原料、题材和风格的交流与融合一直存在于东亚和西欧之间，中、日、朝、越、荷、英、德、法之间在陶瓷领域的交流不仅是双向的，更多地表现为多向（multiway）、交错（entangled）的复杂面貌。这一交流和融合的结果，不仅包括日本伊万里瓷器的出现和中国粉彩瓷的盛行，更包括德、法、荷、英等欧洲国家在 18 世纪纷纷迈入瓷器生产国的行列。这是发生于工业革命前的人类历史上最大规模的手工技术生产交流之一，伊万里瓷器不仅是这一过程的结果和参与者，而且在中国缺席的 30 余年间更是扮演了替代者的角色，在东西方陶瓷交流史上发挥了重要的衔接作用。但在中国瓷器重返海外市场后，伊万里瓷器规模小、种类少、造价高、品质不稳定等弊端便显露无遗，再加上日本实行的保守海洋政策，最终导致伊万里瓷器彻底退出国际市场。

结　语

伊万里瓷器因海而生、因海而变，又因海而盛、因海而衰，其历史与东亚海域密不可分，甚至可以说，是东亚海域造就了伊万里瓷器，没有东亚海域就没有伊万里瓷器。就物质文化与海洋之间的关系而言，伊万里瓷器是一个典型案例，但并非孤立的个案。

越南瓷器制造工艺在 13 世纪已达较高水准，几如景德镇白瓷和龙泉青瓷的翻版，忽必烈曾下令安南以白瓷入贡。至 15 世纪，越南瓷器趁明朝海禁之机，广销东南亚市场；至明朝隆庆开海（1567），中国瓷器重返东南亚市场，越南瓷器便很快退回国内市场。明清战争期间，越南瓷器再度外销，在东南亚市场上虽然有伊万里的竞争，但仍占有一定市场份额。1663—1682 年，荷兰东印度公司从河内运出 150 万件瓷器销往东南亚。至康熙开海时，随着中国瓷器再返东南亚，越南瓷器又退出国际市场。美国学者罗伯特·芬雷注意到，17 世纪末东亚陶瓷业出现了一个类似于共同市场与共同风格的现象，"日本、越南与泰国的陶窑都以中国瓷为范本，景德镇重返外销竞争后，又反过来模仿他们"，并且欧洲人加入了这个陶瓷交流的大循环，荷兰的纹饰开始出现在波斯、越南、泰国、日本和中国的瓷器上。[①] 市场上的联动，样式、

---

① 〔美〕罗伯特·芬雷：《青花瓷的故事：中国瓷的时代》，第 234 页。

风格上的互鉴，是这一陶瓷大循环的显著特征，而循环得以实现的途径，是海洋。

龙泉青瓷是另一个例子。明清战争期间，浙江龙泉窑遭到严重冲击，大量窑工逃散至闽粤地区，其中一部分人更进一步逃至海外。他们在日本、越南、泰国、叙利亚、埃及等地区继续建窑烧制青瓷。[1]"天下龙泉"格局的形成，便是东亚海域剧变的结果。

从这些例子中可以看出，海洋对一些物质文化的生成起到决定性的作用，型塑着器物的样式，影响着器物的命运。这是"海洋物质文化"概念合理性的重要依据。海洋物质文化研究，一方面是从海洋的视角关注物质文化；另一方面则是关注"物质文化的海洋"，即通过物质文化的生产与交流来研究海域或海洋的历史。

那么通过伊万里瓷器的兴衰史，我们看到了一个什么样的东亚海域呢？我们看到的是一个具有整体性的海域世界，是一个内部存在紧密联系的经济、文化交流舞台，是一个不断出现新变化的历史空间，是一个牵一发而动全身的有机体。东亚海域作为一个独立的历史世界，有着自身的环境基础、历史脉络和运作体系，其得以成立的合理性并不比地中海世界低。

在政治、观念和礼仪上，壬辰战争、明清战争和欧洲海洋国家的东来，导致东亚海域以中国为中心的朝贡体系面临挑战，虽然这一体系的最终瓦解是 19 世纪的事，但在 16 世纪末至 17 世纪端倪已现。16—18 世纪的东亚海域处于各国逐渐趋于疏离的历史阶段。但在贸易和文化方面，通过伊万里瓷器的例子我们可以看到这一时期东亚海域内部联系更为紧密、交流更加频繁。战争和海禁并没有阻断东亚海域的内部交流，相反，由于中国在政治上、观念上的笼罩地位受到削弱，各国之间互通有无的需求变得更为迫切。战争导致的移民客观上促进了技术在东亚范围内的传播，游离于强大政权之外的海上势力，特别是郑氏政权和各国私商使东亚海域活跃的贸易活动持续存在。葡萄牙、西班牙和荷兰东来后，加入了东亚海域固有的贸易体系，其在东亚海域内部的转口贸易活动进一步增进了该区域各国之间的联系，同时它们也将这一贸易网络连接到全球贸易网络之中，拓展了东亚海域物质文化的传播和影响空间。政治上和观念上的疏离，以及贸易和文化交流上的更趋紧密，共同造就了东亚海域的近代早期阶段。

---

[1]　谢西营、沈岳明:《古伊万里时代的浙江瓷业》,《模仿与超越》,第 161 页。

　　伊万里瓷器的兴衰同时也让我们看到，在生产技术、规模和经济影响力方面，中国在东亚海域范围内仍处于主导地位。无论是东亚区域内的国家，还是东来的欧洲国家，与中国的贸易关系都是最重要的。澳门和长崎在16世纪后期的迅速兴起，主要源于葡萄牙人经营中日之间的贸易，西班牙人于1571年占领马尼拉而不是菲律宾群岛的其他港口，目的也主要是开展与中国的贸易，荷兰于1619年占领巴达维亚、1624年占领台南以及1641年从葡萄牙人手中夺取马六甲，目标也主要是中国商品；东南亚各国接受中国册封、定期入华朝贡，更多的是出于商贸的考量。几乎在与所有国家的贸易中，瓷器和丝绸始终是中国出口的拳头产品。瓷器重且易碎，不适合陆路运输，海上运输更有优势。17—18世纪，中国瓷器通过各国商船传播至世界各地，而欧洲更成为中国瓷器最重要的新市场。在内部贸易关系日益紧密的近代早期东亚海域中，中国的主导地位也体现在"进退之间"，这在陶瓷贸易上体现得尤为明显，即中国开海，则中国瓷器畅销世界市场，东南亚、日本瓷器只能内销；中国海禁，则东南亚、日本瓷器代替中国瓷器，行销世界市场。而且不论是东南亚瓷器，还是日本瓷器，均以中国瓷器为样板，甚至始烧于18世纪的欧洲瓷器，器形、纹饰也大量仿造中国瓷器样式。

　　真正撼动中国瓷器在世界市场上优势地位的原因，不是欧洲梅森、代尔夫特、伍斯特、塞弗尔等地掌握了瓷器生产技术，而是英国玮致伍德陶瓷厂引入了蒸汽机，[①] 使陶瓷生产步入工厂机器生产的时代，生产效率大幅提升的同时，生产成本也大为降低。此后，欧洲瓷器拓展世界市场，中国瓷器在与欧洲瓷器的竞争中，世界市场的份额不断萎缩。始于英国的工业革命是东西方发展和实力对比的分流之处，而在世界陶瓷史领域亦是如此。

Imari Porcelain and Maritime East Asia

Dong Shaoxin

Abstract: The successful firing of Japanese Imari porcelain in early 17th century is the result of changes in the situation of Maritime East Asia, from its birth to the iterations of raw materials, technology, and style, from being in great demand in Asian and European

---

　　① 〔美〕罗伯特·芬雷：《青花瓷的故事：中国瓷的时代》，第93页。

market to withdrawing from the international market. On the basis of previous research, this paper examines the close correlation between Imari porcelain and Maritime East Asia: on the one hand, from the perspective of ceramic history, setting the history of Imari porcelain in the context of Maritime East Asia and global networks; on the other hand, Imari porcelain is used as a perspective to observe the history of Maritime East Asia, as historical materials and material evidence of the changes of the East Asian seas, and through the history of Imari porcelain, the characteristics and evolution of Maritime East Asia in the long-17th century are observed, and the rationality of Maritime East Asia as an independent historical space is presented.

Keywords: Imari Porcelain; Maritime East Asia; Material Culture; Wars

（执行编辑：杨芹）

海洋史研究（第二十二辑）

2024 年 4 月　第 224~258 页

青花贴塑八仙盖碗的流行与接受问题研究

李　璠[*]

摘　要： 本文以明晚期至清前期流行的一类造型工艺极为特别的青花贴塑八仙盖碗作为案例，讨论了其"塑""绘"结合的工艺形式在东西方产生不同视觉偏好的具体形式与原因，并进一步探究了作为中西此类器物主要传播者的荷兰人如何以物质性反思、无宗教抵触的欣赏、自然科学的启蒙三重眼光进一步推动了这类器物的流行，促使其被认可。最后，就此类器物进入欧洲后并没有继续孕育出新的艺术生机这一问题，本文尝试从不同角度探讨其原因，如荷兰共和国经济脆弱性导致的短暂性输入的现实，同时代代尔夫特、麦森等欧洲陶瓷中心对此类器物仿制和深入研究兴趣的缺失以及欧洲对于陶瓷制造技术的掌握给予了本土对趣味风格选择更大的主动权等。

关键词： 青花　八仙　外销瓷　跨文化　传播交流

　　明代晚期至清代前期，景德镇的青花瓷烧造出现了一批极为特殊又十分有趣的器物——青花贴塑八仙盖碗[①]（见图 1）。此类器物胎薄，釉色清亮，沙足带盖。盖子上装饰有狮钮，围绕碗的外壁装饰有贴塑的八仙形象，造型

---

　*　李璠，广州美术学院艺术与人文学院讲师。
　　本文为广州美术学院 2023 年项目库个人学术提升项目"明清外销彩瓷与 18 世纪欧洲彩瓷及绘画转向"（项目号：XJ2022004601）结项成果。

　①　这类器物并没有严格的定名，西方学界习惯称为"Covered Bowl""Bowl with Eight Immortals"，国内亦有学者称为"青花盖罐"。笔者在此以最大限度还原此类器物信息为原则，暂称其为青花贴塑八仙盖碗。关于这类器物的定年，西方博物馆的意见出入较大，早至明嘉靖年间（如《摩根所藏中国瓷器目录》所述），晚至清顺治年间（如《中国外销瓷珍品：来自皮博迪·埃塞克斯博物馆》所述），亦有笼统归为晚明的。因其多为民窑制作，实难考精准的制作年代，结合日本及欧洲相关实物材料，笔者认为应当是康熙前后成熟并广泛流行的。

清晰，栩栩如生，两两一组位于菱形开光之内。由于这些塑像多有残损且法器不明显，人物身份的辨识较困难。而这些塑像连同盖子上的狮钮均为素胎，曾涂有明亮的红色、黑色和金色颜料，和青花形成了鲜明的色彩对比（现留存的实物颜料大都脱落，偶有部分颜料残留）。青花绘画部分，绝大多数以山水楼阁等为主题，有时在山水间点缀高士人物形象，笔法写意，笔触却有细致分色处理。虽然八仙题材作为中国传统的装饰主题，自宋元以来，产生了丰富的艺术形式，但青花贴塑八仙盖碗真正在欧洲流行是在 17—18 世纪。

图 1　青花贴塑八仙盖碗，1625—1650 年，景德镇制，皮博迪·艾塞克斯博物馆藏

资料来源：William R. Sargent, *Treasures of Chinese Export Ceramics: From the Peabody Essex Museum*, New Haven: Yale University Press, 2012, p.73.

最为直接的例证便是荷兰画家威廉·卡尔夫（Willem Kalf）在 1662 年所绘制的《有鹦鹉螺杯的静物》（*Still–Life with Nautilus Cup*），其中的青花贴塑八仙盖碗作为人工制品，其光晕和鹦鹉螺的天然光泽构成了十分有趣的对话（见图 2）。根据学者威廉·萨金特（William R. Sargent）的收集整理，威廉·卡尔夫在 1660—1662 年还创作了另外四幅绘有青花贴塑八仙盖碗形象的静物画。画面中，这些器物的碗盖时而斜倚着金属汤匙的手柄，时而被打开后靠着碗壁，给人一种轻轻一碰就会滑落的感觉。除此之外，学者斯蒂芬·利特尔（Stephen Little）也提到，根据荷兰东印度公司的档案记录，1657 年之前，此种类型的器物已经抵达欧洲。①

图 2　威廉·卡尔夫，《有鹦鹉螺杯的静物》，1662 年，西班牙蒂森博物馆藏

资料来源：https://www.journal18.org/issue3/nautilus-cups-and-unstill-life/。

这类器物问世之时，大明王朝已经由盛转衰，中国即将面临明清政权的更迭。欧洲此时也经历着海上霸权由葡萄牙、西班牙向荷兰、英国的转移。1595 年，西班牙国王腓力二世对荷兰船只和商人永久关闭了葡萄牙港口，来自东方的珍贵商品供应被切断。于是荷兰共和国议会在 1602 年决定建立荷兰东印度公司。在欧洲贸易者角色转换的同时，青花瓷也从欧洲王室、贵族、教会使用的订制纹章瓷发展到了能够满足平民阶层的克拉克瓷的阶段，青花瓷此时在欧洲正经历从奢侈品到陈列品再到日用品的自上而下的消费转变。

荷兰东印度公司为西方市场打造特定形状产品的订单始于 1614 年前后，

---

① Stephen Little, *Chinese Ceramics of the Transitional Period, 1620-1683*, New York: China House, China Institute in America, 1983, p.40.

从 1620 年起，其档案显示荷兰东印度公司的订单形式已经为定期购入。由于需求旺盛，景德镇开始大量制作为欧洲市场订制的克拉克瓷。在荷兰"返程船"的发票上可以明显看到 17 世纪 20 年代之前，运回的瓷器数量以百千计，而之后，便以万计。直到明朝灭亡后的 17 世纪中叶，这些数字才大幅下降。[①]与此同时，根据法国学者保罗·祖姆托（Paul Zumto）的研究，这一时期出口到荷兰的订单不仅数量庞大，更在顾客需求方面体贴入微："……他们通过东印度公司在广东的代理人对订货提出详尽的要求。要求在产品上不要绘任何龙的图案及其他动物，不要中国人做任何自由发挥，人们要求在洁白的碟面上画上花卉，可能的话，最好画荷兰的花卉、家庭纹饰……中国人会严格地按您的指令办事。一个家庭主妇，想复制一套餐具，往中国寄去了一个有小三角缺口的样品。几个月之后，所订的货品如期所至，打开包装后她惊呆了，所有订做的餐具都有一个小三角形缺口！"[②]

一 西方留存与东方传统

青花贴塑八仙盖碗存量较少，分布也较为分散，仅集中在欧美各博物馆与私人藏家手中，制作细节上虽有差异，但仍属同类。结合以往学者的记述与笔者的搜集整理，可供参照的案例有：法国吉美博物馆（Musée Guimet）格兰迪迪埃（Grandidier）捐赠一件，法国塞夫勒国立陶瓷博物馆（Musée Nationale de Sèvres）收藏一件；荷兰国立博物馆（Rijksmuseum）收藏一件，荷兰吕伐登的公主陶瓷博物馆（Princesseh of Museum）收藏一件（器盖缺失）；美国大都会艺术博物馆（The Metropolitan Museum of Art）加兰（Garland）捐赠一件、摩根（Morgan）收藏三件，美国皮博迪·艾塞克斯博物馆（Peabody Essex Museum）收藏一件，美国纽约迈伦·福克夫妇（Mr. and Mrs. Myron S. Falk, Jr.）收藏一件，美国波莉·莱瑟姆亚洲艺术公司（Polly Latham Asian Art）售出一件；等等。[③]与此同时，我们也关注到同时代与其形

---

① Christine van der Pijl-Ketel, "Kraak Porcelain Ware Salvaged from Shipwrecks of the Dutch East India Company（VOC）," *Kraak Porcelain: The Rise of Global Trade in the Late 16th and Early 17th Centuries,* London: Jorge Welsh Books, 2008, pp.65-67.

② 〔法〕保罗·祖姆托：《伦勃朗时代的荷兰》，张今生译，山东画报出版社，2005，第 57 页。

③ William R. Sargent, *Treasures of Chinese Export Ceramics: From the Peabody Essex Museum,* p.74; https://pollylatham.com/extremely-rare-late-ming-transitional-period-eight-immortals-covered-bowl-7068/.

式极为类似的透雕玲珑瓷碗亦广泛分布在欧洲及美国的许多博物馆，它们以白瓷居多，以透雕取代了青花山水的绘画。其中有与青花贴塑八仙盖碗器型装饰极为相似的案例，也有尺寸和工艺更为精巧，不再配器盖的小型碗器，但器壁开光中两两一组的人物贴塑却时刻提醒着我们这类器物的同源性。八仙题材装饰的传统在东方，青花贴塑八仙盖碗及其相关的实物却均在西方。

20 世纪初，由卜士礼（Stephen Wootton Bushell）与拉芬（Laffan M. William）共同编著的《摩根所藏中国瓷器目录》（Catalogue of the Morgan Collection of Chinese Porcelains, 1907）是目前已知较早收录这一器物的图录。1915 年，霍布森在其两卷本大作《中国陶瓷》中介绍万历朝的瓷器时，谈到了堆花和透雕的技法，进而提及摩根收藏的此类八仙题材的瓷碗，也着重介绍了格兰迪迪埃收藏的青花贴塑八仙盖碗，提到了所塑人物在未上釉的情况下使用红色颜料及油面涂金（oil gilding）的工艺。然而，因为霍布森的兴趣明显在陶瓷制作工艺方面，所以他并未展开对八仙装饰题材问题的讨论。

20 世纪下半叶至 21 世纪初，一直有研究中国瓷器的学者援引此案例，但由于其主旨各有侧重，此类器物所占篇幅和讨论十分有限，如对中国青花瓷器型进行专门研究的尼利尔斯·奥斯古德（Cornelius Osgood）[1]，对明清转型期陶瓷史进行研究的斯蒂芬·利特尔[2]，以及对荷兰与美国间贸易进行研究的皮特·米勒（Peter N. Miller）、黛博拉·克罗恩（Deborah L. Krohn）、玛丽贝思·德·菲利皮（Marybeth De Filippis）[3] 等。威廉·萨金特于 2012 年出版的《中国外销瓷珍品：来自皮博迪·埃塞克斯博物馆》[4]，将青花贴塑八仙盖碗作为馆藏案例之一进行讨论，一方面对前人的研究进行了部分汇总，另一方面，对其信息著录及相关研究都做了简要的索引。他拓展了霍布森的讨论思路，更加具体和明确地列出了具有家族相似性的一系列藏品，也考证了霍布森提到的卡尔夫描绘此物的绘画作品的数量与创作时间。中国学者在著录中国陶瓷通史类著作时，也有将这一案例特别收录在内的，如叶喆民的《中国陶瓷史》（2006）、李知宴等编著的《中国瓷器：从旧石器时代到清代》（Chinese Ceramics: From the Paleolithic Period through the Qing Dynasty,

---

[1]　Cornelius Osgood, *Blue-and-White Chinese Porcelain: A Study of Form*, New York:Ronald Press, 1956.

[2]　Stephen Little, *Chinese Ceramics of the Transitional Period,1620—1683*.

[3]　Peter N. Miller, Deborah L. Krohn and Marybeth De Filippis, *Dutch New York, between East and West: The World of Margrieta van Varick*, New Haven: Yale University Press, 2009.

[4]　William R. Sargent, *Treasures of Chinese Export Ceramics: From the Peabody Essex Museum*.

2010)。虽然有关这类盖碗的文献记录并不多，但就目前的留存状况来看，其很大程度上是为外销而产。总之，对这类"塑""绘"结合的青花贴塑八仙盖碗的流行及其在欧洲的接受问题关注度并不高，其研究还有待继续展开。

要解开青花贴塑八仙盖碗在西方流行的谜团，我们先简要回顾一下八仙题材在东方，特别是在中国的历史背景。关于八仙的讨论已经由许多学者从不同角度进行过很多有益的讨论。[①] 较早对这一话题进行细致探讨的当数浦江清先生的《八仙考》，此文曾对八仙的定名、单体形象来源、组合及流传进行过十分细致的考证。他认为，考"八仙"之名可追溯到东汉，最迟不过六朝初。及至唐代，道家观念的八仙之名泛指多过实指，与"淮南八仙""饮中八仙"等修辞类似，"八"即"多"之意。但谈及今天我们所熟识的铁拐李（李玄）、汉钟离（钟离权）、张果老（张果）、吕洞宾（吕岩）、何仙姑（何琼）、蓝采和（许坚）、韩湘子、曹国舅（曹景休）等八位人物形象的组合，却是相当晚近的。根据明人王世贞的记述，至明嘉靖、隆庆、万历年间，其考八仙尚能考七而疑一，因而此中情况纷繁复杂，近世人也多有疑惑不明之处。浦江清先生也指出这个八人组合在视觉上极为特殊，各种年龄、性别有差异者会聚一堂，实则最大限度地满足了观看者丰富的观感与想象。[②]

八仙的概念虽早，但作为相对固定的图像组合较为晚近，是元、明以降的事情，而这一时期恰与青花瓷器在中国兴起并繁盛的时期相重合。由于文学、戏剧版本源流颇多，绘画题材上更近民俗，其组合本身存在任意变动的巨大自由和不稳定性，这也为其在陶瓷上纷繁的表现形式埋下了伏笔；八仙形象的产生和演变受道教庆寿升仙主题的影响巨大。有学者认为瓷器上的八仙图作为一种图案装饰，是道教思想意识在民间艺术作品上的反映，通过实物和史料之间的互证发现，两者的兴衰过程有相应的关系。[③]

根据目前考古材料可知，最早相对明确描绘八仙形象的陶瓷集中在元代浙江龙泉窑和元代河北磁州窑。一南一北，表现形式亦有所不同。元代浙江

---

① 刘丽萍：《八仙图饰在明代青花瓷装饰的运用》，《陶瓷研究》2017年第A2期；魏祥平：《八仙戏舞台形式研究》，硕士学位论文，广州大学，2016；尹蓉：《论八仙中的何仙姑》，《民族艺术》2004年第1期；〔美〕比吉塔·奥古斯丁（Birgitta Augustin）：《元代八仙及其图像起源》，白杨译，《美成在久》2017年第3期；邬星波：《明代八仙的图像学研究》，硕士学位论文，赣南师范学院，2015。

② 浦江清：《八仙考》，《清华学报》第1期，1936年。

③ 周丽丽：《瓷器八仙图研究》，《上海博物馆集刊》编辑委员会编《上海博物馆集刊》第5期，上海古籍出版社，1990，第151—153页。

龙泉窑中八仙形象的表现形式更接近塑的传统，而河北磁州窑则属绘的传统。前者多以大型的瓶、罐为主，采用十分独特的青釉露胎印花制作技艺。有的被刻意强调为八角梅瓶的形式，使八仙各自处于棕红色无釉开光中，手持法器（见图3），如现藏故宫博物院、美国旧金山亚洲艺术博物馆和日本东京国立博物馆的梅瓶。有学者认为，这类器物可能是作为酒瓶日常使用。[①] 但考虑到其浓重的宗教色彩，也不排除其具有在特殊仪式中使用的可能。现藏于美国布鲁克林博物馆（Brooklyn Museum）的元代龙泉窑大罐，采用了同样的制作技艺，只是不再以开光和棱面做间隔，显得更为自由舒展，融合了海水纹与云纹，强调其八仙过海的情境而弱化了道教元素。这种类似于浅浮雕形式的贴塑技艺，又造成了青釉的光泽和无釉红胎的哑光之间强烈的视觉对比效果，龙泉青釉瓷烧造大多是通体光洁的单色釉，缘何在表现八仙时，会有这样的设计和处理？它的灵感从何而来？

图3　龙泉窑青釉露胎印花八仙瓶，元代，大英博物馆藏

资料来源：笔者拍摄。

---

① 　James C. Y. Watt, "Apologia for an Exhibition," *Orientations,* 2010, September, pp.64-67.

　　山西侯马的金代墓室出土了两套模印的梯形高浮雕八仙砖雕，从形象和法器上来说并不能与后来的八仙一一对应，且各自独立，难称其为标准的组合（见图4）。但是，在雕塑的技法和视觉效果上，其与龙泉窑青釉露胎印花器的相似性仍值得关注。除了砖雕，河北博物院藏的一枚铜镜将八仙形象作为凸出的浅浮雕形式呈现，描绘了八仙持不同法器，各显神通过海的场景。[①]以浅浮雕表现形象虽不是砖石和青铜的专属技艺，却是最为普遍和适应其材质特性的方式。加之其对于八仙形象的描绘与元龙泉窑青釉露胎印花八仙纹瓶、罐等制作时间极为接近，这些工艺之间极有可能进行了一定的传递与交融。

图4　梯形高浮雕八仙砖雕，山西侯马牛村古城南金墓M102出土，金代，
山西博物院藏

资料来源：〔美〕比吉塔·奥古斯丁（Birgitta Augustin）：《元代八仙及其图像起源》，白杨译，《美成在久》2017年第3期，第63页。

　　与元代浙江龙泉窑不同的是河北磁州窑以白底黑线对八仙形象进行了类似线描图绘的表达。这些形象集中出现在瓷枕的正面，也有几种不同描绘形式。首先，是一种一字排开的全家福式的表达，形象大小相同，姿态和法器各不相同，脚踩云朵，若有动态。其次，则是类似独照式的表现，在菱花开光中以一

---

①　裴淑兰、冀艳坤：《金代铜镜检验刻记浅析》，河北省文物研究所编《河北省考古文集》，东方出版社，1998，第473—499页。

位仙人入画，或配以树木风景，云气鸟兽。最后，是和青花贴塑八仙盖碗的人物组合最为相似的双人组合。根据八仙故事情节，将两位神仙形象框入一个菱花开光之中，配以简单的风景背景，如磁州窑艺术馆的《汉钟离度吕洞宾》瓷枕。人物的身份和关系被表达得更为准确和细致，且意在两个形象之间的互动和呼应，有话本插图的意味，也有杂剧场景的氛围。两人一组的构图是与龙泉窑单独分列八仙的方式极为不同的做法。在此，值得注意的是在元代山西屯留M1号壁画墓中，墓室券顶壁画上出现了由仙鹤和云气围绕的两人一组的八仙图像。屯留M1号壁画墓的墓室及顶部均有壁画，墓室为仿木结构砖室墓，坐北朝南，墓室平面呈方形。[①]与在瓷枕或是瓷罐的平面上表达的任意性不同的是，屯留M1号壁画墓中八仙图像的布局是在保证墓室空间完整性的要求下进行的。八仙图像的上方是星象图和象征藻井的莲花图，下方是孝子图，在券顶的四壁上，两人一组的构图是唯一的选择。这种构图方式是否有可能从格式更为严苛的墓室壁画转入并无特殊准则的陶瓷祭器呢？

安徽省岳西县司空山墓室出土的一件元青白釉八仙庆寿瓷枕可以为以上所论做一个最佳注脚（见图5）。瓷枕仿一座出檐式戏曲楼台。这座精工细作的戏台以各种镂空和堆塑作为表现手法，瓷枕的正面，正殿神台上端坐的很可能是玉帝，背面大殿神台上端坐的或为西王母。八仙分为两组，分别立于神台两侧。枕面布满了卍字纹。虽然有部分残损，储诚发还是根据法器和人物形态，辨认出瓷枕正面右侧的两个人物是铁拐李和汉钟离，左侧回廊下的是吕洞宾（残损一人，应为何仙姑），背面右侧是曹国舅和韩湘子，背面左侧的是张果老和蓝采和。[②]作为瓷枕，雕与塑是主要的语言，戏台楼阁做框架，意在表达祝寿升仙。而援引的八仙形象两两一组，恰被安排在仙阁的四个方位。

八仙形象在青花这种更小的陶瓷品类中的表现形式又如何呢？首先我们要明确的一个重要事实是宋代盛行的单色釉陶瓷与元代蓝白色彩鲜明的青花瓷之间，在视觉效果和审美趣味上有着天壤之别，除了成功引进了外国钴蓝色的矿物颜料，更关键的一个技术转变是对釉下书画使用的再发明和创新。由于成功挪用书画艺术的技法，景德镇陶工用毛笔蘸取色彩在未上釉的胎体上勾画点染。[③]故而，

---

①　穆宝凤：《元代山西屯留M1号壁画墓中的图像构成探究》，《美术与考古》2013年第3期，第143页。

②　储诚发：《元青白釉透雕人物瓷枕小考》，《艺术市场》2005年第6期，第110—111页。

③　Anne Gerritsen, *The City of Blue and White: Chinese Porcelain and the Early Modern World*, Oxford: Cambridge University Press, 2020, p.67.

图 5　青白釉八仙庆寿瓷枕，安徽岳西店前镇司空村出土，元代，
岳西县文物管理所藏

资料来源：〔美〕比吉塔·奥古斯丁（Birgitta Augustin）：《元代八仙及其图像起源》，白杨译，《美成在久》2017 年第 3 期，第 60 页。

表现八仙人物的元代青花瓷属于自磁州窑烧造以来的"绘"的传统。特别值得注意的是，在一些人物故事青花瓷上勾卷的云气形象，与元代山西屯留 M1 号壁画墓中的形象十分相似，比如日本出光美术馆所藏元青花仙人图玉壶春瓶上身背宝剑的道士形象（或说吕洞宾）身后绘的团团云气或是大英博物馆藏元青花仙人图六瓣形盖盒边角处露出的半个云头。

陶瓷上的八仙形象不论以塑的方式，还是绘的方式，在明代以前就在单人形象的基础上发展出了双人组合的形式。

二　凸显和隐没

随着这一题材在青花瓷的表现上愈加流行与多样，在明代晚期出现了一种新的呈现方式并在清代广为流行：暗八仙（纹）。所谓"暗八仙"，也就是八位仙人所使用的八件法器，也被称为"道家八宝"，分别为：宝剑、葫芦、荷花、阴阳玉板、鱼鼓、花篮、横笛、芭蕉扇。因为直接采用神仙所持器物，未出现仙真本身，故称"暗八仙"。这些法器有时结以花带，串联在一起，以物代人，既有祈求仙真降福的含义，也有道家仙术高超的寓意。在此，邹星波的解读颇有一定启发性，他认为"暗八仙"中的"暗"即

"隐""潜""藏"，八仙人物的形象不再出现在视觉里，而是通过其所持宝物道具刺激观众去联想，其产生的效果是八仙人物的行动不会受到宝物的拘束，反而更神秘，从而增加了观众的审美趣味与想象自由，也由此使八仙图像传达的意境变得更广阔。[①] 借由他的观察，我们发现"暗八仙"的价值不仅仅是在装饰方式上增添了一种新的手法，而且对具体有实的形象与长久以来由传奇叙事所构建的寓意做了一种全新的带有悖论性的连接：隐实为显，以隐彰显。这与中国传统文化中"弦外之音""大隐隐于市"等辩证圆融的思想也是一脉相承的。

　　相比于青花贴塑八仙盖碗，前文所提到的同时代与之十分相关的一类人物贴塑玲珑透雕白瓷碗在西方也有一定数量的留存，其也是和青花贴塑八仙盖碗有着最为接近形式的一类器物。荷兰东印度公司在 1643—1646 年的记录中，称这类器物为"half doorluchtige"或"doorluchtige"（意为半透明的）。[②] 在英国维多利亚及阿尔伯特博物馆所藏的一件天启年景德镇制作的以卍字纹为镂空雕刻的白瓷碗上，可以看到有五个圆形的嵌板式开光，除了八仙两两一组贴塑彩绘之外，还有一个开光是寿星。由于该瓷碗体量较小（高4.8厘米），工匠对于贴塑人物的刻画十分粗陋，人物形象雷同，亦无法器傍身（见图6）。器壁做镂空透雕却不见加层，意味着它们并不能像青花贴塑八仙盖碗那样盛放细小颗粒及汤水之类。考虑到此类器物（多为杯、碗）的体积很小，而制作技艺在视觉上又极具优势，其作为一种陈列摆设和观赏之物的可能性极大（见图7）。更多的开光、更多的贴塑人物、对于人物形象刻画的随意（有的八仙形象直接全部简化为双发髻仙人形象）、镀金贴彩的装饰以及专注于器壁上的玲珑透感，都不得不让人怀疑购买者一定有着十分愉悦的观看体验（见图8）。正如当时的法国耶稣会传教士殷弘绪对此类瓷器的描述："还有一种中国制造的瓷器，我还没见过，但上面满是洞，好像是戳出来的。中间是一个盛酒的杯子，它和戳洞部分连接在一起。"[③] 为了追求凸出与镂空的视觉效果，在叙事上削弱了八仙形象整体的身份与寓意。可以说，这种做法与追求以隐求显的审美趣味截然相反：因显而隐。然而对于欧洲的买家来说，或许这根本不重要，只要新奇好看就足够了。

---

① 邹星波：《明代八仙的图像学研究》，硕士学位论文，赣南师范学院，2015，第26页。

② Christiaan Jörg and Jan Van Campen, *Chinese Ceramics in the Collection of the Rijksmuseum Amsterdam: The Ming and Qing Dynasties,* London: Art Media Resources, Ltd. , 1997, p.82.

③ Jean-Baptiste du Halde, *The General History of China*, London: J. Watts, 1741, p.334.

图6　卍字纹镂空雕刻人物贴塑白瓷碗，天启年景德镇制，维多利亚及阿尔伯特博物馆藏

资料来源：https://collections.vam.ac.uk/item/O193281/bowl—unknown/。

图7　卍字纹镂空雕刻人物贴塑白瓷碗，天启年景德镇制，大英博物馆藏

资料来源：笔者拍摄。

这一时期，葡萄牙、荷兰、英国等欧洲买家中确实流行着塑形器的特殊趣味。万历年景德镇制作的一只青花虾壶也兼具"绘""塑"传统，造型十分别致。[1]它塑的是一只鳌虾从水面跃出，攀附着一根莲茎，头顶着一个莲

---

[1]　William R. Sargent, *Treasures of Chinese Export Ceramics: From the Peabody Essex Museum*, p.53.

图 8　连钱纹镂空雕刻人物贴塑盖碗，天启年景德镇制，大都会艺术博物馆藏

资料来源：https://www.metmuseum.org/art/collection/search?q=bowl&offset=120&material=Porcelain&geolocation=China&era=A.D.+1600—1800。

蓬，莲茎做壶柄和流造型，莲蓬壶盖有鎏金处理（原件丢失，后配）。鳌虾身体的细节以及壶下半部分的水波与莲花都是绘制而成。相比于青花虾壶，万历年景德镇制作的青花松鼠等一系列动物形态的军持（kendi）是更为普遍的一类案例。动物形态的军持瓷器最早出现于 16 世纪的景德镇，也遵循了中国的艺术理念，偶尔会添加一些复杂的含义，这些含义对于东南亚市场的大多数人来说是无法理解的，更不用说欧洲人了。虽然最初是为了出口到东南亚，但它们的异国情调——尤其是动物形态——使军持瓷器在 16 世纪晚期和 17 世纪早期在欧洲广受欢迎，欧洲和日本的陶艺家模仿的是亚洲的原型，在 1613 年沉没于非洲西部圣赫拿岛海域的荷兰“白狮号”（Witte Leeuw）船上，就有大量动物形状的军持瓷器及残片。[1]

————————

[1]　William R. Sargent, *Treasures of Chinese Export Ceramics: From the Peabody Essex Museum*, p.87.

三 日瓷风格的参与

和消费相对，制作和生产是另一个层面的问题。显然，青花贴塑八仙盖碗这种器型较大、周身浑圆的造型并不是中国陶瓷的传统造型。但是，除去贴塑八仙的工艺，单纯地考察这件盖碗，目前是有极为类似的实物留存的，它们的制作年代大多为清康熙年间，也有部分晚至民国。在伦敦维多利亚及阿尔伯特博物馆藏有一件康熙时期制作的西厢记人物故事青花盖碗，不论是器型还是盖碗上的狮钮，都和青花贴塑八仙盖碗十分相似。有一点不同的是，这个青花盖碗在器壁上多塑了两个 S 形鱼龙手柄，和狮钮一样是素胎无釉的（见图 9）。这马上使我们联想到美国大都会艺术博物馆的一件柿右卫门风格的伊万里花鸟盖碗，同样在碗盖上配以精致的狮钮，也被认定为是 17 世纪生产的用于出口欧洲的产品（见图 10）。[1] 还有一件藏于美国大都会艺术博物馆的 17 世纪晚期有田烧的青花山水盖碗，造型更加规整，没有塑的元素，但青花部分十分精彩，对于青花分水技法的使用极为精妙（见图 11）。在哈彻沉船中打捞出的明崇祯时期生产的一件克拉克瓷盖碗，造型较青花贴塑八仙盖碗之类，更为修长，而且顶部的器盖也更为实用，当其翻转过来，宽阔的环形盖钮亦可作圈足，从而使器盖变形为一个更小的碗具。[2]

鉴于这些器物的制作时期，加之日本留存实物，我们不禁怀疑这种器型风格的形成似乎是在一个更大的陶瓷贸易体系中建立的。青花贴塑八仙盖碗的面貌是否亦有日本陶瓷制作的参与呢？日本制作瓷器的开端大致在 1620 年前后，此前有进口中国陶瓷的悠久历史。日本制瓷业的发展是突飞猛进的，第一个 50 年就实现了数以千计的年产规模，第二个 50 年显著巩固和稳定了这一局面。这与德川家康（Tokugawa Ieyasu）统治下两个半世纪的政治稳定紧密相关，相对稳定和平的氛围一方面促进了地区间经济交通的发展，另一方面也保证了更多人力可以投入到艺术类行业的生产中，最为关键的是日本官方体系和外国，尤其是中国、朝鲜以及荷兰等建立了长期稳定的外交关系。这种对外接触，加上城市化影响和通过印刷传播的知识，产生了一种比日本

[1] http://www.moaart.or.jp/en/collections/178/.

[2] Maura Rinaldi, *Kraak Porcleain: A Moment in the History of Trade*, London: Bamboo Publishing, 1989, p.185.

图 9　西厢记人物故事青花盖碗，康熙时期，维多利亚及阿尔伯特博物馆藏

资料来源：笔者拍摄。

图 10　柿右卫门风格伊万里花鸟盖碗，17 世纪伊万里制作，大都会艺术博物馆藏

资料来源：https://www.metmuseum.org/art/collection/search/52263?when=A.D.+1600－1800& where=Japan& what=Porcelain& ft=bowl& offset=40& rpp=40& pos=57。

图11　青花山水盖碗，17世纪晚期有田烧，大都会艺术博物馆藏

资料来源：Barbara Brennan Ford&Oliver R. Impery, *Japanese Art from the Gerry Collection in The Metroolitan Museum of Art*, The Metropolitan Museum of Art, 1989, p.70。

历史上任何时候都更丰富、更多样化、更国际化的文化气氛。[1]

　　17世纪初中国向日本大量倾销瓷器的潮流，使日本本土制瓷业受到了极大的刺激，其对具有中国风的瓷器的购买能力和购买热情也高涨了起来。为了订制，买家将模型或图像从日本寄到中国。但是，尽管中国商人尽最大努力向日本市场供应瓷器，还是跟不上需求，日本消费者越来越多地寻找国内替代品。16世纪晚期和17世纪早期，美浓烧（Mino）和唐津（Karatsu）炻器模仿了中国陶瓷的某些方面，在一段时间内流行起来，但始终无法取代瓷器。直到朝鲜陶瓷工匠被俘虏到日本，日本制瓷业才找到了更为适宜的陶土并进行了技术革新。[2]到了17世纪中期，明清朝代更迭的动荡使中国在17世纪20年代至30年代向日本大量输出陶瓷制品的黄金时期一去不返，也给

----

[1]　Charles Mason, "Adaptation and Innovation: Porcelain in Japan, 1600—1750," *Dragons, Tigers and Bamboo: Japanese Porcelain and Its Impact in Europe; The MacDonald Collection*, Vancouver: Douglas & McIntyre, 2009, pp.17-20.

[2]　Friedrich Reichel, *Early Japanese Porcelain: Arita Porcelain in the Dresden Collection*, Leipzig: Orbis Publising, 1981, pp.36,54.

暂时失去了竞争对手的日本制瓷业一个可乘之机，其迅猛崛起，在一定程度上满足了日本国内市场与欧洲市场的需求。可以说，日本陶瓷工人对中国陶瓷风格的熟稔及其按需仿制的能力在欧洲市场方面的优势是显而易见的。到17世纪70年代，中国的瓷窑再次具有竞争力，并对新近创造出的日本瓷器市场需求加以利用。荷兰人的产品供应了东南亚和近东的大部分地区，以及荷兰国内和其他欧洲国家。而中国人在厦门和其他港口把日本瓷器卖给英国、法国、斯堪的纳维亚的东印度公司和其他欧洲国家。到了18世纪20年代，中国人已经在欧洲市场上占领了日本瓷器的市场，以至于他们开始销售日式的中国伊万里瓷器。①

1650年，荷兰人购买了第一批日本瓷器，包括145个"粗糙的盘子"，这些盘子被带到越南市场上转售。②1653年，日本又收到了巴达维亚（Batavia，今雅加达）药剂商店特殊形状的订单：药罐（可能是 albarelli）以及瓶子。在有田的沙流川（Sarugawa）和岛崎川（Shimoshirakawa）窑址发现了这类药罐的碎片。1657年，一些瓷器样品被送到荷兰。据推测，这些货物是令人满意的，因为1659年荷兰东印度公司下了一份64858件的大订单。有田窑花了两年的时间来完成这一订单，并对有田的窑炉进行大规模的重组。窑址资料显示，许多早期的窑在这一时期停产了，而新的、非常大的窑开建，残存的窑炉被大大扩建。12个窑炉里只有一两个继续为国内市场生产瓷器，剩下的都是为了完成向荷兰出口的国际订单。在接下来的几年里，荷兰人在欧洲、中东和东南亚测试日本瓷器的其他市场，最终，荷兰人确信日本瓷器的潜在盈利能力，逐渐增加了他们的订单。17世纪60—80年代，荷兰人继续大量订购日本瓷器。与此同时，中国商人也开始大量购买日本瓷器，转售给其他市场的欧洲商人。中国订单的规模更难量化，但至少和荷兰订单一样大，甚至可能更大。因此，在其国内外客户之间，日本制瓷业不得不应对快速增长的需求，为满足新的需求，有田瓷业经历了生产过程更加专业化的各个阶段。最重要的是，为了满足不断扩大的消费群体的不同品味，在陶工们寻求创造更与众不同的产品过程中，新的装饰风格应运而生。③

①　Barbara Brennan Ford, Oliver Impey, *Japanese Art from the Gerry Collection in the Metropolitan Museum of Art,* New York:The Metropolitan Museum of Art, 2012, pp.64-65.

②　Oliver Impey, "The Trade in Japanese Porcelain," John Ayers et al., *Porcelain for Palaces: The Fashion for Japan in Europe, 1650—1750*, London:British Museum, Oriental Ceramic Society, 1990, pp.15-24.

③　Takeshi Nagatake, *Classic Japanese Porcelain: Imari and Kakiemon*, Tokyo: Kodansha International, 2003, pp.54-56.

在青花瓷器的烧造方面，有田无疑也是当时重要的生产地。当荷兰人开始从日本购买瓷器时，他们订购的瓷器与他们之前从中国购买的瓷器最接近。因此，青花圆器多为中国万历时期的流行样式，类似今天被我们称为克拉克瓷的风格；琢器如瓶子、马克杯、水壶等多为融合了东西方造型的转变期风格（Transational style）。在随后的几年里，许多有着欧洲炻器和陶器标准器型的青花瓷都是从有田窑订购的。与此同时，木制的模型从荷兰送到荷属东印度群岛的巴达维亚，然后再转送到长崎外三角洲的贸易中心出岛（Deshima）。大都会艺术博物馆藏有田烧的青花山水盖碗，正是生产于转变期风格时期，是其中的一种风格类型。尽管我们很清楚这样一类造型并非日本有田烧独创独有，但它无疑促进了这种造型的流行与传播。当我们单独参照有八仙人物贴塑的器物时，我们会不自觉地认为青花山水图案的盖碗只是其背景，但有田烧的青花山水盖碗向我们清晰地展示了青花山水风景在装饰上的独立性。再联系西厢记人物故事青花盖碗的案例，我们意识到这些器型相似的案例并非偶然，青花盖碗和八仙人物贴塑之间的结合并不是天然的，而可能仅仅是当时常见形式里众多排列组合之一。

新的问题是荷兰商人一旦获得了大量进口东亚瓷器的机会，塑形类器物就迅速成为优选品之一，其购买动力来自哪里？而这种审美选择是否也有更为深刻的原因？

四　从宴会传统到视觉奇观

虽然许多荷兰画派的静物画在表现从东方购买来的青花瓷方面为我们留下了丰富的图像依据。同时，关于其中财富、道德以及虚无等诸多隐喻和劝诫意涵的研究不胜枚举。然而财富本身不能完全解释消费的全部，消费者的需求一方面依赖于熟悉的知识，另一方面依赖于新奇的异国诱惑，两者之间相互作用。因此，关于文化前提和习惯的讨论就变得十分重要。源于中国墓室丧葬传统的青花贴塑八仙盖碗，欧洲人是怀着怎样的心情和眼光，将其摆上了餐桌？

公元 1 世纪，彼得罗尼斯（Petronius）的《情狂》（The Satyricon）记录了一个早先是奴隶，然后突然发迹的人特里马尔丘所发起的一场炫耀性宴会。

（在餐前小吃环节结束后）特里马尔丘才珠光宝气地落座，然后继续让奴隶们端来一个硕大的椭圆托盘，里面装着一个盛有木鸡的篮子，木鸡的翅膀展开，随后在洪亮的音乐声中，奴隶们在木鸡身下的麦草里找出了一些鸡蛋，每个重达半磅。蛋是油炸过的面粉做的，被分给客人后，打开时，里面还包裹着调味过的啄木鸟。接着还有更为离奇的操作。在给客人们用意大利葡萄陈酿洗手时，特里马尔丘又命令奴隶们搬来一具银骷髅，他在桌子上将银骷髅摆成一连串不同的姿势。晚餐的第一道菜是摆着黄道十二宫食物的一个圆盘——双子宫上放着腰子，金牛宫上放着牛肉，摩羯宫上放着鹰嘴豆，等等。正中心的方形草皮上托起一个蜜蜂窝。而当奴隶揭开这个圆盘，人们才发现这还仅仅是个盖子。在其中又有家禽、乳猪，正中央安放了一只插了翅膀的兔子来模仿缪斯的天马。盘子的一角还有四个战神造型的雕塑，从他们的皮酒囊里流出了胡椒汁，浇在看上去正在沟壑里游动的鱼身上。[①]

这场罗马时代的欢宴实在令人叹为观止，也为我们展现了它集视、听、触、味于一体的鲜明特色。宴饮作为一种文化，发展到中世纪及文艺复兴时，对宴会场景、餐桌的摆放方式、菜肴的视觉享受、音乐及戏剧的强调就已经达到了一种令人匪夷所思的地步。

1317年9月，教皇约翰二十二世在阿维尼翁为他侄子举办了一场宴会。面粉、糖、蜜饯和蜂蜜与20只阉鸡和其他的鸟类拌在一起，做成了一道类似城堡的"附加的"菜肴（entremet）。[②]到了1343年，塞卡诺的红衣主教埃尼贝尔同样在阿维尼翁设宴款待教皇克莱门特六世时端上了类似的菜肴，这次的"城堡"不能食用，但尺寸大了很多。更主要的是宴会上还出现了喷泉，其上有一个塔楼和一个柱子，能够流出五种葡萄酒，且用孔雀、雉鸡、鹌鹑等飞禽装饰。1468年，在"勇者查尔斯"和约克郡公主玛格丽特的婚宴上，客人们能够看到戴着纹章的50只镀金及银质天鹅。餐桌上还有驮着城堡的象群、驮着篮子的骆驼队以及牡鹿和独角兽，里面填满了甜肉。[③]

如同对宴会的文字描述，宴会的图像在总体轮廓上也是非常一致的。一

---

① Petroniu, *The Satyricon*, J.P. Sullivan trans, London: Penguin Classics, 2012, p.12.

② R. W. Lightbown, *Secular Goldsmith's Work in Medieval France:A History,* Paris and Lyon: Society of Antiquaries, 1850, p.44.

③ Roy Strong, *Feast: A History of Grand Eating*, Orlando: Houghton Mifflin Harcourt Publishing Company, 2002, pp.90–91.

个著名例子是法兰西国王查理五世（Charles V）《法国大事记》（*Grandes chroniques de France*）中的抄本绘画（见图 12）。它记录了神圣罗马帝国皇帝查理四世（Charles Ⅳ）访问法国宫廷的仪式细节。巨大的台子和大理石桌子人物的分组及其位置如下所述，也与之后的细密画像对照。[①] 图像基本的表现模式是正面的，六个人肩并肩坐在一张铺着桌布的长桌的一侧。主人查理五世坐在中间，他最重要的客人查理四世坐在他的右边，皇帝的继承人温塞斯拉斯（Wenceslas）坐在他的左边。这三个位置不仅因为处于中心，而且因为其背后的荣誉布和前面的船形装饰品（nef）的放置，具有特别的视觉突

图 12　法兰西国王查理五世《法国大事记》抄本绘画（MS fr. 2813, fol. 473v），
14 世纪晚期，法国国家图书馆藏

资料来源：https://images.bnf.fr/#/detail/948525/231

---

① 　Anne D. Hedeman, *The Royal Image: Illustrations of the Grandes chroniques de France, 1274–1422*, Berkeley-Los Angeles-Oxford: University of California Press, 1991, pp.131-133.

出效果。图像和文本都没有怎么表现食物，而表现了侍从所提供的一种表演性质的服务——重现十字军对耶路撒冷的占领。这一舞台奇观与盛宴场面相互作用：它的演员被描绘在一个较小的范围里，左侧冲出画框的船为观众营造了行进的感觉。因此，欣赏这幅抄本绘画的人看到的是一种双重奇观：他们既可以欣赏 11 世纪十字军围城的表演场面，也可以同时观察到查理五世和他的客人观览这一表演的情形。

在此，我们无意于去探究整个西方宴会史的全貌及细节，但我们需要意识到这种在欧洲历史餐饮中逐渐形成的间歇是至关重要的。宴会的混合媒介打破了高雅艺术和装饰艺术、戏剧和音乐之间的现代界限。从一个更长远的角度来看，它极大地促进了各种雕塑形式如菜肴、器皿、视觉道具的出现及其日益复杂的精细展示效果。

在早些时期，船形容器、盐罐或是餐桌喷泉是餐桌上最为重要的展示品，它们通常摆在至高权力者的身边。17 世纪下半叶，伴随着法国新器皿——杂烩罐，亦即椭圆形银质汤盘——的出现，这些器皿或是单独出现占据餐桌中央，或是成对出现摆在餐桌两端。正是由于这种汤盘对于餐桌中心和边缘位置的重新标定，中央的摆饰器皿（the Plate Menage）逐渐成为新的视觉焦点。它最初是为了将分散在餐桌各处的物品，如烛台、糖罐、油瓶、醋瓶、芥末罐、酱油罐及果盘花碗集中在一处，后来流行起来，其实用性被纯粹的装饰性取代。18 世纪萨克森最有权力的人之一，首相海因里希·格拉夫·冯·布鲁尔（Heinrich Graf von Brühl）在 1737 年获得的一套餐具，有记录显示其上装饰着柿右卫门风格的树篱图案，包括"一个大柠檬篮，它隶属于中央摆饰，其中还包括油和醋瓶、芥末和糖罐，以及通常的陶器和一系列的烛台"。[①] 尽管这可能是较早描述柠檬篮造型的记述，但不幸的是，我们不知道它具体是什么样子的。而后来所见的以柠檬篮命名的瓷器基本上是有一个直立的柱子的造型，篮筐被放得很高，因此通常比周围的瓶形物品要高得多。这意味着放在瓷碗里的柠檬可以得到令人印象深刻的展示（见图 13）。

在这样一条脉络里，我们可以很清楚地看到，不论是糖制、银制还是瓷制，它们共享一个源流。尤其是 17 世纪的中心摆饰及汤盆、柠檬篮的广泛流行，为整个欧洲贵族阶级建立了一整套餐桌装饰体系，而这些都是长期以

---

① Ulrich Pietsch, "Schwanenservice," *Meissener Porzellan für Heinrich Graf von Brühl 1700-1763*, Leipzig: Staatliche Kunstsammlungen Dresden, 2000, p.247.

图 13　爱奥尼克柱式果篮，1761 年，麦森瓷器厂制作，维多利亚及阿尔伯特博物馆藏

资料来源：Ulrich Pietsch, *Triumph of the Blue Swords, Meissen Porcelain for Aristoracy and Bourgeoisie 1710-1815*, Staaliche Kunstammlungen Dresden, 2010, p.294。

来对宴会餐饮视觉狂欢的物质文化层面的回应。对于三维立体视觉效果的热爱和追求，一定为来自东方的舶来品准备好了极大的消费市场。

五　接受者的眼光

（一）对异教认知的有限和宽容

尽管诺曼·布列逊（Norman Bryson）所提供的一种紧紧围绕着"物质性"及其焦虑的解读已经深入人心[①]，但它并不能完全涵盖被作为写生对象的青花贴塑八仙盖碗如何被荷兰人所接受的更多细节。例如，荷兰人在挑选和购买青花贴塑八仙盖碗并将其装入货船时，是否考虑到八仙主题的宗教性寓意？作为 17 世纪著名的学者，耶稣会士阿塔纳修斯·基歇尔（Athanasius Kircher）曾游历中国，结合之前访华的耶稣会士的知识，他对中国的风土人

---

① 　Norman Bryson, *Looking at the Overlooked: Four Essays on Still Life Painting*, Cambridge, MA: Harvard University Press, 1990, pp.121–129.

情做了极为细致的介绍。他的《中国图说》①拉丁文版于 1667 年在阿姆斯特丹出版，在欧洲反响强烈，第二年就出版了荷兰文版，1670 年又出版了法文版。在第三部分的第一章"中国的偶像崇拜"记录了有关他对中国宗教信仰的重要观察和理解：

> 当中国人谈到他们的国家和邻国时，由于对其他地方知之甚少，他们将世人分成三种。第一种是儒家（Literati），第二种是释家（The Seiequia），第三种是道家（Lancu）……
>
> 第三种是被称为道教的教派，这相当于埃及的普通人和僧侣（Magi），它起源于和孔子同时代的一位哲学家。他们说这位哲学家在母亲的子宫中过了八年才出生，因此它被称作"老哲学家"。这一派的教旨是向有精神与肉体的人们许诺一个天堂。他们在道观中放置一些人的塑像，并且说这些人已到了天国。他们遵循一些特定的仪式和练习，通过坐姿、符表，甚至药物，使人们相信：他们在所崇拜的神的帮助下将获得长寿。……②

更为有趣的是基歇尔频繁地将中国神仙信仰体系和埃及、希腊等其他文明进行类比，甚至列出了一个表格，并得出了一些自认为很笃定的信仰西传的结论。正是在这样一种论调中，基歇尔对中国道教神仙图（见图 14）展开了颇具图像志意味的奇异对比：

> 此图可以分为三个部分。第一部分中的 A 神被称为佛，意思是救世的人，他是天上的主人，因此受到敬仰和崇拜。他的双手被遮掩起来，以表示他的神力不为这个世界的人所见。他的王冠用宝石编织而成，以增加他的威严。闪闪发光的王冠就像我们圣徒头上的光环。佛是天上最高的神。在他的右边坐着 B，是被神化了的孔子。在他左边的 C 是老子，中国古代的哲学家，也被尊崇为神，他是中国宗教的创立者。他们

---

① 原名为 "China Monumentis qua Sacris qua profanes, Nec non variis Naturae & Artis Spectaculis, Aliarumque rerum memorabilium Argumentis illustrata"，即《中国的宗教、世俗和各种自然、技术奇观及其有价值的实物材料汇编》，简称《中国图说》。

② 〔德〕阿塔纳修斯·基歇尔：《中国图说》，张西平、杨慧玲、孟宪谟译，大象出版社，2010 年，第 249—251 页。

都是因为著述闻名于世。……这是中国人关于诸神的信仰。这里显然有埃及与希腊神话的遗迹。A（作为上帝的佛）相当于朱庇特，旁边的 B 神和 C 神相当于阿波罗和墨丘利，手持剑与枪若非战神与酒神，那又是什么？……①

图 14　阿塔纳修斯·基歇尔《中国图说》中的中国各主神的图像

资料来源：〔德〕阿塔纳修斯·基歇尔《中国图说》，张西平、杨慧玲、孟宪谟译，第 259 页。

　　基歇尔的解读有着明确的基督教立场，于是得出的很多结论在今天看来是十分可笑的，但也不是完全的杜撰。从他的描述中我们可以确定的是作为传教士，他对中国的宗教，特别是道教有一定程度的认知，虽然还存在很多误读和想象，但将中国神仙插图加入到讨论中，直接为欧洲的读者提供了一种最为便捷的图像材料。由此，我们至少可以推测 17 世纪欧洲的精英阶层对中国宗教的印象停留在一个相对混沌但并不是一无所知的阶段。

　　荷兰人能够选择青花贴塑八仙盖碗作为进口品的另一个重要因素在于 17

---

① 〔德〕阿塔纳修斯·基歇尔：《中国图说》，张西平、杨慧玲、孟宪谟译，第 257 页。

世纪荷兰国内宽松的政治、宗教环境。这意味着其受众即便意识到盖碗上所带有的异教神仙题材，也未必会产生任何抵触和不适的情绪。就宗教而言，在欧洲的其他地方，政府已经准备好甚至渴望采取暴力或冒险行动来加强宗教团结。荷兰摄政王的侧重点似乎有所不同，他选择优先考虑维护国内和平和经济需求。荷兰的局势经受住了来自国内和国外威胁的巨大政治压力并向持怀疑态度的欧洲证明，宗教多元化并不一定会导致政治不稳定。在共和政体中存在广泛的神学和哲学思考，不仅在私下，而且通过印刷出版。归正会严格坚持对教会和国家之间正确关系的传统观点，并从未停止过将其信仰和做法强加给整个荷兰人。100多年来的宗教多元主义没有受到神的惩罚，也没有出现政治崩溃，这或许是最有力的论据。

与此同时，这样一种宗教氛围还导致下层人民对巫术信仰的宽容。1592年，荷兰最高上诉法院（Hoge Raad）决定重申对使用酷刑的限制，而在当时的欧洲，对巫术的成功起诉恰恰依赖于对酷刑的自由使用，于是这项裁决有效终止了对巫术的起诉和审判。尽管这些变化的重要性不应被低估，但也不应因此认为人们已经不再相信女巫，不再害怕这个世界上的魔鬼或反基督者的活动，只是在巫术信仰继续存在时，它所引起的恐惧和恐惧的强度减弱了。直到17世纪晚期，占星术仍在知识上受人尊敬，千禧年运动也在这一时期特别活跃。尽管魔法世界开始对受过教育的人失去影响力，但在大多数人的认知中其依然存在。[①]

（二）博物学兴趣的增长

和巫术信仰同样令当时的荷兰人感到焦灼的，是他们同样处在一个被称为科学革命的时期。现代科学正在取代自然哲学，成为理解自然世界最有效的方式。然而，相比古典科学和基督教神学的传统联盟，当时的新科学无法提供一种全面而连贯的世界观体系。对许多人来说，后者令人不安的地方在于它试图全面推毁前者的原则，却只能提供非常有限的替代方案。17世纪对亚里士多德哲学霸权的第一个巨大挑战来自法国哲学家笛卡尔。从17世纪50年代开始，新哲学开始对共和国的知识界产生相当大的影响，尽管笛卡尔的怀疑主义给科学思维带来了不可否认的刺激，但问题在于，笛卡尔也并非

---

① J. L. Price, *Dutch Culture in the Golden Age*, London: Reaktion Books Ltd., 2011, pp.55-58, 185-187, 195-197.

真正意义上的纯粹科学主义者，而是把科学问题纳入了哲学之中，这往往意味着，从基本原理出发的推理可以胜过观察。但这并不妨碍笛卡尔的广泛影响，科学发展的洪流，加上一系列千禧年运动，使荷兰人在17世纪的最后25年里经历了特别强烈的智力和精神上的动荡。这些干扰促成18世纪初荷兰文化发生根本变化：文艺复兴终于让位于启蒙运动。①

接下来，我们将带着这样一种印象，来观察那些与广阔外部世界建立联系后的荷兰人被赋予的一种新的科学性眼光。荷兰东印度公司在东方建立了一个贸易帝国，总部设在巴达维亚。尽管该公司的主要兴趣是胡椒、肉豆蔻、丁香香料贸易，但由于前往美洲和亚洲的荷兰探险者和商人带回了大量有趣的信息以及商业情报，并激发了人们对亚洲和美洲动植物的真正好奇，所以除了商业货物外，该公司的船只还带回了无数植物和动物的标本。很快，荷兰人就不再满足于简单地观看而开始试图以更加系统的方式研究和解释动植物类型和物种。除此之外，这些植物和动物中的大多数都没有在《圣经》中被提及，人们很难将它们的存在与必须通过《圣经》来解释自然的信念相调和。在世界贸易帝国形成后流入共和国的新标本从根本上增加了关于自然世界的知识，并在科学文化的发展中发挥了重要作用。

一些荷兰博物学家有趣的日常通信记录对于当时这种痴迷的兴趣的揭示是十分生动的。当荷兰业余博物学家约翰·弗雷德里克·格罗诺维乌斯（Johann Frederik Gronovius）写信给伦敦的安曼（Amman）时，他毫不犹豫地列出了一份长长的购买清单，包括英国国内外的植物共102种，他想要安曼帮自己的收藏事业建立一个分支。安曼同意了。一年后，安曼在彼得堡定居后，格罗诺维乌斯给他写了一封感谢信，作为回报，他在信中写道：

> 我现在在法国维尔吉尼（Virginys），通信状况非常好，从那里我可以得到非常好的稀有植物的种子，当它们长出来的时候，我会为你晾干标本。当你在乡下发现一些你没有遇到过的植物时，我把这边的标本推荐给你。②

相比植物，矿物标本和动物标本的远程交换就显得更为麻烦。但这也

---

① Luuc Kooijmans, *Gevaarlijke kennis: Inzicht en angst in de dagen van Jan Swammerdam*, Amsterdam: Uitgeverij Bert Bakker, 2007, p.289.

② Gronovius to Amman, April 5, 1736, *RAS* R1.Fond 74a, dela 0.

并未阻挡荷兰博物学家们的热情。1739 年，安曼向柯林森索要两盎司磷，磷在运输过程中需要特别小心，能否顺利获得，柯林森自己也并不确信。直到后来安曼写信告知他，他无法将磷邮寄，只得用锡纸盒包装交由一位船长海运过去。① 这种对自然科学的兴趣是普遍的，以至我们很快就能发现这种兴趣和眼光导致了荷兰对世界其他文明的观看方式带有某种民族志的特定角度。正如我们今天在 17 世纪荷兰绘制的大量世界地图上以及各种版画和印刷制品上看到的那样：他们不仅和动植物的知识与图像交织在一起，共同形成一种博物学的结构，同时，还与世界地理疆域的图像相生相伴，试图将宇宙空间和其上分布的人类种属相融合。因此，在这类近乎标本类型的图像上，我们看到了对于人物形象性别、体貌特征以及服饰装束的特别关注。在荷兰地理学家与出版家威廉·扬松·布劳（Willem Janszoon Blaeu）绘制的 1606—1607 年版世界地图中有近 30 组人物图像，绝大部分采用了男女对偶图像作为一种基本呈现方式，分立在地图两侧的边框区域。之后这一传统又被弗兰德斯雕刻家和出版家彼得·卡里乌斯（Peter Kaerius）的 1609 年版世界地图所借鉴，又经历了布劳 1617 年版本等一系列发展演变。②

此时，我们再回顾卡尔夫作品中对于青花贴塑八仙盖碗的表现。每一次的表达都以吕洞宾和何仙姑一组入画，似乎这并不是偶然。16—17 世纪荷兰出版物上那些广泛流行的男女对偶式图像是否成了卡尔夫的一种“预成图式”（schema），在潜移默化中影响了卡尔夫观看角度的选取？如果真的存在这种可能性，那么包括画家卡尔夫在内的更多欧洲观赏者眼中的青花贴塑八仙盖碗将很可能唤起的是博物学、人种学传统的观看经验和兴趣，而非这个盖碗本身在诉说的神仙故事。

由此，我们可以了解到，青花贴塑八仙盖碗向欧洲地区流入的第一站荷兰具备相对宽松的接受条件。之前的讨论表明，在欧洲宴会餐桌上早已有一种更为有利于塑形瓷器的使用传统，而本身带有中、日两种风格的畅销品也是当时欧洲从贵族到平民十分追捧的设计。但十分奇怪的是，在进入欧洲市场后，青花贴塑八仙盖碗并没有在跨文化交流中发挥更大的价值和影响力。

---

①　Collinson to Amman, September 12, 1739, *RAS* R1. Fond 74A, Dela 19.

②　李晓璐：《贸易、跨文化交流与趣味再造：宫内厅藏〈万国绘图屏风〉男女对偶图像研究》，《艺术设计研究》2020 年第 6 期，第 87—99 页。

六　走向消融的原因

（一）荷兰经济的脆弱性

我们都知道荷兰黄金时代的文化成就是非凡且独特的，但这时常令人忽略其繁荣背后政治、经济的脆弱性。荷兰共和国诞生于16世纪晚期的荷兰起义以及随后争取从西班牙统治下独立的"八十年战争"中。虽然新国家的总体形状在17世纪初或多或少已经确立，但其明确的边界直到1648年才确定，将北方的7个省份连接在一起，最终组成了新国家的核心。一方面，最发达省份特别是荷兰省和其他省份之间的巨大经济和社会差距在起义前就已经很明显了，到了17世纪时，这一情况愈演愈烈：荷兰省约占共和国40%的人口和60%以上的财富；另一方面，它也时刻受到法国、英国等对手的战争挑衅。例如，1672年法国的入侵，一度进入了共和国的心脏地区。

荷兰经济的成功很大程度上来自其可以提供其他国家当时无法提供的商品和服务。随着欧洲贸易网络的发展，中介服务不再是必需的，或者至少不会再达到荷兰黄金时代的这种程度。事实证明交易模式的转变发生在18世纪，荷兰却对此无能为力。例如在其他各国东印度公司特别是英国东印度公司于1698年展开对华直接贸易（白银付款）时，荷兰巴达维亚的负责人仍旧只愿意通过南洋贸易转口得到中国货物，这种以货易货的间接贸易方式最终没能改变。[1] 万丹（Bantam）、北大年（Pattani）、巴达维亚等地区作为重要中转站，每年有8—9艘载重300吨的中国帆船到万丹、巴达维亚进行交易，瓷器是这些中国商船携带的重要商品之一。[2]

此外，荷兰纺织业等国内工业也严重依赖国外市场，随着转口贸易中的关税提高，它最终无法应对其他国家在竞争中发展起来的贸易保护主义壁垒。因此，可以说，尽管荷兰经济取得了辉煌的成功，但它比看起来的要脆弱得多，也局部得多——荷兰的经济奇迹很大程度上局限于荷兰省。[3]

持续稳定的贸易是艺术风格交流可持续性的一个重要保障。然而，正是因为荷兰经历激烈的军事、政治、经济的厮杀以及背后隐藏得更为深刻却难

---

[1]　布罗代尔：《十五至十八世纪的物质文明、经济与资本主义》第3卷，生活·读书·新知三联书店，1993，第243页。

[2]　Christiaan Jörg, *Porcelain and the Dutch China Trade*, The Hague: Martinus Nijhoff, 1982, pp.18–19.

[3]　J. L. Price, *Dutch Culture in the Golden Age*, London: Reaktion Books Ltd., 2011, pp.9–42.

以改变的固定贸易思维和模式，一定程度上导致了荷兰瓷器输入的短暂性。如上文所提及，荷兰于 17 世纪 50 年代开始日瓷贸易，但是 1723 年以后，除了购买一些用于在巴达维亚和东南亚地区出售的较次的日用瓷，荷兰东印度公司的日瓷贸易实际上已经接近停止。[①] 当然其中也包含了中国海禁松懈、重启中荷瓷器贸易以及日本瓷器价高等原因，但日荷瓷器贸易的繁荣局面不过短暂的 100 年却是无法辩驳的事实。

（二）仿制热情未被激发

无论任何形式种类的艺术，在不同文明之间交流互通时都存在类似的过程：从相遇相识到拷贝模仿再到解构创新。一般来说，这一过程常常要经历长时段的多元、多次循环往复，才能贡献新的生命力。例如，1727 年前后麦森瓷器厂制作了一件鸟笼花瓶。这件花瓶有着高耸的喇叭口，在颈部做了宽大的叶形开光，而且还有一对蓝色象耳。到了花瓶的腹部收缩器身变为笼腔，却留出弧线形的翘檐以便嵌入金属丝，在笼腔里塑有彩色的鸟雀立于石上。以东方的审美眼光来看，它在结合塑与绘的传统上显得不伦不类甚至有些古怪。十分吊诡的是它其实是在模仿一件 1680 年前后日本有田烧的鸟笼花瓶。虽然这种古怪的花瓶造型创制于日本，但它本身明显来自中国的青铜觚造型，而且整件器物是青花瓷，在沿口处有龙纹装饰。开光中的镀金工艺是日本传统。但是到了麦森瓷器厂的仿制品那里，一方面能够看出它的仿制意图，而另一方面工匠在对鹅黄、乳白和亮蓝色等进行重新配色时，在开光中绘制直立的花卉时，在微妙地将器形拉得更为直立而减小了觚形器原本的弧度时，都在显示着它的身份已在欧洲文化传统的理解和制作中悄然发生了改变（见图 15）。

青花贴塑八仙盖碗在荷兰被顺利接受，并不意味着荷兰人对其抱有更多的热情与兴趣。关于这一点，最为直接且有力的证据存在于代尔夫特蓝陶（Delft Blue）的烧造情况中。

荷兰本土传统的制陶技术主要源于欧洲南部的意大利、葡萄牙等地。16世纪初期，意大利和葡萄牙的一些陶匠迁移到安特卫普，将制作马约里卡的技术传入荷兰，使得安特卫普一度成为欧洲北部生产陶器的重地。16 世纪后期由于宗教改革和经济发展等因素，这些陶匠进一步迁徙到荷兰北部的城市如哈勒姆、代尔夫特、阿姆斯特丹、莱顿等城市。17 世纪起，随着中国外销

---

① 　John Ayers et al., *Porcelain for Palaces: The Fashion for Japan in Europe 1650-1750*, p.21.

图 15　1727 年前后麦森瓷器厂鸟笼花瓶与 1680 年日本有田烧鸟笼花瓶，德累斯顿博物馆藏

资料来源：Ulrich Pietsch, *Triumph of the Blue Swords, Meissen Porcelain for Aristoracy and Bourgeoisie 1710-1815*, Staaliche Kunstammlungen Dresden, 2010, p.23。

瓷大量涌入荷兰市场，这些城市的陶匠不得不面对中国瓷器所带来的激烈竞争，并开始寻求新的出路。从 1620 年起，代尔夫特陶器厂开始模仿中国青花瓷的装饰图案。这一时期的模仿对象主要是早期出口到欧洲的克拉克瓷和转变期瓷器。[①]1650 年之后，中国陶瓷的贸易进口受阻，荷兰东印度公司转而进口日本彩瓷，但这一时期荷兰经济的快速发展导致富庶的荷兰市民阶层对陶瓷有着巨大的购买需求和购买力，总体上仍是供不应求，从而刺激了代尔夫特陶瓷业的迅猛发展。17 世纪中期，代尔夫特还只有三四家釉陶工厂，1661 年就增加至 20 多家，在鼎盛时期，城里共计有 32 家陶瓷厂。[②]从品类上来看，这些工厂生产花瓶、汤盆、盘、罐、烟草盒、烛台、鞋、壶等各种日常使用的器具，在造型上更加符合欧洲人的餐饮习惯。在装饰语言上，对中国青花瓷特别是克拉克瓷的开光、锦地、璎珞、花鸟、瑞兽等图案大量模仿，但对于青花贴塑八仙盖碗之类器物目前没有发现仿制品的留存，同时这一情况也存在于欧洲其他的重要陶瓷产地。

① 孙晶：《青花里的中国风：17 世纪荷兰代尔夫特陶器的模仿与本土化之路》，《清华大学学报》（哲学社会科学版）2019 年第 2 期，第 42 页。

② 汤黎宇、于清华：《荷兰代尔夫特蓝瓷探析》，《美术教育研究》2012 年第 6 期，第 48 页。

　　这是不是由于代尔夫特陶匠的技术水平有限呢？首先，代尔夫特使用的是锡釉陶的工艺，它通常以高温颜料进行装饰，但不像铅釉陶那样是在素坯上直接勾勒，而是画在已经涂有生料釉层的烧成坯上，然后以较低的温度二次烧成，有时会再施上一层透明的铅釉，进行第三次烧制。这种工艺会防止烧造时颜料的流淌而使图像模糊不清，但同时其改动性也很小。[①] 其在后来的荷兰陶瓷板画与瓷砖方面展示出了独特优势。与此同时，更加具有荷兰风情的花塔，除了在塔身能够细致描绘中国传统纹饰和欧洲人物风景等，令人印象深刻的是其融汇了中国传统宝塔造型所制作出的层层重檐的效果，并且还可以制作成尺寸、造型不一的多种类型。由此，我们可以肯定的是，除了器物本身的烧结程度较低，仍属陶器制品外，代尔夫特工匠已经竭尽全力将来自西班牙、意大利的古老制陶工艺发扬光大。在塑形和绘制方面，代尔夫特蓝陶显然并不存在所谓的技术性难题。那么只剩下另一种可能：新的时尚正在悄然兴起。

（三）新风尚与新诉求

　　到 17 世纪末，伴随着成套的人物雕塑订单的增多，代尔夫特的仿制兴趣部分集中在这一类型。包括八仙形象在内的道教神仙人物和佛教十八罗汉等男性人物形象被混淆在一起，形成众多的组合套件。这些人物形象站在基座上，穿着长袖宽袍，仙风道骨，但发式类似短发，有的手中会持有吕洞宾所带拂尘，有的手持书本，甚至做挑耳姿势，并没有一个明确的题材传统。[②] 另外，具有一定体量的八仙人物摆塑本身也开始成为一种新的风尚，相较于碗壁的贴塑，更加便于观看和欣赏。与此同时，我们也看到 17 世纪欧洲地图、印刷出版物中表现异域男女对偶形式的图像仍旧发挥着持续的影响力。除了景德镇，福建德化也收到了制作此类瓷塑的订单。这些人物也站立在台基之上，半裸的上身和披挂着的衣襟表明他们有可能是热带岛屿居民，但是人物面部形象又有着中国佛教造像的特征，同样是难以归类的传统。[③] 但随着之后更多中国风的版画、挂毯、瓷器的制作和流行，欧洲对此类瓷塑的仿制一直在继承和发展，不论是镀金还是彩塑，那些逐渐脱离了东方蓝白趣味

---

① 刘谦功：《荷兰陶瓷之都代尔夫特崛起的历史动因与现实意义》，博士学位论文，清华大学，2007，第49—50页。

② William R. Sargent, *Treasures of Chinese Export Ceramics: From the Peabody Essex Museum*, p.443.

③ William R. Sargent, *Treasures of Chinese Export Ceramics: From the Peabody Essex Museum*, p.214.

的被称为"中国人"或"马拉巴尔人"（Malabar）的男女对偶式摆塑更多的是借鉴了洛可可时代布歇（Francois Boucher）风格灵感的产物（见图16）。

图 16　马拉巴尔人瓷塑，麦森瓷器厂弗里德里希·埃利亚斯·迈耶（Friedrich Elias Meyer）制，1750 年，阿姆斯特丹国家博物馆藏

资料来源：Ulrich Pietsch, *Triumph of the Blue Swords, Meissen Porcelain for Aristoracy and Bourgeoisie 1710–1815*,p.330。

　　对欧洲人自身更熟悉的自我形象的表达是伴随着这种对异域人物形象的兴趣同时建立的。福建德化制瓷工匠收到了大量制作荷兰人形象瓷塑的订单，于是模具再次发挥其作用，完成单个人物形象和几个人物形象开模后，就可以任意形成各种组合。在以一种家庭氛围为组合的订件中，男性人物通常都是戴帽子的形象，孩童不过是比例缩小的成年人形象（见图17）。这类订件被明确列在英国东印度公司"达什伍德"号（Dashwood）船的一份载货清单上，该船于 1701 年冬天在厦门装载。1703 年 3 月 23 日至 4 月 2 日在伦敦拍卖时，这些物品被标注为"荷兰家庭"[①]的条目，价格根据模型的大小而变

————————

① 虽然英国航运记录称其为"荷兰家庭"，但学者克里斯蒂安·约尔格则认为他们只是西方人的普遍形象，有可能是根据印有西方商人家庭图像的版画而来。参见 Christiaan Jörg, *Porcelain and the Dutch China Trade*, The Hague: Martinus Nijhoff, 1982, p.175。

化。[①]一年后，3月17日，东印度公司"联合"号（Union）船出售了两个"荷兰家庭"。在1721年的约翰纳姆（Johanneum）名录中，他们被描述为"四个印第安人站在一张桌子旁，旁边是一只狗和一只猴子"。[②]在奥尔良（Orléans）公爵菲利普二世（Philippe II）1724年的清单中，同样的一群人物雕塑组合被描述为"un petit festin de porcelain blanche"（一种用白瓷制作的小型宴会），似乎是在描述家庭吃喝场景。[③]

图17　荷兰家庭白瓷塑，德化制，1700—1720年，皮博迪·艾塞克斯博物馆藏

资料来源：William R. Sargent, *Treasures of Chinese Export Ceramics: From the Peabody Essex Museum*, p.209。

正是这样一些瓷塑的进口与仿制表明，17世纪末到18世纪，欧洲审美趣味正在逐步强调更加鲜明的摆塑形式，而且形象来源也更为贴近其更为熟

①　Elinor Gordon, *Collecting Chinese Export Porcelain*, New York:Universe Books, 1979, pp.266-267.

②　P.J. Donnelly, *Blanc-de-China: The Porcelain of Tehua in Fukien*, New York：Faber and Faber, 1969, p.193.

③　Pamela Cowen, "Philippe d'Orléans, l'avant–garde: The Porcelain Owned by Philippe II d'Orléans, Regent of France," *Journal of the History of Collections,* 18(1), 2006, p.53.

悉的戏剧、地图、印刷制品、挂毯等媒介。之前猎奇和被东方神秘形象打动的欧洲市场，随着贸易和交流的增进，已经越来越不满足于那些由东方工匠判断和选择的用于适应西方市场的外销品，而是要更明确和直接地表达喜好与需求。青花贴塑八仙盖碗上塑形的视觉冲击力显然已跟不上这一时代要求，中国神仙故事又从来都不是欧洲市场真正关注的重点。因此，其被更多同类性质的产品逐步替代是一种必然。

结　语

明晚期至清前期流行的一批青花贴塑八仙盖碗，承载着东方传统道教神话题材，却有着在欧洲流行并被收藏研究的现实。由于是八仙题材，且使用了"塑""绘"结合的工艺形式，通过具体的图像与器物，我们发现其在被景德镇工匠以这种形式制作展现之前，就与元金的墓室壁画、日用及明器瓷器中的升仙、祝寿题材都有深刻的联系。欧洲买家更加注重塑形器精美的视觉体验，在放大塑和雕技艺的同时，将八仙的叙事、身份及寓意排挤到了极为边缘的处境，这种做法与追求和以隐求显的"暗八仙"之类中国审美趣味截然相反。此外，它与17世纪有田烧的青花山水盖碗等在风格形式上的呼应，一方面为我们对其流行年代的判断在清前期提供了佐证，另一方面也让我们看到青花贴塑八仙盖碗极有可能是在中、日、荷等国家的贸易联动中共同塑造出来的众多排列组合之一。

另外，欧洲宴会传统造就的餐桌视觉文化，无疑为青花贴塑八仙盖碗之类塑形瓷器的使用情境打下了深远而良好的基础。而将该器物引入欧洲的荷兰人因其无宗教抵触的欣赏、自然科学启蒙的眼光，为抵达欧洲的青花贴塑八仙盖碗创造了一个宽容的社会文化空间。然而，青花贴塑八仙盖碗并没有继续在欧洲孕育出新的艺术生机，其原因是多方面的。经济、贸易、宗教、文化及审美趣味的差异使得欧洲人既难以在真正理解并尊重中国文化传统的基础上接受它，也不能将之归入欧洲传统去进一步改造它。

Study on the Popularity and Acceptance of Blue and White Tureen with Plastic Eight Immortals

Li Fan

Abstract: This paper discusses the specific forms and reasons of the different visual preferences of the combination of "plastic" and "painting" in the East and the West, taking a special kind of blue and white plastic Eight Immortals covered bowl popular from the late Ming Dynasty to the early Qing Dynasty as an example. The paper further explores how the Netherlands, as the main communicators of such objects in China and the West, promoted the popularity and acceptance of such objects with materialistic reflection, non—religious appreciation and enlightenment of natural science. Finally, this paper tries to discuss the reasons for the fact that such artifacts did not continue to breed new artistic vitality after entering Europe: For example, the economic fragility of the Dutch Republic led to the reality of temporary input, while the European ceramic centers such as Delft and Meissen lost interest in imitation and in—depth research of such artifacts, and the mastery of ceramic manufacturing technology in Europe gave local people a greater initiative in choosing the interests and styles.

Keywords: Blue and White Tureen; Eight Immortals; Export Porcelain; Trans-culture; Communication and Spread

（责任编辑：罗燚英）

海洋史研究（第二十二辑）

2024 年 4 月　第 259~283 页

由"指针"导向的城市视野

——一件东西城市瓷盘上的跨洋航路与家族版图

刘　爽 *

摘　要： 18 世纪中叶，清廷的"一口通商"政策使得中西贸易集中在广州城的珠江沿岸，广州的城市形象也一跃成为中国的代表，不断出现在各类媒介之上。但与同主题的创作截然不同，现藏于大都会艺术博物馆的城市主题纹章瓷创造性地促成了"广州"与"伦敦"的直接相遇，同时围绕盘沿延伸出一种"环行"的目光轨迹。对此，本文借助这一时期在欧亚大陆间流传的地理图像、伦敦地区的城市景观，揭示瓷盘的形式与图像背后的更多来源，最终结合埃尔德雷德·兰斯洛特·李家族在欧、美、亚的商业活动，展现出瓷盘完整的图像逻辑，延伸出一个海权时代的家族版图。

关键词： 城市主题　纹章瓷　伦敦　广州　城市地图

　　15 世纪起，海上贸易开始在全球范围内展开，欧亚大陆沿岸的一些港口城市凭借经济实力，逐渐成为一个地区乃至一个国家的形象代表。这些国际性港口不仅通过城市改造强化自身，更借助各类艺术媒介声名远扬，但与此前单一的东西方城市主题不同，到 18 世纪，贸易系统已经改变了欧亚间的城市网络，制海权的划分、家族势力的渗透、东方对外政策的变化，都使欧亚

---

　　*　刘爽，中央美术学院人文学院讲师。

　　本文由中央美术学院自主科研项目暨中央高校基本科研业务费专项资金（项目号：21QNQD06）、福建省社会科学基金项目"闽籍当代艺术家的创作实践及其地缘文化特性研究"（项目号：FJ2021C099）资助。

大陆间的航线成为一种"点对点"的港口对接，位于东西方的两座城市常常因为共同的利益链条而紧密地联结在一起，同时出现在各类城市主题创作当中，而外销瓷即为一类重要的代表。

早在欧亚间的广阔视野被打开之前，对于东方的遥想便已开始，如在围绕外销瓷盘盘沿排列的系列"景框"当中，部分绘制者不再依据西方版画表现当地代表性的街区形象，而是借助港口场景展现一种远航者的海上视野，甚至描绘遥远的中国形象。它们以中央的家族纹章为中心，围绕盘沿排布在狭长的景框中，从而在视觉上形成一种独特的"环形"路径。重要的是，尽管这些东方的水上风貌不乏模式化的表达，但其并非仅停留在长期以来的想象中，而是凭借确切的地理信息、具体的城市景观，明确地指向了"广州"这座城市（见图1）。

图 1　安森纹章瓷，1743 年，大英博物馆

乾隆二十二年（1757），不列颠东印度公司职员因军火增税问题与清廷产生冲突，乾隆帝当即谕令"番商"只在广州一地进行贸易活动，不得再赴浙江等地，此即所谓"一口通商"。在《南京条约》签订前的近100年时间里，四大海关之一"粤海关"一枝独秀，中外商行所在的"广州港"的形象也成为远东地区在欧洲的缩影，在18世纪不断进入西方世界。因此，对于这

一时期的海权国家来说，广州几乎成为唯一与之对接的中国港口，其形象也能够极大地满足海权国家对于远东的想象，它使得赞助者们迅速调整了生产策略，将"广州"视作重要的主题意象，使之成为画家竞相表现的对象。正在这一背景之下，这一时期的城市主题外销瓷开始将广州与西方的城市景观"并置"，不再单一地展现东方或西方的城市景象，而是借助广阔的"水域"将两地的城市景观"统一"起来，构建出港口城市的代表性风貌，使两者的形象在盘沿上遥遥相对，映射出这一时期由海上探索带来的全球视野。

然而，很长一段时间，在这类瓷盘上，中西两地的城市景观即便同时出现，也始终没有真正"相遇"，而是被禁锢在装饰性的景框当中，成为一个个围绕盘沿间隔分布的独立"空间单元"，恪守着这一时期固定的装饰逻辑。然而，到 18 世纪上半叶，有一类城市主题瓷盘展现出非同寻常的组合形式，绘制者似乎一反传统，将欧亚大陆的两端真正"连接"在了一起。

一 "盘沿"上的"两城相遇"

现藏于纽约大都会艺术博物馆的一件纹章瓷①（见图 2，以下简称"城市主题瓷盘"）上，广州与英国"伦敦"的城市场景以一种最为直接的方式联系在了一起，成为城市主题瓷盘当中的一个特例。这件生产于 18 世纪上半叶的瓷盘系同时期埃尔德雷德·兰斯洛特·李家族（Eldred Lancelot Lee Family）的重要收藏，为了最大限度地展现港口城市的繁盛景象，绘制者并没有描绘重复性的"景框"单元，而是打破了空间的限制，借助极为简洁的"框架"，将"广州"和"伦敦"两座城市以"长卷"的形式拼接在了一起（见图 3）。在这种非传统的形式设计下，盘沿上狭长的中西城市景观不仅展现出一种"连续不断"的视觉路径，更借助前方广阔的"水域"联系在了一起，前所未有地沟通了欧亚大陆的两端。

与上述恪守"图像单元"装饰传统的城市主题瓷盘不同，随着两座城市"长卷"的紧密联通，这件瓷盘的外沿形成了一种不曾中断的"环行"视野：从整体上看，两次出现的广州和伦敦城市景观形成了两幅"加长"的长卷，以带有花卉图案的小型单元加以分隔，以此引导观者的目光沿着盘沿进行圆周运动，最终借助瓷盘的形制延伸出一条欧亚大陆间的"跨洋航路"。此外，

---

① 除此之外，伦敦格林尼治皇家博物馆存有另一件同期制作的同主题瓷盘。

图 2　城市主题瓷盘，1735—1740 年，大都会艺术博物馆

图 3　城市主题瓷盘局部（广州、伦敦），1735—1740 年，大都会艺术博物馆

画面中"由海观陆"的水上视野，则使人能够暂时摆脱实际地理空间的限制，将两座重要的东西港口风貌尽收眼底，足不出户即可实现长达 9000 公里的远洋环行。

荷兰学者小基·伊崔（Kee Il Choi Jr）对这件城市主题瓷盘的图像内容与形式曾做过专门论述，揭示欧洲版画与中国山水手卷之间的互动关系。[①]

---

① Kee Il Choi Jr., "'Partly Copies from European Prints': Johannes Kip and the Invention of Export Landscape Painting in Eighteenth-Century Canton," *The Rijksmuseum Bulletin*, Vol. 66, No. 2, June 2018.

在图像上，伊崔进一步发展了罗莎琳·凡·德·波尔（Rosalien van der Poel）对广州主题外销瓷的相关研究，又通过对绘图方式、画面"形式"的探讨，将这件器物引入新的"制图"领域。与此同时，城市"肖像"、全景等与中国外销瓷间的跨媒介互动也得到乔治·威尔士（Jorge Welsh）、路易莎·文海斯（Luísa Vinhais）等学者的关注，[①] 里斯本东方博物馆的相关研究更将视野拓展至广阔的欧亚大陆，即使如此，由于瓷盘周围的城市景观多被分割成独立的图像单元，更多的论述以同主题潘趣酒碗（punch bowl）等更为典型的"长卷式"城市图像作为延伸讨论，[②] 因而忽略了本件城市主题瓷盘上的创造性表现，两段长卷式图像的"组合方式"更是罕有论及。

国内学界对本件城市主题瓷盘的研究亟待开展，纹章瓷边饰研究虽取得诸多成果，但与地理图像间的"形式"联系尚未建立，较少从"整体"上联系西方同主题图像展开。本文涉及的"航海"主题外销瓷研究多集中于本土图式的分解，与西方海图间的种种关联停留在西方学界的有限讨论上，未能联系"整体构图""观看方式"等揭示背后的更多来源，使得这一时期"出版物"发挥的关键作用淹没在庞杂的欧亚信息网络中。

现有的大量专题性研究如外销瓷边饰研究的跨文化联系已经出现，但是这件诞生于18世纪中叶的特殊城市主题瓷盘实在少见，很难借助这一时期流通的物质媒介，揭示地图、港口城市全景与城市主题瓷盘间的内在关联。因此，在罕有先例的情况下，绘制者为何会打破原有的图像装饰逻辑，采用如此特殊的组合形式？其背后又是否存在更多的图像传统？进一步的讨论仍然需要回到图像本身。

从图像上看，这件器物上的广州场景（见图4）系珠江沿岸的代表性景观之一，展现出一派繁忙的码头景象，整个城市空间以广阔的水域为主导，高耸的城墙遮蔽了大部分的内城，仅有塔类建筑等延伸至天际线，但城外珠江沿岸的商行、水上的荷兰堡垒（Dutch Folly Fort）等，却成为图像最为主要的建筑景观，使画面完全以水上贸易为主导，同时带有"横向展开"的狭长视野。以此来看，这件城市主题瓷盘的图像表现极有可能像同主题外销瓷一样，参照了这一时期广州城市长卷（见图5），只是在具体的图

①　Jorge Welsh, *A Time and a Place, Views and Perspectives on Chinese Export Art*, Lisbon: Jorge Welsh Books, 2016；Luísa Vinhais, Jorge Welsh, *Art of the Expansion and Beyond*, Lisbon: Jorge Welsh Books, 2009.

②　Kathleen Bickford Berzock et al., "The Silk Road and Beyond: Travel, Trade, and Transformation," *Art Institute of Chicago Museum Studies*, vol. 33, no. 1, May 2007.

像表现上，鉴于盘沿的绘画空间极为有限，绘制者选择性地简化、调整了部分景物，并以"灰色画法"（en grisaille）模仿西方的版画效果，但整个画面却展现出传统水墨的图像特质：绘制者以留白技法展现出由水域主导的纵深空间，并借助水上的一艘艘航船引导观者的视线向右移动，顺次进入右侧的"伦敦"场景。

图 4　城市主题瓷盘局部（广州），1735—1740 年，大都会艺术博物馆

图 5　《展现珠江的广州全景图》局部，1771 年，荷兰国家博物馆

　　与上述广州场景相呼应，一旁的伦敦场景（见图 6）同样借鉴了同时期的长卷式城市全景版画，但关于其"具体来源"已经形成共识——这一时期在英国等地大量流通的《伦敦杂志》（*The London Magazine*）等印刷品。在杂志封面重复使用的伦敦景观（见图 7）中，一种与瓷盘近似的视野出现了：远处密集的城区以带有高塔的宗教建筑为主导，借助泰晤士河上的伦敦桥与对岸相连，宽阔、诸帆涌动的水域映入观者视野，与广州一样展现出以水上活动为主导的视觉路径。只是在瓷盘上，由于盘沿弧度的影响，绘制者扭曲了地标建筑之间的距离，以此契合形制特殊的"扇形"画幅；即使如此，下方的水域始终是最具活力的城市空间，从滨水区伸出的座座码头与水上的行船相呼应，后者则借助风帆的朝向引领观者"前行"，再次进入下一个图像单元——广州，最终在盘沿上形成一种城市景观的循环。

图 6　城市主题瓷盘局部（伦敦），1735—1740 年，大都会艺术博物馆

图 7　泰晤士河沿岸景观，《伦敦杂志》"1760 年 5 月"封面，纽约公共图书馆

　　而从图像上看，这种以各类媒介展现的中西港口城市"长卷"不仅融合了中西两地的图像传统，甚至被部分学者指出同"地图"的内在联系，如在对本件城市主题瓷盘的研究中，小基·伊崔曾指出这一图像组合意在以"绘制地图"（mapping）的方式展现欧洲与中国之间的海上航程，[①]这种"地图式"（map-like）的广州场景不仅呼应了同时期荷兰艺术界"绘制地图的冲动"（mapping impulse）、对景观进行的细致"描述"（description），还进一步结合了传统山水画的图像表达，形成一种地理长卷，它沿着水域"平行展开"相关城市或区域景观。因此，即使这种广州城市长卷未被视作助航工具，

---

① Kee Il Choi Jr., "'Partly Copies from European Prints': Johannes Kip and the Invention of Export Landscape Painting in Eighteenth-Century Canton," *The Rijksmuseum Bulletin*, Vol. 66, No. 2, June 2018, p.130.

其也依然能够传达出某种制图的动力，力图展现海岸线、内城的真实景观；而这种融合了风景与制图传统的城市长卷也成为城市的一个缩影，因为对于欧亚大陆另一端的观者来说，它正是对陌生地区的一个生动"描绘"。

尽管上述讨论并未聚焦瓷盘上的城市形象本身，而是其可能参照的蓝本——城市主题长卷，却揭示出瓷盘与此类城市全景画乃至地图之间的潜在关联。然而，瓷盘上"双城相遇"的形式来源问题依然存在，因为在此类城市长卷上，绘制者从未直接表现东西方城市景观的"对接"，而是塑造一座城市的完整形象。此外，本件瓷盘的开光图案不仅在布局上显示出与同类瓷盘的极大差异，装饰形式也极为罕见，以此来看，原本景观各异的东西方城市长卷是如何在盘沿上被"拼接"起来的？

对于景观绘制方式的关注，使得盘沿上广州与伦敦的"形式组合"未能引起重视。由于距离遥远、风格迥异，位于不同大陆的城市景观很难在艺术创作中进行连贯的表现——唯有在地图中，那些遥遥相隔的城市才能合理地连接在一起（见图8）：在这一时期盛行的世界地图的"边缘"，巴淡、亚丁、澳门等重要的港口城市打破了地理空间的限制，仅仅因为功能的需要而被"连接"在一起，并且"统一"在装饰性的椭圆形框架当中，形成一个个联系紧密的图像单元。这类地图以约翰·布劳（Joan Blaeu, 1596—1673）等人的作品为代表，为了在有限的空间单元内最大限度地展现相应的城市景观，布劳以最为简洁的黄色边框加以分隔，仅在上下两个扇形间隙中装饰红色的纹样。而在本件城市主题瓷盘（见图9）上，伦敦与广州场景间的景框同样采用了一种极为相似的设计策略，细长的黄色边框与上方的黄色边沿、下方的条状植物纹样直接相连，上下两端连接红色的扇形纹饰，从而在整体上与中央的城市景观形成了一种包围式的结构。

图8　《亚洲地形图》局部（巴淡、亚丁、澳门），出自约翰·布劳，1617年，澳门博物馆

图 9　城市主题瓷盘局部，1735—1740 年，大都会艺术博物馆

除了"景框"上的相似性，两类媒介间的另一重要图像呼应，是以"水域"为主导的城市视野。由于远洋航线的开辟，国际化的港口城市成为连接世界的重要"节点"，并在城市建设中将发展重心放在"下城区"，以至于那些繁忙的滨水地带成为城市的"门面"，不断出现在各类海图、地图乃至艺术创作当中。正是在这种"以海观陆"的视角下，每座城市的河道与海疆一跃成为图像的"前景"，即使陆上的景观各异，也能够展现出港口城市的内在共性——以水上贸易为导向的发展前景。因此，在部分世界地图或区域地图上，分布在周围的城市形象同样以前方的水域为主导，如在威廉·布劳（Willem Janszoon Blaeu, 1571—1638）、约翰·布劳绘制的《欧洲地图》上方（见图 10），伦敦、托莱多、里斯本等城市排列在统一景框当中，从而在视觉上形成了一种"共通"的水上路径，展现出这些城市在海权时代的紧密联系。

图 10　《欧洲地图》局部（伦敦、托莱多、里斯本），出自威廉·布劳、约翰·布劳，
1630 年，格林尼治皇家博物馆

在完整的地图上，这些具体的城市图像围绕中心的地理图像分布，在整体上形成一种"总—分"式的结构（见图 11），并且作为地图的"注解"，

延伸出视野范围内最具代表性的城市景观。而这种"中心式"的设计同样呼
应了此类外销瓷上的图像格局（见图2）。虽然在约翰·布劳等人的17世纪
地图中，"广州"的身影少有出现，而是将"澳门"视作与西方对接的中国城
市，但这种直接的形式组合却产生了持久的影响，使创作者能够借助一条水
上路径，将世界上的任意两座城市"连接"在一起，最终在城市主题瓷盘上，
促成了广州与伦敦的跨洋相遇。

图11　《欧洲地图》，出自威廉·布劳、约翰·布劳，1630年，格林尼治皇家博物馆

与四方形的地图不同，瓷盘自身的形制使得观者能够围绕一个中心，跟
随圆周式的视觉路径，阅览盘沿上广阔的城市长卷。为此，绘制者还调整了
元素的组合方式，地图中位于城市中央的"纹章"（见图12）成为瓷盘的中
心，以此契合瓷盘的"中心式"构图、特定装饰传统。以此来看，地图上
"围合式的城市景观单元"是如何与瓷盘的圆形形制结合起来的？——绘制者
似乎借助盘沿营造出一种"目光的环行"，又以中央的家族纹章[①]隐藏了景观
所围绕的真正"中心"。

---

① 即"什罗普郡的科顿·李（Lee of Coton）和斯塔福德郡（Staffordshire）的阿斯特利（Astley）纹章"，以珐琅彩装饰，下方为家族座右铭："Virtus Vera Est Nobilitas"（高贵是真正的美德）。

图 12　《中华帝国地图》局部，出自约翰·斯皮德，1626 年，香港科技大学图书馆

二　瓷盘还是罗盘？——目光环行的逻辑

值得一提的是，随着区域地图的盛行，地图与"围合式的城市景观单元"的组合同样适用于城市地图。正如《伦敦杂志》所展现的，作为国际性的印刷与出版中心之一，伦敦的城市图像得到大量发行，并且借助海陆通道在世界范围内广泛流传。而在部分地图中，"大伦敦"内部的区域景观正如上述地图上的"城市单元"，被绘制者安排在地图的上方（见图 13）。但真正值得关注的是，无论是右侧景框中的伦敦还是左侧的威斯敏斯特，泰晤士河始终作为地区的"前景"，处在图像的下部，以此利用河流将两地联系在一起，成为这一时期城市地图的通行模式，并且通过《伦敦杂志》等出版物得到流通。而在形式上，在地图上部，伦敦与威斯敏斯特的区域景观还与中央的标题并列，借助边框统一在地图上方，其整体布局、水域的连通、细节性的"框架"处理，不仅与本件城市主题瓷盘上的相关表现（见图 14）异曲同工，还作为 17 世纪以来伦敦地区出版物的图像参照，逐渐演变为印刷品中的表现程式（见图 15）。

图 13　伦敦、威斯敏斯特、密德萨斯地图，16 世纪末至 17 世纪初，伦敦市博物馆

图14　城市主题瓷盘局部，1735—1740年，大都会艺术博物馆

图15　伦敦全景，《伦敦信使》局部，17—18世纪，大都会艺术博物馆

　　然而，在上述"大伦敦"一类地图中，为了让宽阔河道始终位于图像的底端，绘制者不惜打破地图的统一方向，将整片区域景观调整至"河道在下"的视角，在这种主观的图像处理下，观者只有借助河流上绘制的"罗盘"才能辨别景观的朝向。这种方向的调整不仅强调了水域的重要地位，更凸显出"罗盘"在图像中的导向性。以此来看，在区域地图外，此类城市主题瓷盘上的图像表现或许存在更多的图像来源。

　　实际上，在这一时期，除了港口形象外，各类航海主题也成为外销瓷的热门装饰，其中便有一类同样借助瓷盘的形制实现了"目光的环行"——"罗盘"主题。这类瓷盘（见图16）多将罗盘装饰在"圆心"部分，借助由此发出的罗盘线形成一种放射性的构图，为了丰富画面，中心的罗盘还常与海船、海兽同时出现，后者围绕中央环行，引导观者的目光绕着盘沿移动，进而延伸至外沿"开光"内部的具象图案。因此，与上述城市主题瓷盘相同，绘制者试图展现出一种发自"水上"的目光：观者视线的移动不再跟随人的脚步，而是罗盘的指针，犹如"船员"般占据一个"中心"环视四周，从而将一类"制图传统"引入了新的媒介。

图16　饰有罗盘与海船的瓷盘，16 世纪或 17 世纪，新加坡亚洲文明博物馆

　　正如英国学者甘淑美等人所指出的，上述主题元素很可能来自大航海时代绘制的欧洲航海地图，展现出欧洲商人与漳州陶工之间的商业联系。[①] 而在此类波尔托兰海图（Portolan Chart）中，绘制者不仅以罗盘为中心规划地理空间，四周的城市、海船或海兽还被视作"填补空白"的重要手段，成为不可或缺的装饰元素。但在内容与形式之外，这类瓷盘与海图"观看方式"的联系同样显著，由于波尔托兰海图逆转了中世纪地图"以陆观海"的"静态"视野，[②] 观者的目光始终在洋面移动，沿着陆地的轮廓获取相应的地理信息，一切装饰元素都服务于以罗盘为中心的"动态"海上视野，让使用者的目光始终以罗盘为导向，延伸出一种环行的视觉路径。而在同主题瓷盘上，海图中的罗盘与航海元素的组合几乎被完整地"复制"下来，只是由于对外来传统的陌生，绘制者以中式船、神物、仙岛等本土物象[③] 改造了西方海图中的同类元素，在瓷盘上呈现出更具地方特质的海上景观。

　　然而，由于对西方海图中的元素较为陌生，城市主题外销瓷的"本土绘

---

① 参见甘淑美、张玉洁《葡萄牙的漳州窑贸易》，《福建文博》2010 年第 3 期，第 63—64 页。

② 更多论述参见刘爽《目光的"航海史"——以 13—16 世纪的中西海图看地图观看方式的演变》，湖南省博物馆编《湖南省博物馆馆刊》第 15 辑，岳麓书社，2019，第 53—63 页。

③ 关于此类瓷盘上的传统物象考据，参见叶倩《漳州窑五彩罗经图盘考释》，中国古陶瓷学会编《釉上彩瓷器研究》，故宫出版社，2014，第 151—163 页。

制者们"不仅简化了中央"罗盘玫瑰"的形象，还改变了指代风向的 32 条罗盘线，转而绘制出 24 条，这些细节性的图像"改造"在波尔托兰海图的西方绘制者笔下罕有出现，却契合了人们对于中国传统罗盘的认知：在部分传统主题瓷盘（见图 17）上，绘制者直接以本土罗盘替换了波尔托兰海图中的罗盘玫瑰，也正是传统罗盘对于"二十四山"的划分，使部分瓷盘中央的西方罗盘延伸出 24 条罗盘线，从而在媒介的适应中改变了图式传统。虽然这种装饰性的表现使得罗盘的功能性逐渐丧失，但以之为中心展开的图像空间却延伸出与海图相同的"注视逻辑"。那么这种以罗盘为导向的环行视野是否同样对瓷盘上的"城市"景观产生了影响？

图 17　饰有罗盘与海船的瓷盘，16 世纪或 17 世纪，新加坡亚洲文明博物馆

自 15 世纪起，随着欧洲城市力量的崛起，各大城市开始占据波尔托兰海图的"空白区域"，它们不仅成为海岸线上的突出地标，重要城市还会特别加以表现，被描绘在邻近的罗盘周围，指引领航者从一座旧城驶向一座新城。而在这些城市当中，经济力量最为雄厚的贸易港占据着极为有利的位置，它们逐渐发展成一片海域的中心，或与另一个贸易中心相互竞争，共同控制相

关海域的经济发展。因此，在这一时期的海图中，这些城市逐渐在"罗盘视野"中占据主导地位，甚至成为辨别方位的海上地标，在海图中得到夸张而细致的形象塑造，逐渐形成了以罗盘为中心、以相关城市为主导的海上视野，不仅促进了海图内容和形式的演变，更影响了城市形象在不同媒介上的塑造，而上述的城市主题瓷盘即为其中的重要表现。

作为受到西方海图影响的一类外销瓷，罗盘主题瓷盘上的楼阁、岛屿甚至仙山（见图18）虽然在图像上带有明显的本土传统，在形式上却呼应了"城市"景观在西方海图中的"崛起"。以罗盘为中心分布的地理物象中，一座座"岛屿式山城"出现在大洋中央（见图19），成为这一时期重要贸易城市在海图中的固定表现[①]。在部分海图中，绘制者还借助具体的城市地图塑造

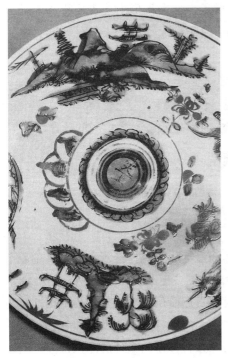

图18　漳州窑五彩"天下一"大盘，明末，出自齐藤菊太郎，《吴须赤绘—南京赤绘》，平凡社，1979

图19　《黑海地图》局部，出自《沃尔特斯海图集》fol. 9a，16世纪，沃尔特斯艺术博物馆

---

① 关于海权时代"岛屿山城"的跨文化研究，参见刘爽《移动的圣城：四座欧亚城市的隐秘传记》，江苏凤凰美术出版社，2023。

特定的城市形象，以便在空间有限的"孤岛"上凸显最具代表性的城市景观，从而增加重要城市在海图上的辨识度，更好地配合罗盘的导向作用。

因此，波尔托兰海图对于罗盘主题瓷盘的影响绝非局限在以罗盘为中心的视野上，在以漳州窑为代表的罗盘主题瓷盘外沿（见图20），连续不断的"山水楼阁"已经取代了此前位于景框单元当中的模式化表现，在盘沿展现出一种连续不断的"城市长卷"，使观者能够随着目光的游移"阅览"东方的城市图景，并且借助中央以"罗盘"为导向的水上视野，在"盘沿"形成一种"环行"的视觉路径——正如大都会艺术博物馆藏"城市主题瓷盘"所展现的。但在具体的城市形象描绘上，西方海图却并非"城市主题瓷盘"的唯一来源，绘制者同时借鉴了另一类发展迅猛的地理图像——以地区或城市为中心的"地志图"——为特定城市景观做出细节性的补充，不仅使盘沿上的生动景观成为画面的主导形象，也在无形中展现出更为多元的图像来源。

图20　环绕盘沿的城市景观，饰有罗盘与海船的瓷盘局部，16世纪或17世纪，
新加坡亚洲文明博物馆

与之呼应的是，为这件"城市主题瓷盘"提供具体景观参照的《伦敦杂志》等出版物中，常常收录极具代表性的海图或地图、城市景观（见图21）、海外探索的地理见闻等，以满足这一时期贵族阶层对于域外世界的向往，为时人带来关于外界的最新信息。而凭借巨大的发行量和普及度，《伦敦杂志》等也伴随着当地商人的日常生活乃至跨洋远行，借助廉价的印刷媒介在欧亚大陆之间流动，为各地的艺术生产提供了重要的视觉材料。

因此，从上述瓷盘上的城市图像演变中可以看出，这件诞生于18世纪中叶的特殊纹章瓷作为盘沿图像演变的一个"中间环节"，参与到了"长卷式"城市视野的形成；但与其他航海主题瓷盘相比，绘制者似乎借助中央的纹章隐藏了真正的"中心"——罗盘，使这些"城市长卷"具有巨大的视觉优势，

图21　《纽约南部全景》，1717—1746年，普林斯顿大学图书馆

将以往的图像“边缘”变成了“中心”；它们如同在盘沿上展开的两幅手卷，使观者能够跟随“目光的环行”望向欧亚大陆的另一端，直到与一座陌生的城市在海上相遇。而这一切并非全然出自绘制者的主观创造，而是依托于一个庞大家族的时代野心。

三　从伦敦、澳门到广州：一个大航海时代的家族版图

与朝廷中极少数的西方耶稣会画家相比，从广州流入的西方绘画材料对中华帝国晚期的视觉文化必然产生了更广泛的影响。①

正如克雷格·克卢纳斯（Craig Clunas）所说，借助澳门的中转，广州在这一时期成为最新艺术趣味的集散地，而“城市主题”即为其中的一类特殊代表。迫于较为有限的开放政策，广州、澳门等重要港口城市的形象并非代表其自身，而是关乎一种“集体形象”的塑造；在葡萄牙、英国与荷兰的海权争夺中，这些城市图像在不同的媒介之间流转，通过形式、主题和技术的相互作用，为作品增添了备受时人青睐的“异域”特质。因此，即使委托当地创作西方物象价格高昂，实现一种跨文化、跨地域的“两城相遇”依然极具吸引力。在这一过程中，传统与西方表现方式的拼合不仅迎合了订购者的审美，也在无形中强化着中国城市的传统特质，它带动了从江南地区到珠江

① "Influx of Western graphic material through Canton must have had a more widespread effect on the visual culture of late imperial China than did the tiny handful of Western Jesuit painters at the imperial court." Kristina Kleutghen, "Chinese Occidenterie: The Diversity of 'Western' Objects in Eighteenth-Century China," *Eighteenth-Century Studies*, Vol. 47, No. 2 , Winter 2014, p.126.

流域的版画、陶瓷、丝绸等领域的图像变革，更借助当地的外销产业参与了全球贸易体系的建立。

在本件"城市主题瓷盘"的"伦敦"场景中，绘制者以同时期的版画为参照，展现出伦敦桥地区的港口城市风貌。在密集的、以宗教建筑为主导的城区当中，圣保罗大教堂成为伦敦最为关键的地标性建筑（见图22），巨大的多层穹顶从中脱颖而出，与伦敦桥东侧、建于1677年的伦敦大火纪念碑一同，成为展现城市个性的代表元素。而在一旁的"广州"场景中，绘制者却几乎在与伦敦圣保罗大教堂相同的位置描绘了一个带有西式穹顶的建筑（见图23），其他建筑的外观则明显具有中西之别。对此，小基·伊崔认为瓷盘上的"这些地标将以与伦敦桥或圣保罗圆顶所隐喻的伦敦几乎相同的方式来表示广州。它们的存在唤起了人们的地方感"。[①] 从图像上看，借助圆顶建筑、前方的水域及其他图像细节，绘制者的确有意在以相同的景观模式"重构"两座城市的城区；他没有强化两座城市的景观差异，而是同化了建筑景观、水域等重要特质，以此展现两座国际港口城市的种种关联。在画面前方，广阔的水域将两座城市联系在一起：泰晤士河沿岸码头林立，前方的大量航船在前景中的狭长水面上穿梭，而珠江江面上的少数航船则将观者的目光引向东方，画面切换到一座防御严密的港口城市、外商建立的工厂或排列在珠江沿岸的商行，前方的少量航船在广袤的江面向远处行进，从而在整体上创造出一片"连通"的水域，绘制者仿佛缩短了两地之间的航程，展现出一种连贯的城市形象，那么在这一时期的背景之下，这些对于实景的"改写"究竟有何用意？

在这一时期，海湾场景成为此类外销瓷装饰中的热门主题，大多表现澳门、广州、香港及虎口、黄埔等"珠江沿线"上的重要地点。[②] 这些城市不乏15世纪早期便被着力打造的知名港口，同时也包括在18世纪后来居上的新兴贸易点，随着新兴资产阶级的崛起，贸易的参与者也开始变化。在英国，宪政律师约翰·塞尔登（John Selden, 1584—1654）曾以《海洋封闭论》（Mare clausum）反对王室对海上主权的垄断：既然"大不列颠与海洋不可分

---

① Kee Il Choi Jr., "'Partly Copies from European Prints': Johannes Kip and the Invention of Export Landscape Painting in Eighteenth-Century Canton," *The Rijksmuseum Bulletin*, Vol. 66, No. 2, June 2018, p.134.

② Jorge Welsh, *A Time and a Place, Views and Perspectives on Chinese Export Art*, Lisbon: Jorge Welsh Books, 2016.

图22　伦敦，城市主题瓷盘局部，1735—1740年，大都会艺术博物馆

图23　广州，城市主题瓷盘局部，1735—1740年，大都会艺术博物馆

割"，那么海洋也并非共有，而是"可以像土地一样被占有"[1]。它使得更多公民开始以个人名义参与到海权的争夺中，正如同时期的葡萄牙人一样，他们依靠贵族的势力即可控制航线，获得在欧亚大陆另一端的个人财产。由于瓷器等外销货品不再是王室专属，相应的图像趣味也逐渐发生演变，而本件"伦敦"与"广州"城市主题瓷盘正是埃尔德雷德·兰斯洛特·李家族（1650—1730，见图24）海外扩张进而卷入全球贸易的一个见证。

[1]　〔加〕卜正民：《塞尔登的中国地图：重返东方大航海时代》，刘丽洁译，中信出版社，2015，第40页。

图 24　《埃尔德雷德·兰斯洛特·李家族》，出自约瑟夫·海默尔，1736 年，
伍尔弗汉普顿美术馆

　　埃尔德雷德·兰斯洛特·李家族发迹于英格兰中部的什罗普郡
（Shropshire），系当地李氏家族（Lee Family）的一支，尽管这一家族
在本地支系庞大，但其威望与影响力却来自在“北美地区”的殖民事业。
早在 1639 年，被称作“移民者”（The Immigrant）的理查德·李一世
（Richard Lee I, 1617—1664）首先从什罗普郡移居北美东海岸的弗吉尼亚
（Virginia），借助商业贸易在此拓展家业，通过经营种植园等一举成为当地
最大的土地所有者，自此将李氏家族的版图拓展至北美洲的东海岸，而兰斯
洛特·李的后代同样在 17 世纪中叶移民美洲，同时为英国王室服务。[①] 在这
一过程中，弗吉尼亚自治领及美国政治家理查德·亨利·李（Richard Henry
Lee, 1732—1794）为李氏家族赢得了巨大的声望和权力。他不仅借助政治
权力打开英美市场，还在 18 世纪 40 年代极力促成与印度的贸易，并且建立
弗吉尼亚俄亥俄公司（Ohio Company of Virginia）达成这一目标。然而，海
权时代的激烈角逐却令这一事业举步维艰，荷兰、西班牙等地对于航路的控

---

①　参见 Edmund Jennings Lee, *Lee of Virginia, 1642-1892: Biographical and Genealogical Sketches of the Descendants of Colonel Richard Lee*, Lisbon: Heritage Books, 2009, p.51。

制使其面临高昂的赋税，而由伦敦商人群体组建的东印度公司乃至王室内部，[1]更是实行严密的贸易垄断。面对如火如荼的海上霸权竞争、周边海域的海盗威胁，[2]18世纪初刚在北美开疆拓土的李氏后代转而向葡萄牙寻求合作，以此打破对亚洲的贸易垄断。

1785年，革命家约翰·杰伊（John Jay, 1745—1829）在写给理查德·亨利·李的信中称："葡萄牙无疑会与我们联合起来；现在的境遇可能会令国王向我们提供商业上的好处，可能比其在不受这一影响的情况下同意做的还要多。"[3]因此，在殖民早期，这些位于美洲的英属殖民地不仅与英国王室所在的伦敦城保持着密切的联系，更成功地借助里斯本王室拓展在远东的事业，包括李氏第三代斯特拉特福德（Stratford）支系在内的家族成员均在伦敦地区安置家产，以弗吉尼亚商人的身份在此活动，[4]借助在伦敦的代理人安排在北美的商业贸易，而兰斯洛特·李、理查德·亨利·李的后代更将住所安置于泰晤士河沿岸，以伦敦为基础在大西洋对岸的弗吉尼亚等地建立殖民地，拓展家族的商业版图，进而在海权时代参与了欧亚地区的外销产业。

> 公司所服务的英国船长和所有职员享有私人贸易的特权；因此，它们的船只一到黄埔道，船长就能在广州建立自己的工厂……没有欧洲人整年停留在广州……他们在澳门进行修理维护，等候下个风季船只的到来。[5]

---

[1] 自1600年起，英国与黎凡特（Levant）、印度乃至中国建立了正式的贸易联系，并借助东印度公司管理地区事务；去程航线运送银、羊毛等，返程则运送瓷器、丝绸、香料、茶等奢侈品。

[2] 关于李氏家族对海上敌对势力的记载，参见 Edmund Jennings Lee, *Lee of Virginia, 1642-1892: Biographical and Genealogical Sketches of the Descendants of Colonel Richard Lee*, p.197。

[3] "Portugal will doubtless unite with us in it; and that circumstance may dispose that kingdom to extend commercial favors to us farther than they might consent to do if uninfluenced by such Inducements." *The Diplomatic Correspondence of the United States of America,* Vol. III, Washington: Blair & Rives, 1837, p.681.

[4] Edmund Jennings Lee, *Lee of Virginia, 1642-1892: Biographical and Genealogical Sketches of the Descendants of Colonel Richard Lee*, p.244.

[5] "The English captains in the company's service and all the officers are allowed the privilege of private trade; On which account, as soon as their ships are moored at Whampoa, the captains each his own factory at Canton." "No European are suffered to remain at Canton throughout the year...they repair to Macao, where they continue till the arrival of their ships the next season." *The Diplomatic Correspondence of the United States of America,* Vol. III, p.781.

正如第一任驻华领事塞缪尔·肖（Samuel Shaw, 1754—1794）于 1786 年在广州写给约翰·杰伊的信中所说，在这一贸易链条中，澳门与广州正是进入中国市场的首要门户，大量商船从伦敦港起航，在风季向着澳门进发，只为在贸易时节在广州的十三行短期交易。以此来看，本件瓷盘上对于两座中西城市的选择并非偶然，因为作为大不列颠岛和中国的重要港口，伦敦和广州不仅在殖民早期被纳入葡萄牙人的海上贸易体系，更随着英、荷东印度公司的崛起与更多的港口城市建立往来，安特卫普、伦敦等地逐渐发展成能够与里斯本比肩而立的贸易港，随着马六甲等重要城市被夺取，越来越多的货品也不再需要葡萄牙据点的中转，而是借助新的航线直接进入英、荷社会。而对于辗转英、美两地，依靠家族势力参与远东贸易的李氏家族来说，广州也不仅是其在远东贸易的唯一商业据点，还维系着与葡萄牙合作者至关重要的经济联系；为此，兰斯洛特·李的妻子伊莎贝拉·李（Isaballa Lee）、叔叔理查德·高（Richard Gough）都曾多次前往印度

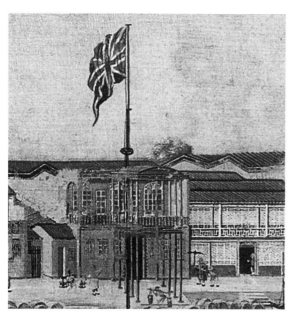

图 25 《展现珠江的广州全景图》局部，英国馆，
佚名，1771 年，荷兰国家博物馆

与中国，以便在当地维持庞大的商业贸易，而其兄弟亨利·高（Henry Gough）则在年少时便到访中国，并最终在东印度公司担任要职。[1] 因而在这一时期的珠江沿岸，十三行当中的英国馆（见图 25）不仅成为英国王室在中国的重要据点，更是贵族阶层参与欧亚贸易的唯一交易场所，而广州也成为远东地区在李氏家族中的一个美好"缩影"、一个关乎家族长远发展的宏大愿景。

---

[1] Kathleen Bickford Berzock et al., "The Silk Road and Beyond: Travel, Trade, and Transformation," p.68.

结语：城市主题瓷盘的图像逻辑

随着对于亚洲货品需求的极大增长，英国和荷兰的东印度公司统领着各个港口中心，为各类外销品提供了详细的图样信息，并且附有说明，[①] 这些向中国订购的大量瓷器不仅被大量销售，相关的交易记录也得以留存。[②] 正如前文中的系列城市、罗盘主题瓷盘所展现的，随着新加坡、廖内群岛等地的发迹，越来越多的外销贸易借助东南亚港口的中转而销往西欧，它们调和了中西方的审美趣味，并且根据市场不断调整着自身的图像策略。因此，这些城市主题的瓷盘虽然形制并未发生较大改变，却在图像绘制上被赋予了新的身份，作为一种兼具功能性和观赏性的域外物品被"去语境化"，进而融入这类"物"本身的"社会生活"。在这一过程中，伦敦、广州、澳门等国际港口城市的原貌、地位已经不再是其首要特质，而是要借助中西之间景观的关联，彰显地理探索、远洋航行、全球贸易背后的真正领航者——观者自身。"17世纪中叶，叙事性的场景成为中国瓷器装饰的常见特质。"[③]

正如"十三行主题"等外销瓷壁面上的生动图像所展现的，这类带有叙事性的"长卷式"图像随着"媒介的转换"不断调整着自身的图像策略，却始终借助"目光的环行"在壁面展开各自的故事。[④] 纹章瓷以订制瓷为主，也正是这种"个人化"的叙事，使本件家族瓷盘成为这一时期英、美市场中极为罕见的"城市主题"订件，它依附于兰斯洛特·李家族在东方的商业规划，并且从伦敦地区兴盛的印刷业、出版业获得了各方信息，从而催生出一幅独一无二的"广州—伦敦城市长卷"。

在这一语境下，这件瓷盘的图像布局展现出一种跨媒介的"形式"来源，它遵循着城市主题纹章瓷的装饰逻辑，却间接地受到地理图像的巨大影响：随着《伦敦杂志》等出版物上"城市地图""波尔托兰海图"的大量发行，一种"以罗盘为导向"的"制图"视野得以进入东方，在漳州、广州一带的外

---

① Clare Le Corbeiller, Alice Cooney Frelinghuysen, "Chinese Export Porcelain," *The Metropolitan Museum of Art Bulletin*, Winter 2003, p.32.

② Stacey Pierson, "The Movement of Chinese Ceramics: Appropriation in Global History," *Journal of World History*, Vol. 23, No. 1, March 2012 , p.18.

③ Luísa Vinhais, Jorge Welsh, *Art of the Expansion and Beyond*, p.111.

④ 参见刘爽《从全景到街景——从里斯本东方艺术博物馆藏"十三行潘趣酒碗"看"长卷式"城市视野的形成》，《艺术设计研究》2021年第1期，第83—92页。

销趣味中得到发展。只是在本件家族定制的瓷盘上，占据中心的"李氏家族纹饰"取代了"罗盘"的中心位置，如同波尔托兰海图（见图 26）一样借助纹章"标记"相应地区的所有权，并将其置于领地的中心，以此将外部世界纳入一种"个人"体系。

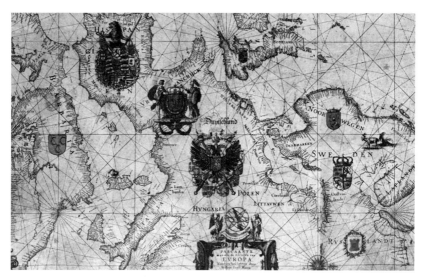

图 26 《欧洲地图》局部，出自威廉·布劳，约 1625 年，法国国家图书馆

在"内容"上，瓷盘上的城市图像同样带有鲜明的主观性：李氏家族的"根基"——伦敦成为首选的城市形象，而它作为伦敦地区发行最广的图像之一，能够借助海上航路轻易地进入正在东方拓展的家族市场——广州，从而在盘沿上促成"伦敦"与"广州"的直接相遇，同时借助拼合的长卷引导了一种"目光环行"，使传统的城市景观在新"媒介"上焕发新生。以此来看，这些绕着盘沿分布的伦敦与广州长卷，生动地展现出家族贸易路线的"去程和返程"，从而连接了家族的根基与未来——对于观者来说，眼前的长卷既是两座城市在当下的一次相遇，亦是一张即将踏入东方的家族版图。

在这张家族版图背后，是英国王室与贵族关于制海权的争夺，乃至北美地区的独立之路。几十年后，在理查德·亨利·李的领导之下，于 1776 年 6 月 7 日召开的第二届大陆会议通过了李氏决议文（Lee Resolution，即独立解决方案），宣布北美的十三个殖民地从大英帝国独立，亨利也参与了《独立宣言》的签署。而随着美国国旗在珠江沿岸的十三行街区升起，欧亚大陆间的商业贸易也面临着一次新的权力更迭。

The City View Oriented by a Pointer: The Transocean Route and Family Map on a Plate of the West-East Cities

Liu Shuang

Abstract: In the middle of the 18th century, the trades of China with the West were limited in the area of the Pearl River because of the "Canton System" policy of the Qing government, making the Image of Canton the "portrait" of China, being represented with various materials. However, different from the plate of the same theme, the armorial porcelain in the Metropolitan Museum connects the "Canton" and "London" directly, forming a "circular" view along the edge of the plate. In this regard, the article focuses on the geographic images in the Eurasia, as well as the city views published in London during this period, to reveal more sources behind the form and image of the plate. The final part demonstrates the complete image logic of the plate in the context of the Eldred Lancelot Lee Family's commercial activities in Europe, America and Asia, thus creating a family map in the Age of Sail.

Keywords: City Themes; Armorial Porcelain; City Maps; Canton; London

（执行编辑：刘璐璐）

海洋史研究（第二十二辑）

2024 年 4 月　第 284~299 页

"纸护窗棂已策功，玻璃更比古时工"

——广州应用平板玻璃历史考略

金国平 *

摘　要：古代，广州已接触到平板玻璃，其与波斯等地有着海上贸易往来。澳门长期作为广州的外港，对广州平板玻璃的使用产生了影响。1757 年在广州十三行建造的新英国馆（保和行）装有玻璃窗，英国人在澳门租用的葡萄牙人豪宅中也会使用平板玻璃。平板玻璃在耐久度、透光率和美观方面优于纸张和蚝镜，成为社会时尚。随着舶来品和国产平板玻璃的大量使用，至清末民初，平板玻璃在广州已经十分流行，传统的"蚝镜窗"成了一道历史风景和一段记忆。

关键词：平板玻璃　"蚝镜窗"　澳门　广州　海外贸易

一　"纸护窗棂已策功"

在原始社会，人们的居所通常没有窗户，而随着文明的发展，人们开始在墙壁上凿洞来通风，逐渐发展出窗户的概念。此时，如何既能遮风挡雨，又能保持适当的采光和通风，便成为人们面临的新问题。古人曾采用各种方法以解决这个问题。在玻璃应用以前，使用兽皮、树皮、鱼膜等透明的材料来增加进入房间内的光线。而玻璃应用以后，则开始使用磨砂玻璃、薄膜等材料，以避

---

* 金国平，暨南大学澳门研究院教授。

免室内透明度过高导致的各种问题。[①]虽然当时没有现代的高科技材料，但他们的创造力和智慧使古代建筑能在一定程度上满足生活的需要。

在欧洲，英国人和德国人在窗上嵌油纸，遮涂蜡的白布，甚至薄薄的云母片；俄国人则将牛膀胱的薄膜蒙在窗框上。也有蒙上羊皮纸、浸过松节油的布、油纸或薄石膏片的活动窗户。透明窗玻璃要到16世纪才真正出现，然后以不同速度向各地传播。[②]

印度人使用亚麻或打蜡的布制作窗户，它们的使用寿命更长。[③]在印度南部的果阿使用过窗贝（carepo）。[④]菲律宾人也使用窗贝，现在贝壳窗（capiz shell windows）是菲律宾文化中的重要标志。[⑤]这样的窗户在炎热的气候中具有许多优点：可以透过柔和的光线，拦截太阳光，不需要窗帘和百叶窗，并且结实耐用。[⑥]

云母是一种天然矿物，其透明度较高，而且能够有效地隔热和保暖，在中国古代被广泛应用于建筑，特别是用于寺庙和官方建筑。南北朝时期，梁朝人吴均《赠柳真阳》诗云："南窗贴云母，北户映琉璃。"[⑦]虽然云母的使用在现代已经逐渐减少，但它的历史和文化价值仍然被广泛认可和传承。

除云母外，中国人还用其他材料制作窗户。先秦时期，富裕之家使用绢、布来作为窗户的遮挡物。隋唐时期，普通家庭或用直棱木栅棂和可开合的木板窗扇；或用草席、芦席挂在窗户上方，并用木棍支撑；或用纱布来遮挡。一些贫困家庭甚至使用稻草来遮挡窗户，与葡萄牙和西班牙的农村地区类似。

纸张被用于窗户上，则要更晚。虽然东汉元兴元年（105）蔡伦即已改进造纸术，但当时纸张的质量较差，容易破损，不适合作为大面积的窗户材料。

① 关于欧洲玻璃窗发展和普及的一般情况，可见〔法〕布罗代尔《十五至十八世纪的物质文明、经济与资本主义》第1卷《日常生活的结构：可能和不可能》上，顾良、施康强译，商务印书馆，2018，第355—357页。

② 王一川主编《世界大发明》下，未来出版社，1995，第873页；〔法〕布罗代尔：《十五至十八世纪的物质文明、经济与资本主义》第1卷《日常生活的结构：可能和不可能》上，第356页。

③ García de Silva y Figueroa, *The Commentaries of D.García de Silva y Figueroa on His Embassy to Shāh Abbās I of Persia on Behalf of Philip III, King of Spain*, Jeffrey Scott Turley, trans., Jeffrey Scott Turley, George Bryan Souza, eds., Boston: Brill, 2017, p. 235.

④ Sebastião Rodolpho Dalgado, "Academia das Ciências de Lisboa," *Glossário luso-asiático*, Vol.I, Coimbra: Imprensa da Universidade, 1919, p. 217.

⑤ Florencio Talavera, "The Window Shell," *Philippine Magazine*, Vol. 28, No. 1(June, 1931), p. 266.

⑥ Sebastião Rodolpho Dalgado, "Academia das Ciências de Lisboa," *Glossário luso-asiático*, Vol.I, p. 217.

⑦ （明）张溥编，（清）吴汝纶选《汉魏六朝百三家集选》，任继愈主编《中华传世文选》第2册，吉林人民出版社，1998，第635页。

直到魏晋南北朝时期，纸张才开始普及，西晋时期甚至有"洛阳纸贵"的说法。唐宋时期，人们开始使用双面写过字的废纸来糊窗户和墙壁。这时，防水油纸也开始被用作窗户采光材料，但油纸不耐久，经不起风雨日晒，需要经常更换。

明清时期，广州穷人家用纸裱糊窗户。据当时在广州的外国人记录：

> 1696 年 1 月 22 日下午两点钟左右，全（广州）城封印关衙。……最贫穷的人也要在新年佳节时购置一件新衣，用新纸裱糊房间的窗户和墙壁、重写楹联、筹办年货，以备与亲朋聚会。春节之夜，全城灯火辉煌。①

此处所提到的糊窗户所用的纸，材料应该是油纸。

1863 年，卫三畏（Samuel Wells Williams）说过如下一段话：

> OSTER SHELLS，蛎壳 lí kok，亦称为明瓦 míng yá。虽然早就可以制造玻璃了，但在中国房子上，窗玻璃的使用仍有限。在华北，用纸糊窗棂，而在华南，穷人使用厚厚、透明的海月（Placuna placenta）片来代替玻璃和纸。它们被切成正方形，并像瓷砖一样铺砌，其边缘重叠，排成行，用纵向的木条固定在窗扇上。②

到 1944 年，澳门土生学者高美士（Luís Gonzaga Gomes）还这样描写中国人准备过新年的情景：

> 在穷人家中，所有家庭成员都忙得不亦乐乎。一些人急于修补旧房子，另一些人在整修生锈的门，还有一些人在修补用作玻璃（vidraça）的纸。③

---

① 耿昇：《中法文化交流史》，云南人民出版社，2013，第 390 页。
② Samuel Wells Williams, *A Chinese Commercial Guide Containing Treaties, Tariffs, Regulations. Tables, etc.*, *Useful in the Trade to China & Eastern Asia with an Appendix of Sailing Directions for Those Seas and Coasts*, Hong Kong: Shortrede, 1863, p. 130.
③ Luís Gonzaga Gomes, *Macau, factos e lendas*, Macau: Instituto Cultural de Macau, 1994, p. 112.

二 蚝镜窗

蚝镜窗是一种广泛使用的传统窗户，民间称为明瓦窗、壳窗、蚌壳窗、蜊壳窗、海月窗、海镜窗等，最早出现于宋朝，其制法是将贝壳打磨得平整光滑后，嵌入花格的木窗棂上。相比使用油纸的窗户，蚝壳窗既美观又通透，同时还提高了窗户的密闭度，保护了居民的隐私。岭南地区许多古建筑至今仍保留古雅精致的明瓦窗，比如顺德清晖园、佛山梁园、番禺余荫山房、东莞可园、深圳鹤湖新居、澳门卢家大屋和郑家大屋等。余荫山房保存完整的蚝壳窗多达38组58扇，面积约103m²，因此被誉为"岭南蚝壳窗博物馆"，其特点是应用广泛、式样丰富。

蚝镜窗制作是一门手艺，技艺高超的工匠被称为"明瓦匠"或"蚝壳匠"。制作蚝镜窗需要精选质地优良的贝壳，经打磨、切割和组装，方能制成精美的蚝镜窗。①《牧牛庵笔记》卷一《康熙时苏州匠人工价》载："钉明瓦匠二十二文。"② 可见蚝镜窗价格不菲。清末《图画日报》"三百六十行"专栏刊登了一幅名为"钉蜊壳窗"的插图（见图1），展示了"蜊壳窗"的外观。配文中写道：

图1 "钉蜊壳（蚝镜/明瓦）窗"

资料来源：王稼句：《三百六十行图集》，古吴轩出版社，2002，第535页。

钉蜊壳窗

蜊壳窗，亮汪汪，遮风遮雨兼遮阳。

昔年窗上多用此，一窗需壳数十张。

---

① 王稼句：《三百六十行图集》，古吴轩出版社，2002，第535页。
② 饭牛：《饭牛翁小丛书》上，中孚书局，1948，第60页。

近来装潢尚洋式，玻璃窗子出出色。

蚬壳生意尽抢光，钉蚬壳匠发老板。①

三　从蚝镜窗到"满洲窗"

在平板玻璃传入中国之前，窗户主要使用不透明的传统采光材料，如油纸、竹篾或木板等。因此，透明的平板玻璃一经传入中国，其较高的透光度便引起人们极大注意。然而，早期使用的窗玻璃尺寸都较小，大概由于当时舶来的平板玻璃为数尚不多，大块的更少，十分稀贵。即便是在富有四海的皇家眼中，这也是稀罕之物。当时玻璃窗的做法，多在一扇窗的中心部位，或左边或右边安装玻璃，其余窗格仍旧使用传统的采光材料。故宫档案称这种做法为"安玻璃窗户眼"。这种做法的显著特点是玻璃窗尺寸较小，早期应用较多。因此可以看出，这种中西结合式窗户，只有皇宫才有特权使用，才用得起，且也不是全部使用。除了价格昂贵之外，供应的短缺恐怕是主要原因。

经历几百年的发展，到 20 世纪 80 年代，北京的老民居和农居仍在使用中西结合的"玻璃眼"窗户，这足以证明这种窗户的耐久和实用。随着进口平板玻璃的逐渐增多，出现了"满安玻璃，碎别成做"的做法，即将许多小块玻璃分装在一扇窗户的全部窗格上，以取代窗纸。后来出现整扇窗上去掉窗棂的"满安玻璃"做法。这种做法在华南地区被称作"满洲窗"。② 如广州的余荫山房内，除了广为人知的蚝镜窗外，也可以看到"满洲窗"的身影。这些窗户在结构上采用了中西合璧的设计，既有传统的窗格和框架，又运用了平板玻璃技术；既保留了传统建筑的风格特色，又具备了现代建筑的实用和美观，是中西文化交融的重要体现。

四　"玻璃更比古时工"

平板玻璃直接运用在建筑上的历史可追溯至公元 1 世纪的罗马。在欧洲

---

① 或曰"发极"，意即"发怒耍赖"。
② "江南房屋向来皆用雕花直窗，而于书室客厅则用大方窗，中嵌玻璃大片，俗呼为满洲窗，盖北方旗式也。今则无论大小长短，凡轩牖皆整用玻璃矣。"参见陈作霖、陈诒绂《金陵琐志九种》下"满洲窗"条，南京出版社，2008，第 305 页。

大多数国家，较早用于建筑装饰的玻璃是教堂上的彩色玻璃。在几百年前，这样的玻璃在中国却极为珍贵，因为平板玻璃当时只能进口，所以价格昂贵，成为显示主人身份、地位和财富的象征，下面略加申述。

（一）澳门、广州最早使用玻璃窗

在欧洲，玻璃窗最初只有在教堂里才能见到，后来进入私人住宅。凹凸不平、镶有铅条的玻璃块太重、太贵，所以这种玻璃窗不能制成活动的。[1]岭南地区最早使用教堂彩色玻璃的是澳门。《澳门记略》记载，"玻璃诸器"是指以玻璃为材料制作的各种器皿，如碗、盘、瓶等。[2]可以在器物上绘画或镶嵌装饰。而平板玻璃画则是以平板玻璃作为画基进行绘画创作。1602年始建的"三巴寺"，从现存的面墙上空着的窗口来判断，可能使用过小块平板玻璃拼成的花窗。

广州使用彩色玻璃窗的最大遗存是始建于1863年，落成于1888年的石室圣心大教堂（Cathédrale du Sacré-cœur de Jésus/Sacred Heart Cathedral）。在澳门"三巴寺"和广州的石室圣心大教堂之前，其他砖木结构的教堂应该使用了彩色玻璃窗，但这些教堂的遗存已不多，难以确定采用的情况。

广州最早安装玻璃窗的是十三行的外国商馆，这些商馆主要由欧洲国家的商人经营。而在工业革命后，英国已经掌握了大规模生产玻璃制品的技术，因此玻璃成了马戛尔尼（George Macartney, 1737—1806）使团采办的重要"贡品"之一：

> 使团也为中国宫廷准备了琳琅满目的礼品，价值15610英镑，包括一架天象仪、一些地球仪、机械工具、天文钟、望远镜、测量仪、化学和电机工具、窗橱玻璃、毛毯、伯明翰（Birmingham）五金制品、谢菲尔德（Sheffield）钢铁和玻璃制品、铜器和韦奇伍德（Wedgwood）陶器。[3]

使团成员斯当东（Sir George Leonard Staunton,1737—1801）参观羊城

① 〔法〕布罗代尔：《十五至十八世纪的物质文明、经济与资本主义》第1卷《日常生活的结构：可能和不可能》上，第355—356页。
② 江滢河：《广州外销玻璃画与18世纪英国社会》，蔡鸿生主编《广州与海洋文明》，中山大学出版社，2018，第135—160页。
③ 〔美〕徐中约：《中国近代史：1600—2000，中国的奋斗》，计秋枫、朱庆葆译，世界图书出版公司，2012，第111页。

后发表观感：

> 广州城及其近郊大部分位于北江东岸。使节团被招待住在西岸。馆舍共有庭院若干进，非常宽敞方便。其中有些房间陈设成为英国式样，有玻璃窗及壁炉。①

另一个成员巴罗（Sir John Barrow, 1764—1848）也记述道：

> 虽然英商馆的住宿条件比中国提供的最华丽宫室更舒服，但按当局的原则，大使和商人不能同在一个屋檐下，因此为表示必需的尊敬，安排使团住进江对岸的花园别墅，其中备有欧式的床具、玻璃吊窗，还有供生煤火用的炉条。②

19世纪中叶，十三行的外国商馆率先在岭南建筑中安装了平板玻璃窗。此后，十三行行商开始在私宅中安装透明平板玻璃窗，成为岭南地区采用玻璃装饰建筑的先驱。

行商中最有代表性的是潘仕成。《清朝野史大观》称："潘仕成盛时姬妾数十人，造一大楼处之。人各一室，其窗壁悉用玻璃，彼此通明，不得容奸。"③ 1844年，法国使团的成员之一拍下了十三行行商潘仕成的海山仙馆主楼的照片，显示其宅邸使用了玻璃（见图2）。

卫三畏在1848年初版的著作《中国总论》中也提及行商家中使用玻璃：

> 木石不能经久不变，需要经常维修；新的时候很好看，不论花园或房屋，一旦疏于管理，很快沦于荒废。过去由"行"垄断的年代，广州一些巨商的住所周围都有或大或小的花园，栽花种树。其中一人花样特多，建造了一座全玻璃的避暑别墅，结构特别，用百叶窗来遮蔽和保护。④

---

① 〔英〕斯当东：《英使谒见乾隆纪实》，叶笃义译，群言出版社，2014，第567页。
② 〔英〕约翰·巴罗：《巴罗中国行纪》，〔英〕乔治·马戛尔尼、〔英〕约翰·巴罗：《马戛尔尼使团使华观感》，何高济、何毓宁译，商务印书馆，2017，第499页。
③ 小横香室主人：《清朝野史大观》第2册，浊尘点校，中央编译出版社，2009，第642页。
④ 〔美〕卫三畏：《中国总论》上，陈俱译，上海古籍出版社，2014，第513页。

图 2　海山仙馆

资料来源：广州市荔湾区文化局、广州美术馆编《海山仙馆名园拾萃》，花城出版社，1999，第
8 页。

　　行商家的玻璃窗也给当时的诗人留下了深刻的印象。乾嘉之际江西临川
人乐钧（1766—1814）在《岭南乐府·十三行》中写道：

> 粤东十三家洋行，家家金珠论斗量。
> 楼阑粉白旗竿长，楼窗悬镜望重洋。①

能"望重洋"者，必定是高楼。玻璃窗通透晶莹，犹如悬挂的镜子。两广总
督阮元在 1818 年写下《咏玻璃窗》长诗：

> 纸护窗棂已策功，玻璃更比古时工。
> 虚堂密室皆生白，曲榭高楼尽避风。
> 尺五天从窥去近，一方垣许见来同。
> 尽教对镜层层照，不用开轩面面通。
> 疑画幅裁花烂漫，胜晶帘却月玲珑。

① 　张应昌编《清诗铎》下册，中华书局，1983，第 923 页。

> 常留净几香烟碧，分射深廊蜡炬红。
> 隔断寒尘明湛湛，看穿秋水影空空。
> 虽然遮眼全无界，可是身居色界中。①

这股玻璃热潮也涌上了船。当时沙面的"花船"②已是"孔翠篷窗，玻璃棂牖，各逞淫侈，无雷同者"。"花船"是珠江省河上一道靓丽的风景线，中外记载繁多。清人张心泰《粤游小志》记载：

> 河下紫洞艇，悉女闾也。艇有两层，谓之横楼。下层窗嵌玻璃，舱中陈设洋灯洋镜。入夜张灯，远望如万点明星，照耀江面，纨绔子弟选色征歌，不啻身到广寒，无复知有人间事。③

美国人亨特（William C. Hunter）描写说：

> 花艇的上盖全都是玲珑剔透的木雕，雕刻着花鸟，装着玻璃窗，窗棂油漆描金。④

马戛尔尼也观察到了官船上的玻璃窗：

> 钦使所坐客船，与属员所坐者，初无少异，唯装饰略有不同。钦使船上各窗大半镶嵌玻璃，余船则糊之以纸，此因玻璃为西方物产，在中国颇形珍贵也。⑤

（二）西人眼中广州的"玻璃景观"

关于广州使用平板玻璃的情况，外国旅行者的记录颇多。乾隆五十八年（1793），马戛尔尼使团成员巴罗观察到，和世界其他地方一样，中国广泛使

---

① （清）阮元：《揅经室四集》卷11，道光三年（1823）刻本，第142页。此诗承黄文辉先生惠告，特此致谢。
② 张超杰：《西方视阈下的十三行行商与广州花船》，《邢台学院学报》2017年第1期。
③ 黄佛颐：《广州城坊志》，钟文点校，暨南大学出版社，1994，第329页。
④ 〔美〕亨特（William C. Hunter）：《旧中国杂记》，沈正邦译，广东人民出版社，1992，第20页。
⑤ 〔英〕马戛尔尼：《乾隆英使觐见记》，刘半农译，中华书局，1916，第18页。

用半透明的物质来制作窗户的采光材料："窗户无玻璃；用油纸、纱罗，或珍珠母，或角质物代替。"① 斯当东则指出：

> 中国玻璃系由欧洲运来的玻璃碎片熔化做出的。中国有地位的人身上戴的各种颜色和形状的玻璃珠和玻璃纽扣主要是意大利威尼斯制造出来的。过去威尼斯商人垄断欧洲同东方的贸易，现在他们的业务越来越缩小，上述玻璃饰物是他们剩下的仅有的几项贸易项目之一。②

在清代广州，玻璃制品的生产并非采用原料直接加工，而是采用再生玻璃。与此同时，欧洲传统的玻璃产地威尼斯一直与中国保持着玻璃制品的贸易。1830 年来到广州的美国新教传教士裨治文（Elijah Coleman Bridgman）说："窗子很小，很少装玻璃；代替玻璃的是纸、云母、贝母或其他类似的透明材料。"③ 而卫三畏在 1848 年初版的《中国总论》中多有记载：

> 木材价高，窗玻璃很少使用，这两项限制了住房的建造。④
> 如果没有其他方式可行，后房就从天上采光，南方沿海用一种牡蛎壳磨成方形薄片来当窗玻璃。通过商贸往来，玻璃逐渐输入，在各地推广使用，但由于怕贼，使用得不多。在北方，高丽纸⑤ 就是玻璃的主要代用品。⑥

卫三畏报道了南方主用蚝镜片，北方多用高丽纸。但一般人家使用低一级的毛头纸。他又认为：

---

① 〔英〕约翰·巴罗：《巴罗中国行纪》，〔英〕乔治·马戛尔尼、〔英〕约翰·巴罗：《马戛尔尼使团使华观感》，第 334 页。

② 〔英〕斯当东：《英使谒见乾隆纪实》，第 576 页。

③ 〔瑞典〕龙思泰（AndersL jungstedt）：《早期澳门史》，吴义雄等译，东方出版社，1997，第 266 页。

④ 〔美〕卫三畏：《中国总论》上，第 507 页。

⑤ 郭春芳在《清宫门窗用纸》中指出："此外还规定，地位较高的殿堂均用高丽纸糊饰，侧殿则使用档次相对较低的'毛头纸'。"（冯伯群、屈春海主编《清宫档案秘闻》，华中科技大学出版社，2018，第 278—279 页。）"毛头纸亦称'东昌纸'。一种纤维较粗、质地松软的白纸，多用于糊窗户或包装。"（黄瑞琦主编《现代行业语词典》，南海出版公司，2000，第 291 页。）"民用毛头纸厚实，拉力强，不易裂，虫子不蛀，隔风截热，是北方农家必备的糊窗户、裱新屋、糊墙壁用纸。"（中共迁安县委党史研究室编《可爱的迁安》，天津人民出版社，1995，第 63 页。）

⑥ 〔美〕卫三畏：《中国总论》上，第 510—511 页。

尽管是大白天，房间也很暗；没有地毯和火炉，也没有可供观赏外景的窗子。对于外国人来说，习惯于自己配有玻璃的高爽的房子，实在觉得缺少乐趣。[①]

在英国，平板玻璃早已被广泛采用作为窗户的采光材料，所以来到没有玻璃的房间时，英国人感到非常不适应，并对窗户的采光材料非常敏感。他也指出，在那个时代，华商并没有使用玻璃橱窗来展示他们的商品，"中国商人不会展示货物来炫耀，使用玻璃也不大安全"。[②]

显然，平板玻璃的使用在中国和欧洲之间存在差异。马戛尔尼使团的成员巴罗评论道：

他们没有人工加热或防冷的方法促使植物发育生长，也不知道让阳光透过玻璃保持温度。他们主要的长处在于整治土壤，不断耕耘，不断除草。[③]

实际上，玻璃窗在英国传播很快。15世纪60年代，由于农业发展提供了大量财富以及玻璃工业的发达，玻璃窗已在农家普及。[④] 在中国，当平板玻璃还是皇室和达官贵人的奢侈品时，在英国却已经成为农民住房和农业生产技术中的常见元素。

（三）广州平板玻璃的来源

明清时期，玻璃主要是通过海上贸易进口。16世纪以来，西欧与中国的海上贸易逐渐增多，其中玻璃制品也成为贸易品之一。这些进口的平板透明玻璃主要用于宫殿、寺庙等重要建筑物的窗户和墙壁，是极为奢侈的建材。其输入途径有二。

---

① 〔美〕卫三畏:《中国总论》上，第510页。
② 〔美〕卫三畏:《中国总论》上，第513页。
③ 〔英〕约翰·巴罗:《巴罗中国行纪》，〔英〕乔治·马戛尔尼、〔英〕约翰·巴罗:《马戛尔尼使华观感》，第274页。
④ 〔法〕布罗代尔:《十五至十八世纪的物质文明、经济与资本主义》第1卷《日常生活的结构：可能和不可能》上，第356页。

一是进贡。明朝正德年间，葡萄牙向中国派出了第一位大使皮莱资。[①]时任广东海道副使顾应祥在《静虚斋惜阴录》中记述了皮莱资送来礼物的清单：

所进方物有珊瑚树、片脑、各色锁袱、金盔甲、玻璃等物。[②]

入清，葡萄牙派出的第一位大使是玛讷·撒尔达聂（Manuel de Saldanha）。他从广州写给耶稣会日本省视察员曼努埃尔·多斯·雷伊斯（Manuel dos Reys）神父的信中说：

我要恳请您的是，给我找四块窗玻璃（vidraças），差不多有御纸（papel do Rey）四分之一大小。一项重要的工程要用它。此乃悠悠大事，全依赖您了。我衷心地祝愿您，在我主的庇护下，延年益寿。1669 年 2月 16 日于广州。[③]

"一项重要的工程"大概是指建造畅春园。这份文献揭示了平板玻璃是由葡萄牙人通过广州输入北京的。虽然这种新奇的建筑材料被视为宝贵的礼物，但并未被加入礼物清单中。这可能是因为平板玻璃并非可以直接把玩和使用的物品，而是一种建筑材料。但是，从驻广东藩王（Regulo/Rey de Cantão）尚可喜与玛讷·撒尔达聂大使的接触中可以看出，希望得到平板玻璃的需求可能是从尚可喜那里提出的。[④] 这表明他希望得到平板玻璃作为邀宠和升官的"西洋奇货"，直接呈送给康熙。虽然数量极少，但平板玻璃最终被安装在了康熙在北京西北郊的别墅畅春园内。畅春园建于 1684 年，是北京第一座"避

---

① 关于这个使团，可见金国平、吴志良《一个以华人充任大使的葡萄牙使团——皮莱资和火者亚三新考》，《早期澳门史论》，广东人民出版社，2007，第 342—367 页；《"火者亚三"生平考略：传说与事实》，中国社会科学院历史研究所明史研究室编《明史研究论丛》第 10 辑，故宫出版社，2012，第 226—244 页。

② （明）顾应祥：《静虚斋惜阴录》卷 12《杂论三》，《四库全书存目丛书》子部第 84 册，齐鲁书社，1995 年影印本，第 208 页上。

③ Carta do Embaixador ao Padre Manuel dos Reis, "escrita de Cantão em 16 de Fevereiro de 1669, sôbre várias dificuldades de dinheiro com que a Embaixada luta," *Arquivos de Macau*, 2. a Serie-Vol.I, No.6-Nov.-Dez. de 1941, p.343.

④ Carta do Embaixador ao Padre Senhor Manoel dos Reys, "escrita de Cantão em 14 de Janeiro de 1669 pedindo informações acerca de fazendas a importar," *Arquivos de Macau*, 2.a Serie-Vol.I, No.6-Nov.-Dez. de 1941, pp.339–340.

喧听政"的皇家园林。康熙皇帝在 1687 年首次驻跸畅春园，随后在园内居住和处理朝政长达 36 年，直至 1722 年他于园内寝宫病逝。

康熙时近臣高士奇看到了玻璃窗，并在其《蓬山密记》中记曰：

> 康熙癸未（1703），三月十六日，臣士奇随驾入都。……转入观剧处，高台宏丽，四周皆楼，设玻璃窗。
>
> 二十六日，……上命近榻前，观新造玻璃器具，精莹端好。臣云："此虽陶器，其成否有关政治。今中国所造，远胜西洋矣。"上赐各器二十件，又自西洋来镜屏一架，高可五尺余。[①]

二是收购。通常情况是，粤海关奉旨从澳门或十三行洋商手中收购玻璃等器，运至北京交付内务府供皇室专用：

> 1698 年 1 月 17 日，当白晋拜见两广总督石琳时，奉上了由中国公司提供的丰厚礼物。总督回赠的礼品包括 3 只装满香料的金瓶、1 只镶瓷的铜瓶、15 个杯子和 1 尊颇受中国人器重的深红色石雕像、2 个仿玛瑙的白色小杯、4 个漆盘、2 个大古董瓶、10 匹丝绸和数目巨大的一批中国白绢画。总督自己花钱买下了所有玻璃，因为他想以转卖而赚取巨额利润。[②]

这种情况在清代官方文件中也有所反映。《两广总督杨琳奏为代进住澳门洋人所备土物事折》[康熙五十八年正月初九日（1719 年 2 月 27 日）]云：

> 两广总督奴才杨琳，为奏进事。据住澳门西洋人理事官唛嚓哆等呈

---

① （清）高士奇：《蓬山密记》，上海国粹学报社铅印本，1914，第 2 页。

② 耿昇：《从法国安菲特利特号船远航中国看 17—18 世纪的海上丝绸之路》，《西北第二民族学院学报》（哲学社会科学版）2001 年第 2 期。近有〔法〕梅谦立的《康熙年间两广总督石琳与法国船"安菲特利特号"的广州之行》，《学术研究》2020 年第 4 期。安菲特利特号船曾于 1698 年、1699 年和 1700 年三次远航中国。当时参与者之一佛洛基尔（François Froger）留下了一部回忆录：François Froger, Ernst Arthur Voretzsch,Relation du premier voyage des François à la Chine fait en 1698, 1699 et 1700 sur le vaisseau "L'Amphitrite", Leipzig: Verlag der Asia major, 1926. 此外，伯希和有一专门论文：Paul Pelliot, " L'origine des relations de la France avec la Chine Le premier voyage de l'Amphitrite en Chine," Journal des Savants, Paris, 1928, décembre, pp.433–451, et 1929 : mars, pp.110–125; juin, p.252–267; juillet, pp.289–298。

称，哆等住居澳门，世受皇上恩典，泽及远彝，贸易资生，俾男妇万有
余口得以养活。圣恩高厚，无可报答，敬备土物十六种，伏乞代进，稍
尽微诚。计开，进上物件洋锦缎三匹、珊瑚二树、西洋香糖粒九瓶、玻
璃器四件、鼻烟十二罐、衣香一盒，槟榔膏六罐、珊瑚珠二串共二百零七
粒、金线带五丈、火漆一小盒、水安息香共二十个、鼻烟盒六个、戒指六
个、保心石大小共二十个、银盒一个内小盒六个、绒线狗四个等情到奴才。
据此，查澳门住居彝人，感戴皇恩，每遇岁时万寿，诵经礼拜，共祝圣寿无
疆。今备具土物，呈请奴才代进，乃远人一片诚敬实心。合将缴到物件代为
恭进。谨奏。康熙五十八年正月初九日奴才杨琳。

　　朱批：知道了。还有赏赐之物，传旨赏去。[①]

雍正十年五月廿日圆明园来帖内称：

　　奏事太监王常贵交玻璃插屏一件（长五尺一寸、宽二尺九寸，随楠
木架、红猩猩毡夹套）、大玻璃片一块（长五尺、宽三尺四寸，随白羊
绒夹套木板箱，系广东粤海监督督察御史祖秉圭进）。传旨：着交造办
处收贮。[②]

康雍乾三朝，御用玻璃厂尚未能烧制出大面积的平板玻璃。虽然在 1688
年，法国已经发明了生产大块玻璃的工艺，但由于专利限制，耶稣会无法引
入此技术。虽然御用玻璃厂拥有耶稣会提供的玻璃制作技术和人才，但只能
生产玻璃器皿和光学玻璃，无法制造大尺寸的平板玻璃。最初，窗户上的玻
璃是通过"吹球法"制造的，即将玻璃吹成球状，趁软时剖开展平得到片状。
直到 19 世纪末，将玻璃球改进为 2m 多高的玻璃筒，才大大增加了平板的面
积。20 世纪初，中国也开始采用这种"吹球法／吹泡摊片法"进行生产，之
前大面积的平板玻璃只能依赖进贡和进口。

结　语

在古代，广州便已经接触到了小片的平板玻璃。西汉南越王墓中出土的

---

①　中国第一历史档案馆编《康熙朝汉文朱批奏折汇编》第 8 册，档案出版社，1985，第 383 页。

②　朱家溍、朱传荣选编《养心殿造办处史料辑览》第 1 辑雍正朝，故宫出版社，2013，第 315 页。

深蓝色玻璃片证明，早在南越国时期，广州就已经与波斯等地进行了海上贸易，但是平板玻璃制作技术没有引进和流传下来。近代广州的平板玻璃使用受到了澳门的影响。长期以来，澳门是广州的外港。宫廷御用的平板玻璃，一般先到澳门，再到羊城，由两广总督或粤海关送至京城。

1757 年，在广州十三行起造的新英国馆（保和行）就已经使用了玻璃窗。考虑到英国人需要先到澳门定居，然后进入广州，因此可以判断，他们在澳门高尚区租用的葡萄牙人豪宅也不会不装平板玻璃。这说明澳门对广州的影响不容小觑。

广州的窗户采光材料经历了从半透明物质到完全透明的平板玻璃的转变。无论是耐久度、透光率还是美观度，通明透亮的平板玻璃都远远优于纸张和蚝镜，成为一种社会时尚。传统的蚝镜窗成了岭南的一道历史风景和一段记忆。

随着舶来品和国产平板玻璃的大量运用，"近来装潢尚洋式，玻璃窗子出出色"。广州建筑使用玻璃窗成为风气，对中国其他城市产生影响。如李斗《扬州画舫录》中关于澄碧堂得名的记述：

> 涟漪阁之北，厅事二，一曰"澄碧"，一曰"光霁"。平地用阁楼之制，由阁尾下靠山房一直十六间，左右皆用窗棂，下用文砖亚次。阁尾三级，下第一层三间，中设疏棂阁间，由两旁门出第二层三间，中设方门，出第三层五间，为澄碧堂。盖西洋人好碧，广州十三行有"碧堂"，其间皆以连房广厦、蔽日透月为工，是堂效其制，故名"澄碧"。①

"Paper Protects the Window Lattice, Already a Great Invention;
but Glass Outshines the Craftsmanship of Ancient Times":
A Historical Reflection on the Use of Flat Glass in Guangzhou

Jin Guoping

Abstract: Ancient Guangzhou had already been exposed to flat glass, indicating that it

---

① （清）李斗：《扬州画舫录》，中华书局，1997，第 285 页。

had trade relations with places such as the Persian Empire through maritime trade. Macau, as Guangzhou's outer harbor, had an influence on the use of flat glass in Guangzhou. The new British pavilion built in 1757 in Guangzhou's Thirteen Factories already had glass windows, but the British also used flat glass in the Portuguese mansions they rented in Macau. The use of flat glass was superior to paper and oyster shell in terms of durability, transparency, and aesthetics, making it a societal fashion. With the widespread use of imported and domestically produced flat glass, by the late Qing Dynasty and early Republican period, flat glass in Guangzhou had become very popular. At the same time, the traditional "oyster shell windows" still existed, becoming a historical landscape and memory.

Keywords: Flat Glass; Oyster Shell Windows; Macau; Guangzhou; Oversea Trade

（执行编辑：林旭鸣）

海洋史研究（第二十二辑）

2024 年 4 月　第 300~333 页

"华人艺术家"与殖民地图像制作：
《谟区查抄本》民族志图像研究

李晓璐 *

摘　要:《谟区查抄本》(*The Boxer Codex*) 为 16 世纪末期菲律宾极具代表性的民族志抄本绘画，中西合璧的特点以及众多的未解之谜，使其逐渐成为学界关注的热点。本文主要围绕 97 页插图中的 44 幅民族志图像展开，探讨其图像的图式来源以及制作过程。文章认为这些由"华人艺术家"所绘制的民族志图像，其所借鉴的男女对偶图式，衍生自欧洲创世神话中的"亚当和夏娃"。而马尼拉的绘制者之所以对"男女同框"式对偶图像情有独钟，则与其参考对象"死亡之舞"密切相关。此外，通过对抄本图像来源和制作的剖析，亦可管窥西班牙殖民初期菲律宾图像制作的具体过程，以及马尼拉的"华人艺术家"们如何将欧洲书籍插图中的欧洲美学与来自中国书籍甚至是陶瓷装饰的东方美学，在位于东西之间的这片岛屿之上融合创新。

关键词:《谟区查抄本》　男女对偶图像　"华人艺术家"　殖民地图像制作　民族志图像

---

*　李晓璐，广州美术学院美术学研究中心助理研究员。

本文受广州美术学院校级科研项目"菲律宾民族志抄本绘画与华人'艺术家'关系研究（16—19世纪）"（项目号：23XSC48）资助。

感谢厦门大学陈博翼教授、圣托马斯大学档案馆 Fr. Gaspar Sigaya, OP 神父以及 Jane F. Tumambing 女士在联系档案馆以及寻找资料时所提供的帮助。

引 言

1947 年，历史学家博克舍（Charles Ralph Boxer, 1904—2000）用 40 英镑于拍卖会拍得一本名为《盗窃群岛史》（*Isla de los Ladrones*）的抄本绘画。三年后，博克舍发表了研究这一抄本的首篇文章。此后，这本 1590 年之前绘制于菲律宾的《马尼拉手稿》（*Manila MS*），便以《谟区查抄本》（*The Boxer Codex*）之名，逐渐进入了学界的视野。

《谟区查抄本》"可能为菲律宾总督老达斯马里尼亚斯（Gómez Pérez Dasmariñas, 1519—1593）或小达斯马里尼亚斯（Luis Pérez Dasmariñas, 1567/8—1603）所定制"。[1] 其中图像基本可认定为是居住在马尼拉涧内（Parián）的华人所绘制，而多明我会修士高母羡（Juan Cobo, 1546—1592）"可能是完成这一抄本过程中与中国艺术家进行沟通的中间人"。[2] 1605 年，抄本由埃尔南多·德洛斯·里奥斯·科罗内尔（Hernando de los Ríos Coronel）带回西班牙，并进入宫廷。此后这件抄本出现在荷兰屋图书馆，并于 1947 年被博克舍拍得。1965 年，博克舍将自己的一些稀有书籍及抄本收藏，卖给了印第安纳大学的莉莉图书馆，[3] 其中便包括《谟区查抄本》。

此抄本共 612 页，图文并茂地描绘和记录了大航海时代，东南亚和东亚等地的地理学、民族学和人类历史、政体与社会等丰富多彩的内容。加之其未完的遗憾与众多的未解之谜，近年来逐渐成为学界讨论的热点。以欧洲和中国台湾地区为主的学者，对抄本绘制、编纂以及装订的时间，绘制者、参与者以及拥有者，抄本的内容来源以及其具体的流转信息等都进行了较为全

---

[1] 详情见 C. R. Boxer, "A Late Sixteenth Century Manila MS," *The Journal of the Royal Asiatic Society of Great Britain and Ireland*, No. 1/2 (Apr., 1950), pp. 37–49; 李毓中、José Luis Caño Ortigosa《中西合璧的手稿:〈谟区查抄本〉(*Boxer Codex*) 初探》，复旦大学文史研究院编《西文文献中的中国》，中华书局，2012; George Bryan Souza, Jeffrey Scott Turley, *The Boxer Codex: Transcription and Translation of an Illustrated Late Sixteenth-Century Spanish Manuscript Concerning the Geography, Ethnography and History of the Pacific, South-East Asia and East Asia*, Brill, 2016。

[2] John N. Crossley, Juan Cobo, "el Códice Boxer y los sangleyes de Manila," in Manel Ollé, Joan-Pau Rubiés eds., *El Códice Boxer: Etnografía colonial e hibridismo cultural en las islas Filipinas*, Universitat de Barcelona, 2019, p.107.

[3] George Bryan Souza, Jeffrey Scott Turley, *The Boxer Codex: Transcription and Translation of an Illustrated Late Sixteenth-Century Spanish Manuscript Concerning the Geography, Ethnography and History of the Pacific, South-East Asia and East Asia*, p.3.

面的讨论。

抄本中极为重要的一项内容，即 97 页的图绘，亦得到了众多学者的讨论。根据目前的研究，有关图像的讨论大致可以分为以下三类：

首先是对个别图像的研究：如台湾学者陈宗仁对"鸡笼"、"淡水"和"畲客"的研究，[①] 以及澳门大学硕士王晗一对"常来""大将"等 6 组中国人物图像的讨论。[②]

其次是有关图像风格与欧洲关系的研究及论点：如博克舍、[③] 欧洋安（Manel Ollé）及琼·保·鲁比埃斯（Joan-Pau Rubiés），[④] 都提到了边框装饰风格与《时祷书》（Book of Hours）的相似性和一致性；赖毓芝[⑤]和谢艾伦[⑥]两位学者则不约而同地关注到，《谟区查抄本》所采用的"一男一女"或者"男女对偶"形式与欧洲服饰书以及地图等的密切关联。

最后是抄本图像与中国关系的研究：如博克舍、李毓中、[⑦] 王晗一等，均探讨了中国相关图像来源与明代书籍版画的关系；此外特别值得注意的是，陈宗仁与洛雷托·罗梅罗（Loreto Romero）[⑧]提到了抄本与《皇清职贡图》的关联。

正如学界对抄本的定位一样，"中西合璧"已成为这批图像最恰如其分的代名词。然目前的研究对抄本图像的来源及制作过程仍不甚明晰，如《谟区查抄本》图像风格的"欧洲传统"到底是什么？可否找寻到其确切的来源？

---

① 陈宗仁：《十六世纪〈马尼拉手稿〉关于鸡笼与淡水人的描绘及其历史脉络》，《台湾史研究》第 29 卷第 1 期，2013 年；《十六世纪末 Boxer Codex 有关 Xaque（畲客）的描绘及其时代背景》，《季风亚洲研究》2016 年第 3 期。

② Wang Hanyi, *Ming China Seen by the Spaniards in Manila*: *The China Section in the Boxer Codex*, Master Degree Dissertation, University of Macau, 2020.

③ C. R. Boxer, "A Late Sixteenth Century Manila MS," *The Journal of the Royal Asiatic Society of Great Britain and Ireland*, No. 1/2 (Apr., 1950), pp. 37–49.

④ Manel Ollé, Joan-Pau Rubiés, "Introducción. El redescurimiento del Códice Boxer," in Manel Ollé, Joan-Pau Rubiés eds., *El Códice Boxer*：*Etnografía colonial e hibridismo cultural en las islas Filipinas*, Universitat de Barcelona, 2017, p.13.

⑤ 赖毓芝：《图像帝国：乾隆朝〈职贡图〉的制作与帝都呈现》，《"中央研究院"近代史研究所集刊》第 75 期，2012 年。

⑥ Ellen Hsieh, "The Power of Images in the Boxer Codex and Cultural Convergence in Early Spanish Manila," in Maria Cruz Berrocal and Cheng-hwa Tsang eds., *Historical Archaeology of Early Modern Colonialism in Asia-Pacific*, University Press of Florida, 2017, pp.118–131.

⑦ 李毓中、José Luis Caño Ortigosa：《中西合璧的手稿:〈谟区查抄本〉（*Boxer Codex*）初探》，《西文文献中的中国》，第 67—82 页。

⑧ Loreto Romero, "The Likely Origins of The Boxer Codex: Martín de Rada and the Zhigong Tu," *eHumanista* 39 (2018), pp.117–133.

这种传统又是如何到达菲律宾，并被抄本的绘制者所使用？被认为是来自中国的他们又是如何融合东西方文化制作出了这些图像呢？本文尝试从图像学视角出发，结合史料对以上问题进行回答。

一　为何是"男女对偶"？

如果我们仔细观察抄本中的97页手绘插图，便会发现一个朴素且有趣的问题，即为何绘制者如此执着于使用对偶或者男女对偶图式（见图1、图2）？

首先，我们可以整体对这批图像稍做了解。如果抛开学界常规之地理学分类，从图像内容、性质以及图式特点出发来看，97页插图大致可以分为三个部分：第一部分以折页形式呈现，描绘了西班牙人与原住民以物易物的场景；第二部分为来自东南亚、东亚及明代中国不同人物样貌及服饰特点的民族志图像，共44幅/页（见表1）；第三部分则是来自中国书籍版画的神祇以及珍禽异兽图像，共52幅/页。抄本中心图案四周绘制有精美的宽边装饰，边框内部或上部，大都题有名称及所属的西班牙语及汉语题记。

图1　卡加延（Cagayanes），《谟区查抄本》（Boxer Codex）7v、8r，
印第安纳大学莉莉图书馆藏

图 2　畲客（Xaqué），《谟区查抄本》166r，
印第安纳大学莉莉图书馆藏

表 1　《谟区查抄本》44 幅民族志图像详情

序号	所属	题字	画面内容及形式	页码
1	盗窃群岛	Ladrones	一男	1v
2		无	一男	2r
3	卡加延	无	一女	7v
4		Cagayanes	一男	8r
5	小黑人	Negrillos	男女对偶	14r
6	三描礼士	Zambales	男男对偶	18r
7		无	男男对偶	19v
8		Zambales	男女对偶	20r
9	米沙鄢	无	男女对偶	23v
10		Bissayas	男女对偶	24r
11		无	男女对偶	25v
12		Bissayas	男女对偶	26r
13	他加禄	无	三名男子	31v
14		Naturales	女女对偶	32r
15	他加禄	Naturales/Tagalos	男女对偶	34r
16		Naturales/Tagalos	男女对偶	36r
17		Naturales/Tagalos	男女对偶	38r

续表

序号	所属	题字	画面内容及形式	页码
18	渤泥	无	男女对偶	71v
19		Burney	男女对偶	72r
20	摩鹿加	无	一女	87v
21		Malucos	一男	88r
22	爪哇	无	一男	91v
23		Iauo	一男	92r
24	暹罗	Siaus	男男对偶	96r
25		Sian 暹罗	男女对偶	100r
26	日本	Iapon 日本	男女对偶	152r
27	交趾	Caupchy 交趾军	男女对偶	156r
28		Caupchy 交趾	男女对偶	158r
29	广南	Canglan 广南	男女对偶	162r
30	畲客	Xaquè 畲客	男女对偶	166r
31	鸡笼	Cheylam 鸡笼	男女对偶	170r
32	尖城	Chamcia 尖城	男女对偶	174r
33	淡水	Thamchuy 淡水	男女对偶	178r
34	玳瑁	Taipue 玳瑁	男女对偶	182r
35	柬埔寨	Tampochia 柬坡寨	男女对偶	186r
36	丁矶巕	Temquigui 丁矶巕	男女对偶	190r
37	大连	Tohany 大连	男女对偶	194r
38	咀子	Tartaro 咀子	男女对偶	198r
39	广东	无	男女对偶	202r
40	常来	Sangley 常来	男女对偶	204r
41	大将	Cap.general 大将	男男对偶	206r
42	文官	Mandarin letrado 文官	男女对偶	208r
43	太子	Principe 太子	男女对偶	210r
44	皇帝	Rey 皇帝	男女对偶	212r

资料来源:《谟区查抄本》,印第安纳大学莉莉图书馆藏。

从表 1 可知,44 幅图像中除 31v 的他加禄(Naturales/Tagalos)为三名男子组合,以及 19v 的三描礼士(Zambales)两位男子动态稍微特殊外,其余大多数为对偶形式,且基本为男女对偶图式。而这种被称为"一男一女"或"男女对偶"的图式早已被认定是一种欧洲风格,或者欧洲传统。如赖毓芝在 2012 年的论文中提到：

> 所以西班牙驻菲律宾总督所订制的 *Boxer Codex*，即使由中国画家来绘制，但其原型及意图制作的都是一种欧洲形式，其模仿的应该是法兰德斯、荷兰系统之地图装饰或服饰书之风格。[1]

而另一位台湾学者谢艾伦在 2017 年的文章中也明确地提到：

> 在早期现代的欧洲，Cesare Vecellio 1590 年首次出版的 *De gli habiti antichi et moderni di diuerse parti del mondo* 描绘了来自欧洲世界不同地方人物服饰的版画，然而 Vecellio 只是将一男一女放置在单独的页面内进行描绘。[2]

以上两位学者提到了欧洲地图以及服饰书中的此类图像，但细看仍有问题值得推敲。首先是赖毓芝所提到的"法兰德斯、荷兰系统之地图装饰"，其使用男女对偶图像的装饰传统始于"洪迪乌斯（笔者注：Jodocus Hondius，1563—1611）于 16 世纪 90 年代初期所出版的三幅地图：英格兰地图（1590）、尼德兰十七省地图（1590）和法国地图（1591）"。[3] 从时间来看，被认定为 1590 年之前绘制的《谟区查抄本》模仿自这些地图，很难让人信服。而两位学者提到的《服饰书》（见图 3）确实采用了与抄本相似的图像风格。从时间上看，两者与抄本绘制时间相差不远，毋庸置疑，三者同为一种图像潮流影响下的产物。但值得注意的是，服饰书和抄本还存在细微的似而不同之处：如果从欧洲视角出发，服饰书基本是对自我的展示与呈现，即描绘的是欧洲人；反之抄本则描绘的是他者，即来自东亚和东南亚的族群。相似的图式下似乎又存在着有趣的差异。那么用男女对偶图像来呈现他者的传统又是始于何时呢？我们又是否可以找到这一"欧洲传统"的来源呢？

---

[1]　赖毓芝：《图像帝国：乾隆朝〈职贡图〉的制作与帝都呈现》，《"中央研究院"近代史研究所集刊》第 75 期，2012 年，第 31 页。

[2]　Ellen Hsieh, "The Power of Images in the Boxer Codex and Cultural Convergence in Early Spanish Manila," in Maria Cruz Berrocal and Cheng-hwa Tsang eds., *Historical Archaeology of Early Modern Colonialism in Asia-Pacific*, pp.136–137.

[3]　Günter Schilder, *Monumenta Cartographica Neerlandica* Vol. III, Alphen aan den Rijn, Uitgevermaatschappij Canaletto, 1990, p.56.

图 3　Cesare Vecellio,"威尼斯女子"

资料来源:《服饰书》(*De gli habiti antichi et moderni di diuerse parti del mondo*, 129v), 1590。

二　从布克迈尔的图像范式到"亚当夏娃":
"欧洲传统"来源考

根据目前学者的研究,《谟区查抄本》绘制的最终目的,"不仅是介绍早期现代当地土著的传统和习俗,而且还通过详细描述海上航线、港口、防御、道路、武器、军队、村庄、城市,以及为可能的征服而组织后续服务所需的所有相关细节,来达到传教和殖民化的目的"。[1] 其后期出现在西班牙宫廷的事实证明,它的制作是为了呈现给当时的西班牙国王腓力二世(Felipe Ⅱ de España)。有趣的是,早在 1529—1532 年,其父卡洛斯一世(Carlos I de España),亦即神圣罗马帝国皇帝查理五世(Charles V)在位期间,宫廷画家克里斯托夫·魏德兹(Christoph Weiditz)在陪同其巡游时,便用图像记录了来自伊比利亚半岛、意大利、法国、荷兰、德国等地的人物图像。最值得

---

① Isaac Donoso ed., *Boxer Codex: A Modern Spanish Transcription and English Translation of 16th-Century Exploration Accounts of East and Southeast Asia and the Pacific*, Vibal Foundation, Inc., 2016, p.XLIX.

注意的是，在这本被命名为《服饰书》（*Trachtenbuch*）的抄本中，那些来自最新发现的新世界"他者"——不同身份及阶层的印第安人（见图4），被安排在了最重要的开篇位置。

图4　印第安人，克里斯托夫·魏德兹《服饰书》（*Trachtenbuch*）第4、5页，
日耳曼国家博物馆藏

无独有偶，查理五世的祖父马克西米利安一世（Maximilian I）在位期间，也出现了类似的民族志图像。1508年，德国画家老汉斯·布克迈尔（Hans Burgkmair, 1473—1531）接到来自巴尔塔萨·施普林格（Balthasar Springer）的委托，为其前往东非和印度等地区的游记 *Die Merfart un erfarung nuwer Schiffung und Wege zu viln onerkanten Inseln und Kunigreichen*（1509）绘制插图。游记中共描绘了来自几内亚、阿尔戈、印度（见图5）等地区的五对男女人物以及科钦王的队伍。

与克里斯托夫·魏德兹不同的是，老汉斯·布克迈尔并未去过印度，但是其笔下有关印度的描绘却出现了超越文本的真实，这则与当时奥格斯堡的人文主义学者、市政厅秘书——康拉德·普丁格（Konrad Peutinger, 1465—1547）密切相关。其亦是马克西米利安一世以及查理五世的顾问，正是他怂恿马克西米利安一世支持韦尔瑟家族此次前往东非和印度的探险计划，并为老汉斯·布克迈尔提供了写生所需的物品，甚至是模特——印度土著。而后，

图 5　老汉斯·布克迈尔,《印度土著》

资料来源: *Die Merfart un erfarung nuwer Schiffung und Wege zu viln onerkanten Inseln und Kunigreichen*, 1509。

老汉斯·布克迈尔笔下的印度土著, 被这位欧洲统治者加入自己所构思的绘画《马克西米利安一世的胜利》中, 同时他们也被这位帝王在图像层面上纳入到了自己的统治范围之中。由此可见, 这些抄本的绘制一定程度上展示出了欧洲殖民者意欲通过图像来宣示主权的目的。更重要的是, 它们都采用了男女对偶图式, 代表某一民族的男女侧面立于相对应的页面上, 并互有交流。这与《谟区查抄本》7v 和 8r 的卡加延男女(见图 1), 存在着奇妙的呼应关系。

　　正是布克迈尔的这次绘制活动, 拉开了大航海时代民族志图像绘制的大幕。一如学者 Ernst van den Boogaart 所言:"此后, 该一图式继续运用于游记插图和民族志绘画中, 尤其是在荷兰境内, 男女对偶图像(the couples and customs)成为 16 世纪欧洲人用图像来描绘民族志的一种手段和方式。"[①]不管是以描绘欧洲时尚为主的服饰书, 抑或是记录远方异族的游记, 甚至是后期全面展示已知世界人种信息的地图, 其所使用的男女对偶图像之间, 均存在着借鉴和互用的情况。

---

① Ernst van den Boogaart, "Civility and Sin: The Survery of the Peoples, Polities and Religions of Portuguese Asia in the Codex Casantesen," *Anais De Histórla De Além-mar*, Vol. XIII , 2012, p.73.

16世纪末17世纪初期，从新世界带回并绘制有远方异族男女对偶图像的游记，以及描绘欧洲本土的服饰书，在荷兰的制图作坊中，与当时承载着最新地理信息的世界地图一起，成为世界景观的一个重要组成部分。当欧洲人到达日本时，这一图式又借助东西贸易，被传教士带到了日本。甚至在18世纪的中国紫禁城，被学者们反复提及的《皇清职贡图》新图式，采用的依然是男女对偶图式。那么，为何一个如此简单的图式，会拥有这般强大的传播力呢？

布克迈尔所绘制的民族志图像共有三个版本。除了上文游记中的插图，还有一种尺寸较长的雕刻带，以及现藏于大英博物馆的单幅版画《阿尔戈土著》（In Allago，见图6）。与1509年版游记不同，在这幅创作于1508年的版画中，二人被描绘在同一页面内，侧身而立并互有交流的动态，以及身上明晰的肌肉组织，都散发着浓郁的古典艺术风格。这也引起了学界的关注，让·米歇尔·梅斯林（Jean Michel Massing）[1]与斯蒂芬妮·莱奇（Stephaine Leitch）[2]将《阿尔戈土著》所采用的这一"古典图式"的来源，追溯到了丢勒1504年所创作的《亚当和夏娃》（Adam and Eve，见图7）。

而这一来源，也使前文的疑问迎刃而解。来自"亚当夏娃"的"一男一女"不仅是西方创世神话中的始祖，从另一个方面来看，阴阳牝牡也是人类及其他生物得以延续的基本构成。正如《创世纪》所言：

　　　　上帝照着自己的形像造了男人，也造了女人。上帝赐福给他们，对他们说："你们要生养众多，使人口遍满地面；你们要治理这地，管理海里的鱼类，空中的飞鸟以及在地上走动的一切活物。"

　　　　　　　　　　　　　　　　　　　　　——《创世纪》第1章27—28

　　　　主对挪亚说："你和你一家都进方舟去吧！因为在这世代当中，只有你在我眼中是正直的。你要带同洁净的动物每样七对，不洁净的动物每样一对。空中的飞鸟也各带七对，这样是叫它们将来可以在地上繁殖。"

　　　　　　　　　　　　　　　　　　　　　——《创世纪》第7章1—3

---

[1]　Jean Michel Massing, "Hans Burgkmair's Depiction of Native Africans," *Anthropology and Aesthetics*, No. 27 (Spring, 1995), p.44.

[2]　Stephaine Leitch, "Burgkmair's Peoples of Africa and India (1508) and the Origins of Ethnography in Print," *The Art Bulletin*, Vol. 91, No. 2 (June, 2009), p.148.

图6　老汉斯·布克迈尔,《阿尔戈土　　　图7　丢勒,《亚当和夏娃》(1504), 1507,
　　　著》(In Allago),木刻版画,　　　　　　大都会艺术博物馆藏
　　　1508,大英博物馆藏

而这个代表生命起始与延续的基本图式,也成为展示欧洲时尚,以及远方异族最恰如其分的模板。从16世纪初期到19世纪,从欧洲本土,到印度果阿、美洲墨西哥、菲律宾马尼拉、日本长崎,再到清代中国的澳门、景德镇甚至是紫禁城,男女对偶图像随着贸易、传教,甚至是殖民的步伐,完成了一次又一次的跨文化之旅。

三　从"死亡之舞"到男女对偶:图像制作过程追溯

如果我们去观察《谟区查抄本》与布克迈尔以及克里斯托夫·魏德兹的绘画,甚至是16世纪上半叶绘制于印度果阿的《卡萨纳特抄本》(Codex Casanatense,见图8),会发现一些细微的差别。首先,这些在《谟区查抄本》之前的作品,除了布克迈尔绘制了简单的线条边框外,其余均未绘制边框,而是加入了丰富图像元素的宽边装饰。其次,从表1可以看出,在《谟区查抄本》44幅民族志图像中,仅有8幅/页是将一男一女分别绘制于正反或相对的

两个页面中（如图 1），我们可以将其称为"隔页相望"式对偶图像；^①其余 36
幅均将一男一女绘制于同一页面的宽边装饰内（如图 2），在此以"男女同
框"式对偶图像称之。

图 8　班达人，《卡萨纳特抄本》（ *Codex Casanatense* ），16 世纪上半叶，
卡萨纳特图书馆（Biblioteca Casanatense）藏

　　值得注意的是，占少数的"隔页相望"式基本被安排在抄本的前部，而
数量众多的"男女同框"式则集中在后部。抄本图像是从前往后逐渐被定型
为"男女同框"式，这似乎是绘制者更热衷使用的样式。此前，谢艾伦也注
意到了 Cesare Vecellio 1590 年版服饰书是将"一男一女放置在单独的页面内
进行描绘"，然除了大英博物馆所藏布克迈尔的《阿尔戈土著》^②外，后期出
现的服饰书，以及早于《谟区查抄本》的其他游记插图，抑或是抄本绘画，

① 　"隔页相望"式还存在两组特例——"盗窃群岛"（1v,2r）和"爪哇"（91v,92r），其左右两页均为
　　男性。而论及为何代表"爪哇"（Iauo）的一组为两名男子，谢艾伦给出了三种假设，其中之一
　　是"代表女性的图像丢失了"。考虑到抄本绘制与编辑的时间及地点均存在差别，加之页码亦被认
　　定为是后来所加，笔者认为这一猜想较为可信。详情参见 Ellen Hsieh, "The Power of Images in the
　　Boxer Codex and Cultural Convergence in Early Spanish Manila," in Maria Cruz Berrocal and Cheng-hwa
　　Tsang eds., *Historical Archaeology of Early Modern Colonialism in Asia-Pacific*, p.141。

② 　此幅作品可能是一组图像中的一幅，也有可能是布克迈尔在前期的实验样本。

也从未使用过"男女同框"式,那么这位来自菲律宾的绘制者为何选择了这种稍有不同的新样式呢?它来自哪里?《谟区查抄本》的民族志图像又是如何被制作出来的呢?

前辈学者如博克舍以及李毓中等还提出了另一个值得注意的细节,即抄本中的一些女性形象存在着极大的相似性,并认为绘制者拥有"储备样式"(stock type)。[1]虽然两位学者具体所言为代表"交趾"及"交趾军"中的女子。但却让笔者开始思考,绘制者如此执着于使用男女对偶,特别是"男女同框"式图像,是否也存在一个可供参考的"储备样式"呢?

(一)边框装饰与《时祷书》

此时,我们可以稍作暂停,先把目光集中在被认为是受到欧洲美学影响的边框装饰上。《谟区查抄本》97页图绘的边框样式有两种。其一,亦即大部分所采用的样式(见图9),由花鸟及动物图像元素所构成,共87页,其中"以物易物"的折页仅在上部绘制边框,而273v"Loocun"(老君)、274r"Honcsungançue"(笔者推测此人为"风火院田元帅")或由于画面内容过于丰富而未绘制边框。此类边框存在着一种精心设计过的装饰逻辑,即在四个角落安排有动物、昆虫或鸟类图像,且左右对称呈现,其中一些动物被描绘为回首互望的形态。边框内则为上下、左右对称的折枝花,与左右两侧使用同一样式不同,上下两个部分花朵往往会选择不同的样式。四边中心位置一般均安排有一朵相对较大的花朵、一只蝴蝶以及龙虾等。其二,则为中国风格的卷草纹(见图10),共10页,主要用于抄本后部的异兽及珍禽部分。而本文所重点讨论的44幅民族志图像所采用的均为样式一。

1950年,博克舍便已提到,这些边框与杰弗里·托里(Geoffrey Tory,约1480—1533)《时祷书》(*Book of Hours*,见图11)的关系。[2]西班牙学

---

① "我不认为有女性,她以些许不同的方式再度出现在接下来的数幅图画中。似乎是此图的绘制者在他不知这些人的生活方式时,将其作为完成工作目标之储备样式(stock type)来使用。"C. R. Boxer," A Late Sixteenth Century Manila MS," *The Journal of the Royal Asiatic Society of Great Britain and Ireland*, No. 1/2 (Apr., 1950), p.42. "因此我认为虽如其(博克舍)所言,此一手稿的图绘人物存在着所谓的'库藏型式',但交趾军的男子虽绘的有些像是倭寇,但女子仍基本上是'交趾'图上的女子,也就是说交趾军的穿着是军人的模样,而其伴侣仍保留着一般交趾女人的模样。"参见李毓中、José Luis Caño Ortigosa《中西合璧的手稿:〈谟区查抄本〉(*Boxer Codex*)初探》,《西文文献中的中国》,第77页。

② C. R. Boxer, "A Late Sixteenth Century Manila MS," *The Journal of the Royal Asiatic Society of Great Britain and Ireland*, No. 1/2 (Apr., 1950), p.46.

图 9　样式一边框，《谟区查抄本》
米沙鄢人，26r，印第安纳
大学莉莉图书馆藏

图 10　样式二边框，《谟区查抄本》
异兽，291v，印第安纳
大学莉莉图书馆藏

者欧洋安也认为:"尽管是中国绘画技法,但抄本中也体现出了欧洲美学的影响,虽然其影响是次要的。例如利用狐狸、植物和其他装饰图像的框架内,我们可以看到达马里亚斯总督夫人《时祷书》(*Libro de horas*)的印记。"[①]

图 11　杰弗里·托里(Geoffrey Tory),《时祷书》(*Book of Hours*),1524,美国国会图书馆藏

值得注意的是,笔者翻阅了众多版本的《时祷书》后发现,杰弗里·托里的《时祷书》并非最早使用此类边框的书籍,亦非最接近《谟区查抄本》的版本。使用各式花鸟以及昆虫装饰的边框,是文艺复兴时期手抄本中常用的装饰手法,而以上所题《时祷书》虽然都是使用了类似的装饰元素——花鸟、动物、昆虫等构成的框边装饰,但是出现在抄本边框中的图像元素并不完全相同,特别是装饰逻辑存在着本质差别。

当时巴黎最著名的印刷商人之一——菲利普·皮古切特(Philippe Pigouchet)所印刷的《时祷书》引起了笔者的注意。1494 年,菲利普·皮古切特印刷了当时法国最为精美的《时祷书》,其中便使用了花鸟及动物图像元素的边框装饰,图案装饰设计者为来自巴黎的安妮·德·布列塔尼

---

① Manel Ollé, Joan-Pau Rubiés, "Introducción. El redescurimiento del Códice Boxer," in Manel Ollé, Joan-Pau Rubiés eds., *El Códice Boxer*: *Etnografía colonial e hibridismo cultural en las islas Filipinas*, p.13.

（Master of Anne de Bretagne, 1480—1510）。而最令人惊讶的是皮古切特1500 年版的《时祷书》（见图 12），此版在整体设计上与前者相同，但是绘制水平、细节和装饰逻辑则稍有差异。正是这些微小的变化，建构起了皮古切特 1500 年版《时祷书》与《谟区查抄本》的密切关联。

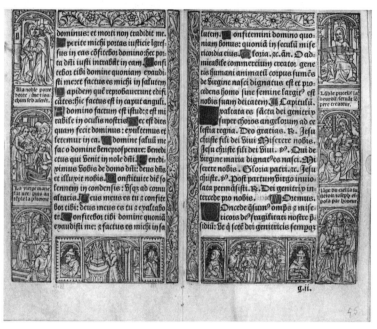

图 12　菲利普·皮古切特（Philippe Pigouchet），《时祷书》，1500

图 13 中的边框为皮古切特 1500 年版《时祷书》最主要的样式。边框设计者在上部和内侧同样使用了花草和动物的图像元素。此时，我们可以从图像母题以及装饰逻辑两个方面来对两者进行比对分析。首先我们可以从《谟区查抄本》的上下部边框（见图 14）着手切入分析，主要有对称呈现（①、②），以及以中心花朵展开，且两侧带有花苞的曲线形折枝花（③、④）两种装饰方式。其图像母题亦主要有两种，一种为似莲花的蓝色花朵（①、③），另一种则为类牡丹的红色花朵（②、④）。在用墨笔勾勒边框的同时，绘制者还为花朵的边框装饰了金色边缘。

此时如果我们去观察皮古切特 1500 年版《时祷书》的上部边框，会发现对称呈现（A），以及以主要图案（往往为鸟或者蜗牛等）为中心，且两侧带

图 13　上部边框样式，菲利普·皮古切特，《时祷书》，1500

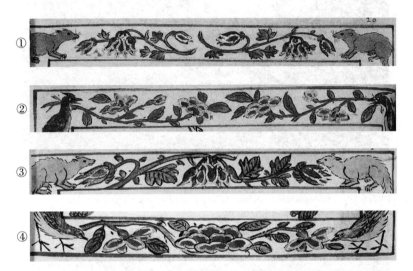

图 14　上下部边框样式样，《谟区查抄本》，印第安纳大学莉莉图书馆藏

有较小花朵的曲线形折枝花（B）均有出现。更为重要的是，从图像母题来看，抄本中①、③类似莲花的母题，在《时祷书》中的 B 那里可以找到原型。此花学名为 Aquilegia fragrans（见图 15），是《时祷书》常用母题之一。

　　如果将抄本中的这一折枝花的细部图像元素以 a、b、c 标识出来（见图16），便可发现，它与《时祷书》中的这一母题的构成逻辑完全相同，如果将《时祷书》中间的花朵 b 放大，进而用 a 花朵替换掉 b 花朵，并将 c 复制粘贴到 a，便可生成与抄本相同的图案。此外，由于花朵被整体放大，叶子则根据需要进行了省略，然现有的几片仍可在《时祷书》中找到原型。值得注意的是，显然这位来自中国的绘制者并不熟知这类花卉，因此在细节上做了一些改动，如中心 b 花朵内侧花瓣原本较为平缓的边缘线，被处理成为和外侧花瓣相似的尖角状，有了几分中国人绘制莲花的影子。此外，原本的花苞也根据绘制者的习惯改为了莲花花苞的样式，且花苞原有的萼片和花托部分则用重复的线条概括绘之。

图 15　Aquilegia fragrans

资料来源：https://powo.science.kew.org/taxon/urn:lsid:ipni.org:names:708973-1。

图 16　《谟区查抄本》蓝色花卉母题与《时祷书》Aquilegia fragrans
母题对比示意

如果将这一图像母题，复制并对称安排，就会得出图 14 中的样式①；如果将其放大，便可生成图 14 中的样式③。绘制者之所以将中心花朵放大，两边放置较小的花苞，很可能是从《时祷书》样式 B 中，较大的鸟位于中心，两侧则安排相对较小的花苞中得到的灵感。

另一种母题为似牡丹的红色花卉，相似母题亦很可能是从《时祷书》中改造而来，即图 13 的样式 A。首先这一红色花卉母题的整体样式和上文讨论的蓝色花卉相同，只是对花朵部分进行了替换。抄本中侧视的红色花朵原型并未真正出现在《时祷书》中。但是，对于绘制者来说，这似乎并不是一个陌生的母题。如此这般被侧面描绘的花朵在明清时期的陶瓷中常有出现，最为接近的便是缠枝牡丹纹。且陶瓷装饰中的牡丹花周边亦有缠绕的枝叶，甚至叶片在描绘之时，在其原本的羽状复叶（见图 17）之外，也常被表现为椭圆形叶（见图 18）。但值得注意的仍是花苞的描绘，并非常规意义上或青花瓷中的球状，而是花瓣稍稍展开的样式，这一特点则见于图 13 样式 A 的右侧花苞。且这一样式的中心花朵的花瓣与抄本的红色花卉相同，均为三曲边缘，只是前者更为尖锐。从整体来看，绘制者似乎更多借鉴了中国缠枝牡丹纹的绘制方式，很可能是改造自青花瓷的装饰图像，因为在中心主花朵两侧绘制两片叶子的方式，便是青花瓷中牡丹花常用的呈现方式之一。且抄本后部异兽所使用的卷草纹亦是明代青花瓷中常用的装饰纹样之一。

图 17　明宣德青花牡丹纹大碗，　　　　　图 18　清青花牡丹纹盘，
　　　　台北故宫博物院藏　　　　　　　　　　　　台北故宫博物院藏

抄本左右两侧的边框装饰与上下部的设计思路是相似的，特别是折枝花的描绘，然而在角落却安排了对称的鸟类或者动物（见图 19）。其中值得注意的是一些下部的动物会设计为回首，或者抬头向上的样子，而这些在 1500

年版的《时祷书》中均有出现（见图20）。如图19①下部与图20①下部回首的动物、图19②下部与图20②下部仰头的动物、同样出现在上部角落里的鸟、以较大图像元素为中心（图19蝴蝶或红色花卉，以及图20的怪诞图像）上下分别安排一组折枝花，甚至是抄本中鸟身后所绘制的黄色类花苞图像元素，都可以在图20③那里找到对应的图像元素。

① ②

图19　两侧边框样式，《谟区查抄本》
266v、198r，印第安纳大学
莉莉图书馆藏

① ② ③

图20　内侧边框样式，菲利普·皮古
切特，《时祷书》，1500

从整体装饰逻辑来看，绘制者基本没有对其进行改变。只是使用了《时祷书》中上部和内侧的边框，并对其进行复制，并分别粘贴于下部和外侧，替代了原本绘制有宗教故事的复杂边框。从内部图像元素或母题来看，绘制者则对其中一些母题进行简化，并根据自己已有的知识进行了一些细节的改动，不排除有误读的成分。一些图像元素，如鸟、蝴蝶等则选择了保留，也有一些，如之前的怪诞动物图像则被改变为了菲律宾本土的动物，如图19下部这类动物，在抄本中被大量描绘，很可能是同样去过菲律宾的历史学家Francisco Ignacio Alcina（1610—1674）所记载的可以"像狐狸一样用其外观迷惑鸟类并将其击倒"的Miroc。[①]通过以上对边框细部的分析可知，在菲律宾的绘制者很可能是以1500年版的《时祷书》作为母本，进而改造出了《谟区查抄本》的边框装饰。若非如此，则很难想象在遥远的东方会出现一个，不仅是众多的图像元素，而且是整体装饰逻辑高度契合的边框样式。而接下来的另一事实将证明，这样的巧合并非孤例。

（二）从"死亡之舞"到男女对偶

回到抄本中的44幅男女对偶民族志图像本身，除了前文我们提到的最为重要的与众不同之处——大量使用了之前少有出现的"男女同框"式对偶图像，还有一个细节值得我们注意，即不管是少数的"隔页相望"式，还是"男女同框"式，其中一人总是被描绘为"一人回首"的样子。皮古切特1500年版《时祷书》边缘装饰的"死亡之舞"组图引起了笔者的注意。

"'死亡之舞'是中世纪广泛流行的一种艺术题材，起源于13世纪，在文学、戏剧、音乐和美术中都有表现……这一题材大多描绘的是以骷髅形象出现的死神，与不同阶层不同职业的人们对话，并拉着他们的手一同舞蹈，形成一个长长的队列。"而在抄本以及书籍插图中，由于排版和画面所需，一般将长长的队列分割为不同的组合。[②]

特别值得注意的是，"死亡之舞"组图中不仅均是两人组合，而且"一人回首"亦是常用动态之一。不仅如此，《谟区查抄本》中的民族志图像，不管是人物之间的相互关系、动态，还是手中所持之物，均可在这组"死亡之舞"图像中找到相应的来源。如图21代表摩鹿加的两人，肩扛武器并侧身而立的男子，一手放至腰部、一手伸出的女子以及其带有头饰的长发等，均出现在了"死亡之舞"组图中（见图22）。有趣的是，画家将男子回首的动态转移

① Francisco Ignacio Alcina, María Luisa Martín-Merás, *Historia de las islas e indios visayas del Padre Alcina, 1668*, CSIC Press, 1975, p. XXXVIII.
② 郝赫:《田园牧歌中的死神 从〈农夫〉看荷尔拜因〈死亡之舞〉组画》,《美术向导》2014年第4期,第96页。

图21　摩鹿加人，《谟区查抄本》87v、88r，印第安纳大学莉莉图书馆藏

图22　"死亡之舞"组图之一，
菲利普·皮古切特，
《时祷书》，1500

给了女子，将两人原本牵在一起的双手分开，并将其分置于两个页面之内。而从与摩鹿加女子相同动态、发型的卡加延女子（见图23），以及与摩鹿加男子（见图24）相同动态的爪哇男子可知，当绘制者面对这一参考样本时，并不满足于只描绘一组人物。

当然，"隔页相望"式并非《谟区查抄本》的主要形式，并且较多居于抄本前部。而绘制者似乎也越来越喜爱"死亡之舞"将两人放置在一起的"男女同框"式。因此在44幅图像中，有30幅图像采用此种形式，并越往后就越呈现稳定的趋势，如代表畬客的两人（见图25）。此图像中，男子一肩扛物，另一只肩膀不自然地高高抬起；女子则一手挎篮，侧面向前行进。这些细节亦可在"死亡之舞"中找到原型（见图26），而绘制者依旧将男子的头部

图 23　卡加延女子,《谟区查抄本》
7v,印第安纳大学莉莉
图书馆藏

图 24　爪哇男子,《谟区查抄本》
91v,印第安纳大学
莉莉图书馆藏

图 25　畲客,《谟区查抄本》
166r,印第安纳大学
莉莉图书馆藏

图 26　"死亡之舞"组图之一,
《时祷书》,菲利普·
皮古切特,1500

绘制为回首状。显然，一人回首并将一男一女同框安置的做法，很可能是绘制者从"死亡之舞"得到的灵感，更为重要的是其余的民族志图像基本均可从中找到对应关系，详见表 2。

表 2　《谟区查抄本》与"死亡之舞"组图对应关系

序号	"死亡之舞"组图	《谟区查抄本》民族志图像				
1		 米沙鄢	 米沙鄢			
2		 盗窃群岛				
3		 卡加延	 摩鹿加	 爪哇		
4		 他加禄	 他加禄	 小黑人		
5		 他加禄	 日本	 鸡笼		

续表

序号	"死亡之舞"组图	《谟区查抄本》民族志图像					
6		三描礼士	暹罗	淡水	交趾	柬埔寨	尖城
7		丁矶嶕					
8		渤泥					
9		盗窃群岛	三描礼士	三描礼士	米沙鄢		
10		暹罗	渤泥	米沙鄢	他加禄	大将	
11		广南	广东	常来			

续表

序号	"死亡之舞"组图	《谟区查抄本》民族志图像					
12							
		玳瑁	大连	咀子	文官	太子	皇帝
13							
		畲客					

资料来源：笔者自制。

从抄本中的文本信息来看，对于人物的描绘大多有文字记载。当然，不管是文本还是图像，都不排除有错识的成分。但是从"男女同框"式对偶图像的使用，以及众多人物动态和组合方式都极具相似性这两点可以看出，绘制者之所以使用了"男女同框"式对偶图像，很有可能是从"死亡之舞"中得到了灵感。加之前文对边框装饰的分析，笔者认为，1500年版《时祷书》很有可能就是当时抄本绘制者的参考书，而书中的装饰边框和"死亡之舞"组图则是其在图像绘制时重要的"储备样式"（stock type）。两者不仅具有相似的图式特点和众多契合的母题样式，甚至拥有相差无几的整体装饰逻辑，很难将其简单归结为偶然的巧合。那么1500年版《时祷书》到底有没有可能被当时的绘制者所使用？如果答案是肯定的，绘制者又为什么会以此为鉴来进行抄本图像的绘制呢？

四　"华人艺术家"与殖民地图像制作

《谟区查抄本》的绘制者为华人已被众多学者所证实，当我们再去认真品读抄本中的97页插图时，会发现其绘画技术并不高超，特别是边框的绘制。线条不够生动流畅，枝干穿插关系并未准确呈现，甚至是色彩的遗漏或者操作失误等众多的低级错误，都证实了这些图像来自一些并不擅长绘画的人。有趣的是，这些边框的绘制，呈现出绘制技法从前往后逐步趋好的状态。而中心人物的绘制，不管是线条的勾勒，抑或是色彩的渲染，甚至是动态的把控，都比边框的绘制更为成熟，画艺也更为精湛，所以应该不是同一人所绘制。

此前也有学者曾提到，抄本的绘制者"不止一位，这可以通过以下事实来证明，即构成绘画框架的装饰边框是在完成主要图像后所绘制的"，并给出了抄本前部"以物易物"折页的图像细节（见图27）作为证据："例如，在这幅折页图像中，桅杆穿过了边框图像，这证明边框是在帆船绘制结束后所描绘的。"[1] 但是抄本其他的一些图像细节则证实，事实也许并非如此简单。

图27　折页桅杆细节，《谟区查抄本》1r，印第安纳大学莉莉图书馆藏

有一些局部显示，边框的绘制是先于中心图像的，主要有两种情况。其一，部分人物手中的武器，或者衣裙边缘的线条是叠加在边框之上的，如紧接着折页的1v、1r盗窃群岛男子手中的武器，186r柬埔寨女子的脚、披肩及裙摆（见图28），以及194r大连女子和182r玳瑁女子的裙摆等，不管是从正面，抑或是从反面的空白页来观察，描绘人物的线条，甚至是赋色都是压在边框之上的。其二则是部分人物的裙摆或武器整齐划一地在边框的红色边缘线处结束，如162r的广南女子（见图29），198r的咀子女子等，如果是人物先行绘

① 　John N. Crossley, Juan Cobo, "el Códice Boxer y los sangleyes de Manila," in Manel Ollé, Joan-Pau Rubiés eds., *El Códice Boxer: Etnografía colonial e hibridismo cultural en las islas Filipinas*, p.99.

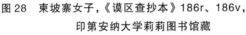

图 28　柬埔寨女子，《谟区查抄本》186r、186v，　　　图 29　广南女子，《谟区查抄
　　　印第安纳大学莉莉图书馆藏　　　　　　　　　　　　本》162r，印第安纳
　　　　　　　　　　　　　　　　　　　　　　　　　　大学莉莉图书馆藏

制则很难做到这一点。更值得注意的是抄本后部中国神祇的描绘（见图 30），
其上部边框曾经书写了相应的人物题名，后来被涂抹并用一只蝴蝶进行掩盖，
但显然效果并不理想。这部分的上部边框似乎在尝试使用一种新的，也更加中
国化的绘制方式，两侧的红色花卉，多了几分中国趣味，如莲花等则采用了中
国传统的绘制方法。也许正是由于使用了此类花卉，相较于之前节省了空间，
就有了将人物题名放在边框内的可能；但是后来可能为了达到统一的效果，故
对其进行覆盖，并在其上改绘了与其他图像相同的图像元素。框内的文字应该
是最后所添加的，以至于有的文字没有规划好位置及大小，如图 30 所示，只
能将"congancua"最后的字母"a"缩小放到了上部。此外在其他的图像那
里，也会发现一些字母是覆盖于边框之上的（见图 31）。

　　但是首页"以物易物"折页的边框显然又是后期绘制的，因此笔者认为，
这是由于不同类型图像的绘制不仅是来自不同的绘制者，而且也很有可能两者
的绘制存在一定的时间差，比如"以物易物"折页与抄本中部民族志图像的绘
制。而中国神祇部分全部存在边框题名改绘的情况，则证明这一部分图像是一
批绘制的。此外抄本后部记载珍禽异兽的 279v 至 290r，其边框绘制则与前部

图 30　congancua,《谟区查抄本》
271v,印第安纳大学
莉莉图书馆藏

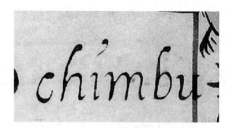

图 31　chimbu,《谟区查抄本》
255v,印第安纳大学
莉莉图书馆藏

出现了些许差别,线条更加流畅,用色也有细微的差别,并出现了些许模式化的趋势,其原因可能是它们来自不同的绘制者,也有可能是绘制时间较晚,绘制者从前期的不甚擅长到渐渐开始得心应手。但从以上分析可知,这些图像或许不仅仅是由不同画家所绘制,不同类型图像的绘制相互之间也存在一定的时间差,而边框和中心图像绘制的先后关系则不能一概而论。

众所周知,当时去往菲律宾马尼拉的华人以商人为主,而擅长画艺者极为难得。正如萨拉查主教(Domingo de Salazar)在信中所说:

　　……最让我钦佩的是,当我到达这里的时候,他们中没有一个人会绘制任何东西,而现在他们已经如此擅长此种艺术,绘画或者塑像等作品都很精彩……在这里,他们已经开始比在中国的时候更加熟练和完美地作画,他们通过与西班牙人的交流,完善了在中国并不熟悉的事情。[1]

---

[1]　参见 John N. Crossley, Juan Cobo, "el Códice Boxer y los sangleyes de Manila," in Manel Ollé, Joan-Pau Rubiés eds., *El Códice Boxer*: *Etnografía colonial e hibridismo cultural en las islas Filipinas*, p.95。

从信中可知，当时在马尼拉从事绘画的华人，之前并不具备或并不擅长这项技艺，而是后期在马尼拉逐渐习得。边框的绘制可能是交给了入门不久的"新学徒"，抄本边框从前往后逐渐成熟，到最后的渐趋模式化，也许恰好从侧面生动地展现了绘制者画艺不断进步的过程。另外，从这一事实也可看出，对于这些也许并不具备高超画艺的"华人艺术家"来说，拥有一个参考母本，或者"储备样式"是必不可少的，而这在殖民地的相关绘制活动中并不罕见。

在西班牙的另一方殖民地——美洲，众多的图书版画便是其艺术创作重要的参考来源，正如学者 Louis Gillet 所说："用一打书，便可澄清新世界四分之三绘画的来源。"[1] 而像我们前文提到的布克迈尔以及丢勒的版画作品，都曾对 16 世纪新西班牙的绘画产生过不可替代的影响，"进口版画和书籍插图则是塑造新世界图像的主要影响因素"。[2]

而作为 15 世纪末期法国最为精美的《时祷书》之一，菲利普·皮古切特 1500 年版《时祷书》有条件进入西班牙，并被带到其最新的殖民地菲律宾。学者 Alfred W. Pollard 指出，在当时西班牙的书籍中，边框装饰并不常见，一些书中并没有多少美感的边框则是"来自法国《时祷书》的拙劣复制品"。[3] 且在"1495 年出版的戈里西奥（Gorricio）的 *Contempaciones sobre el Rosario de nuestra seiiora* 中一些有关基督和圣母玛利亚的图像，在某种程度上，模仿了法国《时祷书》中的图像"。[4] 而在这一时期由菲利普·皮古切特印刷的《时祷书》则是法国最为精美和最具代表性的版本。

事实证明，各国的国王对这类宗教书籍均十分痴迷，葡萄牙国王曼努埃尔一世（Manuel I，1495—1521 年在位）甚至曾下令将法国出版的《时祷书》翻译为葡萄牙语，以协助其在异域的扩张。[5] 而根据 Francisco Stastny 的研究，

---

① 参见 Francisco Stastny，"El Grabado Como Fuente del Arte Colonial: Estado de la Cuestión，" https://colonialart.org/essays/el-grabado-como-fuente-del-arte-colonial-estado-de-la-cuestion，最后访问日期：2023 年 2 月 14 日。

② 参见 Francisco Stastny，"El Grabado Como Fuente del Arte Colonial: Estado de la Cuestión，" https://colonialart.org/essays/el-grabado-como-fuente-del-arte-colonial-estado-de-la-cuestion，最后访问日期：2023 年 2 月 14 日。

③ Alfred W. Pollard, *Early Illustrated Books History of the Decoration and Illustration of Books in the 15th and 16th Centuries*, K. Paul, Trench, Trübner & Co., Ltd.,1893, p.214.

④ Alfred W. Pollard, *Early Illustrated Books History of the Decoration and Illustration of Books in the 15th and 16th Centuries*, p.218.

⑤ Luís U. Afonso, "Patterns of Artistic Hybridization in the Early Protoglobalization Period," *Journal of World History*, Vol. 27, No. 2 (June, 2016),p.234.

在 1571 年至 1576 年，西班牙王室就曾从安特卫普的顶级出版社 Plantinian 处订购了 9000 本《时祷书》。[1]

另一个值得注意的信息是，在 16 世纪的马尼拉，"菲律宾所有来自欧洲的书籍均通过墨西哥，当然，它们不得不经过宗教裁判所的批准"。[2] 除此之外，1531 年，女王还亲自发布了限书令，命令"自此不仅是你，其他任何人也不可将任何小说类以及世俗书籍带至东印度，和基督教相关的除外"。[3] 由此来看，包含有众多精美插图的《时祷书》在当时更容易被带到马尼拉，因为其可以起到辅助传播基督教教义的重要功能。而笔者在菲律宾考察时，果然发现了它的身影，由马尼拉第三任主教米格尔·德·贝纳维德斯[4]（Miguel de Benavides, 1552—1605） 所创建，并保留了众多多明我会档案和书籍的圣托马斯大学档案馆，便收藏有一本 1520 年版的《时祷书》（见图 32）。虽然并非 1500 年的版本，但它的存在足以证明，皮古切特 1500 年版《时祷书》在当时被带到菲律宾，并被绘制者所借鉴的可能性是非常大的。

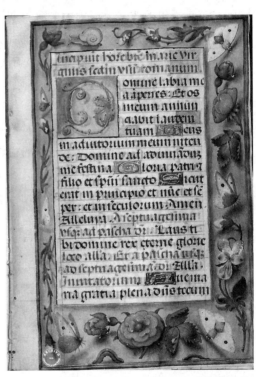

图 32　《时祷书》，1520，菲律宾圣托马斯大学档案馆藏

---

[1]　参见 Francisco Stastny, "El Grabado Como Fuente del Arte Colonial: Estado de la Cuestión," https://colonialart.org/essays/el-grabado-como-fuente-del-arte-colonial-estado-de-la-cuestion, 最后访问日期：2023 年 2 月 14 日。

[2]　John Newsome Crossley, *Hernando de los Ríos Coronel and the Spanish Phlippines in the Golden Age,* Routledge, 2011, p.18.

[3]　John Newsome Crossley, *Hernando de los Ríos Coronel and the Spanish Phlippines in the Golden Age,* p.18.

[4]　此人被认为"亦是《谟区查抄本》创作过程中，促进常来与达斯马里尼亚斯父子二人联系的潜在候选人"。参见 John N. Crossley, Juan Cobo, "el Códice Boxer y los sangleyes de Manila," in Manel Ollé, Joan-Pau Rubiés eds., *El Códice Boxer: Etnografía colonial e hibridismo cultural en las islas Filipinas,* p.97。

结　语

《谟区查抄本》的创作地为菲律宾马尼拉，作为当时东西方贸易重要的中转站，这个地点也赋予了抄本独有的特色——"中西合璧"。其所采用的男女对偶图式衍生自西方创世神话中的亚当和夏娃，并在 16 世纪初期，经由德国画家布克迈尔的改造，成为大航海时期民族志图像绘制的典范。而通过图像分析可以发现，《谟区查抄本》之所以采用了"男女同框"式对偶图像，并为中心人物增添了精美的边框装饰，极有可能是从菲利普·皮古切特 1500 年版《时祷书》中获得了灵感。此外，通过对当时菲律宾"华人艺术家"们的真实处境、西班牙殖民地绘画的特点、西班牙王室大量订购《时祷书》的史实，以及圣托马斯大学档案馆所藏《时祷书》的发现等不同方面的分析，也在图像之外，为这一观点提供了充分的史料证据。不仅如此，对《谟区查抄本》图像来源和制作的剖析，有助于进一步了解西班牙殖民初期菲律宾图像制作的具体过程；以及马尼拉的"华人艺术家"们如何将欧洲书籍插图中的欧洲美学与来自中国书籍甚至是陶瓷装饰的东方美学，在位于东西方之间的这片岛屿之上融合创新。更为重要的是，从一些图像细节的变化中可以真切地看到，那个"没有历史的群体"如何在遥远的他乡学习新技艺，并在这门技艺或者艺术中，留下无可替代的印记。

"Chinese Artists" and the Colonial Image Making: Study on Ethnographic Images of *The Boxer Codex*

Li Xiaolu

Abstract: *The Boxer Codex*, a representative Philippine ethnographic codex of the late sixteenth century, has become a hot topic of scholarly interest because of its East-meets-West character and the many unanswered questions. This article focuses on the 44 ethnographic images in the 97 pages of illustrations, exploring their schema origins and production process. The paper argues that the schema "couples and customs", which was drawn by "Chinese artists", derived from the "Adam and Eve". The reason why the artist in Manila put the male and the female on one page is closely linked to the "Dance of Death". In addition, an analysis of the sources and production of codex images provides a glimpse into the process of image production in the Philippines during the early period of Spanish colonization, and how the "Chinese artists" who were on the archipelago situated between East and West combined the European aesthetic of European book illustrations with the Oriental aesthetic of Chinese books and even ceramic decoration.

Keywords: *The Boxer Codex*; "Couples and Customs" ; Chinese Artists; Colonial Image Making; Ethnographic Images

（执行编辑：王潞）

海洋史研究（第二十二辑）

2024 年 4 月 第 334~371 页

置彼异邦：普朗克"阳伞夫人"图样研究

戴若伟[*]

摘 要："阳伞夫人"（Lady with Parasol/ De Parasoldames）是荷兰画家普朗克（Cornelis Pronk）于 1734 年为荷兰东印度公司（VOC）设计的水彩瓷器图样，画面中心描绘了执阳伞的妇人与水禽相对而立的场景。荷兰东印度公司将这一瓷器图样发往亚洲进行定制生产，希望顺应 18 世纪欧洲的中国风时尚。中国、日本及至后来的欧洲都有生产相关瓷器。"阳伞夫人"瓷器图样是不同文化相遇的产物。作为一种"撑伞人物"图像，它体现了欧洲人对于异域格调的想象。然而，仅仅指出普朗克可能参考和挪用的视觉素材，恐怕只是一种表象解释。本文尝试回答普朗克"阳伞夫人"图像生成与再造的逻辑。具体来说，首先探究异域的"撑伞女子"形象，如何成为欧洲人表征异域风情的符号化形象；进而尝试回答普朗克的"阳伞夫人"图像及其他类似图样，如何因应当时语境而出现、流行。借此案例，思考跨文化图像传播的一种模式。

关键词："阳伞夫人" 外销瓷 图像传播

引 言

"阳伞夫人"（Lady with Parasol/ De Parasoldames）是由荷兰画家普朗克（Cornelis Pronk, 1691—1759）于 1734 年专为荷兰东印度公司（Vereenigde Oostindische Compagnie，VOC）设计的水彩瓷器图样（见图 1）。伴随着中国趣味与异国格调在欧洲的流行，荷兰东印度公司希望能向中国提供自己

---

* 戴若伟，复旦大学文物与博物馆学系博士研究生。

图1 "阳伞夫人"瓷盘画稿，普朗克，1734，荷兰国立博物馆藏

的瓷器图纸，掌握欧洲市场的主动权。中国、日本及至后来的欧洲都有生产"阳伞夫人"瓷器，其中既有对普朗克原稿的模仿与复制，也有不同程度的改编。

"阳伞夫人"图样可以视为欧洲"中国风"的一部分。"中国风"（Chinoiserie）一词至19世纪才正式出现，但在此前已发轫。17—18世纪，欧洲的中国风尚并不等同于真实的中国艺术风格，而是孕育于西方对东方的想象之中。贡布里希在《欧洲接受远东艺术史纲要》中说：

> 17世纪……那种荒谬的几乎会令人厌恶的中国设计的奇特的异国特征，通过中国风的媒介，在18世纪的眼睛中产生了一种特殊的魅力，这就是"翻空出奇"（Originalité Bizarre）的趣味，一种随想的趣味。[①]

① 〔英〕贡布里希：《欧洲接受远东艺术史纲要》，范景中译，"巽汇"微信公众号，2021年9月13日，https://mp.weixin.qq.com/s/2dnoLEO4dLc4jEBIB_tHsA, Accessed by Sep. 13,2021。

多数创作"中国风"图像的欧洲人，从未到达过东方，他们笔下的"新奇"，不乏复制、模仿与重复，实际上是一种"对世界的平面感受"。[1] 仅仅指出普朗克可能参考哪些可见的视觉素材创作了"阳伞夫人"图样，恐怕只是一种表象解释，正如唐宏峰在讨论中国近代通俗图像如何塑造世界图像时所提出的那样，"关键是回答怎样的再现逻辑，理解世界怎样被转译为图像"。[2] 图像的再现逻辑不依赖于文本，而有其自身的生产与发展方式。以普朗克的"阳伞夫人"图样为切入点，观察18世纪的欧洲如何塑造具有异域风情的撑伞女子图像，进一步联系东西方陶瓷工匠如何在瓷器上再次塑造"阳伞夫人"，或许会发现，跨文化交流的图像，深深嵌入不同的本土文化中，可以通过"符号化"和"细节化"的步骤，将表征世界的图像变得可理解、可想象和可介入。

本文以"置彼异邦"指示观察"阳伞夫人"图样的两个层面：其一，这一图样被置于瓷器之上，实现了跨越文化的流通，有其物质文化史的内涵；其二，它有其自身的图像生命历程，多重文化意涵被置于其中。通过讨论，本文尝试解读普朗克"阳伞夫人"图像的生产逻辑，具体来说，分为两个主要的问题："撑伞女子"的形象如何被抽离为表征异域风情的符号化的形象？这一形象为何会被置入各种不同的互动情景当中？进而尝试回答，跨文化的图像如何能够脱离文本和原语境而生存，以及其意义所在。

一 "阳伞夫人"图样及其设计者

"阳伞夫人"是普朗克为VOC设计的第一种图样，现存图稿展示了两种器型，一种为瓷盘（见图1），另一种疑似为"水盆"（water basin，见图2）。"阳伞夫人"瓷盘图样的中心纹饰中，画面右侧有一名撑伞女子以及一位与水鸟互动的女子，画面左侧为三只向右而立的水鸟，后方还有一只水鸟正在向左划水，另有一只凫水的鸟仅露出尾部。背景中的植物似乎是芦苇。中心纹饰外一圈为蓝色团花间隔的花卉纹带，最外层边饰有蜂窝状的几何图案，并有八个开光，开光内间隔复现主纹饰的人物及水鸟。瓷盘背面，绘八只昆虫。水盆图样采取

---

[1] 唐宏峰：《看的自觉与双重"世界－图像"——近代中国的视觉现代性》，胡继华主编《跨文化研究》第9辑，社会科学文献出版社，2021，第1～30页。

[2] 唐宏峰：《看的自觉与双重"世界－图像"——近代中国的视觉现代性》，胡继华主编《跨文化研究》第9辑，第25页。

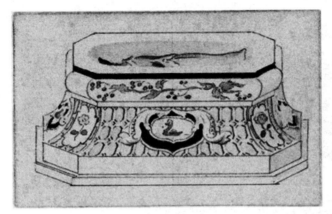

图 2　"阳伞夫人"画稿（盆），普朗克，1734，荷兰国立博物馆藏

了相似的元素，只不过布局安排有所不同。

　　根据 T. Volker、Christiaan J. A. Jörg 等人的研究，[①] 以及 VOC 的档案，[②] 十七人董事会最初希望将普朗克的图样、按图样制作的代尔夫特瓷器模型，一并发往中国，但是代尔夫特工匠在制作模型时遇到了困难，只能制作青花样品，而无法制作彩瓷。最后发往亚洲的，可能只是装在铜盒子中的瓷器画样。

　　"阳伞夫人"瓷盘图样的设计者考奈利·普朗克（见图 3），主要生活于荷兰阿姆斯特丹，擅长创作描绘荷兰城乡及建筑的地志景观画（topographical landscape）。他早期以绘制肖像画为主，18 世纪 20 年代开始着重创作市镇、建筑等地志类景观画。普朗克自 1715 年开始加入阿姆斯特丹的圣路加公会（Guild of Saint Luke），这是一个以画家为主，同时有雕塑家、木刻家等参与视觉艺术相关交易的人员组成的工会，旨在保护当地的艺术家。此外，普朗克的作品多由阿姆斯特丹的贵族委托、订购。1759 年，普朗克将绘画手稿留给了他的兄弟阿尔德特·普朗克（Aldert Pronk）。[③]

　　18 世纪荷兰的陶瓷生产，很大部分依赖于印刷的版画样稿，普朗克虽然

①　T. Volker, "Cornelis Pronk's drawings for porcelain," in *The Japanese Porcelain Trade of the Dutch East India Company after 1683*, Leiden: E.J. Brill, 1959, pp. 78–81. Christiaan J. A. Jörg, *Porcelain and the Dutch China trade*, Netherlands: Dordrecht Springer, 1982, p.98.

②　1.04.02 Inventaris van het archief van de Verenigde Oost-Indische Compagnie (VOC), 1602–1795 (1811), Archief 328，荷兰国家档案馆藏。

③　关于普朗克的生平及作品研究综述，详见荷兰艺术历史学院所公布的数据库：https://rkd.nl/en/explore#query=cornelis%20pronk (Accessed by May 1, 2019)。

图3　普朗克肖像，1725—1730，
阿姆斯特丹城市档案馆藏，
© Stadsarchief Amsterdam/
Naam vervaardiger (indien
bekend)

并未以设计瓷器样稿为主业，但就目前笔者接触的文献来看，有两个时间段出现了与普朗克相关的瓷器生产记录。第一段即18世纪30年代，荷兰东印度公司委任普朗克设计专门的瓷器图样，包括"阳伞夫人"等4种瓷器图样在内，以送至亚洲，由中国及日本生产。第二段则集中于18世纪70年代：一是阿尔德特·普朗克于1772年拍卖的艺术品名录中，提到了关于普朗克设计的用于瓷器的印刷图纸的拍卖，其中共提到6种图样，但是没有说具体内容；[①]二是1778年，多德雷赫特（Dordrecht）的地方长官约翰·亨德里克·得·罗·范·韦斯特马斯（Johan Hendrick de Roo van Westmaas，1712—1792）向海牙的瓷器厂订购了一套餐具，瓷器上绘制的图像多可追溯至《欣欣向荣的荷兰或当代景观集》（*Het Verheerlijkt Nederland of Kabinet van*

———————

①　Brill Art Sales Catalogues：2001, 1772-02-24，Pronk Aldert. DOI: 10.1163/2210-7886_ASC-2001. 这份1772年的拍卖目录中，也包括其他普朗克的绘画作品。关于6种图样的具体记录，笔者没有发现，但Jörg教授在其1980年书中有所提及，并说其中5种图样的买家为"Heemskerk"，参见Christiaan J. A. Jörg, *Pronk Porcelain: Porcelain after Designs by Cornelis Pronk*, Groningen: Groninger Museum, 1980, p.46。

Hedendaagse Gezichten），^①其中收入了普朗克绘制的风景画。^②

瓷器图样设计是普朗克留存作品中比较特殊的一类。1734 年 8 月 31 日，荷兰东印度公司的十七人董事会任命普朗克设计一系列瓷器图样（委任令见图 4），而后将图样发往中国，进行生产。在三年任期内，普朗克需每年设计一种瓷器图样（包括瓷器器型及纹样），VOC 则将向他提供 1200 荷兰盾的年薪以及用于制作图样副本的花销，以保证普朗克能够在此期间投入全部精力设计画样。根据 VOC 的档案，从 1735 年到 1737 年，普朗克最终为该公司服务了四个季度。^③

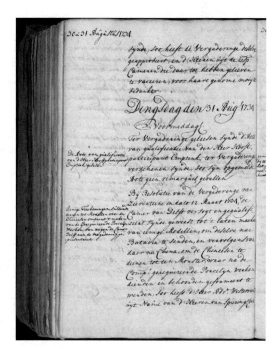

图 4　荷兰东印度公司对普朗克的委
任令，1734 年 8 月 31 日函，
1.04.02 Inventaris van het archief
van de Verenigde Oost–Indische
Compagnie (VOC), 1602–1795
(1811)，Archief 165. 荷兰国家
档案馆藏

普朗克设计的四种图样，分别被标为 A、B、C、D，每一种图样下又有不同样式的分类编号，然而，关于普朗克设计图样的具体描述，未曾见于档

---

① 感谢上海外国语大学的陈琰璟老师给予部分荷语翻译的建议。

② Den Blaauwen, *Het Meissen service van Stadholder Willem V*, Zwolle: Waanders Uitgevers, 1993, 转引自 Constance Scholten, "Inspiratie of imitatie? Het decoreren van Hollands porcelain," in Ank Trumpie ed., *Pretty Dutch: 18de-eeuws Hollands porselein*, Rotterdam: 010 Publishers, 2007, p.44。

③ Christiaan J. A. Jörg, *Pronk Porcelain: Porcelain after Designs by Cornelis Pronk*, p.12.

案，现在学者一般认为，藏于荷兰国立博物馆的两种图样——"阳伞夫人"图样和"三博士"图样，就是普朗克四种设计中的前两种。不过，目前尚无法确定这些存稿是普朗克原稿，还是复制稿。

第一份订单，也就是"阳伞夫人"图样，被要求加快制作，以在好的时间[①]跟随圣诞船队（Christmas fleet）发往巴达维亚。

订单的器类有晚宴餐具，茶具、带有水盆的瓶（vases with their water basins）以及壁炉前饰（mantlepiece，包括用以装饰的三组长颈瓶和两组敞口花瓶）。每一年的订单模型，都被要求与前一年有所区别，以取代旧的设计。在釉色方面，主要有青花、粉彩以及"加金彩"三种瓷器，Jörg 教授认为，第三种就是"中国伊万里"（Chinese Imari）瓷器，[②]从实物看，应为青花矾红描金器。订单首先被发往中国进行定制生产，目前尚有具体的定制种类和要求在档；此外，尽管 VOC 一度尝试向日本订制"阳伞夫人"瓷盘，但最终没有向日本提出订购，主要还是因为日方售价过高。现存日本生产的"阳伞夫人"瓷器，应出于私人订单。[③]

二 阳伞——异国格调的标志物

（一）伞的东西方交流

撑阳伞的女子，可以说是"阳伞夫人"画稿的中心元素，此类形象并非普朗克的首创，而是有着高度的符号化内涵。17—18 世纪流行于欧洲的伞，更多反映的是东西方文化的相遇与交流，普朗克笔下的"阳伞"很可能有着亚洲家系。

在公元前，欧洲和亚洲都有使用支撑型长柄伞的图像（见图 5、图 6），除遮蔽风雨外，伞的使用也象征着地位与权力。[④]亚洲一直有使用伞的图像

---

① 此处"好的时间"具体所指，不知是指航行的季风时间，还是销售季。参见 Christiaan J. A. Jörg, *Pronk Porcelain: Porcelain after Designs by Cornelis Pronk*, p.12.

② Christiaan J. A. Jörg, *Pronk Porcelain: Porcelain after Designs by Cornelis Pronk*, p.13.

③ T. Volker, "Cornelis Pronk's Drawings for Porcelain," in *The Japanese Porcelain Trade of the Dutch East India Company after 1683*, pp.78–81.

④ 中国用伞很少以遮阳为首要功能指向，中国古代用伞，是为仪仗或遮挡风雨。伞，又称"繖"、"盖"或"伞盖"。东汉经学家服虔在《通俗文》中释曰："张帛避雨，谓之繖。"《孔子家语·致思》："孔子将行，雨而无盖。""盖"此处是指挡雨的工具，当为伞之意。所谓的"伞盖"，又称"华盖""宝盖"，用布帛制作，多为遮挡风雨之用。《中国古代名物大典》释为："古代仪仗。本上古张帛避雨之制，后用为仪仗。"

图 5　湖南长沙马王堆三号汉墓出土，T 形帛画（局部），西汉，湖南省博物馆藏

图 6　丘西出土的伊特拉斯坎饮杯，前 350—前 300，柏林旧博物馆藏

资料来源：WIKIMEDIA COMMONS（by Anagoria）。

见证，但在欧洲，有关伞的记录在中世纪出现空白，直至 16 世纪，才再次出现在宗教题材绘画中（见图 7）。随着与亚洲交往的增多，欧洲出现对于亚洲伞的模仿（见图 8）。[①] 从意大利、法国至英国，伞逐渐流行于日常，且很长一段时间，伞在英国等国家被认为是女子使用之物，[②] 至 18 世纪初，才逐渐被男性使用和用于遮雨。

研究者认为，"阳伞肯定早在贝尔切姆及其巴洛克涡卷饰之前很久就有着根基牢靠的亚洲家系……它几个世纪来都作为东方的标志图像而被运用"。[③]16 — 18 世纪，西方有了更多对于亚洲伞的认知。在西方人看来，中国人在仪仗中使用的伞即"遮阳伞"。1561 年，佛朗西斯科·奥瓦列斯的《埃塞俄比亚史》中有这样一段关于中国的记录：

> 他们认为坐这些轿子比骑马而行要体面得多，右边有一两个人作为仪式，前头有步行的举阳伞，像在印度的做法。[④]

这段记录虽然是在描绘皇帝生日当天各地大典的盛况，但是却暗示当时传教士将中国的仪仗伞直呼为阳伞，更有趣的是，他认为这种撑阳伞的做法"像在印度的做法"。可能在当时的欧洲人看来，中国和印度的"遮阳伞"别无二致。这或许可以解释为何普朗克设计的伞所采用的顶部三角形装饰和伞边流苏（见图 9），并不像中国图像中的伞，反而更接近印度绘画中伞的形制（见图 10、图 11）。在印度，相似形制的伞具有皇家权威和宗教象征等多种意味。[⑤] 不过，支撑型长柄伞可能是亚洲多地的平行发明，到了 16 — 18 世纪，已经成为亚洲的一种具有共性的表达。

---

①　William Sangster, *Umbrellas and Their History*, Whitefish：Kessinger Publishing, 2004, pp.35–37.

② 　一些关于伞的历史的研究，也可参见 T. S. Crawford, *A History of the Umbrella*, New York: Taplinger Publishing, 1970; Brenda Stacey, *The Ups and Downs of Umbrellas*, Gloucestershire: Alan Sutton Publishing, 1991。

③ 　贝尔切姆（Nicolaes Pieterszoon Berchem）是 17 世纪荷兰黄金时代的著名画家，一度参与了有关表现异域风情的图案设计。参见〔美〕本杰明·施密特《设计异国格调：地理、全球化与欧洲近代早期的世界》，吴莉苇译，中国工人出版社，2020，第 247 页。

④ 　参见〔西〕门多萨《中华大帝国史》绪论，何高济译，中华书局，1998，第 28 页。

⑤ 　此处所提出的图像关联并非绝对的，此类伞也在亚洲其他地区的图像中有所反映。伞在亚洲的形制演变，笔者将在今后做进一步的探究。

图7　《麦当娜·德尔·奥布雷罗》，
吉罗拉莫·戴·里布里,1530,
意大利老城堡博物馆藏

资料来源：WIKIMEDIA COMMONS
（by Sailko）。

图8　《一位受到印度家庭招待的葡萄牙商人》，16世纪，意大利卡萨纳特图书馆藏

资料来源：WIKIMEDIA COMMONS。

图 9　"阳伞夫人"画稿局部，普朗克，1734，荷兰国立博物馆藏

图 10　《沙贾汗与达拉·希科王子》局部，1630 年前后，
维多利亚与阿尔伯特博物馆藏

图11　印度印花棉布（Sarasa）局部，17世纪晚期—18世纪初期，
大都会艺术博物馆藏

（二）作为身份表征的伞

在17—18世纪的欧洲人看来，阳伞可以说是一种"显而易见的异国格调标志物"。阳伞作为独特的异国配件，它能够跨越海洋，有时遮蔽一位穿着羽毛的准美洲式人物，有时为一位日本武士遮蔽阳光：

> 这类素材的设计中有种松散特质，对异域世界及其公式化表达采取混搭手法……阳伞……有着根基牢靠的亚洲家系……在大量地图和版画中被复制，授予它机动性，这又使得一个最初是东方符号的东西变成美洲寓言的标记。[1]

在殖民扩张中，不只亚洲，[2]非洲、美洲都会被欧洲人用撑伞图像描绘

---

[1]　〔美〕本杰明·施密特：《设计异国格调：地理、全球化与欧洲近代早期的世界》，第210—215页。

[2]　Karina Corrigan, Jan van Campen, Femke Diercks, *Asia in Amsterdam: The Culture of Luxury in the Golden Age*, New Haven: Yale University Press, 2015, p.56.

（见图 12、图 13），它们大多表现了身份与权力。伞因而在不同文化中有着共性表达，同时又可以传递一定的差异。当葡萄牙、荷兰乃至英国的殖民者到达亚洲后，伞也成为他们表达自己地位与身份的道具之一，用于表现在亚洲的欧洲人。

图 12 "日本上层女子的优雅着装"局部，《日本图志》，第 437 页，
阿诺尔德斯·蒙塔努斯，1670，京都国际日本文化研究中心藏

图 13 "美洲的寓言"手稿，尼古拉斯·伯克姆，1665 年前后，英国皇家收藏
基金会藏，Royal Collection Trust / © His Majesty King Charles Ⅲ 2023

　　借助伞表现欧洲人在亚洲的权力与身份，不仅见于欧洲画家笔下，也见于亚洲绘画家的作品中（见图14、图15）。可以说，执伞人物是东西文化交流中的一个镜像，它反映了不同文化之间的互视，以及不同人群企图在异文化中寻求身份认证的努力。而普朗克设计的持伞女子形象，巧妙地融合了诸种元素，成为时代的切片。

图14　《阿兰陀人并黑坊图》，江户时期，神户市立博物馆藏

图15　景德镇生产华景洋人图盘，1662—1722，维多利亚与阿尔伯特博物馆藏，© Victoria and Albert Museum, London

（三）VOC限制令与亚洲阳伞的流通

　　荷兰东印度公司的官员以及参与亚洲贸易的荷兰商人，对于普朗克的图像选择，应当也有着重要的影响。在VOC的档案中，存有来自巴达维亚的关于瓷器品评的书信。Angle Ho从鉴赏家（liefhebber）的角度论及：

> 巴达维亚的鉴赏家挑选来自中国瓷器以供个人赏玩与贸易……普朗克瓷器融合了多种文化内涵——同时来自荷兰和中国的传统——以获得见多识广的鉴赏家们的欣赏。[①]

既然普朗克的设计图稿一度被送至巴达维亚，那么在巴达维亚的具有鉴赏能力的荷兰人，应也有机会经眼。除了中国和欧洲的流行元素，巴达维亚作为文化融合的节点之一，是否会对普朗克的设计产生影响呢？学者指出：

> 这一装饰并不仅仅是一种面向欧洲的"中国"制造，同时也是一种对于巴达维亚文化交织与社会不稳定性的回应，在巴达维亚，餐具的表面也成了宣示社会地位和文化归属的载体。我并不是说普朗克与巴达维亚的社会惯俗有直接关联，而是说，如果没有在巴达维亚人员日益增长的个性化瓷器装饰需求，他的设计不可能出现。[②]

上述看法值得考量，但进一步而言，"阳伞夫人"图像本身如何与巴达维亚社会的视觉表达建立合理关联，或者说，如何理解18世纪撑伞人物图像逐渐从亚洲表达转变为欧洲内部的时尚，或许是理解普朗克设计的重点之一。

已有学者对17—18世纪巴达维亚的文化混杂与人种的社会阶级划分做过研究与讨论，他们都提及，当时居于巴达维亚的荷兰人热衷于以服饰穿着、雇佣奴隶等方式表现自己在当地的主导地位。他们不仅仅会以荷兰本国的惯有方式，还会借鉴当地的表达展示自己——比如"阳伞"（见图16），就是对当地权力身份象征的一种挪用。[③]居于VOC海外中心，尤其是巴达维亚

[①] Angela Ho, "Exotic and Exclusive: The Pronk Porcelain as Products for the Connoisseur," *Netherlands Yearbook for History of Art*, No.69, 2019, pp.174–211. 感谢 Li Weixuan 博士和 Thijs Weststeijn 教授提供该文章的信息。

[②] Dawn Odell, "Public Identity and Material Culture in Dutch Batavia," in Jaynie Anderson ed., *Crossing Cultures: Conflict, Migration and Convergence*, Carlton, Vic: Miegunyah Press, Melbourne University Publishing, 2009, pp. 253–257.

[③] 参见 Dawn Odell, "Public Identity and Material Culture in Dutch Batavia," in Jaynie Anderson ed., *Crossing Cultures: Conflict, Migration and Convergence*, pp. 253–257; Simon Schama, *The Embarrassment of Riches: An Interpretation of Dutch Culture in the Golden Age*, New York: Vintage Books, 1997.

的 VOC 官员们，在获得大量财富之后，便有了财富炫耀和展示社会地位的需求，他们竞相攀比，以至于 VOC 早在 17 世纪上叶就颁布了《限制铺张规定》，详细叙述每个特定的职位适用怎样的装饰和行头。① 例如，在 1647 年的法律条案中，就对伞的使用进行了规定：

图 16 《VOC 的高级别商人》，阿尔伯特·库普，1640—1660，荷兰国立博物馆藏

　　特别是在使用阳伞的问题上，只有具有特别资质的人，才可以使用奴隶将伞撑于其头顶。

Vooral in het gebruik van "kieppesollen" [zonneschermen] was groot misbruik ingeslopen. Een iegelijk "indifferent sonder aensien van qualiteyt ofte conditie", liet zich die door slaven boven het hoofd houden.

　　如果有人想用伞遮阴或挡雨，只能自行使用。

Waneer men eene zonnescherm gebruiken wilde "tot schutsel van de son ofte voor de regen ofte om andere redenen," dan moest men die "selffs in de hand houden ende draegen." ②

①　〔荷〕费莫·西蒙·伽士特拉：《荷兰东印度公司》，倪文君译，东方出版中心，2011，第 123 页。
②　Jacobus Anne van der Chijs, *Nederlandsch-Indisch Plakaatboek*, Batavia: Landsdrukkerij, 1885–1900, 转引自 Marsely L. Kehoe, "Dutch Batavia: Exposing the Hierarchy of the Dutch Colonial City," *Journal of Historians of Netherlandish Art,* Vol.7, No.1, Winter 2015, DOI: 10.5092/jhna.2015.7.1.3。

Marsely L. Kehoe 将其中"具有特别资质的人"解读为 VOC 在亚洲的总督及其理事会成员,[①] 并非所有荷兰人在出行时,都可以由奴隶撑伞。但是实际上,法令不能控制现实情况的发展,由奴隶撑伞的出行方式不仅在一般官员或荷兰商人间流行,至后来也变成了在巴达维亚的妇女的时尚:

> 巴达维亚最令人惊奇的是不可思议的奢华和大肆炫耀,不仅荷兰女人如此,荷兰和本地混血的妇女亦如此……更甚者,当他们去教堂或是回家时,最不济的人也有奴隶当跟班,他们走在她后面为她撑伞,防止太阳晒到她。[②]

这种风尚已经从一种商贸人员在亚洲的身份表现,扩展为一种女性的时尚。我们或许可以由此联想,荷兰人在巴达维亚的社会生活实貌,也会成为普朗克设计的一部分考量;加之 VOC 官方订购的普朗克瓷盘,大多经巴达维亚中转,那么,受命于 VOC 的普朗克,确实很有可能考虑 VOC 内部人员的潜在购买需求及偏好。

实际上,1734 年之后,在广州直航荷兰的贸易中,东印度公司的大班不仅直接任命自巴达维亚当局,而且有着极大的主动权。他们可以代表货主出售货物,赚取利润,并购买回程货物;也可以在回程的船只上搭载自己的货物,交给"亲戚或熟人"。值得注意的是,以此种方式代卖货物的费用不尽相同,而瓷器、马六甲手杖和罗望子属于最低的一类,[③] 这无疑有利于这些商品的买卖与流通。"马六甲手杖"(见图 17)作为另一种身份表征,在此时被特别提及。《VOC 的高级别商人》(见图 16)一画中,即将从巴达维亚回到荷兰的商人,不仅有奴隶撑伞,还手持一根权杖,将画面视线引导至右侧的船只。伞与权杖或许都可以视为主人公用以表现身份的附属物。附着于瓷器上的阳伞夫人图像,在此后的私人贸易中,很有可能被作为一种与身份、财富象征相关的视觉表达,被巴达维亚的荷兰人所接受和推崇,与马六甲权杖一起,通过返回荷兰的船只,再次传递至欧洲市场。

---

① Marsely L. Kehoe, "Dutch Batavia: Exposing the Hierarchy of the Dutch Colonial City," *Journal of Historians of Netherlandish Art,* Vol.7, No.1, Winter 2015, p.1.

② Nicolaus de Graaf, *Oost Indise Spiegel*, 1701, 现收藏于荷兰国家图书馆。本研究依据伽士特拉的翻译,参见〔荷〕费莫·西蒙·伽士特拉《荷兰东印度公司》,第 123 页。

③ Christiaan J. A. Jörg, *Porcelain and the Dutch China Trade*, p. 27.

图 17　马六甲手杖，18 世纪，美国史密森尼亚设计博物馆藏

权力地位的表征物又逐渐发展为一种享乐、炫耀的时尚。普朗克的"阳伞夫人"应运而生，她既是所谓的异域女子，也是欧洲女性模仿、自我扮演的对象，欧洲的女性更多地将自己置入撑伞侍从的出行情景当中。这一案例实际应和了 North 等人对于杂交艺术的阐释："接收的一方有其自身的多重意义。对于购买杂交艺术的人来说，它们似乎附着了多层次的社会功能。杂交艺术和物质文化既是供给亚洲也是供给欧洲市场的产品。对于两边而言，人们发展出了一种异域情调的风格。对于在亚洲的 VOC 官员来说，它们具有经济、装饰或者自我表达的功能。杂交艺术也会在诸如开普敦殖民地的多民族社会流行，在面对高度分化的社会时，它会被当作自我塑造的媒介。"①

总的来说，"阳伞夫人"可能兼具了两种符号化的内涵：其一，它代表了欧洲人对于东方人物的想象；其二，它也是欧洲人在全球扩张中，自我塑造的缩影。

三　东方"阳伞夫人"的欧洲诞生记

此前已有诸多学者讨论过普朗克"阳伞夫人"图样的参考来源，并举证了其中某些具体元素。②但是，这样的讨论似乎只能呈现一种拼贴式的猜想，无法解释图像生成乃至后来流行的逻辑所在。17—18 世纪的欧洲，象征异域

---

①　Astrid Erll, "Circulating Art and Material Culture: A Model of Transcultural Mediation," in Thomas Dacosta Kaufmann, Michael North, eds., *Mediating Netherlandish Art and Material Culture in Asia,* Amsterdam: Amsterdam University Press, 2014, pp. 321–328.

②　参见 Christiaan J. A. Jörg, *Pronk Porcelain: Porcelain after Designs by Cornelis Pronk*, p. 25; David Howard, John Ayers, *Masterpieces of Chinese Export Porcelain from the Mottahedeh Collection in the Virginia Museum*, London: Sotheby Parke Bernet Publications by Philip Wilson Publishers Limited, 1980, p.296; William R. Sargant, "Cornelis Pronk and His Influence," in *Treasures of Chinese Export Ceramics from the Peabody Essex Museum*, New Haven: Yale University Press, 2012, p.293.

的撑伞人物图像无处不在，但是人物附带的画面背景不尽相同，且往往充斥着大量怪异、新奇的细节。我们或许可以从唐宏峰的讨论中得到启发，她提及近代中国"世界"图像生产与现实再现关系的双重逻辑："一方面是将现实世界符号化为类型化的人物与事件"，"一方面则是图像的本性与第一次如此直面现实的艺术家的直觉的作用，以无边的场景细节贴近'无边的现实'"，在此之中，"在戏剧性的中心故事周围铺展出各种无关而生动的细节，将事件转变为场景，将人物转变为风土"。[①] 普朗克在筛选"阳伞"作为符号化表征的基础上，同样要将异域的人物形象细节化，但具体实现方式要回归当时语境。那么如何理解其中"事件、人物"向"场景、风土"的转变呢？

普朗克"阳伞夫人"形象在欧洲的塑造，笔者认为，可以概括为三个步骤：其一，对既有东方元素的场景拼贴；其二，对现实细节的采纳与借用；其三，故事性的注入。

（一）对东方元素的场景拼贴

在 18 世纪初的荷兰，普朗克可能经由多种媒介材料获取东方图像，其中，撑伞人物在欧洲人的东方旅行日记中，以及版画、瓷器上屡见不鲜，而版画借助印刷媒介，很有可能成为普朗克设计图案的重要参考对象。例如，Jörg 教授提到普朗克的人物可能参考了林斯霍滕（Jan Huyghen van Linschoten）笔下的中国人物形象（见图 18）；[②] 此外，当时的瓷器制作常常参考版画作品，如活跃于荷兰与德国的制图师彼得·申克（Pieter Schenk Ⅱ），曾设计诸多描绘中国人物场景的版画，伞（伞盖）是其中的常见元素（见图 19）。他的作品也大量被麦森瓷厂模仿，例如，麦森的瓷匠罗温芬克（Adam Friedrich von Löwenfinck）一度借用彼得·申克的人物形象与姿态，设计瓷器图样（见图 20）。后者还融入了柿右卫门风格的植物，这同撑伞人物一样，都是当时欧洲人所喜爱的东方元素，也因而被不断复现，海洛德（Johann Gregor Höroldt）的作品亦是例证。[③] 我们或许可以将伞在不同媒

---

① 唐宏峰：《看的自觉与双重"世界－图像"——近代中国的视觉现代性》，胡继华主编《跨文化研究》第 9 辑，第 25—30 页。

② 转引自 William R. Sargant, *Treasures of Chinese Export Ceramics from the Peabody Essex Museum*, p.278。此外，林斯霍滕的 *Itinerario*，日文翻译作《东方案内记》，笔者在此译作《东方旅行记》。

③ 参见 Ulrich Pietsch, *Passion for Meissen: Sammlung Said und Roswitha Marouf (The Said and Roswitha Marouf Collection)*, Stuttgart : Arnoldsche, 2010, p.66。

图 18 《中国服饰》，扬·林斯霍滕，16 世纪，《东方旅行记》（*Itinerario*），荷兰皇家图书馆藏

资料来源：WIKIMEDIA COMMONS（by Jan Arkesteijn）。

图 19 《茶桌旁的中国人物》，彼得·申克（Pieter Schenk II），1727—1775，
荷兰国立博物馆藏

图 20　麦森瓷器上的中国人物形象，1735，美国国家历史博物馆藏，
©Division of Home and Community Life, National Museum of
American History, Smithsonian Institution

质上的复现视作当时的一种程式化的图像生产。

　　"阳伞夫人"图样并不是普朗克唯一一次使用撑伞人物。考察普朗克名下的瓷器作品，就会发现，在一件描绘人物的花瓶中（见图21），倚坐的男子身着华服，而衣服的细节之处，分明再现了"阳伞夫人"的形象。一般而言，18世纪流行于欧洲的中国风服饰，纹样多见花鸟树木以及亭台，少见人物场景。普朗克更像是以衣物为第二重画布，表达一整组山水人物画景（见图22），而撑伞人物，无疑是这组画景的重要组成部分。相较"阳伞夫人"图，此处呈现的场景想象更为细致入微。

　　洲渚、船舶、树木、庭院的细节堆叠，未必存在秩序或内在的逻辑联系，它们可能是从壁画、挂毯中抽取的元素（见图22、图23）。大量有关异域的符号化形象的拼贴与使用，易于唤醒观者对于各种东方风土人情与故事的想象。

　　在这样的逻辑下，撑伞女子可以被放置到不同的场景中。这样一种颇具随意与无序的场景置换，可能来自欧洲人对于中国艺术的理解。1685年坦普

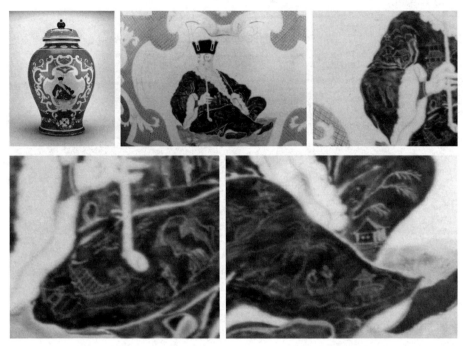

图21　粉彩人物纹花瓶及局部，1735—1740，大英博物馆藏，
©The Trustees of the British Museum

图22　挂毯及局部，约翰·凡德班克，1690—1770，英国维多利亚与阿尔伯特
博物馆藏，©Victoria and Albert Museum, London

图 23 《西湖景——苏堤春晓图》，木刻版画，墨版套色敷彩，乾隆时期，苏州制造，德国沃立滋城堡藏，©the Cultural Foundation Dessau-Wörlitz

尔（Sir William Temple, 1628—1699）在论述园艺的文章中写下了一段令人难忘的话：

> 我们以为，建筑与植物的美，主要在于某种比例对称和统一，中国人对此不以为然……中国人把丰富的想象力用于营造，既美不胜收，目不暇接，又看不出布局的痕迹……（中国人称之为 Sharawadgi）
>
> 他还补充了一个有力的证据，证明他超越他那个世纪的欣赏（水平）是正确的：
>
> 任何看过精致的印度长袍、最美的屏风或上等瓷器上绘画的人，都能品味出这种无序之美。①

（二）对现实生活场景的借用

然而在分析普朗克的作品时，又不能完全将其归结为一种对无序之美的欣赏。画面中心，除了人物，还有一种元素占据了近半的画面，即"水鸟"（见图 1）。有学者着力于分析这些水鸟可能来自哪里，认为它们极有可能是

---

① 〔英〕贡布里希:《欧洲接受远东艺术史纲要》，"巽汇"微信公众号。

欧洲本土的水鸟。[①]然而，笔者更为关心的是，画面中突出强调人物和水鸟互动的用意究竟是什么？女子伸出双手、趋近水鸟的动作，或许是一种细节的添加，借用某种"现实场景"使图像可以被解读和理解。

在普朗克设计的"阳伞夫人"瓷器图样外，欧洲瓷器制作似乎流行着另外一种样稿，其主要特点是：人物往往伫立或倚坐在高桌旁，桌上摆放着瓷器、花卉，人物有时调弄着鸟儿、宠物或手拈花朵，主要人物背后有一撑伞侍从（见图 24、图 25、图 26）。

这类瓷器一方面可能模仿了中国外销瓷的庭院仕女图像（见图 27），例如，中国仕女也常常拈花倚坐；但另一方面，人物与鸟儿互动的行为，更有可能是以现实中欧洲女性的生活为参照。欧洲生产的这类撑伞人物陶瓷，似乎特别注重女性角色与飞鸟或动物的亲密接触。但在中国的仕女戏鸟题材中，这类场景并不多见，人物与禽鸟往往有一定距离，呈现出"观鸟"的姿态，如《调鹦仕女图》或《雍亲王题书堂深居图屏·倚榻观鹊轴》所呈现的那样。[②]

图 24　人物纹陶盘，布里斯托，1750—1760，英国维多利亚与阿尔伯特博物馆藏，
© Victoria and Albert Museum, London

---

①　David Howard, John Ayers, *China for the West*, London: Sotheby Parke Bernet, 1978, p. 296.
②　《调鹦仕女图》，（北宋）王居正，现藏波士顿美术馆；《雍亲王题书堂深居图屏·倚榻观鹊轴》，现藏北京故宫博物院。

图 25　人物纹陶砖，利物浦，1761—1770，英国维多利亚与阿尔伯特博物馆藏，
© Victoria and Albert Museum, London

图 26　人物纹陶盘，代尔夫特，1730—1760，荷兰国立博物馆藏

图 27　人物纹瓷盘，1725—1749，中国，荷兰国立博物馆藏

　　而在 17—18 世纪的欧洲上层社会，养鹦鹉为宠物，已经成为一种女性娱情与身份的象征，且在绘画中多见，例如卡蒙泰勒（Louis Carrogis Carmontelle）笔下的贵族女子，"同她的宠物鹦鹉在漂亮的花园中，那是一种异国格调的装饰与忠诚的象征"。① 西方画家笔下的贵族女子往往手托鹦鹉或伸手喂养，没有距离感（见图 28、图 29）。在 18 世纪末期一幅名为《想象的愉悦》（见图 30）的画作中，可以看到摩登女子身处室内，一侧是茶几和倾倒热水用以泡茶的水罐，一侧是与女子互动的鹦鹉，这些室内道具的摆置和禽鸟的存在，似乎成了表达女性生活时尚的符号。在其他归于普朗克名下的瓷器中，实际上也存在着"鹦鹉"图像的组套（见图 31）。

　　此外，普朗克绘制的禽鸟和 18 世纪中期欧洲陶瓷上出现的女性禽鸟纹饰中，鸟类往往不是被豢养在笼子中，而是在花园或室外环境中。这在其他中国风作品中也有反映——侍从在侧撑伞的东方女子，其身边也总是有鹦鹉一类的鸟禽（见图 32、图 33、图 34）。一方面，鸟类和室外花园如图一个"异托邦"，使社会性的"他者"被真切的、物质性的环境所包围；另一方面，

① Sarah Grant, *Female Portraiture and Patronage in Marie-Antoinette's Court : The Princesse de Lamballe*, London: Routledge, 2019, p. 62.

图 28　《喂鹦鹉的女子》，1663，
弗朗斯·范·米里斯，伦敦
国家美术馆藏

图 29　《鹦鹉》，1620—1676，
亚伯拉罕·博斯，美国
大都会艺术博物馆藏

图 30　《想象的愉悦》，
1781，托马斯·
罗兰森（传），
大都会艺术博物馆藏

图 31　鹦鹉纹瓷（传普朗克设计），1740 年前后，私人藏品，© Cohen & Cohen

图 32 《中国装饰》(*Bound Collection*
of Chinoiserie Panels),
1765,佛朗索瓦·维瓦雷,
大都会艺术博物馆藏

图 33 《中国奇珍》,1741—1763,
约翰·英格拉姆,大都会
艺术博物馆藏

图 34 《中国集市》局部,1742 年设计（1743—1745 年织造）,佛朗索瓦·布歇,
美国明尼阿波利斯美术馆藏

18世纪，室内的笼子有时会被认为是"监狱"，模仿自然的人工花园变得越来越流行，将鸟儿从笼中解放，同时也象征着女性自我意识的觉醒，即认为自己是一空间领域的主人，而非"囚犯"。[①]

笔者倾向于认为，欧洲陶瓷上，与禽鸟动物亲密互动的撑伞女子形象，在细节处理上融合了当时欧洲女性现实生活中的风尚。这一杂糅又反馈到欧洲人对东方人物的描绘与想象中。人物与水鸟的动态关联，并不单单是对东方生活场景的想象，[②] 或是以东方女性形象作为"奢侈"的象征，[③] 而是可以被理解为一种对当时欧洲社会上层女子豢养禽鸟风尚与自我意识变化的回应。

（三）走入故事的"阳伞夫人"

二维平面上的东亚图像，对于未踏足东方的欧洲人来说，仍然是一种平面的世界想象。这类图像可能会成为舞台和戏剧表演的参考对象，被融入具体的故事中，转化为立体的感观呈现。故事使图像的意义被锚定，图像转化为叙事，一切便安全可控。[④] 例如在法国戏剧院藏的版画中，就有一幅撑伞妇人图，这一馆藏地点很有可能暗示了这类图像风靡之后，成为舞台表现的参考。普朗克虽然没有为"阳伞夫人"写文立传，也未见当时人为其附会的故事，但是在此后的欧洲瓷器生产中，却可以看到，"阳伞夫人""闯入"了其他的故事中。

"阳伞夫人"图样瓷盘，多由中国和日本工匠进行生产，与此同时，欧洲陶工也进行了一定的复制和模仿。其中最有趣的，当属"柳树图案"与"阳伞夫人"的结合。

---

① Julia Breittruck, "Pet Birds. Cages and Practices of Domestication in Eighteenth-Century Paris," *InterDisciplines. Journal of History and Sociology*, Vol. 3, No. 1, 2012, pp.6–24.

② 有关18世纪欧洲女性消费与身份、意识等问题的指涉或探讨，可参见 Jean-Jacques Rousseau, *Julie ou la nouvelle Héloïse*, Paris: Flammarion, 2018; Olivier Bernier, *The Eighteenth-Century Woman*, New York: Metropolitan Museum of Art, 1981; Maxine Berg, "Men and Women of the Middling Classes: Acquisitiveness and Self-Respect," in *Luxury and Pleasure in Eighteenth-Century Britain*, Oxford: Oxford University Press, 2007, pp. 199–246.

③ Ros Ballaster, "Performing Roxane: the Oriental Woman as the Sign of Luxury in Eighteenth-Century Fictions," in Maxine Berg, ed., *Luxury in the Eighteenth Century*, London: Palgrave Macmillan, 2003, pp. 165–177.

④ 〔德〕潘诺夫斯基：《图像学研究：文艺复兴时期艺术的人文主题》，戚印平、范景中译，上海三联书店，2011，"导论"。

图 35　"常见柳树纹盘的故事"
插图，1849，
明尼苏达大学藏

瓷器上的"柳树图案"（见图 35）是 18 世纪末出现在英国瓷器上的、描绘中国景象的图案。常见"柳树图案"包括一棵柳树、橘子树、凉亭、前景的栏杆、一座桥及穿桥而过的三人、隔岸的房屋及两只空中的鸟儿（见图 36）。19 世纪，这一图案流行开来之后，英国人又创作了完整的"柳树图案"爱情故事，并在 1849 年第一次出版刊登为"常见柳树纹盘的故事"（见图 37）。① 故事讲述了中国某高官（Mandalin）之女孔喜（Knoon-se）与高官的秘书张（Chang）私奔，终被高官发现，双双殉亡，化作了一对鸽子。"柳树纹样"中，正上方的对鸽，便是二人的化身。而柳树下方石拱桥上行走的三个人，从左至右可能分别为孔喜、张和紧追不舍的高官。孔喜手拿象征处女的纺锤，张捧着原婚约者赠送给孔喜的宝箱，高官则手持鞭子从后追赶。画面近景的园林，则是高官一度囚禁孔喜的庭园，远处的小岛象征孔张二人曾经居住的地方。②

柳树图案似乎在诞生之后不久，便与"阳伞夫人"组合（见图 38、图 39），并为"阳伞夫人"图像添置了叙事性。一个有故事的图像，就像舞台戏剧一样，往往更容易被大众接受和记住，从而赢得消费者的青睐。

---

① "The Story of the Common Willow-Pattern Plate," *The Family Friend*, Vol.1, 1849, pp.124–127, 明尼苏达大学藏本，见 https://hdl.handle.net/2027/umn.319510007320747?urlappend=%3Bseq=141 (Accessed by Sep.4, 2020)。

② "Influx of Western graphic material through Canton must have had a more widespread effect on the visual culture of late imperial China than did the tiny handful of Western Jesuit painters at the imperial court." Kristina Kleutghen, "Chinese Occidenterie: The Diversity of 'Western' Objects in Eighteenth-Century China," *Eighteenth-Century Studies*, Vol. 47, No. 2, Winter 2014, p. 126.

图36　柳树纹样盘，1853—1866，荷兰国立博物馆藏

图37　19世纪出版物中的柳树图样盘，1899，
The Book of Knowledge: The Children's Encyclopedia，第2卷

资料来源：WIKIMEDIA COMMONS（by Sue Clark）。

图 38　"撑伞人物"柳树纹盘，斯波德工厂，
Spode: A History of the Family, Factory and Wares from 1733 to 1833

图 39　柳树人物纹盘，斯波德工厂，1800—1810，C. Jacob-Hanson 私人收藏，© C. Jacob-Hanson

　　最初，普朗克并未赋予"阳伞夫人"故事性，但是图像在流传过程中，顺遂市场需求，出现了具有叙事性的改编。从图像自身而言，这样的变化无疑有

利于图像的存续与再造。一方面，"阳伞夫人"依托"柳树图案"具有了叙事性内涵；另一方面，"柳树图案"的变化形式也得到丰富。更进一步考察，可以发现，来自异域的撑伞人物图，并不止一次被置入西方创造的故事体系中，其中也不只是有关东方想象的故事。大都会艺术博物馆所藏的一件"菲利普儿子的鹅"故事纹瓷盘（见图 40），左侧两名盛装女子身后，便有一名撑长柄阳伞的侍从。但是在原故事文本中，并没有描绘撑伞侍从，其早期图像，例如布歇所绘的插图中，也未见其他的人物出现（见图 41）。"飞利浦（菲利普）的鹅"是《十日谈》的第四个故事，这一故事讲述了博学之士飞利浦的儿子，从小与父亲生活，隔绝外界，在第一次伴随父亲外出之时，见到美丽的年轻女子，问父亲她们叫什么，父亲不希望他被诱惑，便告诉他，面前的女子叫"鹅"。故事再无其他人物出场，也无更多场景描述，反过来也为绘画者提供了一定空间。大都会艺术博物馆所藏的这件瓷盘应该参考了 1736 年前后尼古拉·朗克雷（Nicolas Lancret, 1690—1743）为该故事法文译本所绘的插图，其中出现了撑伞的侍从（见图 42），侍从肤色黝黑，但装扮与瓷盘上的人物一致。

图 40　"菲利普儿子的鹅"故事纹瓷盘，中国，1745，大都会艺术博物馆藏

图 41　《菲利普儿子的鹅》，佛朗索瓦·布歇，1720—1728，法国贝桑松美术馆藏，
© Besançon, musée des beaux–arts et d'archéologie: Photographie P. Guenat

图 42　《菲利普儿子的鹅》，尼古拉·朗克雷，约 1736，大都会艺术博物馆藏

结　语

　　"阳伞夫人"图样作为欧洲人想象东方的设计形象，有其自身的生产逻
辑。首先，"撑伞人物"的形象被抽离为表征异域风情的符号；进而被艺术家

用于塑造新的东方场景，在选取、拼贴各类表现东方的元素之外，现实中的流行与风尚，成为可以被填充的细节，使图像更为立体可感。最后，平面的图像通过戏剧、文本，与叙事性相结合，既进一步满足了人们想象的需求，也增强了图像本身的生命力。借此案例，我们可以如何设想跨文化的图像生成及流转的一种模式呢？作为商品的"物"如果可论生命史，那么瓷器等商品上的图像，或许也有自身的生命史可寻。

有关异域的图像，其创造与流行，根据当地人群对现实的需求和文化的理解，嵌入当地的图像体系之中。异域图像在缺少文本支持的情况下，依靠符号化、元素重组以及现实细节填充，重生为新的图像，并在此之后，被纳入新的叙事中。"中国风"图像，笼统而论是欧洲人"翻空出奇"的东方想象，或许可以隶属于某种广义的欧洲风格（如"洛可可风格"），但是具体而言，又深深嵌入更为具体的本地图像系统中，借"熟悉"再造异域。

经由跨文化的传播与交流，"阳伞夫人"可以说"一人千面"，到了中国、日本，又是另外一番模样，如妆容、服饰都与当地绘画传统和实际场景更为贴近（见图43、图44）。不过，其本质逻辑是相同的。物质媒介促进了图像

图43　青花人物鹤纹盘，1750 年前后，荷兰格罗宁根博物馆藏，

©Collection Groninger Museum: Photo Arjan Verschoor

图44　五彩美人纹盘，1734—1737，大都会艺术博物馆藏

的流转，图像的流行反过来也会促进作为媒介载体的瓷器的流通与交流，因而，图像的生命史，也与物的生命史相互杂糅、彼此依存。

Setting in a Foreign Land: A Study of "Lady with Parasol" by Cornelis Pronk

Dai Ruowei

Abstract: "Lady with Parasol" is a watercolor porcelain design for the Dutch East India Company (VOC) by Dutch artist Cornelis Pronk in 1734. It depicts a scene including several waterfowls and two ladies standing on the waterside with a parasol. The VOC sent this design to Asia in order to follow the fashion of *Chinoiserie*. Ceramic wares following this design had been produced by China, Japan, and Europe. "Lady with Parasol" is a result of the encounter of different cultures, reflecting the imagination of Exotic in Europe. Based on an analysis of the possible resources adopted by Pronk, this paper tries to figure out the logic behind his design and adaptation of this image. "Lady with Parasol" belongs to a larger visual system which experienced a symbolizing process of exoticism and became popular in the European society during the 18th century. Through this case, this paper suggests a possible mode of transcultural visual communication.

Keywords: Lady with Parasol; Export Porcelain; Circulation of Image

（执行编辑：彭崇超）

海洋史研究（第二十二辑）

2024 年 4 月　第 372~390 页

马戛尔尼使团画师笔下的中国人物

陈妤姝 *

摘　要：英国马戛尔尼使团于 1793—1794 年访华，并将大量的中国图像信息带回欧洲，其中人物画的数量最多，也最引人瞩目。这些作品记录了有关中国人体貌特征、日常穿着和风俗习惯的信息，是英国在全球化初期收集异域人种知识的一个例证。而绘制作品的过程实则展现的是当时英国生产世界知识的权力。这些人物绘画里蕴含着两种截然不同的表现风格：属于博物范畴的人种志绘画和用艺术手段构建的生动人物场景画。这两者的共存丰富了使团画师绘制中国人物形象时的表现形式和内涵，从中也可窥见中英双方对彼此都持有特定的偏见。

关键词：马戛尔尼使团　人物画　人种志　异域风情　知识权力

马戛尔尼使团一直是中西文化交流研究中受关注较多的话题，但学界大多是从历史文本切入去考察其访华经历及中英两国当时的政治经济交往情况。[①] 20 世纪末以来，不少学者开始关注使团绘制的图像，譬如佩雷菲特（Alain Peyrefitte）以及刘潞和吴芳思（Frances Wood）都搜集出版过大批的

* 陈妤姝，华东师范大学美术学院副教授。

本文是国家社科基金冷门绝学团队项目"16—17 世纪西人东来与多语种原始文献视域下东亚海域剧变研究"（项目号：22VJXT006）阶段性成果。

① 相关研究可见 J.L. Cranmer-Byng, *An Embassy to China: Being the Journal Kept by Lord Macartney during His Embassy to the Emperor Ch'ien-lung, 1793–1794*, London: Longmans, 1962；Alain Peyrefitte, *The Immobile Empire*, New York: Vintage, 2013; James L. Hevia, *Cherishing Men from Afar: Qing Guest Ritual and the Macartney Embassy of 1793*, Durham and London: Duke University Press, 1995; 张芝联、成崇德主编《中英通使二百周年学术讨论会论文集》，中国社会科学出版社，1996。

使团绘画作品集。^①吴芳思和斯泰西·斯洛博达（Stacey Sloboda）也撰文分析过使团画家威廉·亚历山大（William Alexander, 1767—1816）的作品和创作过程，^②而之后的一些学者如陆文雪、钟淑惠和卡拉·林赛·布拉克莱（Kara Lindsey Blakley）等也都关注了这一主题。^③这些研究有一些共通之处：它们整理了大量图像资料，并将其视为欧洲观察中国社会的某种证据。但这些研究少有出自艺术本体视角的考量。本文在前人研究和第一手图像材料的基础之上，考察使团的人物画创作，观察绘者如何受到当时英国社会思潮的影响，从而创作出不同艺术风格的作品，以及欧洲观众对中国人视觉形象的心理期待。

乾隆五十八年（1793），英国国王乔治三世（George Ⅲ, 1738—1820）派出马戛尔尼（George Macartney, 1737—1806）率领使团访华，名义上是恭贺乾隆皇帝八十三岁大寿，实则想要在经济贸易和政治外交上争取更多在华利益。然而，由于中英两国政治和经济结构截然不同，最终乾隆拒绝了英方所有的要求。此次外交谈判以失败告终，但使团将大量有关中国的信息和知识带回了欧洲，为欧洲塑造"中国形象"提供了新的素材与视角。

马戛尔尼使团十分重视对图像信息的收集，为此特意聘请了两位专业画师：官方画家托马斯·希奇（Thomas Hickey, 1741—1824）和年轻的绘图员（draughtsman）威廉·亚历山大。希奇在此次中国之旅中所创作的作品如今可见的仅余3幅。^④亚历山大虽然只是希奇的副手，却所产甚多。使团所留

---

①　〔法〕阿兰·佩雷菲特：《停滞的帝国——两个世界的撞击》，王国卿等译，生活·读书·新知三联书店，1995；刘潞、〔英〕吴芳思编译《帝国掠影：英国访华使团画笔下的清代中国》，中国人民大学出版社，2006。

②　Frances Wood, "Closely Observed China: From William Alexander's Sketches to His Published Work," *The British Library Journal*, Vol. 24, No. 1 (Spring, 1998), pp. 98–121；Stacey Sloboda, "Picturing China: William Alexander and the Visual Language of Chinoiserie," *The British Art Journal*, Vol.9, No.2 (Autumn, 2008), pp. 28–36.

③　陆文雪：《阅读和理解：17世纪—19世纪中期欧洲的中国图像》，博士学位论文，香港中文大学，2003年；钟淑惠：《从图像看十八世纪以后西方的中国观察——以亚历山大和汤姆逊为例》，博士学位论文，台湾政治大学，2010年；Kara Lindsey Blakley, *From Diplomacy to Diffusion: The Macartney Mission and Its Impact on the Understanding of Chinese Art, Aesthetics, and Culture in Great Britain, 1793–1859*, University of Melbourne, Ph.D. Dissertation, 2018。

④　大英图书馆所藏的亚历山大手稿WD959在目录中写道："希奇在出使中完成的图画至今下落不明。"大英图书馆和大英博物馆分别藏有1幅希奇的作品：大英图书馆藏作品的编号为WD959 f.64 174，大英博物馆作品的编号为1861,0810.86。亚历山大的收藏拍卖目录中也有1幅作品题为《托马斯·希奇所绘中国景观》（画家曾在1793—1794年随使团前往中国）（"View of China by Tho. Hickey, Painter to the Embassy to China 1793 and 4"）。

下的绝大多数中国图像都出自亚氏笔下。使团成员归国后出版了大量游记和
回忆录，亚氏的画作则被制成了这些书籍的插图，为当时的欧洲提供了了解
中国的第一手图像资料。使团成员约翰·巴罗（John Barrow, 1764—1848）
曾这样评价亚氏："亚历山大先生的水彩画优美而可信。他对于中国的描绘详
细生动，无论是人物的面部和形体，还是一株不起眼的植物。他的描绘真实
可信，在他之前或之后都无人可比拟。"①

　　马戛尔尼使团会被后人所铭记的一个重要原因在于，成员归国后出版
了大量游记和回忆录，为当时的西方世界提供了了解中国的第一手资料。②
其中部分出版物中的插图为欧洲观众提供了直观生动的中国图像信息。斯
当东1797年出版了官方日记《大英帝国使团前往中国纪实》（*An Authentic
Account of an Embassy from the King of Great Britain to the Emperor of China*，
1797），③ 整套书包括两本游记和一本画册附录。第一本游记中有6幅插图，
第二本游记中有20幅插图，画册附录中有44幅图。巴罗于1804年出版了
《我看乾隆盛世》（*Travel in China*, 1804），④ 书中共有8幅插图。1798年亚历
山大出版了自己的画册《1792和1793年沿东海岸前往中国途中的海岬和岛
屿》（*Views of Headlands, Islands, &c. Taken during a Voyage to, and along the*

①　John Barrow, *An Autobiographical Memoir of Sir John Barrow, Bart, Late of the Admiralty: Including Reflections, Observations, and Reminiscences at Home and Abroad, from Early Life to Advanced Age*, London: John Murray, 1847, p. 49.

②　据克莱姆－拜恩（J.L. Cranmer-Byng）统计，使团成员的出版物共有13种，详见 J.L. Cranmer-Byng, *An Embassy to China: Being the Journal Kept by Lord Macartney during His Embassy to the Emperor Ch'ien-lung, 1793—1794*。据黄一农统计共有14种，见黄一农《龙与狮对望的世界——以马戛尔尼使团访华后的出版物为例》，《故宫学术季刊》第21卷第2期，2003年。

③　此书全名为 *An Authentic Account of an Embassy from the King of Great Britain to the Emperor of China: Including Cursory Observations Made, and Information Obtained, in Travelling through That Ancient Empire, and a Small Part of Chinese Tartary*。此书面世后收获多方好评，因此在之后的两年内不同的西语版本接踵出版。据统计，1797年至1832年此书共有15种版本在英美上市。1963年，叶笃义根据美国 Compbell 公司版本将此书翻译成中文，由商务印书馆出版，命名为《英使谒见乾隆纪实》。1966年香港大华出版社也出版了秦仲龢（高伯雨）翻译的同名书籍，但其底本并非斯当东的著作，而是节选 J.L. Cranmer-Byng 的 *An Embassy to China* 翻译而成。关于《英使谒见乾隆纪实》的西语版本信息，详见 John Lust, *Western Books on China Published up to 1850 in the Library of the School of Oriental and African Studies, University of London: a Descriptive Catalogue*, London: Bamboo Publication, 1987, p. 131。

④　此书全名为 *Travel in China: Containing Descriptions, Observations, and Comparisons, Made and Collected in the Course of a Short Residence at the Imperial Palace of Yuen-Min-Yuen, and on a Subsequent Journey through the Country from Pekin to Canton*。此书中译本为2007年北京图书馆出版社出版的李国庆和欧阳少春合作翻译的《我看乾隆盛世》。

Eastern Coast of China, in the Years 1792 & 1793, etc., 1798）。画册中共有 46
幅铜版画，但因多是地图，缺乏趣味性，市场反应不佳。他再接再厉于 1805
年出版了《中国服饰》（The Costume of China: Illustrated and Contains Forty-
Eight Coloured Engravings, 1805），用 48 幅彩图向欧洲观众介绍中国。1814
年，亚氏又出版了《中国服饰与民俗图示》（Picturesque Representations of
the Dress and Manners of China, 1814），其中囊括 50 幅彩图。但这本画册在
绘画和雕版质量上都远不如《中国服饰》。

在出版物之外，使团大量的实地写生手稿以及为出版所准备的草图如今
依然存世。亚氏的作品在 1816 年 11 月 25 日和 1817 年 2 月 27 日经历了两轮
拍卖后被四散到各地私人藏家手中，很难再追踪它们之后的收藏历史。但使
团最重要的 1102 幅手稿大部分可见于三大收藏：大英图书馆的“亚洲、太平
洋和非洲藏品部”（Asia, Pacific and Africa Collections）、大英博物馆的绘画
部（Department of Prints and Drawings）和耶鲁大学英国艺术中心的“保罗·
梅伦藏品”部门（The Paul Mellon Collection in the Yale Center for British
Art）。[①]其中大英图书馆的“亚洲、太平洋和非洲藏品部”藏有 3 卷共 870
幅手稿（其中第二卷分 I 和 II 册），其分类收藏的时间为 1832 年。大部分作
品为在华期间短时间内完成的水彩写生稿。大英博物馆的绘画部藏有 1 卷画
册《在华绘画稿》（Drawings Taken in China），其中共 82 幅完成度很高的亚
氏水彩作品。耶鲁大学英国艺术中心的“保罗·梅伦藏品”部门藏有 31 幅亚
氏作品。其画面完成度各异：一些是已完成的水彩作品；另一些尚未完成，
依然可见多处铅笔轮廓的痕迹；除此之外，还有一些尚未上色的铅笔原稿。
这些作品的原稿都可见于大英图书馆的收藏。由此可见，这卷画册的内容是
经过精心挑选后集结而成的。

英国当局对之后与中国的商贸和政治合作抱有期待，想要更全面地了解
中国，必然要依托于对中国人的观察。因此，人物画是使团绘画作品中数量

---

① 在 18 世纪英国的绅士教育中，绘画被视为一种必需的训练，因此使团中其他成员也具备一定
的绘画能力。这三处收藏共有 1102 幅马戛尔尼使团成员的亲笔图稿，其中大多数为亚历山大
的作品，另有 29 幅来自使团中的炮兵军官亨利·威廉·帕里希（Henry William Parish,1765—
1800）；23 幅来自马戛尔尼的私人秘书约翰·巴罗（John Barrow, 1764—1868）；2 幅来自
使团副使乔治·伦纳德·斯当东（George Leonard Staunton, 1737—1801）；2 幅来自使团的
正式官方画师托马斯·希奇；3 幅来自造访了印度，并与使团结伴归国的画家托马斯·丹尼尔
（Thomas Daniell, 1749–1840）和威廉·丹尼尔（William Daniell, 1769—1837）叔侄；1 幅来
自身份仍然成谜的威廉·戈尔曼（William Gomm）。

最多也最引人瞩目的题材。这些作品不仅记录了中国人的体貌特征，各类服饰和风俗习惯，还是英国收集异域人种知识的一个例证。使团创作的中国人物画客观上成了19世纪上半叶西方世界想象和构建中国人形象的主要依据。使团的中国人物画中蕴含着两种截然不同的艺术表现风格：标本化的人种志绘画和用艺术手段构建出来的生动民俗风情绘画。这两者风格相互补充，共同拓展了使团人物画的表现形式和内涵。

一　人种志风格的肖像画

人种志绘画（Ethnographic Painting）是从18世纪晚期的博物志（Nature History）范式中发展而来。随着新发现地区的自然知识不断传回欧洲，英国的富人和贵族们开始热衷于观察和研究来自世界各地的昆虫、植物及矿产等自然物。博物志逐渐变成了上流阶级的一种风雅爱好。这种对域外自然的探索逐渐被拓展到人类学领域，衍生出了专门针对各地人种、习俗、信仰和文化特质的研究。[1] 对于人种与地理关联性的研究需要大量视觉信息作为材料，这就促使职业画家和探险家们运用人种志的画面来描绘新发现地区的风土人情，创作出大量同类风格的肖像画。

在人种志绘画中，画家关注有代表性和区分意义的种族类型特征，有时会以牺牲描绘对象的个性作为代价。观众可以从这种风格的绘画中观察到一个族群的显著体貌和服饰特征。[2] 多数马戛尔尼使团画师所绘的人物画（figure painting）都属于具有人种志特点的肖像画（portrait），[3] "同时履行了历史档案和种族档案的双重职责"。[4] 画家在这些肖像画中通过多角度的努力，期望将"中国人"这一族群的普遍性样貌和风俗特点介绍给欧洲观众。

---

① Knud Haakonssen, *The Cambridge History of Eighteenth-Century Philosophy*, Vol.2, Cambridge: Cambridge University Press, 2006, pp. 930–932.

② 然而站在今天的角度来看，人种志的图像依然是一种对人物的艺术化视觉呈现，并不属于解剖图那一类的严谨科学图示，因此对严谨生物意义上的人种分类和观察并无太大帮助。

③ 肖像画是人物画的一个重要分支，是着重于表现特定个人或群体的肖像而创作的人物画。虽然观察对象和创作素材都是人，但肖像画比人物画更写实而具体。肖像画描绘的必须是客观存在的、具体的、特定的某个人。而人物画则可通过概括、综合甚至想象，创作出非特定的、类型化的甚至虚构的人物形象。

④ Eric Hayot, *The Hypothetical Mandarin: Sympathy, Modernity, and Chinese Pain*, Oxford: Oxford University Press, 2009, p. 63.

（一）突出典型体貌特征

使团肖像画中的每个人物都有着类似的体貌特征：如出一辙的浅黄皮肤、红润脸颊和细长眼睛以及适中的体型。人物彼此之间可用作区分的个性化特点很少。除此之外，画中人的内在精神个性是缺失的。他们往往缺乏面部表情，肢体语言以及交流对象。这种力求体现普遍性特征而忽略精神个性的绘画特点在一些人物群像中显得尤为突出。以《一群穿雨衣的中国人》（"A Group of Chinese Habited for Rainy Weather"，见图 1）为例，亚氏在四个人物身上展示了各种不同的中国雨具。除小童之外，其余三人的体貌特征极为相似：他们都是中等身高，体形微胖，脸颊红润饱满且眼角上扬，其中两人还留着同样的八字胡。这三人分别以 30°、45° 和 90° 角向观众呈现自己的面容，并以站、坐和蹲的不同姿势展示各类服饰和雨具。画中每个人都神情漠

图 1 《一群穿雨衣的中国人》

说明：彩色印刷。

资料来源：William Alexander, *The Costume of China: Illustrated in Forty-Eight Coloured Engravings*, London: William Miller, 1805。

然，肢体保持静止，从中看不出任何的内心活动。除了小童和持伞者存在肢体接触，其他人之间均没有肢体和眼神的交流。为了与这种沉着的人物气质相匹配，整个画面采用了稳固的三角形构图。这种"稳上加稳"的画面长于宁静安详，却失于动感活力。亚氏在此表现的并非一个正常的避雨场景，而是利用三个人物模特来最大程度展示中国防雨服饰和用具。

使团画师绘制的肖像画多与《一群穿雨衣的中国人》的沉寂画风类似，画中人被单纯作为一个群体的标本进行展示，并没有表现个性的机会。对画家而言，"人种志艺术追求超越个性，表现典型性。就好似人们都没有历史，没有来源，没有走向未来的轨迹"。[1] 这些画中人物的存在意义是为了展现一种普遍和典型意义上的中国人形象。对于欧洲观众而言，使团笔下所有的中国人物代表的都是"中国"这个陌生的异域种族概念。太过明显的人物样貌和个性特征会造成一种将个性曲解为普遍性的可能，反而破坏了观众对中国人整体视觉形象的把握。

（二）凸显人物服饰

使团肖像画的第二个特征是十分重视对人物穿着打扮的描绘。人种志绘画企图从"人物的表面——他们的服饰、民族性格、住宿环境和饮食习惯"[2] 的所指关系去描绘不同人种并将他们类型化，因此对人物服饰和发型描绘是创作时的重中之重。这种通过服饰来表现种族身份的做法在西方是有其古典主义艺术源头的："它的历史[3] 可以被追溯到古典主义的源头……'垂死的高卢人'并未使用任何风景画技巧。高卢人的身份是通过凌乱的头发，胡须和脖子上的项圈来完成定义的。这是人种志艺术的精髓。每当有异域人物需要被刻画时，这种艺术范式就通过服饰来定义其身份。这在西方艺术中从希腊化时期开始践行，直至今日。"[4] 同理，由于使团作品中的中国人体貌特征相似，能将人物区分开的图像依据往往只能是服饰。从亚氏出版的《中国服饰》和《中国服饰与民俗图示》两本画册的标题中就可见画家对服饰的重视程度。

---

[1]　Florencio Talavera, "The Window Shell," *Philippine Magazine*, Vol. 28, No. 1(June, 1931), p. 266.

[2]　Pamela Regis, *Describing Early America: Bartram, Jefferson, Crevecoeur, and the Rhetoric of Natural History*, Dekalb: Northern Illinois University Press, 1992, p. 148.

[3]　指人种志传统的历史。

[4]　Rudiger Joppien, *Bernard Smith, The Art of Captain Cook's Voyages*, Vol. 1: *The Voyage of the Endeavour, 1768–1771*, New Haven and London: Yale University Press, 1985, p. 6.

　　在使团的人物画中，人物和所穿戴服饰是互相服务的：画家描绘服饰有借其区分人物身份的意图，同时，描绘人物往往也是为了以之为模特展示不同的中国服饰。以《供货商肖像》（"Portrait of the Purveyor"，见图 2）为例：这个供货商在画面中的肢体语言和表情并无显著个性化特点。与之相比，人物的服饰和发型要引人注目得多："腰带右边挂着一块打火石和一块金属片，左边挂着一包烟草或鼻烟。"① 清代男子的长辫也被刻意从脑后放到了胸前以便展现。从某种程度来说，这不是一个有具体来源和细节的真实人物，而是用来展示服饰的模特。作者在这幅图的文字注释中丝毫没有提及画中人的姓名、性格和职业特点，却详细介绍了人物衣帽鞋袜的款式和质地。亚氏称："这个人物的衣饰是中国城市居民或是中产阶级所最常穿戴的。"②

图 2　《供货商肖像》

说明：彩色印刷。

资料来源：William Alexander, *The Costume of China: Illustrated in Forty-Eight Coloured Engravings*。

---

① William Alexander, *The Costume of China: Illustrated in Forty-Eight Coloured Engravings*, p. 50.

② William Alexander, *The Costume of China: Illustrated in Forty-Eight Coloured Engravings*, p. 50.

由此，这个供应商的服饰从个例转变为范式，以个体代表普遍中国人的形象出现。

（三）缺乏背景图像

使团人种志肖像的另一特点是普遍缺乏画面背景。这一现象无论在亚氏的原始图稿还是最终出版的两本图册中都表现明显。亚氏多数的写生画稿不仅缺少背景，有些甚至谈不上一幅完整的构图，只是将一些并无关联的表现对象画在了同一张纸上。手稿中缺少背景图像的现象更多是受到实地写生这种创作形式的局限：画家需要在有限的时间内快速勾勒出表现对象的主要视觉特征，因此无法顾及画面背景。然而最终正式出版的肖像画中依然缺失背景，这就是画家有意识的选择了。《中国服饰》中画面的背景就只有少量远距离且程式化的建筑和风景。而这一现象到了《中国服饰与民俗图示》中变得更为明显，多数画面的背景甚至被处理成了完全的留白。画中人物从生活工作环境中被脱离出来，处于一个真空的状态。

在西方肖像画的制作传统中，背景绘制是极为重要的一环。画家既可以在背景中通过简洁的色调来表现光线和阴影，又可以在人物身边布置各种象征性图像元素来彰显人物的财富、兴趣和社会地位。亚氏同时期的英国画家亨利·费斯利（Henry Fuseli, 1741—1825）称："一般的艺术家和模特只求达到形似，他们不需要刻画人物个性这样更深层而高级的要求，也无法识别出画中的这种特质。而优秀的艺术家注定要完成这项任务，他们通过画面背景中的明暗对比和'如画'风景效果来区别自己与那些平庸之辈的水平。"[1] 可见画面背景是衡量画家艺术水平的重要标准之一。亚氏毕业于英国皇家艺术学院，自然深谙这一道理，他选择在肖像画中隐去背景部分，主要是因为这些画作是服务于"体现种族特征"目标的人种志绘画。画面的首要任务既不是表现形式美感，也不是利用图像元素表现人物个性，而是刻画人物的种族特征并体现其种族身份。不必要的背景信息反而可能从人物身上夺走观众的注意力。因此亚氏的人物画作品都严格遵循了人种志绘画的原则：强调突出人物，省略其余一切不必要的视觉元素。

---

[1] John Burnet F.R.S, *Practical Hints on Portrait Painting: Illustrated by Examples from the Works of Vandyke and Other Masters*, London: James S. Cirtue, 1800, p. 8.

（四）缺少知识分子形象

使团画师笔下的中国人形象包括官员、军官、僧人、商人、农民和乞丐等各色人物。同时，画师以职业和社会阶层为画像命名，如《灯笼小贩》、《士兵和他的火绳枪》和《一位中国上层贵妇》等。在这样的枚举中难免有所疏漏，其中最为明显的就是文人形象的缺失。在中国古代，读书并参加科举考试是实现阶级晋升最有效的途径之一。欧洲启蒙家们极为推崇这种制度，并用其理念攻击欧洲的贵族专权。[①] 在使团的官方游记《大英帝国使团前往中国纪实》中，副使乔治·斯当东（George Leonard Staunton, 1737—1801）也记载了中国文人阶级的社会地位和科举选拔的情况。[②] 遗憾的是，在使团最终出版的画作中却没有任何对于这一群体的描绘。现在唯一可以找到的使团描绘中国文人形象的作品是一幅尚未完成的草稿，藏于耶鲁大学英国艺术中心的"保罗·梅伦藏品"部门，名为《一位年轻中国学者》（"A Young Chinese Scholar"）。画中人物穿着简朴整洁，面带微笑，神情恬淡。他手中的书点明了自己知识阶层的身份。与使团笔下其他缺乏个性的中国人物相比，这幅作品中人物的面貌和神情并没有太多程式化的痕迹，反而十分生动且具个性：他气质典雅，神情宁静，举止稳重。

然而这幅优秀的画作最终并未出版，这或许还是出于对整体作品人种志风格的考量和让步：一方面，绘者对这个年轻学者的精神状态挖掘十分成功，使他脱离了标本的展示意义；另一方面，人物的衣饰过于简单，并无太多可代表中国民族服饰的特色。这两点都与人种志的绘画主旨不符。在任何一个国家，文人都是最深入洞悉本民族文化内核的人群。文人形象在出版画作中的缺席某种程度上造成了使团绘画对中国文明和人物群体表述的不完整：这些作品只着重于描绘不同人物的外貌和服饰，而忽略了展现中国文化和中国人的精神世界。

二　生动的异域人物画

亚氏较多运用人种志的绘画风格，并聚焦于种族和民俗特征的主题，但

① Yu Jianfu, "The Influence and Enlightenment of Confucian Cultural Education on Modern European Civilization," *Frontiers of Education in China*, Vol.4, No.1 (January, 2009), pp. 15–16.

② George Stauton, *An Authentic Account of an Embassy from the King of Great Britain to the Emperor of China*, Vol.2, London: W. Bulmer and Co., p. 153.

他的创作并不局限于单一的人种志风格。亚氏在肖像画之外还贡献了小部分充满生机的人物情景画。这些画主要以插图形式出现在《大英帝国使团前往中国纪实》和亚氏的《中国服饰》中。这部分作品虽然数量很少，但它们的存在丰富了使团画师所绘人物形象画的整体面貌，也说明使团对于中国人的观察视角是多维度的。这些作品最鲜明的特征就是善于描绘不同人物的关系以及彼此之间动作和眼神的沟通。朱迪·艾杰顿（Judy Egerton）认为亚氏的多数作品"缺乏一种实时性"，但她也观察到有一部分作品比她认为的更具活力："当他所绘制的主题明显具有趣味性时，亚历山大的作品是最为动人的，譬如《舞台演员》（'The Stage Performer'）中所表现的。"①

亚氏并未创作过名为《舞台演员》的作品，②我们无法考证艾杰顿口中的"动人"之处是如何表现的。但《中国舞台上的历史剧之一幕》（"A Scene in a Historical Play Exhibited on the Chinese Stage"，见图 3）与艾杰顿所提及的题材类似，也确实具有"趣味性"和"动人"的特质。这幅画面整体被设计为具有韵律感的"W"形构图。亚氏主要利用画面两侧来刻画演员和舞台布景，并将画面中央推至中景描绘伴奏乐队，上方留出大片天空。与人种志肖像的静态风格不同，这幅画面中的每个人都正专注于自己的本职工作，处于实时的动态中。并且，他们都有特定的眼神和肢体交流对象：画面右下角的男人正在向面前的长者叩头，而装扮精美的女人正低眼注视着叩头的男人，侍卫张开手臂拦住了身后的人群，小孩子抱住了侍卫的大腿，阁楼上的人正注视着楼下所发生的一切……除了众多的人物和各类舞台陈设之外，远景处的山丘、亭台、树丛和云彩也清晰可见。它们既丰富了画面的内容，又使画面获得了纵深感。显然，这幅作品不是以真实的中国戏剧舞台为原型的，但纯粹就画面的营造而言，亚氏不可谓不用心。在传达出一定画面戏剧张力的同时，他对于构图角度和人物位置的安排都是以最大程度向观众展示画面信息为标准的。这幅作品在使团的人物画中显示出了少见的生动性和画面完整性，证明亚氏有能力构建出富有动感和趣味性的画面。

---

① Judy Egerton, "William Alexander: An English Artist in Imperial China," *The Burlington Magazine*, No. 944 (1981), p. 699.

② 《中国服饰》中第 29 幅图画名为《一个中国喜剧演员》（"A Chinese Comedian"），《中国服饰与民俗图示》中第 30 幅图示为《一个女性喜剧演员》（"A Female Comedian"）。或许艾杰顿所谓的《舞台演员》是其中一幅。

图 3 《中国舞台上的历史剧之一幕》

说明：黑白铜板印刷。

资料来源：George Leonard Staunton, *An Authentic Account of an Embassy from the King of Great Britain to the Emperor of China: Including Cursory Observations Made, and Information Obtained, in Travelling through That Ancient Empire, and a Small Part of Chinese Tartary*, London: W.Bulmer & Co., 1797, 由威廉·亚历山大绘制。

其实人种志肖像和更为生动的人物画在亚氏手稿中都存在，但所占比例不同：其中大部分的人物画保持着人种志风格，只有一小部分作品呈现出生动风格。通过对手稿与出版物的观察和对比，我们会发现亚氏在这两种风格之间的偏好和选择过程。大英图书馆藏有亚氏的两幅手稿：《一匹只有一条后腿的马》（"A Horse with but One Hind Leg"，WD 961 f.67 192，见图 4，但图中的马腿显然并无缺失）和《中国士兵》（"Chinese Soldier"，WD 959 f.22 111，见图 5）。这两幅画面的题材与构图类似，表现的都是骑在马背上的清代官吏形象。但它们呈现出"动"和"静"两种截然不同的状态。在《一匹只有一条后腿的马》中，虽然马腿呈行进状，但马和人依然是雕塑式静止的。亚氏似乎只是为了完整地展现这匹马才让它抬起两条腿，以确保其余两条腿不会被遮蔽。而《中国士兵》中的人和马则处于一个急速的动作过程中：马口被辔头勒得张开呈嘶鸣状，前蹄上扬后蹄下蹲，尾巴扬起，人物手中的缰绳也绷得笔直。

图 4　《一匹只有一条后腿的马》

说明：铅笔淡彩设色。

资料来源：藏于伦敦大英图书馆"亚洲、太平洋和非洲藏品部"，由威廉·亚历山大绘制。

图 5　《中国士兵》

说明：铅笔淡彩设色。

资料来源：藏于伦敦大英图书馆"亚洲、太平洋和非洲藏品部"，由威廉·亚历山大绘制。

　　《大英帝国使团前往中国纪实》中有一幅插图《身负中国皇帝书信的官员》（"A Quan or Mandarin Bearing a Letter from the Emperor of China"，见图6）。此图以《一匹只有一条后腿的马》为原型，但在表现背景和人物服饰时添加了不少细节。画家在前景中从左侧描绘了主要人物和马匹，[①] 又在中景处换从右侧展现另两个人物和两匹马。换言之，整个画面从左右两个侧面充分展现了中国人牵马、上马和骑马的全过程，其重点在于对信息的展示，而非画面的艺术性。亚氏的原始手稿中分明存在《中国士兵》这样生动的画面，但最终他选择润色和出版了更具静态展示效果的人种志作品。这种选择未必单纯由画家的个人意志决定，还可能牵涉出版商、刻版者以及其他人员的意

图6　《身负中国皇帝书信的官员》

说明：黑白雕版印刷。

资料来源：George Leonard Staunton, *An Authentic Account of an Embassy from the King of Great Britain to the Emperor of China: Including Cursory Observations Made, and Information Obtained, in Travelling through That Ancient Empire, and a Small Part of Chinese Tartary*，由威廉·亚历山大绘制。

---

① 　但这匹马的右前腿和左后腿同时抬起，这既不符合原始草图的描绘，也不符合马走路时真实的迈腿顺序。

见和对市场的考量。①但无论有谁参与到这种抉择中去，最终的客观结果都是：在向欧洲公众表现中国人物时，人种志风格是更受偏爱的。

三 英国的世界人种知识收集

综上所述，马戛尔尼使团画师的人物画中存在两种相互矛盾的趣味。但需要注意的是，使团画师创作人物画的最主要目的是把中国的种族知识介绍回欧洲，②因此在两种审美风格中，人种志风格始终是占主导地位的。一方面，从某种程度来说，是清廷和英国使团对彼此的特定态度促成了画师大量用人种志风格来描绘中国人物。马戛尔尼使团在华期间，清廷一直很怀疑使团成员的动机，不断指示并督促各级尤其是南方省份官员要警惕并限制使团与当地人的接触。例如，1793 年 10 月 1 日，军机处提醒要接待使团的沿途官员："英吉利贡使即由两江取道赴广，沿途毋任逗留，并于澳门留心勿使夷商勾串。"③而一道于 10 月 5 日给广东官员的圣旨很大程度上反映了乾隆的焦虑及其理由：

> 前因英吉利表文内恳求留人在京居住，未准所请。恐其有勾结煽惑之事。且虑及该使臣等回抵澳门捏辞煽惑别图，夷商垄断谋利。谕令粤省督抚等禁止勾串严密稽查……外夷贪诈好利，心性无常。英吉利在西洋诸国中较为强悍。今既未遂所欲，或致稍滋事端……不可不留心筹计，豫为之防。因思各省海疆最关紧要。④

这样严密的隔绝措施限制了使团成员与中国百姓的接触，但并没有减少他们

---

① 书商乔治·尼克（George Nicol, 1740?—1828）是英王乔治三世的御用皇家书商，他将《大英帝国使团前往中国纪实》的首版委托由 W. Bulmer and Co. 出版。尼克很可能参与了书中插图的挑选和定稿。他曾出版过三卷本的《太平洋之旅》（A Voyage to the Pacific Ocean, 1784），其中不乏人种志风格的插图。约瑟夫·班克斯（Joseph Banks, 1743—1820）是当时英国的博物学家，并从一开始就对马戛尔尼使团的访华表示关注。他亲自参与了《大英帝国使团前往中国纪实》出版的选图和编辑工作。因此，班克斯在选图时或许会更多从博物志的角度去考量。

② Ulrike Hillemann, *Asian Empire and British Knowledge: China and the Networks of British Imperial Expansion*, Basingstoke et al.: Palgrave Macmillan, 2009, p. 44.

③ 中国第一历史档案馆《英使马戛尔尼访华档案史料汇编·军机处档案随手档》，国际文化出版公司，1996，第 263 页。

④ 中国第一历史档案馆编《英使马戛尔尼访华档案史料汇编·内阁档案实录》，第 62 页。

观察中国人的欲望。亚历山大用数以百计的人物画稿证明了这支英国使团对中国人的观察从未停止。

完成一张传统的欧洲人物画需要耗费相当大的时间和精力，它不仅要求画家拥有精湛的技艺，还需要模特有十足的耐心，以及双方之间建立起充分的信任。正如史密斯·伯纳德（Smith Bernard）所指出的那样："画家绘制肖像画的重要成功因素便是对友谊的培养。"[①] 如果使团画师要完成一幅中国人的肖像，就会要求中国模特以固定的姿势长时间站或坐在自己面前。限于清廷对使团成员和中国百姓间的隔离政策，使团画师并没有足够的时间和自由去同一个普通中国人建立起友谊和信任，因此亚历山大在华的写生图稿中虽然多见人物形象，但多是全身速写，而缺乏对人物脸部细节和神态的勾勒。这就客观上形成了人种志绘画的审美特征。尤其是当把亚历山大的作品与同时期英国海外画家的人种志作品做一比较时，就更容易发现他对中国人物的生疏。西德尼·帕金森（Sydney Parkinson, 1745—1771）是詹姆斯·库克（James Cook, 1728—1779）团队 1768 年前往太平洋地区探险时雇佣的画师。库克团队通过闲聊和送礼等方式，与新西兰土著结下了一定友谊。虽然帕金森为当地人绘制的肖像也是典型强调体貌和服饰特征的人种志作品（见图 7），但从他近距离描绘的人物面部刺青和表情中，能明显看到他和模特之间的关系要远比亚历山大与中国人之间亲密得多。

另一方面，马戛尔尼使团来华除了政治和经贸目的之外，其本身也是一支具有启蒙精神的科考团队。这样一支团队更倾向用科学理性范畴内的人种志的眼光来观察中国也在情理之中。然而人种志"并非简单而无倾向性的信息搜集，它是带有目的性的信息搜集"。[②] 蒂姆·福尔德（Tim Fulford）和彼得·奇特森（Peter J. Kitson）认为欧洲这种对于异域的科学探索直接导致了"一种柔性殖民"，这为之后"对领土的真正占领"[③] 铺平了道路。在这样的心理背景下，人种志的绘画风格看似以客观理性为准绳，实则充斥着居高临下式的审视。

人种志肖像是在 18 世纪末的历史背景下由一些特定因素塑造而成的。当

①　Smith Bernard, *Imagining the Pacific: In the Wake of the Cook Voyages*, Hong Kong: Melbourne University Press, 1992, p. 83.

②　R. Mark Hall, "A Victorian Sensation Novel in the 'Contact Zone': Reading Lady Audley's Secret through Imperial Eyes," *Victorian Newsletter*, Vol. 98 (September, 2000), p. 24.

③　Tim Fulford, Peter J. Kitson, *Travels, Explorations, and Empires: Writings From the Era of Imperial Expansion, 1770–1835*, Vol. 2: *Far East*, London: Pickering and Chatto, 2001, p. xxv.

图 7 《一位新西兰男性的肖像》

说明：铅笔水彩。

资料来源：藏于伦敦大英图书馆，1768 年由西德尼·帕金森绘制。

时的英国正处于资本积累和经济转型阶段，而奴隶贸易正是英国海外贸易的一个重要组成部分。马丁·麦瑞迪斯（Martin Meredith）曾说过："在 1791 年至 1800 年这十年间，英国船只大约 1340 次穿越大西洋，带回了近 40 万个奴隶。在 1801 年至 1807 年，他们又多获得了 26.6 万个奴隶。奴隶贸易成了英国最有利可图的生意之一。"[1] 随着启蒙运动的推进和科学技术的发展，人们对知识和平等的追崇也在与日俱增，于是英国人创造了一个具有科学性的种族理论为奴隶贸易正名。他们断言这种理论通过大量客观实证，证明了欧洲人种的先天优越性以及其他种族的劣等性。[2] 一些贬义的词汇也因此被用来贬低其他种族，如"偷盗成瘾的"（thievish）、"奴性的"（slavish）和"裸体的"（naked）等。[3]

---

[1] Martin Meredith, *The Fortunes of Africa: A 5,000-Year History of Wealth, Greed and Endeavour*, New York: Public Affairs, 2014, pp. 191–194.

[2] Philip Curtin, "'Scientific' Racism and the British Theory of Empire," *Journal of the Historical Society of Nigeria*, Vol. 2, Iss. 1（December, 1960）, pp. 40–51.

[3] Margaret Hunt, "Racism, Imperialism, and the Traveler's Gaze in Eighteenth-Century England," *Journal of British Studies*, Vol. 32, No.4（October, 1993）, pp. 338–344.

虽然英国国会在 1807 年正式禁止了奴隶贸易，但在很长一段时间里，奴隶贸易所滋生的傲慢情绪仍然影响着英国人对其他种族的看法。罗克珊·惠勒（Roxann Wheeler）认为："种族意识根植于一种根深蒂固的信念，那就是对从属关系的渴望。这种心理是英国人在国家内部的等级制度以及对海外关系的同等转换中最为常见的。"[1] 在这种历史环境下诞生的人种志绘画虽以"科学观察"为目的，但其本质带有帝国主义和种族主义色彩，是构建和加强英国自我优越感的一种工具。使团创作和出版中国人物图像的过程始终是带有权力意识的。米歇尔·福柯（Michel Foucault, 1926—1984）曾提出"权力产生知识"的理论结构。[2] 使团绘制中国人物的过程其实也是一个制造有关中国人知识的过程。这一制造不单纯是出于对人种志知识的兴趣，更是因为他们自觉有资格和权利成为知识的主持者。彼得·詹姆士·马歇尔（Peter James Marshall）这样评论马戛尔尼使团："它是具有高度等级观念的。这种观念基于一种信仰，即由具有相关资格的专业人员观察并累积起来的知识可用于支持对人类的比较研究，而且这种研究是具有科学客观性的。"[3] 使团成员们无法避免地会将这种时代意识带入画面中去，因此他们的创作本质上是一种带有强权意味的主观阐述。

结　语

关于马戛尔尼使团的人物画，我们必须认识到两点。第一，其中存在两种相互矛盾的趣味：一种是常见于肖像画中的人种志风格，侧重静态展示种族的外在共性；另一种则是通过艺术手段构建起来的画面，鼓励画中人积极表现自己的行动能力和性格特征。这两种风格相结合，呈现出使团画家立体的创作逻辑和多元化的灵感来源。作为一个受过专业训练的英国画家，亚氏受到学院派的影响，懂得如何组织画面，表现人物内心和彼此关系。同时，他也明白自己作为使团官方画师的首要职责，是为英国搜集有关中国种族知识的信息。

---

[1]　Roxann Wheeler, *The Complexion of Race: Categories of Difference in Eighteenth-Century British Culture*, Philadelphia: University of Pennsylvania Press, 2000, p. 290.

[2]　详见〔法〕米歇尔·福柯《知识考古学》，谢强、马月译，生活·读书·新知三联书店，2013；《权力与话语》，陈怡含编译，华中科技大学出版社，2017，第 236—263 页。

[3]　Peter James Marshall, "Lord Macartney, India and China: The Two Faces of the Enlightenment," *Journal of South Asian Studies*, Vol.19, Iss. 1（1996）, p. 125.

第二，使团对中国人种知识的绘制和搜集并非孤例。18 世纪末，对丝绸、茶叶等东方商品的需求和技术革命所带来的产能提升，促使英国人渴望寻求更多的海外贸易机会和倾销市场，同时，启蒙运动和博物学的发展也激励着英国人探索更多有关陌生国度的知识。在这个过程中，出海的英国人搜集并记录了世界各地的视觉知识。在东印度公司图书馆的目录中，现存 10976 幅英国画家绘制的世界各地的风土人情画。[①] 这说明英国对于种族知识的收集是世界性的，而马戛尔尼使团的作品是其缩影和代表。这些画作汇聚在一起，反映的不只是观众对世界知识的渴望，还有英国构建以自我为中心的世界评价体系的野心。

The Macartney Embassy's Figure Painting of Chinese People

Chen Yushu

Abstract: The Macartney Embassy brought a large amount of Chinese visual information back to Europe. The figure painting is the most popular and noticeable subject. These works not only record information about people's physical features, costumes and daily customs, but are also an indication of Britain's collection of world ethnic knowledge, reflecting the British power to produce world knowledge. These works contain two completely different artistic expressions: ethnographic paintings belonging to the paradigm of natural history and exotic paintings constructed by artistic means, both of which expanded the expression and content of the Embassy's figure painting. It is observed that the Europeans had complex psychological pursuit in creating Chinese figure paintings.

Keywords: The Macartney Embassy; Figure Painting; Ethnography; Exoticism; Knowledge Power

（执行编辑：王一娜）

---

① 详见 Mildred Archer, *British Drawings in the India Office Library*, London: H.M. Stationery Office, 1969。

海洋史研究（第二十二辑）

2024 年 4 月　第 391~420 页

交错的形象：1755 年伏尔泰版《中国孤儿》的戏剧服饰与布景新探

谢程程 *

摘　要： 法兰西剧院所藏 1755 年伏尔泰版《中国孤儿》的戏剧服饰及相关戏剧史料，是 18 世纪中叶法国舞台呈现中国形象状况的揭橥，在中文学界尚未受到充分关注。相关史料反映出该时期法国呈现东方形象时所依凭的知识、物质，以及这一时期法国戏剧观念的转变。除伏尔泰本人的支持与资助外，意大利风格的服装与布景设计，巴黎制衣业的成熟运作，变革悲剧服饰的风潮，都与《中国孤儿》的戏剧服饰创新密不可分。本文通过重新分析成吉思汗、伊达梅、赞提等角色的服饰设计理路与筹备过程，以及艾坦服饰的再利用，探索有关中国形象的多重知识来源、物质构成与思想文化意涵，从而深化对启蒙时期中国形象的生成的认知。

关键词： 法兰西剧院　伏尔泰　赞提　胸背　土耳其

改编自元代纪君祥的杂剧《赵氏孤儿》的欧洲各版本《中国孤儿》，通常被视为中国戏曲文本西传的经典案例。[①] 1755 年 8 月 20 日，由法国思想家、哲学家伏尔泰所改编的《中国孤儿》（ *L'Orphelin de la Chine* ）首次公演于巴黎圣日耳曼福斯剧院（ Théâtre de la rue des Fossés Saint-Germain ）。[②] 这

---

*　谢程程，复旦大学文史研究院博士研究生。

①　范希衡：《〈赵氏孤儿〉与〈中国孤儿〉》，上海古籍出版社，2010。

②　巴黎圣日耳曼福斯剧院在 1689—1770 年隶属于法兰西剧院。据艾田蒲称，伏尔泰曾在自己日内瓦附近的德利斯寓所小范围地预演过《中国孤儿》，但是反响不尽如人意，参见〔法〕艾田蒲（René Etiemble）《中国之欧洲》（下），许均、钱林森译，广西师范大学出版社，2008，第 108—109 页。

场演出是将中国主题的戏剧搬上欧洲舞台的一次重要尝试。[①]法国汉学家儒莲（Adolphe Jullien, 1845—1932）在其《戏剧服装史》（*Histoire du costume au théatre*）中曾花费 1/5 的篇幅讲述这段历史；艾田蒲亦在其巨著《中国之欧洲》中专辟一章进行讨论，足见该事件在中西文化交流史及法国戏剧服饰史中的独特意义。[②]

伏尔泰版《中国孤儿》之所以在西方戏剧史中久负盛名，不仅要归功于伏尔泰的文本改造，也应拜赐于该剧在舞台布景与服饰方面的创新。[③]学者伊维德（Wilt L. Idema）便曾以 1755 年《中国孤儿》的演出为例，阐明中国传统戏剧并不仅寓于书页，它同样关涉戏剧演出者的服装、道具等在戏剧舞台上的呈现，以及文本面对不同对象（演员、观众、审查者、阅读者等）时的转变。[④]18 世纪上半叶，受到同时期英国写实剧场的影响，以及思想家、剧评家等对戏剧服饰与绘画写实性的质疑，法兰西剧院在伏尔泰版《中国孤儿》的戏剧演出中有意识地对服装进行了改造。虽然这次改造毁誉参半，但是它成了欧洲戏剧界的新话题，且对 18 世纪后半叶欧洲舞台上中国主题戏剧的服饰设计产生了深远的影响。[⑤]

然而，在这次戏剧演出中人物的服饰与布景究竟是怎样的，长久以来是一个谜团。[⑥]2011 年，法国国家舞台服装中心（Centre National du Costume de Scene, CNCS）公布了法兰西剧院（Comédie-Française）所保存的历史服

---

① 有关改剧的舞台呈现，较早的讨论可参考 Young Hai Park, "La carrière scénique de L'Orphelin de la Chine," in Theodore Besterman ed., *Studies on Voltaire and the Eighteenth Century*, Vol. 120, Banbury England: Voltaire Foundation, Thorpe Mandeville House, 1974, pp. 93–137.

② Adolphe Jullien, *Histoire du costume au théatre depuis l'origine du théatre en France jusqu'à nos jours*, Paris: G Charprntier Éditeur, 1880, pp.79–150.〔法〕艾田蒲：《中国之欧洲》（下），第 72—131 页。

③ 有关伏尔泰所改编的戏剧《中国孤儿》所展现出来的"本地化色彩"，已有不少论述。参见 Guo Tang, "De l'artifice au réalisme: l'évolution des «chinoiseries» théâtrales dans la première moitié du 18ᵉ siècle," *Dix-huitième siècle*, Vol. 49, No. 1，2017, p. 655, note de page 25。

④ Wilt L. Idame, "The Many Shapes of Medieval Chinese Plays: How Texts Are Transformed to Meet the Needs of Actors, Spectators, Censors, and Readers," *Oral Tradition*, Vol. 20, No. 2，2005, pp. 320–334.

⑤ 在 18 世纪戏剧改革的背景下讨论伏尔泰设计改造 1755 年版《中国孤儿》戏剧服装的动机，可参见 Petra Dotlačilová, *Costume in the Time of Reforms: Louis-René Boquet Designing Eighteenth-Century Ballet and Opera*, Doctoral Thesis in Theatre Studies at Stockholm University, Sweden, 2020, pp. 108–164。

⑥ 关于该场戏剧的服饰和场景，虽然同时代的剧评、书信提供了不少描述性的段落，但是都未提供明确的服饰细节。演员 Lekain 和 Clairon 的肖像画虽有存世，但根据版画提供的时间信息判断，多为后世之作。绘制者未必如实地按照当时的情况作画，有依凭想象创作的可能。并且，其他角色的服装情况付之阙如。因此，我们需要将目光转向新史料以获得更多信息。

饰实物、手稿与档案，其中便包含两件 1755 年伏尔泰版《中国孤儿》的戏剧服饰与相关史料。[①] 这两件戏服受到了多位欧洲学者的关注，[②] 但他们多从法国戏剧的历史发展脉络对其进行分析，而未重视它们与文化交流中另一方中国之间历史、文化的关联。在中文学界，18 世纪法国舞台上的中国形象这一话题虽已不乏关注，但对相关外文文献的收集与最新研究的跟进较为有限，将中国形象的生成置于当时法国整体性的知识、物质与社会经济状况下进行的历史研究仍显不足。[③] 基于以上学情，本文将以 1755 年伏尔泰《中国孤儿》的戏剧服装与舞台布景为线索，探寻在 18 世纪的法国，缔造中国形象的知识、物质、观念，以及呈现中国形象的多种舞台。

一　伏尔泰的知识来源、文本创作与舞台设想

伏尔泰有关《赵氏孤儿》的知识，直接来源于杜赫德（Jean-Baptiste Du Halde, 1674—1743）的《中华帝国全志》。1735 年，由杜赫德监制的四卷对开本《中华帝国全志》由巴黎的皮埃尔 - 吉尔·勒梅希埃书局（P-G. Le Mercier, Paris）出版。该书的撰写并非杜赫德一人之功，而是杜氏根据长期居留中国的 27 位耶稣会传教士撰稿人的报告、信札及译自中文的文稿编订修

[①]　关于法兰西剧院（Comédie-Française）所藏伏尔泰的戏剧手稿、书信、舞台设计图，以及相关戏剧的演出统计数据情况，参见 Jacqueline Razgonnikoff, "Traces de Voltaire et des représentations de ses œuvres dans les collections de la Comédie-Française," *Œuvres & Critiques*, Vol. 33, No. 2 ,2008, pp. 13–30。法国国家舞台服装中心（Centre National du Costume de Scene, CNCS）所藏法兰西剧院演出剧服图录与研究，参见 Joël Huthwohl, *Comédiens & costumes des lumières: miniatures de Fesch et Whirsker, collection de la Comédie-Française*, Saint-Pourçain-sur-Sioule et Moulins: Bleu autour et CNCS, 2011; Renato Bianchi, Agathe Sanjuan, *L'art du costume à la Comédie-Française*, Saint-Pourçain-sur-Sioule et Moulins: Bleu autour et CNCS, 2011; Dider Doumergue et al., *Le costume de scène, objet de recherche*, Cirey-lès-Mareilles: Lampsaque, 2014。

[②]　Florence Raymond, "Prendre le rôle et le costume de l'autre : l'Orphelin de la Chine de Voltaire," in Vanessa Alayrac-Fielding ed., *Rêver la Chine : Chinoiserie et regards croisés entre la Chine et l'Europe aux XVIIᵉ et XVIIIᵉ siècles*, Lille: Éditions invenit, 2017, pp. 245–265; Damien Chardonnet-Darmaillacq, "L'orphelin de la Chine, 1755," *L'art du costume à la Comédie-Française*, p.15; Damien Chardonnet-Darmaillacq, "Repenser la réforme du costume au XVIIIᵉ siècle : quand les enjeux pratiques priment sur les enjeux esthétiques," in Dider Doumergue et al., *Le costume de scène, objet de recherche*, pp. 129–138; Petra Dotlacilová, *Costume in the Time of Reforms: Louis-René Boquet Designing Eighteenth-Century Ballet and Opera*, pp. 117–119.

[③]　学者如罗湉已关注到《中国孤儿》的戏剧服装实物及舞台改革作为 18 世纪法国戏剧舞台上中国形象舞美设计的案例，参见罗湉《18 世纪法国戏剧中的中国形象研究》，北京大学出版社，2014，第 239—246 页。

改而成的。①

其中，《赵氏孤儿》（L'Orphelin de la maison de Tchao）是杜赫德从在北京的耶稣会士马若瑟神甫（Joseph de Prémare，1666—1736）1731 年秘密寄给时任国王图书馆管理员傅尔蒙（Étienne Fourmont，1683—1745）的信札中所获取的译稿，该译稿被杜赫德以中国悲剧《赵氏孤儿》的名目刊于《中华帝国全志》第三卷上。1755 年，伏尔泰改编《中国孤儿》的同一年，一本巴黎的出版物中"戴索特雷致索雷尔·戴斯弗洛特先生的信，有关《赵氏孤儿》的真相"（Lettre de Deshauterayes à Sorel Desflottes ou histoire véritable de l'Orphelin de Tchao）回应了上述事件，并展示了马若瑟的信。② 马若瑟与傅尔蒙的私下联系始于 1725 年 12 月 1 日，他本希望这一戏曲文本将会为正在监制一批汉字字模的傅尔蒙提供学习中国语言之便。③

巴黎始祖本《中华帝国全志》出版一年后（1736），荷兰海牙的舍里尔（Sheurleer）出版了便于阅读的四开本盗版。在《伏尔泰的藏书目录》（Catalogue des livres de la bibliothèque de Voltaire）中，就有盗版的《中华帝国全志》与全套《耶稣会士书简集》。④ 伏尔泰在《中国孤儿》剧本开头的致黎塞留元帅书简中，也有提到自己受到"马若瑟神甫译稿——杜赫德《中华帝国全志》"这一知识传播链条的影响。⑤ 同时，伏尔泰在这一时期的书信中屡次提及北京，既密切地关心着来自中国的消息，也把它视为他所撰写的悲剧故事的来源地和中国文化的重要坐标。⑥

伏尔泰之所以会萌生改编《赵氏孤儿》的想法，与当时知识界的动向有

---

① 〔法〕蓝莉：《请中国作证——杜赫德的〈中华帝国全志〉》，许明龙译，商务印书馆，2015。

② 有关这段历史的考察，参见〔法〕蓝莉《请中国作证——杜赫德的〈中华帝国全志〉》，第 101—102 页。

③ Wilt L. Idame, "The Many Shapes of Medieval Chinese Plays: How Texts Are Transformed to Meet the Needs of Actors, Spectators, Censors, and Readers," *Oral Tradition* Vol.20, No.2, 2005, p. 322;〔法〕艾田蒲：《中国之欧洲》（下），第 93 页；廖琳达、廖奔：《杜赫德的考虑》，《读书》2021 年第 8 期，第 168—176 页。

④ *Catalogue des livres de la bibliothèque de Voltaire*, Moscou-Leningrad: Bibliothèque publique Saltykov-Chtchedrine, Académie des Sciences de l'URSS, 1961, No. 1132, 2104, 引自〔法〕蓝莉《请中国作证——杜赫德的〈中华帝国全志〉》，第 27 页下注①、第 38 页及第 411 页。

⑤ Voltaire, *L'Orphelin de la Chine représenté pour la première fois à Paris, le 20 août 1755*, 1755, texte imprimé, Genève, Cramer, Paris, Bibliothèquenationale de France, département Littérature et art.

⑥ 散见于伏尔泰 1752 年 5 月 22 日、1754 年 10 月 6 日、1755 年 6 月 13 日、1755 年 8 月 13 日、1755 年 8 月 23 日信札。*Voltaire Correspondance* Ⅲ(1749–1753) édition Théodore Besterman, Paris: Gallimard, 1978, pp.683–684, [3207]; *Voltaire Correspondance* Ⅳ (1754–1757) édition Théodore Besterman, Paris: Gallimard, 1978, pp.257–258 ,[3870], 464–465, [4096], 517–518, [4157], 530, [4171].

着密切的关联。同样阅读过《中华帝国志》后，狄德罗（Denis Diderot）将其中的信息作为他撰写《百科全书》（*Encyclopédie*）中国哲学部分的原始史料；① 伏尔泰对道德研究的兴趣，使得耶稣会士译介自昌明中国的戏曲文本，成为他反抗专制，呼吁宽容的"文学珍品"。② 但是，伏尔泰对《赵氏孤儿》的文本同样是有不满的，他一方面认为"《赵氏孤儿》是了解中国精神的里程碑式的作品，是过去和将来有关这一幅员辽阔的帝国的任何一部游记都无法比拟的"，但同时认为"这个剧本跟我们当今的优秀作品相比是粗俗的；但如果跟我们 14 世纪戏剧相比，却是一部杰作。诚然，我们的行吟诗人，我们的法院书记，我们的'欢乐儿童会'和'愚母会'，与中国作者不同。还应该指出，这个剧是用官话写的，这种语言几乎没有变化过，跟我们在路易十二和查理八世时代使用的语言差不多"。③

因而，在创作《中国孤儿》时，《中华帝国全志》与传教士的书简并非伏尔泰版的唯一知识来源，他还糅合了其他的史料。维吉尔·毕诺（Virgile Pinot）推断伏尔泰或还参考过诸如《亚洲征服者成吉思汗新史》（*Nouvelle histoire de Gengis-Kan, conquérant de l'Asie*），以及耶稣会传教士约瑟夫·儒福（Joseph Jouve, 1701—1758）1754 年在里昂出版的《满族鞑靼征服中国史》（*L'Histoire de la conquête de la Chine par les Tartares Mantcheoux*）等著作，后者是伏尔泰《风俗论》明确标注的参考文献。④ 大巴赞认为马若瑟在翻译《赵氏孤儿》时已删削了纪君祥的唱词与最为悲怆的部分，艾田蒲则更进一步认为伏尔泰的《中国孤儿》的文本，比传教士译介的《赵氏孤儿》更为疏离。⑤ 所以，与其说伏尔泰改编了《赵氏孤儿》，莫若说他重新创作了《中国孤儿》。

自 1753 年起，伏尔泰便开始酝酿写作《中国孤儿》这部"充满爱情的新剧"，该年 8 月 10 日，他在写给达让塔尔伯爵（Charles-Augustin de Ferriol d'Argental, 1700—1788）的信中如是剖白。但是，延宕至次年 7 月 26 日，伏尔泰才真正决定动笔。其间，他还与其他多位友人讨论过该剧本的写作状况与

---

① M. Pinault sørensen, "La fabrique de l'Encyclopédie," *Tous les savoirs du monde: encyclopédies et bibliothèques, de Sumer au XXIᵉ siècle (Cat. exp.)*, Paris, Flammarion, 1996, p. 395.

② Voltaire, *Épître dédicatoire à M. le Maréchal duc de Richelieu*, p.297, 转引自罗湉《18 世纪法国戏剧中的中国形象研究》，第 83 页页下注 1。

③ 〔法〕艾田蒲：《中国之欧洲》（下），第 107 页。

④ Virgile Pinot, "Les sources de L'orphelin de la Chine," *Revue d'Histoire littéraire de la France*, Vol.2, 1904, pp.465–466, 468–469.

⑤ 〔法〕艾田蒲：《中国之欧洲》（下），第 111—113 页。

情节设计，其中包括达尔让侯爵（Jean-Baptiste Boyer d'Argens, 1703—1771）、德·蒂博维尔侯爵（Henri Lambert de Thibouville, 1710—1784）、德·黎塞留公爵（Louis-François-Armand de Vignerot du Plessis de Richelieu, 1796—1788）等等。正如罗湉所指出的，《中国孤儿》的剧本不仅是伏尔泰理性酝酿的结果，更是他与当时法国宫廷贵族及知识阶层进行充分交流后文化共谋的成果。[①]

在达让塔尔伯爵的建议下，伏尔泰将《中国孤儿》改为了"融入孔子道德"的五幕剧。[②] 他并未遵循中国历史的时序，而将一个原本发生在春秋时期的家族复仇故事，重塑为一个跨越了春秋、元、清的全新故事。[③] 为了激发观众的新奇感，伏尔泰写道："一个戏剧爱好者不得不在舞台上表现古老的骑士武功，穆斯林与基督徒的矛盾，美国人和西班牙人的冲突、中国人和鞑靼人的战争。剧作家不得不把我们在舞台上看不到的各种风土人情与常常可见的激情结合起来。"[④] 这种冲突与张力不仅反映在文本中，亦反映在舞台上的服装与道具中。

在伏尔泰的舞台设想中，戏剧的服饰和布景是他主要关心的方面。他放弃了自己6000利弗尔（livre）的著作费用于支付服装、布景和演员的费用。[⑤] 但是，伏尔泰并未实际参与到主要的设计过程中，而是将服装与场景的设计与建造分别托付给了艺术家约瑟夫·韦尔内（Joeseph Vernet, 1714—1789）和傅赫（Fouré）。据 Young Hai Park，韦尔内主要负责该剧次要人物的服装设计。[⑥] 他曾于1734—1753年在意大利的蒂沃利（Tivoli）和那不勒斯（Naples）写生，求学于帕尼尼（Giovanni Paolo Pannini, 1691—1765）等大师，此时的他刚结束了在意大利的旅程返回法国。[⑦] 启蒙先驱传递给他的指令是相当矛盾的，要求他绘制出"足够中式也足够法式，不会让观众发笑"[⑧] 的服饰。很遗

① 罗湉:《18世纪法国戏剧中的中国形象研究》，第80—81页。

② 〔法〕艾田蒲:《中国之欧洲》（下），第108页。

③ 罗湉:《18世纪法国戏剧中的中国形象研究》，第87—88页。

④ Voltaire, *Préface des Scythes de l'édition de Paris, in Œuvres complètes de Voltaire, théâtre*, tome. 5, Paris: Garnier Frères, 1877, p.267, 转引自罗湉《18世纪法国戏剧中的中国形象研究》，第82页。

⑤ *Rêver la Chine: Chinoiserie et regards croisés aux XVIIe et XVIIIe siècles*, p. 248.

⑥ Young Hai Park, "La carrière scénique de L'Orphelin de la Chine," in Theodore Besterman ed., *Studies on Voltaire and the Eighteenth Century*, Vol. 120, p.107.

⑦ *Rêver la Chine: Chinoiserie et regards croisés aux XVIIe et XVIIIe siècles*, p. 260.

⑧ "assez chinoise et assez français pour ne pas exciter le rire des spectateurs", Young Hai Park, "La carrière scénique de L'Orphelin de la Chine," in Theodore Besterman ed., *Studies on Voltaire and the Eighteenth Century*, Vol. 120, p.107.

憾，韦尔内的画稿似乎并没有以实物的形式被保存下来。但在伏尔泰1755年
6月4日与演员勒康（Henri-Louis Lekain, 1729—1778）的通信中，提及自己
已收到了中国的布景绘画。伏尔泰声称自己对画作非常满意并准备保留画作
与支付报酬。但是中国人物的绘画还只是初步的草稿，伏尔泰打算无论如何
在两周内发给阿尔让先生过目。[①] 由于没有提及绘制者的姓名，我们无法肯定
它们的出处。这些画作可能是由韦尔内提供的，也可能还有潜在的设计者。

　　傅赫是塞尔万多尼（Giovanni Niccolò Servandoni, 1695—1766）[②] 的学生，
克莱蒙伯爵（comte de Clermont-en-Argonne, 1709—1771）的装饰师。塞尔万
多尼拥有半法半意的血统，他出生于意大利佛罗伦萨，求学于罗马，且同样
受训于绘画大师帕尼尼以及建筑师朱塞佩·罗西（Giuseppe Rossi, 卒于1739
年前）。在傅赫老师的塞尔万多尼的众多合作者中，不乏参与过18世纪上半
叶中国主题戏剧布景的重要人物。如路易－勒内·博凯（Louis-René Boquet,
1717—1814），便曾为1754年诺维尔（Jean-Georges Noverre, 1727—1810）
的《中国节日》（les Fêtes Chinoises）设计服饰。在《诺维尔先生芭蕾舞剧
表演的服装》（Habits de costume pour l'execution des ballets de M. Noverre）
一书中，保留着他所绘制的身着中国服饰的舞蹈人像版画。[③] 傅赫为《中国
孤儿》所绘制的布景，便被认为是受到了1754年《中国节日》的启发。[④] 这
一时期中国风绘画的代表性人物弗朗斯瓦·布歇（Francois Boucher, 1703—
1770），曾在其短暂的布景设计师生涯（1742—1748）中与塞尔万多尼有过
密切的合作，甚至被认为在设计舞台时践行着塞尔万多尼的艺术原则。[⑤] 傅

---

① "J'ai reçu, mon grand acteur, le dessin de la décoration chinoise. Comment voulez—vous que je renvoie
un morceau dont je suis si content et qui vaut mieux que la pièce ? Je veux le garder, le payer.⋯⋯Je
n'ai pas envoyé nos chinois à Mme de Pompadour. Il y en a une bonne raison. C'est qu'ils ne sont pas
faits. Vous n'en avez vu qu'une faible esquisse. J'enverrai dans quinze jours le tableau terminé bon
ou mauvais à M. d'Argental." *Voltaire Correspondance* IV(1754–1757) édition Théodore Besterman,
pp.457–458, [4089].

② 塞尔万多尼又名 Jean-Nicolas Servando 或 Jean-Nicolas Servandon, 塞尔万多尼的建筑作品遍布多座
欧洲城市，如维也纳、巴黎、布鲁塞尔、里斯本等。有关他的家世背景和早年学习经历的考证，
参见 Francesco Guidoboni, "Giovanni Niccolò Servandoni: la sua prima formazione tra Firenze, Roma e
Londra," *ArcHistoR anno I* , No. 2, 2014, pp.28–65。

③ Bert O. States, "Servandoni's Successors at the French Opera: Boucher, Boquet, Algieri, Girault," *Theatre
Survey*, Vol. 3, 1962, p. 46.

④ *Rêver la Chine : Chinoiserie et regards croisés aux XVIIe et XVIIIe siècles*, p. 248.

⑤ Bert O. States, "Servandoni's Successors at the French Opera: Boucher, Boquet, Algieri, Girault," *Theatre
Survey,* Vol.3, 1963, pp. 42–44.

赫虽未跻身老师塞尔万多尼最具影响力的那批学生，但他无疑置身于师门的艺术影响之中。[①]

二　法兰西剧院与 1755 年版悲剧《中国孤儿》：制作中国形象的本土策略

（一）悲剧的服饰

自 17 世纪起，以中国为主题的艺术呈现在法国的舞台上已屡见不鲜，形式包括：歌剧、音乐剧、喜剧、化装舞会、宫廷娱乐、烟火表演、舞蹈、游行、插剧、哑剧、芭蕾等等（见表 1）。在这些艺术表现形式中，喜剧与舞剧占主流，悲剧是稀缺的。这就意味着，伏尔泰版《中国孤儿》需要依凭悲剧的准则重新设计带有中国特质的舞台布景与服饰。

表 1　17—18 世纪法国舞台上中国艺术的呈现状况（《中国孤儿》首演前）

题名	首演时间	创作者	表演形式	地点
《中国人》	1692 年 12 月 13 日	雷尼亚尔（Regnard）	喜剧、烟火	勃艮第剧院（Théâtre de l'Hôtel de Bourgogne, Paris）
《弗莱卡的筷子：中国医生》（La Baguette de Vulcain: Docteur Chinois）	1693 年 1 月 10 日	雷尼亚尔	喜剧	
《中国国王假面舞会》	1700 年	菲乐多	假面舞会	马里宫（Château de Marly）
《卡泰王子》	1704 年 8 月 16 日	古拉·马莱奇奥	幕间歌舞剧	沙特奈城（Chatenay-en-France）
《隐身阿勒甘在中国皇宫》	1713 年 7 月 30 日	勒萨日	喜剧	圣洛朗集市
《英港海南或初来乍到的女人们》	1718 年 4 月 25 日	雅各·奥托	未知	意大利剧场
《阿勒甘水猎犬，瓷人儿和郎中》	1723 年 7 月	勒萨日、多纳瓦	未知	集市剧场
《罗兰》戏仿《阿勒甘罗兰》	1727 年 12 月 31 日	未知	歌剧	意大利剧场

[①]　有关塞尔万多尼的艺术继承者与合作者的情况，参见 Bert O. States, "Servandoni's Successors at the French Opera: Boucher, Boquet, Algieri, Girault," *Theatre Survey,* Vol.3, 1963, pp. 41–58. 傅赫除绘制《中国孤儿》的布景外，早先还曾为《村主》（le Seigneur du village）绘制过布景。布景呈现出一个隐藏在古堡庇护下的安静小村庄，参见 Nicole Decugis et Suzanne Reymond, *Le Décor de théâtre en France du moyen âge à 1925: Avant-propos de Jean-François Noël,* Paris: Compagnio Francaise des Arts Grafiques, 1953, pl.32, 引自 Young Hai Park, "La carrière scénique de L'Orphelin de la Chine," in Theodore Besterman ed., *Studies on Voltaire and the Eighteenth Century*, Vol. 120, p.104。

续表

题名	首演时间	创作者	表演形式	地点
《中国公主》	1729 年 6 月 25 日	勒萨日、多纳瓦尔	喜剧歌剧	圣洛朗集市
《中国娱乐》	1737 年 8 月 17 日	Riccoboni, Dehesse, Blaise	舞蹈	勃艮第剧院
《瓷器芭蕾或茶壶王子》	1740 年	德·凯鲁斯伯爵	未知	莫尔维尔城堡
《迷信者》	1740 年 3 月 5 日	罗马内齐	未知	意大利剧场
《中国手术医生或令人尊敬的先生》（*L'opérateur Chinois ou le Père respecté*）	1747 年 8 月 13 日	Moncrif, Courtenvaux, Guillemain	游行哑剧、芭蕾哑剧	凡尔赛宫
《中国郎中》	1753 年	未知	芭蕾	圣日耳曼剧院
《汉儒还乡》	1753 年 6 月 19 日	塞莱提（Selletti）	插剧、音乐剧	皇家宫剧院（Théâtre du Palais-Royal, Paris）
《中国人》	1754 年 1 月 24 日	Dutrou	芭蕾	布鲁塞尔莫奈大剧院（Grand Théâtre de la Monnaie, Bruxelles）
《中国花园》	1754 年 6 月 24 日	Dehesse, Pitrot, Foulquier	芭蕾、舞蹈、哑剧	勃艮第剧院
《中国节日》	1754 年 7 月 1 日	诺维尔	哑剧芭蕾	圣洛朗集市
《中国雅士在法兰西》（《汉儒还乡》的戏仿剧）	1754 年 7 月 20 日	Louis Anseaume	插剧、戏仿	圣洛朗集市
《中国人》	1755 年	Faval	喜剧	
《中国烟花》	1755 年 3 月 6 日		烟花	勃艮第剧院
《土耳其和中国芭蕾》	1755 年 6 月 12 日	德埃斯	芭蕾	意大利剧场
《鞑靼人》	1755 年 8 月 14 日	德埃斯		意大利剧场

资料来源：罗湉：《部分中国剧演出时间表》，《18 世纪法国戏剧中的中国形象研究》，第 278—281 页；Guo Tang, "De l'artifice au réalisme: l'évolution des «chinoiseries» théâtrales dans la première moitié du 18ᵉ siècle," *Dix-huitième siècle*, Vol. 49, No. 1,2017, pp. 647–649; 唐果：《启蒙时代以中国为题材的法国喜剧的产生与发展》，《法语学习》2016 年第 2 期，第 34—39 页。

事实上，这一时期许多冠以"中国"之名的舞台呈现，并不一定意味着在舞台上展现真实的中国。它们有时只是用以吸引观众、展示异国情调的噱头，所使用的服装、道具、布景可能与中国并无太大关系。①一方面它们希冀展现出相当的异国特色以吸引观众，另一方面也需要与特定的剧种、舞台、观众相调适，尤其要考虑观众普遍的接受程度。

因此，对这种中国特质的呈现，不同的剧作者、剧种、剧院条件不尽相同。在一些舞台表演中是浅层次的，如 1692 年雷尼亚尔的喜剧《中国人》以及勒萨日以"中国"和"塔"为名的几部戏剧，便与中国并不沾边，只是语词上有所涉及。②在另一些舞台上，编排者寻求相应的舞台视觉策略，通过调动已有的异域知识与物质，呈现能被法国舞台所兼容的中国形象。如来自威尼斯的资深法国编舞表演家格雷戈里奥·兰布兰齐（Gregorio Lambranzi，1700—1750），在他 1716 年编写的流行舞蹈手册中，绘制了四人一排的土耳其舞者，同样的框架与布景被用于绘制中国芭蕾舞者的形象。③在让 – 巴蒂斯特马丁（Jean-Baptiste Martin）约 1750 年为《殷勤的印第安人》（les Indes galantes）所绘制的中国舞者和路易 – 勒内·博凯 1755 年绘制的中国舞者服饰图中，人物的服饰都按照当时在法国流行的意大利芭蕾和艺术喜剧的需求，设计为便于活动、富于戏谑感的服装样式。④在有些舞台呈现中，甚至诞生了新的戏剧形式。如诺维尔 1754 年的哑剧芭蕾《中国节日》中的舞蹈，在帕法里克特（Parfaict François）1756 年的《巴黎剧院词典》（Dictionnaire des Théâtres de Paris）中便被追认为是"中国式新芭蕾"。⑤

同样，伏尔泰的悲剧《中国孤儿》也在舞台上摸索这种艺术创新性与观众接受程度、古典主义与异域情调之间的微妙平衡。在 18 世纪 40—50 年代的法国，悲剧的服装有着更为深广的社会文化意义。以狄德罗为首的哲学家、思想家受到同时期英国写实剧场的影响，对戏剧服饰与绘画的写实性产生了质疑，并对法兰西剧院的精英舞台上演的悲剧进行了思索。他们认为在戏剧服装的真实性方面，悲剧应该秉持比歌剧更为严格的标准。⑥这些观点也在

---

① 较早持这种观点的应为陈霞，参见〔法〕艾田蒲《中国之欧洲》（下），第 99 页。

② Guo Tang, "De l'artifice au réalisme: l'évolution des «chinoiseries» théâtrales dans la première moitié du 18ᵉ siècle," *Dix-huitième siècle*, Vol. 49, No. 1, 2017, pp. 645–659.

③ Adrienne Ward, *Pagodas in Play: China on the Eighteenth-Century Italian Opera Stage*, Massachusetts: Associated University Presses, 2010, pp. 72, 197.

④ Adrienne Ward, *Pagodas in Play: China on the Eighteenth-Century Italian Opera Stage*, pp. 71, 197.

⑤ Parfaict François, *Dictionnaire des Théâtres de Paris*, Paris: Chez Roezt, 1756, p.434, 引自唐果《启蒙时代以中国为题材的法国喜剧的产生与发展》，《法语学习》2016 年第 2 期，第 37—39 页。

⑥ 参见 Laurence Marie, "Habit, costume et illusion théâtrale : l'influence du jeu naturel anglais sur la Comédie-Française au XVIIIᵉ siècle," dans A. Verdier, D. Doumergue, O. Goetz (dir.), *Arts et usages du costume de scène*, Beaulieu, Lampsaque, 2007, pp. 53–62.

狄德罗主编的《百科全书》中得到了充分展现。[1] 这是伏尔泰舍弃自己的著
作费，决心自主设计服装的社会与思想动因。

法兰西剧院作为伏尔泰选择呈现中国悲剧的舞台，具有其独特性。在服
装方面，法兰西剧院与当时巴黎歌剧院不同，设计师并不具备歌剧院一般绝
对的话语权，演员有权置备自己的服装。[2] 在布景方面，法兰西剧院是以古
典式布景著称的官方剧院，且当时有声悲剧的布景一向以单调闻名，因而构
成了伏尔泰打造创新式东方布景的绝佳实验田。[3] 这些都是伏尔泰向时俗发
出挑战的思想与现实语境，从而促成他在 18 世纪中叶法国舞台为中国悲剧寻
找某种合宜艺术呈现形式的尝试。

（二）服饰、布景的制作和费用

那么，《中国孤儿》的戏剧服装与布景究竟是由谁制作的呢？法兰西剧院
所藏的账单、私人清单、法律供状与广告招牌等史料，向我们展示了 1755 年
伏尔泰版《中国孤儿》戏剧服饰的供应商、裁缝等人的身份信息与各项所支
费用，其中还夹杂着对舞台具体装饰细节的描述。[4]

关于戏剧服装的制作，巴黎商人 Quéret de Mery 为该剧提供了绸缎与其他
奢侈面料，账单显示相关物料耗资达 700 利弗尔。从 1760 年他的一份法律供
状来看，他还为法兰西剧院的演员 Pierre-Jean de Blainville 和 Baron 供应过服
饰。[5] Veuve Gallot 负责提供薄纱与花边，制作费为 291 利弗尔。18 世纪 70 年

---

[1]　"Mais la partie des décorations qui dépend des acteurs eux-mêmes, c'est la décence des vêtements. Il
　　s'est introduit à cet égard un usage aussi difficile à concevoir qu'à détruire. " Jean François Marmontel,
　　"Décoration," *Encyclopédie*, Vol. 4, 1754, p. 701.

[2]　Agathe Sanjuan ed., *L'Art du costume à la Comédie-Française,* exhibition catalogue, Moulins: CNCS,
　　2011; Kerhoas, *Marie-José. Les dessins de costumes de scène de 1750 à 1790 dans les collections
　　patrimoniales françaises*, Ph.D. thesis, Université François-Rabelais de Tours, 2007,pp. 63–64; Verdier,
　　Anne, *L'habit de théâtre: Histoire et poétique de l'habit de théâtre en France au XVIIe siècle*, Vijon: Éditions
　　Lampsaque, 2006, 引自 Petra Dotlacilová, *Costume in the Time of Reforms*, p.116。

[3]　Marvin Carlson, *Voltaire and the Theatre of the Eighteenth Century*, London: Greenwood Press, 1998,
　　p.100.

[4]　较早关注《中国孤儿》相关的剧院账单，并进行整理的应为 Young Hai Park, 其后的学者都或多
　　或少引用过其中的内容。参见 Dider Doumergue et al., *Le costume de scène, objet de recherche*, p.15;
　　Rêver la Chine: Chinoiserie et regards croisés entre la Chine et l'Europe aux XVIIe et XVIIIe siècles, pp.
　　245–264。

[5]　*Mémoire pour le sieur Quéret de Méry, marchand mercier à Paris, contre le sieur Pierre-Jean de
　　Blainville, l'un des comédiens françois ordinaires du roi, et contre le sieur Baron; ci-devant l'un des
　　comédiens françois ordinaires du roi, et présentement leur caissier*. Paris, Bibliothèque nationale de
　　France, 1760.

代的一份广告显示，Veuve Gallot 的商店出售金银编织物、金银纱线、金银亮片，以及教堂的金、银、丝质装饰物，还出售家具使用的丝绸绉纱、流苏、金银边饰。因此，为《中国孤儿》定制剧院服饰应是其主要业务的延伸。[①] 供职于皇家音乐学院的高级裁缝 Boullot 和 Lescuyer 亲手为演员克莱龙缝制了戏服，后者被支付了 100 利弗尔，演员勒康的服饰则花费了 570 利弗尔。[②]

为了对上述服饰的费用有更为直观的感受，我们需要将它们放入这一时期戏剧服饰制作的经济坐标之中。此处的经济坐标至少包含两个维度：一是原材料本身的价格，二是同时代其他戏剧服装的制作费用。

以服饰主要的材料丝绸的价格为例，法国 18 世纪的经济学家文森特·德·古尔奈（Jacques Claude Marie Vincent de Gournay, 1712—1759）所收集的 1751 年法国各品级丝绸价格见表 2。

表 2　1751 年法国各品级丝绸价格（以 de Gournay 的账簿为中心）

织物品类		每厄尔（ell）的零售价	计件工资
金银织锦	最上等	180—350/400l	
	上等	36—180l	
	中上等	13—36l	3—36l
加工过的天鹅绒		16—70l	3—18l
无装饰天鹅绒		17—26l	50s—4110s
纯丝织锦（含云纹织物）		4—30l	20s—16l
平绢		2—14l	8—22s
混合织物（丝绸混合羊毛或者亚麻）		4—8l	8—30s

注：1 厄尔相当于 45 英寸，约合 1.14 米。l 为货币单位利弗尔，s 为货币单位索尔。

资料来源：J. Godart, *L'Ouvrier en soie*, reprinted in Geneva, 1976, p.390, 引自 Jennifer Harris ed., *5000 Years of Textiles*, UK: The British Museum Press, 2010, p.181。

据勒康回忆录中的《自撰演讲、回忆录、信件等（1752 年 3 月 18 日—1775 年 9 月 11 日）》，剧组共有七位演员。以人均用料 3 米来算，700 利弗尔的预算应能支撑剧组购买全员量额的加工天鹅绒以及中上等的金银织锦。相比于其他面料，这些面料可以在视觉上打造明显不同的观感。

---

① "Enseigne Au XVIII Siecle," *The New York Herald (European Edition)*, France: Paris, Sunday, Apr. 3, 1910, Issue 26886, p. 18.

② Dider Doumergue et al., *Le costume de scène, objet de recherche*, p.15.

　　与服饰相较，布景的花销也并不逊色。根据当时在法兰西剧院工作的细木工匠莫圭（Morguet）先生的账单，布景的建筑费为 2779.1 利弗尔，经国王剧院兼法兰西剧院建筑师多斐（Dauphin）按照勒康的要求复核后，最终数额调整为 2338 利弗尔。1755 年 9 月 6 日，莫圭先生在法兰西剧院的财务 Romancan 那里收到了这笔付款。[①]1755 年 8 月 27 日傅赫呈给克莱龙女士、高辛（Gaussin）、萨拉辛（Sarrazin）与勒康先生的账单中，记录了绘制布景的人工情况：十二位画家不舍昼夜工作，在演出三天前还另外雇佣六位画家才得以完成。布景绘制共花费了 2361 利弗尔。1755 年 9 月 22 的演员大会上结算了这份账单，从伏尔泰 6000 利弗尔的经费中支出。[②]两份账单相合，共花费了 4699 利弗尔。

　　除了工程费用的计算，莫圭先生的记叙中还包含着舞台布景装饰的诸多细节。他写道，木匠们首先建造了一座拱廊式的中国宫殿。他们在所有的柱子上面打孔，包括背景屏（ferme）、画布框（châssis）与剧厅滑槽（coulisses pour les salles），[③]其中最高处绘有"中国人物"和"瓷器花瓶"。绘制布景的画家夜以继日地工作。宫殿有三块背景屏，天花板上绘有"断断续续的人物、铃铛和其他中国象征，它们是五颜六色的或鎏金"。[④]还有一位目击了该布景的观众，同时也是 18 世纪剧作家的安东尼·亚历山大·亨利·泊西内（Antoine-Alexandre-Henri Poisinet, 1735—1769）提供了更翔实的视觉信

① Young Hai Park, "La carrière scénique de L'Orphelin de la Chine," in Theodore Besterman ed., *Studies on Voltaire and the Eighteenth Century*, Vol. 120, pp. 102–103.

② Young Hai Park, "La carrière scénique de L'Orphelin de la Chine," in Theodore Besterman ed., *Studies on Voltaire and the Eighteenth Century*, Vol. 120, p. 103.

③ "ferme"、"châssis"与"coulisse"皆为剧院技术术语。

④ Young Hai Park, "La carrière scénique de L'Orphelin de la Chine," in Theodore Besterman ed., *Studies on Voltaire and the Eighteenth Century*, Vol. 120, p. 102. 史料出自 *Mémoires des ouvrages de la décoration et les accessoires de la Piece de l'Orphelin……le tout fait et fourny pa Morguet, Menuisier de la Comédie-Française Mtre à Paris*, 原注中标明本文献由法兰西剧院的图书档案管理员 "mme S.Chevalley" 发现，笔者考证应为西尔维·切瓦利（Sylvie Chevalley, 1908—1977）女史。西尔维·切瓦利曾与希奥多罗·贝斯特曼（Theodore Besterman, 1904—1976），即日内瓦伏尔泰机构与博物馆（Institut et musée Voltaire）的创建者及牛津大学伏尔泰基金（Voltaire Foundation）的捐助者，有过多封讨论《中国孤儿》18 世纪剧演情况的书信，并撰写过有关 1755 年《中国孤儿》首次公演的专著。参见 "Lettre de Sylvie Chevalley à Theodore besterman," 20 janvier 1965, 10 février 1965, 20 juin 1966, Institut et musée Voltaire, Genève; Sylvie Chevalley, "L'orphelin de la Chine: tragédie en clinq actes, en vers, par Voltaire," Paris: Comédie-Française S.I.P.E., 1965. 作为法兰西剧院的档案管理员，她还参与指导过后文所引的 18 世纪法兰西剧院的经济研究，参见 Claude Alasseur, *La Comédie-Française au XVIIIᵉ siècle, étude économique*, Paris: Mouton, Reprint 2019 ed. edition, April 1, 1967, préface。

息，他在一封给老者的信札中写道："宫殿蓝色的柱子镶有红色的柱头与底座。五个滑槽以三面被列柱廊刺穿的背景屏为界，最后一面屏呈现了宝塔临窗的景象。每根柱子与底座、柱头上，都覆盖着所谓的中国象形文字，很可能是仿照那片博学的土地上的墨迹。从远处看，墨迹就像金色的纹理，把这座美丽的宫殿变成了一个砂金石鼻烟壶（une tabatière d'aventurine）。"[1] 所谓的"中国"装饰，给泊西内的整体感受是一个"哥特式"的"瓷宫"，它由十二个人日夜工作建造而成，但又在 8 月 20 日首次公演后被六个人在一天之内拆除。在 8 月 23 日的第二次演出中，画家们改造了这些背景屏和两个天花板来扩大布景。在 8 月 27 日和 30 日，由两柱头支撑着两棵棕榈树出现在了前台。[2] 这些描述与莫圭对布景整体结构的叙述是相合的，但在装饰的内容与后续变动方面则描述得更为仔细。两者描述的细致程度甚至超过了参与戏剧表演的演员：扮演成吉思汗的演员勒康在他的《自撰演讲、回忆录、信件等》（1752 年 3 月 18 日—1775 年 9 月 11 日）中，回忆舞台布景只是一个"中国风格的长廊"。[3] 很显然，布景的账单应该包含了上述布景绘制、拆除、改造等一系列过程中产生的费用，这种"中国风格"的布景并非一蹴而就，而是将象征式的纹样（象形文字、中国人物、钟等）与造型（鼻烟壶、瓷宫、棕榈树[4]），放置于特定的建筑、绘画与舞台空间中进行调试所产生的结果。

再根据 Claude Alasseur 对 18 世纪法兰西剧院的经济研究，在 1755—1756 年，法兰西剧院每场表演的平均成本（prix de revient）为 485.2 利弗尔，这个数额是此前 18 世纪年均剧演成本的最高值。[5] 17 世纪末至 18 世纪上半叶，法兰西剧院的年均剧演成本约为每场 100 利弗尔，最高年份 1683 年达 161.7 利弗尔，而 1755—1756 年高达这一最高值的三倍，这一趋势延续到了 18 世纪

---

① Young Hai Park, "La carrière scénique de L'Orphelin de la Chine," in Theodore Besterman ed., *Studies on Voltaire and the Eighteenth Century*, Vol. 120, p. 102. Antoine-Alexandre-Henri Poisinet le jeune, *Lettre à un homme du vieux temps sur* L'Orphelin de la Chine, Paris,1755, s. n., s. p.

② Young Hai Park, "La carrière scénique de L'Orphelin de la Chine," in Theodore Besterman ed., *Studies on Voltaire and the Eighteenth Century*, Vol. 120, p. 102. Antoine-Alexandre-Henri Poisinet le jeune, *Lettre à un homme du vieux temps sur* L'Orphelin de la Chine, s. n., s. p.

③ Henri-Louis Lekain, *Mérmoires, Réflexions parFrançois-Joseph Talma*, Paris, Ponthia, nouvelleédition, 1825; Damien Chardonnet-Darmaillacq, *Gouverner la scène, le système panoptique du comédien Lekain*, thèse préparée sous la direction de Christian Biet, Vol.3, École Doctorale de Nanterre, 2012, pp.230–231.

④ 有关布景中的棕榈树，Young Hai Park 认为这是不符合北京寒冷的气候条件的。有可能是受到了让·安东阿·华托（Jean Antoine Watteau, 1684—1721）画作的影响。Young Hai Park, "La carrière scénique de L'Orphelin de la Chine," in Theodore Besterman ed., *Studies on Voltaire and the Eighteenth Century*, Vol. 120, p. 104.

⑤ Claude Alasseur, *La Comédie-Française au XVIIIᵉ siècle, étude économique*, p.95, Tableau N°6.

50 年代末，并在 60 年代回落至约 300 利弗尔的水平，至 70 年代，场均 400 利弗尔的历史才被重演。[1]50 年代后期年均剧演成本的陡然上升，无疑是反常而值得研究的。基于《中国孤儿》在 1755—1756 年的频繁演出与较高收益，该剧的花销或许在一定程度上拉高了那几年的平均值。[2]高投资也带来了高收益，此次演出成功为法兰西剧院带来了总计 4717 利弗尔的收益。在当时，1000 利弗尔已是演出收入的中位数。除王公贵族外，观剧公众达到了 1308 人次。[3]

（三）克莱龙与勒康的服饰：被高估的先锋

克莱龙和勒康作为《中国孤儿》剧中主要人物伊达梅（Idamé）与成吉思汗的扮演者，他们的服饰自然少不了受到关注。在当时的新闻报道与剧评中，对他们本次剧演服饰的赞誉占据了主流。尤其值得注意的是，由于勒康与克莱龙两位演员的"明星"效应，当时及后世的很多画家都热衷于为两位画像，这种画像与我们现在的剧照或者定妆照相类。在以往的研究中，这类画像会被默认为当时演出情况的真实写照，用于"以图证史"。但是，越来越多的证据显示，这种假设或许存在不严谨之处。[4]因而，在本节中，笔者将更多参酌法兰西剧院演出服的购买发票、演员的财产清册，以及两位演员的生平和人际交往情况，还原当时的情境，重建他们演出服饰的真实样貌与真实意涵。

法兰西剧院的发票为我们提供了勒康演出服饰情况的直接证据。一张1755 年 8 月 11 日的发票显示，法兰西剧院曾为勒康定制过"六古尺[5]（aune）半的绯红色镶金锦缎（lampas）"；1755 年 8 月 20 日的发票则显示剧院还曾为勒康购买过"由十一根巴洛克式长羽毛所制成的大头饰，一根红羽饰以及一些带有红斑的羽毛"。[6]从时间上看，购买服饰原料到制成人物服饰不满十

---

[1]　1756—1757 年的均值是 476.2 利弗尔，1757—1758 年的均值上升为 607.8 利弗尔。Claude Alasseur, *La Comédie-Française au XVIIIe siècle, étude économique*, pp.94–95.

[2]　《中国孤儿》在 1755 年至少演出了 13 场（8 月至少 4 场，10 月 22 日至 11 月 12 日共 9 场），收益每场均超过 3000 利弗尔。1756 年，则演出了 12 场。参见 Young Hai Park, "La carrière scénique de L'Orphelin de la Chine," in Theodore Besterman ed., *Studies on Voltaire and the Eighteenth Century*, Vol. 120, p. 112。

[3]　Young Hai Park, "La carrière scénique de L'Orphelin de la Chine," in Theodore Besterman ed., *Studies on Voltaire and the Eighteenth Century*, Vol. 120, p. 94.

[4]　*Rêver la Chine : Chinoiserie et regards croisés aux XVIIe et XVIIIe siècles*, pp.253–260.

[5]　折合现代米制，1 古尺约 1.2 米。

[6]　Georges Naudet, "Les costumes de Le Kain, d'après l'inventaire de sa loge," *Revue d'Histoire du Théâtre*, IV, Paris, 1950, pp.463–467. 引自 *Rêver la Chine : Chinoiserie et regards croisés aux XVIIe et XVIIIe siècles*, p. 258.

天，羽饰甚至是在表演当天才购买的。

在 Georges Naudet 编写的《勒康爵士在法兰西剧院更衣室的财产清册》中，收录了 1775 年勒康的服饰情况，其中有两套与角色成吉思汗非常符合："一件樱桃红镶金缎的亚洲服装，一件虎斑天鹅绒大衣，虎绒帽以石头和羽毛，金线饰带布鞋，配镶金波纹钢护胸甲，价值 200 利弗尔"和"一件紫色缎面镶金鞑靼大衣，黄色摩洛哥踝靴，头饰上饰有羽毛"，清册还提到了一条"假宝石鞑靼项链"。① 这些或许可以作为当时角色服饰情况的旁证，自 1755 年以降，勒康扮演成吉思汗的装饰要素与风格一直延续到了他演艺生涯的尽头，并未再有更多的革新。

扮演伊达梅的克莱龙，最被评论界所称道的就是她不穿裙撑的勇气，开了法国演剧界的先河。其中最有代表性的便属格林姆当代期刊（Grimm's contemporary periodical）*Correspondance littéraire* 的评论：

> 有趣的是，在悲剧《中国孤儿》中，我们的女演员第一次没有穿裙箍出现。伏尔泰为了演员的服装而放弃了他的著作费。值得期待的是，随着时间的推移，理性和理智将战胜那些荒谬的做法，反对幻想和声望，因为它应该在开明的人民中出现。克莱龙饰演的伊达梅获得了普遍的称赞。我相信这位女主角将改变自己。②

与此相得益彰的还有《法兰西信使》（*Mercure de France*）的褒奖，夸赞克莱龙敢于做不用裙箍的第一人，以及扮演次要角色的胡斯（Hus）女士拥有模仿克莱龙的勇气。③ 需要注意的是，时任《法兰西信使》编辑的马蒙泰尔与伏尔泰、克莱龙私交甚密，甚至与克莱龙有过超乎友谊的感情。④ 因此，考虑人物之间的现实交谊，这些评论并不能被纯然视作匿名剧评家的公正评语。

① Georges Naudet, "Les costumes de Le Kain, d'après l'inventaire de sa loge," *Revue d'Histoire du Théâtre*, IV, pp.463–467，引自 *Rêver la Chine : Chinoiserie et regards croisés aux XVIIe et XVIIIe siècles*, p. 258。

② "Il n'est pas indifférent de remarquer que dans la tragédie de *l'Orphelin de la Chine*, nos actrices ont paru pour la première fois sans paniers. M. de Voltaire a abandonné sa part d'auteur au profit des acteurs pour leurs habits. Il faut espérer que la raison et le bon sens triompheront avec le temps, de tous ces ridicules usages qui s'opposent à l'illusion et aux prestiges d'un spectacle tel qu'il doit être chez un peuple éclairé. Mademoiselle Clairon a joué le rôle d'Idamé avec un applaudissement général. Cette actrice va, à ce qu'on m'a assuré, se convertir." 15 September 1755, *Correspondance littéraire*, pp.379–380.

③ *Mercure de France*, November 1755, p. 180; *Correspondence littéraire*, August 20, 1755. 引自 Marvin Carlson, *Voltaire and the theatre of the eighteenth century*, pp.102, 109。

④ Adolphe Jullien, *Histoire du costume au théâtre depuis l'origine du théâtre en France jusqu'à nos jours*, p. 94.

事实上，克莱龙既非 18 世纪法国舞台上第一个不穿裙撑的女演员，也不是自《中国孤儿》才开始她戏剧服装的变革的。在她之前，法瓦尔（Favart）女士已经践行了不穿裙箍的舞台表演。1753 年 9 月，法瓦尔女士在卢梭《乡村占卜师》（*Le Devin du village*）的戏仿剧《巴斯蒂恩与巴斯蒂安的爱情》（*Les Amours de Bastien et Bastienne*）中扮演巴斯蒂安（Bastienne）一角时，便放弃了以往穿巨大裙撑、头戴宝石、长至手肘的手套的装束，而是身着真正乡村女性会穿的羊毛裙、木鞋，戴简单的金十字架，保有朴素的发型，裸露手臂。法瓦尔女士不穿裙撑的行为早于克莱龙，但或许因为她饰演的戏剧类型是戏仿剧与轻喜剧，因而并没有被以法兰西剧院为代表的官方剧院所广泛采纳。[1]同时，克莱龙对戏剧服饰观念与实践的转变可追溯到 18 世纪 50 年代初到法兰西剧院演出之际。1753 年，当她身着土耳其服装出演著名的 Roxane 后，她发现有必要改变她的衣橱以适应她所扮演的角色。[2]

综上而言，启蒙思想家对悲剧服饰写实性的追求、法兰西剧院剧服设计权力下放，以及以克莱龙为代表的剧演者自身的觉醒，固然构成了伏尔泰版《中国孤儿》服饰改革实践中不可忽视的力量；但是，两位主演服饰的"先锋性"不宜被过分夸大。一方面，突出两位主演在本次剧演中造型的创新是伏尔泰宣传《中国孤儿》的重要策略，这一叙述导向不仅掩盖了男性剧演者勒康仓促置备剧服、羽饰的过程，也遮蔽了此前女性剧演者克莱龙、法瓦尔等人早已有之的戏剧服饰观念、实践转变；另一方面，仅将聚光灯集中于两位明星式的演员身上，难免会忽视其他演员的演出情况以及剧演的全貌，尤其是剧中另一关键人物：中国官员赞提（Zamti）。

（四）赞提及其他次要演员的服饰：未受重视的存在

在伏尔泰改编的文本中，赞提相当于纪君祥原剧作中程婴这一角色，其妻伊达梅是成吉思汗恋慕的旧日情人。赞提为保护已故国王的孩子，不惜献出自己的孩子。伊达梅与赞提忠贞决绝、生死相随的美德，感动了成吉思汗，使他最终宽恕与成全了他们。至于赞提这一人物的原型究竟是谁，学界有过多种猜想。维吉尔·毕诺认为赞提是伏尔泰依照吴三桂的形象而设计的。[3]

---

[1]　Marvin Carlson, *Voltaire and the Theatre of the Eighteenth Century*, p.102.

[2]　Petra Dotlacilová, *Costume in the Time of Reforms*, p.122.

[3]　Virgile Pinot, "Les sources de L'orphelin de la Chine," in *Revue d'Histoire littérature de la France*, pp.465–466, 468–469.

艾田蒲则颇具怀疑眼光地指出，"Zamti"并非法语中的常用人名语汇，它反而更接近中文中"上帝"的发音。艾氏认为伏尔泰或许想借此暗指赞提是中国美德的化身。①

对于上述猜想，单凭伏尔泰的剧本或难以评判，但参演者勒康所撰写的回忆录或许能提供其他新的线索。勒康在回忆录中记载了《中国孤儿》所有演员的身份与对应服饰（见表3）。其中，赞提是身着守卫军官服饰（habit d'officier des gardes）的中国文官（mandarin lettré），为四位主角之一。② 在这份演职员表中，共有七位演员（二女五男）与二十五位群演，克莱龙与勒康以外的其他主角、配角远没有得到历史学家同等的重视，而他们中多数所穿着的恰恰是伏尔泰所致力于呈现的中国服饰。

表3　勒康《自撰演讲、回忆录、信件等（1752年3月18日—1775年9月11日）》
对1755年8月20日《中国孤儿》的记录

剧中角色类型	角色	人物身份	服饰
主角	成吉思汗	鞑靼国王以及中国的征服者	鞑靼（国王）服饰
主角	赞提	中国文官	守卫军官的服饰
配角	奥克塔（Octar）	鞑靼将领	鞑靼人服饰
主角	艾坦（Etan）*	赞提的朋友	官员的服饰
配角	奥斯曼（Osman）*	鞑靼兵士（Guerrier）**	中国的服饰
主角	伊达梅	赞提的妻子，成吉思汗的爱慕对象	中国的服饰
	阿瑟丽（Asseli）*	伊达梅的侍女	中国女性的服饰
群演	主（……）和二十四个鞑靼人	在成吉思汗麾下	

注：* 艾坦（Etan）、奥斯曼（Osman）、阿瑟丽（Asseli）这三个角色扮演《中国孤儿》中主要人物的心腹或亲信［confident(e)(s)］，这种角色设置来自古典戏剧的传统。

** 据 Damien Chardonnet-Darmaillacq 的校注，勒康是在最终版本中把军官（Officier）改为兵士（Guerrier）的。

资料来源：Henri-Louis Lekain, *Mérmoires, Réflexions parFrançois-Joseph Talma*, Paris, Ponthia, nouvelleédition, 1825。

---

① 〔法〕艾田蒲：《中国之欧洲》（下），第123—125页。

② Henri-Louis Lekain, *Mérmoires, Réflexions parFrançois-Joseph Talma*, Paris, Ponthia, nouvelleédition, 1825; Damien Chardonnet-Darmaillacq, *Gouverner la scène, le système panoptique du comédien Lekain*, thèse préparée sous la direction de Christian Biet, Vol.2. École Doctorale de Nanterre, 2012, pp.281–282.

　　与赞提主角身份所不相符合的，是伏尔泰选角时遭遇的波折。在 1755 年首次公演中，最终扮演赞提的是时年 66 岁高龄的萨拉辛（Pierre Sarrazin, 1689—1763）。萨拉辛与剧组中各位青、壮年演员并不相称，因而饱受剧评者的诟病。[①]伏尔泰自己也不满于赞提的高龄人选，但是他和黎塞留公爵、阿尔让先生原初最为瞩意的演员格朗德瓦（Francois-Charles Racot de Grandval, 1710—1784，见图 1）在 8 月初拒绝了扮演这一角色，伏尔泰只能临时将演员换成萨拉辛。[②]此前，格朗德瓦与伏尔泰有过合作，他参演过伏尔泰 1752 年 8 月 17 日在法兰西剧院上演的五幕悲剧 *Le Duc de Foix*，并获 50 法郎的报酬。[③]在伏尔泰资金充裕并获得多位贵族支持的情况下，格朗德瓦的拒绝与伏尔泰万般无奈下让高龄的萨拉辛参演指向一种可能：赞提或许并非一个受到青睐的角色。

图 1　格朗德瓦（Grandval）1760 年肖像以及演出形象，法国国家图书馆，表演艺术部（départment Arts du spectacle），编号 Asp 4–0，ZCO–49

　　幸运的是，这些在当时并未受到充分重视的角色，他们当时所穿的戏剧服饰却被保留了下来。现今，法国国家舞台服装中心藏有两件被认定为 1755 年《中国孤儿》的戏剧服装，它们被发现于 20 世纪 60 年代，分别由演员约

---

①　其他演员的年龄如下：克莱龙 32 岁，勒康 26 岁，贝勒库尔（Bellecour）30 岁，胡斯 26 岁，勒格朗（Legrand）55 岁，杜布瓦（Dubois）49 岁。参见 *Rêver la Chine: Chinoiserie et regards croisés entre la Chine et l'Europe aux XVIIe et XVIIIe siècles*, p. 250。

②　参见伏尔泰 1755 年 8 月 4 日致阿尔让达尔、8 月 17 日致科里尼信函。*Voltaire Correspondance* Ⅲ(1749–1753) édition Théodore Besterman, pp.503–504, [4141]; *Voltaire Correspondance* Ⅲ(1749–1753) édition Théodore Besterman, pp.524–525, [4164]。

③　参见伏尔泰 1755 年 7 月 31 日致阿尔让达尔信函。*Voltaire Correspondance* Ⅲ(1749–1753) édition Théodore Besterman, p.497, [4133].

瑟·万霍夫（Charles, Joseph Vanhove, 1739—1803）与路易 – 克劳德·拉卡夫（Louis-Claude Lacave, 1768—1825）穿过。① 根据现在刊布的信息，笔者将两者具体的情况整理如下：

其一，红色丝制长袍，棕色衬里（见图 2）。单线金色边饰。宽袖，侧面和背面有半长开衩。背面中央缝有白色单层正方形边框，边框内为亮橘色轴对称刺绣图案。穿着该戏服的角色为艾坦（Etan）。它在莫里哀的戏剧《贵人迷》②（Le Bourgeois gentilhomme）中的土耳其人的仪式中重新被使用。③

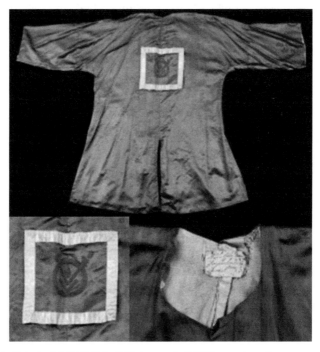

图 2　1755 年伏尔泰《中国孤儿》艾坦（Etan）的服装，N°：D-CF-391A24，法兰西剧院，巴黎，1755，© CNCS / Pascal François

① 1966 年，西尔维·切瓦利曾与希奥多罗·贝斯特曼在私人书信中讨论过这两件服饰的发现。"Lettre de Sylvie Chevalley à Théodore Besterman," 20 juin 1966, Institut et MuséeVoltaire, Genève. "Il s'agit de deux robes de soie de L'Orphelin de la Chine, l'une ayant servi au comédien Vanhove (Zamti), qui a joué le rôle à partir de 1778, l'autre à Lacave (Etan), qui a joué le role à la reprise post-révolutionnaire." 根据时间信息推断，信中提到的两位演员应为约瑟·万霍夫与路易 – 克劳德·拉卡夫。

② 此处采用的译名来自李玉民，参见〔法〕莫里哀《伪君子：莫里哀戏剧经典》，李玉民译，华夏出版社，2008。

③ Lafave. Costume de Etan, réutilisé dans Le Bourgeois gentilhomme de Molière, cérémonie de la turquerie, N°: D-CF-391A24, Comédie-Française, Paris, 1755. © CNCS / Pascal François. URL : http://cncs.skinweb.org/costume/indetermine-164(Consulté le 27 octobre 2021).

　　其二，紫色丝制长袍，泛有金色光泽，内衬蓝色丝绸。双层金色边饰。宽袖，侧面和背面有半长开衩。背面中央缝有三层正方形金线编织边框，正中镶嵌有一个近似于倒书的篆书汉字"登"的金线编制几何图案，绣有亮片。编织边框内部为橘红底色的丝绸。为《中国孤儿》中人物赞提的服装（见图 3）。[1]

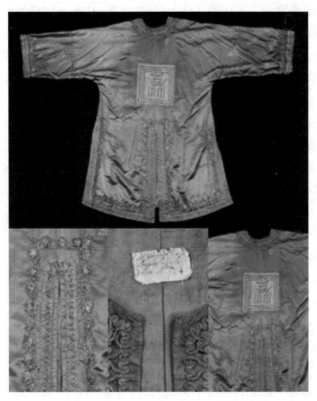

图 3　1755 年伏尔泰《中国孤儿》赞提的服装，N°：D-CF-391A25，法兰西剧院，巴黎，1755，© CNCS / Pascal François

　　从人物身份推断，这两件剧服意欲模仿的应是中国官员所穿着的、象征身份位阶的补服，而身后镶金边的方形则在模拟补子。在这一时期的法语里，形容中国补子的语汇尚较模糊，也未出现专指中国补子或补服的习语。在 1825年的法语出版物中，让利伯爵夫人（Stéphanie Félicité de Genlis，1746—1830）

　　① Vanhove. Costume de Zamti, N°: D-CF-391A25, Comédie-Française, Paris, 1755. © CNCS / Pascal François. URL: http://cncs.skin-web.org/costume/zamti-1(Consulté le 27 octobre 2021).

在描述中国补服时还停留在这样的语句："中国官员尊容的象征，是这些方形织物胸甲（plastrons d'étoffes carrés），它们装饰各异，位于胸膛。"① 补子的位置、装饰和与身份的关联被注意到了，但物质本身仍被语焉不详地描述为"方形织物胸甲"。

可以确定的是，这一时期中国补服的图像已多次出现在法语出版物中，如杜赫德《中华帝国全志》中的《中国服饰》（Habillements Chinois）插页里中国文官（mandarin de lettré）的服饰（见图4）。② 这些图版来自耶稣会士白晋（Joachim Bouvet, 1656—1730），他作为路易十四"国王的数学家"被派往中国，为法国宫廷贡献了19块有关中国服饰的版画。③ 此前，欧洲的出版物中也不乏身着补服的传教士的图像，如基歇尔（Athanase Kircher, 1602—1680）的《中国图说》中，康熙皇帝和汤若望神甫（Johann Schall von Bell, 1591—1666）的肖像画在页面左右并排出现，两人同着补服。④

然而，赞提等演员的服饰，体现出与这一时期法国抑或欧洲普遍流传的出版物中并不相同的补服样式。他们"补子"方格中的图案并非禽兽，而是符号化的汉字与花卉图样；而且"补子"仅位于背后，而胸前没有。这便意味着这种设计或许有其他的来源。

从源流来看，明清以前，带有方形装饰的织物在辽、金、元的历史文献与图像中皆能找到线索，也存在于同时期甚至更为早期的中亚西亚地区的壁画、细密画中，两幅相隔约一个世纪的《列王纪》插图，向我们显示出14—15世纪所延续的金色印花装饰风格（见图5、图6）。⑤ 在元刻本《事林广记》续六卷的

① Stéphanie Félicité Genlis, *Les annales de la vertu: ou, Histoire universelle, iconographique et littéraire*, Lecointe et Durey, Libraires (Paris), p.263.

② Jean-Baptiste Du Halde, *Description géographique, historique, chronologique, politiqueet physique de l'empire de la Chine et de la Tartarie chinoise, page Habillements chinois*, Tome II, 1735, Paris, P-G. Le Mercier, Bibliothèque nationale de France, Ms. Clairambault—512, fol. 373.

③ Joachim Bouvet, *Portrait historique de l'empereur de Chine*, présenté au roy, 1697.

④ *China Monumentis qua Sacris qua Profanis, Nec non variis Naturae et Artis Spectaculis, Aliarumque rerum memorabilium Argumentis illustrata* Amstelodami, apud Joannem Janssonium, et Elizeum Weyerstraet, 1667.

⑤ 明代以前方形装饰织物的发展脉络，可参考 Schuyler Cammann, "The Development of the Mandarin Square," *Harvard Journal of Asiatic Studies*, Vol. 8, No. 2, 1944, pp. 71–130; Yoka Kadoi, *Islamique Chinoiserie: The Art of Mongol Iran*, Edinburgh: Edinburgh University Press, 2009, pp. 202–203。目前，考古发现最早元代该类织物可追溯至13世纪，参见 Zhao Feng, *Treasures in Silk: An Illustrated History of Chinese Textiles*, HongKong: ISAT Costume Squard Ltd., 1999, pp.290-291, pl.0909。中亚与西亚地区的视觉证据，参考 Yoka Kadoi, "Beyond the Mandarin Square: Garment Badges in Ilkhanid Painting", *HALI*, No. 138, 2005, pp. 42–47。其中，Yoka Kadoi 认为吐鲁番10世纪的摩尼教壁画证明中亚地区可能是该类服饰的起源之一。

图 4　杜赫德《中华帝国全志》中的《中国服饰》（*Habillements Chinois*）插页

资料来源：Jean-Baptiste Du Halde, *Description géographique, historique, chronologique, politiqueet physique de l'empire de la Chine et de la Tartarie chinoise, page Habillements chinois*, Tome II, 1735, Paris, P-G. Le Mercier, Bibliothèque nationale de France, Ms. Clairambault—512, fol. 373.

图 5　《列王纪》（*The Great Mongol Shahnama*）插图，"Bahram Gur Hunting with Azada"，ca.1330—1335，哈佛大学艺术博物馆藏

图 6　《列王纪》(*Baysunghur Shahnama*) 两处局部，ca. 1430，德黑兰古列斯坦宫藏
(The Gulistan Palace Museum, Tehran)

插图中，刻画了两位留有蒙式发辫的男性对弈双陆棋（见图 7）。[1] 其中，背
对画面者露出了身后一半的方形装饰；与之对弈者正朝画面，服饰正面并未
有装饰，呈现出一种与赞提和艾坦相同的装饰状况。在元代前中期的官方制
书如《通制条格》《元典章》，方志如延祐《四明志》、至顺《镇江志》，朝
鲜高丽时期的汉语通俗指南《老乞大》《朴事通》中，这种方形装饰皆被称
为"胸背"，位于前胸或后背。[2] 在工艺方面，考古证据显示，蒙元时期的胸
背主要采用妆金（包括妆花）织造工艺，部分采用销金印花（即印金）工艺，
极少采用刺绣工艺，总体特征是胸背和衣料连为一体，属于质孙服的一种。[3]

---

① （宋）陈元靓：《新编纂图增类群书类要事林广记》续六卷插图，元建安椿庄书院刻本，《故宫周刊》
　　第 359 期，1934 年，第 4 版。
② 赵丰：《明代兽纹品官花样小考》，宁夏文物考古研究所、中国丝绸博物馆、盐池县博物馆编著《盐
　　池冯记圈明墓》附录二，科学出版社，2010，第 149—150 页。
③ 赵丰：《蒙元胸背及其源流》，浙江省博物馆编《东方博物》第 18 辑，浙江大学出版社，2006，第
　　108 页。

明初的考古实物中，还能发现这种风格的胸背，且尚未显示出明确的纹饰与等级的对应性。[①]这与明代中后期至清代融合鸟兽等级装饰，工艺上"先缝后补"的补服是不同的。[②]

图 7　《新编纂图增类群书类要事林广记》续六卷插图，建安椿庄书院刻本（1328）

从形制与工艺上看，赞提等人戏服上的方形装饰更接近于元式胸背，以金饰为主，并未使用明清时期严格的等级图案，且只出现于背部单边。衣型上未采纳元代的交领质孙服样式，而是嫁接到了土耳其宽袍上。装饰元素方面，中国汉字此时也已初成规模地出现在欧洲的出版物之中。1742 年，由傅尔蒙编纂、法国皇家印务局印制的《中国官话》出版，其中便有赞提衣物上所绣的"登"字（见图 8）。[③]

① 赵丰：《明代兽纹品官花样小考》，宁夏文物考古研究所、中国丝绸博物馆、盐池县博物馆编著《盐池冯记圈明墓》附录二，科学出版社，2010，第 150 页。

② 刘瑞璞、刘畅：《明代官服从"胸背"到"补子"的蒙俗汉制》，《艺术设计研究》2020 年第 4 期。

③ Fourmont, *Linguae Sinarum Mandarinicae Hieroglyphicae Grammatica Dúplex*, Lutetiae Parisiorum: Chez Hippolyte-Louis Guerin, 1742, p.22.

图8 傅尔蒙《中国官话》（1742）中"登"字

资料来源：Fourmont, *Linguae Sinarum Mandarinicae Hieroglyphicae Grammatica Dúplex*, p.22。

三 形象的来世：服饰的流转

戏剧生命力无穷，并不会因为一场演出的落幕而终结。作为戏剧中重要的物质遗产，戏剧服饰也有着多种流转的可能性。这种流转赋予了戏剧服饰二次生命，也同样使不同文化语境的物质产物成为彼此新的注解。以往的研究鲜少注意到戏剧服饰在不同戏剧中的流转，但这恰恰是戏剧多重面貌的展现。正如《中国孤儿》中演员艾坦的戏服，之后被使用在了莫里哀的戏剧《贵人迷》中。

莫里哀的戏剧《贵人迷》写于1670年，是作者应路易十四之要求所作，用以讽刺此前造访法国的土耳其苏丹的使者。《贵人迷》中设计了一个渴望跨越阶层的法国中产阶级男性儒尔丹（Jourdain）先生。在戏剧中，儒尔丹的信仰之一便是他可以通过模仿贵族行为，穿着新奇东方样式的服饰，跻身上流社会。戏剧的高潮之处便在于土耳其庆典，儒尔丹穿着土耳其的服饰，产生了自己已成贵族的幻觉。[①]

艾坦的长袍便出现在那场著名的土耳其庆典之中。借由法国中产阶级对土耳其服饰为代表的东方服饰的痴迷，全剧的讽刺性被凸显得淋漓尽致。这件长袍不仅是《贵人迷》整出戏剧高潮部分重要的服装，也是将演员装扮成土耳其人的关键视觉辅助。同时，在《贵人迷》的舞台动作设计中，带有漫画般鬼脸的土耳其人物穆夫提（Mufti），需要在演出时展现出身体的扭曲和狂野的动作。根据巴黎歌剧院（la Bibliothèque de l'Opéra de Paris）现存的《贵人迷》编舞手稿中的一段注释，在剧中名为"Mama mouchy"的舞蹈中包含着一系列跳跃动作。[②] 而土耳其服饰中宽袍的设计，较高的开衩，恰好满足了表演这些动作的需求。带有喜剧效果的怪诞动作，是这一时期法国舞台上表现"他者"形象的一种方式。表演者们通常会表现出站位错误、姿势不寻常、步幅夸张和高踢腿、笨拙的连步和有节奏的挪步等丑态，以区分舞台上的贵族与非贵族。与他们怪诞的举止形成张力的，是他们普遍穿着具有光泽感的缎面、刺绣、羽毛、珍珠等装饰性成分明显的服装帽饰。[③] 这件由意大利艺术家所设计的中国元代装饰的土耳其式宽袍，便在这种服饰的流动中完成了自身的重生，形成了彼时法国对奥斯曼土耳其帝国（1299—1923）视觉形象的新型呈现。[④]

若将视野放宽至全欧洲的舞台，那么在《中国孤儿》被搬上法国舞台前，中国服饰的特质就已经引起了剧作家的注意。1752 年意大利诗人梅塔斯塔齐奥（Pietro Metastasio, 1698—1782）在为奥地利的玛丽亚·特蕾西亚女王（Maria Theresia, 1717—1780）撰写应制歌剧时，受皇家委托的梅塔斯塔

---

① Julia Landweber, "Turkish Delight: The Eighteenth-Century Market in 'Turqueries' and the Commercialization of Identity in France," *Proceedings of the Western Society for French History*, Vol.30, 2002, p.202.

② Manuscript choreography, "Mama mouchy," F–Po Rés. 817. Cf. Meredith Little and Carol G. Marsh, *La Danse Noble: An Inventory of Dances and Sources*, New York: Broude Brothers,1992, LMC 5340, 转引自 Petra Dotlacilová, *Costume in the Time of Reforms,* pp.89–90。

③ Manuscript choreography, "Mama mouchy," F–Po Rés. 817. Cf. Meredith Little and Carol G. Marsh, *La Danse Noble: An Inventory of Dances and Sources*, LMC 5340, 转引自 Petra Dotlacilová, *Costume in the Time of Reforms,* pp.89–90。

④ 关于奥斯曼土耳其帝国在 18 世纪法国戏剧艺术与观念中的映射，参见 Michèle Longino, *Orientalism in French Classical Drama,* Cambridge: Cambridge University Press, 2002; Haydn Williams, *Turquerie: An Eighteenth-Century European Fantasy*, London: Thames & Hudson Ltd., 2014。

齐奥，被要求不能使扮演男性角色的公主露出腿："（这）不允许高贵的女演员向公众裸露双腿，所以我要寻找亚洲的戏剧。"最终，这位意大利诗人放弃了改编希腊罗马的戏剧片段，转而呈上了改编自《赵氏孤儿》的《中国人》（*L'eroe Cinese*）。①亚洲的服饰在当时已经被视为一种与古典戏剧不同的类别，成为剧作家、演员、剧评人认知中的异域呈现的一种面向。

在这种意义上，18世纪法国舞台上有关中国的形象绝非属于固化的图示或僵化的图景（虽然它必然包含被化约的象征与符号），它是在文本、图像与物质交织传播以及舞台实践过程中动态生成的形象。经由物质载体的再利用，它的生命也得到了多次焕活。

结　语

自17世纪末至18世纪上半叶，在欧洲与中国商贸、传教以及双方的海上或陆上的旅行过程中，大量有关中国的文本、图像与实物输入了法国。无论是法国东印度公司从中国带回的商品，还是由法国传教士寄回的书信与绘画，抑或是经由更广阔的贸易网络和文化交流进入法国的有关于中国的出版物与实物，都或多或少影响了这一时期法国对中国的体认与想象，并为这一时期中国形象的生成提供了文本或视觉的资源。

据法国学者米尔斯基（Marie-François Milsky）的统计，1700—1788年，巴黎的80个私人图书馆和外省的122个私人图书馆共出版了81种与中国相关的图书。其中，基歇尔的《中国图说》出现频率最高，达到了57次；杜赫德主编的《中华帝国全志》位于第二，共出现了39次。②这两本当时传播最广的图书，包含着对中国人物形象、服饰与道德的记载与描摹，除了对装饰艺术领域的广泛影响，它们也是当时法国的启蒙思想家有关中国知识的重要来源。伏尔泰亦处于这一条智识脉络下，杜赫德以及同时期耶稣会士的书信是伏尔泰创作《中国孤儿》灵感与知识的来源。

但是，舞台上的《中国孤儿》无疑呈现出另一番景象。当文本逐渐褪去

---

①　"Ad Antonio Tolomeo Trivulzio, Milano," Lettera 542, Vienna 9 Gennaio 1752, in Brunelli, *Tutte le opere,* 3, pp.707–708, 引自 Adrienne Ward, *Pagodas in Play: China on the Eighteenth-Century Italian Opera Stage*, p. 98。

②　Marie-François Milsky, *L'Intérêt pour la Chine en France au XVIIIᵉ siècle*, Thèse de doctorat, Paris VII-EHESS, 1977, Vol.1, p. 383, 转引自〔法〕蓝莉《请中国作证——杜赫德的〈中华帝国全志〉》, 第28、424页。

它统治性的光芒，演员的装造、服饰、布景便升格成了新的语言，诉说着这个来自遥远东方的复仇故事。在戏剧的呈现中，伏尔泰邀请的舞台与服饰设计师都曾在意大利学习艺术，他们的老师如帕尼尼、塞尔多万尼等都与 18 世纪中国风缔造者深有牵连。制作舞台上创新的鞑靼与中国服饰，所依靠的主要还是巴黎本地的服饰供应商，在他们共同努力下所缔造的新型剧服与舞台布景，不仅彰显出与以往古典风格的戏剧服饰和布景不同的风格，而且表现出这一时期法国整合中国形象知识、缔造东方形象的风貌。通过对以《中国孤儿》为代表的一系列东方悲剧的写作与呈现，伏尔泰也实现了他自身对于当时法国社会现实的思考。正如他在写给 Jean-Baptiste Sauvéde La Noue（1701—1760）的书信中所说："对我而言，一些外国英雄，亚洲人……土耳其人，可以用更自豪、更崇高的语气说话，他们遥远而令人崇敬。"① 因此，《中国孤儿》也是伏尔泰在法兰西剧院对自身思想与戏剧观念的一次剖白与探索。

戏剧是一种在欧洲有深厚历史传统的综合性艺术。当中国主题的戏剧被领入法国的舞台，它所引发的反应是连环的。从时间线来看，《中国孤儿》由剧本转化为舞台戏剧所用的时间是较短的。伏尔泰虽然为本剧提供了充足的资金，但是在时间方面依然捉襟见肘，剧场布景和服饰方面都并未有充足的时间筹备，起主导作用的是此时具有意大利教育与社会背景的艺术设计师和巴黎制衣业。但无论是设计者、制衣者抑或作者本人，他们或许都未曾真正去过中国。如同盲人摸象般，剧作家、演员、艺术家都在尝试用东方的元素拼合这部中国悲剧。虽然真正在剧评中大放异彩的，仍然是头顶当日购买的巴洛克式长羽毛的成吉思汗和不穿裙箍的伊达梅，老态龙钟的赞提以及其他中国角色却乏人问津。所幸的是，保存下来的戏服、账单、回忆录，让我们看到了被历史遮蔽的故事。

对于本剧服饰的主要设计者，受业于意大利的画师约瑟夫·韦尔内等人来说，赞提服饰中所折射出的蒙元影响或许要更为深远与复杂。19 世纪以降，多位艺术史学者都致力于证明自 13—14 世纪"蒙古和平时期"（Pax Mongolica）开始，"蒙古人形象"是如何渗透并潜移默化地改造了意大利艺

---

① "Il me semble que certains héros étrangers, des Asiatiques des Américains,...des Turcs, peuvent parler sur un ton plus fier, plus sublime, major e longinquo [reverentia] ," 转引自 Pierre Martino, *L'orient dans la littérature française au XVIIᵉ et au XVIIIᵉ siècle*, Paris: Hachette, 1906, p.211。

术中人物的面容、姿态乃至风景画面的构图的。[①] 这场旷日持久的证明本身，便预示着某种在碎片中遥望全球景观的努力。面对此般多元的期许，赞提等人的中国服饰又多了一些因陀罗网式的光晕。

Entangled Images: A New Study on the Theatrical Costumes and Stage Sets of Voltaire's *L'Orphelin de la Chine* in 1755

Xie Chengcheng

Abstract: The theatrical costumes, as well as the pertinent historical literatures preserved by the Comédie-Française, is an indicator of the way how French stages demonstrated Chinese figures in the middle of the eighteenth century, which, however, remains underestimated by the Chinese academia. Apart from the endorsement of Voltaire, the Italian style of costume and stage sets, the maturely operating garment industry, and the trend of revolutionizing the tragic costumes were all closely intertwined with the innovation of the costumes *L'Orphelin de la Chine*. Through analyzing the designs and preparation of the costumes for Genghis Khan, Idamé, and Zamti, as well as the recycling of the apparel of Etan, this article attempts to explore the multiple knowledge sources, material compositions, and philosophical meanings in the formation of Chinese images, therefore deepening the understanding of the generation of them in the Enlightenment era.

Keywords: Comédie-Française; Voltaire; Zamti; Garment Patch; Turkey

（执行编辑：王一娜）

---

①　郑伊看:《蒙古人在意大利——14 世纪意大利艺术中的 "蒙古人形象" 问题》,《美术研究》2016 年第 5 期。

海洋史研究（第二十二辑）

2024 年 4 月　第 421~438 页

18 世纪荷兰罗也订制广州外销画研究

江滢河 *

摘　要： 荷兰莱顿世界博物馆（Leiden World Museum）收藏着 18 世纪 70 年代初荷兰海牙律师简·西奥多·罗也（Jean Theodore Royer）专门从广州订制和购买的，包括 2000 多幅绘画作品在内的人工制品，这批私人订制种类繁多，是当年日益繁荣的广州贸易的副产品，更是多重历史的产物。它既是 18 世纪西方世界罕见的关于遥远中国的知识研究型收集，反映了 17—18 世纪荷兰的科学发展和文化追求，尤其是罗也藏品中的绘画图册，作为 18 世纪中叶之后日益成熟的广州外销画作品，凸显出日益明显的外销画特点，是近代早期中西美术交流史上的重要作品；也是具有重要文化价值的历史记录。

关键词： 罗也藏品　广州外销画　荷兰馆

一　18 世纪广州荷兰馆与中国物品的订制与收藏

简·西奥多·罗也是 18 世纪荷兰海牙的律师，他兴趣广泛，对各种学问都十分痴迷，尤其对中国社会和文化抱有极大热情，花费大量时间和精力研究中国文化和语言。[①] 17—18 世纪，耶稣会士是中国社会和文化信息、知识在欧洲的主要传播者，作为加尔文派教徒，罗也跟同时代很多荷兰人一样，并不满足于耶稣会士对中国的介绍，也不轻易认同耶稣会士所美化的中国。为了获得真知，纠正耶稣会士垄断信息传播所造成的偏差和偏见，罗也决定

---

*　江滢河，中山大学历史学系教授。

① Jean Theodore Royer 的生平事迹请参阅 J. van Campen, "De Haagse jurist Jean Theodore Royer (1737—1807) en zijn Verzameling Chinese Voorwerpen," Ph.D. thesis, Hilversum, 2000.

自己收集有关中国的可靠材料和信息，获得学习中文的资源，达到研究中国的目的。于是，从1770年开始，罗也在荷兰东印度公司朋友的帮助下，直接从广州订制大量物品，开启自己的收藏和研究之旅。

罗也之所以能够通过荷兰东印度公司收集中国物品，这与该公司在广州的贸易活动分不开。荷兰东印度公司1602年成立之后便开始对华贸易。几经周折，最终于1727年（雍正五年）在广州建立商馆，称为"荷兰馆"，荷兰对华贸易进入一个新阶段。蔡鸿生先生曾在其论文《清代广州的荷兰馆》中指出："作为清代前期荷兰驻华的唯一机构，它在外交事务和文化交流中仍不能不有所介入，并起着独特的作用。"[①] 可以说，罗也收藏的形成过程正是商馆的世俗性渠道所承载的文化交流的历史内容，反映出荷兰东印度公司在跨文化贸易中的特殊贡献。

17世纪以来，荷兰凭借着发达的航海事业、高度发展的商业经济和宗教宽容的社会文化，发展出了高度城市化的国家，为科学思想的繁荣准备了沃土，极大促进了科学知识的发展和传播。这一过程伴随着荷兰东印度公司在世界各地的拓展，世界各地的商品、物种，以及相关信息不断出现在荷兰，进一步刺激着荷兰人的好奇心和科学热忱。对于荷兰来说，中国与财富相伴随，荷兰东印度公司成立以来，大量丝绸、瓷器和茶叶等被该公司的船舶源源不断地带往荷兰和欧洲。同时，该公司不少职员深受时代的影响，对科学和知识抱有强烈的兴趣，很多在广州荷兰馆供职的商人大班和公司职员，十分热衷于了解中国社会文化，他们都有兴趣收集各类中国物品并形成收藏。同时，这些商人和职员也接受荷兰国内各种人士的委托，为其搜集各种物品，为此花费大量的财力和时间。荷兰馆工作人员贸易之外的举动，既是对当时广州日益成熟的工艺品制作行业高超技艺的肯定，同时更深刻地反映了当时荷兰人对中国的真正兴趣和热忱，对知识和世界文化的认知渴望。于是大量中国文化产品，包括外销瓷、外销漆器、外销墙纸、外销画，乃至各种人工制品在内的中国物品，通过荷兰馆的渠道来到荷兰，深深吸引着荷兰人，并影响欧洲各国志趣相同的人士。在这个意义上，荷兰馆成为科学知识和信息传播网络的重要场所，荷兰也因此成为重要的东方信息传播中心和物质文化交流中心。

18世纪有不少到亚洲工作的荷兰东印度公司官员和职员，贸易之余通过公司同事或者自己在广州订制和收集中国物品，并逐渐形成了不少颇具规模

---

① 　蔡鸿生：《清代广州的荷兰馆》，蔡鸿生主编《清代广州与海洋文明》，中山大学出版社，1997，第339页。

的专题收藏。比较著名的例子，比如 Jan Albert Sichterman（1692—1764），1744 年到孟加拉工作，他本人并没有到过中国，而是通过广州荷兰馆的同事收集了大量中国物品。他 1764 年去世，遗物拍卖目录显示他的亚洲收藏以中国物品为主，包括瓷器、漆器、铜珐琅、牙雕、金银丝工艺品、祖母绿饰品、玻璃画、木雕、石雕等。①

荷兰馆里收集中国物品的重要人士是 Martin Wilhelm Hulle（1735—1796），他于 1762—1767 年担任广州荷兰馆的主管。1764 年，荷兰东印度公司批准他将自己在中国收集的物品运回荷兰，1767 年物品抵达荷兰后放置在海牙的 Touenooived。目前保存下来的藏品目录显示，其藏品包括绘画、瓷器、漆器、陶塑人物、银器、金器、珠宝和牙雕等，还有一些塔、船舶和房子的大型构件，都是"18 世纪 60 年代广州手工艺店铺能够提供的最好的工艺品"，②一时轰动荷兰社会。海牙的城市宣传册和旅行指南介绍了这些藏品，强调 Hulle 收集藏品花费了巨额财富，其中尤其值得关注的是最具特色的中国绘画作品，称其"完全按照欧洲式样绘制出来，十分精美"。③与 Hulle 同时在广州荷兰馆任职的荷兰人 Francois Helene（？—1768）也收集了不少中国物品，他 1768 年死于广州，藏品被就地拍卖，包括 12 幅漆器框的绘画、4 幅漆器框的画、2 幅漆器框的仕女玻璃画、3 幅漆器框的绘画、27 幅同类型的小画、2 幅小的褐色镜框的玻璃仕女画、1 幅镀金画框的玻璃画、1 幅玻璃仕女画。④藏品数量大，题材明确，应该不仅仅是作为旅游纪念品购买的。

另一位荷兰东印度公司的中国物品收藏者是罗也的朋友 Ulrich Gualtherus Hemmingson，他 1765 年抵达广州，当时 Hulle 还是荷兰馆的主管。Hemmingson 在广州工作，于 1787 年成为荷兰馆的主管，1790 年离任。他离开中国前与澳门女士 Petrnoella Pieters 结婚，这位女士对 Hemmingson 的事业以及收藏帮助很大，他们订制了大量中国物品。后来他们回到荷兰，定居海牙，这批藏品目前已经散佚，但给时人留下了深刻的印象，包括大批

---

① Campan, *Collecting China, Jean Theodore Royer (1737–1807), Collections and Chinese Studies*, Hilversum Verloren, 2021, p.102.

② Campan, *Collecting China, Jean Theodore Royer (1737–1807), Collections and Chinese Studies*, p.102.

③ Campan, *Collecting China, Jean Theodore Royer (1737–1807), Collections and Chinese Studies*, p.102.

④ Campan, *Collecting China, Jean Theodore Royer (1737–1807), Collections and Chinese Studies*, p.104. 引文中的数量和分类，原文即如此。"12 small paintings with lacquerware frames; 4 ditto, ditto; 2 small female figures painted on glass with lacquerware frames; 3 small coloured paintings with lacquer frames; 27 small ditto, ditto; 2 small female figures painted on glass with brown frames; 1 small painted mirror with a gilt frame; 1 female figure painted on glass."

徽章瓷、漆器、丝绸，以及诸如算盘、秤、墨等在内的各种中国新奇之物。[①]

还有一位荷兰东印度公司的中国物品收集者是著名的范罢览（A.E. van Braan Houckgeest, 1739—1801）。范罢览前后两次来到广州，第一次作为荷兰海军候补生员，于1759年随东印度公司货船到澳门和广州，经商8年。第二次于1790年抵达广州，在荷兰馆供职。他给人的印象是"其人有大趣味，活泼、谨慎、多智，善于应变，颇浮夸而自诩，但度量广大，而渴求新知"。[②]他在中国期间曾策划并参加了1794年荷兰得胜使团赴京，操持贸易外交事务之余，在出使北京前后还曾聘请两位中国画家为其绘画，工作就是"绘制中国"。[③]这两位画家绘制了超过2000幅绘画作品，内容包括广州社会的方方面面，也包括根据范罢览出使北京期间绘制的素描稿而绘制成的作品。此外，范罢览在广州还颇费心力地收集了其他各种工艺品。他十分熟悉广州，了解各种手工业分布和工艺制作流程，订制起来得心应手。他的藏品中有一个尺寸为3英尺高，22英寸[④]宽和26英寸长的中国风景模型，模型题材多样，包括岩石、塔、人像、花卉、昆虫、河流和果树等不同部分，十分引人注目。范罢览完成出使任务之后，移居美国费城，在费城建造隐庐，陈列在广州搜集到的物品，成为美国社会第一个与中国有关的展览，[⑤]展览远近闻名，轰动一时。

罗也的订制活动就是经由在荷兰馆工作的公司职员，以及与之相关联的几位中国人共同完成的，体现了荷兰馆的渠道十分便利和有效。同时代荷兰馆职员的收集品运回荷兰之后，有的被拍卖，很可能也是罗也购买的对象。罗也有两位在荷兰馆任职的友人，分别是乌尔里希·瓜瑟鲁斯·海明森（Ulrich Gualtherus Hemmingson, 1741—1799）和让·保罗·塞顿（Jean Paul Certon, 1741—1793）。海明森1765年就在广州荷兰馆工作，塞顿则是1768年第一次来广州，有资料记载他们都曾计划在返回荷兰时给罗也携带一些物品。[⑥]1773年，罗也通过荷兰馆朋友的介绍认识了一位名叫Carolus Wang

---

① Campan, *Collecting China, Jean Theodore Royer (1737–1807), Collections and Chinese Studies*, p.103.

② 〔英〕C.R. 博克塞：《十八世纪荷兰使节来华记》，朱杰勤译《中外关系史译丛》，海洋出版社，1984，第265页。

③ John Rogers Haddad, *The Romance of China, Excursion to China in U.S. Cultures, 1776–1876*, Columbia University Press, 2007, p.7.

④ 1英尺合0.3048m，1英寸合2.54cm。

⑤ John Rogers Haddad, *The Romance of China, Excursion to China in U.S. Cultures, 1776–1876*, p.9.

⑥ 北荷兰档案馆（北荷兰省市政档案，荷兰），哈勒姆，阿姆斯特丹国立博物馆档案，inv. no. 949, 21 Sept. 1775。

（Jialu，王嘉禄）的中国人，王嘉禄曾在意大利那不勒斯中国学院学习，熟练掌握了拉丁文。1773 年至 1776 年，在广州商馆区谋生的王嘉禄曾写信给罗也，提到他会寄一批中国幼童启蒙教材给罗也，并附有书籍清单和简单说明。罗也通过广州的友人请广州外销画家绘制了大量绘画作品，可见这些外销画画册绘制的时间应该是 1773 年到 1776 年。

罗也订制的物品内容丰富，包括大量手工艺品、瓷器、塑像、绘画等等，与同时代荷兰馆其他人士的收集在类型和内容上都十分一致。其中纸本水粉画册的题材包罗万象，包括植物、动物、矿物、岩石、花卉、昆虫，以及中国不同人物、市井行业、风景等等各种形式，共 2987 幅绘画作品，蔚为大观，为 18 世纪下半叶荷兰乃至欧洲社会非常典型的中国外销画藏品。不过，罗也的订制超越了单纯引人遐想的异域新奇物品的范畴，成了获取新知的来源和研究中国社会文化的实物资料。从这个意义上讲，广州的荷兰馆对近代科学、自然史、博物学、人种学等学科的发展有独特贡献。[1]

二　罗也画册的订制与广州外销画的成熟

中国出口绘画作品的历史可以追溯到 17 世纪末，在中国东南沿海进行贸易的英国东印度公司就已经有购买绘画作品的记录。[2] 到 18 世纪 30 年代，广州出口到欧洲的绘画作品已经开始逐渐呈现出外销画的特点。广州出口的早期外销画册，比如美国迪美博物馆（Peabody Essex Museum）所藏德格里画册，[3]绘制于 18 世纪 30 年代末，画面呈现出明显的中国绣像画传统，带到英国后，

---

[1]　Daniel Margocsy, *Commercial Vision, Science Trade and Visual Culture in the Dutch Golden Age*, Chapter Ⅰ, "Baron von Uffenbach Goes on a Trip, The Infrastructure of International Science," The University of Chicago University, 2014.

[2]　Paul A. Van Dyke, "Miscellaneous References to Artisans of the Canton Trade 1700–1842," *Review of Culture*, International Edition, Vol. 59, 2019, Macau, p.122.

[3]　美国麻省迪美博物馆数量丰富的中国外销画收藏中，有一本画册十分引人注目，收藏号 AE85315，被称为"托马斯·菲利普·德格里伯爵画册"（Thomas Philip Earl de Grey Album, 简称"德格里画册"）。不少学者在论述中曾对"德格里画册"的相关历史内容进行过探讨，包括 Wiiliam Sargent, "Asia in Europe, Chinese Paintings for the West," in Anna Jackson,Amin Jaffer eds., *Encounters, The Meeting of Asia with Europe 1500–1800*, V&A Publications,2004, pp.174–181; David Clark, *Chinese Art and Its Encounter with the World*, Hong Kong Press University, 2011,pp.27–28, 讨论齐呱时提到了迪美收藏的这本画册；Yeewan Koon, "Narrating the City, Pu Qua and the Depiction of Street Life in Canton," in Petra Ten-Doesschat Chu and Ning Ding eds., *Qing Encounters, Artistic Exchanges between China and West*, Getty Research Institute, 2015,pp.216–231。

被编辑装订成画册，以"中国风俗"为题，满足英国人对异域的好奇心。

罗也画册绘制于 18 世纪 70 年代，这是广州体制日渐稳定、中外贸易日益繁荣的时代，越来越多的外国人抵达广州，十三行商馆区也呈现出日益西化的面貌。[①]荷兰馆不少职员在广州购买和收藏的中国物品，以及现今仍保留在世界各大博物馆的 18 世纪广州外销工艺品，[②]让人们看到，随着中西贸易的繁荣，中西交流日益深入，18 世纪下半叶广州口岸的手工艺行业日益多元化，并呈现越来越浓的西方色彩，面对市场的转型而日益规范化和成熟。

可以说，罗也订制的时代正是外销艺术品制作走向成熟的时代。面对西方市场，广州口岸的绘画作坊从技术、人员到生产组织等方面都逐渐具有了相应的水平，否则无法绘制出如此大型、规整而又精美的私人订制作品。乾隆中后期，广州早期最重要的外销画家斯泼伊隆（Spoilum）就已经在广州开设画铺，为西方人绘制各种油画肖像和船舶画，其画铺成为西方人在广州的流连之地，蜚声海内外；[③]十三行商馆画非常盛行，成为西方人携带回国的最佳纪念品；[④]潘启官一世赠送给瑞典东印度公司朋友的订制玻璃肖像画，现藏于哥德堡市政博物馆。这一时期广州出口的外销玻璃画和外销壁纸无论是数量和质量都达到最高水平，出现了不少技艺高超、色彩斑斓的代表性作品，[⑤]以回应欧洲此时逐渐走向鼎盛的"中国趣味"。大量质量上乘的各式外销画作品，体现出广州外销画家非凡的生命力、适应性和创造力。

罗也订制的 2000 多幅巨量外销画，内容丰富，题材多样，最引人注目的就是 22 册描绘中国街头各式人物的画册。这是当时广州口岸的画家们根据顾客需求绘制的题材全面的中国市井风貌图册。这 22 本画册为纸本水粉画，尺寸较大，分两种类型：一类 10 册，每册 32 幅，每幅尺寸 25.5cm×24.5cm，描绘的内容属于城市生活中的街头各式市井人物和各个行业；一类 12 册，每册 24 幅，每幅尺寸 29.7cm×33.8cm，描绘的内容更富有专题性，除了一些

---

①　Paul A. Van Dyke and Maria Kar-wing Mok, *Images of the Canton Factories, 1760–1822*, Chapter 2, "The Opening of Trade and the Debt Crisis,1771–1781," Hong Kong University Press, 2015, p.9.

②　Margaret Jourdain & R.Soame Jenyns, *Chinese Export Art in the Eighteenth Century*, Great Britain by Fletcher&Son Ltd., 1950.

③　Carl H. Crossman, *The Decorative Arts of the China Trade*, Antique Collectors' Club Ltd., 1991, Chapter 1.

④　Paul A. Van Dyke and Maria Kar-wing Mok, *Images of the Canton Factories, 1760–1822*, Chapter 2, "The Opening of Trade and the Debt Crisis, 1771–1781," p.9.

⑤　详情参阅江滢河《清代广州外销玻璃画与 18 世纪英国社会》，江滢河主编《广州与海洋文明Ⅱ》，中西书局，2018；Emile de Brujin, *Chinese Wallpaper in Britain and Ireland*, Philip Wilson Publishers, 2017。

反映城市生活的市井人物和行业形象外，还包括戏曲人物、《皇清职贡图》中反映的岭南诸州府少数族裔的男女形象等等。人物大多数单独成画，少量由两个人物构成某个行业工作的景象。两类画册总共 608 幅，其描绘中国社会市井人物形象，均笔法精致，颜色鲜艳，栩栩如生，蔚为大观。这是目前所知时间最早、数量最多、形象最丰富的广州外销市井人物画。[①]

从广州外销画行业整体发展情况看，到 18 世纪 70 年代，广州已经出现了稳定的外销画家群体，他们已经逐渐掌握了西方绘画技法，准备好了各式西方人感兴趣的粉本，并随时接受新题材和新作品的订制需求，可以绘制体现西方技巧和艺术表达的类型丰富、题材多样、呈现中西因素融合的各式外销画作品。面对西方市场的外销艺术品制作，形成了非常完整的从订制到出口的程序和流程。罗也画册绘制于 18 世纪 70 年代，其订购、绘画、制作到装订成册呈现出的完整工艺流程，恰是一种成熟的手工业产品生产的体现。18 世纪 80 年代之后，英国在中西贸易中一家独大。[②] 此后，广州外销画的绘制更加受到欧洲尤其是英国绘画艺术风格的影响，专业化水平更高，艺术表现手法更加多样，从业人员和绘画的商业化程度也更高。19 世纪之后，随着广州外销画家开始使用更廉价和适合表现色彩的通草纸作画，整体而言，外销画更多以流水线生产方式绘制，销量越来越大，价钱也越来越便宜，绘画呈现越来越程式化的面貌，以色彩新鲜和异国情调吸引西方人，装饰性越来越强，旅游纪念品的属性日益明显，知识性和文化价值逐渐减弱，艺术性也大不如前。

广州外销画以其题材多样和广泛，凸显历史文化价值，成为研究中西文化交流史和广州口岸社会文化的重要材料。罗也画册所呈现的中西视觉文化因素的共存方式，提供了探究外销画的艺术价值与中西视觉文化关系的机会。研究者应该结合外销画具体作品及其语境，讨论画作所呈现的中西因素的共存方式及其变化过程，避免静态地看待广州外销画。可以说罗也订制画册是由罗也、荷兰东印度公司、广州荷兰馆和广州外销画家共同完成的，极生动地反映出不同文化相遇的场景。作为商业贸易公司的据点，广州十三行西洋

---

① 世界各大重要博物馆均有清代广州外销市井人物画的收藏，比较重要的包括：美国迪美博物馆，见黄时鉴、〔美〕沙进编《十九世纪中国市井风情——三百六十行》，上海古籍出版社，1999；英国大英图书馆，见王次澄等主编《大英图书馆藏清代中国外销画精品》，广东人民出版社，2007。普林斯顿图书馆收藏有一套超过 700 幅（共 7 册）的广州外销画的线描图，其中包括大量市井人物画，详情参见 http://arks.princeton.edu/ark:/88435/np193b460（最后访问时间：2021 年 1 月 24 日）。

② Paul A. Van Dyke, "Cosmopolitanism VS British Dominance, Conflicts of Interest in the Canton Trade, 1784–1833," Paper for the Workshop Canton and Cosmopolitanism, Sun Yat-sen University, Nov. 23–24, 2019.

商馆区集商贸交往与文化交流于一身，在中西文化交流中曾发挥重要作用，凸显全球化时代知识流通承担者的多样性。在这一文化相遇中，在广州外销画家的画笔下，中国传统绘画的题材在中西不同视觉体系中转化，成为荷兰人了解和研究中国的信息来源，形塑着荷兰人对中国的认识。荷兰对中国传统社会形成的认知套式，也在某种程度上影响着广州外销画家的主题选择和技巧运用，其中的历史因缘引人深思。

三　罗也画册的中与西——以乞丐图为例

中国传统绘画中的风俗人物画均有其原始语境和具体含义，往往表达独特的生命意识、审美趣味，具有超越个体形象的意义和作用。尤其是明代以来，各种图谱、图绘，以及小说、戏曲绣像大量出版发行，相关视觉题材在社会生活中扮演着越来越重要的角色，为民间美术提供了大量素材。传统画坊制作生产均使用某种图样册，17世纪晚期以来社会上出现了很多图样或简笔画稿，相关"谱子"和"粉本"大量出现，将最受市场欢迎的作品汇总到图样册中。日益繁荣的视觉文化素材及其表现手法，使人物画和市井风俗画大量出现，为广州外销画家们提供了取之不尽的素材，其中不少题材都可以在罗也画册中找到身影。

如前所述，罗也订制的22个画册，其题材包括贩夫走卒、流民乞丐等各色市井人物。与之前出口到欧洲的中国绘画相比，罗也画册从绘画题材、绘制技巧和编订等各个方面都产生了明显的变化，可以说是广州外销市井画新范式的典型作品。罗也画册以中国传统人物题材为本，绘画主题逐渐贴近现实生活，画面人物背景由实景变成空白，每一幅图画都给出了明确标题指示人物的身份或者职业，其中不少以广州方言作为标题者，如"除胸乞儿"（378g15，"除"是"捶"的广州话发音），有一些画描绘的是岭南特有职业，比如"木鱼妹"（377h8）等，透露绘制者或者粉本的广州根源。第一类（377）图画上标有中文标题，第二类画册（378）上，除了中文标题，还在荷兰请人对标题补充了拉丁文解说，以符合罗也研究的需要。① 这些画作从中国传统社会呈现视觉性的绘画，转化为西方人眼中具有知识性的图片，展现

① RV-360-377和RV-360-378是荷兰莱顿世界文化博物馆所藏两类绘画的收藏号，一类10册，分别是RV-360-377a、b、c、d、e、f、g、h、i、j，一类12册，RV-360-378a、b、c、d、e、f、g、h、i、j、k、l。378g15指RV-360-378g册的第15张图。余可类推。

中国知识，被西方人放置在正在完善中的社会分类系统中，丰富了欧洲海上扩张以来逐渐形成的新知识体系。

罗也画册中有一种题材非常引人注目。所有画册的 608 幅图画中，出现了 23 幅描绘各种"乞丐"的图画，包括"苦链修行"（377b25）、"头灯修行"（377b28）、"捶胸"（377c30）、"抄化"（377d8）、"化钱"（377f8）、"老乞儿"（377f29）、"风瘫"（377f32）、"募化"（377g10）、"化香米"（377j8）、"捶胸"（377j18）、"游方"（378d14）、"头咤"（378e1）、"募化和尚"（378e3）、"几地乞儿"（378g9）、"贝蓝乞儿"（378g10）、"大春乞儿"（378g11）、"法风乞儿"（378g12）、"破头乞儿"（378g13）、"花子"（378g14）、"除胸乞儿"（378g15）、"吞刀乞儿"（378g19）、"贫婆"（378g23）、"花子"（378j3）。这类人群在中国传统社会被归入"市道丐者"，是中国传统绘画中时常出现的题材，与他们一道被列入"市道丐者"的，还包括城市生活中以杂耍、歌唱和表演而行乞的职业性乞丐中的那些归于"九流百家"的人物，他们在罗也画册中也有不少描绘，比如"唱道情"（377a5）、"瞽目"（377a7）、"老和尚"（377a23）、"打拳"（377b4）、"收香资"（377c21）、"舞鼓"（377e8）、"戏法"（377e9）、"舞马猴"（377e16）、"舞蛇"（377f23）、"木鱼妹"（377h8）、"花鼓婆"（377i2）、"唱乱弹"（377j31）、"跳马骝"（378f4）、"花鼓公"（378f5）、"跳花鼓婆"（378f6）、"打珐相"（378f19）、"清唱"（378g16）、"盲妹"（378g21）、"唱命"（378g22）、"舞蛇"（378h13）、"唱道情"（378i10）、"唱花鼓公"（378i16）、"舞麒麟"（378j4）、"弄戏法"（378k22），诸如此类，这些人物画加在一起近 50 幅，蔚为大观，可谓描绘中国城市生活底层市井状况的人物画集。

"市道丐者"和"九流百家"题材在中国传统绘画中出现的频率非常高，时常可以在描绘城市生活的绘画作品中见到他们的身影。北宋张择端的名画《清明上河图》中描绘了数以百计的各种人物，其中就包含不少乞丐和市井人物形象。《清明上河图》成为后世画家临摹创作的范本，形成了"清明上河图系"的绘画。① 此外还有不少这一类型的绘画，比如《皇都积胜图》《南都繁会图》《盛世滋生图》《姑苏繁华图》等描绘城市面貌和城市生活的绘画，这些图画立足于现世、欢乐繁荣的城市生活，描绘当时代的人、物、景，或体现皇家盛世，或表达城市风情，成为明清时期受到社会追捧的文化产品。绘

---

① 详参薛凤旋《〈清明上河图〉与北宋城市化》，香港中和出版有限公司，2020，第 14—15 页。

制这些画作的作坊拥有各种稿本，供画家选择适当的题材，拼合成各种不同的长卷，以满足不同需要，彼此相似而又各有不同。除这些描绘盛世的城市图中出现相关街头市井人物形象之外，中国传统绘画中诸如以《太平风会图》《流民图》《百丐图》《饥民图》等为题的绘画作品中，也描绘了大量类似的题材，由来已久。"市道丐者""九流百家"等形象已经是中国绘画图卷中的常见主题，不论是"清明上河图系"的城市生活，还是各种乞丐图和流民图，在此类绘画作品中，这些形象往往并非孤立的"人物"，他们通常与其他人物形象或者视觉元素一道构成某些情节，反映出不同的意义，表达具体的故事结构或象征性意义，或者反映皇家盛世，或者体现画者心声。

明清时代，相关"市道丐者"和"九流百家"等市井人物形象成了为人津津乐道的绘画主角，各种相关的绘画中出现过数十个甚至数百个相关人物形象。以乞丐形象为例，甚至逐渐产生了一些"标准"的乞丐像，如周臣著名的《流民图卷》中，绘制了9名标准乞丐，其中3人斜背草席，3人手拿破碗，5人手持打狗棍，以及篮子、罐子、身上悬挂的筒状物等诸如此类的配置。[1] 这类绘画中有些还出现了固定配置的图像模式，如耍蛇、耍猴，以及特殊女性乞丐形象等。[2]

传世的《流民图卷》《流民图册》等绘画作品中的不少人物，可以在罗也画册中找到相关的绘画，有的构图姿态基本一致。可见当时广州的画铺中，相关题材的粉本应该是常见的。画家们根据顾客意愿，对这些中国传统绘画题材进行挪用，并对某些题材的呈现方式进行改造。画家们并非只是简单地把传统长卷上的人物分散，单独绘制并进行编辑装订，而是从各种绘本和粉本中把各类人物单独分离出来，删减背景，增加动作，再将诸如手棍、篮子、罐子等固定配置，添加到不同人物身上，对这些人物画进行加工，清晰地描绘出人物形象及其职业，以达到真实的效果。这些人物绘画并非表现中国传统绘画的意境，其写实性能够让观者感到是在直面现实生活中的真实人物。因此，画册所呈现的不只是画家对西方写实的绘画技法的掌握，更重要的体现在绘画元素的使用和图像功能的设定上，画面整体趋向于一种人种志风格。因此，我们不能简单地将罗也画册当成外销画家对中国传统粉本的机械临摹，只是简单回应西方顾客的需要，更应该看到他们的绘制已经超越了临摹，是一种新的创造。

---

[1]　黄小峰：《红尘过客——明代艺术中的乞丐与市井》，《中国书画》2019年第11期，第5页。
[2]　黄小峰：《红尘过客——明代艺术中的乞丐与市井》，《中国书画》2019年第11期，第5页。

四　罗也画册的历史文化价值：以岭南少数族群人物图为例

除了分散在各个画册中的"九流百业"人物图，罗也画册中还包括戏曲人物图（378b 画册）、从事纺织劳作的女工形象（378f9—378f16），以及各类刑罚人物图（378g1—378g8）等等。这些绘画都可以在中国传统绘画中找到其来源或粉本，有一些是按照相关主题编辑的画册，比如纺织女工形象源于《耕织图》；戏曲人物图则是根据《三国演义》或《隋唐演义》等传统剧目的图像绘制；还有不少图画混杂在一起编订成册，看不出明显的编排原则，形成类似三百六十行的行业图景。

在这些画册中有两册十分特别，它们描绘的是岭南地区各少数族群的众生相，既有以广东、广西不同州府名来命名的人物，如广西永宁、修仁县、罗城等；也有以不同族群如客家、壮、苗、瑶、黎等来区分的人物。这些人物图画（378a 画册和 378l 画册）均单独成画，汇编成册，具体情况见表 1、表 2。

表 1　360-378a1—24 册具体人物形象

1 客家婆	2 广西土人	3 乐昌县女人	4 乐昌县男人
4 广西桂临贵县女人	6 广西桂临贵县男人	7 广西永宁女人	8 广西永宁男人
9 修仁县女人	10 修仁县男人	11 广西猫（苗）女	12 广西猫（苗）人
13 广西壮古女人	14 广西壮古男人	15 广西后龙胜女人	16 广西后龙胜男人
17 西林女人	18 西林男人	19 增城县女人	20 增城县男人
21 广西罗城女人	22 广西罗城男人	23 广西贺县女人	24 广西贺县男人

资料来源：罗也画册，RV-360-378a 1—24 册，荷兰莱顿世界博物馆藏。

表 2　360-378l1—24 册具体人物形象

1 夭仔婆	2 黎人钓鱼	3 猫（苗）妹游玩	4 猫（苗）人标枪
5 猫（苗）女洗纱	6 猫（苗）人打猎	7 猫（苗）妹耕田	8 黎人
9 新宁县女人	10 新宁县男人	11 西林县女人	12 西林县男人
13 广西后贵县女人	14 广西后贵县男人	15 东安县女人	16 东安县男人
17 琼州府女人	18 琼州府男人	19 太平府女人	20 太平府男人
21 罗定州女人	22 罗定州男人	23 思恩府女人	24 思恩府男人

资料来源：罗也画册，RV-360-378l 1—24 册，荷兰莱顿世界博物馆藏。

　　罗也之所以会对这些题材感兴趣，可以从他的藏书中找到答案。作为17—18世纪欧洲中国信息和知识的最主要传播者，耶稣会士们将大量中国书籍带回欧洲，并向欧洲读者译介有关中国知识的书籍，罗也收藏有各种耶稣会士的著作。[①]不少著作中会提到中国的少数族群，这是让西方人比较感兴趣的话题。比如罗也收藏的杜赫德《中华帝国全志》，其中关于中国少数族群的叙述可以说是欧洲人针对中国南方少数族群的最早一篇民族志，"对18世纪已日益关心人种志的欧洲人来说，冲击力就更大"。[②]渴望了解中国社会文化并从事相关研究的罗也，自然也会关注到这些内容，对这种内容的图画自然是有兴趣的。

　　罗也画册中这两册描绘华南族群人物的图像，与乾隆朝官方绘制编订的《皇清职贡图》十分相似。《皇清职贡图》是清代乾隆时期御制的大型图册，由宫廷画家根据各地提供的图样绘制，旨在描绘各藩属或邦国向中央王朝朝贡的盛世景况。该图册描绘了清朝藩属国家及国内藩部、土司和边疆少数族群人物300余种，共600余幅画，人物画旁附有文字说明，记载了这些人物的相貌、服饰和生活习俗，"堪称18—19世纪世界民族图像大观"。[③]整个《皇清职贡图》的绘制从乾隆十六年（1751）开始，朝廷向各近边督抚发布命令，要求各地根据统一样本，绘图送军机处，再由宫廷画师丁观鹏等绘制，历时十年，于乾隆二十六年完成绘本。绘本完成后直至嘉庆年间，朝廷陆续有所增补。绘本之外，清廷又下令以绘本为摹本，制作了至少两个其他版本的《皇清职贡图》，包括写本和刊本，其中黑笔白描的写本，共8卷8册，乾隆四十三年收入《四库全书·史部·地理类》。之后，乾隆朝和嘉庆朝先后都曾出过刊印本，刊本更容易流传。

　　8卷本的白描写本中，卷4描绘的就是广东、广西的少数族群男女图像，其中广东10种、广西23种，每种各男女2幅人像，共66幅，具体收录见表3、表4。

① Campan, *Collecting China, Jean Theodore Royer (1737–1807), Collections and Chinese Studies*, Appendix 2 "European Publications on China in Royer's Library".
② 吴莉苇:《18世纪欧人眼里的清朝国家性质——从〈中华帝国全志〉对西南少数民族的描述谈起》，《清史研究》2007年第5期。
③ 祁庆富:《〈皇清职贡图〉的编绘与刊刻》，《民族研究》2003年第5期，第69页。

表 3　广东少数族群男女图像（10 种）

新宁县猺（瑶）人	新宁县猺妇	增城县猺人	增城县猺妇
曲江县猺人	曲江县猺妇	乐昌县猺人	乐昌县猺妇
乳源县猺人	乳源县猺妇	东安县猺人	东安县猺妇
连州猺人	连州猺妇	灵山县獞（壮）人	灵山县獞妇
合浦县山民	合浦县山妇	琼州府黎人	琼州府黎妇

资料来源:《皇清职贡图》卷 4,《四库全书·史部·地理类》。

表 4　广西少数族群男女图像（23 种）

临桂县大良猺人	临桂县大良猺妇	永宁州梳猺人	永宁州梳猺妇
兴安县平地猺人	兴宁县平地猺妇	灌阳县竹箭猺人	灌阳州竹箭猺妇
罗城县盘猺人	罗城县盘猺妇	修仁县顶板猺人	修仁县顶板猺妇
庆远府过山猺人	庆远府过山猺妇	陆川县山子猺人	陆川县山子猺妇
兴安县獞人	兴安县獞妇	贺县獞人	贺县獞妇
融县獞人	融县獞妇	龙胜苗人	龙胜苗妇
罗城县苗人	罗城县苗妇	怀远县苗人	怀远县苗妇
岑溪县狼人	岑溪县狼妇	贵县狼人	贵县狼妇
怀远县伶人	怀远县伶妇	马平县犵人	马平县犵妇
思恩府属农人	思恩府属农妇	西林县皿人	西林县皿妇
西林县狑人	西林县狑妇	太平府属土人	太平府属土妇
西隆州土人	西隆州土妇		

资料来源:《皇清职贡图》卷 4,《四库全书·史部·地理类》。

　　从表 3 和表 4 中可以看出罗也画册与《皇朝职贡图》之间明显的渊源关系。两者之间不同之处主要在数量和标题上。罗也画册不同州府县的人物只有 39 幅,除 1 幅"广西土人"外,其余为 19 对不同的男女形象,没有明确如猺（瑶）、獞（壮）、猫（苗）等族群分类,也没有分广东、广西不同省份排列,只是在广西属地前冠以省份名称,广东的府县则没有标明省份,表明该画册似乎出自一位广东画者之手。除这些与地方相关联的人物形象外,其余图画描绘的是一些仅标明了族群类别的人物形象,如客家婆、夭仔婆、黎人钓鱼、猫（苗）妹游玩、猫（苗）人标枪、猫（苗）女洗纱、猫（苗）人打猎、猫（苗）妹耕田、黎人等。

　　从上述不同可以看出,罗也画册描绘具体州府的人物图像中数量明显少于《皇清职贡图》。《皇清职贡图》中描绘了同一州县中不同族群的人物，在罗也画册中也只保留一种；罗也画册中所选择的有着确切州府县人物来源，与《皇清职贡图》所收入的题材有出入。第一，罗也画册中描绘的人物虽然大部分都与职贡图一致，但也有不少与《皇清职贡图》有出入，比如罗也画册中有"罗定州"男女人物，不见于《皇清职贡图》。第二，罗也画册中不少人物图，诸如客家婆、疍仔婆、黎人钓鱼、猫（苗）妹游玩、猫（苗）人标枪、猫（苗）女洗纱、猫（苗）人打猎、猫（苗）妹耕田、黎人等，描绘了岭南地区少数族群日常生活和社会生产的一些场景，也不见于《皇清职贡图》，但可以在后世出现的众多"苗图"中找到相似的画面。第三，还有一些相同地名的人物，描绘的人物姿态甚至服饰等都完全不一样，比如增城县男女人物图（见图1），发型、服饰、工具等基本一致，但姿态不相同，当时应该可以见到不同的原型或者粉本。乐昌县男女人物图（见图2），姿态一致，而发型、服饰、工具等却不相同。罗也画册人像注重描绘动作和神态，人物形象凸显明显的立体感，具有西式绘画的风格。可能罗也画册的画者选择了不同的绘画元素。

初看罗也画册，由于其绘制晚于《皇清职贡图》，容易认为罗也画册的绘制者临摹了《皇清职贡图》的图画。不过，《皇清职贡图》的绘制和流传严格受官方控制，在罗也画册绘制的年代，广州口岸的外销画师们恐怕还无法随便翻阅《皇清职贡图》。而《皇清职贡图》的绘制系根据在边疆各省受命提供的"番图"进行修订、增删和调整而成，因此各地可能存在数量不少的各种不同番图。目前所知保留下来的番图，只有中国第一历史档案馆所藏《苗瑶黎僮等族衣冠图》，根据畏冬、刘若芳的研究，该图册应该为四川最早提供的番图。[①] 之后各地陆续奉朝廷之命绘制番图进呈。罗也画册很可能是根据当时广东、广西呈送的番图为底本而作，或者根据流传在岭南地区的相应图录而作。广东、广西两省地方志中很少保存相关图像，但两广地区很可能曾出现过相关图画。比如雍正《广西通志》卷92《诸蛮》收入的桂林知府钱元昌撰写的《粤西诸蛮图记》，大部分是文字内容，但既然是图记，就应该图文兼备，只可惜地方志中未留存图像。《粤西诸蛮图记》是否与《皇清职贡图》、罗也画册有关联，则有待进一步探索。

罗也画册中的岭南少数族群人像，也许存在《皇清职贡图》之外的图

<hr/>

① 畏冬、刘若芳：《〈苗瑶黎僮等族衣冠图〉册及〈职贡图第六册〉考》，《故宫学术季刊》第27卷第2期，2009年，第196页。

图 1　增城县男女人物

资料来源：左册两图出自《皇清职贡图》，右侧两图出自罗也画册。

【乐昌县猺妇】

【乐昌县猺人】

图 2　乐昌县男女人物

资料来源：左册两图出自《皇清职贡图》，右侧两图出自罗也画册。

像来源，或反映出这种类型的图画在国内的传播存在多种途径的可能。结合《皇清职贡图》绘制的取舍原则、形成过程及其流传影响，也许可以得出一些新的认识。对于罗也来说，这些地点和族群明确的人物形象，不同于虚构的戏曲人物和乞丐形象，尽管这些少数族群主题的人像本身也具有明显概念化特点，但对于罗也来说，这是中国社会真实面貌的反映，也是他学习中文的重要资料。

从市井乞丐图和华南少数族群图可见，广州外销画家所绘制的罗也画册应该有着多样化的来源。广州外销画家通过他们的绘画作品，把这些中国传统视觉文化中有固定套式的人物形象，参用西方写实技法绘制出来，在视觉上了表达了不同于中国传统的故事情境和审美意趣，反映的是西方人对中国社会行业、经济生活和日常行为的关注。广州外销画家通过绘制，赋予图画人物明确的职业身份，成为中国"真实"信息的来源，由此建构出中国社会行业、经济生活、文化生活和日常行为的"真实性"。在西方人看来，这些绘画忠实地描绘了"中国"社会风俗和人物形象，使人物具有族属意义，具备真实性。不过，这些画作抽离了中国具体背景和情节，聚焦或者突出某种特征，在理解上容易得出抽象化的结论，形成空泛僵化的认识。可以说广州外销画家们通过其画笔，赋予了这些套式化的人物形象以某种程度的"真实"意义，西方社会可以通过这些"真实"图像了解中国社会，强化他们对异域中国的认识。在这个过程中，罗也画册完成了中西文化系统的跨越，相关人物形象被纳入了西方视觉文化中，产生了新的文化意义，成为中西共享的视觉元素。

18 世纪中叶以来，全球性的资本、信息、技术日益汇聚广州，多种因素共同促使广州本地工艺的外向型倾向日益明显。广州本土的画家表现出了很强的主动性和创造力，范岱克和莫家詠在其《广州十三行西洋商馆图志》中对这种主动性和创造力给予了充分肯定。[1] 这些画家创作出了以外销为导向的文化产品，他们克服困难，发扬精益求精的工匠精神，从中国本土绘画传统中汲取养分，也主动吸收外来因素，不是简单地拼凑中西，而是从临摹、摹仿到创造，完成了中西融合的艺术创作，罗也画册深刻体现出这一特点。

---

[1]　Paul A. Van Dyke and Maria Kar-wing Mok, *Images of the Canton Factories, 1760–1822*, Chapter 2, "The Opening of Trade and the Debt Crisis,1771–1781," p.100.

A Research of the "Royer Albums" of Cantonese Export Paintings in 18th Century

Jiang Yinghe

Abstract: "Royer Albums" are Cantonese export albums which now are kept at the Leiden World Museum. Many of albums can be dated to the 1770s. The Albums represent the largest number and widest variety of such works. This paper discusses the manufacturing progress, and points out that "Royer Albums" suggest the mature period of Cantonese export paintings after the Mid-18th century, highlighting the increasingly obvious characteristics of export paintings; At the same time, as important work in the early modern history of Chinese and Western art exchanges, "Royer Albums" are important visual culture and historical record shared by China and the West.

Keywords: Royer Collection; Cantonese Export Painting; Dutch Factory

（执行编辑：王潞）

海洋史研究（第二十二辑）

2024 年 4 月　第 439～466 页

中国航海博物馆藏外销通草船画初识

单　丽 *

摘　要： 作为清代外销商品的通草画，其绘制内容与其他材质外销水彩画有天然近缘关系，这也使通过有名题具或有名录可查的外销纸质水彩画来考察无名通草画内容成为可能。中国航海博物馆藏船舶通草画所绘船型是清代广州珠江的常见船型，有西瓜扁、捕盗米艇、桨艇、谷船、鸭艇、乌艚船、西南谷船、低仓艇、龙舟、行尾艇、大官座船、戏船、外江运粮船、沙姑、舢板、夜渡船、撒网艇、白艚船等，反映出广州地区船式繁多、命名灵活多样的特点。现有藏品显示，通草片的大小决定了通草画构图细致程度、真实还原度乃至价格，同主题小版本通草画是大通草画的简化版，而大通草画内涵并不逊色于纸本水彩画，这也要求研究中要具体而论。

关键词： 通草画　外销画　船舶　中国航海博物馆

19 世纪外销通草水彩画（以下简称"通草画"）作为外销画[①]的一种，是清代广州贸易中一种特殊的出口商品，以绘制在通草片上、色彩艳丽且内容丰富而著称。通草画涉及内容极广，涵盖港口风情、社会生活、人物肖像、

---

*　单丽，中国航海博物馆副研究馆员。

本文承蒙广东省社会科学院李庆新研究员悉心指导，谨致谢忱！

本文为国家社科基金中国历史研究院重大历史问题研究专项重大招标项目"明清至民国南海海疆经略与治理体系研究"（项目号：LSYZD21011）阶段性成果。

① "外销画"是 1949 年后美术史家开始使用的名词。18—19 世纪的中国画工并没有将中国画分为内销和外销的习惯。见刘明倩《贯通中西文化的桥梁——谈维多利亚阿伯特博物院藏广州外销画》，英国维多利亚阿伯特博物院、广州市文化局等编《18—19 世纪羊城风物：英国维多利亚阿伯特博物院藏广州外销画》，上海古籍出版社，2003，第 6 页。

节庆习俗、花鸟鱼虫、舟船型式等方方面面。在照相术未发明之前，包括通草画在内的外销画是外国了解清代中国的重要方式，通草画因之有了"东方明信片"之称。以广州博物馆与中山大学联合主办的"西方人眼里的中国情调"展览为肇起，国内的外销通草画收藏、① 研究、② 展示及社会教育活动③ 迭兴，在展示19世纪上半叶外销画艺术的同时，生动直观地呈现了当时以广州为中心的地方社会文化。④

目前通草画研究多聚焦于刑罚、人物、外贸制作与出口、丧葬仪礼、水上居民的社会生活，通草画的制作、销售及其在中西交流中的价值等，⑤ 探讨

---

① 国外的通草画收藏要早于国内，详见〔英〕伊凡·威廉斯《浅论十九世纪广州外销通草纸水彩画》，中山大学历史系、广州博物馆编《西方人眼里的中国情调》，中华书局，2001，第26—30页。《西方人眼里的中国情调》展览图录简单梳理了欧美各地收藏外销通草水彩画的机构，涉及英、法、美、荷、西班牙等国，详见《西方人眼里的中国情调》附录。国内涉海类博物馆如中国航海博物馆、宁波中国港口博物馆、国家海洋博物馆及广州博物馆等多有收藏外销通草水彩画。

② 程存洁以广州博物馆的馆藏为重点，对其2008年前可接触到的外销通草水彩画研究情况进行梳理，详见程存洁《十九世纪中国外销通草水彩画研究》，上海古籍出版社，2008，第4—5页。除此之外，程存洁在书中对"通草"一词在西方世界的传播与演变、我国历史上通草的使用情况、通草片制作与通草水彩画绘制保护、通草水彩画原产地与画家、通草水彩画的题材及内容等方面都进行了专门探讨。

③ 如2001年9月至12月中山大学历史系与广州博物馆联合主办的"西方人眼里的中国情调"特展，展后出版了同名展览图录，收录了英国人伊凡·威廉捐赠与出借的、广州博物馆自购及借自英国马丁·格雷戈里画廊的100余幅19世纪广州外销通草水草画；2003年9月至2004年1月，英国维多利亚阿伯特博物院、广州市文化局与英国文化委员会联合主办，广州市博物馆、广州艺术博物馆、中山大学历史系联合承办了"18—19世纪羊城风物——英国维多利亚阿伯特博物院藏广州外销画"特展；2018年4月至2018年6月上旬，茂名市博物馆与广州市番禺博物馆联合主办"羊城遗珍——19世纪外销通草画中的广府旧事"展，展示了40多幅通草画；2018年9月，鸦片战争博物馆主办"广东名片——清代通草水彩画精品展"；2020年5月至6月，广州博物馆与广州地铁联合主办了"指尖的广州制造——'广府旧事'通草画文化展"；2021年12月至2022年2月，宁波中国港口博物馆与鸦片战争博物馆联合举办"外销通草画中的市井生活"，展示了200余幅馆藏通草画。

④ 一般认为，通草画展现的是19世纪上半叶的广州及其周边的社会状况，对了解当地风土人情的有史料价值。

⑤ 如陈艳婷《馆藏清代刑罚通草画赏析》，《文物鉴定与鉴赏》2018年第7期；郑颖《馆藏清代刑罚通草画赏析》，《文物鉴定与鉴赏》2017年第8期；刘朦诗《广州外销通草画中的丧葬礼仪图研究》，硕士学位论文，广州大学，2019；肖朋彦《清代广州外销通草画的制作与销售》，《客家文博》2019年第1期；梁敏蔚《十九世纪外销通草水彩画的题材和材料之研究》，硕士学位论文，广州大学，2011；林晖《由广州外销通草画看清代广州的茶叶出口贸易》，《农业考古》2015年第5期；刘玉婷《中国港口博物馆一组通草画茶叶制作贸易图》，《东方收藏》2018年第6期；陈哲、朱艺璇、李梓珊《质朴天然 匠心独具——清末广州通草画中的市井家具》，《家具与室内装饰》2021年第4期；陈忠烈《外销画中话"鸭船"》，《广东社会科学》2003年第4期；程存洁《清代外销通草水彩画所见19世纪广州水上居民》，湖南省博物馆编《湖南省博物馆馆刊》（第16辑），岳麓书社，2020。

船舶画的似乎不多。一般而言，画作中的船型舟式比文献描述直观具体，对船史研究有重要价值。当然，受通草片尺幅及画匠技艺等限制，也有学者质疑其艺术价值及写实性。[①] 另外，大部分通草画不见作者、船名题具，给相关研究造成困难。中国航海博物馆（以下简称"中海博"）藏有 37 幅船舶通草画，均无精确船名，藏品建档、相关研究与展陈工作均受影响。所以，采取何种方法和路径推进通草画船型定名？通草画所画有哪些船型？在定名基础上，是否可以通过多画比勘来复原历史船型构造？如何评估通草画在清代广州贸易乃至地方历史研究中的作用？就成为需要面对并加以研究、解决的问题。

一 通草船画定名路径

中海博入藏的 19 世纪外销通草画共有 74 幅，其中通草船画 37 幅、人物肖像图 25 幅、花卉图 8 幅、鱼图 4 幅，均无款识，是 2011—2013 年自北京拍卖公司、广州文物总店及海外征集而来。此外，2020 年复旦大学文史研究院董少新教授捐赠通草画 14 幅（未入藏），其中船舶画 8 幅、人物肖像画 6 幅。

通草船画有两类：一是一画一船，二是一画多船。中海博入藏的船舶通草画为一画一船。就尺寸来说，该 37 幅船舶画可分为宽 14.5 厘米、高 20 厘米左右的中型画（12 幅，缎面册集。为画心尺寸，下同）和高 8 厘米、宽 11.5 厘米左右（25 幅，缎面册集和镜框装裱）的小型画[②]两种。由于通草片易脆折，其保存及保护工作极为困难。从中海博征集的通草画来看，19 世纪通草画有散放镜框装裱、缎面册集围框装裱及盒装等几种存放方式。每套主题通草画多为偶数幅，一般不超过 12 幅。中型画为浅蓝绿色纸带围裱、小型画多为蓝色蕾丝带围裱，[③]用来克服通草片因膨胀、收缩而产生的断裂问题。就绘制精细程度而言，中型画显然要优于小型画。

① 〔英〕伊凡·威廉斯：《浅论十九世纪广州外销通草纸水彩画》，《西方人眼里的中国情调》，第 26 页。
② 受通草茎髓尺寸限制，通草片及对应的通草画尺寸不大。目前笔者所见 19 世纪通草画最大者高不超过 24 厘米、宽不超过 39 厘米；19 世纪船舶通草画图大者高不超过 20 厘米、宽不超过 34 厘米。
③ 此为 19 世纪通草水彩画的常见装裱样式，见〔英〕伊凡·威廉斯《浅论十九世纪广州外销通草纸水彩画》，《西方人眼里的中国情调》，第 18 页。

中海博收藏通草船画均无船名题具，笔者按先中型画（以中海博藏 1-1 船画至 1-12 船画编号，排列先后遵从册集中的顺序，下同）、后小型画（以中海博藏 2-1 船画至 2-25 船画编号）的顺序对其进行编号，对这些通草船画做初步名物考证。

程存洁对通草画进行了系统研究，其专著《十九世纪中国外销通草水彩画研究》专门介绍了通草画的题材和内容，船舶一节按类别展示了广州市博物馆及中外通草画爱好者收藏的船舶通草画，且所有船舶通草画均已命名，[①] 奠定了后续研究的重要基础。但需指出的是，其是按照船的形态或基本用途，大致给予命名，并非名物考式的溯源命名，从而出现了同船不同名甚至错误命名的情况。[②]

在外销画中，纸本水彩画往往因纸幅更大、描绘更细致精美而更具观赏性和探究性。英国维多利亚阿伯特博物院（以下简称"英维院"）所藏的 18—19 世纪的外销纸质水彩画中，有至少 50 幅船舶画的右下角留下了画师题具的中文船名，并有英文船名清单，程美宝通过分析文献中对应的船名图式，复原了广东地区的多样船型与水上生活。[③] 无独有偶，英国大英图书馆（以下简称"英图"）所藏的 19 世纪上半叶的 41 幅静态外销纸质水彩船舶画，有当年自广州购画的英国人的记录，部分画背面更有中文船名，据此可以将部分船的名称和用途理清。根据英维院及英图所藏具名纸质船舶水彩画，王次澄等人对英图所藏广州风景画上的多样无名船舶进行了推论定名。[④] 以上重要馆藏为通草画船舶名物考提供了重要参照，也为中海博藏外销图中无名船舶命名提供了方法论借鉴。

---

① 程存洁：《十九世纪中国外销通草水彩画研究》，第 67—76、114—128 页。

② 如该书 117 页右下角命名为"花艇"的船应为大官座船；所有有船眼的船统一命名为"大眼鸡"；第 124 页第 4 图与 125 页左上角图为同一船型，但分别命名为"载人船"和"载货船"。

③ 程美宝：《琛舶纷从画里来》，英国维多利亚阿伯特博物院、广州市文化局等编《18—19 世纪羊城风物：英国维多利亚阿伯特博物院藏广州外销画》，第 44—49 页；"图版"，第 188—217 页。英维院纸质船画尺寸为高 32 厘米、宽 38 厘米。

④ 王次澄、庐庆滨：《铁船纸人开事业　纸船铁人满珠江——广东船舶与江河风景组图概述》，王次澄等主编《大英图书馆特藏中国清代外销画精华》（第 6 卷），广东人民出版社，2011，第 93 页。该书共收录广东船舶图 83 幅，其中有中文名具或英文目录档案可考的静态船舶画 41 幅（另有 1 幅无名静态船舶画），尺寸为高 41.6 厘米、宽 53.6 厘米，见本卷第 100—205 页；还有 41 幅船舶与江岸风景画，无名船对照前 41 幅有名图及英维院有名船舶进行了推测命名，尺寸为高 41.6 厘米、宽 53.6 厘米，见本卷第 208—295 页。

二　通草船画中的官船

通草画中载人船有官船和民船。负责水上缉查捕盗的巡查官船，多为划行轻便的桨艇。英图藏有桨艇画，[①] 所绘为 16 桨船。该船上立有桅杆一支、桅顶悬"巡检司"[②] 黄旗；船头伸出船外的长杆应为放倒的另一桅杆，似为双桅双帆。该船船棚由茅草覆盖，划桨人藏身其中。船尾与船身相连处，有官员模样人员探头张望，似为探查船情。作为缉查船，该船备有战用矛戈于船尾等。中海博藏 1–3 船画、2–25 船画与之极为类似（见图 1、图 2），当为桨艇。

中海博藏 2–5 船画、2–19 船画描绘的桨艇相对简单（见图 3、图 4），但突出大帆特征、甲板上层的棚盖及帆装特征，与谢俊林先生所收藏的"粤海关部第壹号巡船"[③] 极为类似，可见"巡船"是官方的称谓，多为桨艇。

通草画中常见珠江上官员巡视的船只，被命名为"官船"或"大官座

图 1　1–3 船画，中国航海博物馆藏

① 王次澄等主编《大英图书馆特藏中国清代外销画精华》（第 6 卷），第 132 页。
② 巡检司是清代最基层的国家行政机构之一，多设于州县关津险要之地、市镇发达之区或人口繁多之所，是基层管理的有效手段，维持地方治安秩序是其主要职责。清代广东设置的巡检司数量雄居全国之首，是全国平均设置率的三倍，这与清代广东海内外贸易发达、走私贸易与海盗猖獗带来的治安需求密切相关。详见李克勤《清代广州府属巡检司研究》，《广东史志》1994 年第 3 期，第 49 页；胡恒《清代巡检司时空分布特征初探》，《史学月刊》2009 年第 11 期，第 47 页。
③ 程存洁：《十九世纪中国外销通草水彩画研究》，第 127 页右上角图，船身有相关字样。

图 2　2-25 船画，中国航海博物馆藏

图 3　2-5 船画，中国航海博物馆藏

图 4　2-19 船画，中国航海博物馆藏

船"。英图、英维院均藏有此类豪华官船画。[1] 此类船装饰华丽，船上加盖船楼，船头竖立如"粤海关巡视"等地方官员官衔牌匾，桅旗做同样告示，船尾装有旗幡灯笼等，颇具游船气势。中海博收藏 1–12 船画与之类似（见图5），从船旗辨识，应为"太子少保座船"，[2] 简称官船或大官座船。

图 5　1–12 船画，中国航海博物馆藏

三　通草船画中的运货船

广州作为清代前期唯一对西洋通商的口岸，商贸活动频繁，人、物往来密集。当地水网密布，船成为重要的交通工具。珠江上繁多的船式，引起了画师的关注。他们将广州当地及周边船只作为描绘题材，其中包括大量运载货船的船只。

"西瓜扁"是珠江三角洲地区广州、香山、澳门、南海、佛山、新会、江门、东莞、石龙、番禺、黄埔、濠墩、狮子洋面等地的常见船型，[3] 有拱形船

---

[1]　王次澄等主编《大英图书馆特藏中国清代外销画精华》（第 6 卷），第 154 页；英国维多利亚阿伯特博物院、广州市文化局等编《18—19 世纪羊城风物：英国维多利亚阿伯特博物院藏广州外销画》，第 188 页。

[2]　太子少保原为东宫官职，随着名存职异，一般作为荣誉官衔授予重臣或功臣，以示恩宠。清朝多位尚书、总督及巡抚等大员获封太子少保头衔。就广东地区而言，曾任两广总督的蒋攸铦、那彦成、卢坤、阮元、曾国荃、陶模等，均获封该头衔。

[3]　程存洁：《十九世纪中国外销通草水彩画研究》，第 70—71 页。

棚，以外形像西瓜著称。由于该船是运输洋行饷货的官方指定运输艇，外国
人称之为"官印艇"。[①] 英图藏有具名可查的西瓜扁画，[②] 中海博馆藏中型船
舶通草画中图6、图7两幅与之极为类似，应为西瓜扁。

图6　1-1船画，中国航海博物馆藏

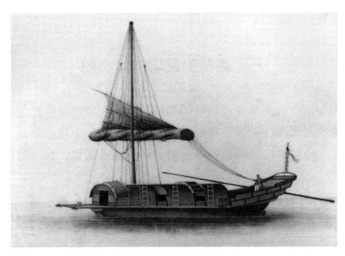

图7　1-6船画，中国航海博物馆藏

---

① 〔美〕威廉·C.亨特:《广州"番鬼"录》，冯树铁译，广东人民出版社，2000，第26页。
② 王次澄等主编《大英图书馆特藏中国清代外销画精华》（第6卷），第116页。

比勘这三幅外销船画，可见西瓜扁身平尾翘，为两桅两帆或一桅一帆，船头放两木锚，船中区域的上层建筑为搭建的船棚，船棚两侧架设6—8幅不等的短梯，船尾插旗幡。其帆与广船船帆类似，为中插帆竹的布质硬帆，水手站在船尾甲板上操纵帆装。英图所藏西瓜扁船画，可见船棚顶部放置的两根尾梢，[1]使用时左右各一（如图6所示）。从英图所藏西瓜扁船画船上晾晒衣服的情况来看，该船除运输外，也有居住的功能。三画对比可见，通草水彩画比纸质水彩画更易舍弃细节，这在中海博藏小型通草画中显示得更为清晰。

中海博藏2-13船画显然也是西瓜扁（见图8），但画中不见船旗、人物、尾梢等，笔法颇为粗疏，或许是一幅尚未完成的匠人之作。[2]谢俊林先生藏有一幅描绘类似船型的通草画，其船被命名为"官船"，[3]应命名为"西瓜扁"或"官印艇"。

图8　2-13船画，中国航海博物馆藏

英维院藏有一幅通草船画，右下角书具船名为西瓜扁。[4]与前文英图所藏西瓜扁船画相比，该船画之西瓜扁艇船型更为修长，尾部弧度不大，且船

[1]　王次澄等主编《大英图书馆特藏中国清代外销画精华》（第6卷），第116页。
[2]　伊凡·威廉斯对通草画的画家进行了细致探讨，认为即便是质量非凡的通草画，也是出自技巧纯熟的画匠之手，而非创意十足的艺术家之手，大部分通草画都是高度分工合作的产物。详见〔英〕伊凡·威廉斯《浅论十九世纪广州外销通草纸水彩画》，第19—25页。
[3]　程存洁：《十九世纪中国外销通草水彩画研究》，第128页。
[4]　英国维多利亚阿伯特博物院、广州市文化局等编《18—19世纪羊城风物：英国维多利亚阿伯特博物院藏广州外销画》，第191页。

尾装置可临时拆卸的拱形船棚遮盖；或许受船尾的船棚影响，该船尾部为单桅单帆式样，并无尾桅帆；尾舵为开孔舵，尾部为马蹄型；船中区域的船棚两侧梯子也与英图西瓜扁船梯子不同。

英图藏有一幅具名为大开尾艇的船画，[①] 其船型类似英维院藏西瓜扁画船型。该馆藏另外一幅西瓜扁船画，[②] 船名是根据英维院西瓜扁形制推定命名；另一幅大开尾艇船画，[③] 则是据英图藏大开尾艇画推定命名。根据英图藏大开尾艇画英文标注，可知大开尾艇与西瓜扁船型基本相同，不同之处在于西瓜扁用于运送外国人所购货物，而大开尾艇则为当地居民运物所用。[④] 所以，西瓜扁与大开尾实为同一船型的两种称谓，因用途不同而出现不同船名。

英维院藏广州本地的贩米船画，[⑤] 英图藏有谷船画。[⑥] 船型与西瓜扁类似，有双柱桅杆，这与《天工开物》所载相合："风帆编蒲为之，不挂独竿桅，双柱悬帆不若中原随转。"[⑦] 以此来看，图9应为"谷船"。

图9　1-4船画，中国航海博物馆藏

① 王次澄等主编《大英图书馆特藏中国清代外销画精华》（第6卷），第122页。
② 王次澄等主编《大英图书馆特藏中国清代外销画精华》（第6卷），第246页。
③ 王次澄等主编《大英图书馆特藏中国清代外销画精华》（第6卷），第256页。
④ 王次澄等主编《大英图书馆特藏中国清代外销画精华》（第6卷），第117、123页。
⑤ 英国维多利亚阿伯特博物馆馆、广州市文化局等编《18—19世纪羊城风物：英国维多利亚阿伯特博物馆元藏广州外销画》，第197页。
⑥ 王次澄等主编《大英图书馆特藏中国清代外销画精华》（第6卷），第144页。
⑦ （明）宋应星：《天工开物》卷9《舟车·杂舟》，钟广言注释，广东人民出版社，1976，第253页。

与英维院藏贩米船画不同的是，英图藏画之谷船侧支索上系有簸箕，是运粮船典型标识——英维院西江谷船[①]及英图西南谷船[②]同样有簸箕悬于桅杆作为标识，但西南谷船并非双柱桅杆，这大概是本地与外地粮船的区别之一。由此推之，中海博藏1-8船画（见图10）中之船型应为"西南谷船"。西南位于广东三水县东10里，为西江边一大墟镇和水运中心，[③]西南谷船应是该地的地方船种。

图10　1-8船画，中国航海博物馆藏

除此之外，英维院所藏外江运粮船画，[④]与贩米船同样有双柱桅杆，但桅杆式样不同。该船船头为卷浪样式，且有船纹装饰。值得注意的是，英图藏一幅船画，船型与英维院所藏外江运粮船画船型几乎完全一样；另有将贩米船的拱形船棚、双柱悬帆特征与外江运粮船船头卷曲特征相结合的船，[⑤]应是"外江运

---

① 英国维多利亚阿伯特博物馆院、广州市文化局等编《18—19世纪羊城风物：英国维多利亚阿伯特博物馆院元藏广州外销画》，第194页。按英图西南谷船画英文目录说明，英维院藏西江谷船应为西南谷船。
② 王次澄等主编《大英图书馆特藏中国清代外销画精华》（第6卷），第158页。
③ 王次澄等主编《大英图书馆特藏中国清代外销画精华》（第6卷），第145页。
④ 英国维多利亚阿伯特博物馆院、广州市文化局等编《18—19世纪羊城风物：英国维多利亚阿伯特博物院藏广州外销画》，第195页。英图藏船舶画也有相类似的船型，见王次澄等主编《大英图书馆特藏中国清代外销画精华》（第6卷），第263、266页。
⑤ 王次澄等主编《大英图书馆特藏中国清代外销画精华》（第6卷），第236页。

粮船"的多样船型之一。^①中海博藏有 2 幅与之类似的"外江运粮船"通草画，
两船船型描绘极为相似，应来源于同一底图（见图 11、图 12）。

图 11　2-2 船画，中国航海博物馆藏

图 12　2-10 船画，中国航海博物馆藏

上述船画描绘的船舶是珠江上的内河船。在外销画中，还有描绘航行于
海上的洋船的，如英维院藏有洋船画。^②洋船分白艚和乌艚，英图藏有白艚

①　广州市博物馆及谢俊林亦有类似收藏，因船中有货或人，程存洁将其命名为载货船和载人船，见
　　程存洁《十九世纪中国外销通草水彩画研究》，第 124、125 页。
②　英国维多利亚阿伯特博物院、广州市文化局等编《18—19 世纪羊城风物：英国维多利亚阿伯特博
　　物院藏广州外销画》，第 190 页。

船画，^① 清人屈大均指出：

> 其漂洋者曰白艚、乌艚，合铁力大木为之，形如槽然，故曰艚。首尾又状海鳅，白者有两黑眼，乌者有两白眼，海鳅远见，以为同类不吞噬。^②

然而，从外销画所绘船型看，所有洋船均为黑眼，显然船眼并非白漕、乌漕的区别。有一种看法认为，白艚为福船式，乌艚为广船式，从船头特征来看，英图藏白艚船确为福船样式，但乌艚是否为广船样式，缺少外销画对比实证。

英维院及英图均藏有白眼艚船画，^③ 所绘船型几乎完全相同，应出自同一底图。该船船身为白色，屈大均所谓"形如槽然，故曰艚"，白艚应是指船身如白槽，因此白艚、乌艚之别主要体现为船身髹色。如此看来，则英维院藏洋船画的洋船为红头乌艚，中海博藏 2-20 船画（见图 13）为红头白艚，属广东管辖。中海博藏 1-7 船画（见图 14）为绿头乌艚，属福建管辖。作为洋船，乌艚、白艚的舷樯上有排列整齐、辨识度高的白色炮眼及红色舷艧，炮弹自炮眼射击，做防卫之用。

图 13　2-20 船画，中国航海博物馆藏

① 王次澄等主编《大英图书馆特藏中国清代外销画精华》（第 6 卷），第 104 页。
② （清）屈大均：《广东新语》卷 18《舟语·战船》，中华书局，1985，第 479 页。
③ 英国维多利亚阿伯特博物院、广州市文化局等编《18—19 世纪羊城风物：英国维多利亚阿伯特博物院藏广州外销画》，第 193 页；王次澄等主编《大英图书馆特藏中国清代外销画精华》（第 6 卷），第 108 页。

图 14　1-7 船画，中国航海博物馆藏

　　与乌艚、白艚等洋船外观相类的船型有捕盗米艇。米艇原是广东东莞民船，后经征用、改造，成为官方战船，即米艇战船、捕盗米艇。英图收藏有该船画，[①]该画为纸质，船身画出舭艓，并无炮眼，显然是画师疏略。该船为内河船船尾样式，力求轻便迅捷，船尾与洋船船尾明显不同，但是其船眼、涂饰等与洋船类似，或许部分米艇是由缯船等洋船改造而来。[②]中海博收藏类似船画，应为捕盗米艇。从船头颜色来看，1-2 船画米艇（见图 15）归广地管辖，2-17 船画米艇（图 16）应为闽地管辖。

四　通草船画中的载人船

　　通草画中民船有多种，多反映本地居民特色水上生活，如停靠在稻田水域用以养鸭的稻鸭艇，用以捕鱼的撒网艇，买花的舢板，供风月之用的沙姑、老矩艇、低仓艇、皮条开埋艇等各类"花艇"，广州行商游船赏景的行尾艇（又称公司小艇），民间娱乐的龙船与戏船等。类似的船画中海博均有收藏。

---

　　① 王次澄等主编《大英图书馆特藏中国清代外销画精华》（第 6 卷），第 127 页。
　　② 《广东通志》卷 179 载："嘉庆四年奏准，额设缯艍船八十二只，船身笨重，不如民船米艇迅捷，酌留三十五只，其余四十七只仿造民船米艇式样，将缯船改为大号米艇，艍船改为中号米艇，共改造米艇四十七只。"（清）阮元修，（清）陈昌齐等纂《广东通志》（第 3 卷），上海古籍出版社，1990 年影印本，第 3292 页。

图 15　1-2 船画，中国航海博物馆藏

图 16　2-17 船画，中国航海博物馆藏

此类船只反映的社会生活对外国人很有吸引力，作为体现中国趣味的代表被大量绘制，并运销国外。

鸭艇（又称鸭船、鸭排，英图和英维院均有相关船画[①]）是清代广州周边沿海沙田地区用以养鸭的船只，鸭子屯养在船两翼夹板的鸭圈中，因此鸭艇

[①]　王次澄等主编《大英图书馆特藏中国清代外销画精华》（第6卷），第178页；英国维多利亚阿伯特博物院、广州市文化局等编《18—19世纪羊城风物：英国维多利亚阿伯特博物院藏广州外销画》，第208页。

看上去空间宽大充足，^① 可以容鸭子几百到数千不等。^② 农民在稻田养鸭子，鸭子捕食沙田中以谷芽为食的蟛蜞，同时也吃鱼虾、蚬子等其他海货，秋冬之际则以遗漏田间的稻谷为食，^③ 可见鸭艇与当地生态环境密切相关。从英图藏鸭艇图、英维院藏鸭船图来看，鸭船船身具有典型的广州本地内河船圆棚特征，两翼鸭圈有封顶和不封顶两种类型，甲板上往往竖立顶部倒悬挂蒲扇的长杆为识。中海博藏鸭艇画（见图17、图18、图19）中，船上晾晒有衣服，鸭艇或为养鸭人的临时住所。

撒网船。与长江三角洲水乡地带类似，珠江三角洲民众有悠久的水上生活传统，多水多船，更有疍民这一生活于水上的群体，形成与陆域生活不同的水上世界。船民多从事捕鱼，驾驶的小艇被称为"撒网艇"，相关图画也展现出撒网、撑网捕鱼的场景（见图20）。从英维院藏撒网艇画^④

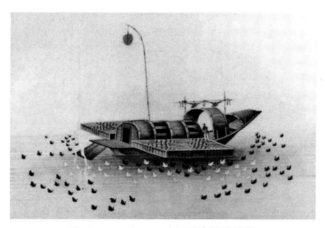

图 17　1-5 船画，中国航海博物馆藏

---

① 很多学者注意到通草画中多有鸭艇船，并对其进行分析，详见江滢河《清代洋画与广州口岸》，中华书局，2007，第 198—200 页；陈忠烈：《外销画中话"鸭船"》，《广东社会科学》2003 年第 4 期。

② 同治《番禺县志》卷 7《舆地略五·物产》载："饲鸭者编竹为排，横驾船面，容鸭五六百，曰鸭排……一排容鸭三千二百。"

③ （清）屈大均《广东新语》卷 20《禽语》载："广州滨海之田，多产蟛蜞，岁食谷芽为农害，惟鸭能之。鸭在田间，春夏食蟛蜞，秋食遗稻，易以肥大，故乡落间多畜鸭。"（第 524 页）屈大均《翁山佚文》"场记"部分载"秋末冬初，弥望波潮之际，有烟四起，濛如也。鸭之船出没期间，以数十百计，以余谷为饭，以蟛蜞、蚬子、花鱼、虾为肴。鸭肥大而价贱不可胜食，是皆沙田之所养而致"，《丛书集成续编·集部》（第 125 册），上海书店出版社，1994 年影印本，第 490 页。

④ 英国维多利亚阿伯特博物院、广州市文化局等编《18—19 世纪羊城风物：英国维多利亚阿伯特博物院藏广州外销画》，第 202 页。

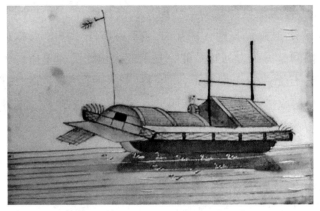

图 18　2-15 船画，中国航海博物馆藏

图 19　2-22 船画，中国航海博物馆藏

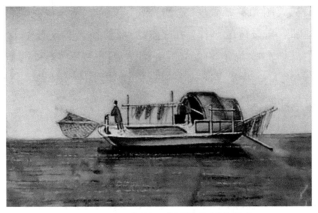

图 20　2-16 船画，中国航海博物馆藏

和图 20 可见，此类撒网艇较为小巧简易，应是航行于珠江流域内河的捕鱼船。船头开敞便于捕鱼收网，船尾加竹席为蓬便于捕鱼人休息。捕鱼时，一人于船头撒网，另一人划船掌舵，是两三人协作的简单捕捞作业。

珠江上还有无数的小型舢板，是简易载人及运零散货物的船只，仅容三四人。中海博收藏的一幅船上载四盆花的买花舢板画（见图 21），与英图藏舢板画[①] 较为相似。

图 21   2-12 船画，中国航海博物馆藏

水上娱乐生活内容丰富，船舶通草画中有与节庆民俗相关的龙舟画，有与水上寻欢作乐相关的老矩艇、低仓艇、沙姑、皮条开埋艇等船画，还有唱戏的戏船画。从英图和英维院所藏龙舟画[②] 来看，两画极其相似，应为参照同一底图，画师各自设色的画作。龙舟的船身狭长，竖立有多个华盖、旗幡，装饰华丽。中海博亦收藏龙舟通草画一幅（见图 22），与前两画类似的是同为 28 人桨，划桨人分坐龙舟两侧，船尾有掌控方向的尾桨手，另有在船头、船身不同部位敲锣喊号的 4—5 人。

---

① 王次澄等主编《大英图书馆特藏中国清代外销画精华》（第 6 卷），第 202 页。
② 王次澄等主编《大英图书馆特藏中国清代外销画精华》（第 6 卷），第 134 页；英国维多利亚阿伯特博物院、广州市文化局等编《18—19 世纪羊城风物：英国维多利亚阿伯特博物院藏广州外销画》，第 212 页。

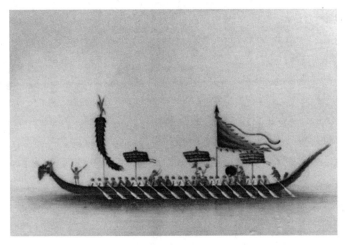

图22　1-10 船画，中国航海博物馆藏

　　风月场所如装饰奢华的老矩艇等，引起外国人注意，在外销画中有突出反映。纸质外销画中有一类鞋样船艇，船上船屋装有华丽的彩色玻璃，是妓女所居专供招徕男客嬉玩的船，被称为老矩艇、低仓艇，英维院和英图均有收藏相关船画，[①] 还有船型与之类似但略小且无华丽装饰，专门运送客人入船、上岸的皮条开埋艇[②] 等。老矩为广州地方对妓女的称谓，低仓应为对船型特征的描述，两种不同名称的船只应为同一船型，反映出当地灵活的船只命名方式。中海博收藏有与之类似的鞋样船舶通草画 2 幅，应为低仓艇（见图23、图24）。相比较而言，小尺幅的通草画有描绘简单的特点。

　　除老矩艇、低仓艇外，珠江上还有一种风月船，称为沙姑，[③] 英图及英维院均藏有沙姑纸质水彩画，[④] 且描绘极为相似。较老矩艇船型来看，沙姑船身瘦长，彩色玻璃的装饰使其显得更为华丽；或许为了纳客，沙姑舟身均有船

①　英国维多利亚阿伯特博物院、广州市文化局等编《18—19 世纪羊城风物：英国维多利亚阿伯特博物院藏广州外销画》，第 214 页；王次澄等主编《大英图书馆特藏中国清代外销画精华》（第 6 卷），第 190 页。

②　英国维多利亚阿伯特博物院、广州市文化局等编《18—19 世纪羊城风物：英国维多利亚阿伯特博物院藏广州外销画》，第 216 页。

③　一般认为沙姑来源于广州本地的沙艇，详见程美宝《琛舶纷从画里来》，英国维多利亚阿伯特博物院、广州市文化局等编《18—19 世纪羊城风物：英国维多利亚阿伯特博物院藏广州外销画》，第 47 页。

④　英国维多利亚阿伯特博物院、广州市文化局等编《18—19 世纪羊城风物：英国维多利亚阿伯特博物院藏广州外销画》，第 215 页；王次澄等主编《大英图书馆特藏中国清代外销画精华》（第 6 卷），第 184 页。

图23　1-9 船画，中国航海博物馆藏

图24　2-6 船画，中国航海博物馆藏

屋盖覆，而待客之女为了吸引客人，往往在窗前或门口半露身影。中海博收藏有与之相类似的通草船画（见图25、图26），且有花盆置于船屋顶部，这或许也是该类船被称为"花艇"的由来。值得一提的是，"花艇"之称更多在诗文、游记等著述史料中使用，或许反映的是一种观客称谓；而外销纸质画中老矩艇、低仓艇、沙姑等称谓往往最初来源于画师对当地人称谓的询问记载，应是当时当地的民众称谓。

珠江上另一种客商游玩的船被称为行尾艇，又叫公司小艇，多是为十三行商人水上赏景游乐服务的船只。从英图及英维院收藏的纸质画来

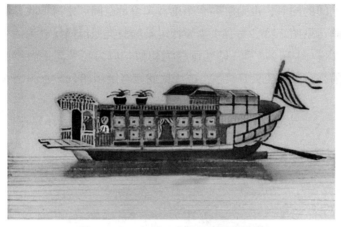

图 25　2-4 船画，中国航海博物馆藏

图 26　2-18 船画，中国航海博物馆藏

看，^① 二者极为相似，但玻璃设色不同，反映出画师据个人喜好设色的特点；而近景的公司小艇描绘更为细致，船篷门厅上方书有"风月"繁体的晦笔字，反映出大尺幅图画在细致描绘方面的优势。或许为了观光需要，船上一改老矩艇、沙姑门窗多关闭的状态，大都开门敞窗，便于赏景采光。从船型舟式来看，该船与老矩艇类似，为鞋样船型，但尾部往往不盖尾楼，在留足供几位桨

①　王次澄等主编《大英图书馆特藏中国清代外销画精华》（第 6 卷），第 204 页；英国维多利亚阿伯特博物院、广州市文化局等编《18—19 世纪羊城风物：英国维多利亚阿伯特博物院藏广州外销画》，第 206 页。

舵手作业空间的同时，也为游客至船尾赏光留足空间。中海博收藏有与之类似的通草船画（见图27），另有3幅与行尾艇船型类似但描绘更为简单的通草船画（见图28—图30）。后3幅船画极为相似，应为临摹同一画作；与行尾艇略为不同的是，该船船头有桨手，或为民间渡客所用船只。

图27　1-11船画，中国航海博物馆藏

图28　2-7船画，中国航海博物馆藏

珠江娱乐船中还有一类戏船，是载运本地粤剧班演员和戏剧服饰、道具的船，也是戏班演员平时安身之处，一般是天艇、地艇两只为一组。① 英图

----

① 王次澄等主编《大英图书馆特藏中国清代外销画精华》（第6卷），第129页。

图29　2-9船画，中国航海博物馆藏

图30　2-11船画，中国航海博物馆藏

和英维院均收藏有戏船画。① 画作可见，戏船船身更为平直，甲板突出，船尾略翘，且几乎整船加盖船篷，以保证最大限度纳箱容人。船头竖牌往往写明属某某戏班，舷樯有多色矩形涂饰，且多有八卦纹样，船尾或插一杆彩旗。中海博收藏有与之类似但描绘更为疏简的小型通草画（见图31、图32），除两桅两帆的帆装、船身无八卦纹及设色不同外，两船与英图藏戏船船型、甲

---

① 王次澄等主编《大英图书馆特藏中国清代外销画精华》（第6卷），第128页；英国维多利亚阿伯特博物院、广州市文化局等编《18—19世纪羊城风物：英国维多利亚阿伯特博物院藏广州外销画》，第213页。

板、竖牌、尾旗等均极为相似，应为戏船。图31与图32极为相似，但31图
中绘有人物，且人物与船只大小比例失调，推测两图应为画匠手笔。

图31　2-1船画，中国航海博物馆藏

图32　2-8船画，中国航海博物馆藏

珠江水域还有一种较为大型的载人船，称为夜渡船，英图及英维院均收
藏有纸质水彩画。[①]从画作可见，夜渡船船头平直、船身狭长、船尾上翘、
船帆阔大，英图的画作极为写实，描绘出船帆破损的样子。船头放船客行

---

① 王次澄等主编《大英图书馆特藏中国清代外销画精华》（第6卷），第126页；英国维多利亚阿伯
特博物院、广州市文化局等编《18—19世纪羊城风物：英国维多利亚阿伯特博物院藏广州外销
画》，第204页。

李，船甲板上建有船屋供船客乘坐，屋顶仍可载客。或许因有雨露，部分乘客有撑伞、收伞动作。船尾有控帆掌梢之人，尾梢至少2支。中海博有绘制相对简单的夜渡船（见图33—图35），勾勒出该型的大致特征，其中尾部为正面特写，为内河船形制，有助于我们了解夜渡船的尾部细节。

中海博还收藏有1幅船平尾翘、拱棚加盖、船棚设色、尾部开敞、扬帆起航的内河船画（见图36）；另有一幅船身平直、头尾均架设凉棚供桨舵手撑船、中部加盖船篷的内河船画（见图37），但由于暂无具名船图参比，两船船名暂不可考。

图33   2-14船画，中国航海博物馆藏

图34   2-21船画，中国航海博物馆藏

图 35　2-23 船画，中国航海博物馆藏

图 36　2-3 船画，中国航海博物馆藏

图 37　2-24 船画，中国航海博物馆藏

结　语

清代通草画作为外销水彩画的一种，其绘制内容与其他材质的外销水彩画有天然近缘关系。由于外销纸质水彩画往往在内容描绘上更为形象具体，且多有中文名题具或有外文名录可查，因而通过比勘——将英图及英维院所藏纸质船舶外销水彩画与中海博藏船舶通草画做比对研究——后者的原始船名就可以确定下来。结果显示：中海博藏船舶通草画 1-1 至 1-12 船画船名分别为西瓜扁、捕盗米艇、桨艇、谷船、鸭艇、西瓜扁、乌艚船、西南谷船、低仓艇、龙舟、行尾艇、大官座船，2-1 至 2-25 船画船名分别为戏船、外江运粮船、佚名船、沙姑、桨艇、低仓艇、行尾艇、戏船、行尾艇、外江运粮船、行尾艇、舢板、西瓜扁、夜渡船、鸭艇、撒网艇、捕盗米艇、沙姑、桨艇、白艚船、夜渡船、鸭艇、夜渡船、佚名船、桨艇。

清代外销通草画极有可能参照纸本外销画而创作。通草片的大小决定了通草画构图细致程度、真实还原度乃至整幅图画的价格。同一主题的小版本通草画，往往是大通草画的简化版；而大通草画绘制细节，则未必逊于纸本水彩画。从中海博馆藏船舶通草画来看，中大型画描绘得相当细致精美，且套内重复率较低，描绘的船型更为多样，自然中大型通草画售价更为昂贵；小型通草画绘制主题相对趋同，装裱不区别船型，简单杂糅，似乎传达出以量取胜的取向。小型通草画受片幅限制，往往有绘制粗疏的特点，当然其中也不乏精细之作，这要求研究过程中要区别对待，不能一概而论。

通过对包括通草画、纸本水彩画在内的外销画比勘可见，同一船型的绘制虽有角度侧面不同，但往往都体现了船舶构造的一致性；此外，画作比文字史料更为直观生动，可弥补文字想象力不足的缺憾，这也使画作成为研究古船建造工艺、复原古船的重要参考对象，应受到历史船模制界的重视。而同质异类外销画的收集展示，不仅可以吸引时下观众的兴趣，也易于激发他们回望与当下生活迥异的清代航海历史文化，传承弘扬中华海洋文明传统。当然，作为清代画家主观创造构想的艺术品，通草画及其他外销画在反映清代特殊外销商品、船舶制造与水上运输的真实社会历史的一面有其可取之处，是研究清代中外贸易、珠江水运乃至广州口岸水上生活的珍贵史料，但是其客观性准确性也不宜高估。

A Study of Boat Paintings on Pith Paper Collected by China Maritime Museum

Shan Li

Abstract: Export watercolor paintings on pith paper of the Qing Dynasty had a natural relationship with export ones on other materials, which makes it possible to examine the cotent of nameless paintings on pith paper through ones with famous inscriptions or listed references. The ship types presented by boat paintings on pith paper collected by China Maritime Museum are common type of the Pearl River in Guangzhou section in the Qing Dynasty, including watermelon flat boats, patrol rice boats, oar boats, rice boats, duck boats, black boats, southwest rice boats, low warehouse boats, dragon boats, tail boats, big official seat boats, theater boats, grain boats from the outer river, madam Sha-gu boats, sampans, night ferries, net boats, white boats, etc., reflecting variety of ship type and flexible naming in Guangzhou areas. The existing collections show that the size of pith paper determines the composition, restoration, and even price of paintings. In addition, the small version of the same theme is a simplified version of the big one, and the connotation of paintings on pith paper is not inferior to watercolor painting. Thus the study on paintings on pith paper needs more specific discussion.

Keywords: Paintings on Pith Paper; Export Paintings; Ship; China Maritime Museum

（执行编辑：吴婉惠）

海洋史研究（第二十二辑）

2024 年 4 月　第 467~483 页

莅海图说

——清代中外海图中的交流

郭　亮[*]

摘　要：晚明以降，西方与中国的交流逐渐增多，海路成为航海发达国家到达中国的主要路线。这种地理意义上的交流源于西方航海科学和海图测绘系统的不断完善。明清时期，中国需要不断面对来自西方诸国及其舰队的到访与交流。这种情况持续了几个世纪之久。在清代中前期，政府对沿海的事物也给予了重视，然而，并没有建立基于科学发展基础上的海防体系，随之而来的多次中外海战失败，也直接影响了近代中国的历史发展进程。作为一个曾被忽视的线索，近代西方海图图像和中国的沿海图籍以新颖的视角，揭示了中西交流背景下，海洋问题认知模式的异同及其与社会、地缘政治和科学发展的多层面互动。

关键词：沿海交流　海图测绘　海权

必须掌握海洋，必须占有海洋。

——托马斯·福尔顿

---

*　郭亮，上海大学上海美术学院教授、美国普林斯顿大学艺术与考古系高级访问学者。
本文系国家社科基金重大项目"西方与近代中国沿海的图绘及地缘政治、贸易交流丛考"（项目号：20&ZD233）、上海市人文社科重大课题"近代西方对中国沿海地区的图绘、贸易交流丛考"（项目号：E00071）阶段性成果。

　　中国自晚明开始，就进入到因海洋交流所带来的一系列深刻的社会与国家变革之中。随着海上航线为商业贸易提供越来越有力的支持，全球航行得以实现，航海国家如葡萄牙与荷兰的商船和军舰也已经先后航行到了中国的外海，海洋交流问题亦随之而来。伴随与海外世界的接触，中国沿海地域也在发生变化，这一切都被中国和域外的海图记录了下来。中国的大陆海岸线延伸超过一万八千公里，长度是长城的两倍，蜿蜒曲折的边界在近代中国与西方交流中令人瞩目。清朝前期的几任皇帝重视海防，为了有效地管理海防事务，朝廷在沿海地区部署了用于防御的卫所，并建立了要塞，地方官员都需要及时上报辖地海域所发生的状况，中国明清时期的海疆与海防机制构建了一个"封闭"而严格的系统，这个系统在相对长的时间内，维系了中国沿海疆域的相对稳定。然而，此时的西方国家利用海图作为打开全球疆界和市场的利器，来到中国沿海进行贸易与殖民活动，甚至与中国发生多次冲突，影响了中国近代历史的进程。海图作为静置的图像，所隐含的历史洪流及其背后的重要性尘封已久。

　　明中期以后，倭寇海患不止，抗倭官员对沿海海防状况十分关注。嘉靖时南京兵部主事唐顺之在《条陈海防经略事疏》中说道：

　　　　国初防海规画至为精密，百年以来海烽息久，人情怠弛，因而隳废。国初海岛便近去处皆设水寨以据险伺敌，后来将士惮于迴海，水寨之名虽在，而皆是海岛移至海岸。闻老将言：双屿、列港、嵛屿诸岛近时海贼据以为巢者，皆是国初水寨故处，向使我常据之，贼安得而巢之。今宜查国初海防所在，一一修复，及查沿海卫所原设出哨海船额数，系军三民七成造者，照数征价贴助，打造福船之用。[①]

　　不过，系统和有延续性的海岸防卫制度，在明代并未制定和出现，明朝虽有郑和下西洋的海外航行和大型舰船制造技术，但却始终没有建立一支用于防卫沿海的常备水师，只能根据沿海所发生的事件进行军事和政治方面的局部调整，无论是平倭寇还是驱逐来到中国沿海的荷兰人，只做防御性设置并不能解决根本的问题。明人对海疆海防的理解正如《图书编·万里海防总叙》中所阐发的那样：

---

　　① 《古今图书集成·方舆汇编·山川典》卷314，光绪十年印本。

海为众水所会，而环中国皆海也，东北起辽东，东南抵琼州，其地之遥几万里，而海中夷岛小大不一，其叛服亦不常。虽其叛也不足为中国大患，而疥癣亦足为病。洪惟我太祖高皇帝于沿海要害，设为卫所水旱之寨，星列棋布，其防亦既密矣。然密于防海，而今之为海滨患者，岂特旧法废弛为然哉？如漳、泉滨海之民，以海上为家，以夷岛为商贩之地，固有所利于夷；而各夷岛之货，皆欲求售，其所利于中国之货物者亦不少。其中且有名虽入贡，实为贸易财货，故利之所在，华夷争趋之而忘其风波之险也；一或禁其舟楫，其初亦若海寇之稍靖矣。然而奸顽恶党钩引潜匿，为害滋甚，近日倭奴之患，可睹也已。今欲防之，岂有他哉？亦惟举国初之制而润色之，俾威严在我而怀柔有道，海寇不为大害云。①

《图书编》的编撰者是晚明学者章潢，他对中国沿海一带的形势分析透彻，贸易之利已成为海上争端的主要诱因。明代以后，沿海倭寇的侵扰渐为来自欧洲的航海国家所取代。出于对贸易和对方物产的兴趣，航海技术出众的国家，如荷兰和葡萄牙不断更新海图，进行精确观测和修正航线，台湾被荷兰占据38年所潜藏的，正是航海技术与测绘海图的领先，来自海上的交流与矛盾一直延续到了近代。

一　海图与来自海上的交流

18世纪以来，英国在亚洲的贸易开拓重点就是打开中国的市场，马戛尔尼代表英国政府向清廷提出了七项请求，要求签订正式条约：派遣驻北京人员管理中英贸易；允许英国商船至宁波、舟山及两广、天津地方收泊交易；允许英国商人比照俄国之例在北京设商馆以收贮发卖货物，要求在舟山附近小海岛修建设施，作存货及商人居住用；允许选择广州城附近一处地方作英商居留地；并允许澳门英商自由出入广东；允许英国商船出入广州与澳门水道并能减免货物课税；以及允许英人传教。这些要求均被乾隆帝拒绝，乾隆五十八年（1793），他在给英人的复信中口气强硬、态度坚决："天朝

---

① 《古今图书集成·方舆汇编·山川典》卷314。

疆界严明，从不许外藩人等稍有越境掺杂。是尔国欲在京城立行之事，必不可行。"①

自1450年之后，在新印刷技术、原始资本主义消费和人文主义文化的推动下，欧洲地图技艺水平日新月异。到18世纪，地图已经成为传达地理概念的主要工具。更加精确的海上航线和海图，在西方主要航海国家向海外扩张进程中起到了关键的作用，甚至影响到了社会心理，正如塞缪尔·约翰逊在1750年所说：

> 一本书一旦落入公众手中，它就被认为是永久不变的，而读者会将他的思想融入作者的设计之中，制图过程和由此产生的地图反过来又依赖于敏锐的空间概念。与任何其他表现形式的图像或文本一样，地图制图者所使用的工具和技术、地图制作和使用的社会关系及文化期望，都是地图的图像价值。②

18世纪以来，东印度公司和英国海军非常重视地图、海图的战略价值，英国海军水道测绘部的成立不应被看作一个孤立的事件。海图在中国贸易与鸦片战争中具有深远的社会心理影响力，测绘师们比中国人更加了解中国沿海、岛屿和港口要塞的具体情况，这为之后一系列的战争奠定了重要基础。

英国东印度公司对地图和制图的侧重点在于对调查地理信息的掌握，每一位测绘员都具有一定的制图专业知识。③可以看到，来到中国沿海进行测绘的英国制图师通常是具有地图测绘与制图经验的专业人士，这一点和明末时期的荷兰东印度公司近似，④他们的任务就是要准确、清楚地进行未知海域的航海路线勘察和尽可能多地收集城市社会信息，从清政府与英国双方的海图绘制水平观之，就可以看出此后由于这种差异所带来的后果。

英国东印度公司非常重视在东亚的贸易，很多交易商品从印度东部领土过境，特别是茶叶、香料、靛蓝和纺织品。1838年，为了更高效地运作，东

---

① （清）王之春：《清朝柔远记》卷6，赵春晨点校，中华书局，1989，第138页。
② Matthew H. Edney, *Mapping an Empire: The Geographical Construction of British India, 1765–1843*, Chicago: University of Chicago Press, 2018, p.2.
③ Matthew H. Edney, *Mapping an Empire: The Geographical Construction of British India, 1765–1843*, p.2.
④ 郭亮：《十七世纪欧洲与晚明地图交流》，商务印书馆，2015，第14—15页。

印度船坞公司和西印度船坞公司合并，码头由大型水池组成，可容纳一百艘船，现代港口物流使卸货和装货更快，而仓库就在码头边，紧挨着船位，也使运输更加有效。在码头期间，这些船只还可以重新改装和装载，以便下次航行。[1] 从威廉·丹尼尔绘制的《东印度公司船坞远眺》画作（见图1）中，可以看到英国在印度建立了设施完备的远洋航行基地。毫无疑问，英国一直想在中国建立同样的专属港口和船坞基地，从而更加有效地获取贸易利润，然而，清政府非常坚决地拒绝了英国贸易开埠的请求，使英国的野心未能实现。

图 1　威廉·丹尼尔《东印度公司船坞远眺》，1808，水彩，英国国家海洋博物馆藏

英国在中国开展贸易的最初尝试，受阻于广州的地方政府和澳门的葡萄牙人，长期以来，荷兰人为打破这个壁垒所进行的多次努力最后都毫无效果。英国船长约翰·威德尔在 1637 年强行沿河而上到达广州，救出几名被关押的英国商人，但却未获准从事贸易，并被澳门的葡萄牙人赶走。英国人后来在中国的冒险事业，包括 1670 年试图接替 1661 年被郑成功驱逐的荷兰人在台湾的努力，也以失败告终。[2] 及至 1683 年，清政府收回了台湾，并要求所有外国人到广州经商。18 世纪初期，外国人在广州的贸易慢慢变得较为容易，但英国人直到 1762 年才获准在那里设立一个正式贸易基地。[3] 在此

[1]　Dorlis Blume, *Europe and the Sea*, Munich:Hirmer Publishers, 2018, p.300.

[2]　George L. van Driem, *The Tale of Tea A Comprehensive History of Tea from Prehistoric Times to the Present Day,* Leiden: Brill Academic Publishers, 2020, p.386.

[3]　〔美〕罗兹·墨菲:《亚洲史》，黄磷译，海南出版社，2005，第341页。

期间，英国人也到日本进行了一次短暂的试探。1598 年，英国船长和领航员威尔·亚当斯被任命为前往东印度群岛的荷兰船队的主要领航员，只有亚当斯指挥的一艘船通过合恩角（Kaap Hoorn，位于南美洲）幸存下来，他于 1600 年春抵达日本西南的九州岛。①

二　英国对华南沿海的测绘

乾隆五十一年（1786），也就是马戛尔尼使团来华的 7 年以前，已经有英国人对广州及珠江一带做过深入的测量并绘制成地图。约瑟夫·赫达特（Joseph Huddart, 1741—1816）就是其中的代表，赫达特是英国船长、水文学家、海图绘制者和发明家。1773 年，赫达特加入了东印度公司，在约克号上担任四副，前往圣赫勒拿岛。在这次航行中，他对苏门答腊西海岸进行了详细的科学观察和调查。1777 年，罗伯特·赛耶出版了赫达特对苏门答腊海岸的测绘图，并委托他对圣乔治海峡进行了一次调查，调查于 1778 年夏天完成。赫达特绘制的圣乔治海峡海图，证明了他的测绘具有较高的精确度，并奠定了赫达特作为英国最重要的水文学家之一的声誉。1777 年下半年，他重新进入东印度公司服役，在接下来的十年里，赫达特曾在印度和中国之间的水域频繁航行，广州水域的地图就是在这期间所绘就。②约瑟夫·赫达特在 1794 年绘制的《中国南海，从广州到澳门海图》显示了虎门、狮子洋、珠江口、黄埔、琶洲岛和二沙岛一带，广州珠江下游的详细航行指示和海岸线，并附有这一带河岸情况的详细资料。③赫达特对广州到澳门的珠江河道进行了校正，绘制了南海航海图，图中有大屿山一带的沿海风光，海图详细标记了测量海水的深度。赫达特在地图的注解之中详细地描述了图中的地理信息：

> 珠江流域并不难以航行，然而近些年许多船只因为领航员的无知而避开这一区域，那些渴望去澳门的船只对这一区域知之甚少。在澳门和虎门之间，船只进入浅滩或有可能搁浅，据说是在外伶仃岛，我在船常

---

①　I. Nish, Y. Kibata, eds., *The History of Anglo-Japanese Relations, 1600–2000*, Volume I, Houndmill et al.: Palgrave Macmillan, 2000, p.42.

②　Joseph Huddart, *The Oriental Navigator, or, New Directions for Sailing to and from the East Indies*, Miami: Hard Press Publishing, 2018, p.102.

③　广州市规划局、广州市城市建设档案馆编《图说城市文脉——广州古今地图集》，广东省地图出版社，2010，第 49 页。

去的海峡里还没有找到这样的岛屿。①

与此同时，为了获取更多的茶叶，促进殖民地印度的繁荣以获取更多资源投资欧洲，英国政府于1878年1月第一次派出使臣喀塞卡特中校出使中国，希望能够开拓中国市场，促进印度土产及制造品的销售，以及保障在广州的本国商人能够获得中国法律的平等对待，同时还谋求获得一个安全地方（非殖民地）存储、装载货物。② 通过海路进入中国是英国的唯一选择，对1784年至1811年来广州贸易的各国商船进行比较，就会发现英国商船数量的可观（见表1）。自1784年开始，英舰数量就占据了往来广州的各国舰船之首。同时，英国也直接主导了1840年和1856年的两次鸦片战争，并导致了香港岛割让等一系列重要事件，围绕来华贸易和战争，对东南中国海的测绘就变得十分重要。清政府亦知晓广东在中国和域外关系方面的重要，清代绘制广东一带的海图较之前在数量和形式上都有增加，但是绘图的模式主要还是沿袭中国舆图的传统绘法，西方的科学测绘依然没有成为中国人绘制海图的参照方式。

表1　1784—1791年来广州口岸的各国商船统计

单位：年，艘

时间	英国船	欧洲各国船	美国船
1784—1785	14	16	2
1785—1786	18	12	1
1786—1787	27	9	5
1787—1788	29	2	13
1788—1789	27	11	4
1789—1790	21	7	14
1790—1791	25	7	3

资料来源：〔美〕泰勒·丹涅特：《美国人在东亚》，姚曾廙译，商务印书馆，1959，第41页。

在清廷拒绝马戛尔尼使团的所有请求之后，英国并没有放弃在中国沿海寻找口岸。嘉庆七年（1802）英国兵船六艘，几个月来泊驻鹅颈洋，窥伺澳

① 取自赫达特图中的描述。
② H. B. Morse, *The Chronicles of the East India Company Trading to China, 1635–1834*, Vol. Ⅱ, Oxford: Clarendon Press, 1926, pp.160–165.

门。嘉庆十一年英国兵船十艘侵犯安南，被安南人击退，并被烧去七艘，他们因为不敢回国，就转来广东洋面，企图夺取澳门，将功赎罪。[①] 同年，英国东印度公司的测量员詹姆士·霍尔斯堡（James Horsburgh, 1762—1836）在香港一带的海面上进行了悉心的测探，把很多地方的名称景物都在地图上仔细记下来。霍尔斯堡是苏格兰水文学家和出版商，曾在皇家海军服役，后来成为东印度公司的水文学家，在东印度服役超过 20 年。在前往东印度群岛的航程中，由于海图错误，他在迭戈加西亚遭遇了海难，这倒激发了他对海图绘制的兴趣，尤其是东印度群岛。霍尔斯堡还出版了一些他自己测绘的海图：1810 年的班卡海峡和加斯帕海峡海图、1811 年的印度和斯里兰卡海图、1821 年的中国海海图和 1835 年的中国东海岸海图。他报告说：铜鼓湾、金星门以及伶仃的西南部，香港南的大潭湾都是避风的良港，大鹏湾、大埔口也便于驻泊。[②] 英国海军部自 1795 年起在联合王国水文局的主持下参与制作海图。它的主要任务是为英国皇家海军提供导航产品和服务，1821 年以后也向公众出售海图。1795 年，国王乔治三世任命地理学家亚历山大·达尔林普（Alexander Dalrympe）整合、编目和改进皇家海军的海图。达尔林普尔去世后两年，詹姆士·霍尔斯堡被任命为英国东印度公司水文师，1802 年他作为水文学家为海军部绘制了第一张海图。[③]

绘制海图的系统化管理是英国海外殖民和扩张政策的基石之一，大英帝国曾经的殖民地留下了为数可观的地图、海图资料，它们是英国海外测量的重要文献。詹姆士·霍尔斯堡的深入观察体现于他绘制的中国海图中，其 1831 年首次出版的《珠江沿岸与广州河流图》描绘了珠江三角洲的陆地、海上和岛屿情况。后来的版本经过大量修改，以纳入最新的调查。[④] 该图重新描绘了整个珠江，增加了许多水深数据、堤岸和浅滩的信息。修订本还新增了珠江三角洲上游的大型插图，图中所引用的许多宝塔和地标，都列在插图中。

霍尔斯堡对珠江沿岸的地形做了十分深入的观察和描绘，在图中运用了

---

① 丁又：《香港初期史话》，生活·读书·新知三联书店，1958，第 22 页。

② 丁又：《香港初期史话》，第 22 页。

③ Josef Konvitz, *Cartography in France, 1660–1848: Science, Engineering, and Statecraft*, University of Chicago Press, 1987, pp.35–72, 160–165.

④ 主要来自海军部出版于 1946 年的由海军军官爱德华·贝尔彻（Edward Belcher, 1799—1877）于 1840 年对该海域所进行的调查（参见詹姆士·霍尔斯堡《珠江沿岸与广州河流图》中的记述，1845，哈佛大学图书馆藏）。

不同的透视视角，平面和立体地呈现出珠江沿岸山丘、建筑和地名等信息。例如他在图中标记到：

> 船从南面来的时候，当第一次看到三板洲（Sampan chow）时，如果龙穴岛（Lung-eet rocks）与大角头（Ty-cock-tow）的外缘接近，那么它很可能几乎在标记之下，应该位于北纬22°的位置。如视图所示，在南山（Anung hoy）最高部分的正下方，不过在逆风下工作时，必须将三板洲放在两个星号标记的空间内。①

在珠江流域、广东一带海域，霍尔斯堡提供了非常密集的水深参数，这无疑是船只航行的重要数据，需要较长时间的深入测量才能够绘出。这说明当时英国对广东一带海域情况的了解已经比较全面。清代中国也绘制了数量较多的广东海图与地图，整体而言较少采用西方科学地图的模式，在比例和距离方面很少具有实际的参考意义。在光绪二十四年（1898）的《广东省沿海图》中，彩绘长卷海图依然采用中国绘画长卷形式，对沿海各岛屿、礁石、州、府、县和军事防卫做了标记，因为没有比例尺和经纬度说明，所以无法判断精确的里程，海图下方有题记：

> 广省左捍虎门，右扼香山。而香山虽外护顺德、新会，实为省会之要地。不但外海捕盗，内河缉贼，港汊四通，奸匪殊甚且共域澳门，外防番舶于虎门，为犄角不可泛视也。②

对比霍尔斯堡海图，可以发现清人所绘《广东省沿海图》存在不少谬误。如淇澳岛旁边的香山县一带，图中似乎被误画成一个独立的海岛，与大陆并不相连，这样的海图无法在实际海战防卫中发挥作用。尽管清军水师把类似的海图亦当作海防资料，在今天看来，它似乎仅有雅玩欣赏的价值。对海图的依赖程度，清朝无法和航海大国英国相比，后来发生的一系列沿海战争中，清军在广州、厦门和镇海多次失利就能够说明问题。在当时，英国人对广东一带的图绘频次较高，例如1841年4月29日，英人爱德华·克里（Edward Cree，1814—1901）博士就在广州城墙附近，他已经画了11个月的草图，克

---

① 〔英〕詹姆士·霍尔斯堡：《珠江沿岸与广州河流图》，1831，哈佛大学图书馆藏。
② 佚名绘《广东省沿海图》，光绪二十四年，大连图书馆藏。

里搭乘的英国皇家海军"响尾蛇号"（Rattlesnake）驻扎在中国水域，利用一切机会进行观测。但随着英国对清朝中国采取军事行动，愉快的旅行可能会变成危险的事情：

> 当克里画草图时，刺耳的枪声响起。他迅速退到船的安全处后，注意到草帽边上有一个弹孔，他发现那地方有些危险。在戏剧性的历史事件的背景下，克里的手绘作品，记录了他在海上的生活以及他在旅行时所遇到的地方的印象。[①]

"响尾蛇号"号运兵船是英国皇家海军的一艘六级驱逐舰，由察咸船厂（Chatham Dockyard）在 1822 年 3 月 26 日开始建造，1824 年 3 月 8 日建成。舰长 34.7m，宽 9.7m，排水量 503t。舰上拥有 28 门炮。"响尾蛇号"于 1840 年 6 月 21 日抵达澳门，执行封锁广州港的任务，而这只是众多英国军舰中的一艘。"响尾蛇号"也参加了第一次鸦片战争：1840 年 7 月 5—6 日参与对舟山的占领；1841 年至 1842 年，参与威廉·帕克爵士指挥的在广州以外的行动，包括 1841 年 10 月 10 日的镇海战役和 1842 年 6 月至 8 月的长江战役。[②]

在鸦片战争前后，英国人对广东沿海和香港进行了有针对性的测绘侦查，获得了较翔实的信息资料。值得一提的还有前面说到的爱德华·贝尔彻，他1812 年加入英国皇家海军，曾发明提高船锚运作效率的工具（现存伦敦科学馆）。1840 年，他作为舰长参与对中国的战役。1841 年 1 月 26 日，英国舰队在爱德华·贝尔彻与部下的协同下，首次在香港北岸登陆。在前 6 天，即1 月 20 日，英国人义律单方面宣布《穿鼻草约》成立，尽管草约并没有被双方正式签署，但爱德华·贝尔彻仍率领军舰抢滩登陆香港。英军测量人员，此前早已测定香港岛西面有一片突出的高地，既平坦又临海，可以用作军旅扎营，[③] 于是命令工兵开辟从海边到此处高地的道路，即今日香港的水坑口街。贝尔彻在 1841 年就自己绘制了香港的地图，[④] 这幅地图和之前英人所绘

---

① Hum Lewis Jones, *The Sea Journal: Seafarers' Sketchbooks*, London:Thames and Hudson Ltd., 2019, p.100.

② Anthony Bruce, William Cogar, *Encyclopedia of Naval History Darby*,PA:Diane Publishing Co., 2006, p.304.

③ John M. Carroll, *Edge of Empires: Chinese Elites and British Colonials in Hong Kong*,Cambridge et al.: Harvard University Press, 2005, p.21.

④ 〔英〕爱德华·贝尔彻绘《中国香港海图》，英国海军部，1846，大英图书馆藏。

广东外海图近似，十分细致地绘出香港岛的具体参数信息，贝尔彻此时可能并未意识到占领香港的深远意义，但作为敏锐的观察者和测绘者，他深知香港的战略价值和商业潜力。这幅地图令人印象深刻，为后来大多数的香港海图奠定了标准，甚至直到 20 世纪，该海图都被重复印刷出版并出现在许多书籍之中。贝尔彻 1841 年的地图是英国首次对香港进行详细调查的产物，在英国强占香港的过程中发挥了重要作用。该地图涵盖香港岛和九龙半岛，以及毗邻的部分岛屿：大屿山、坪洲、喜灵洲、南丫岛、双四门、蒲苔群岛和东龙洲等。这张地图提供了令人印象极为深刻的对各个建筑物的详细描绘，特别是维多利亚、中环和九龙半岛一带，以及密集的海水深度测量点。

贝尔彻不仅非常细致地绘出香港周边海域的详细水深指数，还对香港主要山脉的高度做了测量，并标出了高度，例如维多利亚峰（今太平山）为 1852m。观测点的经纬度标记为东经 114º10'48"，北纬 22º16'27"，还特意记述了是在皇家海军"硫磺号"（HMS Sulphur）上所绘。他的《中国香港海图》在 1857 年至 1861 年进行了更正和修订，在将修正版与 1846 年版本进行比较时，会注意到以下方面的变化：命名和修改了大螺湾和沙湾的海岸线，对黄竹坑的命名和修订，维多利亚湾的定居点几乎增加了一倍，跑马地显示了定居点，西湾和小西湾沿海岸线被命名得更加合适。

爱德华·贝尔彻甚至还翻刻过詹姆士·霍尔斯堡 1831 年的《珠江沿岸与广州河流图》，不同之处在于标记了中文地名，这幅图的重要性可见一斑。在《广州及其周边，澳门与香港》图中，他把广州、澳门和香港的详细状况都绘制出来，可以看到他所关注的主要方面。地图分三个部分展示了中国广州地区。第一部分是澳门岛的地图，还有香港的一个小插图；下一部分是珠江，它从澳门岛和大屿山（Lantau）到广州，覆盖整个珠江三角洲；最后一个和最大的部分显示了广州城的轮廓，地图显示水深以英寻 ① 为单位，其中澳门区域未给出比例，也描绘了从澳门到广州的河流。

英国仰仗铁甲舰船和精绘海图，在中国沿海一路进犯，沿岸港口在炮火硝烟中少有幸免。1841 年 1 月 7 日，英军侵犯珠江时，遭到了清军的抵抗。在要塞之上的清军设备落后，枪支火力微弱，枪炮被固定在不能升降的支架上，江面上只有区区几艘平底帆船待命。威廉·霍尔上校（Captain William Hall）指挥桨轮铁甲的护卫舰"复仇女神"号（Nemesis）击中中国船只。中

---

① 　海洋测量中的深度单位，1 英寻约合 1.8288m。

国船只中有一艘中弹爆炸，当江面上的中国船只剩下不到六艘的时候，"复仇女神"号转而攻击沙滩处的其他帆船，中国船只尽数被毁或被俘。随后，"复仇女神"号又逆流而上，攻击了上游一处小镇才扬长而去。中国在炮火的攻击下深刻认识到大英帝国的海上实力。经过 2 年的战争，英国占领了香港，获得了在 4 个港口通商贸易的特权。①正如我们已了解的情况，战争的胜利需要具备良好的制图和情报收集的能力。

鸦片战争的幕后策划者，是海军部第二秘书约翰·巴罗爵士（Sir John Barrow, 1764—1848），他是皇家地理学会（Royal Geographic Society）的创始人之一。英国海军水道测绘部成立较晚，于 1795 年建立，而且其工作只是收集已有的绘图，然后分发给各艘船只而已。然而在约翰·巴罗在任的 25 年间，该部授权绘制了 1500 张新地图，并极大地提高了地图绘制的准确度，为整个世界海军地图的绘制建立了标准，其中有不少地图在一个半世纪以后仍在使用。②英国在开战之前就对中国海域，尤其是广东一带做了深入详尽的测绘，战争的结局似乎没有什么悬念，清军在面对掌握先进的航海能力、强大的军事实力和对中国海域地形充分了解的海军时，失败几乎是注定的结局，因为这些都是清军完全不具备的。

三　清代的海图测绘

清人对英国海图测绘的水平并非一无所知，这一点在北洋水师海军教学章程中可以发现。例如：北洋海军章程第五项招考学生例就参照了泰西各国水师学堂模式，尤其是仿效英国教习章程而制定；学生在堂四年应习功课中包括地舆图说，课程说明称，测海绘图乃海军分内极要事，因英国海图极精，各国取效，中国于图学一门尚未开办，自应先取英国舆图考究。③除对沿海地理的了解较少和海图与地图测绘规模较小之外，清代海图还有一个特点是运用文字描述地理情况，例如广东海域水深的状况并非通过海图图示，而是叙述出来：

①　〔英〕布莱恩·莱弗里：《海洋帝国：英国海军如何改变现代世界》，施诚、张珉璐译，中信出版社，2016，第 220 页。

②　〔英〕布莱恩·莱弗里：《海洋帝国：英国海军如何改变现代世界》，第 221 页。

③　中国史学会主编《洋务运动》第 3 卷，上海人民出版社，1961，第 246 页。

量浅深以置船大小。夫广东六寨汛地，各有港可以避风泊船，但港门有浅深，湾澳有险易。港深而易泊者，无论船只大小，皆可驻扎。若港门浅狭，则利于小船而不利于大船。今六寨之中，水深可泊者，在南头，则有屯门、佛堂门也；在柘林，则有东山下、河渡门也；在恩阳，则有神电、马骝门也。港澳既深，虽有飓风骤发，船易入港，用大船以御敌诚为上策。若白鸽门汛地，惟北隘头可以泊船，其港亦浅，兼以巡哨锦囊，永安二所往来洋中，俱有沙，行大船恐未利也。白沙寨汛地，惟清澜可泊大船，而白沙、万州诸港俱浅，鬼叫门亦有沙，此二寨也，然犹有可泊之地，辛遇飓风，坏船犹少也。至若碣石卫一寨，殆又甚焉。碣石汛地，惟白沙湖颇可泊船，然湖中泥烂，湖尾浅狭，仅可容十余船耳。若碣石卫则海石嵯岈，船易冲磕。甲子门则港门甚浅，船易涸顿，一遇大风，大船不能入港，屡被覆灭。岂能遽而造补。而本寨之汛地，未免空虚，海寇倏至，如入无人之境，孰从而御之？故甲子门屡被寇劫，而竟无一兵与较胜负，非兵退怯，苦无敌船也。今于碣石、白沙、白鸽门三寨须酌用三号、四号之船，遇飓可以入港湾泊，其船常存，则其威常振耳。或谓三寨海寇要冲，而小船不利于战，然与其必用大船而屡被冲破，孰若多置船而振耀兵威？小船多，与大船相当也。况所谓小船者，若小哨马之类也，惟其可以入港而已。[①]

这一段对各海域水深、泊船、防卫和地理状况的叙述，若非亲临，则难以如此生动翔实。然而文字不能像海图一样具有直观的图像指引功能，山水画意的海图并不具有科学测绘的内核。在中国式舆图绘制风格仍然延续的同时，欧洲人远洋跋涉开辟了一个又一个殖民地和海外贸易集散地，通过海图测绘而打开一个新的世界。英军在中国沿海的战役之中使中国落败。多年以来，人们始终在思考晚清中国在与英国的海战中失败的原因，英国人奥特隆尼提出了与通常看法不一样的见解：

　　在这次战争中，各种情况都应该对清军有利：如果进行大规模战争，清军可以自由地选择他们作战的地区和防守的阵地；他们的后备部队和武器弹药，都近在咫尺；而最重要的一点，乃是这次战争是在清军

① （清）卢坤、邓廷桢主编《广东海防汇览》，王宏斌等校点，河北人民出版社，2009，第350—351页。

本土进行，他们一定可以全神贯注于这一战斗。经过两年来的战事，清军将领亦已吸收若干军事经验。由于上述种种情势，加以我军舰队最近的移动，我方军事领袖的意图业已完全暴露，我们因而预料：清政府一定要将中国众多的人力和广大的资源全部使用出来，抵抗我军的进攻，从而扭转它所面临的危险局势。[①]

从后来的历史史实来看，奥特隆尼对清政府的判断显然并不准确。清初以来对海防的关注，多年以来在沿海各省的海防建设以及绘制的众多海防舆图，这个看上去"完善"的系统为什么在西方海军的攻击之下无法实现真正有效的抵御？一个不可忽略的事实就是清代中国之外的世界，已经发生了革命性的改变。19世纪以来，由于殖民主义者将新的生活方式带到周边世界，与前几个世纪的改变仅体现在规模和速度上的差异不同，新技术将这些界限淡化，社会发展领先的国家可以统治全球，在人类历史上还是第一次。[②]清代中国对外部世界所发生的变化无法做出全面和客观的判断，在1840年的鸦片战争来临之时，广东炮台上驻守的清军并不清楚的一点是，广东海面上驾驶铁甲舰的国家究竟是什么来历：19世纪中期，英国是世界上唯一一个完全工业化的经济体，生产的铁和纺织品占世界总量的一半。作为海上强国，英国人在航海技术上也相当领先。到伊丽莎白一世时，"帆船式巨型舰"的结合体诞生了，上面能够装载四门朝前开火的大炮，这种大型帆船成为英国舰队的主力。在船只设计不断进步的同时，英国的枪炮也随着铁矿的发现和铁用途的增加而得到了改进，这种技术优势差不多持续了一个世纪。另外，随着港务局重组、欧几里得几何学的应用、对磁罗经以及磁极认识的深入，对诸如《水手的镜子》等书中用荷兰语绘制图表的翻译和一些更加精确的地图的出版，[③]英国水手的航海技术也逐渐提高了。[④]先进的军事装备只是英军取得胜利的一个方面，不能忽视的是，海图测绘在英国和法国前往亚洲的航行与战争中所起到的关键作用。

海图的测绘需要有系统和不间断地进行。清代的舆图绘制、实地观测和

---

① 〔英〕奥特隆尼：《对华作战记》（选译），中国科学院上海历史研究所筹备委员会编《鸦片战争末期英军在长江下游的侵略罪行》，上海人民出版社，1958，第189页。
② 〔美〕伊恩·莫里斯：《西方将主宰多久：东方为什么会落后，西方为什么能崛起》，钱峰译，中信出版社，2014，第334页。
③ 莎士比亚的《第十二夜》中就提到过"东西印度群岛的新版地图"。
④ 〔英〕尼尔·弗格森：《帝国》，雨珂译，中信出版社，2012，第10页。

实际运用之间存在的不匹配问题一如前代，虽然制图数量并不少，但是发挥效力不高。如在清末东沙岛事件中，因清政府拿出了足以证明属地的舆图资料，日本侵占该岛的图谋落空。[①]但直至洋务运动之时，清人对于船坚炮利及军事设施重视有加，对海图与测绘的潜在功效依然认识不足，这和历史中的长期海禁政策有很大关系。洋务运动时期，庙堂朝野都认为西方舰船枪炮是需首要引进和革新的硬件，但用于引导舰船、规划海路和侦查战情的海图测绘却始终没有得到与西方诸国同等的重视。

结　语

清代官员中对海防事物关注者众多，但是真正懂得测绘制图与海防系统之关联者甚少，也极少见于表述。曾国荃在光绪十年（1884）七月二十日的《遵旨筹议防务疏》中，对西人海战做了十分深刻的分析：

> 泰西各国盘踞海上，全恃船坚炮利以称雄，非有异术也。……西人无岁不战，相战动辄数年，或旋战旋罢，或既罢又战……近年冒犯中华已非一次，窥我之船炮不及彼之锋利……又试就炮台而论，沿海、沿江星罗棋布，视之屹如山立，巩若长城。……查西人首重测量，施放大炮，因皆久练精熟；即极小极微之处，测准而施，亦无不每发必中。[②]

这里曾国荃所说测量应不仅仅包括火炮之测量，可能也有指西方海军海图测绘之意。近代中国谋求自强和崛起，广泛学习西方的科学、军事和工业，然而西方近一个世纪以来持续发展的工业革命，无法在"洋务运动"短暂的35年之中得以实现。展阅海图，这一帧帧海疆地理图绘恰恰是无尽历史的微观印证。

年鉴派大师吕西安·费弗尔认为，在包括地图的纸本图籍开始发挥其影响力之后，一个新的视界才逐渐成形，此视界将使西方能够在至少500年内获取自己想要的发展空间。[③]往来于亚洲的大航海注定会使国家之间的交

---

①　佚名：《广东东沙岛问题纪实》，《东方杂志》第6卷第4期，1909年。

②　（清）曾纪泽：《遵旨筹议防务疏》，中国史学会主编《中法战争》第4卷，上海人民出版社，1961，第275—276页。

③　〔法〕吕西安·费弗尔、亨利－让·马丁：《书籍的历史：从抄本到印刷书》，和灿欣译，中国友谊出版公司，2019，第5页。

流角逐充满变量，明清时期的中国海防策略与海图绘制，不仅与这个传统上农业国家的特征具有内在联系，还在于朝廷努力建立一套相关的策略，以限定知识分子的教育及普通民众的信仰。在中世纪的欧洲，教育与学术跟天主教会关系密切，但独立思考的人们仍能摆脱教会认可的世界观并对其进行挑战。[①] 在郑和之后，中国再没有规模化地进行海外航行就是例子，而在不得不开放的有限空间之中，对外夷的防范仍然事关重大：为限制外国人的有害影响，清王朝承袭悠久传统，实行"广州体系"以保持其臣民和欧洲人之间的安全距离。1759 年，清王朝在《防夷五事》中规定了外国船只和人员可以前往的地方（欧洲女性及仆人都被限制在澳门）及停留时间，并要求所有贸易只能通过政府批准的"行商"进行。此外，限制欧洲人与中国人接触，以防止外国人学习中文。在 18 世纪，只有几百名欧洲人能随时进入广州。1683年清王朝放宽对海上贸易的限制之后，数千名福建人和广东人移民到东南亚或与东南亚进行贸易；与此相比，在华欧洲人的数量是微不足道的，[②] 而这一切都无法阻止来自海上的交流和碰撞。

近代航海强国均是海图测绘强国，海权的获取与国家的强大息息相关。历史上，航海实力在全球格局的变化中发挥了重要作用，时至今日依然具有深刻的影响力。几百年以来，在中国崎岖的海岸线上，上演了无数次商船来往和兵戎相见，在这些事件的背后，都有那些睿智和精密的设计与测量。

Nautical Chart Research and Exploration Exchange between Chinese and Foreign Charts in the Qing Dynasty

Guo Liang

Abstract: The exchanges between the West and China gradually increased after the late Ming Dynasty, and the sea route became the main route for the navigation developed countries to reach China. This kind of communication in the geographical sense stems from the continuous improvement of western navigation science and chart surveying and mapping system. During the Ming and Qing Dynasties, China needs to constantly face the visits of

---

① 〔美〕王国斌：《转变的中国》，李伯重等译，江苏人民出版社，2010，第 99 页。
② 〔美〕林肯·佩恩：《海洋与文明》，陈建军、罗焱英译，天津人民出版社，2017，第 512 页。

western fleets from strange regions and different cultures. This has been the case for centuries. This is a comparison of sea power at two different levels. The real historical records point out that at least in the middle and early Qing Dynasty, the State paid very high attention to coastal things. However, it did not build a coastal defense system based on scientific development. The failure of many Chinese and foreign naval wars in modern times directly affected the historical process of modern China. As a neglected clue, modern western painting and China's local chart reveal the practice mode of China and the West on sea power and its multiple intersection with national affairs under the background of Sino Western exchanges from a novel perspective.

Keywords: Coastal Exchange; Chart Surveying and Mapping; Sea Power

（执行编辑：江伟涛）

海洋史研究（第二十二辑）

2024 年 4 月　第 484~506 页

箕子墓与朝鲜王朝箕子文化建构

王鑫磊[*]

摘　要： 从周代中国出走到朝鲜半岛的箕子及其相关历史叙述，在朝鲜王朝时期被作为重要的历史文化资源，用以建构朝鲜王朝作为儒教国家的文化传统基础。通过考察箕子墓这一历史文化遗迹和物质景观的发展演变历史，能够清楚地感知这种文化构建的具体方式及其影响。箕子墓作为物质遗存现在已经在朝鲜半岛消失，但是跨地域的文化影响在历史上的真实存在无法被抹杀。今天应如何积极对待过去的这段历史，是值得我们深思的问题。

关键词： 箕子墓　朝鲜王朝　物质遗存　文化建构

箕子，一般认为是中国历史上真实存在的人物，殷末"三仁"之一，商纣王的叔父，商亡后不臣于周，走之朝鲜，之后回来朝见武王，与其论治国之道，述《洪范》九篇。

关于箕子"走之朝鲜"（进入朝鲜半岛并建立政权），中国学界基本持肯定观点，认为箕子或其后人最终进入朝鲜半岛并建立了箕子朝鲜政权，只是对进入线路和时间有不同看法。[①] 日本学界以 1920 年代今西龙等学者为代表，

---

* 　王鑫磊，复旦大学文史研究院副研究员。

　　本文为国家社会科学基金冷门绝学专项复旦大学东亚海域史研究创新团队"16—17 世纪西人东来与多语种原始文献视域下东亚海域剧变研究"（项目号：22VJXT006）阶段性成果。

① 　首先是陆上迁移说，包括两种观点：一是平壤说，即箕子及其族人经辽东地区直接迁移至平壤，建立了箕子朝鲜政权，代表学者为金毓黻（《东北通史》，五十年代出版社，1943）；二是辽西说，认为箕子一族首先迁移至辽西，最初的箕子朝鲜政权建立于辽西，此后又再南迁至平壤，代表学者为张博泉（《箕子与朝鲜论集》，吉林文史出版社，1994）。其次是海上迁移说，认为箕子及其族人最初渡海迁移至朝鲜半岛南部，建立"辰国"政权，其后裔又北迁至朝鲜半岛北部地区，其政权改称"箕氏朝鲜"，持该观点的代表学者有蒙文通、罗继祖、刘子敏等（参见苗威《箕氏朝鲜史》，中国社会科学出版社，2019）。

全面否定箕子朝鲜的历史，对当时韩国学界产生较大影响。^①当代朝鲜和韩国学界，出于民族立场，也表现为否定或回避问题，他们的历史叙述特别是国民历史教育中，几乎不再提及箕子朝鲜的历史。

然而回到历史场景，可以发现，在朝鲜半岛历史上，箕子朝鲜的概念很早就出现，并且长期持续存在于半岛民众的认知之中。在高丽时代和朝鲜王朝时代，箕子朝鲜的历史记忆都不同程度地被官方政权突出强调，以此凸显和渲染半岛文化与中华文化的纽带关系，成为十分重要的政治资源和思想资源。孙卫国教授从思想史的角度考察朝鲜半岛历史文献，对此问题做出了精辟而全面的论述。^②

近年从海洋史角度考察物质文化史越来越为学界关注，提示我们研究历史问题时，海域背景下物质遗存、实物资料应该引起足够重视，如果将可视化、具象化的实物资料和文献资料相结合，或许能够呈现一种更直观、更鲜活的历史景象。这可以算是对传统基于文献资料展开的历史研究的一种有益补充。

回到朝鲜半岛箕子文化的问题，从朝鲜半岛的历史文献可以看到，高丽时代起，国家就开始建构箕子文化，最具代表性的事件便是在相传为箕子朝鲜都城的平壤地区进行发掘，并修建箕子墓（1102）、箕子祠（1325）。^③

到了以儒家思想为立国根基的朝鲜王朝时期，类似活动进一步得到重视和推进。朝鲜王朝为强化箕子文化认同，在平壤地区展开了一系列箕子相关历史文化遗迹的修建工程，包括箕子墓、箕子祠（崇仁殿）、箕子井田遗迹和箕子宫等。由此出现的大量历史遗迹和纪念性建筑，构成了一个成体系的"箕子文化景观群"（参见图1）。

---

① 参见〔日〕今西龙《箕子朝鲜传说考》，《支那学》第2卷第10、11期，1922年。又见〔日〕今西龙《朝鲜王朝古史の研究》，（东京）国书刊行会，1970。
② 参见孙卫国《传说、历史与认同：檀君朝鲜与箕子朝鲜历史之塑造与演变》，《复旦学报》（社会科学版）2008年第5期，第19—32页。
③ "肃宗壬午，求封箕子坟茔立祠以祭。"（〔朝〕尹斗寿编《箕子志》第1册，第58页，韩国学中央研究院藏书阁藏，藏书号：K2—174。）"十月壬子朔，礼部奏：我国教化礼义自箕子始，而不载祀典，乞求其坟茔，立祠以祭。从之。""忠肃王十二年十月，令平壤府立箕子祠以祭。恭愍王五年六月，令平壤府修营箕子祠宇，以时致祭。……（恭愍王）二十年十二月，命平壤府修箕子祠宇，以时祭之。"（孙晓主编《高丽史》卷六三，志卷一七，礼五，西南师范大学出版社、人民出版社，2013，第2018、2019页。）

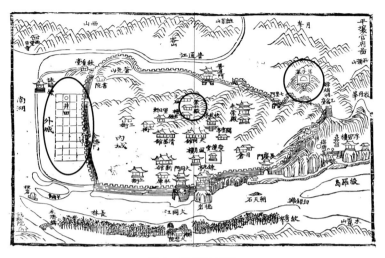

图1　平壤官府图

资料来源：《平壤志》上册，第19—20页，韩国首尔大学奎章阁图书馆藏，藏书号：古4790—2—v.1—2。

今天的平壤市，当年作为箕子祭祀空间的崇仁殿还保存部分建筑遗存，其他相关建筑已几乎不存在。然而，记录相关建筑"身份"和"背景故事"的碑刻资料（实物、拓片或照片）有幸被保留了下来。这些资料涉及箕子墓碑、崇仁殿碑、箕子井田纪迹碑和箕子宫碑等，为还原朝鲜王朝时期箕子文化景观的历史情况提供了物质性和可视性的材料，将它们与文献资料相结合，有助于我们更好地分析其营建工程背后的政治、文化动机。

本文将以上述文化景观之一的箕子墓为对象展开研究，一方面还原和呈现朝鲜王朝政府对箕子墓重新营建、持续维护的历史细节；另一方面尝试结合朝鲜时代文集资料，考察当时文人士大夫围绕箕子墓遗迹展开的游观活动，从政治活动、文人思想与物质景观的互动角度，探讨当时箕子文化景观建设和箕子文化建构的实际样貌。

一　墓图

朝鲜王朝时期成书的《箕子志》记载，箕子墓在"平壤城北王荇山负子原"，"俗称兔山"，[①] 故又俗称"兔山墓"。箕子墓今已不存，但有一些图像

---

① 〔朝〕尹斗寿编《箕子志》第1册，第18页。

资料记录了其早期的大致面貌。《箕子志》中有一幅《兔山墓图》（见图2），
绘制了当时兔山墓的形制。

图2　兔山墓图

资料来源：〔朝〕尹斗寿编《箕子志》第1册，第16页。

箕子墓于高丽时代修成，由墓、祠两部分构成。朝鲜王朝建立后，因陵
墓建筑年久失修，太宗时期下令重建，至世宗十年（1428）完工。《箕子志》
成书于16世纪末，故这幅《兔山墓图》所反映的，应是其在朝鲜王朝重建之
后的面貌。

虽然这只是一幅简单的示意图，但传递出有关箕子墓建筑的直观信息。
包括陵墓主体为半圆体砖封坟冢，墓前设有龟趺墓碑、石制牲像（马、羊各
一）、侍像（文、武官各一），整个墓区以覆檐矮墙四面围起。墓区地势较高，
有一石阶通向墓区。墓区围墙之外，石阶之下，建有丁字阁建筑。此外，箕
子墓周围山丘围绕，四周遍植树木。

关于箕子墓的形制和面貌，有不少文字记录，结合图像和文字材料，会
对箕子墓的实际情况有更精确和丰满的认知。比如实际的坟冢，应该是在砖封结

构之外尚有覆土和植草。石像生的数量和形制描绘比较准确，但图像反映的是箕子墓早期的情况，后期石像生数量有所增加。另一项图像无法明确传递而文字多有记录的信息是，箕子墓周围种植的树木主要是松树和杉树。

图像所描画的丁字阁建筑，在文献中往往称为"箕子祠"①或"箕子庙"，它是祭祀箕子的重要礼仪空间，其中设有箕子的木主，上书"朝鲜后代始祖"，②同时还设有各种祭享礼器。③值得一提的是，据《朝鲜王朝实录》记载，在朝鲜王朝第一次完成对箕子墓的重建之后，曾经在丁字阁中竖立《箕子庙碑》。④

二 墓碑

《箕子庙碑》，实物已不得见，但由文献记载可知，碑刻有长篇称颂箕子功德的文字，为当时朝鲜王朝史官卞季良受世宗钦命所撰，计644字。该碑文在《朝鲜王朝实录》和《箕子志》中均有收录，《箕子志》将其命名为《兔山墓碑文》，碑文曰：

---

① "（高丽）肃宗壬午求封箕子坟茔立祠（丁字阁）以祭。"〔朝〕尹斗寿编《箕子志》第1册，第58页。

② 朝鲜王朝时期学者李圭景撰有《箕子事实坟墓辨证说》一文，其中引明朝人董越《朝鲜赋》中文字"东有箕祠，礼设木主，题曰：朝鲜后代始祖。盖尊檀君为其建邦启土，宜以箕子为其继世传绪也。墓在兔山，维城干隅。有两翁仲，如唐巾裾，点以斑烂之苔藓，如衣锦绣之文襦"。见〔朝〕李圭景《五洲衍文长笺散稿》卷下，明文堂，1977，第210页。但此"木主"在箕子墓丁字阁（箕子祠）抑或在平壤城内崇仁殿（亦称箕子祠）存疑，根据董越原文之意，似乎指向崇仁殿。不过，董越《朝鲜赋》中明确描写箕子墓的文字，恰好也能与此处《兔山墓图》的描绘相对照："墓在兔山，维城干隅。（自注：箕子墓在城西北隅之兔山，去城不半里，山势甚高。）有两翁仲，如唐巾裾，点以斑斓之苔藓，如衣锦绣之文襦。左右列以跪乳之石羊，碑碣驮以昂首之龟趺。为圆亭以设拜位，累乱石以为庭除。此则其报本之意虽隆，而备物之礼亦疏也。"见〔明〕董越《朝鲜赋》，《文渊阁四库全书》第594册，上海古籍出版社，1987年影印本，第108页。

③ "丁字阁中，设钟簴于左右，祭享器用也。"〔朝〕朴思浩：《燕蓟纪程》，复旦大学文史研究院、成均馆大学东亚学术院大东文化研究院合编《韩国汉文燕行文献选编》第27册，复旦大学出版社，2011年影印本，第25—26页。

④ "我太宗大王命重营箕子祠宇，世宗大王命改建祠宇，立墓碑，令卞季良撰文。"（〔朝〕尹斗寿编《箕子志》第1册，第58页。）"详定所议，书箕子碑篆额以启，左议政黄喜、右议政孟思诚、赞成许稠等以为宜书曰'箕子庙碑'，总制郑招以为宜书曰'朝鲜国箕子庙之碑'。从喜等议。"〔《朝鲜世宗实录》，世宗十二年四月十六日丙戌条，〔韩〕国史编纂委员会编《朝鲜王朝实录》第3册，探求堂，1968（以下简称"国编影印本"），第230页。〕

宣德三年，岁在戊申，夏四月甲子，国王殿下传旨若曰：昔周武
王克殷，封殷太师于我邦，遂其不臣之志也。吾东方文物礼乐，侔拟中
国，迄今二千余祀，惟箕子之教是赖。顾其祠宇隘陋，不称瞻式，我父
王尝命重营，余承厥志而督之，今告成矣。宜刻诸石，以示永久，史臣
其文之。臣季良承命，祇栗不敢辞。臣窃惟：孔子以文王、箕子并列于
《易·象》，又称为三仁，则箕子之德，不可得而赞也。思昔禹之平水土
也，天锡《洪范》，彝伦叙矣。然其说未尝一见于虞、夏之书。历千余
年，至箕子而始发，向非箕子为武王而陈之，则《洛书》天人之学，后
之人何从而知之？箕子之有功于斯道也，岂偶然哉？箕子者，武王之
师，武王不以封于他方而于我朝鲜，朝鲜之人朝夕亲炙，君子得闻大道
之要，小人得蒙至治之泽，其化至于道不拾遗，此岂非天厚东方，畀之
仁贤以惠斯民，而非人之所能及也邪？井田之制、八条之法，炳如日星，
吾邦之人，世服其教，后之千祀，如生其时，愀然对越，自有不能已者
矣。洪惟我上王殿下，聪明稽古，乐观经史，而我殿下，以天纵睿知之
资，缉熙圣学，其于《洪范》九畴之道，盖由神会而心融者矣，所以作
之述之，以致其崇德报功之典者，出于至诚，实非前代君王所可得而俪
也。卿士若民，相率而起，是训是行，以近天子之耿光，而得与敷锡之
福也无疑矣。於戏盛哉！凡为屋若干，置田以供粢盛，复户以应洒扫，
命府尹以勤享祀，庙宫之事，盖无憾矣。臣季良不胜感激，谨拜手稽首
而献铭。

铭曰：

呜乎箕子，文王为徒。允也洪范，帝训是敷。匪直师殷，实师武
王。殷弃以亡，周访以昌。大哉天下，身佩安危。敛而东来，天其我私。
以教以治，八条其章。孰愚不明，孰柔不强。汉书称美，道不拾遗。侔
夷为华，唐有其碑。亹亹我王，光绍绝学。心契其理，躬行其法。既作
乃述，祠宇翼翼。有峙其堂，神御攸宁。岁时享祀，克敬克诚。嗟嗟小
臣，潜心遗经。今承王命，稽首撰铭。盛德以光，弥万亿龄。[①]

①　《朝鲜世宗实录》，世宗十年四月二十九日辛巳条，国编影印本第3册，第126页；〔朝〕尹斗寿编
　　《箕子志》第3册，第54—56页。

从这篇碑文中可以看到，明宣德三年（1428），朝鲜世宗十年，朝鲜王朝完成了对箕子墓的重建，世宗为此发布谕旨，一方面高度评价箕子于朝鲜之功绩："吾东方文物礼乐，侔拟中国，迨今二千余祀，惟箕子之教是赖。"另一方面表明国家对重修箕子墓的高度重视，经两代国王相继努力，终告达成："我父王尝命重营，余承厥志而督之，今告成矣。"

在此之前，朝鲜世宗元年（1419）二月，箕子墓的重修工作尚在进行之中，判汉城府事权弘上疏称：箕子有功于朝鲜，所以太祖开国后制定国家祀典，将其纳入，但遗憾的是高丽时代留存下来的箕子墓却没有碑记，不足以宣扬箕子功德。因此建议国王命人撰写碑文，待箕子墓重修后，再刻碑竖立于墓旁，世宗采纳了这一建议。①

卞季良受世宗钦命撰文，毫不吝惜溢美之词，高度评价箕子教化朝鲜之功："朝鲜之人朝夕亲炙，君子得闻大道之要，小人得蒙至治之泽，其化至于道不拾遗。""井田之制、八条之法，炳如日星，吾邦之人，世服其教。"最后还撰写了称颂箕子功德的 144 字赋文一篇，附于文末。

碑文撰成并刻诸石碑后，就其竖立何处的问题，朝堂之上又进行了一番讨论，卞季良主张立在墓前，称其为《箕子墓碑》；而以星山府院君李稷为代表的一批大臣认为，在墓前直接竖立刻有表彰功绩碑文的墓碑，不合古法，因而建议将其树立在祠堂（丁字阁）之内，命之为《箕子庙碑》。最终，世宗采纳了后者提出的建议，石碑被立于丁字阁内。②

从这篇碑文中还可以看到，朝鲜王朝政府不仅对箕子墓进行了修复重建，还对其后的长期维护做出了保障安排，包括安排专门的财政开支、设置专人负责日常管理、责成地方最高长官（平壤府尹）开展经常性的祭祀活动等："为屋若干，置田以供粢盛，复户以应洒扫，命府尹以勤享祀。"至此，朝鲜王朝第一次大规模重建箕子祠的工程告一段落。

---

① "箕子之贤，天下万世所共敬慕。吾夫子尝言殷有三仁焉。我东方礼乐文物，侔拟中华者，以箕子受封于此，而施八条之教也，其有功于东方甚大。太祖开国，首载祀典，所以尊崇先圣者至矣。然而墓无碑记以显扬功德，乞下文臣撰碑文，树之墓下，以诏后世。上以平壤人所传箕子墓，世远难信，乃命参赞卞季良为文，树碑于祠宇。"《朝鲜世宗实录》，世宗元年二月二十五日庚子条，国编影印本第 2 册，第 303 页。

② "星山府院君李稷、左议政黄喜、吏曹判书许稠、礼曹判书申商、参判柳颖、总制郑招等议以为：墓之有碑，以记行迹，非古也。况箕子墓，土人相传耳，更无文籍可考，生于数千载之下，而据土人之传，以为的说，恐非敬谨之道。乞依永乐十七年二月日教旨，立碑于祠堂。判府事卞季良以为：请依曾降教旨，立碑于墓。从稷等议。"《朝鲜世宗实录》，世宗十年一月二十六日己酉条，国编影印本第 3 册，第 112 页。

三　修葺

世宗时期对箕子墓后续维护做出的保障性安排，似乎没有得到很好的贯彻落实。1473 年，朝鲜成宗"下书平安道观察使李继孙曰：闻道内平壤有称为箕子墓，设丁字阁，差人守护，其守护人数及致祭与否，详考以启。且称为箕子墓，始于何代，有何典记可征，并考以启"。成宗下这一道命令的具体缘由无从考得，但从命令的内容大致可以推断，在过去四十多年的时间里，朝鲜王朝并不怎么关心箕子墓的实际情况。

1493 年，成宗收到俞好仁的奏报，内称"箕子墓祠宇颓落污秽，请加修治"，下令平安道观察使李则实地勘察，评估修缮所需投入。① 李则勘察后上报情况，提出意见，认为箕子墓确有修缮必要，但考虑到凶年及农时临近等原因，建议修缮工程不宜急在一时。成宗与朝臣议，朝臣也倾向于不急于操办，应先以农事为重，待农事结束，若收成状况良好，则责成平壤地方独自办理修缮事宜；若收成不好，则留待来年再行处理。总之，中央政府无须直接介入。②

由上述情况可知，箕子墓的重修，虽在朝鲜王朝初期被作为一项重大国家工程，予以展现和宣传，但后续维护和管理，实际上并没有得到重视，而是全权交予平壤地方政府长官负责。所以，疏于管理，导致相关建筑日渐荒颓也在情理之中。

然而，社会舆论和当时人的观感却又是另外一种状况。先前国家主导的形象工程，或多或少已在朝鲜儒生群体中树立起了箕子作为儒家文化朝鲜化代表人物的光辉形象，一些人关注箕子墓状况，时不时提醒政府对这一朝鲜

---

① "下书平安道观察使李则曰：箕子墓垣墙、丁字阁等，高低长广，备细尺量，图画上送，垣墙则燔砖改筑，又墙内布砖，丁字阁则整齐改构，以人众几名几日毕役，所入物件，详悉录启。"《朝鲜成宗实录》，成宗二十四年十二月二十二日壬午条，国编影印本第 12 册，第 455 页。

② "传曰：前者俞好仁于经筵，乃曰箕子墓祠宇颓落污秽，请加修治。予令平安道观察使李则图庙制及修缮处以启，本道役军处多，加之以年凶，今且临农，非及期之事。以是意问诸政院。金曰：徐观今年农事举此役可也。命问于领敦宁以上及议政府。尹弼商、李克培、卢思慎、尹壕、郑文炯议：依承政院所启。许琮议：此非大段役事，平壤可以独办，然当农时不可役民，来秋始役何如？韩致亨议：本道防御筑城，民间事多，此非及期之事，防御事歇后更议。柳轾议：箕子墓大举修治，非急急事也，观农事施行为便，虽不大举修治，使不至颓破，则观察使犹可为也。传曰：其下谕观察使，今年农事稍稔，则可以修治，否，则待丰年为之。"《朝鲜成宗实录》，成宗二十五年一月二十二日壬子条，国编影印本第 12 册，第 468 页。

儒家"圣域"进行必要的维护。政府必须予以积极的回应，因为维护箕子墓，既是在维护朝鲜儒家文化的尊严，也是在维护政府在儒生群体和广大民众心目中的声望和威信。

当然，政府的表现有时不令人满意，故儒生群体发动舆论。在朝鲜半岛流传着一些有关箕子墓的传闻，比如"嘉靖丙午四月日，雨雹大作，兔山松木尽为摧折，而环圣墓松杉少无所伤，人皆异之以为神明所护"，又比如"箕子墓木，鸥鹮不敢巢"。① 大雨冰雹唯独没有摧折箕子墓周围的松树和杉树，鸟类不敢在箕子墓周围的树上做巢，这些现象渲染出箕子墓具有受到神佑的特质。言外之意，即使政府偶尔疏于管理和维护，箕子墓也能以其自身灵性保持相对良好的状态。创造出这些传闻的人，具有超强的与政府休戚与共的使命感，在朝鲜王朝儒教国家的政治环境中，这或许是儒生群体中一部分人与生俱来的一种使命感。

前述成宗朝箕子墓修葺之议最终是否得到落实，以及得到了何种程度的落实不得而知。或者不了了之，或是地方稍作应付，或是大力修葺。不过，对朝鲜王朝政府维护箕子墓的力度，似乎不能全盘否定。朝鲜宣祖元年（1567），成川府使郑礥上疏："箕子东来，变夷为华之功德不下于孔子，而坟茔芜没，庙貌荒凉，未免华人讥笑。臣窃恨焉。臣请条陈尊奉之目，伏愿圣明采择焉。"② 这位郑府使向国王反映了当时箕子墓和箕子庙芜没荒凉的情况，他要求政府予以重视并修葺，理由之一是"未免华人讥笑"，也就是说，应该尽力避免因箕子墓的失修，被当时前来朝鲜的明朝人讥笑。

"未免华人讥笑"的提醒，并非杞人忧天，当时往朝鲜的明朝外交人员，经常将参观箕子墓作为在平壤的一项安排。1537 年，明朝遣龚用卿、吴希孟为正、副使出使朝鲜，朝鲜方面郑士龙、李龟龄等人陪同其在平壤地区游览，就曾到过箕子墓。③ 而《箕子志》记载，龚用卿拜访箕子墓时，细读了前述《箕子庙碑》碑文，对其称赞有加。④

或许是被"未免华人讥笑"戳中了痛点，郑礥这次上疏，引起了朝鲜王朝政府的高度重视，对箕子墓的修葺工作当即展开。最终，"箕子墓高大封

① 〔朝〕尹斗寿编《箕子志》第 1 册，第 52 页。
② 〔朝〕尹斗寿编《箕子志》第 1 册，第 59 页。
③ 事见《朝鲜中宗实录》，中宗三十二年四月三日辛亥条，国编影印本第 18 册，第 57 页。
④ "嘉靖丁酉，诏使龚用卿读此碑，屡加称美。"〔朝〕尹斗寿编《箕子志》第 3 册，第 56 页。

植，石物制度，一切以王者礼改设"。① 通过这一次修葺，箕子墓的坟茔得到
了增高增大，覆盖上了新的植被。朝鲜王朝还以王陵的礼制规格，改设其附
属设施。这次修缮工程进展迅速，当年就完工了。

四　盗掘

1592 年壬辰战争期间，日军攻陷平壤，盗掘了箕子墓。《箕子志》记载：

> 壬辰，倭贼陷平壤城，猥掘箕子墓，左边尺余坚不可凿，忽有乐声
> 自圹中出，贼惧而止。时墓碑亦见折。平乱后，改封茔域，更为新碑，
> 石峰韩濩书"箕子墓"三字，以铁索穿付旧碑于新碑之阴。②

日军在盗掘箕子墓过程中，因墓中传出奇怪的音乐声而惊惧，中止了盗掘行
为。这显然是一种神化的叙事，日军盗掘中止，更可能是因为发现箕子墓中
根本无物。日军的盗掘对箕子墓造成明显破坏，坟冢被凿开，墓碑被折断。

1593 年农历正月初八，出兵援助朝鲜的明朝军队在李如松等将领的指挥
下收复了平壤城。此后朝鲜王朝给明朝的告捷奏文中，提到了一段有关箕子
墓的情节，收复平壤的当天，在李如松的提议之下，中朝双方人员共同举行
了祭祀箕子的仪式，仪式之前对箕子墓进行简单的修复，封上了被日军破坏
的坟冢：

> 总兵李如松誓师慷慨，义气动人，军行所过，秋毫无犯，临阵督
> 战，身先列校。至于铅弹击马、火毒熏身，色不怖而愈厉。克城之日，
> 祭箕子而先封其墓，临疮痍而遍酹阵亡，宣布德意，慰问孤寡。虽裴度
> 之平淮西、曹彬之下江南，无以过此。③

这一关于"祭箕子而先封其墓"的记载，只是在奏文中表彰李如松事迹的部
分被一笔带过，并没有更多笔墨，后世文献中也鲜少提及，故而壬辰战争中
平壤收复战后发生过"祭箕子"和修复箕子墓这一幕几乎不为人所知。但是

① 〔朝〕尹斗寿编《箕子志》第 1 册，第 59 页。
② 〔朝〕尹斗寿编《箕子志》第 1 册，第 52 页。
③ 《朝鲜宣祖修正实录》，宣祖二十六年一月一日丙辰条，国编影印本第 25 册，第 635 页。

当读到这条材料时，对当时中朝双方共同举办这一仪式，应该不会感到讶异，相反能够充分地理解。

在战时情境下，"箕子"这一基于共同传统文化认知的情感纽带因素，无疑能够有效地拉近中朝双方人员的心理距离，提振联军士气，甚或带来"同仇敌忾"的动员效果，对后续军事合作的顺利展开有积极作用。如果当时"祭箕子"和修复箕子墓一事，真如朝鲜方面奏文中所表述的，是由李如松个人的提议促成，那李如松作为军事将领的文化修养和治军才能，确实颇值得称道。

战事稍稍平息，1594 年，朝鲜王朝再次组织了对箕子墓的全面修复工作，修复折断的墓碑，不过采用的方式有些特殊：他们制作了一块新碑，请当时朝鲜半岛第一书法名家韩濩书写新碑"箕子墓"（见图 3）三字，可是没有撤去残碑，而是在残碑和新碑上各穿了三个孔，将新碑置于残碑之前，再用铁钉（一说铁索）将两块碑固定在一起。

图 3　箕子墓拓片

资料来源：韩国学中央研究院藏书阁，记录号：RD04091。

　　图 3 是一件碑文拓片，藏于韩国学中央研究院藏书阁（馆藏号：
RD04091），拓片内容即"箕子墓"三字，"墓"字的左上角和右上角位置，
隐约可见打孔的痕迹。该箕子墓碑的实物现已不得见，此拓片或可推断为修
复后由韩濩所书的箕子墓新碑的拓片。

　　当时为何要将新旧两碑合一？图 4 所示的另一份拓片，或许提供了一部
分答案。该拓片同样藏于韩国学中央研究院藏书阁（馆藏号：RD04054），
拓片题为《箕子墓碑改碣识》，文字内容为：

　　　　箕子墓旧有碣，癸巳兵乱中，上头一字见缺，易石新之，将其旧附
　　立于后，盖图新存旧之意也。万历二十二年三月日。①

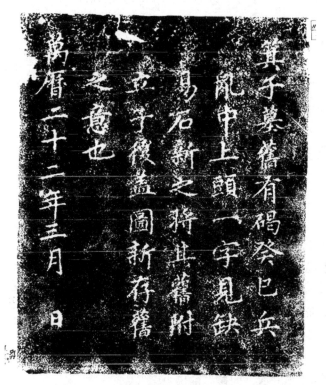

图 4　《箕子墓碑改碣识》拓片

资料来源：韩国学中央研究院藏书阁，记录号：RD04054

---

① 《箕子墓碑改碣识》，拓本，韩国学中央研究院藏书阁藏，馆藏号：RD04054。

所谓"图新存旧"，或许道出了新旧两碑合一的用意：朝鲜王朝在经历战争创伤之后，既要努力谋求国家新的发展，也不能轻易忘却战争带来的耻辱和伤痛。而此时的箕子墓碑，可以说又被赋予了一层新的历史内涵。

之后，有不少朝鲜人的笔下记述了他们所亲见的新旧两碑合为一体的景象。比如李海应（1775—1825）《蓟山纪程》（1803）描述：

> 墓方而上尖，高数丈，前有短碑，刻"箕子墓"三字，又有一碑，中折，只存一墓字，用铁钉合之。昔在壬辰，倭虏折碑，后人改竖而寓图新存旧之意。①

任百渊（1802—?）《镜浯游燕日录》（1836）记载：

> 入箕子墓，松翠郁然，有丁字阁，令库直辈开门而入。墓前立文武各二石人、羊马各一。墓大如屋，前竖短碑，刻箕子墓三字，后有旧碑，癸巳倭奴中折之，只余"子"字半与"墓"字，竖于万历所建新碑之后，以铁钉三处缝之。②

由此可见，至少到 19 世纪前半期，箕子墓碑仍是二碑合一的状况。

五　封陵

19 世纪后半期，箕子墓碑和箕子墓的状况又发生一次大的变化，相关照片在网络中很容易找到。

图 5 是一张 1930 年代的明信片照片，反映 20 世纪初"箕子陵"的面貌。如果与此前所见《兔山墓图》做一对比，可见箕子墓整体形制并没有太大的变化，但一些细节差异值得关注。最明显的不同，就是照片正中心的墓碑，所刻为"箕子陵"三字，而文献资料显示，箕子墓前的墓碑所刻应该是"箕子墓"。这涉及箕子墓"封陵"的历史。

---

① 〔朝〕李海应：《蓟山纪程》，《韩国汉文燕行文献选编》第 26 册，第 38 页。
② 〔朝〕任百渊：《镜浯游燕日录》，林基中编《燕行录全集续编》第 134 册，韩国尚书院，2008，第 317 页。

图 5　箕子陵照片

资料来源:《袋のタイトル：大同江畔平壤牡丹台名勝集》，京都大学附属图书馆藏，馆藏号：
200022895548。

《朝鲜王朝实录》记载，高宗八年（1871），韩致奎向国王上疏，建议将"箕子墓"升格为"箕子陵"：

> 正言韩致奎疏略：在昔殷替周兴，箕圣东来，明九畴而彝伦叙，宣
> 八条而纲纪立，移风易俗，文物灿然，此皆箕圣至德之赐也。噫！孔子
> 之道，虽大而无外，向使箕圣之教不有以先之，则其化岂易以入人哉？
> 然则我国崇报之典，宜与孔子并隆，而享祀之制未广，陵号之典尚阙，
> 实先朝未遑之典。而今箕子墓在平壤府城北兔山上，而尚未蒙封陵之典，
> 岂不有欠于崇报之礼乎？且箕子，以道则圣人也，以位则君王也，尚尔
> 称墓者，非特为关西人士之贵郁，抑亦环东土所共慨叹者也。伊今圣明
> 在上，重礼教而崇信义，则箕圣墓号，似亦有待乎今日而然矣。伏愿俯
> 垂开纳，博询廷议，箕圣墓号，一依先王诸陵例，优蒙崇封之典，则非
> 独为关西之幸，实我东八域之幸也。①

---

① 《朝鲜高宗实录》，高宗八年三月三日癸巳条，国编影印本第 1 册，第 356 页。

韩致奎首先强调了箕子对朝鲜的教化之功，指出箕子作为箕子朝鲜的建立者，本身就是君王，按照礼制规定，历代君王的陵墓应以"陵"称之，而平壤兔山上为箕子墓，一字之差，非但于"礼"不合，更有损朝鲜"重礼教而崇信义"的儒教国家形象。因此，他建议升格箕子墓号，将"墓"晋封为"陵"，一应祀典参照王陵规制确定。这便是箕子墓"封陵"之议。

前已述及，就箕子墓的墓制规格和祀典而言，在1567年郑礶上疏之后，就已经有"一切以王者礼改设"的安排。韩致奎此时提出"封陵"的建议，显然不太了解这一段历史，或许说明大部分朝鲜人没有什么印象。

事实上，韩致奎不是第一个提议的人。1795年，平安道儒生杨泽九就建议："太师弓剑之藏，以短碣题曰箕子墓。王者之墓，皆称以陵，况太师即东方立极之君，改墓曰陵，置守官，立斋室，亦合于尊太师之义。"国王批示："墓之仍旧称，于义无悖。"[1]言下之意，墓碑上刻"箕子墓"三字，是保留其本来面貌，尊重历史原状，并不违背大义，没必要过分纠结于一字之差。

所以，对于韩致奎"封陵"之议，高宗没有予以采纳，批示：

> 九畴、八条，彝伦之所由叙也，纲纪之所由立也。凡于崇报之道，在乎讲明此教而已。而况敬慕尊奉，殿而有崇仁乎？封陵事体，则甚郑重矣。[2]

大意是说，对箕子的尊崇，重点在于真正贯彻箕子的教化思想和政治理念，况且就礼制上的尊奉而言，国家也已经建立了崇仁殿来专门祭祀箕子。至于是否非要进行"封陵"，事关重大，应该慎重。

这一次"封陵"之议，看似就此告一段落，但后来的结果表明，它一直在继续酝酿和发酵。到了1888年，终于有了结果：

> （十一月）二十三日，议政府启："前持平金命来上疏，令庙堂禀处事，命下矣。殷师受封东来，八条施教，礼乐文物，万世永赖，环三韩数千里，至今日于乎不忘。我朝自开国初，首举祝典，又建崇仁殿，改殿监称参奉，其所崇奉，靡所不至。而殿号尊崇之后，陵号之不为加隆，无所轻重而然欤？盖封陵置官，有国大典，以其久远而未遑，尤贵博议

---

① 《朝鲜正祖实录》，正祖十九年十月一日戊寅条，国编影印本第46册，第599页。

② 《朝鲜高宗实录》，高宗八年三月三日癸巳条，国编影印本第1册，第356页。

而审裁。下询时原任大臣、礼堂处之何如?"教曰:"其在事体,诚是未遑矣,不必询问,令该曹举行。"①

二十五日,礼曹启:"箕子墓封陵之节,当为磨炼。陵号以箕子陵为称,恐合加隆之义,依此举行。置官之节,令吏曹禀处何如?"允之。②

图6　箕子陵

资料来源:《袋のタイトル:大同江畔平壤牡丹台名勝集》,京都大学附属图书馆藏,馆藏号:200022895548。

这一次,金命来再次提议,朝鲜王朝终于完成了对箕子墓的"封陵"之举,箕子墓前之碑改书"箕子陵"(如图5中所示),应当是此后发生的变化。

有意思的是,刻有"箕子陵"三字的墓碑下半部分,"陵"字左上角、右上角以及下方的位置,有三个明显的穿孔(见图6)。1888年,箕子墓升格封陵之后,随即将原来两块合一的墓碑撤去,换上"箕子陵"新碑,在残碑和新碑的下半部,都各有三个孔,即原来穿插固定铁钉之处。这是制作"箕子陵"新碑时有意为之,在碑上同样的位置,打上了同样的三个孔。用意是"图新存旧",保留历史的记忆。

箕子墓"封陵"并不是单独事件,1891年,朝鲜王朝又完成了东明王墓的"封陵",③东明王即相传为高句丽始祖的朱蒙。两起"封陵"事件,应该联系在一起看。

在当时时代背景下,东亚传统的国际格局发生翻天覆地的变化,中朝之

---

① 《朝鲜高宗实录》,高宗二十五年十一月二十三日庚午条,国编影印本第2册,第310页。

② 《朝鲜高宗实录》,高宗二十五年十一月二十五日壬申条,国编影印本第2册,第311页。

③ "东明王墓,乙巳启请封修,列圣朝崇报,非不至矣,惟其墓号之仍旧,寔为未遑。既有箕子陵追封之例,其在事体,宜无异同……教曰:不必询问,依启施行。"《朝鲜高宗实录》,高宗二十八年七月十八日庚辰条,国编影印本第2册,第393页。"吏曹启:东明王陵置官之节,依箕子陵例施行何如。允之。"《朝鲜高宗实录》,高宗二十八年八月三十日辛酉条,国编影印本第2册,第396页。"教曰:东明王封陵后,依箕子陵已行之例,令道臣致祭。"《朝鲜高宗实录》,高宗二十九年闰六月二十九日乙酉条,国编影印本第2册,第430页。

间朝贡关系正在解除，朝鲜王朝开始为从清朝属国转型为一个政治独立的近代国家做准备。将本国历史认知中箕子朝鲜政权建立者和高句丽政权建立者通过"封陵"的方式进行地位升格，暗含着为不久之后"朝鲜王朝（国王）"升格为"大韩帝国（皇帝）"（1897）进行预热的意味。

六　游观

箕子墓作为一处物质遗存和人文景观，自 12 世纪初出现于高丽时代的朝鲜半岛之后，经历朝鲜王朝五百年的沧桑洗礼，被赋予鲜明的文化意涵，象征着文化跨地域传播的价值，文明交融与良性互动。而这样一些文化意涵，又持续地通过历史场景中人的活动和思想表达被呈现出来。

前文谈及关于箕子墓重修的"未免华人讥笑"问题，已经提到曾前往箕子墓参观的明朝人龚用卿、吴希孟，类似的例子还有不少，如 1488 年明朝人董越出使朝鲜，所作《朝鲜赋》流传甚广，董越这样描写箕子墓：

> 墓在兔山，维城干隅。（自注：箕子墓在城西北隅之兔山，去城不半里，山势甚高。）有两翁仲，如唐巾裙，点以斑斓之苔藓，如衣锦绣之文襦。左右列以跪乳之石羊，碑碣驮以昂首之龟趺。为圆亭以设拜位，累乱石以为庭除。此则其报本之意虽隆，而备物之礼亦疏也。①

显然，董越是亲历其境的，笔下的"两翁仲"当指墓前石制侍像，还有石羊、龟趺，丁字阁被记作"圆亭"。董越看到的箕子墓离它上一次被修葺一新已经过去了 60 年，此时的景象大约已经如朝鲜人自己所说的"祠宇颓落污秽"了，故而令其发出"报本之意虽隆，而备物之礼亦疏"的感慨和评价。郑礀的"未免华人讥笑"，由此观之，真乃得见也。

前往箕子墓游观的人群，更多的当然是朝鲜本国人，不过偏远的地理位置和有限的交通条件，决定了箕子墓不太可能成为平壤城或者平安道以外地区普通人的长途出游目的地。尽管如此，总会有一些人游览平壤，可能是长期派驻当地的官员、短期出公差的官员，或者是出国（出使中国）公干的官员，或者是商人群体。对知识分子（文人）身份的官员群体来说，游观箕子

---

① （明）董越:《朝鲜赋》,《文渊阁四库全书》第 594 册, 第 108 页。

墓有着非比寻常的意义，"燕行录"文献资料中，可谓俯拾皆是。比如 1574 年出使明朝的许筬，记载途经平壤游观箕子墓的情景：

> 二十六日己亥，或阴或晴或洒雨，朝，诸同年及府儒生李应虚来见，余与汝式具冠带，向永崇殿，将拜康献王御容，参奉俱不在，遂出。自七星门，谒箕子墓。洞口有下马碑。余等再拜，巡视。则墓形不甚高大，围以矮墙。竖短碣，镌"箕子墓"三大字，深入石理。傍有石马、石人各一对，皆残缺颠仆。墓前建小阁如丁字，以庇华使展拜之地。①

1712 年出使清朝的金昌业这样记载箕子墓：

> 至平壤，历谒箕子墓。旧碑折于壬辰兵火，只余其半，附于新碑后，以铁钉钉之。龙脉自卯来，翻身作午向，穴法殊怪异。丁字阁上有倪谦、龚用卿、吴希孟三天使诗。②

1760 年出使的李商凤记载：

> 行五十余步，有一奇松偃如门形，俯身而过，又百余步，即兔山箕圣藏衣冠之地也。坟高十余尺，环曲墙。竖短碑，镌曰"箕子墓"，韩石峰笔也，以铁钉穿附旧石于后。盖癸巳倭奴撞折碑石，贼退后改立此碑，仍附旧碑，以存其旧云。又石人四、石羊二。立丁字阁于墙外，故监司许项所创也。盘桓久之，凄然有旷古之感。按府志，嘉靖丙子雨雹大作，环山松木尽为摧折，而环箕子墓松木少无所伤，人皆异之为神明所扶。又世传倭奴掘墓，左边深一丈许坚不可凿，俄而乐自圹中出，贼惧而止云。箕圣之殁，于今数千余载，而不昧者有如是，异哉！③

　　许筬、金昌业、李商凤三人在不同的时期看到箕子墓这同一个空间内不同的景象，他们各自关切点不同，流露情感不同。许筬看到"残缺颠仆"；金昌业关心箕子墓的龙脉和穴法、提到丁字阁内明使的题诗；李商凤生出

① 〔朝〕许筬：《荷谷先生朝天记》，《韩国汉文燕行文献选编》第 3 册，第 51—53 页。
② 〔朝〕金昌业：《老稼斋燕行日记》，《韩国汉文燕行文献选编》第 10 册，第 319 页。
③ 〔朝〕李商凤：《北辕录》，《韩国汉文燕行文献选编》第 16 册，第 135 页。

"凄然旷古之感"。金、李二人都提到了新旧二碑合一。这些文人的笔下，反映了箕子墓的百年沧桑变化。

七 题咏

今天读古人文字生出的感受，当与历代朝鲜文人前后相续的感受没有太大的差异，这就是文字的力量、历史的重量。作为被观察对象的箕子墓，不断刺激着不同时期的观察者去表达他们的内心感受和文化认知，而不同时期中、朝两国文人针对箕子墓创作的题咏诗文，大约可算得上是对这样一种表达最浓缩、最精华的呈现，此类诗文存世数量不少，以下试举几例。

明人咏箕子墓诗五首：

倪谦诗

太师埋玉此山深，欲奠椒浆试一斟。

存祀应同微子志，安仁即是比干心。

墓台云暖苍松合，翁仲春满碧藓侵。

闻说东人崇报本，岁时祠享望来歆。[1]

吴希孟诗

道骨埋荒冢，寒泉绕石台。松风清夜响，应识度魂来。[2]

华察诗

春茆封青苔，短碣倚荒台。九原如可作，清风百世来。[3]

程龙诗

皇华过此笔如峰，下拜抒诚诗句穷。

贤圣心同明月皎，松邱古墓大文宗。[4]

---

[1] 〔朝〕尹斗寿编《箕子志》第2册，第9页。

[2] 〔朝〕尹斗寿编《箕子志》第2册，第14页。

[3] 〔朝〕尹斗寿编《箕子志》第2册，第14页。

[4] 〔朝〕尹斗寿编《箕子志》第2册，第16页。

薛廷宠诗

一种青山翳绿苔，路人指点最高台。

云是商家箕子墓，使车迢递上山来。[1]

朝鲜人咏箕子墓诗九首：

肃宗大王御制兔山墓诗

千载孤坟何处寻，柳京城北树森森。

世人岂识佯狂意，夫子犹知恻怛心。

会向周王传道显，自封东土设教深。

平生壮志如终遂，历奠椒浆愿一斟。[2]

权近诗

行寻微径陟孤峰，墟墓荒凉对碧松。

凤去高冈嗟已远，鳣横白水竟难容。

明夷正志能全道，洪范敷言孰继踪。

屈节小邦宗祀永，盛心非是要侯封。[3]

许琮诗

孤忠终不向西朝，盛德长为万世标。

古碣倚山微有字，寒松溜雨半无条。

冈峦斗起传名兔，草棘丛深不莝刍。

拟作庙中迎送曲，临风不用楚辞招。[4]

徐居正诗

直以忠言忤一夫，操琴幽坟可何如。

① 〔朝〕尹斗寿编《箕子志》第2册，第18页。
② 〔朝〕尹斗寿编《箕子志》第1册，第65页。
③ 〔朝〕尹斗寿编《箕子志》第2册，第18—19页。
④ 〔朝〕尹斗寿编《箕子志》第2册，第19页。

九畴一为周王授，千圣相传自有书。①

郑惟吉诗

一抔邱土不臣周，乔木纵横认旧畴。
每来仿佛不忍去，傍人谓我有何求。②

崔淑精诗

烟红炮烙万方离，有意为奴世莫知。
千圣传心九畴在，三韩遗化八条垂。
孤城自是分封地，古墓空余纪绩碑。
拱木生阴宿草尽，春风过客不胜悲。③

李敏求诗

箕子墓门秋日鲜，行人洒泪石羊前。
周邦运启仁贤去，孔壁书开大法传。
江上间阎通御井，城边经界辨公田。
殷墟麦秀休深恨，此地蓬蒿又几年。④

车天辂诗

百世师先圣，千年国故墟。
明夷传易緐，洪范入周书。
古墓残碑在，荒山古木余。
浿水流不尽，遗化共何如。⑤

金时习诗

峨峨陵墓壮，寂寂有松楸。
八教垂千古，三仁竟一邱。

---

① 〔朝〕尹斗寿编《箕子志》第 2 册，第 20 页。
② 〔朝〕尹斗寿编《箕子志》第 2 册，第 22 页。
③ 〔朝〕尹斗寿编《箕子志》第 2 册，第 24 页。
④ 〔朝〕尹斗寿编《箕子志》第 2 册，第 25 页。
⑤ 〔朝〕尹斗寿编《箕子志》第 2 册，第 26 页。

　　　　草生翁仲没，花发虪封幽。

　　　　往事无因问，孤城暮霭收。[①]

　　诗文酬唱、以诗寄情，曾经是历史上中、朝两国文人间最普遍的交流形式，它体现的不仅是两者对一种共同的行为模式的遵循，更深层的是两者具备共同的文化认知和传统认同。诗文中高度抽象化的概念、词汇、用典，只有在酬唱双方具备共同理解的基础之上，才有其存在的意义。箕子墓成为历史上中、朝两国文人共同的诗文创作题材，有关箕子的历史文化典故和意象，在两国文人那里同样信手拈来，这可谓一种最高级的具有"共同语言"的表现。

　　朝鲜王朝著名诗人南龙翼（1628—1692）曾编撰一部历代诗文总集，收录自新罗时代至朝鲜王朝中期490位诗人的2253首汉诗作品。这部朝鲜王朝规模最大的汉诗总集，与我们今天讨论的箕子也有着莫大的关联。南龙翼在诗集序中写道："箕封而后，我东始知文字。"故而他将诗集命名为《箕雅》，以表达"东方诗雅由箕而作"之意。箕子之于朝鲜王朝时期思想界的意义，由此亦可见一斑。

结　语

　　朝鲜王朝成立之初就开展重建箕子墓的活动，表明其从政权建立之初，就已经将箕子作为具有重要历史文化属性的政治资源加以看待。其深层用意，对外而言是借助箕子与朝鲜半岛关系的历史叙述，强化现实政治中与中国方面政权之间的文化纽带关联；对内而言则是在建设儒教国家的进程中，借助箕子历史形象，强化朝鲜半岛儒学传统古已有之的认知，助力儒教国家建设，提升文化自信。最后，朝鲜王朝在这两个方面都取得了实际的成效。

　　朝鲜王朝的箕子文化建构，是一个成体系的工程，本文讨论的箕子墓只是其中一个面相而已，如果能够把其他箕子相关历史遗迹和纪念性建筑的情况加以通盘考察，无疑将会得到更加丰满且具有说服力的结论，这将是之后笔者继续努力的方向。

　　纵观朝鲜王朝五百年历史，箕子总体来说是被作为朝鲜半岛历史的一个

---

① 〔朝〕尹斗寿编《箕子志》第2册，第29页。

内部要素来认知的，但是近代以来发生了根本性的改变，其观念变化过程也颇为复杂，一言以蔽之，最后的结果是箕子被整体从朝鲜半岛历史中排斥出去。箕子墓建筑最终的命运，充分显示了这样一种彻底颠覆和遗忘。

A History of Ji Zi's Tomb and the Construction of Ji Zi Culture in Choson Dynasty

Wang Xinlei

Abstract: Ji Zi escaped from Zhou Dynasty China to Korean Peninsula and became one of the earliest ruler there. This period of history was used by Choson Dynasty as important resource to enhance its own traditional cultural basis. According to the history of Ji Zi's tomb, we can clearly perceive Choson's specific way of cultural construction and its influence. Ji Zi's tomb, as a material relic, has now disappeared on the Korean Peninsula, but the real existence of cross regional cultural influence in history cannot be erased. How to deal with this kind of history is a problem worthy of deep thinking.

Keywords: Ji Zi's Tomb; Choson Dynasty; Material Relic; Cultural Construction

（执行编辑：彭崇超）

海洋史研究（第二十二辑）

2024 年 4 月　第 507~524 页

16 世纪葡萄牙曼努埃尔建筑的代表作：
托马尔基督骑士团修道院

顾卫民 *

摘　要：本文叙述了地理大发现时代葡萄牙曼努埃尔式样建筑的代表作品托马尔修道院建筑群的历史演变、基本格局以及艺术风格。该修道院以及教堂的建造始于 12 世纪，完成于 15 世纪末叶，融合多种当时在葡萄牙流行的建筑式样。其罗马—拜占庭风格的圆形教堂、曼努埃尔式样的中堂和参事室的大窗户的建筑风格是本文讨论的重点。这些建筑中充斥着宗教、王权以及航海三种元素融合的题材，构成大航海时代特殊的和重要的艺术主题，是此一时期葡萄牙海洋帝国扩张事业的象征。

关键词：葡萄牙　曼努埃尔式样　托马尔　修道院

一　曼努埃尔建筑及其一般特征

"曼努埃尔式样"（Manueline Style）这个词，最早见于葡萄牙海外殖民地巴西塞古罗港（Porto Seguro）的一位贵族弗朗西斯科·阿道夫·德·瓦哈根（Francisco Adolfo de Varnhagen, 1816—1878）[①] 于 1842 年写的一部书中，

＊　顾卫民，华东师范大学历史学系教授、澳门科技大学特聘教授。

①　弗朗西斯科·阿道夫·瓦哈根，近代巴西的外交家和历史学家，被称为近代巴西历史学之父。他出生于巴西的伊普罗（Iperó），他的父亲是出生于德国的服务于葡萄牙在巴西王室的军事工程师。他早年在里约热内卢接受教育，后来与家庭一同去了里斯本，在王家军事学院（Colégio Militar da Luz）学习。巴西独立以后，他继续学习古地理学、经济学以及语言学（法语、德语以及英语）。他的第一部历史学著作《巴西记忆》（*Notícia o Brasil*）写于 1835 年至 1838 年。（转下页注）

此书名叫《贝伦修道院历史述略》（附哥特式建筑术语表）（*Noticia histórica e descritiva do Mosteiro de Belém, com um glossário de vários termos respectivos principalmente a arquitetura gótica*），他以葡萄牙国王曼努埃尔一世（Manual I, 1495—1521 年在位）的名字来命名这种特殊的建筑风格。作者在书中指出：虽然这种建筑风格并未持续很长时间，但在葡萄牙艺术史上却占有十分重要的地位；同时，它的影响也比曼努埃尔一世生活的时代更为长久。作为一种建筑艺术形式，其最为重要的主题是庆祝葡萄牙海洋帝国霸权的产生，其特征主要表现在建筑（教堂、宫殿、城堡以及修道院）上，并延伸到其他领域如雕刻、绘画、贵金属制成的艺术品以及彩陶器和家具等等。它也是具有鲜明的葡萄牙民族艺术特征的艺术形式。①

　　曼努埃尔式的建筑装饰物上有一些特定的反复出现的主题或符号，与宗教、王权以及海洋的寓意有关，易于辨认，包括以下十三种。（1）浑天仪和地球仪，这是与航海有关的仪器，也是曼努埃尔一世个人的纹章图案。它象征宇宙以及葡萄牙人对地球的发现与拥有。（2）与大海有关的主题，如贝壳、珍珠、海带和海藻，它们的寓意是葡萄牙人从事的地理大发现的航海事业。（3）植物的主题如月桂树枝、橡树叶、橡实、罂粟壳、玉米穗轴、洋蓟等，其可能的寓意是在域外自然主义影响之下的葡萄牙与海外文化的交融。（4）象征基督骑士团（the Military Order of Christ）的十字架。在曼努埃尔一世时代，这种正方形十字架开始被广泛刻印在葡萄牙海船的风帆上，十字架为红色（象征耶稣殉道的色彩），旗帜则为白的底色（红白色的十字架旗帜在中世纪的英格兰以及意大利等地也被用作象征耶稣复活的标记）。葡萄牙王室同时也委托国内石料市场的工匠大量雕刻这种类型的石制十字架，安置在葡萄牙及其海外殖民地的要塞、教堂和其他民用建筑物上，由此，基

（接上页注①）后来他作为一名军事工程师毕业于王家军事要塞学院（Academia Real de Fortificação, Artilharia e Desenho），1840 年，他回到巴西，次年参加巴西历史和地理研究所（Brazilian Historic and Geographic Institute）的研究工作。1844 年，他加入巴西国籍，并开始了他的外交生涯，去葡萄牙和西班牙工作。这时，他有机会利用塞维利亚档案馆从事巴西历史的研究。以后，他又去了南美洲等地工作。1854 年和 1857 年，他出版了其历史学杰作《巴西通史》（*História Geral Brasil*）的第 1 卷和第 2 卷。1872 年，巴西皇帝授予其塞古罗港的男爵头衔，两年以后又授予他伯爵的贵族头衔。他最后的外交生涯是在奥地利维也纳度过的。Armando Cortesão and Luís de Albuquerque, *History of Portuguese Cartography*, Junta de Investigações do Ultramar-Lisboa, 1971, p.41. Stuart B. Schwartz, "Francisco Adolf de Varnhagen: Diplomat, Patriot, Historian," *The Hispanic American Historical Review*, Vol.47, No.2, 1967, pp.185-197.

① 　W. C. Watson, *Portuguese Architecture*, A. Constable & Co., 1908, p.91.

督骑士团的十字架不仅成为葡萄牙王室的象征，而且成为葡萄牙海洋帝国海外发现以及征服事业的标志。①（5）在某些修道院的花饰窗格图案上，一般认为有些像伊斯兰风格的金银丝细纹饰，据认为是受到印度建筑风格的影响。（6）柱子被雕刻成缠绕成绞股绳索的样子（这并非是曼努埃尔风格的原创，13 世纪罗马拉特兰大教堂回廊的柱子也被雕刻成这样），但是在曼努埃尔建筑中的大量使用则明显与大航海的时代主题有关。（7）用半圆拱门替代哥特式尖尖的拱门，门和窗上也用这类拱门，有时会有三道或更多曲线，但是拱门的形状仍然是哥特式样的尖形。（8）复合型柱式。（9）八面柱头。（10）建筑物不讲究对称性。（11）圆锥形小尖塔。（12）斜面的雉堞。（13）有浮雕的壁龛和华盖装饰的大门。②

　　在 1521 年葡萄牙国王曼努埃尔一世去世的时候，他已经在国内资助建造了 62 座建筑。然而，葡萄牙许多最初的曼努埃尔式样的建筑都在 1755 年里斯本大地震以及接踵而来的海啸中被毁坏了。在里斯本，国王曼努埃尔居住的吕贝拉宫殿（Ribeira Palace）、王家诸圣医院（Hospital Real de Todos os Santos）、海关大楼还有几十座教堂和数以千计的民居，都毁于大地震。③但是曼努埃尔风格的杰作圣杰罗姆修道院（Mosteiro dos Jerónimos or the Jerónimos Monastery）以及贝伦塔（Torre de Belém or Belém）因为离市区较远都得以幸存。另外，里斯本城里的旧圣母无原罪始胎教堂（Church of Nossa Senhora da Conceicão Velha）的大门也屹立不倒，至今人们仍然可以观赏到。④

　　在里斯本以外，早期的曼努埃尔式建筑则有塞图巴尔（Setúbal）的耶稣修道院教堂（Mosteiro de Jesus, or Church of the Monastery of Jesus of Setúbal），这是最早的曼努埃尔式教堂之一，还有科英布拉圣十字修道院（Santa Cruz Monastery）等。位于托马尔（Tomar）的基督骑士团修道院教堂（Convento de Cristo or Convent of Christ，Tomar，见图 1）是主要的曼努埃尔风格的纪念碑式教堂，特别是附属于教堂的那扇著名的巨大窗户，上面有许多动人心弦的雕刻物及缠绕的缆绳形象。其他曼努埃尔式的建筑包括巴塔

---

①　Robert C. Smith, *The Art of Portugal ,1500–1800,* Meredith Press, 1968, p.50.

②　Martin Symington, *Portugal, Eyewitness Travel Guide*, Dorling Kindersley Limited, 1997, pp.20–21.

③　Malcolm Jack, *Lisbon, City of the Sea, A History,* I.B.Tauris & Co.Ltd., 2007, pp.82–86.

④　W. C. Watson, *Portuguese Architecture,* p.104. George Kubler, *Portuguese Plain Architecture between Spice and Diamond, 1521–1706,* Wesleyan University Press, 1972, p.147.

利亚修道院王家回廊（Royal Cloister）上的拱廊屏设计以及未完成的小教堂等等。民用建筑则有辛特拉的王宫（Royal Palace of Sintra）和埃武拉的王宫（Royal Palace in Evora）等。曼努埃尔式样的建筑一度在整个葡萄牙国内流行，并传播到亚速尔群岛、马德拉群岛、印度果阿等地，[①] 在西班牙南部、加纳利群岛以及西班牙在秘鲁和墨西哥的殖民地也出现少量同类建筑物。[②]

图 1　托马尔修道院圆形教堂外观

资料来源：笔者自摄。

二　托马尔修道院教堂建筑以及参事室的窗户

托马尔是位于葡萄牙北方的内陆城市。历史上这里曾经有葡萄牙圣殿骑士团建立的教堂以及要塞。古代葡萄牙基督教王国的军队在这里与摩尔人的军队对峙。早在 1218 年，圣殿骑士团已经在伊比利亚半岛定居下来，在葡萄

① Gauvin Alexander Bailey, *Art on the Jesuit Missions in Asia and Latin America, 1542–1773,* University of Toronto Press, 1999, p.130.

② Donald F. Lach, *Asia in the Making of Europe,* Vol. I, *A Century of Wonder,* University of Chicago Press, 1977, pp.57–58.

牙基督教王国与摩尔人之间的光复战争中，该骑士团曾经发挥过积极的作用。

在葡萄牙国王迪尼斯（Dom Dinis, 1279—1325 年在位）统治时期，十字军战事进入低潮，圣殿骑士团与法国王室发生了激烈矛盾，1312 年，偏袒王室的阿维农教宗下令取缔欧洲各国的圣殿骑士团。由于葡萄牙的圣殿骑士团在历史上曾协助王室光复的事业，迪尼斯国王不愿意这样做，但是也不能公开地拒绝执行教廷的命令。于是，迪尼斯不失时机地劝说教宗允许在此骑士团原有的基础上在葡萄牙建立一个新的本国骑士团。1308 年，教宗克莱芒五世（Clement Ⅴ, 1304—1314 年在位）命令里斯本的主教调查葡萄牙圣殿骑士团的情况，迪尼斯便为葡萄牙的圣殿骑士团辩护。当时，伊比利亚半岛的高级神职人员在萨拉曼卡开会，肯定在伊比利亚半岛的圣殿骑士团是无辜的。但是，葡萄牙、卡斯蒂尔以及阿拉贡的国王都表示愿意服从教廷的决定解散该骑士团。1312 年，教宗下令解散该骑士团并且将其财产转给医护骑士团。不过，教廷准许在伊比利亚半岛国家可以采取特别处理的办法。1319 年，教宗约翰二十二世（John ⅩⅫ, 1316—1334 年在位）授权葡萄牙组建新的基督骑士团。1320 年，国王迪尼斯收容了那些被解散的圣殿骑士团的成员，建立了基督骑士团。它接收了原来的圣殿骑士团在托马尔等地的财产，并将总部设在阿尔加维的卡斯特罗 – 玛里姆（Castro-Marim），很明显，当时它的主要任务就是防守南方的阿尔加维。当时在卡斯蒂尔，驱逐摩尔人的光复战争还没有结束，但是葡萄牙已经完成了光复战争。14 世纪，葡萄牙国内的防务以及国家的独立主要由著名的阿维兹骑士团负责。到了 15 世纪，基督骑士团的任务就主要从国内的防务逐渐地转向海外的扩张事业。

托马尔基督骑士团修道院历史建筑群中的部分建筑物是曼努埃尔式样建筑艺术的代表作品。

托马尔基督骑士团修道院位于托马尔城镇上方的山上，需要走一段山路才能够抵达。在修道院以及教堂的前方，可以看到山丘之上的一座雄伟壮观的城堡。该城堡由原圣殿骑士团团长帕伊斯（Gualdim Pais）于 1160 年前后建成，是圣殿骑士团建在当时刚刚创立不久的葡萄牙基督教王国边界的防御系统，专以抵抗摩尔人。在 12 世纪中叶，葡萄牙基督教王国南方的边界大约正好到里斯本附近的特茹河流域。托马尔一直是葡萄牙基督教军队与摩尔人军队的对峙之地。根据基督教编年历史学家的记载，托马尔修道院城堡于 1190 年抵抗住了伊斯兰教哈里发阿布·尤素夫·阿·曼素（Abu Yusuf al-Mansur）的进攻，在此以前这位哈里发攻占了葡萄牙人在南方的许多城堡。

在教堂大门口的一块匾额上面记载了圣殿骑士团的功业。迪尼斯于 1320 年
创立了基督骑士团以后，将圣殿骑士团的人员和财产几乎全部转入这个骑士
团名下，1357 年，基督骑士团的主要成员移师托马尔，托马尔也就成为基督
骑士团的总部。[1] 历史上基督骑士团最重要的大统领之一即若奥一世（João
I，1385—1433 年在位）的第三个儿子、著名的航海家亨利王子（Henry the
Navigate, or Infante Dom Henrique, o Navegador, 1394—1460），他从 1417 年到
1460 年去世之前，一直领导着总部设在托马尔的基督骑士团。[2] 在这所修道
院，航海家亨利王子下令修建了一批回廊以及其他的建筑物。他还出钱资助
在托马尔城镇周围建设了很多设施。另一位与基督骑士团有着重要关系的人
物是国王曼努埃尔一世，当时还没有即位的他于 1484 年成为基督骑士团的大
统领，1492 年成为葡萄牙国王。此后，在他的大力治理之下，修道院的建筑
有了很大的改进，特别是圆形教堂增加了新的中堂，并以绘画和雕刻装饰了
它的内部结构。曼努埃尔的继承者若奥三世（João III，1521—1557 年在位）
废除了基督骑士团的军事装备，将它转变成一个更加宗教化的修会，并聘请
了建筑师若奥·德·卡斯蒂奥（João de Castilho, c.1470—c.1552）以及迪奥
哥·德·阿茹达（Diogo de Arruda, 1490—1531）设计修建扩大修道院建筑的
工程，这一时期增加了许多附属的建筑物。16 世纪 50 年代，可能是由建筑
师迪奥哥·德·托拉瓦（Diogo de Torralva）设计，建成了修道院的大回廊。
大回廊为典型的意大利文艺复兴式样的建筑，迎合了若奥三世对意大利建筑
风格的偏爱，由此成为葡萄牙文艺复兴时代的建筑杰作。所以，托马尔修道
院的教堂以及附属建筑物经历了几个不同时期以及不同风格的变化。[3]

1581 年，经历了一系列危机之后，葡萄牙的贵族们聚集于托马尔基督骑
士团修道院，公开推举西班牙的菲律普二世（Philip II，1556—1598 年在位，
1581—1589 年兼任葡萄牙国王，被称为葡萄牙国王菲律普一世）成为葡萄牙
的国王，此后的六十年里，西班牙和葡萄牙合并为一个国家。原来托马尔修
道院就有一条古老的引水渠，将东北方向山区中的清水引到修道院里来。在
菲律普二世统治时期，他决定扩建和重修这条引水渠。建筑工程于 1593 年动
工，最初由西班牙建筑师菲律普·特尔兹（Fillippo Terzi, 1520—1597）负责

[1] Peter Russell, *Prince Henry, the Navigator, A Life,* Yale University Press, 2001, p.77.

[2] Peter Russell, *Prince Henry, the Navigator, A Life,* p.77.

[3] Luís Maria Pedrosa dos Santos Graça, *Convento de Cristos,* Impressão e Acabamento, ELO Publicidade, Arte Gráfica, Ld., 1994, p.85.

设计施工，历经数任建筑师的监督，最后于 1613 年完工。所以，今天人们可以看到有一条长达 6 公里的引水渠通往托马尔修道院以及教堂，山间的清水由此源源不绝地流入此地。①

托马尔修道院以及教堂建筑的前半部分是一座底部较大、向上部收缩的圆锥形的堡垒，其里边则是一座圆形教堂，又称祈祷室，这座罗马式的圆形教堂由圣殿骑士团于 12 世纪下半叶建成。从外面来看，这座教堂呈一个十六面的多边形结构，有坚固的扶壁支撑，还有圆形的窗户和钟楼。在里面，它有一个中央的圆形教堂，八角形结构，有一个环形的拱廊连接。教堂的总体形状与耶路撒冷的宗教建筑非常相似：就像圣殿骑士团在欧洲其他地方的教堂一样，它们是模仿耶路撒冷的岩石圆顶教堂（Dome of the Rock）建成的，耶路撒冷的这座圆顶教堂建在被十字军认为是所罗门王圣殿的遗迹之上，很可能后来的耶路撒冷圣墓教堂（Holy Sepulchre of Jerusalem）也是仿照这所教堂建成的。后来几乎所有的中世纪欧洲骑士团的教堂建筑式样都有着同一个原型，即都有一个圆形的至圣所。②

该修道院教堂的核心建筑是中央的圆形教堂（the Charola），它原来是建造于 12 世纪末期的圣殿骑士团的祈祷室。像许多骑士团教堂的设计一样，它是仿照耶路撒冷的圆形圣墓教堂建成的。人们称它为"圆形的房子"或"楼东达"（Rotunda），它有十六条边。早期基督教会在罗马以及其他地方，后来的东部教会在君士坦丁堡以及希腊的一些地方，都可以看到这种被称为"楼东达"的建筑物，在西方艺术史上，属于"罗马—拜占庭风格"（Roman-Byzantine style），特别在支撑圆形教堂的柱头上可以看出"罗马—拜占庭风格"的式样。从外观上看，它就像一个有着十六条边的铜鼓，被分列的柱子隔开。教堂内部的中央有一个八边形的高高的结构，有一系列的拱门将此结构分开，拱门的柱子从柱头的风格上可以分辨出这是罗马—拜占庭样式。所有的柱头都是 12 世纪末的古典罗马—拜占庭样式，上面雕满了风格化的花果蔬菜以及动物纹饰，还有但以理在狮穴里的场景。这些柱头的雕刻风格表现出当时的艺术家可能受到了科英布拉主教座堂建筑风格的影响，该主教座堂与托马尔的圆形教堂几乎在同一时间建造。1357 年，基督骑士团接管这个教堂以后，以其雄厚的财力将圆形教堂的内部装饰得辉煌壮丽。在 1510 年至 1515 年曼努埃尔建筑风格的全盛时期，人们又以油画、湿壁画以及摩尔人风

①　Stanley G. Payne, *A History of Spain and Portugal,* Vol.I, University of Wisconsin Press, 1973, p.243.

②　Jalio Gil, *Convento de Cristo*, Publicidade, Artes Graficas, Ld., 1994, pp.12–17, 42–44.

格灰泥拉毛装饰至圣所以及周围的地方。这些装饰物大部分是在曼努埃尔一世的赞助之下于 1499 年扩建以后逐渐增加的。

　　圆形教堂中央的八角形结构以及四周环形的墙壁之上都是以多种色彩描绘的圣人和天使像，在它们的上面都覆盖着美丽繁复的华盖。圆形教堂外墙内的支撑结构的墙壁上有一些壁画以及悬挂着的油画，其中一些画作具有法兰德斯绘画的风格，另一些油画镶嵌在墙壁上固定的支架上。画中的一些人物是《旧约》中的先知，其绘制时间是 15 世纪后半叶。墙壁的中间部分是一些以蛋彩画方式绘制的板画，大约每一幅 2.5 米宽、4 米长；再上面的墙壁则是一些半圆形的画板，在墙角上面则是绘制的天使形象，他们手握着宽宽的卷起来的彩带。这些墙壁上的装饰油画被认为是葡萄牙本地画家多明戈斯·维埃拉·瑟利奥（Domingos Vieira Serrão）和西蒙·德·阿布留（Simão de Abreu）于 1592 年至 1600 年绘制的。其中一些绘画作品后来被毁坏了，到 19 世纪，人们移去了其中的一部分，目前保留了 22 幅蛋彩画。在这座圆形教堂的外围墙壁上，还有八个边上的小祭坛，也有一些画作作为装饰，其尺幅为 1.87 米宽、2.60 米长，其中有两幅是《圣安东尼向鱼祈祷》（St.Anthony Praying to the Fish）和《圣伯纳德》（St. Bernard），被认为是葡萄牙画家格里高利·洛佩斯（Gregório Lopes）的作品。

　　圆形教堂中央的八边形结构的墙壁上共有 13 幅环绕的壁画，除去已经褪色无法辨认的 1 幅，其他 12 幅从右至左依次分别为：《庇护葡萄牙的天使》（Angel of Portugal）、《大天使长》（Archangel）、《施洗约翰》（St. John the Baptist）、《圣保罗》（St. Paul）、《圣奥古斯丁和圣安布罗修斯》（St. Augustine and St.Ambrosius）、《圣巴西尔》（St.Basil）、《圣多明我》（St. Domingos）、《圣安东尼》（St.Anthony）、《圣彼得》（St.Peter）、《圣杰罗尼姆斯》（St. Jeronimus）、《罗马教宗圣格里高利一世》（St.Gregory the Great）、《圣母和施洗约翰》（The Virgin and St.John the Baptist）。圆形教堂中央的八边形结构的墙壁上也有一组壁画，描绘长着大翅膀披着宽袍的天使手握耶稣殉道的器具。这些壁画是 15 世纪上半叶绘制的，画家有可能是 1533 年至 1562 年在托马尔修道院作画的费尔南·罗德里格斯（Fernão Rodrigues），或者是托马尔当地的画家费尔南·埃纳斯（Fernão Eanes），后者活跃于 1511 年至 1521 年。在圆形教堂内部顶端上有一些壁画的残留部分，描绘有一些曼努埃尔风格的纹章如天球仪等图案。在这座圆形教堂的地上只有一座坟墓，墓主名叫费勒·安东尼奥·德·莫尼兹·席尔瓦（D.Frie

Antonio de Moniz e Silva），他于 1529 年担任基督骑士团的团长，1551 年在马德里去世以后被埋葬在这里。[①]

圆形教堂外面的回廊墙壁以及天花板上则以哥特式图案描绘了基督生平和圣经故事。这些图画都出自曼努埃尔的宫廷画家若热·阿方索（Jorge Afonso）之手，雕刻作品则出自佛拉芒雕刻家奥立弗·德·冈特（Olivier de Gand）以及西班牙雕刻家赫南·莫奴兹（Hernan Munoz）之手。还有一块壮丽的祭坛板上描绘着《塞巴斯蒂安的殉道》（*The Martyrdom of St.Sebastian*），它由上述的葡萄牙画家格里高利·洛佩斯所画，这幅为圆形教堂所作的名画现在悬挂在里斯本国立古代美术馆中。[②]

关于托马尔修道院的圆形教堂，葡萄牙建筑史家科埃略（M. da C. P. Coelho）有如此的描绘："城堡教堂的建筑时间可以追溯到 12 世纪末年，它具有罗马式的外观，形状是圆的，像一个底部大、上部小的圆锥体。外观上看就像一个坚固的城堡，里面则是圣殿骑士团一个很古老的祈祷室。这座小教堂的建筑结构非常奇特，它像一个八角形的棱柱，有一系列的拱柱将其分开，其柱头都是罗马—拜占庭式样，它的旁边则被一个十六边的圆形大厅环绕着。这座由圣殿骑士团建造的小教堂具有明显的东方风味，它的墙面上有繁复华丽的装饰物，其雕像、绘画以及湿壁画都带有摩尔人的风味，其中一些湿壁画的年代可以追溯到 16 世纪初（1510—1515）。圆形教堂外墙西立面上的雕刻作品属于明显的曼努埃尔式样风格，一般建筑史家以及艺术史家都认为是由阿茹达创作的，由于这块西立面上的重要的雕刻作品，这座原本是一个小教堂的圆形建筑物成为这座新的圣殿的主教堂。"[③]

在 15 世纪上半叶航海家亨利治理基督骑士团的时候，在圆形教堂之外又增加了一个哥特式曼努埃尔式样的中堂。1510 年以后，葡王曼努埃尔一世又下令以当时的风格重建这个中堂，它混合了晚期哥特式以及文艺复兴的式样，历史学家称之为曼努埃尔式样。其建筑师是著名的承担贝伦塔和圣杰罗姆修道院工程的迪奥戈·德·阿茹达（Diogo de Arruda）以及若奥·德·卡斯蒂奥（João de Castilho）。从外表来看，这个长方形的中堂上面满满覆盖着丰

[①]　Luís Maria Pedrosa dos Santos Graça, *Convento de Cristo*, Edição, pp.23–25.

[②]　Maria da Conceicao Pires Coelho, *A Igreja da Conceicão eo Claustro de D, Joao Ⅱ do Convento de Cristo De Tomar,* Assembleia Distrital de Santarem, 1987, p.71.

[③]　Maria da Conceicao Pires Coelho, *A Igreja da Conceicão eo Claustro de D, Joao Ⅱ do Convento de Cristo De Tomar*, p.40.

富的曼努埃尔式样的雕刻题材，包括有怪兽像的滴水嘴、哥特式的小尖塔、人像以及缠绕着的绳索——使人回想起地理大发现时代，还有基督骑士团的十字架以及曼努埃尔国王的纹章浑天仪。

最为著名的就是在中堂西侧立面教堂参事室（见图2）的窗户（Window of the Chapter House, Janela do Capitulo，见图3）及环绕窗户的石雕。这扇巨大的窗户可以从圣芭芭拉回廊（Claustro de Santa Bárbara or Saint Barbara Cloister）上看到其全景，它是由国王曼努埃尔一世委托建筑师和雕刻家迪奥哥·德·阿茹达制作的，是一个单一的由曼努埃尔建筑艺术主题组成的艺术品，由域外风格的自然主义以及航海主题的装饰物装点和组成，这扇窗户在葡萄牙国家历史以及曼努埃尔建筑发展史上具有重要的历史地位。

图2　托马尔修道院圆形教堂（左）和参事室（右）外观

资料来源：笔者自摄。

这扇窗户有着极为宽阔的边框雕刻装饰，完全是曼努埃尔式样，上面雕刻有具有自然主义风格的海洋植物以及航海主题——包括海浪、鱼漂、绳索（索结）、锁扣（见图4、图5、图6），呈现出一种流动的视觉效果。这扇巨大的窗户被认为是"曼努埃尔建筑艺术中最壮丽的自然主义表现，托马尔教堂的中堂不仅体现了圣彼得的精神与感情，也体现了瓦斯科·达·伽马驶往

图 3　参事室外的曼
努埃尔式样的大窗户

资料来源：笔者自摄。

图 4　参事室大窗户的海洋题材的雕刻（1）

资料来源：笔者自摄。

图 5　参事室大窗户的海洋题材的
雕刻（2）

资料来源：笔者自摄。

图 6　参事室大窗户的海洋题材的
雕刻（3）

资料来源：笔者自摄。

东方的航行，似乎是印度洋海洋的浪花粘贴在他巨大的神奇的船身上一样。"[①]
窗户两边巨大的支墩是几何形以及圆形的设计，似乎象征着巨大的柱子或是
树干，它们的边框以及各层的连接部分都以与航海有关的主题作为装饰隔开，
这些主题包括海带、海藻、贝壳、缠绕的绳索等等。在支墩的右上角雕刻着
几位葡萄牙国王的站立雕像，一位是国王迪尼斯，他身穿 14 世纪武士的铠甲，
在他手持的盾牌上有基督骑士团的十字架；另一位是国王曼努埃尔，他装束
得就像是一位罗马帝国时代的武士，戴着有边框的武士头盔，他手持的盾牌
上有天球仪的图像，这是曼努埃尔国王本人的纹章；还有一位国王是若奥二
世，他也装束得像是罗马帝国时代的士兵，也戴着有边框的头盔，他手持的
盾牌上的纹章是 1485 年新制定的，其边框上有 5 个小盾牌，移去了他祖父时
代的十字架，换上了 7 座城堡，这个著名的王家纹章在曼努埃尔时代被固定
了下来。支墩的左上角则雕刻着两位身穿长袍的有翼天使的站立像——自古
希腊以来，有翼的天神就代指胜利的女神。在基督教时代的艺术表现中，有
翼的天神被转化为有翼的天使，按照基督教的寓意，天使是既将上帝的音讯
带给凡人，也将凡人的祈祷带到天国的使节。在这里有翼的天使暗寓葡萄牙
海洋帝国远征的胜利，也暗寓葡萄牙国王和臣民的祈祷必定会上达天庭。

　　窗户边框最上部分是突出的基督骑士团十字架，它的寓意为耶稣被钉的
真十字架，是葡萄牙海洋帝国扩张的精神象征物，不仅出现在曼努埃尔建筑
的各种装饰品中，而且被置于最崇高的位置。在贝伦地区的圣杰罗姆修道院
以及贝伦塔等历史建筑物最重要的位置上，都有它的形象。在葡萄牙驶往大
西洋以及印度洋的船帆上，也竖立起有红色标记的基督骑士团的十字架，似
乎象征葡萄牙通往印度的航行既是一次"武装的朝圣"之旅，也是"十字军
最后的远征"。十字架的底部则是象征葡萄牙王室的盾形纹章，如上文所叙
述，该纹章的样式在曼努埃尔一世时代被最后确定下来。窗户边框的两边延
伸出去的是两个对峙和对等的浑天仪，这是曼努埃尔建筑样式中一再出现的
主题。再往下，雕刻两边对称的主题是缠绕的绳索环绕着两个对等的葡萄牙
王室的盾形纹章，由一片片的海藻以及珊瑚的外壳所覆盖着的柱干和柱身、
船锚和锚链（船锚是航海的主题，此外，从早期基督教艺术时代开始，在地
下墓窟中，锚的艺术形象就是基督徒所认为的希望的象征）以及缠绕的绳索
等等组成。在窗户的底部雕刻着一个戴帽子和有胡须的人物头像，艺术历史

学家一般认为这很可能就是建筑设计师阿茹达或者是大海老人，不过更有可能的还是建筑师本人（见图7）。在地理大发现以及文艺复兴时代的艺术作品中，艺术家常常把自己的形象塑造在自己作品的人物中间，作为一种个性的表达。这是一种非常常见的艺术表现手法。①

图7　参事室大窗户最下方的人形雕刻（可能是建筑设计师阿茹达本人的形象）

资料来源：笔者自摄。

这个修道院的窗户是曼努埃尔式样建筑和雕刻的杰作。在这个方形窗户的上端有圆形窗户以及扶栏。圆形的突出部分是一个巨大的嘉德（garters）勋章的雕刻，暗寓葡王曼努埃尔一世被英王亨利七世授予嘉德勋章。②

研究葡萄牙艺术史的英国艺术史家史密斯（Robert C. Smith）指出："托马尔

①　Paulo Pereira, *História da Arte Portuguesa*, Vol.2, Temas e Debates e Autores, 1995, pp.132–135. Martin Symington, *Portugal, Eyewitness Travel Guides,* pp.20, 186.

②　Vitor Serrão, *História da Arte em Portugal: o renascimento e o maneirismo,* Editorial Presença, 2001, pp.38–39.

的这扇伟大的窗户，很可能是葡萄牙艺术的最为著名的单一象征，它是带有域外风格的自然主义的曼努埃尔式样的最令人瞩目的杰出样本。在此种装饰风尚中，它被用于一种戏剧化的宣示目的，预示着 17 世纪意大利巴洛克艺术的出现，并折射出一种精神，赋予除主大门以外整个建筑物以生命力。"①

另一位建筑史家基尔（Jalio Gil）则如此描绘这扇象征葡萄牙地理大发现时代精神的窗户："这扇窗户的形制非常特别，它的两边是气势宏大的几何形扶壁，它的底部是非常程式化的树形雕刻。建筑史家豪普特（Albrecht Haupt）认为，这扇窗户是自古迄今最为惊人和巨大的建筑设计之一，它的铁窗格栅周围有着具有特殊风格的花卉以及珊瑚形状的雕刻环绕，在这扇巨大窗户的底部则有一个人形雕刻像，有一根打着巨大的结的绳索拴住了一条船，还有一条拴木筏的绳子以及一排程式化的鸢尾花环绕着窗户。从南立面的顶层水平线到玫瑰窗前是由缠绕着绳子形状的雕刻环绕的，它的顶上则是浑天仪和基督骑士团的十字架。如果人们正面面对窗户，可以看到扶壁上明晰的装饰性雕刻。在其左边，可以看到有两个天使紧握着国王曼努埃尔的纹章以及象征金羊毛骑士团（the Order of Golden Fleece）的锁链；……这扇巨大的窗户上的绳结以及缠绕着的绳子、基督骑十字架、饰有曼努埃尔纹章的浑天仪以及众多的海洋植物，在在使人想起地理大发现时代的特征。这扇窗户在曼努埃尔建筑史上有着重要的地位，是葡萄牙大航海时代国家精神的象征。教堂的入口是一扇由花岗石砌成的壮丽宏伟的大门，上面刻有丰富的曼努埃尔式样的雕刻题材，另有一尊圣母和圣婴像以及《旧约》中先知形象的雕刻。这扇大门是由另一位曼努埃尔式样雕刻大师卡斯蒂奥于 1530 年制作的。"②

在教堂的内部有一个很大的拱门将曼努埃尔式的中堂和圆形的罗马式教堂连接起来，中堂上面是精美的肋拱组成的穹顶，有一座高高的唱经台，上面排列着曼努埃尔式的扶栏。在高高的唱经台下面有一间房间被用作圣器室。唱经台和圣器室在 19 世纪拿破仑军队入侵葡萄牙的时候遭到过破坏。它的窗户则是上文提及的著名的参事室大窗。

托马尔修道院中有八条回廊建筑，分别建于 15 世纪至 16 世纪的不同历史时期。其中主要的有四条。（1）"洗衣回廊"（Claustro da Lavagem），1433 年左右由当时担任基督骑士团大统领的"航海家"亨利王子主持修建，这是一条两层楼的哥特式回廊，僧侣们经常在此回廊的园中洗涤他们的袍服，

---

①　Robert C. Smith, *The Art of Portugal, 1500–1800,* p.51.

②　Jalio Gil, *Convento de Cristo,* pp.52–53.

由此得名。（2）"墓地回廊"（Claustro do Cemitério, Cloister of Cemetery），也是由亨利王子主持修建的哥特式回廊，许多基督骑士团的骑士以及僧侣在去世以后埋葬在附近的墓地里面。回廊的柱子是精美的双股缠绕的细样式，柱头有花草蔬果的纹饰，可以步行的回廊屋顶上覆盖着 16 世纪的瓦片。园中有一座大约建于 1523 年的坟墓，里面埋葬着迪奥戈·达·伽马（Diogo da Gama）的遗体，他是开辟葡萄牙—印度航线的瓦斯科·达·伽马的兄弟。（3）"圣芭芭拉回廊"，建于 16 世纪，从该回廊可以看见教堂参事室的那扇曼努埃尔式样的大窗户以及教堂的西立面。（4）"若奥三世回廊"（Claustro de D.João Ⅲ, Cloister of John Ⅲ），这是一条规模巨大的两层楼回廊，意大利文艺复兴样式。始建于葡萄牙国王若奥三世统治时期的 1557 年，当时的建筑师是迪奥戈·达·托拉瓦。此回廊建成于葡萄牙、西班牙两国合并时期的 1591 年，由西班牙国王菲律普二世即葡萄牙的菲律普一世邀请著名的建筑师菲律普·特尔兹最后完成（这位工程师还负责古老的引水渠的建筑施工）。这条壮丽的、按照文艺复兴古典式样建造得方方正正、比例合宜、柱头均为古典式样的回廊，将修道院里僧侣们居住的宿舍与教堂连接起来，使他们可以方便地游走其间，在回廊楼层的四个角落还建造了四座精致的螺旋状楼梯，将建筑物各个不同的楼层连接起来。[1] 回廊建筑是中世纪修道院建筑的重要形式，它由环绕修道院建筑的带顶走廊和内部花园构成，走廊上的环形拱孔面向花园，花园的寓意为"天上的耶路撒冷"，带顶的走廊暗寓宁静的心灵和内在之人。此种建筑形式在 11—12 世纪罗曼风格流行的时候变得普遍起来，在哥特风格流行的时候继续在修道院建筑中被人们所采用，因为它非常贴切地体现了基督教修道主义的精神。[2]

三　托马尔修道院教堂建筑的历史地位

托马尔修道院历史建筑群中的部分建筑物的曼努埃尔艺术特征是非常明显而且典型的，其教堂参事室的窗户及其周围的纹饰后来成为葡萄牙历史学家以及艺术史家反复研究的对象。根据他们的解释，这扇大窗户实际上已经被后世的葡萄牙人视为地理大发现精神的象征物。

---

① W. C. Watson, *Portuguese Architecture*, p.304.
② 〔法〕雅克·勒高夫：《中世纪的英雄与奇观》，鹿泽新译，四川文艺出版社，第 91—92 页。

　　德国浪漫主义哲学家谢林（Friedrich W. J. von Schelling, 1775 —1854）以及德国建筑师豪普特（Albrecht Haupt, 1852 —1932）认为曼努埃尔建筑并没有受到西班牙或意大利的建筑风格的影响，是葡萄牙本地艺术的产物。豪普特又首次指出从托马尔的曼努埃尔式建筑物奇异的域外特征上可以看到有模仿印度阿哈马达巴德（Ahmadabad）的耆那教神庙建筑的痕迹。他认为托马尔的建筑物或多或少受到了印度艺术的影响。[①] 然而，专门研究葡萄牙历史建筑的英国学者沃森（W. C. Watson）和其他一些人不太认同这样的看法。沃森并不否认通往印度航路的发现曾经对葡萄牙本国建筑风格产生的影响，特别是葡萄牙与印度通商以后获得的财富使好大喜功的葡萄牙国王们拥有财力去兴建大量具有奇异趣味的建筑物。但是，沃森认为，仅仅将巴塔利亚修道院回廊的窗户上某些雕刻的细节与印度阿哈马达巴德的神庙上的图案做比较，是不能够看到它们之间有相似之处的；同时，当时的确有一两位葡萄牙人前往印度从事建筑工作，如托马斯·费尔南德斯（Thomas Fernandes）在1506 年被派到印度担任军事工程师以及建筑师的职务，帮助修建印度西海岸葡萄牙殖民地的要塞。但是很难将这些孤立的事实串联起来，得出结论说他们一定就是曼努埃尔风格建筑物的设计师，至于他们将印度神庙建筑风格带回葡萄牙的确切记录更是难以找到。[②] 学者中还有一种很特别的解释，认为耶稣会在创造巴洛克风格的时候，将中国和印度的趣味融入16 世纪40 —80年代的葡萄牙建筑中去了，并通过罗马耶稣会总堂的修建开启了意大利的巴洛克时代。不过，真正接受这种解释的人少之又少。[③]

　　笔者在实地考察了托马尔修道院历史建筑群以后，认为修道院的教堂以及参事室的大窗户和外墙从总体上来看的确是曼努埃尔建筑的代表作，它具有巨大且复杂的立面装饰，尤其是建筑物的边框以及窗户的边框在装饰上被特别予以强调，显得非常繁复、细腻与突出。建筑物从远处看有一点像一座巨大的雕刻作品，也有一点像印度南部的神庙。但是，建筑物的内部则完全是欧洲中世纪以来的样子，沿袭了罗马—拜占庭风格、哥特风格、曼努埃尔风格以及文艺复兴风格，明显地可以感觉到时代与艺术变迁给建筑物本身带来的影响。就曼努埃尔式样的雕刻题材而言，其自然植物的式样是否受到域

①　Albrecht Haupt, Die Boukunst der, *Renaissance Architecture in Portugal*, 2vol, Frankfurt, 1890, e 1895, in Donald F. Lach, *Asia in the Making of Europe,* Vol. II , *A Century of Wonder*, p.58.

②　W. C. Waston, *Portuguese Architecture*, p.159.

③　Gauvin Alexander Bailey, *Art on the Jesuit Missions in Asia and Latin America, 1542–1773*, p.195.

外的如印度艺术的影响是需要仔细加以研究的，其他的海洋、宗教以及王权的雕刻艺术主题完全是当时葡萄牙艺术的典型表现。它显示了在地理大发现盛期葡萄牙民族的自信心，是完全带有葡萄牙本地特色的艺术表现形式，它也从另一个侧面反映了历史学家博克塞（C.R.Boxer, 1904—2000）所说的，在葡萄牙人的扩张事业中，"征服"、"航海"与"通商"是互相交织在一起的，而且与基督教的传播也关联密切，并且其各种因素在不同的时间、地点和形式之下相对的重要性也各不相同。①

The Architecture of Convent of Christ in Tomar, Masterpiece of Manueline Style Building in Portugal in 16th Century

Gu Weimin

Abstract: The paper is on the subject of history of establishment of some part of buildings of the Convent of Christ in Tomar in 16th century and its characteristics of Manueline Style architecture features of the nave and a huge Window of the Chapter House, which were covered with abundant Manueline motifs, including gargoyles, Gothic pinnacles, statues and "ropes" that remind the ones used in the ships during the Age of Discovery, as well as the Cross of Christ and the emblem of Royal King , the armillary sphere. The building of the convent is the combination and symbol of Portuguese Royal Power, maritime navigation and Crusade spirit in the procession of Portuguese overseas conquest.

Keywords: Portugal; Manueline Style; Tomar; Convent of Christ

（责任编辑：罗燚英）

---

① 顾卫民：《葡萄牙海洋帝国史：1415—1824》，上海社会科学院出版社，2018，第518页。

海洋史研究（第二十二辑）

2024 年 4 月　第 525~547 页

15—17 世纪东亚交聘、贸易
和战争中的日本刀

朱莉丽 [*]

摘　要：日本刀作为明、日勘合贸易的大宗商品以及明朝御倭战争的战利品，在明朝较多地流入中国。通过勘合贸易流入明朝的日本刀和在御倭战争中缴获的日本刀，在种类和功能上有所区别。现存史料显示出后者（包括明朝仿制、改良者）被明朝运用在抗击倭寇以及"庚戌之变"后对抗蒙古的战斗中。此外，在壬辰战争中，朝鲜王朝也围绕引进日本剑术展开了讨论。日本刀以商品、馈赠品、战利品等多种形式在东亚地区的流转，从侧面反映出 15—17 世纪这一地区急剧变动的国际关系。

关键词：日本刀　东亚　贸易　战争

中文语境中的"日本刀"是对日本传统刀剑的统称，狭义的日本刀包括太刀（含大太刀）、打刀、胁差、短刀，广义的日本刀则在上述刀型的基础上又涵盖了薙刀和长卷。[①] 一方面，以太刀、打刀为代表的日本刀曾长期运

---

[*]　朱莉丽，复旦大学文史研究院副研究员。

　　本文为 2022 年度国家社会科学基金冷门绝学研究专项 "16—17 世纪西人东来与多语种原始文献视阈中的东亚海域剧变研究"（项目号：22VJXT006）子课题 "16—18 世纪日朝海域交流史的研究——文献、图像与遗迹"的阶段性成果。

[①]　日本刀的种类、名称十分复杂，正如新井白石在《本朝军器考》中所言："有古所见而今不复见者，有今可见而古未闻者；有名同而实异者，有名异而实同者。"见新井白石『本朝軍器考』卷八「刀劍類」、『新訂增補故实叢書』第 35 回、明治图书出版株式会社、1953、94 页。基于日本刀的复杂性，其种类的划分方法有若干种，以刃长划分日本刀种类的方法叫作"定寸"。（转下页注）

用于实战，因其优越的战斗性能而在世界范围中被视作日本冷兵器的代表；另一方面，质量上等的日本刀不但刀身展现出精良的铸造工艺，刀装也集合了上乘的漆艺、金工和雕刻工艺。因此，品质优良的日本刀往往具备武器和工艺品的双重属性。在15—17世纪中国、日本、朝鲜、蒙古之间的贸易和战争中，日本刀的这两种价值属性均得到凸显。日本刀的使用、仿制和鉴赏，在东亚范围内产生了技术、知识和观念的更新。

一 明、日交聘中的日本刀

明朝与日本之间，存在长达150年的"勘合贸易"时期。明朝以颁发给日本的勘合符作为核验手段，在辨明朝贡使节身份为真、确认其有朝贡资格的前提下，允许使团将携来货物在明朝进行贸易。通过日本遣明使团这一官方交往渠道输入明朝的日本物品，在性质上可以划分为"国王进献物"、"使臣自进物"以及"国王附搭物"。"国王进献物"是被明朝册封为日本国王的室町幕府将军进献给明朝皇帝的贡物；"使臣自进物"是以日本使臣的名义进献给明朝皇帝的贡物，其本质是使臣自带的贸易品；"国王附搭物"则是幕府、大名、寺社、商人等置办的用以在明朝出售的贸易品。[①]"国王附搭物"

（接上页注①）太刀与打刀作为日本刀的两个代表刀型，按照现代定寸标准均长超过2尺（现代日本尺为30.3厘米）。太刀是日本从平安时代中期到镰仓时代使用的主力刀型，多数长70厘米以上，也有长90厘米甚至以上者，一般将刃长3尺以上者称为大太刀（或称野太刀）。太刀刀身的弧度（日文称为"反"）较大，在马上使用时为单手持握。佩带方式是刀刃朝下、刀背朝上，刀鞘上有两个称作"足金物"的部件，将纽带固定于其上，以悬于铠甲左侧腰带上。室町时代，打刀登上历史舞台并逐渐取代了太刀主力刀型的地位，至室町时代后期成为武士的主要作战用刀。打刀通常较太刀短，刀身弧度稍小，佩带方式是刀刃向上斜插入腰间。打刀为双手持握，用于劈砍和突刺，适合地面作战。就本文所讨论的历史时段而言，太刀和打刀之间的区别尚比较模糊，名称上的区分不像江户时代那样明确。胁差刃长30.3—60.5厘米，其中54.5—60.5厘米者称为大胁差，39.4—42.4厘米者称为中胁差，30.3—39.3厘米者称为小胁差。胁差属于中型武士刀，单手使用。短刀一般刃长在30.3厘米以下，造型以平造居多。薙刀的造型类似我国的眉尖刀，柄长1.8—2米，刀身长度在1—2尺，以挥砍为主，突刺为辅。以上关于日本刀寸法的介绍，参见杨丽丽《浅谈日本武士刀的发展过程》，首都博物馆编《首都博物馆论丛》第28辑，燕山出版社，2014，第362—368页。长卷则是为了便于挥舞大太刀而将柄加长制造的一种兵器。

① 木宫泰彦的研究指出，所谓国王附搭物，其内容因时代而有所不同。最初在幕府、大名、寺社等自己经营勘合船的时代，是指将军以及大名、寺社投资的商品和所谓"客人"的商品，后来在博多和堺港商人对每艘遣明船付出几千贯抽分钱而承包的时代，则指这些商人的商品。所以，从日本方面看，内容不同，颇为复杂。但从明朝方面看，正如国王附搭物这一名称所表示的那样，一律视作附搭于日本统治者即幕府将军贡献方物的贸易品。名义上虽是附搭物，数量上却占了日本贸易品的大部分。参见〔日〕木宫泰彦《日中文化交流史》，胡锡年译，商务印书馆，1980，第573页。

的大量存在，也正是"勘合贸易"这一用语产生的原因。明代通过勘合贸易
由日本输入的贸易品主要包括刀剑、硫黄、铜、扇、苏木及日本的各种工艺
品，尤以刀剑、硫黄和苏木为多。日本学者秋山谦藏曾对第二期勘合贸易[①]
中永享四年（1432）到天文八年（1539）以"国王附搭物"形式输入明朝的
刀剑数量做出统计，分别为：

永享四年 3000 把；

永享六年（1434）3000 把；

宝德三年（1451）9968 把；

宽正六年（1465）30000 余把；

文明八年（1476）7000 余把；

文明十五年（1483）37000 余把；

明应二年（1493）7000 把；

永正六年（1509）7000 把；

天文八年 24152 把。[②]

需要指出的是，出现在明朝史料里的"日本贡刀剑"中的"刀剑"是一
个极其含混的概念。通过朝贡贸易自日本输入明朝的"刀剑"，就其种类细
分，包括太刀、薙刀以及枪；就其装帧而言，可分为呈献给皇帝的在刀装上
经过特别设计的太刀以及普通刀枪；就其用途而言，则可分为鉴赏用与实用。
日本输入明朝的兵器中，几乎没有符合中国的"剑"的定义的那种直身双刃
的兵器。因此，明朝史料中所言"日本贡刀剑"中的"刀剑"更多的是武器
的泛指，而非专指。如若就日本实际输入明朝的兵器种类而言，也许称作
"刀枪"比"刀剑"更加贴切。

关于明代时日本输入中国的"刀剑"的种类和形制，可以通过日本史料
一探究竟。收录于《戊子入明记》中的一则名为《渡唐御荷物色々御要脚》[③]
的材料记载：

---

① 日本学术界将勘合贸易划分为第一期和第二期，第一期对应了足利义满时期的 6 次以及足利义持
时期的 2 次（未将足利义满向建文帝的遣使包括在内），第二期则包括从足利义教到足利义晴时期
的 11 次（不包括未被明朝承认的伪使）。木宫泰彦指出，第一期的贸易项目可能和第二期相同，
分为国王进献物、使臣自进物和国王附搭物。但因缺乏史料，具体情况不详。参见〔日〕木宫泰
彦《日中文化交流史》，胡锡年译，第 531 页。

② 秋山谦藏「日明関係」国史研究会編『岩波講座日本歴史』（第 4）岩波书店，1933、74 頁。

③ "要脚"为一中世日语词，有"钱""费用""税金"等含义，此处的含义为"费用"，即置办给遣
明使团所携贡物的花费或价格。

御太刀：百振黑大面作。代百五十贯文。

御长刀：百支黑漆色绘朱。代百七十贯文。

御枪：百挺朱涂灭金。代百五十贯文。

龙御太刀：二振御鞘梨地，御纹云，白灭金，御带取紫。代五十三贯七百文。[1]

根据伊川健二的研究，[2] 上述《渡唐御荷物色々御要脚》系永享四年遣明使的相关材料，即第 2 期勘合贸易的开端。其中所记载的刀枪，系以足利将军的名义呈献给明朝皇帝的贡物，即"国王进献物"，共包括龙太刀 2 把、太刀 100 把、长刀 100 支以及枪 100 支。其中，"龙太刀"并非日本刀的一个专门分类，而是为了进贡给明朝皇帝而特别制作（特别是针对刀装）的，就其种类而言依然是太刀。这种太刀为了迎合中国皇帝的身份，在刀身和刀装上有龙的造型。《渡唐御荷物色々御要脚》中所记载的"龙太刀"刀装样式，鞘用梨木制造，装饰有云纹，带执（连接刀鞘和佩绳的索状物）用紫色。被伊川健二判定为同为永享四年遣明使关联材料的《古御所之御时御商物色々事》中记录了这两柄"龙太刀"的锻造者是信国，而柄和鞘的制造者为佐藤卫门。[3] 信国是山城国有名的刀匠世家，从南北朝初期到室町时代中期共传承了六代。

然而，单凭这两则材料，我们对"龙太刀"这种产生于明、日交聘场合的特殊物品的形制依然所知甚少。若想更加细致的还原"龙太刀"的具体样貌，可以借鉴天文年间遣明使的一则相关材料《渡唐方进贡物诸色注文》：

---

[1]　「戊子入明記」牧田諦亮『策彦入明記の研究・上』法藏館、1955、351 頁。

[2]　根据日本学者伊川健二的研究，《戊子入明記》中包含了 1433 年、1435 年和 1453 年和 1468 年四次遣明使团的相关材料共二十一条，其中十五条是 1468 年天与清启遣明使团的相关记录（史料内容涉及附搭物的种类、乘员名单、船只情况等）。另有 1433 年龙室道渊遣明使团相关材料两条（其实为一条，分作两个部分，是关于贡物和附搭货物的种类、价格）；1453 年东洋允澎遣明使团相关材料两条（其实应为一条，因记载于不同页面被分为两条，内容是使团官员和杂役在宁波获得廪给的数目），以及 1433 年和 1435 年使团所持由惟肖得严撰写的表文（两封表文缀合为一条），以及宣德八年（1433 年）明朝礼部针对勘合使用方法的说明材料一条（兼记日本对宣德勘合的使用情况）。伊川健二『大航海時代の東アジア：日欧通交の歴史的前提』吉川弘文館、2007、127－134 頁。

[3]　"一、龙太刀：二腰……信国作之。一、同柄鞘，佐藤卫门作之。"牧田諦亮『策彦入明記の研究・上』、352 頁。

　　龙御太刀二振事

　　一、铭国吉。鈕迳二尺一寸。乱烧齿。

　　一、表刻俱利伽罗，龙爪五。

　　一、里刻梵字。

　　一、鞘二尺五寸。龙之莳绘，高莳绘也。

　　一、鞘黑。

　　一、龙之姿与鞘合。

　　一、表面男龙。

　　一、里面女龙。

　　一、男龙有角。

　　一、女龙稍有角。

　　一、龙爪五。

　　一、太刀箱朱色，内涂黑漆。

　　一、太刀袋茅色，里为绢制。绳同色，丝制。[①]

　　这则史料较为细致地描述了日本进贡给明朝皇帝的"龙太刀"刀身及刀装的特点。首先，这两柄龙太刀的形制应该是一样的。铭文"国吉"系刀匠的名字（太刀的铭文通常刻于刀茎之表，太刀的佩戴方式是刀刃朝下，悬于腰间。朝向外面的一面为"表"，贴近身体的一面为"里"，在加装刀柄之后便隐藏于柄中）。两柄太刀从刀尖到镡的长度为二尺一寸，刃纹为乱刃，刀身的表面应刻有俱利伽罗（表现为一个身上包满火焰的黑龙卷着一把宝剑，被视作不动明王的化身而特别受到崇拜）、五爪龙。刀身的里侧刻有梵字。刀鞘长二尺五寸，鞘为黑漆面，上有龙的莳绘，系立体的莳绘。龙的姿态迎合了鞘的曲度。鞘表面为男龙，里面为女龙，均为五爪。男龙有角，女龙稍有角。收纳太刀所用的箱子外为朱色，内涂黑漆。太刀袋为茅色，里子用绢，绑带为同色，用丝捻成。

　　从这一段描述可知，贡献给明皇帝的"龙太刀"，无论是刀身还是刀装都具有龙的元素，且为五爪龙，可以说是融合了日本工艺以及中国等级观念的产物。这种"龙太刀"是日本为了向明朝进贡所特意挑选或者打造的，与

---

　　①　「渡唐方進貢物諸色注文」牧田諦亮『策彦入明記の研究・上』，287－288 頁。原文为日文，笔者据其义翻译。

在日本国内流通的太刀相比，在刀装上体现出鲜明的中国皇家特色。而以国王进献物的形式输入明朝的普通太刀的形制，根据《渡唐方进贡物诸色注文》中的记载，"同身二尺一寸……鞘二尺六寸"。[①] 也就是说刀身长度与"龙太刀"一样，为二尺一寸，刀鞘的长度为二尺六寸。结合永享四年《渡唐御荷物色々御要脚》中"御太刀百振，黑大面作"的记载，我们可以推断出普通太刀的刀装是通身黑色漆面（仅在装饰有金属部件的地方镀金），在刀鞘的装帧上相对简朴。

除太刀之外，日方文献所记载的进贡物品中，还一种名称中带有"刀"字的兵器，即"长刀"或者"长太刀"。至于这种兵器的形制为何，我们来看一下《渡唐方进贡物诸色注文》中的描述：

> 长太刀百枝事
> 身长，镡造一尺八寸；鞘长二尺一寸，皆朱也；柄长五尺六寸，皆朱也。[②]

由此可以判断，这里的长太刀并非真正的"太刀"，而是一种柄远远长于刀身的兵器，从刀身和柄的寸法判断，遣明使史料里的这种表记为"长太刀"（《渡唐方进贡物诸色注文》）或者"长刀"（《渡唐御荷物色々御要脚》）的兵器，对应的是薙刀。薙刀是一种长柄兵器，类似中国的眉尖刀。平安时代薙刀作为僧兵守护寺院所用的武器有出色表现，在镰仓时代至南北朝时代成为战场上的主要武器。但薙刀因容易误伤己方故不适合战国时代的密集型战斗，遂逐渐被枪所替代。至于枪，也出现在日本向明朝输入的兵器记录中：

> 枪百本事
> 身长，口金造八寸五分……柄八尺五寸，皆朱也；鞘一尺，皆朱也……[③]

此外，室町时代的外交文书集《善邻国宝记》中，记载了宣德九年

---

① 「渡唐方進貢物諸色注文」牧田諦亮『策彦入明記の研究・上』、288頁。
② 「渡唐方進貢物諸色注文」牧田諦亮『策彦入明記の研究・上』、288頁。
③ 「渡唐方進貢物諸色注文」牧田諦亮『策彦入明記の研究・上』、289頁。

（1434，使节于 1435 年入明）、景泰二年（1451，使节于 1453 年入明）、成化十一年（1475，使节于 1477 年入明）、成化十九年（1483，使节于 1484 年入明）派出的遣明使所携带的以"国王进献物"名义进贡给明朝的刀剑种类和数量，每次均为"撒金鞘柄太刀二把，黑漆鞘柄太刀一百把，枪一百柄，长刀一百柄"。^①撒金鞘柄太刀对应了前述遣明使文献中的龙太刀，即黑漆鞘上装饰有洒金工艺的龙图案莳绘的太刀，黑漆鞘柄太刀对应遣明使文献中的黑大面作，至于枪 100 柄、长刀 100 柄的数量也完全与遣明使文献中的记载相符。由此基本可以判明，自 1432 年日本恢复向明朝朝贡后，到勘合贸易终结，以"国王进献物"的形式输入明朝的刀枪，无论形制还是数量，都是固定的。而秋山谦藏所总结出的十次遣明船向明朝输入刀剑的数量，其实是以"附搭货物"的形式与明朝进行贸易的刀剑，与"国王进献物"在属性上不同，严格而言并不是真正的贡物，而是搭着朝贡名义的商品。这些名为"国王附搭物"的刀剑，通常都是参与遣明船运营的大名、寺社、商人所置办，其质量通常低于国王进献物，数量波动也较大。"国王进献物"的价值置换是通过明朝皇帝对日本国王的回赐而实现，而对于"附搭刀剑"，明朝则是明码标价。这些"附搭刀剑"的质量和数量的不稳定以及由此导致的明朝收购价格的波动，屡屡在日本使节和明朝政府之间造成纠纷，成为中日贸易纠纷中最为尖锐的矛盾之一。

二　明、日间围绕作为贸易品的日本刀之交涉

永乐元年（1403），"礼部尚书李至刚奏：'日本国遣使入贡，已至宁波府。凡番使入中国不得私载兵器刀槊之类鬻于民，具其禁令。宜命有司会检番舶，中有兵器刀槊之类籍封送京师。'上曰：'外夷向慕中国，来修朝贡，危踏海波，跋涉万里，道路既远，赍费亦多，其各有赍以助路费，亦人情也，岂当一切拘之禁令。'至刚复奏：'刀槊之类在民间不许私有，则亦无所鬻，惟当籍封送官。'上曰：'无所鬻则官为准中国之直市之，毋拘法禁以失朝廷宽大之意，且阻远人归慕之心。'"^②自此明朝对经由日本朝贡使团输入的日本

---

①　田中健夫『善隣国宝記・新訂続善隣国宝記』集英社、1995、218、226、198、238 頁。

②　《明太宗实录》卷二三，永乐元年九月己亥条，（台北）"中研院"历史语言研究所据"国立北平图书馆红格抄本"影印本，1962，第 387—388 页。

刀一律实行官买。① 在明日勘合贸易存续的 150 年间，刀剑一直是两国贸易的大宗商品，围绕其价格引发的明日交涉，也屡屡成为两国关系波动的原因。

据《明实录》记载，景泰四年（1453）十二月，礼部就日本贡物的给价问题上奏，指出由于宣德八年（1433）对贡物的给价过于丰厚，日本"旧日获利而去，故今倍数而来"。② 具体的数目对比为："当时所贡，以斤计者，硫黄仅二万二千，苏木仅一万六百，生红铜仅四千三百。以把计者，衮刀仅二百，腰刀仅三千五十耳。今所贡硫黄三十六万四千四百，苏木一十万六千，生红铜一十五万二千有奇，衮刀四百一十七，腰刀九千四百八十三，其余纸扇箱盒等物比旧俱增数十倍。"③ 其中涉及的刀剑数量与秋山谦藏根据日本史料所统计出的数据相接近。据此可知，此次日本所贡硫黄的数量是宣德八年的近十七倍，苏木是十倍，生红铜是三十五倍多，刀剑约三倍。"若如前例给直，除折绢布外，其铜钱总二十一万七千七百三十二贯一百文，时直银二十一万七千七百三十二两有奇"，④ 是一笔极其高昂的数额。礼部认为"计其贡物，时直甚廉，给之太厚。虽曰厚往薄来，然民间供纳有限。况今北虏及各处进贡者众，正宜撙节财用，议令有司估时直给之"，主张不按宣德年间的旧例，而按时价收购日本的贡物。有司最终给出的估价是"通计折钞绢二百二十九匹，折钞布四百五十九匹，钱五万一百一十八贯。其马二匹如瓦剌下等马例，给纻丝一匹绢九匹"。⑤ 如以铜钱的给予量为标尺做一对比，可

---

① 虽然明朝严禁兵器在民间贸易，但在嘉靖以后，在走私贸易猖獗的闽浙濒海地区，仍有大量日本刀通过民间贸易途径进入中国。唐顺之的门生洪朝选所作《瓶台谭侯平寇碑》中写道："嘉靖甲辰，忽有漳通西洋番舶，为风飘至彼岛，回易得利。归告其党，转相传语，于是漳、泉始通倭。异时贩西洋，类恶少无赖，不事生业。今虽富家子及良民，靡不奔走。异时维漳缘海居民习奸阑出物，虽往，仅什二三得返，犹几幸少利。今虽山居谷汲，闻风争至，农亩之夫，辍耒不耕，赍贷子母钱往市者，握筹而算，可坐致富也。于是中国有倭银，人摇倭奴之扇，市习倭奴之语。甚豪者，佩倭奴之刀。其俗之侚仁弃义，自叛于中国声明文物之教如此，彼岛夷者恶得而不至哉？"《洪芳洲先生摘稿》卷四《瓶台谭侯平寇碑》，洪朝选著《洪芳洲先生文集》，李玉昆点校，商务印书馆，2018，第70—71页。此外，《东西洋考》中亦载"刀：倭刀甚利，中国人多罗之。"张燮：《东西洋考》卷六《外纪考·日本》，谢方点校，中华书局，1981，第126页。刘晓东在其研究中指出："在晚明士林中，对日本刀情有独钟者不乏其人。尤其是许多兵家之士甚至不惜重金购求，使日本刀一时成为士林闲赏把玩的宝物。诸如唐顺之、丁右武、胡宗宪等人都是当时名噪一时的倭刀收藏者。"刘晓东：《嘉靖"倭患"与晚明士人的日本认知——以唐顺之及其〈日本刀歌〉为中心》，《社会科学战线》2009年第7期，第113页。唐顺之在《日本刀歌》中提及自己的日本刀是他人所赠，这从一个侧面反映出民间贸易中亦有日本刀的身影。

② 《明英宗实录》卷二三六《废帝郕戾王附录》第54，景泰四年十二月甲申条，第5140页。

③ 《明英宗实录》卷二三六《废帝郕戾王附录》第54，景泰四年十二月甲申条，第5140页。

④ 《明英宗实录》卷二三六《废帝郕戾王附录》第54，景泰四年十二月甲申条，第5140—5141页。

⑤ 《明英宗实录》卷二三六《废帝郕戾王附录》第54，景泰四年十二月甲申条，第5141页。

以发现，尽管景泰四年日本贡物的数量为宣德八年的十数倍，而明朝的总体给价却较宣德八年为低。具体到日本刀的给价，根据秋山谦藏的研究，宣德八年每把给价 10000 文，而景泰四年则是每把给价 5000 文，[①] 直接腰斩。对此日本贡使自是不能满足，"日本国使臣允澎等奏，蒙赐本国附搭物件，价值比宣德年间十分之一，乞照旧给赏"。[②] 明代宗以远夷当优待之，加铜钱一万贯。允澎等犹以为少，求增赐，命更加绢五百匹布一千匹。

　　然而，此番增赐并未能使得日使满意，之后双方又围绕方物给价进行反复交涉。使团中的从僧笑云瑞䜣在其日记《笑云入明记》中记载："（景泰五年【1454】）二月一日，朝参。正使（东洋允澎）捧表，请益方物给价"；"四日，礼部召赵通事，问日本人所求，曰给价若不依宣德八年例再不归本国云云"；"六日，礼部曰：方物给价，其可照依宣德十年例"；"七日，纲司（如竺芳贞）谒礼部曰：十年例还本国诛戮，只愿怜察"。[③] 即是说从二月初一到初七的七天时间里，日本与明朝就方物给价进行了四次交涉。在日使的一再要求下，明朝应允按照宣德十年（1435）的旧例进行给价。针对宣德十年日本的朝贡，《明实录》语焉未详，只有"日本国遣使臣中誓等来朝贡马及方物，赐宴并赐纻丝纱罗绢布铜钱有差，仍命赍敕及白金文锦纻丝表里纱罗等物归赐其国王及妃"[④] 寥寥数笔（宣德十年元月明宣宗病殁，日本于当年十月来贡时，在位的是明英宗朱祁镇）。尽管史料未对宣德十年日本贡物的给价一一明记，但从东洋允澎一行不肯接受宣德十年例而执意要求按宣德八年例来看，宣德十年对大部分贡物的给价应较宣德八年为低。[⑤]

　　明朝对附搭货物的给价，受到明朝国力、商品时值、钞价波动等多种因素的影响，从明朝一方的记载可知，旧例只是参考而非定数。而日本使节却将给价最高的情况作为标准，一再要求明朝提高给价。双方交涉的最终结果，根据曾与笑云瑞䜣密切接触的瑞溪周凤（室町时代外交文书集《善邻国宝记》的编纂者）日记中"先是自大明得六万贯，就中五万贯，盖大刀之报

①　国史研究会编『岩波講座日本歴史』第 4、秋山謙藏『日明関係』、74 頁。

②　《明英宗实录》卷二三七《废帝郕戾王附录》第 55，景泰五年正月乙丑条，第 5163 页。

③　『笑雲入明記』景泰五年二月一日条、村井章介・須田牧子編『笑雲入明記：日本僧の見た明代中国』平凡社、2010、212 頁。

④　《明英宗实录》卷一〇，宣德十年十月癸酉条，第 194 页。

⑤　单就明朝对日本刀的给价而言，宣德八年和宣德十年是相同的，均为每把 10000 文。秋山謙藏『日明関係』、74 頁。

也，一万贯医黄之报也"① 的记载，可知日本最终所获铜钱数量是六万贯，即在上述有司核定的五万一百一十八贯之外加上明代宗特赐的一万贯，并未能争取到宣德八年的待遇。对此不满的日使滞留京城不去："礼部奏日本国使臣允澎等已蒙重赏，展转不行。待以礼而不知恤，加以恩而不知感，惟肆贪饕，略无忌惮。沿途扰害军民，殴打职官。在馆捶楚馆夫，不遵禁约。似此小夷，敢尔傲慢。若不严加惩治，何以摄服诸番。宜令锦衣卫能干官员带领旗校人等示以威福，催促行程。如仍违拒，宜正其罪。从之。"② 面对日使的纠缠不休，明朝已经产生了要动用武力驱逐的动议。在六天后，日使一行才终于从会同馆启程，踏上往宁波的归途。

景泰年间围绕方物给价的摩擦对两国关系造成了严重影响，一个直接的后果是导致明朝对遣明使船和朝贡人员的数量做出了限制。日本史料《荫凉轩日录》记载："三十年以前九艘渡唐，人数千二百人。其时日本人多多故，于大唐喧哗出来。以故以后者，不可过三艘，人数不可过三百人。自大唐此分相定，其后三度渡唐，皆三艘。"③ 这则信息记载在《荫凉轩日录》长享三年八月十三日条中。长享三年即1489年，上推30年正是景泰年间，九艘渡唐也符合此次遣明使团的情况。小叶田淳曾指出，所谓"人勿过三百，船勿过三艘"的宣德要约并不存在，明朝对日本朝贡使团的规模做出限制是景泰四年之后，而且未以条约的形式成立。④ 景泰年间围绕方物给价的争执对两国关系产生不良影响的另一佐证是，当日本打算再度派出使节赴明之前，曾遣使赴朝鲜，请朝鲜代为向明朝致歉："（天顺三年【1459】二月）癸酉，敕朝鲜国王李瑈，该礼部奏称得王咨，有日本国差人卢圆等到国，言国王源义政以先差去进贡使人失礼，蒙朝廷恩宥放回，将本人科罪，今欲差人赴京谢罪。缘日本国僻在海隅，去京路远，其情真伪难以遥度。敕至，王即拘卢圆等详审前项传说，如果真实无伪，转行源义政，说朝廷以尔既能悔过自新，准令择遣老成识达大体者为使来朝贡。往来中途不许生事，若或似前抢掠财物，欺凌官府，罪必不宥。王其审实，停当而行，勿得忽略。"⑤ 朝鲜罕见地从中疏通，充当了明日之间破冰的媒介。由此可见，明日之间围绕包括日本

① 瑞谿周凤著·惟高妙安抄录『卧云日件录拔尤』岩波书店、1961、107页。
② 《明英宗实录》卷二三八《废帝郕戾王附录》第五十六，景泰五年二月乙巳条，第5192页。
③ 长享三年八月十三日条，『荫凉轩日录』（第4册）仏书刊行会、1912、1565页。
④ 小叶田淳『中世日支通交贸易史の研究』刀江书院、1969、307页。
⑤ 《明英宗实录》卷三〇〇，天顺三年二月癸酉条，第6374页。

刀在内的日本贸易品所产生的矛盾，已经蔓延出中日范围，引发了包括朝鲜在内的东亚范围的交涉。

日本通过朝鲜试探明朝的态度，以"遣使谢罪"作为口实，获得了明朝对其再次朝贡的允许，于有了成化四年（1468）遣明使节的派出，即前述史料《戊子入明记》主要涉及的时代。据《明实录》的记载可知，此次使节在明期间再次围绕刀剑给价问题与明朝发生摩擦。"礼部奏：'日本国所贡刀剑之属，例以钱绢酬其直，自来皆酌时宜以增损其数。况近时钱钞价直贵贱相远。今会议所偿之银以两计之，已至三万八千有余，不为不多矣。而使臣清启犹援例争论不已，是则虽倾府库之贮亦难满其溪壑之欲矣，宜裁节以抑其贪。'上是之。仍令通事谕之，使勿复然。"[1] 此次日本向明朝派遣了三艘船，这从一个侧面证明贡物和搭载货物的总量要少于景泰年间，然而根据前引秋山谦藏的统计，刀剑的数量却达到了景泰年间的三倍，有 30000 余把之多。使团正使天与清启亦与景泰年间的使节一样，援引旧例，要求明朝提高收购价格。天与清启曾经以从僧的身份参与景泰年间的使团，亲历了彼时就贡物给价与明朝的交涉。可以想见，这一经历为他与明朝的斡旋提供了经验。而明朝对日本的要求不胜其烦，打算要"裁节以抑其贪"。交涉的最终结果根据日方资料可知，明朝给予日方的主要附搭货物——刀剑的给价为每把 3000 文。而关于成化年间另外两次朝贡的情况，根据日本学者小叶田淳的研究，成化十三年（1477）明朝对刀剑的给价是每把 1800 文，成化二十一年朝廷欲将每把刀剑的给价降至 600 文，同时礼部向明宪宗建议，日本进贡之刀剑以后不许过多，只照宣德年间事例，各样刀剑，总不过 3000 把。弘治年间日使携来刀剑 7000 余把，弘治八年（1495）明朝决定收购其中的 5000 把，每把给价 1800 文；但经不住使臣不断愁诉，在弘治九年（1496）时又收购了其余2000 把，每把给价 300 文。[2] 而到正德年间，两国围绕刀剑给价的交涉达到了白热化程度。

反映正德年间日本使节与明朝交涉情况的史料《壬申入明记》是一部文书资料集。其卷首写有永正九年、正德七年（1512）字样，当是此记录的辑成年代。《壬申入明记》收录了日本使节围绕贡物价格及使团待遇与明朝政府交涉的文书三十封，尤以围绕进贡日本刀的给价与明朝的交涉引人注目。文书的差出人基本上都是使团正使了庵桂悟和土官胜康，并有两份由正使、副

---

① 《明宪宗实录》卷六二，成化五年正月丙子条，第 1268—1269 页。

② 小葉田淳『中世日支通交貿易史の研究』、408—415 页。

使、居座、土官、通事联名差出的文书。其时明朝欲按照弘治九年例，刀剑每把给价 300 文。日本使节对此大为不满，不但滞留南京不肯离去，甚至还以同明朝断交，倭寇复炽来对明朝进行威胁。兹举其中的两封文书为例：

> 日本国差来正使桂悟等，谨呈为进贡事。本国进贡附搭太刀，累蒙上国怜我国王来远忠敬之诚，赐价优厚，赐敕于国，古今钦报矣。今度、悟等来贡，在南京承用本国四号船宋素卿之例，刀价每把欲赐新旧钱三百文。悟等愁诉四号船非进贡船之由，以此诸位老爷唯愚讼奏达。蒙圣旨，国王附搭、使臣自进刀都准进收，后不为例。刀价依弘治年间支给，则是弘治八年、九年例并行之。悟等仰荷圣主大恩，可以全归国，不胜喜跃。今承布政司文书，舍弘治八年一千八百文例，止用弘治九年三百文①，我辈于南京与取用四号船例，何其异哉。圣旨亦宣用弘治年间例，未尝舍八年例而取九年，何故布政司大人独错会圣旨，专用九年例欲行之乎？大抵国家费出不可不惜，或恐惜不在是也。若或布政司大人决欲以三百文为公家惜费，是欲以刀加我使臣颈也，夫岂堪乎……如桂悟、光尧，何面目可见国王哉？决留残骸于大国之地，与草露俱销，可示孤忠。其他六百余人，一任彼进退。②

　　这一封文书的内容不仅反映了遣明使围绕贡物给价对明朝的不满，也从一个侧面影射出在遣明船贸易中存在竞争关系的大内氏和细川氏的深刻对立。细川与大内二氏是在当时的遣明船贸易中占有重要地位的两支大名。在正德六年（1511）以了庵桂悟为正使的大内氏的使团来到中国之前，正德四年由渡日明人宋素卿担任纲司的细川氏船团已然到达中国。③ 了庵桂悟此封上书中的"在南京承用本国四号船宋素卿之例，刀价每把欲赐新旧钱三百文。悟

---

① 弘治八年（1495），明朝以每把 1800 文的给价买下当时日本以"国王附搭物"名义进贡的 7000 把刀剑中的 5000 把，原不欲收购其余刀剑。后在日本使节尧夫寿蒉的申诉下，才又于弘治九年收购了其余 2000 把，每把给价 300 文。故弘治八年和弘治九年对于刀剑的给价不同。「壬申入明記」牧田諦亮『策彦入明記の研究・上』、369－370 頁。

② 「壬申入明記」牧田諦亮『策彦入明記の研究・上』、365－366 頁。

③ 宋素卿来日之事在《明武宗实录》里有如下记载："礼部奏：日本国进贡方物例三船，今止一船，所赏银币宜节为三之一。且无表文，止咨本部。赐敕与否，请上裁。"《明武宗实录》卷五八，正德四年十二月乙卯条，第 1301 页。"日本国王源义澄遣使臣宋素卿来贡，赐宴给赏有差。素卿私馈瑾黄金千两，得赐飞鱼服，陪臣赐飞鱼（服），前所未有也。"《明武宗实录》卷六〇，正德五年二月己丑条，第 1321 页。

等愁诉四号船非进贡船之由，以此诸位老爷唯愚讼奏达"以及"我辈于南京与取用四号船例，何其异哉"两句，实际上否定了在自己之前到来的宋素卿朝贡船的正当性。由了庵桂悟的表述中可知，明朝以每把300文的价格收买了前年到来的宋素卿船的刀剑。而了庵桂悟以己方是朝贡船，不应该和作为"伪朝贡船"的宋素卿船受到同等待遇而提出抗议。这实际上是日本国内的利益争夺和政治对立延伸到国外的表现，牵涉到了大内氏和细川氏的朝贡何方具有正当性的问题。上述一封上书中，日使以自己的生死威胁，希望明朝做出让步，但未达到目的，于是接下来的上书中便将倭寇作为谈判筹码，逼明朝就范。

> 日本国进贡，自来皆有附搭刀剑，盖亦出于国王敬奉天朝，贡外之余谈也。先时上国重我国王有能灭海寇之功，优宠之盛莫可言，姑举近年例以言之。假如成化五年进纳三万余把，十四年进纳七千余把，十九年进纳三万七千把，以上年中进京三百余人，收刀数万余把。每把赐旧钱三千文。弘治八年收刀七千，每把赐旧钱一千八百者，此是当时使臣寿蓂等，犯科罪于济宁也。悟等今领国王附进太刀七千来者，遵弘治八年例，事载别幅。不知何由进京五十人，其余不遂赴京之望。收刀三千，每把赐新旧钱三百。使臣人等衣裳，皆单薄无里，与前例减克变异之极，悟等所不审，迷惑甚矣。又使臣自正副使至从僧通事，自进刀剑共九百十把，亦古来使臣借手朝贡之礼，不可废也，况亦未曾进纳……或者上国嫌厌往来之繁，一旦弃小国积世禁贼之功，欲显拒绝之（意），变例如此，则恐失我国王之心，废职贡之事。他日海寇闻风复集，其罪谁当？……如或旧例不复，是决欲绝贡事也。三千刀价，则一文不敢收，洋洋而去。[1]

这封上书中指出，此次的进贡船所载刀剑数量是参照弘治八年进贡船的数量准备，为7000把，载于别幅。[2]但明朝只买了7000把中的3000把，且核定的每把给价是300文。加之赐给日使的衣服皆单薄无里，较之前的待遇大大降低，引发了日使的极度不满。"或者上国嫌厌往来之繁，一旦弃小国积世禁贼之功，欲显拒绝之'意'，变例如此，则恐失我国王之心，废职贡

---

① 「壬申入明記」牧田諦亮『策彦入明記の研究・上』、374頁。
② 别幅作为国书的附录，上面记载的通常是日本与中国间贡品及回赐品的清单或者勘合比对的情况。

之事。他日海寇闻风复集，其罪谁当"这样的表达明显包含了威胁明朝的意思。面对日方如此言辞激烈的抗辩，明朝最终的处理结果是"仍令附进方物，亦给全价，毋阻远人效顺之意"，[1] 再次满足了日方提高给价的要求，最终按照弘治八年之例，以每把 1800 文的给价收买了此次贡使的全部 7000 把附搭刀剑。[2]

从上述从景泰年间直到正德年间明日双方围绕作为商品的日本刀剑价格的交涉可见，日本以"附搭货物"即以商品形式输入明朝的日本刀获利丰厚。日本以商业利益为导向，逐次加大向明朝输入的日本刀数量。明朝对于日本依附于朝贡的贸易行为，并非一味遵循"厚往薄来"的原则，而是会根据时下市场价格变化、日方商品质量以及己方需求来核定价格。由于日本作为附搭货物用来贸易的刀剑数量超过明朝需求且质量下降，明朝对于日本刀的给价也整体呈下降趋势。自宣德朝以后，围绕刀剑价格的谈判几乎成为明日交涉的固定内容，围绕这些争端产生的交涉甚至越出中日两国关系的范围，将第三方国家牵涉其中。这种围绕刀剑贸易产生的争端，从某个角度而言成为中日官方关系的晴雨表。

三　东亚战争中的日本刀

如前所述，作为"国王进献物"输入明朝的日本刀工艺精良，数量固定。而作为"附搭物"的日本刀剑数量波动较大，质量亦无保证。明朝从景泰年间开始便已对日本的"强贡"行为不胜其烦，后期更是屡屡指出日本入贡刀剑粗制滥造的问题。尽管礼部一再主张"宜裁节以抑其贪"，但大多数情况下明帝都本着怀柔远人的考虑收购了这些刀剑。就明朝一再试图减少日本刀的购入数量这一举动来看，最终全部买进的结果必然会导致数量远超自己的需求，于是这些刀剑的流向和用途成为一个疑问。日本学者虎头民雄在其《作为日明勘合贸易输出品的刀剑》一文中推测明朝或将日本刀作为颁赐物赐予了日本之外的各朝贡国，同时他根据《历代宝案》中记载的琉球派往东

---

① 《明武宗实录》卷八四，正德七年二月癸卯条，第 1817 页。
② 明朝按照弘治八年之例以每把 1800 文的给价收买了此次全部 7000 把附搭刀剑以及使臣自进刀剑，在《壬申入明记》中也可以得到确认："所诉者辱蒙列位诸大人之哀怜，得奏达京师圣天子。悯国王累代之忠，哀使臣早天之诚，收搭未进四千把并使臣自进，其价照弘治年间例支行……后年进贡，欲进附搭三千把，依照旧例，每把赐一千八百文，则不亦悦乎？"「壬申入明記」牧田諦亮『策彦入明記の研究・上』、370 頁。

南亚的爪哇、满刺加、旧港、安南等国的贸易船中均携带有日本刀这一情况，指出对于与日本不存在直接贸易的国家而言，日本刀是十分珍稀的物品，由此来佐证其提出的明朝将日本刀作为下赐物赠与藩属国的推断。[①] 就明朝史料的情况而言，我们可以看到《明宣宗实录》中有"赐朝鲜国王李裪刀剑银币等物"[②] 的记载，但这里的刀剑未并非日本刀，而是"靶鞘镶铁剑一把"，[③] 这则记载只是从一个侧面反映出明朝对藩属国的下赐品确有包含刀剑的情况而已，虎头民雄的推断难以从史料上加以证实。另外，有一部分研究从传世器物出发推测通过朝贡途径输入的日本刀在明朝的使用情况，但均缺乏文献上的支撑。需要注意的是，室町时代的日本刀是双手持握，与单手持握的中国刀重心不同，难以直接用来大规模武装明朝军队，而必须配合相应的刀法进行训练，这一过程是在嘉靖年间发生的。

嘉靖中叶，在明朝东南沿海发生了被称作"嘉靖大倭寇"的危机。关于嘉靖大倭寇的性质，学界多有讨论，兹不赘言。明军在与"倭寇"作战过程中，缴获了大量日本刀，更重要的是获得了日本刀的练习方法。茅元仪《武备志》中记载："长刀则倭奴所习，世宗时进犯东南，故始得之。戚少保辛酉阵上得其习法，又从而演之，并载于后。此法未传时，所用刀制略同，但短而重可废也。"[④] "长刀则倭奴所习，世宗时进犯东南，故始得之"一句向我们传递出一种信息，即"长刀"这一刀种在嘉靖大倭寇之前并没有被明朝军队所使用。辛酉年即嘉靖四十年（1561），这一年的四五月间，时为参将的戚继光在浙江与倭寇作战，九战九胜，史称台州大捷。在这一过程中戚继光缴获了名为《影流之目录》的日本刀法原本，这记载在其本人所撰《纪效新书》中，[⑤] 之后戚继光又推演出长刀十五式，即"辛酉刀法"。按照茅元仪的说法，在此之前，中国所用刀制虽然略同，但短而重可废也，也就是说长刀

① 琉球国王给安南国王的咨文中，有赠予安南国王"金结束金龙靶黑漆鞘腰刀二把，金结束兼镀金事件腰刀六把，镀金结束螺钿靶红漆鞘衮刀二把，镀金铜结束螺钿靶黑漆枪刀二把"的记载，见虎头民雄「日明勘合貿易に於ける輸出品としての刀剣について」『鹿児島県立大学短期大学部紀要』通号2、1951、11—22頁。

② 《明宣宗实录》卷六六，宣德五年五月癸卯条，第1552页。

③ 《朝鲜世宗实录》卷四九，世宗十二年七月乙卯条，《朝鲜王朝实录》第3册，国史编纂委员会，1968—1971，第246页。

④ 茅元仪：《武备志》卷八六《阵练制·练·教艺三·刀》，《续修四库全书》，上海古籍出版社，2002，子部兵家类，第964册，第104页。

⑤ "习法，此倭夷原本，辛酉年阵上得之"，戚继光撰《纪效新书》（十四卷本）卷四《手足篇第四》，范中义校释，中华书局，2001，第83页。

作为一种武器较之明军之前所使用的刀具有优越性。茅元仪还写道："刀见于武经者惟八种，今所用惟四种，曰偃月刀，以之操习示雄，实不可施于阵也。曰短刀，与手刀略同，可实用于马上。曰长刀，则倭奴之制，甚利于步，古所未备。曰钩镰刀，用阵甚便。又有腰刀，则惟用于藤牌，遂见于牌次。"①由此可知，在明朝嘉万年间被推崇的"长刀"之制确实来自日本，并且是在嘉靖大倭寇期间才用于明朝的行伍。

前文曾论及，日本文献所记载的进贡给明朝的兵器，包括太刀、长刀、枪三个大的类别。其中"长刀"对应的是薙刀。然而，《纪效新书》和《武备志》中记载的长刀却并非薙刀，戚继光《纪效新书》中写明长刀是一种"刃长五尺，后用铜护刃一尺，柄长一尺五寸，共六尺五寸，重二斤八两"②的兵器，刃长而柄短，与日本遣明使文献中所记载的刃短柄长的"长刀"即薙刀显然不是同一种兵器。虽然刃长五尺远远超过了遣明使文献中"刃长二尺一寸"的太刀，但其依然是太刀的一种，这种太刀在日本被称作"大太刀"或者"野太刀"。《纪效新书》里的这种长刀，是当时日本倭寇惯用的刀种之一。郑若曾《筹海图编》卷二记载：

> 【倭刀】大小长短不同，立名亦异。每人有一长刀，谓之佩刀。其长刀上又插一小刀，以便杂用。又一刺刀，长尺许者，谓之解手刀。长尺余者谓之急拔，亦刺刀之类。此三者乃随身必用者也。其大而长柄者乃摆导所用，可以杀人，谓之先导。其以皮条缀刀鞘，佩之于肩，或执之于手，乃随后所用，谓之大制。③

大太刀因为长度过长，难以悬挂于腰间，只能将其背负于肩上或执于手中。在戚继光的兵法中，这种长刀是作为短兵器配备给鸟铳手，在敌人近身时使用。④根据现存《纪效新书》十四卷本配图里的"长刀见习法"可知，

---

① 茅元仪：《武备志》卷一〇三《军资乘·战·器械·刀》，《续修四库全书》，子部兵家类，第964册，第319页。

② 戚继光撰《纪效新书》（十四卷本）卷四《手足篇第四》，范中义校释，第82页。

③ 郑若曾撰《筹海图编》卷二下《倭刀》，李致忠点校，中华书局，2007，第203页。

④ "奇兵一队，军士十名，内以勇敢服人者为队长，以鸟铳手四名仍兼长刀在车内放鸟铳，出车先放鸟铳，贼近用长刀。又以身中年少骨软者二人为藤牌手，在车内放火箭，出车打石块，贼近用藤牌。"戚继光：《练兵杂纪》卷6《车营解》，《景印文渊阁四库全书》，（台北）台湾商务印书馆，1986，子部，第728册，第871页。

长刀是双手使用，符合日本刀的使用技法。除了长刀，在《纪效新书》中，还记载了一种名为"腰刀"的与藤牌配合使用的短兵器。虽然腰刀古已有之且为单手使用，但正如相关研究指出的，《纪效新书》中的腰刀较之前的腰刀，体现出了更加明显的日本刀特征，如刀窄、刃薄以及弧度明显、镐造等，是中国武器制造工艺吸收日本刀制造工艺的产物。[①]

长刀和借鉴日本刀工艺改良后的腰刀，不唯用于明朝军队在东南沿海的抗倭战争中，在此之后，随着其战斗性能在实战中得到验证，被更广泛地运用于明朝战争特别是与北方民族的战争中。作成于明万历初年的边关志《四镇三关志》，记载了京兆左右辅地的蓟州、昌平、真保、辽东四镇以及居庸关、紫荆关、山海关三关的地理形势、历史沿革、建置制度，这里是嘉靖"庚戌之变"之后明朝北部边防最紧要的地区，集中了明朝数量最大、最精锐的武装力量。《四镇三关志》之《经略考》中述及来自南方的新武器——日本刀在北方战争中的运用情况：

> 蓟镇主兵皆北方之强，其所长者弓矢机铳不二三器耳。自增南兵戍守，遂增置倭刀、狼筅、党钯、藤牌。[②]

其背景是，隆庆元年（1567）八月，吏科给事中吴时来进言让戚继光、俞大猷等人训练蓟门一带的士兵。朝议后决定启用谭纶和戚继光。时谭纶在辽、蓟一带募集了三万步兵，又在浙江招募了三千士兵，隆庆二年（1568）五月，朝廷以戚继光为总理蓟辽保定等处练兵总兵官，训练蓟州、昌平、保定等地的士兵，镇守蓟州、永平、山海等地。应该就是在这个过程中，在形制和性能上吸取了日本刀特点的"长刀""腰刀"开始进入北方战场。《四镇三关志》中所言"长刀……各刀手集候，皆着甲，听擂鼓，飞身照倭刀使法，低头下砍马腿，起身上砍马头，二刀而已"[③]里的长刀，虽然未必是直接从倭寇处缴获的日本大太刀，或为明的仿制品，但是从"照倭刀使法"这一表述来看，即便是明朝仿制，在使用技法方面依然参照了日本刀的技法。骑兵是北方民族的重要兵种，也是对明朝军队造成最大威胁的兵种。长刀的长度优势

---

①　大石純子・酒井利信「『紀效新書』における日本刀特性を有する刀劍の受容について：18 巻本と 14 巻本の比較を通して」『武道学研究』（45-2）、2012、87-107 頁。

②　刘效祖撰，彭勇、崔继来校注《四镇三关志校注》卷三《军旅考》，中州古籍出版社，2018，第 120 页。

③　刘效祖撰，彭勇、崔继来校注《四镇三关志校注》卷六《经略考》，第 206 页。

及双手持刀所增加的力度，使之成为攻击骑兵马匹的利器。《明经世文编》卷三四九所载戚继光《议分蓟区为十二路设东西协守分统其路建制车营配以马步兵而合练之》的奏议中，论及"长刀"是与北方民族作战时的"利器"：

> 其器械旧可用者更新之，不堪者改设之，原未有者创造之。若藤牌、长刀、鸟铳、神枪、火箭、佛郎机、虎蹲炮、六合铳、百子铳等器，皆御虏利器。①

此外，腰刀也可以用于与骑兵的对抗。戚继光总结其北方练兵经验写成的《练兵杂纪》一书中写道："中原之地兼防内盗贼可用长枪，与敌战则长枪难用。何也？敌马万众齐冲，势如风雨而来。枪身细长，惟有一戳，彼众马一拥，枪便断折。是一枪仅可伤一马，则不复可用矣。惟有双手长刀、藤牌。但北方无藤，而以轻便木为之，重不过十斤，亦可用。以牌蔽身，牌内单刀滚去，只是低头砍马足。此步兵最利者也。"② 如前文《纪效新书》所记，这里与藤牌配合使用的"单刀"即腰刀，是结合日本刀工艺改良之后的产物。

综上所述，日本刀运用于明朝战争的路径大致如下。首先，戚继光在东南沿海御倭战争中得到"长刀"即大太刀的"习练方法"，同时从倭寇手中缴获了许多"大太刀"形制的日本刀。戚继光用这些日本刀武装明朝军队，进行仿制，并传授士兵日本刀的使用技法，配合阵法用于与倭寇的战斗。在很短的时间内，这种"长刀"及与其相应的"刀法"的优越性在实战中得到验证，并随着戚继光的调任，从抵御"南倭"的战场推广到了对抗"北虏"的战场，于是在万历初年成书的《四镇边关志》中出现了"倭刀""长刀"的身影。在北方战争中，日本刀，无论是长刀还是改良后的腰刀，均作为斩马的武器在对抗骑兵的过程中发挥了作用。

当然，既具备作为武器的实用功能，又具备作为工艺品的鉴赏功能的日本刀，不仅仅在中日之间流通。14—16世纪，室町幕府以及幕府管领、九州诸大名向朝鲜国王赠送的礼物中，也包括日本刀。但是与输入明朝的情况相比，在种类上较为单一。一则没有"龙太刀"这一特别打造的样式，二则极少有枪（仅有一次），三则薙刀的数量亦不多。概言之，主要是普通太刀（朝鲜史料中表记为大刀）。在《朝鲜王朝实录》中，可以检索到近百条"日本

---

① 《明经世文编》卷三四九《戚少保集·议》，上海书店出版社，2019，第3929页。
② 戚继光：《练兵杂纪》卷二《储练通论》，《景印文渊阁四库全书》，子部，第728册，第816页。

国王"抑或大内氏、少贰氏、岛津氏、宗氏、涩川氏等大名乃至他们的家臣以"土宜"的形式向朝鲜输送日本刀的记载，当然其本质上仍可以说是贸易品，朝鲜用来回价的主要是"正布"，即以租税形式征收的棉织品。日本各势力每次向朝鲜输入的日本刀的数量在一把至二十把之间浮动，以二把、十把的情况为多。虽然日本向朝鲜输入日本刀的频次很高，但总数上无法与动辄成千上万输入明朝的日本刀相比。而进入朝鲜的日本刀的流向，根据《朝鲜王朝实录》中成宗赐予派往明朝的奏闻使金硕"倭刀一"的记载，可以推断出存在国王将日本刀作为下赐品赐予臣下这一情况。此外，成宗十八年（1487）改建军籍厅时，领事沈浍进言"军器寺藏倭刀虽下品，甚锐利，实军国重器，轻易和卖未便"，[1] 表明一部分日本刀被存放在掌兵器、旗帜、戎仗什物等的军器寺中。同时，这则史料言及军器寺存放的是下品日本刀，故可知上品的日本刀另有去处。不过，既然被存放于军器寺，说明朝鲜方面对这部分日本刀的定位是兵器。只是，这些被定位为兵器的日本刀在多大程度上在朝鲜发挥了其作为兵器的作用，还需进一步探讨。

《朝鲜王朝实录》中有这样一则记载。中宗二十三年（1528），朝鲜欲与女真作战，就是否要将日本刀输送到前线一事，中宗对负责主持军务的平安道观察使许磁言：

> 且当初卿持去倭刀之时，台谏启云："无用之物，不必特（持之误）去云"……果如卿言，欲为大事，则当以弓箭为资也。弓箭持去之数，书启而持去可也，倭环刀亦斟酌持去。台谏以为不当持去，然外方所无，有光烨烨，亦可以示威。用后还纳可也。[2]

也就是说，许磁曾建言将日本刀送往对女真作战的前线，司宪府和司谏院认为是无用之物，无须持去。而中宗认为，日本刀是稀罕之物，为外部所少见，且"有光烨烨"，故可做示威之用。由此判断，对于当时的朝鲜王朝而言，日本刀并非在战争中的常用武器，更多的是被运用于礼仪性或者展示性的场合。

那么，朝鲜人是何时开始重视日本刀作为武器的作用的呢？笔者认为是在壬辰战争期间，并且是随着战争的推进才逐渐重视起来。1592年4月战争爆发，7月祖承训带领的明军遭受平壤之败后，向朝鲜索要日本刀以加强明

---

① 《朝鲜成宗实录》卷二〇三，成宗十八年五月甲寅条，第212页。

② 《朝鲜中宗实录》卷六三，中宗二十三年九月戊戌条，第46页。

军装备，朝鲜议以黄海道所得日本刀给之：

> （李）德馨曰："祖总兵欲得倭剑，以黄海道所得倭刀，送之何如？"
>
> 上曰："天朝南军，有勇乎？"
>
> （李）恒福曰："用兵如倭，进退击刺极为神妙，今方远来，想必疲困，而犹且练习不已云。"①

"黄海道所得倭刀"显然是来自朝鲜军队与日方交战的场合，而非日朝贸易。这则记载显示出，当时对明朝军队至少对南军而言，日本刀已经是一种拿之能用，用之能战的装备。同时亦说明，截至壬辰战争初期，日本刀依然没有为朝鲜军队所使用。但随着战况的推进，朝鲜开始关注日本刀及其相配套的刀法（朝鲜史料里通常写作"剑术"）。

朝鲜对日本剑术的接受大约沿着两条途径，一条是通过明朝，另一条是通过降倭。在《朝鲜王朝实录》中，有数则宣祖传令备边司或训练都监②督促降倭教习朝鲜士兵剑术的记载。在战争开始半年之后的宣祖二十五年（1591）十月，备边司建议将擒获的倭兵献于时在朝鲜境内的明朝副总兵佟养正，宣祖回复道："卒倭杀之无益，献俘亦无益。予意，则铳筒制造放炮等事及贼情详加诱问。或解剑术者，则问而传习，何如？"③后因备边司言佟养正必欲"转报辽东，势不可中止"④，故最终还是将这批降倭交给了明朝。但通过此则记载，我们已然可以确认宣祖对朝鲜学习日本剑术一事持积极态度。宣祖二十六年至二十八年，其又数次围绕此项事与群臣展开讨论。二十七年七月传训练都监：

> 今此投顺倭人，有能用剑者，有能用枪者。我国自古剑术不传，近日粗为传习，此万世之益也。今宜定一将，别立一队，传习倭人剑、枪之法，其试才论赏，则与唐法一视之。⑤

---

① 《朝鲜宣祖实录》卷二九，宣祖二十五年八月丁酉条，第529页。

② 训练都监是朝鲜王朝后期主要的练兵机构，《朝鲜王朝实录》中写作"训炼都监"，但应为训练都监。戚继光的《练兵实纪》在《朝鲜王朝实录》中也多被写作《炼兵实纪》。据孙卫国考证，训练都监成立的时间应该在宣祖二十六年八月以后、十月之前。参见孙卫国《"再造藩邦"之师：万历抗倭援朝明军将士群体研究》，社会科学文献出版社，2021，第270页。

③ 《朝鲜宣祖实录》卷三一，宣祖二十五年十月辛丑条，第554页。

④ 《朝鲜宣祖实录》卷三一，宣祖二十五年十月辛丑条，第554页。

⑤ 《朝鲜宣祖实录》卷三一，宣祖二十七年七月丁亥条，第311页。

主张别立一队专门学习日本剑术，并将学习日本剑术与学习明军剑术置于同等重要的地位。又传备边司：

> 倭既来投，不可不厚抚。外方可送者，则斯速下送，其中可留者，留置京中，除以军职，或铸剑铳，或教剑术，或煮焰硝。苟能尽得其妙，敌国之技，即我之技也。莫谓倭贼而厌其术，慢于习，着实为之。[①]

宣祖欲授予有一技之长的倭人军职，让其在京中教习朝鲜军队或者协助制造兵器物资。由此可见其对于"招徕降倭，师敌长技"始终持积极推动的态度，对日本剑术的评价亦高。另外，孙卫国的研究指出，战争中朝鲜聘用南兵教习，仿照戚继光的《纪效新书》进行练兵，训练包括杀手、射手、炮手"三手"的职业化军队，使之掌握各种武器的使用，并要求炮手、弓手皆习剑技。[②] 可想而知，这个过程也促进了朝鲜对《纪效新书》中日本刀法的了解和接纳。结合上述情况可以判断，朝鲜方面对日本刀战斗性能的认识及对相关武艺的重视，大概率是在壬辰战争期间，且与明朝的居间作用尤其是《纪效新书》在朝鲜的流传有关。然而从《朝鲜王朝实录》的记载来看，由于朝鲜王朝内部对于学习日本剑术一事始终存在较大争议，故而虽有国王作为积极的推动者，但实际取得的成效并不如明朝。后来随着朝鲜与后金作战的一再失利，《纪效新书》中的练兵方法也被认为不适用于与日本以外的军队作战而遭受一定的质疑。[③] 虽然朝鲜同样经历了与日本的交聘与战争，也同样展开了对日本剑术的学习，但对于日本刀这种兵器本身，并未能像明朝一样成功地进行仿制、改良并内化为自己的战斗力。因此可以说，日本刀在明朝和朝鲜的"际遇"，是极为不同的。

结　语

最早在中国工艺影响之下发展起来的日本刀剑制造，受日本自身矿产原料、战斗形式、审美等因素的影响，在平安时代中期以后逐步发展出独具特色的铸造技术、器形和装饰风格。北宋时期，日本刀的精良工艺已为中国人

---

① 《朝鲜宣祖实录》卷五三，宣祖二十七年七月乙巳条，第319页。

② 参见孙卫国《〈纪效新书〉与朝鲜王朝兵制改革》，《南开学报》（哲学社会科学版）2018年第4期。

③ 参见孙卫国《〈纪效新书〉与朝鲜王朝兵制改革》。

所知晓，有《日本刀歌》问世。15—17 世纪，东亚国际关系错综复杂。日本与中国、朝鲜之间既存在交聘关系及依托于此的官方贸易，也存在由"寇掠""走私"等引发的武装冲突。沿着这两条渠道，大量的日本刀流入中国和朝鲜。在明日官方贸易领域，围绕作为商品的日本刀的价格核定和收购数量，中日之间展开了绵长的交涉。这一过程一方面投射出中、日两国隐藏于"封贡"关系背后的一者为"制夷"、一者为"牟利"的真实心态，亦引发了现实中两国关系的波动。某些情况下朝鲜亦被卷入其中，成为两国之间的"传话筒"，这也引发了朝鲜对于其身处中日拉扯之间的处境焦虑。另一方面，日本刀作为一种武器的实战技法，在明日战事密集的嘉靖年间传入中国。戚继光在对战场上所获日本刀法原本进行研究的基础上创立了"辛酉刀法"这一新刀法，并吸取日本刀的优点对明朝兵器进行改良。明朝仿制倭寇惯用的"大太刀"所制造的双手长刀以及借鉴日本刀的刀型进行改良后的腰刀，自隆庆年间起被当作对抗骑兵的利器，大规模运用在与蒙古的作战中。"日本刀"从"南倭"战场向"北虏"战场的推移，向我们展现了经由这一器物所连接起来的明朝海防与边防，即通过海防战争所获得的军事知识，如何经过发展、调试之后被成功运用于北部边防，这不仅是一个军事史的问题，亦是一个知识史和技术史的问题。

　　另外，在日本有着多元化交涉对象的朝鲜，同样通过交聘和贸易从日本输入了数量不菲的日本刀，并在与倭寇作战的过程中有所斩获。但与明朝不同，在与倭寇作战的过程中，朝鲜并没有自主学习日本刀的操练技法并内化为自己的战斗力。直到壬辰战争爆发后，朝鲜才引入戚继光《纪效新书》进行练兵，并产生了使降倭教习朝鲜士兵剑术的动议，这标志着朝鲜开始重视日本刀作为武器的性能，并尝试对日本刀法进行接纳和学习。但在朝鲜史籍中，我们看不到像明朝的海防书、边志书、武学书籍那样对日本刀的性能进行广泛讨论的情况，对日本刀和日本剑术的相关知识的接受主要是由朝廷主导的。后来随着朝鲜对后金作战的一系列失利，其对《纪效新书》本身的适用性也产生了怀疑。相比之下，明朝自嘉靖末年以来伴随着一系列内外战争而发生的日本刀本土化过程已经完成。日本刀包括明仿制的日本刀已经成为一种常态化的兵器，在其与倭寇、蒙古、清[①]的作战过程中均有所运用。

　　概言之，日本刀这一最初产生于日本，并被赋予了日本意象的器物，在

---

①　史可法在与清军作战时，曾向朝廷奏请"于兵仗局成字等库发旧倭刀三五千把为马上精兵之用"，《史忠正公集》卷一《奏疏》，《丛书集成新编》第 68 册，（台北）新文丰出版公司，1985，第 5 页。

15—17 世纪的东亚这一广域范围内，借由各国、各政权之间的交聘、贸易和战争关系，以商品、馈赠品、战利品等形式发生流转。同时，伴随着这一器物的跨国界转移，围绕在新环境下对其的使用、仿制和鉴赏，其技术、知识、观念的变迁也在不断发生。对这一过程的梳理，可以揭示出 15—17 世纪东亚急剧变动的国际关系，亦反映出各国、各政权在经由交聘、贸易、战争等多种途径接触和交流过程中产生的文化借鉴和观念更新。

The Circulation of Japanese Katana in East Asia during 15th– 17th century in the Form of Commodities, Gifts, Spoils

Zhu Lili

Abstract: As the bulk commodity between Ming and Japan's Kango Trade and the spoils of the Ming Dynasty's war against Japanese Pirates, Japanese Katana flowed into China a lot during the Ming Dynasty. There were differences in types and functions between the Japanese Katana that imported into China through Kango Trade and those that were captured in the war against Japan. Existing historical documents show that the latter（including imitated and improved one in Ming）was used by Ming in the war with Japanese Pirates and the later war with Mongolia. In addition, during the Korean War in Wanli, Choson Dynasty's army attempted to learn the skill of using Katana to improve its combat capability. The circulation of Japanese katana in East Asia in the form of commodities，gifts，spoils, reflected from the rapidly changing international relationship in Asia region during 15th-17th century.

Keywords: Japanese Katana; Diplomatic Exchanges; Trade; War

（执行编辑：吴婉惠）

海洋史研究（第二十二辑）

2024 年 4 月　第 548~561 页

越境的金襕袈裟

——中日唐物交流及其政治意义

康　昊[*]

摘　要： 宋元时期，伴随着繁荣的东亚海域贸易，大量唐物跨海传到日本。其中，14 世纪以后宋元织金锦和金襕袈裟在日本的风靡，就是中日唐物贸易的直接结果。金襕袈裟传入后，室町政权执政者仿效宋元皇帝，向亲信的僧侣下赐金襕，将金襕袈裟用作显示其宗教和政治意图的特殊道具。室町政权执政者还凭借金襕袈裟的唐物属性夸示其文化权威，在明朝的册封仪式上，足利义满以着金襕袈裟的形象示人，体现了其加入朝贡秩序时"若即若离"的心态。

关键词： 金襕袈裟　唐物　室町幕府　中日贸易

　　袈裟是僧侣的职业象征和身份标识，在僧人社会生活中承载多方面的重要功能。近年国内外学者日益关注袈裟在古代东亚海域交流中所发挥的社会功能和作用。原田正俊、山川晓、康昊、施锜等考察了表示法脉授受关系的"传法衣"特别是日本入宋僧、入元僧从中国传回的袈裟，探讨了袈裟对门派

---

　　[*]　康昊，上海师范大学人文学院世界史系特聘副教授。

　　本文为上海市哲学社会科学规划项目"东亚海域'宋钱经济圈'研究：10-14 世纪"（项目号：2022ELS004）、国家社科基金重点项目"古代中日佛教外交研究"（项目号：19ASS007）的阶段性成果。

谱系构建及正统性塑造起到的作用。[①] 原田正俊、芳泽元探讨了足利将军的袈裟传授活动，[②] 今枝爱真、櫻井景雄等则关注了源自宋元的赐紫制度对日本五山禅林的影响。[③] 菅原正子关注传入日本的金襴袈裟在室町政权执政者权力形象塑造过程中的作用。[④] 可以说，袈裟的越境传播及其社会意义、政治意义、宗教意义越发引起学界的关注。

　　本文关注的金襴袈裟，实际上是一种"唐物"，是通过海上贸易或禅僧跨境留学活动输入日本的宋元舶来品。关于唐物传入日本的过程及在日本消费、使用的状况，目前已多有研究。[⑤] 有关唐物在政治场合发挥的作用，则有岛尾新、桥本雄对室町将军唐物收藏的考察。[⑥] 在唐织物领域，小笠原小枝探讨了元明时期通过舶载贸易进口的染织品。[⑦] 周佳、赵丰则关注了明代勘合贸易中的织金锦输出，对其种类、结构、图案等做了分析。[⑧] 实际上，金襴袈裟在 14 世纪的日本大量出现，迅速风靡僧俗社会，成为上层禅僧、显密僧侣、出家的统治者热衷的服饰，甚至出现在外交场合。这在日本的唐物输入和唐物消费中甚为特殊，有进一步深入探讨之必要。

① 原田正俊「南北朝・室町時代における夢窓派の伝法観と袈裟・頂相」原田正俊編『日本古代中世の仏教と東アジア』関西大学出版部、2014、65−96 頁；山川暁「日本禅宗における袈裟」『京都国立博物館学叢』第 36 号、2014；康昊「東福寺円爾の伝法衣と中世禅宗の法脈意識」『仏教史学研究』第 60 巻第 2 号、2018；施锜：《宋元时期中日禅师顶相中的袈裟传承》，《南京艺术学院学报》（美术与设计）2020 年第 3 期。

② 原田正俊「足利将軍の受衣・出家と室町文化」天野文雄編『禅からみた日本中世の文化と社会』ペリカン社、2016、332−352 頁；芳澤元「足利将軍家の受衣儀礼と袈裟・掛絡」前田雅之編『画期としての室町』勉誠出版、2018、188−209 頁。

③ 今枝愛真『中世禅宗史の研究』東京大学出版会、1970、147−187 頁；桜井景雄『禅宗文化史の研究』思文閣、1981、167−178 頁。

④ 菅原正子「将軍足利家の肖像画にみえる服飾」『国史学』第 227 号、2019。

⑤ 如関周一（『中世の唐物と伝来技術』吉川弘文館、2015）、皆川雅樹（『日本古代王権と唐物交易』吉川弘文館、2014）、河添房江（『唐物の文化史：舶来品からみた日本』岩波書店、2014）的研究，其中関周一对 15 世纪以后金襴通过明朝、琉球、朝鲜的贸易输入日本的事例做了一定的讨论。国内的研究则有康昊《唐舶来珍　丰盈和国——"唐物"对古代日本的影响》，《历史评论》2021 年第 5 期；唐新艳、赵佳舒《日本中世的"唐物趣味"》，《日语知识》2009 年第 12 期；等等。

⑥ 島尾新「会所と唐物：室町時代前期の権力表象装置とその機能」鈴木博之等編『シリーズ都市・建築・歴史 4　中世の文化と場』東京大学出版会、2006、124 頁；橋本雄『中華幻想：唐物と外交の室町時代史』勉誠出版、2011、114 頁。

⑦ 小笠原小枝『日本の染織 第 4 巻 舶載の染織』中央公論新社、1983。

⑧ 周佳、赵丰：《明朝与日本勘合贸易中的织金锦研究》，《丝绸》2021 年第 6 期。

一　渡海的唐织物：织金锦与金襕袈裟的越境

金襕是通过宋元时期繁荣的东亚海域贸易传入日本的舶来品。中世日本将金襕视作唐物，如永正十七年（1520）室町幕府颁布的《德政法条》中，将"金襕、段子、唐织物"视作舶来唐物。[①]直到文禄元年（1592）金襕首次在京都织出以前，日本一直不具备国产金襕的技术，只能依赖进口。[②]金襕即织金锦，是西域和北方民族影响下发展起来的织物工艺，在宋辽金特别是元代极为流行，其中，元代官作坊生产的织金锦"纳石矢"代表了元代丝绸工艺美术对精丽华贵的极高追求。[③]元代将织金锦称为"金段匹"，具体可分为"纳石矢"和"金段子"两个类别，前者品格更高，后者则数量更多。元代官员的高级服饰多用"纳石矢"缝制，该类织物在几乎所有的元代北方墓葬均有出土。[④]

织金锦经东亚海域贸易传入日本。据周佳、赵丰的研究，在明日勘合贸易中，日本获赐织金锦尤多，在永乐元年（1403）、永乐四年、宣德八年（1433）与正统元年（1436）这四次勘合贸易的皇帝颁赐清单中记有织金锦44类。[⑤]其中，永乐元年日本室町政权与明朝刚确立封贡关系，就获赐"大红织金寿如意回纹一匹、白织金螭虎灵芝回纹一匹、紫织金嵌八宝西番莲一匹""大红织金宝相花纻丝当头"等14种织金织物。[⑥]织金锦是明朝下赐室町幕府的主要物品之一。而实际上，织金锦或金襕传入并在日本流行的时间早于明代，延元元年（1336）的《建武年间记》所收建武政权法令中，就记录了建武政权命令武者所成卫的武士不得在执勤时穿着"蜀锦、吴绫、金纱、金襕、红紫之类"。[⑦]这实际上反映出14世纪上半叶金襕已在武家社会中极为盛行，已到了作为奢靡之风的象征需要加以禁绝的地步。

采用织金锦工艺制成的金襕袈裟，由于在佛教经典之中具有特殊含义，

① 「德政法条々」東京大学史料編纂所編『大日本史料』第9編第10巻、東京大学出版会、1953、394頁。
② 菅原正子「将軍足利家の肖像画にみえる服飾」『国史学』第227号、2019。
③ 尚刚：《元代的织金锦》，《传统文化与现代化》1995年第6期。
④ 赵丰：《中国丝绸艺术史》，文物出版社，2005，第72页；赵丰主编《中国丝绸通史》，苏州大学出版社，2005，第352页。
⑤ 周佳、赵丰：《明朝与日本勘合贸易中的织金锦研究》，《丝绸》2021年第6期。
⑥ 牧田諦亮『牧田諦亮著作集』第5巻、臨川書店、2015、330、332頁。
⑦ 「建武年間記」塙保己一編『群書類従』第17輯、経済雑誌社、1893、522頁。

因此比起其作为舶来品的物质价值，还具有更为深刻的象征意义。金襕袈裟这一僧伽衣具，本身被视作释迦付与弟子迦叶的传法衣，是象征佛教法脉传承的信物。松村薰子认为，释迦牟尼付迦叶金襕袈裟以待弥勒下生的传说，可追溯到《大唐西域记》，并被禅宗广为利用。①《历代法宝记》记载释迦传金襕袈裟给迦叶，令其藏袈裟于鸡足山，以待弥勒下生；《释氏稽古略》《传法正宗记》则叙述释迦传法迦叶，授金襕袈裟。②《碧岩录》亦有"刹竿倒却"之公案，记迦叶问阿难"世尊传袈裟外别传何法"。③类似叙述亦见于《景德传灯录》《无门关》等禅宗语录集，释迦付金襕袈裟一事已演变为禅宗公案，具有了付法传衣的宗教含义。

　　由于有了这一层宗教含义，金襕袈裟在僧侣社会中就具有了特殊地位。宋元皇帝认识到这一点，乐于赐崇信的僧侣以金襕，以示其宠遇。譬如，与日本禅宗渊源极深的南宋禅僧无准师范，是京都东福寺开山圆尔之师，据《无准禅师奏对录》，宋理宗时无准师范曾入宫"奉圣旨赐金襕袈裟"；《佛祖统纪》则记载理宗"诏径山师范禅师入对修政殿，赐金襕袈裟，宣诣慈明殿升座说法"。④无准师范是南宋禅宗五山第一径山寺的住持，深受宋理宗信任，因而获赐金襕。元代随着织金锦的流行，金襕袈裟下赐的事例更多见诸史料。被元成宗铁穆耳选为国信使东渡日本的浙江普陀山宝陀寺僧一山一宁就曾被赐予"金襕衣"和"妙慈弘济大师"号。⑤赐一山一宁金襕衣的目的是提升其身份地位，以期在渡日后获得日本镰仓幕府的重视，达成外交目的。另外，在至元二十五年（1288）禅教廷净后，元世祖忽必烈也曾赐天台僧云梦允泽"红金襕法衣"和"佛慧玄辩大师"号，以示对获胜的天台宗一方的褒奖。⑥元武宗海山时期，禅僧元叟行端因在朝廷举办的水陆法会中登台说法，获赐金襕和师号，以示优待。⑦江南著名禅僧中峰明本也曾"金襕两赐"。元代赐金襕的例子屡见不鲜。金襕袈裟在宋元皇帝特别是大元合罕对崇信的僧侣赠

---

①　松村薰子「金襕袈裟の展開」『密教図像』第 19 号、2000。

②　佚名：《历代法宝记》，《大正新修大藏经》第 51 册，（台北）新文丰出版社，1983，第 183 页；绝岸：《释氏稽古略》，《大正新修大藏经》第 49 册，第 752 页；契嵩：《传法正宗记》，《大正新修大藏经》第 51 册，第 718 页。

③　克勤：《碧岩录》，《大正新修大藏经》第 48 册，第 155 页。

④　师范：《无准禅师奏对录》，《卐续藏经》第 121 册，（台北）新文丰出版社，1983，第 962 页；志磐：《佛祖统纪》第 40 册，《大正新修大藏经》第 49 册，第 432 页。

⑤　師錬「一山国師行記」『續群書類從』第 9 輯上、続群書類従完成会、1957、388 頁。

⑥　志磐：《佛祖统纪》卷四〇，《大正新修大藏经》第 49 册，第 435 页。

⑦　志磐：《佛祖统纪》卷四〇，《大正新修大藏经》第 49 册，第 435 页。

予物中具有十分重要的地位，常常与师号的授予同时，是显示统治者与僧侣个别关系，体现皇帝宗教政策意图的道具。

类似地，金襕袈裟也被宋元统治者用于赏赐外国僧侣。北宋初，大量天竺僧来华，宋太宗以金襕袈裟相赠，或向西竺僧赐紫。[①] 这实际上反映了北宋朝廷向内外标榜其佛教界秩序并将其向周边诸国扩展的意图。[②] 元代流行织金锦，元高昌王、畏兀儿亦都护帖木儿补化曾赐日本留学僧不闻契闻金襕袈裟以示宠遇。[③] 明朝与日本室町政权执政者建立封贡关系后，明朝皇帝出于怀柔远人的政治目的，也赐日本遣明使金襕袈裟。比如，《扶桑五山记》记载宣德七年（1432）遣明使团抵京时，明宣宗赐正使龙室道渊金襕袈裟一件；《笑云入明记》则记载景泰四年（1453）遣明使团入京时，明朝赐正使东洋允澎、副使如三芳贞金襕袈裟各一件。[④] 日本遣明使多为僧侣，明朝遂将金襕袈裟作为赐予遣明使的贵重赠礼。

日本现仍藏有舶来品金襕袈裟多件。染织史学者山川晓考证了日本现存有织金工艺袈裟的制作年代，发现天龙寺所藏梦窗疏石别络织金襕袈裟、被改制为茶席名物裂"大灯金襕制"的原宗峰妙超所传袈裟以及被视作9世纪僧宗睿所着的金襕袈裟，实际都为元代所制；不迁法序所传的别络织金襕袈裟、空谷明应传地络全通织金襕袈裟，则为明初（14世纪）所制。[⑤] 日本现存的舶来品金襕袈裟，绝大多数是元代至明代初期制造。这与织金锦在中国盛行的时间基本上是吻合的。

元代流行的织金锦几乎是在同一时期受到了日本五山禅林的广泛欢迎。金襕袈裟首先受到与江南佛教关系较为紧密的禅僧的追捧。元僧一山一宁作为国信使渡日后，特意按照身着金襕的模样绘制顶相，后宇多天皇在画赞中称赞一山一宁"金襕斜搭兮，慈云覆坤维"。[⑥] 禅僧一休宗纯曾说"金襕长老一生望"，将穿着金襕视作出世理想。[⑦] 一经传入，禅僧即对金襕争相追求，很快，金襕袈裟在显密僧中也流行起来。天台宗尊圆法亲王于观应元年

---

① 志磐：《佛祖统纪》卷四〇，《大正新修大藏经》第49册，第404页。

② 手島崇裕『平安時代の対外関係と仏教』校倉書房、2014、80、146頁。

③ 「不聞和尚行状」『続群書類従』第9輯下、594頁。

④ 村井章介・須田牧子編『笑雲入明記』平凡社、2010、208頁；玉村竹二校訂『扶桑五山記』臨川書店、1983、94頁。

⑤ 京都国立博物館『高僧と袈裟』京都国立博物館、2010、257-263頁。

⑥ 世仁「後宇多天皇一山国師像賛」黒板勝美編『国史大系』第30巻、吉川弘文館、2000、408頁。

⑦ 宗純「狂雲集」『続群書類従』第12輯下、566頁。

（1350）被任命为天台座主，登比叡山拜堂之时，就着"金襕平袈裟"。[①]应永六年（1399）相国寺大塔供养法会之际，天台僧妙法院尧仁法亲王与真言僧三宝院满济同样穿着金襕袈裟。[②]对金襕袈裟的追求从禅僧扩展到高位显密僧，其成为高位显密僧的华贵服装。日本僧侣喜着金襕的风气，几乎与元代至明初盛行织金锦的时间同步。

那么，这些金襕袈裟是如何传到日本的呢？实际上，在日本入宋、入元僧渡海到中国求学时，袈裟时常作为传法证据由师父授予留学僧；[③]渡日宋僧、元僧也将中国袈裟直接带到日本。一些金襕袈裟可能是直接由渡航僧带到日本去的。但金襕袈裟是极为贵重的物品，往往是统治者赐予的宝物，很难轻易授予远道而来的外国留学僧。因此，在日本出现的金襕袈裟，更多的应是日本工匠采用舶来的织金锦缝制而成的二次加工物，而非直接的进口织物。比如，应安三年（1370），室町幕府关东管领上杉朝宗为其父上杉宪藤举办三十三回忌佛事时，就曾将舶来的织金锦制成金襕袈裟，赠予拈香的禅僧义堂周信。[④]应永二十四年大愚性智就任东福寺住持时，将军足利义持也为其重新制作了金襕袈裟一件。[⑤]这两个事例反映了日本中世更为一般的情况。不过，无论是直接从中国输入的整件金襕袈裟，还是由中国产织金锦改制成的袈裟，都是东亚海域交流的产物，是宋元织金锦工艺对日本影响的结果。

以上是关于织金锦与金襕袈裟跨海东传日本的简要讨论。另外，日本统治者在赐予崇信的僧侣金襕袈裟时，往往效仿宋元时期的中国皇帝，这使得金襕袈裟在日本的寺院社会中发挥了与宋元类似的作用。与织金锦这一物质的跨海越境类似，下赐金襕这一仪式性行为的越境同样具有进一步考察的价值。我们在下一节就来讨论这个问题。

二　效仿宋元皇帝："赐金襕"的越境

本节讨论袈裟下赐这一带有政治性的行为越境传播的状况。如上一节所

---

①　「新撰座主伝」『続々群書類従』巻 2、続群書類従完成会、1978、330 頁。

②　東坊城秀長「相国寺供養記」『群書類従』第 24 輯、続群書類従完成会、1980、366 頁；義演『醍醐寺新要録』下、京都府教育委員会、1953、1241 頁。

③　康昊「東福寺円爾の伝法衣と中世禅宗の法脈意識」『仏教史学研究』第 60 巻第 2 号、2018。

④　周信『空華老師日用工夫集』大洋社、1939、37 頁。

⑤　性智『堆雲和尚七処九会録』『大日本史料』第 7 編第 27 巻、東京大学出版会、1995、245 頁。

述，在织金锦极为盛行的宋元时期，皇帝赐予崇信的僧侣金襕袈裟的事例比较多。宋元皇帝对僧侣赐金襕袈裟时，往往还会赐师号，以示提升其地位。被赠予袈裟的僧侣则自称"赐金襕衣某某"，向寺院社会宣扬其与皇帝的个别关系。日本受其影响，有据可查的第一次金襕袈裟下赐发生在贞和元年（1345）。当时正处于漫长的南北朝战乱期间（1336—1392），室町幕府为了推进对敌对的后醍醐天皇及战争死难者的镇魂工作，改建龟山殿离宫为禅寺天龙寺。当年八月举行的天龙寺落成供养大法会上，北朝朝廷派遣敕使入山，北朝光严上皇赐天龙寺住持梦窗疏石"金襕紫衣"一件，梦窗于是披袈裟升座说法。[①] 上皇赐衣经过也被记载在梦窗疏石遗诫之中，写作"朝廷颁赐袈裟，金襕紫色"。[②]

关于这件金襕袈裟下赐的经过和背景，北朝公卿洞院公贤日记《园太历》有着较为详细的记载。起初，北朝朝廷应室町幕府的要求，按照国家法会的高规格操办天龙寺供养佛事。根据朝廷先例，在天皇家御愿寺供养法会时，朝廷要赐法会导师法服（并非袈裟）一件。[③] 因而，天龙寺供养法会一开始是按照天皇家御愿寺规格办理，赐衣是御愿寺规格的体现之一。

然而，幕府和北朝朝廷的意图却遭到了当时在宗教界居主导地位的显密佛教最大势力——延历寺的反对，延历寺对朝廷发起了上诉和集团示威，要求取消敕使派遣、中止上皇入寺，否则将发起带有暴力性质的"嗷诉"。[④] 于是，朝廷不堪延历寺的压力，只能做出妥协。[⑤] 在整个事件的处理过程中，室町幕府及天龙寺、梦窗疏石颜面尽失，是室町幕府创建后推进镇魂和宗教政策的一次挫折。但最终赐衣的环节被保留下来。法会当日，敕使柳原资明入寺，赐梦窗疏石金襕袈裟一件。

北朝光严上皇赐予梦窗疏石金襕紫衣的过程并不顺利，其是为了勉强维持天龙寺供养法会的规格、保全幕府面子而被迫采取的举动。然而，尽管袈

---

① 妙葩「天龍開山夢窓正覚心宗普済国師年譜」『続群書類従』第9辑下、496頁；永琰「天龍開山特賜夢窓正覚心宗国師塔銘幷序」『続群書類従』第9辑下、534頁；澄彧「無極和尚伝」『続群書類従』第9辑下、554頁。

② 「夢窓疎石遺誡写」『鎌倉市史·史料編』第3·4編3号、吉川弘文館、1967、6頁；疏石：《梦窗国师语录》，《大正新修大藏经》第80册，第505页。

③ 洞院公賢『園太暦』第1巻、続群書類従続完成会、1970、274、280頁。

④ 豊仁「京都御所東山御文庫記録·光明院宸記」『大日本史料』第6編第9巻、東京帝国大学、1910、242頁。关于嗷诉，可参考康昊《日本中世的寺院武装：组织、社会背景与活动原理》，《东亚宗教》2020年第6期。

⑤ 洞院公賢『園太暦』第1巻、334頁；豊仁『京都御所東山御文庫記録·光明院宸記』、242頁。

裟下赐过程颇为坎坷，这件金襕袈裟后来仍在天龙寺的权威树立中起到了关键的作用，逐渐成为天龙寺传承的至宝。在天龙寺供养法会结束后，梦窗疏石一度想将金襕袈裟授予弟子，但最终却决定作为寺宝交付天龙寺三会院收藏。这件金襕袈裟被画在梦窗疏石追荐佛事所用的肖像画上，成为向梦窗门派及五山禅林宣示梦窗独特地位的工具。[①] 此后，明德三年（1392）幕府举行相国寺落成供养法会时，这件金襕袈裟再次出现在法会仪式当中。京都相国寺是将军足利义满建立的寺院，名称来源于义满担任的"太政大臣"（唐名相国）之位，是足利义满权力的象征。相国寺落成供养法会前一日，依照将军义满本人的意愿，法会导师空谷明应被授予国师号，赐金襕袈裟。[②] 但据《常光国师行实》记载，当时授予的金襕袈裟，实际上并不是新的袈裟，而是"正觉（梦窗疏石）金襕即天龙寺供养衣"。[③] 换言之，空谷明应于足利义满处拜领，并于相国寺供养法会当天穿着的金襕袈裟，就是梦窗疏石那件金襕紫衣。足利义满与空谷明应意在以天龙寺为相国寺的先例，将梦窗疏石金襕袈裟的权威延续到空谷明应身上去。这件金襕紫衣被两代室町幕府执政者下赐，出现在两次重大法会仪式当中，成为最重要的表演道具。

此后，金襕袈裟的下赐更多，其中足利义满执政期间曾赐予太清宗渭、不迁法序、性海灵见、绝海中津、万宗中渊、大岳周崇金襕袈裟，足利义持则赐愚中周及、大愚性智、惟忠通恕、心岳通知、岐阳方秀金襕袈裟。[④] 在赐太清宗渭金襕袈裟时，足利义满还命五山禅僧耆宿一同作偈以贺，[⑤] 有意识地在赐金襕的同时让五山禅林颂扬自己赐衣的举动。足利义满自己则亲作禅偈："久闻法要结缘深，奉献金衣表信心。预约龙华三会日，相逢彼此莫忘

---

① 　关于这幅顶相可以参考京都国立博物馆图录《高僧と袈裟》第 164 頁山本英男的解说。

② 　東坊城秀長「相国寺供養記」『群書類従』第 24 輯、333 頁；町広光「広光卿記」『相国寺史』史料編中世一、法藏館、2019、210 頁。

③ 　澄彧「常光国師行実」『続群書類従』第 9 輯下、691 頁。

④ 　「太清和尚履歴略記」『続群書類従』第 9 輯下、664 頁；周鳳「瑞溪疏」上村観光編『五山文学全集』第 5 巻、思文閣、1992、616 頁；太極『碧山日録』巻上、岩波書店、2013、148 頁；「相国寺塔頭末派略記」『大日本史料』第 7 編第 13 巻、東京大学出版会、1972、28 頁；「宗派目子」『相国寺史』史料編中世一、391 頁；「默翁和尚・大岳和尚語録」『相国寺史』史料編中世一、316 頁；通恕「繫驢橛」玉村竹二編『五山文学新集』別巻 2、東京大学出版会、1981、644 頁；周及：《大通禅師语录》，《大正新修大藏经》第 81 册，第 85、99 頁；周巖「流水集」『五山文学新集』巻 3、326 頁；方秀「不二遺稿」『五山文学全集』巻 3、2923 頁。

⑤ 　「太清和尚履歴略記」『続群書類従』第 9 輯下、664 頁；周信「空華集」『五山文学全集』第 2 巻、1459 頁；妙快「了幻集」『五山文学全集』第 3 巻、2134 頁。

今。”① 义满亲作的偈语鲜明地表达了赐金襕的宗教意义。足利义持赐愚中周
及金襕袈裟时，也效仿义满，命令京都五山各尊宿作偈 20 余首以贺。② 在足
利义满、义持时期下赐金襕袈裟的事例中，与五山寺院升住有关的事例有 6
次，其中与相国寺相关的均发生在义满时期，这是因为相国寺是足利义满时
期制定及实施禅宗政策的核心，足利义满之赐金襕，目的在于提升相国寺及
其住持的地位，为其宗教秩序构想服务。

　　光严上皇、足利义满、足利义持及之后日本统治者的赐金襕是对宋元皇
帝的模仿，这是中国统治者行为举动的越境影响。入宋、入元留学僧归国后
将宋元佛教时兴的做法移植到日本，将宋元视作可参考的先例。如前所述，
足利义满创相国寺时曾赐住持空谷明应金襕及师号，不仅如此，足利义满还
将“神宗辟相国以为禅”即宋神宗在汴京大相国寺内创设禅院视为先例，③ 取
大相国寺之名为寺号，南宋五山第一径山寺五年正续院之“万年”为山号，④
并效法宋太宗迎请佛牙舍利入寺供奉。⑤ 又如长享元年（1487），禅僧横川景
三被选为将军足利义政逆修佛事的导师，足利义政赐其金襕袈裟，令其说法
时穿着。横川景三升座时说，“昔乌头子，宋理宗皇帝敕住径山，锡（赐）金
襕伽梨，诣慈明殿升座，帝垂而听，一时盛事也”。⑥ 此处“乌头子”就是前
述的南宋禅僧无准师范。可见横川景三披金襕说法时，将无准师范视为先例。
类似地，应永二十九年（1422）关东公方足利持氏向镰仓圆觉寺正续院捐赠
金襕袈裟时，也将“唐沙门”、“开元天子玄宗”与“本朝名师，王公大人”
一同视作佳例。⑦ 当然，实际上下赐金襕更多的并非唐朝天子而是宋元皇帝。
室町政权执政者赐金襕的场合，与宋元皇帝大体类似，是对宋元皇帝赐金襕
的有意识效仿。譬如，举办大型佛事时，赏赐重要僧侣，使其披衣登台；或
与崇信的僧侣会面时当场赐予；或是某僧出任重要寺院住持时赐予，令其着
金襕入山；赐金襕的同时还可伴随师号的赐予。这与前述宋元皇帝的事例是
十分接近的。

---

①　「太清和尚履歴略記」『続群書類従』第 9 辑下、664 页。
②　周及:《大通禅师语录》,《大正新修大藏经》第 81 册, 第 86 页。
③　明应:《常光国师语录》,《大正新修大藏经》第 81 册, 第 40 页; 周麟「翰林葫蘆集」『五山文学
　　全集』第 4 卷、673 页。
④　周信『空華老師日用工夫集』、166 页。
⑤　西山美香「足利義満の内なる宋朝皇帝」『アジア遊学』第 142 号、2011。
⑥　景三「補庵京華新集」『五山文学新集』第 1 卷、716 页。
⑦　「袈裟九条裏墨書銘」『神奈川県史』資料編 3・古代中世 3 上、神奈川県弘済会、1979、907 页。

金襕袈裟作为显示身份地位的可视化道具，以公开的形式赠予，使作为下赐主体的统治者与获赐僧侣二者的亲近关系得以直观明了地显示出来。获赐僧侣在重要的仪式场合穿着金襕，完成仪式各个步骤，将下赐者的意图和目的表演出来。甚至足利义满、足利义持还在被赐者表演完成后，令诸五山长老一同作偈庆赞，令诸长老轮番颂扬统治者赐衣的盛举，将金襕授受的演出以文字的形式结集，使其进一步传播开来。由此可见，金襕袈裟成为统治者演出其宗教政策意图的特殊道具。这同样是受宋元统治者影响的产物，是禅僧跨东亚海域交流的结果。

三　册封仪式上的金襕袈裟：越境的唐物与外交

应永九年（1402），利用"靖难之役"的机会，足利义满对明朝遣使获得成功，建文帝派册封使到达日本。九月五日，在足利义满的居所北山殿举行仪式，足利义满正式由建文帝册封为"日本国王"。这是中日外交史和东亚海域史上的重大事件，是标志着日本加入以明朝为中心的朝贡秩序的关键时刻，日本至此结束了遣唐使中止以来与中国无国家间外交关系的状态，并从稳定的朝贡贸易中获得了极大的财富。足利义满在册封典礼中，身着"御平袈裟，白地金襕"。[①] 可见，足利义满当时身着的是一件白地金襕袈裟。足利义满穿着金襕袈裟这一宋元舶来品，出现在了对明朝外交的舞台上。此后，足利义满又获永乐帝册封，史料虽未记载第二次册封时义满的着装，但极有可能也是这样一件金襕袈裟。

在册封仪式这一朝贡体系下东亚外交的重要场合，足利义满为何不着明朝的冕服，而要穿着金襕袈裟呢？如前所述，织金锦通过中日贸易传播到日本，在 14 世纪上半叶已风靡武家社会，被视作当时崇尚奢靡风气的代表。宋元织金锦制成的金襕袈裟始自与宋元佛教关系密切的禅宗，而后扩展到中世佛教"正统派"显密佛教当中，成为高位显密僧的服装。此后，喜着金襕袈裟的风气进一步扩散，进入世俗社会中。

中世的日本盛行"在俗出家"的习俗，特别是国家掌权者很多出家为僧并继续执掌最高权力。这些出家的统治者，身着法衣，肩披袈裟，以"法体"形象示人。室町幕府长官世代礼禅僧为师，接受禅僧"授衣"，获法名

---

① 　満済「満済准后日記」『続群書類従』補遺 1、続群書類従完成会、1989、576 頁。

道号。^①将军足利义满出家后，以僧侣的身份居北山第掌握最高权力，遂开始在各种重要场合穿着金襕袈裟。义满本人有多幅画像传世，其中最为著名的有两幅，藏于鹿苑寺，一幅为应永十五年土佐行广作、足利义持赞，另一幅为传飞鸟井雅缘赞，15 世纪作。两幅肖像所绘的均是足利义满出家以后的形象，身着法服，法服之上着金襕袈裟及横披。^②足利义满是第一位在肖像中穿着金襕袈裟的日本统治者，在图像中通过金襕袈裟展示其超越性的权威。

足利义满于应永二年（1395）六月二十日出家。当时，其近臣公家中山亲雅、四辻季显陪同他一同出家。足利义满先着道服，又披袈裟，在梦窗疏石顶相前，由空谷明应为戒师、绝海中津为剃手剃度。据《官务壬生雅久所进足利义满落饰记案》记载，足利义满与两位公家近臣一同落发，武家重臣、管领斯波义将以下武臣虽侍奉仪礼，但"无对面"，次日以后由足利义满亲自为斯波义将、斯波义种等剃发。足利义满有意识地营造出自己与武臣们的身份鸿沟。^③自此以后，足利义满就以"法体"形象示人，穿着法服及袈裟出席各种仪式活动。

在若干种贵重袈裟中，足利义满尤为喜好穿着金襕袈裟出席各种重要的宗教仪式和政治活动。应永二年九月十五日，足利义满到南都东大寺登坛受戒。^④次年九月二十一日，又登比叡山延历寺戒坛院受戒。此前一天，举行了延历寺讲堂落成供养法会，公卿关白一条经嗣以下文武官员悉数到场。讲堂供养法会之时，足利义满身着"香法服、金襕袈裟，青地，文牡丹唐草，横披"，次日受戒时，则着"赤色法服，同色打裟文桐唐草同袍，白地金襕袈裟，文牡丹，横批"。^⑤在参加后光严天皇三十三回忌佛事时，足利义满所穿的也是一件"金襕平袈裟"。可见，足利义满在重要仪式场合一般都穿金襕袈裟。^⑥此外在袈裟的里面，足利义满在延历寺讲堂供养和受戒分别着香法服和赤色法服，法服为日本中世显密僧最正式的着装，在法会仪礼等重大

① 芳澤元「足利将軍家の受衣儀礼と袈裟・掛絡」『画期としての室町』勉誠出版、2018、188 頁；原田正俊「相国寺の創建と足利義満の仏事法会」桃崎有一郎・山田邦和編『室町政権の首府構想と京都』文理閣、2016、142 頁。

② 足利义满肖像可参考 2019 年九州国立博物馆《室町将軍：戦乱と美の足利十五代》图录。

③ 「官務壬生雅久所進足利義満落飾記案」東京大学史料編纂所編『大日本古文書　家わけ第二十一（蜷川家文書之一）』東京大学出版会、1981、263 頁。

④ 「東院毎日雑雑記」『大日本史料』第 7 編第 2 巻、東京大学出版会、1968、113 頁。

⑤ 高倉永行「法体装束抄」『群書類従』第 8 輯、続群書類従完成会、1960、354 頁。

⑥ 「応永十三年禁裏御懴法講記」『続群書類従』第 26 輯下、266 頁。

场合着用，《法体装束抄》指出赤色法服为法皇、皇族僧侣、贵种僧着装；香法服则是"僧正以上贵贱"的着装。[①] 在延历寺戒坛院受戒时，足利义满所着的法服是最高等级的皇族着装、法皇着装，扮演近似法皇的角色，在参与者面前显示其卓越的政治权威，其在法服上穿着的金襕袈裟应该也有类似的意图。

因此，足利义满在册封仪式上穿着金襕袈裟，首先是因为金襕袈裟是极为贵重的服装，是足利义满个人权威的可视化体现。但足利义满穿着金襕袈裟的意义不止于此。近年来，对足利义满接受明朝册封政治意义的评价有所下降，桥本雄通过对《宋朝僧捧返牒记》等的考察指出，明朝册封的"日本国王"称号并无在日本国内使用的痕迹，明使入北山第的队列被刻意隔离开来，册封仪式也是在秘密的情况下进行的，足利义满从未积极宣传过其被册封之事。[②] 这是因为日本中世长期奉行独善的"神国观"下的孤立主义外交，公家和武家社会对足利义满的明朝贡多有批评。因此，足利义满在册封仪式中刻意做出了一些"违礼"的举动，以示对以明朝为中心的朝贡秩序保持一定距离。

足利义满在册封仪式上身着金襕袈裟，至少传递出了两点信息。第一，金襕袈裟来源于中国特别是元代的织金锦工艺，是一种"唐物"。在室町时代，来自中国的唐物成为日本统治者建构自身政治文化权威的工具，这不仅是因为唐物是价值极高的奢侈品，更是因为通过海上丝绸之路输入的唐物代表了当时先进的中国文化。藏有唐物的多寡，不仅体现出将军的财富水平，更体现了他掌握中国文化的程度。[③] 足利义满在各种仪式场合穿着华贵的金襕袈裟，即是向仪式参加者夸示其中国文化方面的权威。第二，足利义满一方面借唐物金襕袈裟夸示其权威，一方面又不着明朝冠服，而以僧衣僧服这一超越世俗身份秩序的形象示人，这与他以"准三后道义"而非将军、国王之名展开对明外交的基本逻辑是一致的。外交场合中穿着唐物金襕袈裟，正是足利义满对朝贡体系"若即若离"心态的写照。

最后，我们可以将喜着唐物金襕袈裟的足利义满与 14 世纪 30 年代的日本统治者后醍醐天皇做一个对比。如第一节所述，后醍醐天皇执政的建武政权（1333—1336）时期，金襕在日本已经开始流行。但我们并未发现后醍醐

---

① 高倉永行「法体装束抄」『群書類従』第 8 輯、352 頁。
② 橋本雄「室町日本の対外観：室町殿の『内なるアジア』を考える」『歴史評論』第 697 号、2008。
③ 康昊：《唐舶来珍　丰盈和国——"唐物"对古代日本的影响》，《历史评论》2021 年第 5 期。

天皇穿着金襕袈裟示人。实际上，作为一名崇信密教的统治者，后醍醐天皇虽未出家，但也喜着袈裟。我们在后醍醐天皇最为著名的肖像画（清净光寺藏）中，所能看到的就是身着"犍陀谷子袈裟"的后醍醐的形象。"犍陀谷子袈裟"由日本真言密教祖师空海从长安青龙寺请回，被时人视作由天竺传来的宝物，[①] 后醍醐天皇试图通过掌握并穿着真言宗重宝、源自天竺的犍陀谷子袈裟，向真言宗乃至僧俗社会夸示自己的权威。[②] 处于室町政权极盛期的足利义满虽然具有超越后醍醐天皇的权力，但并未像后醍醐那样四处搜集日本古来传承的重宝，而是选择了金襕袈裟这一唐织物着用。身着舶来金襕袈裟在册封仪式上登场的统治者足利义满，实际上反映出了室町政权与后醍醐建武政权不同的性质，其背后所象征的是室町政权通过册封与朝贡贸易获得的巨大经济和政治利益。

结　语

宋元时期，伴随着密切而繁荣的东亚海域贸易和中日交流，大量的唐织物跨海传到日本。其中织金锦因其贵重的物质价值而备受日本僧俗的欢迎，采用织金锦工艺制成的金襕袈裟因其附带的宗教含义而对日本产生了很大的影响。金襕袈裟自 14 世纪开始在日本流行，成为僧俗各界热衷的服饰，大致与织金锦在元朝流行的时间吻合。可以说，织金锦和金襕袈裟在日本的风靡，是宋元时期唐物贸易直接影响的结果，是染织领域的东亚海域跨境交流的突出代表。

唐物的越境并非单纯的物质交流，而是承载着文化意涵和宗教、政治含义的整体传播扩散。金襕袈裟传入后，与日本室町政权的统治者建立了直接的联系，一方面，室町政权执政者认识到金襕袈裟背后的宗教和政治含义，仿效宋元皇帝，向亲信的僧侣下赐金襕，将金襕袈裟用作显示其宗教和政治意图的特殊道具；另一方面，室町政权执政者又凭借金襕袈裟的唐物属性夸示其文化权威，在明朝册封足利义满的仪式上，加入朝贡秩序的足利义满以着金襕袈裟的形象示人，足利义满借唐物金襕夸示其中国文化方面的权威，

---

① 譬如，真言宗的《东要记》认为犍陀谷子袈裟是"金刚智三藏从南天持来"，天台宗的《溪岚拾叶集》也称其为"北天竺乾陀罗国大日袈裟"。犍陀谷子袈裟虽是从中国传来，时人却一般认为是天竺制造。

② 坂口太郎「鎌倉後期宮廷の密教儀礼と王家重宝」『日本史研究』第 620 号、2014。

同时，不着明朝冠服的足利义满所着的金襕袈裟又传递出其在朝贡体系中刻意保持距离的心态，是其对明外交策略的直观体现。

The Border Transgression of Gold Brocade: The Exchange of Karamono between China and Japan and Its Political Significance

Kang Hao

Abstract: During the Song and Yuan Dynasties, with the booming maritime trade, many Karamono spread across the sea to Japan. Among them, after the 14th century, weaving gold brocade became popular in Japan, which was the direct result of the Karamono trade. Following the example of the emperor of the Song and Yuan Dynasties, the Japanese rulers gave gold brocade to their trusted monks and it became an expression of the Shogun's religious and politic intentions. The Shogun also showed people his cultural authority by virtue of gold brocade as a Karamono. Even, at the ceremony of conferring Japan in the Ming Dynasty, Shogun Ashikaga Yoshimitsu wore a kasaya woven with gold brocade, which conveyed his attitude of deliberately keeping a distance from the tributary system.

Keywords: Gold Brocade; Karamono; Ashikaga Shogunate; Sino Japanese Trade

（执行编辑：申斌）

海洋史研究（第二十二辑）

2024 年 4 月 第 562~577 页

东亚海交的微观镜像：元禄武士
朝日重章的异域空间

许益菲 *

摘 要：元禄武士朝日重章日记中的一则康熙帝驾崩风闻，引申出其生活世界中异域空间的研究课题。锁国之下的特殊历史环境决定了他的异域空间包含风闻、见闻和知识三个维度。在其生活中，有作为风闻的异域，江户时代发达的情报流通体系使他可以获知与中国、琉球、朝鲜和荷兰等国相关的风说；有作为见闻的异域，使团的经过使他可在尾张藩目睹朝鲜和琉球使团的风貌；有作为知识的异域，浩瀚的书海使他熟稔中国的历史和文化，也让他对世界的认知得到极大扩展。事实上，朝日重章的异域空间也是 17、18世纪之交东亚海域交流投射到其日常生活的一个缩影。

关键词：东亚海交 朝日重章 异域空间 大君外交体制

《鹦鹉笼中记》①是日本江户时代中期的一部武士日记，作者朝日重章

---

* 许益菲，河北省社会科学院历史研究所助理研究员。

本文为国家社科基金青年项目"日常生活史视野下的近世日本儒学实像研究（1603—1867）"（项目号：22CSS030）的阶段性成果。

① 《鹦鹉笼中记》共 28 卷、37 册，记录了元禄四年（1691）至享保二年（1717）约 26 年零 8 个月的个人生活和见闻，是一部以下层视角全面呈现日本元禄时代社会世相的绝佳史料。其内容涉及幕藩、法令、生类怜悯、刑罚、武艺、外国及琉球关系、动植物、宗教、火灾、疾病、文艺、庶民生活、自然灾害、街谈巷议、艺能、男女关系、骚动、犯罪、红白事、著者等 20 个门类。其中，外国及琉球关系的内容主要是朝日重章对荷兰人、朝鲜人、琉球人以及唐船来日的风闻和见闻的一些描写。但风闻和见闻并非朝日重章异国认识的全部，作为一个颇具汉学修养的武士，对中国历史文化的熟稔也是其异域认识的一个维度。

另外，本文中涉及的日文参考文献，在正文叙述时，统一使用中文以与正文保持一致，在注释中均使用日文。

（1674—1718）是尾张藩（今日本爱知县）一位知行100石的普通武士。这部记录时间长达26年的武士日记因其自下而上的视角以及丰富的内容而被日本史学界认为是研究元禄时代日本社会史、生活史的绝佳史料。在研读《鹦鹉笼中记》的过程中，一则有关康熙帝驾崩的记事引起了笔者的注意，该记事出现在《鹦鹉笼中记》宝永三年（1706）六月十一日条中，其言："近日闻清康熙帝崩，在位四十五年也。"[①]康熙帝在位61年，这则传闻显然不实。想必朝日重章后来对这条消息的准确性进行了一番求证，记录后所加"虚也"[②]的评语说明他已确认这则信息并不属实。问题在于，江户时代的日本处于相对封闭的状态，幕府禁止普通日本人扬帆出国，然而，如此一则清朝皇帝的风闻竟能出现在一位日本普通武士的日记中，不禁令人思索这则风闻背后隐藏的历史细节，并进而探求朝日重章生活中的异域空间。既往日本学界对《鹦鹉笼中记》的研究，更多地将其作为元禄时代日本武士生活史和社会史的资料进行探讨，只有深谷克己在《近世人的研究》一书中对朝日重章的异国信息和认识有所提及。[③]但深谷的研究是把朝日重章的异国认识作为历史人格的一个要素加以探讨，并没有对异域信息和认识背后的历史机理进行分析。

笔者理解的异域空间，是一定历史环境中的人与外部世界产生交集的范围和界限，存在所至、所见、所闻、所知四个维度。异域空间的大小在很大程度上与交通的发展、信息的传播等因素有着紧密的关系。在不同的历史环境下，人们有不同的异域空间。从微观个人层面转向宏观层面观察，朝日重章的异域空间背后其实是17、18世纪之交东亚各国海域交流问题。近世海域交流避不开"锁国"问题，[④]但这种先入为主的简单化定性已经为一些学者所质疑。[⑤]越来越多的研究成果表明，前近代的东亚非但没有各自封闭，反而

①　朝日重章『鹦鹉笼中記』3、名古屋市教育委员会、1967、130頁。

②　朝日重章『鹦鹉笼中記』3、130頁。

③　深谷克己『近世人の研究』名著刊行会、2003、242—244頁。

④　所谓锁国，其实是后世之人对当时历史环境的一种建构概念，以江户时代的日本为例，在当时的历史语境中，锁国一词并不存在。事实上，江户时代的日本虽然处在相对封闭的历史环境中，却并未完全与外界隔绝，而是保留了长崎、对马、萨摩、松前四个对外交流的窗口。长崎作为幕府的直辖领地，专门负责日本与中国、荷兰的对外贸易，是当时日本唯一的通商港口。对马藩和萨摩藩由于地缘之便，在日本与朝鲜和琉球的对外事务中充当中介的角色。松前藩则负责与虾夷地区的阿依奴人进行联络和交涉。这也为部分日本人接触异域创造了可能。

⑤　其中以日本学者荒野泰典和中国学者赵德宇为代表，荒野泰典在《近世日本与东亚》中批判了日本近代以来存在的锁国论，并提出以海禁和华夷秩序的概念来替代锁国。（详见荒野泰典『近世日本と東アジア』东京大学出版会、1999）赵德宇在荒野泰典锁国质疑论的基础上，进一步从锁国的背景和锁国的实态出发，驳斥了锁国论的不当之处，并提出了禁教体制的概念［详见赵德宇《日本"江户锁国论"质疑》，《南开学报》（哲学社会科学版）2001年第4期］。

依靠航行在海上的船只实现了商贸和文化交流。然而既往研究更多地关注东亚地区的贸易和文化交流等如何展开，却很少关注东亚海域交流对并不与海域交流发生直接关系的普通人生活的影响，即宏观层面东亚海域交流与微观层面个体异域空间的互动问题。

本文拟以《鹦鹉笼中记》中的这则异域风闻为线索，梳理日记中的相关内容，从微观视角刻画元禄武士朝日重章的异域空间，将探讨重点从他者认识和对外观转移到小人物生活中与异域元素接触的范围和界限，以及这背后17、18 世纪之交东亚地区海域交流的内在机理。

一　金鯱城 ① 下晓四方：作为风闻的异域

朝日重章日记中出现清康熙帝驾崩的风闻，传递了这样的信息，即朝日重章虽没有亲至异域的经历，却有身居名古屋城而知晓异域风闻的能力。

从《鹦鹉笼中记》的记载来看，朝日重章接触到的异域风闻，其范围不仅限于中国，还包括了朝鲜、琉球和荷兰。例如，正德元年（1711）七月十五日条中交代了正德朝鲜通信使团的情况，② 宝永七年（1710）十一月十八日条中交代了幕府新任将军德川家宣接见琉球国庆贺使美里王子和谢恩使丰见城王子的情形，③ 正德二年三月二十日条中提到了荷兰商馆使团夜宿鸣海的情形。④ 从这三段记述来看，朝鲜、琉球和荷兰的风闻均与各国使团江户参觐有关，而且，朝日重章对各国使团来日的行程、成员与人数，甚至参觐将军时的情形和国书内容都有比较详细的记录。

那么，异域风闻如何走进朝日重章的生活，并与之产生交集，就颇值深究。

首先是异域风闻如何传入日本，即信息源头问题。宽永年间，德川幕府出于禁止天主教传播和统制对外贸易的目的实施了"锁国"之策，但是这并不意味着幕府消极闭塞，事实上，幕府非常重视搜集海外情报。位于九州岛的长崎，是宽永锁国后幕府对外贸易的唯一港口，从中国和荷兰前来贸易的商船都被要求停靠于此。统制对外贸易对幕府来说不仅可以获得丰厚的利润，

---

① 金鯱城，江户时代日本名古屋城的别称。
② 朝日重章『鸚鵡籠中記』4、名古屋市教育委员会、1968、43 頁。
③ 朝日重章『鸚鵡籠中記』3、628 頁。
④ 朝日重章『鸚鵡籠中記』4、109 頁。

还可通过外国商人的渠道获知海外情报。长崎的唐通事和阿兰陀通词即担负着为幕府搜集和翻译情报的职责和使命。江户时代的随笔集《盐尻》有载："凡异邦之船入津，（中略）闻其土之街谈后，始可由船上岸。"①通事在询问完成之后会将所获信息制成风说书，由长崎奉行上呈幕府。这样，长崎就成为江户时代日本在"锁国"之境"窥视"海外的窗口。由此可以推测，像朝日重章日记中那则康熙皇帝驾崩之类的异域风闻，其信息源头当在长崎。此外，宝永六年（1709）九月十八日的日记中也有一则来自中国的风闻，记录的是康熙年间的一念和尚之乱，其中，重章所交代的"当四月十六日长崎传来之状，写之"②，也可佐证长崎是信息源头的判断。

其次是异域风闻如何从长崎传播到名古屋，即信息传递的媒介和路径问题。江户时代的日本公私文书流通十分盛行。安政五年（1858）来日访问的英国人劳伦斯·俄里范曾在他的《额尔金卿遣日使节录》中提到日本人喜欢互通书信，而且，当时有非常完备的书信传递系统。③支持这个系统运转的是一个被称为飞脚的社会群体。元禄四年（1691）来日的荷兰商馆使团医官肯普博曾在使团停驻的驿站目睹了那些为幕府和大名传递文书和信件的飞脚。他在《江户参府旅行日记》中如此记述道："这些给将军和大名传递信件的人（飞脚）不分昼夜地等候在驿站，他们会马不停蹄地将前方来的信件送到下一个驿站。"④如此，记录在文书中的情报通过疾驰在日本列岛上的飞脚得以传播开来。江户时代的飞脚根据其归属可以分为幕府飞脚、大名飞脚。幕府飞脚又称继飞脚，承担着为幕府与直辖领之间传递文书和物资的任务，大名飞脚负责诸藩与江户藩邸以及大坂、长崎等地的联络，其中比较有代表性的是尾张藩的七里飞脚。幕藩之间相对独立的文书传递系统意味着异域风闻从长崎到名古屋的传播可能存在多种路径。第一种可能是幕府掌握的海外情报在江户城中被"泄露"出来。依理，海外情报属幕府高层的机密，经手之人甚少。⑤但是，日本学者岩下哲典却认为这只是一种表面现象，因为有赖于那

① 天野信景『塩尻』帝国書院、1907、279頁。
② 朝日重章『鸚鵡籠中記』3、500頁。
③ 转引自児玉幸多編『日本交通史』吉川弘文館、1992、289頁。
④ ケンペル著、斉藤信訳『江戸参府旅行日記』平凡社、1977、37頁。
⑤ 日本正保二年（1645），南明将领崔芝向日本修书乞兵，并由参将林高携至日本。林春斋在信后附写一段注文："右崔芝书两通，林高持来长崎，传达江户，以备老中、上览，春斋于御前读之，其后松平伊豆守依上意，至井伊扫部头直孝宅，春斋读之，此时马场三郎左卫门、山崎权八郎长崎两奉行，马场在江户，山崎在长崎（后略）。"（林春勝·林信篤『華夷変態』上、東方書店、1981、13頁）可见，从长崎到江户，接触这份情报的只有幕府大老井伊直孝、老中松平信纲以及长崎奉行马场三郎左卫门、山崎权八郎等人，都是位居幕政中枢的实权人物。

些想获得情报的人对负责人和经办人的积极活动，以及情报负责人的有意为之，一些情报就会被"秘密地"泄露出来。[1] 江户时代的诸藩在江户城中都设有留守居役，[2] 他们的职责除密切关注幕府动向外，还会与幕府和诸藩的留守居役交际，从中搜集和共享情报。这样，在幕府与各藩武士的交际过程中，幕府掌握的一些异域情报就有可能被"泄露"到诸藩，尔后留守江户的役人会将搜集到的情报再传回藩内。第二种可能是尾张藩主动通过自己的情报网搜集到一些异域风闻。前述一念和尚之乱的风闻，其文末"当四月十六日长崎传来之状，写之"[3] 的内容说明，尾张藩与长崎之间存在文书往来，或许往来文书之中就夹杂了一些异域风闻。此外，《新修名古屋市史》中还指出尾张藩设在大坂的仓库不仅收集经济情报、调查幕府役人的动向，还会搜集海外情报，成为尾张藩的一大情报枢纽。[4] 所以，异域风闻也有可能从长崎或者大坂传回名古屋。

再者是传播至名古屋的异域风闻又如何为朝日重章所闻知，即信息传播的终端问题。得益于全国性交通网络的完善，江户时代的信息交流变得十分发达。频繁的人员流动和大量的文书传递使得各种各样的信息充盈于日本人的生活。想必正是这种时代的恩惠，朝日重章的日记中才会出现大量来自江户、京都和大坂等地的信息。朝日重章作为尾张藩城代组同心和采购榻榻米的御畳奉行，在其勤仕奉公的公务生活中，会接触一些尾张藩的公文书，也经常会与京都和大坂地区的商人打交道，这些成为他获知情报信息的潜在渠道。而奉公之余的私人生活中，参加朋友之间的聚会又是其获取信息的一个渠道。和江户城中各藩的留守居役在交际过程中共享情报一样，名古屋城内的武士在空闲之余也会定期相聚，把酒言欢，分享他们收集到的风闻轶事。朝日重章曾与尾张藩内的儒者小出侗斋、神道学家吉见幸和以及《盐尻》的作者天野信景等人以汉诗文学习为名组织了一个文会。从日记的记录来看，他们定期会集于一室，探讨诗文，讲读经典，除此之外，也会美酒佳肴相伴，分享有趣的见闻。[5] 朝日重章尤与天野信景私交甚笃，且都擅长记录随

---

① 岩下哲典『江戸情報論』北樹出版、2000、39 頁。

② 留守居役，日语词，是江户时代各藩设在江户藩邸的留守职务，多由家老级别的人担任，在藩主返回藩国的时候主持江户藩邸的事务。

③ 朝日重章『鸚鵡籠中記』3、500 頁。

④ 新修名古屋市史編纂委員会編『新修名古屋市史』3、名古屋市、1999、90－91 頁。

⑤ 详见许益菲《江户的读书会》，《读书》2019 年第 1 期。

笔，从朝日重章的《尘点录》与天野信景的《盐尻》部分内容重合的情况①
来看，两人之间确有信息共享。笔者在《士林泝洄》②中考察文会成员履历时
还发现，铃木理右卫门等成员是尾张藩的佑笔③，佑笔类似于秘书官，掌握着
藩内大量公文书，他们在处理文书的过程中有意识无意识地就会获知一些情
报信息。在聚会的场合，或许一些公文中的信息就会传入朝日重章耳中。正
德二年四月三十日条中还有一则从亲友那里听闻朝鲜通信使团在归国途中遭
遇海难的事例。当时，朝日重章正在京都出差，友人深田宗信来访，跟他讲
了从临济宗僧人别宗祖缘那里听来的一段轶事。其大意是抱怨朝鲜人的无礼，
因为别宗祖缘在使团离日后给朝鲜三使去信，询问其是否安全回国，却没有
收到任何回信。④

　　长崎的商人、唐通事、闻役，大坂的役人，江户的老中，各藩的留守居
役，奔走于长崎、大坂、江户、名古屋的幕府飞脚、大名飞脚，流连于各个
聚会之所的尾张藩士，这些看似毫不相干的历史要素在无形中交织出一个庞
大的信息流通网络。而且，同级之间的横向传播和上下级之间的纵向传播，
使得原本为少数人掌握的异域风闻在社会中得以普及。也正得益于江户时代
日本社会中发达的信息交流和传播，以及他本人丰富的信息搜集渠道，朝日
重章才能身居名古屋城中而知晓与中国、朝鲜、琉球和荷兰相关的异域风闻。
这就构成了朝日重章日常生活中作为风闻的异域空间。

二　市井街中观来使：作为见闻的异域

　　在德川幕府构建的大君外交体系中，朝鲜、琉球和荷兰商馆的使团都被
要求定期赴江户参觐将军，而且，他们前往江户的路线由幕府事先定好，沿
途各藩和驿馆会负责使团的接待工作。朝日重章所在的尾张藩恰是朝鲜、琉
球和荷兰商馆使团前往江户的必经之地，这意味着他有机会目睹在此停留驻

---

①　爱知县立图书馆藏《塵点録》第49、60、65、69卷的内容为《塩尻》的摘录和天野信景的诗文。《名
　　古屋市史》中怀疑朝日重章曾参与《塩尻》的誊写，而且天野信景还有懒于记录的习惯，常委托
　　他人代笔（名古屋市编『名古屋市史·学芸編』川瀬書店、1934、89頁）。

②　《士林泝洄》是尾张藩大儒松平君山奉命编纂的官修藩士系谱，延享年间成书，共24卷，后被收
　　录于《名古屋叢書続編》，是研究尾张藩历史最基本的史料之一。

③　佑笔是日本中世和近世时期武家设置的秘书文官，最初主要负责文章代笔，后又逐渐增加了制作
　　公文书和记录的职能。

④　朝日重章『鸚鵡籠中記』4、120頁。

足的异域之人。

虽然朝鲜、琉球和荷兰商馆都要赴江户参观将军，但是，其参观江户的频次却不尽相同。朝鲜基本是在幕府新将军袭位的时候向日本派出通信使团以示庆贺。[①]琉球除在幕府将军更迭时派出庆贺使外，还会在本国新君即位之际派出谢恩使。[②]荷兰商馆的使团则是每年都被要求赴江户觐见将军，按照亚当·克卢洛（Adam Clulow）的理解，荷兰人的江户参府与朝鲜和琉球这种传统意义上的使团模式有着本质不同，荷兰人被视为将军的忠实仆人，扮演着国内属臣的角色，所以，荷兰人的江户参府类似于大名的参观交代。[③]朝日重章生活的时代共经历了三次将军更迭，但朝鲜只在 1711 年和 1719 年派出通信使团，琉球则是在 1710 年、1714 年和 1718 年分别派出了庆贺使。从《鹦鹉笼中记》的记载来看，朝日重章亲眼见到的异域之人有琉球人和朝鲜人，荷兰人虽然每年都会途经尾张赴江户参府，但重章却未目睹，只是从文书上获知荷兰人的行程与人员信息。

朝日重章最先见到的外国人是琉球人。宝永六年（1709）正月，五代将军德川纲吉因为罹患麻疹而突然崩逝，同年四月，德川家宣接受朝廷的将军宣下，正式成为幕府的第六代将军。[④]为了庆贺幕府新任将军即位，宝永七年，琉球最先向日本派出了使团，使团途经尾张，朝日重章平生首次见到了来自异域的外国人。根据《鹦鹉笼中记》的记载，朝日重章为了能够见到琉球人，特地从名古屋赶赴热田[⑤]等候。当日酉时半刻，琉球使团通过热田，在人群中的朝日重章看到了两顶带有舞鹤图案的轿子，因为当时已是日暮时分，灯影的缘故使其没有清楚地看到琉球人戴的头饰。意犹未尽的他第二天一早又去观看使团离开热田，这次因为是白天又加上人少，看得非常清楚。[⑥]后来，琉球国在正德四年（1714）又向日本派出了庆贺使和谢恩使，朝日重章在使团的去程和归途中，先后两次出现在观看使团队伍路过的人群中，见证了外国人途经本土。

---

① 江户时代朝鲜共派遣通信使团 12 次，除 1607 年、1617 年、1636 年和 1643 年四次是以归还俘房、庆贺天下泰平、庆贺德川家纲诞生等名义派出外，其余均是以新将军袭位为名义派出。

② 江户时代琉球派往日本的庆贺使和谢恩使共 18 次，值得注意的是，也有庆贺使和谢恩使两个名义并用的情况，1710 年和 1714 年的两次琉球使团即是如此。

③ 〔英〕亚当·克卢洛：《公司与将军：荷兰人与德川时代日本的相遇》，朱新屋、董丽琼译，中信出版社，2019，第 95—151 页。

④ 黑板胜美编『德川实纪』7，吉川弘文馆、1932、3、28 页。

⑤ 热田，现属名古屋市，距离名古屋市中心约 6.2 公里。

⑥ 朝日重章『鹦鹉笼中记』3、621—622 页。

德川家宣袭位之际，朝鲜同样派出了以赵泰亿为正使的通信使团，朝鲜使团于正德元年七月抵达日本，时间上晚于琉球。尾张藩为了迎接和招待朝鲜使团，上下都做了精心的准备。从《鹦鹉笼中记》六月二十六日条中所提到的尾张藩为给朝鲜使团准备鹿肉而在平子山狩鹿的记录来看，早在六月，使团接待的前期准备就已经开始了。[①] 为了彰显名古屋城的繁华，城中的街道都做了装饰。例如，本町的窗户都挂上了帘子，街道被绚丽的屏风所环绕，可谓盛况空前，重章在日记中形容当时的街道如祭礼时一般，围观之男女终日充巷。[②] 此番朝鲜使团途经名古屋，朝日重章作为尾张藩采购榻榻米的御叠奉行也参与了朝鲜通信使团途经尾张藩的接待工作。九月二十三日，他接到上峰命令，让他为朝鲜使团准备榻榻米。[③] 使团到达名古屋当日，朝日重章在他们下榻的性高院[④] 目睹了来自朝鲜的使者。使团归途再过名古屋的时候，朝日重章不仅再次一睹朝鲜使者风采，而且还向他们求得字画。与琉球使团途经尾张时只观看其队伍行列不同，朝日重章不仅亲身参与了接待正德朝鲜通信使的工作，而且，与朝鲜人的近距离接触更多，观察更细致。所以，朝日重章对该部分的描写也更能体现出当时身处相对封闭历史环境中的日本人面对外国人时的心态。

对于长期处在锁国境地的日本人而言，外国人出现在自己的生活世界，新鲜和好奇无疑是最自然流露出来的心态。而且，从《鹦鹉笼中记》的记述来看，包括朝日重章在内的当地人普遍对新鲜事物充满热情。琉球使团途经尾张经常在热田下榻。每次使团到来之前，朝日重章都会和亲友从名古屋行至热田提前等候。朝鲜使团到来之前，朝日重章已经嫁到水野家的女儿更是专门从濑户[⑤] 赶回名古屋，只为一睹朝鲜人的风采。[⑥] 可见时人对新鲜观感的极大热情。朝鲜通信使团在名古屋性高院驻足期间，朝日重章对使团的一言一行都充满了好奇。他在日记中提及："或虽言语不通亦共语，或饮食之态，或言语动静，或飨宴离席，予亲视之。"[⑦] 研读他的日记会发现，使团停驻期

---

① 朝日重章『鸚鵡籠中記』4、39 页。

② 朝日重章『鸚鵡籠中記』4、61 页。

③ 朝日重章『鸚鵡籠中記』4、60 页。

④ 性高院是位于日本名古屋的一座净土宗寺庙，创建于 1589 年，1636 年成为朝鲜通信使在名古屋的下榻之所。

⑤ 濑户，现属爱知县，位于古尾张国的东北部，距名古屋约 18 公里。

⑥ 朝日重章『鸚鵡籠中記』4、63 页。

⑦ 朝日重章『鸚鵡籠中記』4、62 页。

间，无论是迎来送往，还是飨宴接待，抑或是沿街围观，很多历史现场中都有朝日重章的身影。使团的一位乐师因为犯了过错，被其主人一番责骂和鞭笞，朝日重章在围观的人群之中目睹了这一场景，对于鞭笞的惨状，重章在日记中写道："每打必叫唤哭泣，予在侧不忍视之。"① 使团在名古屋时与当地人有人文交流活动，城内向使臣求字画者纷至沓来，② 而朝日重章亦是其中一员。

新鲜和好奇之余，朝日重章对外国人还有一种鄙夷风俗与崇拜学问并存的复杂心态。正德通信使团在回程停驻名古屋的时候，朝日重章目睹了朝鲜人的一次宴席。从日记中的记述看，他似乎是以一种挑剔的眼光去审视这些异域之人，在他眼中，朝鲜人吃饭用手抓而不用筷子，使团上官用手擦鼻涕、在席间乱吐痰等仪态都甚是无礼。③ 正德二年（1712）他在京都从深田宗信那里获知的朝鲜使团风闻中，也提到了朝鲜人不回信以及正使乘坐国王之船的越礼行为。这些都能够看出他对朝鲜人言行举止的挑剔和鄙夷。如果翻阅当时朝鲜使臣的东游日记，也会发现朝鲜人面对日本人时同样存在这种鄙夷的心态。使团副使任守干的《东槎日记》中言道："凡人性禀轻儇，喜怒不节，喜则言笑唯诺，怒则叫噪跳踉，（中略）女人貌美而多淫，虽良家女，亦多有私。娼女谓之倾城，倚市邀迎，略无愧耻。俗尚沐浴，虽隆冬不废，每于市街，设为沐室，收其直，男女混浴，露体相狎，亦不为愧。国俗且重男色，嬖之甚于姬妾，故以此争妒，至于相杀者甚多。"④ 日本人和朝鲜人这种彼此互相鄙夷的心理，事实上是各自自诩文化优越的"小中华"意识体现。1644 年发生的明清鼎革是东亚史上的一次大变局，有学者曾称"无论是思想、政治，还是外交、军事，两个多世纪来所发生的诸般变化，几乎都与之（明清鼎革）有着或深或浅和或明或暗的关联"。⑤ 明清鼎革带给朝鲜和日本的思想冲击就是"华夷变态"观念的萌生，使朝鲜一度自信地认为"今天下中华制度，独存于我国"，⑥ 而同期的日本人尤其是一些学者也在"华夷变态"

---

① 朝日重章『鸚鵡籠中記』4、62 页。

② 阿部直辅『尾藩世記』上、名古屋市教育委员会、1987、290 页。

③ 朝日重章『鸚鵡籠中記』4、75 页。

④ 复旦大学文史研究院编《朝鲜通信使文献选编》3，复旦大学出版社，2015，第 218 页。

⑤ 韩东育：《从脱儒到脱亚——日本近世以来"去中心化"之思想过程》，（台北）台湾大学出版中心，2009，第 143 页。

⑥ 葛兆光：《宅兹中国：重建有关"中国"的历史论述》，中华书局，2011，第 157 页。

理念的驱使下，产生了视日本为中朝的思想观念。①

朝日重章在心理上对朝鲜人虽有鄙夷其礼节的一面，但是也有尊崇其学问修养的一面。朝鲜赴日的使团中不乏满腹经纶的饱学之士，所到之处，必与当地之人坐而论道。重章在日记中曾提到朝鲜通信使团路过大坂时，京都大儒伊藤东涯被召去陪同接待。②朝鲜使团抵达名古屋当日，日朝双方人员在性高院也曾有一场对佛经的会释。③正德朝鲜通信使团中，海峰、花庵擅长书法，竹里工于作画，据言名古屋城内向此三人求字画者纷至沓来，以至于三人笔锋不停，通宵未眠。④朝日重章作为一个爱好学问的武士，自然也抵挡不住内心对异域文化的好奇和向往，成为当时向朝鲜使团求字画者的一员。据《鹦鹉笼中记》记载，他曾两次向使团成员求墨宝字画。第一次是使团到达名古屋的当日，即正德元年十月五日，他在日记中写道"予亦得墨宝并字画"，第二次是使团从江户返程途中再过名古屋之时，即正德元年十一月二十八日，他在日记中写道"得墨画四枚"。⑤第二次求画之时，因为有目付在场，重章一时难以入席向朝鲜人表达请求，但他对字画这些雅致之物表现出足够的耐心，终于在黎明之际得到了这四幅画。

在江户时代锁国的历史环境中，尾张藩士朝日重章与多数日本人相比，无疑是历史的幸运儿。使团参觐江户途经尾张，给了他一睹琉球人和朝鲜人风貌的机会。而对新鲜事物充满好奇心的重章自然也抓住了这一历史机遇，成为江户时代日本大君外交体制运营实态的一位历史见证者。人生中与琉球人和朝鲜人的 6 次相遇，构成了他生活中作为见闻的异域空间。

三　和汉书内有乾坤：作为知识的异域

自应神天皇时代（270—310）百济博士王仁传经以来，以汉籍为代表的域外典籍就一直源源不断地通过各种渠道流传至日本。到江户时代，已有相当数量的域外典籍流传于世。江户时代，日本虽然施行锁国之策，但是，许多来自异域的书籍仍能通过中国和荷兰的商船流播至日本。近世初期的大

---

① 该观点主要体现在思想家山鹿素行的《中朝事实》中。
② 朝日重章『鸚鵡籠中記』4、42 頁。
③ 朝日重章『鸚鵡籠中記』4、62 頁。
④ 阿部直辅『尾藩世記』上、名古屋市教育委員会、1987、290 頁。
⑤ 朝日重章『鸚鵡籠中記』4、62、75 頁。

儒林罗山曾言："我家藏书一万卷，或誊写，或中华朝鲜本，或日本开版本，或抄纂，或墨点朱句，共是六十余年间所蓄收也。尝分授向、阳、函三者一千五六百部许，留在我手者居多。"[1] 而且，出版业的日渐隆盛和书籍的普及极大地促进了知识在社会中的传播。所以，在某种意义上，书籍为近世日本人开辟出一个属于知识的异域空间。

朝日重章是一位非常好学的武士。他自幼就在父亲朝日重村的引导下进行学问启蒙。元禄五年（1693），19 岁的朝日重章拜入尾张名儒小出侗斋门下学习儒学，不久就可向同门讲释《大学》。

朝日重章随小出侗斋所学之内容，一是儒学经典，除前述《大学》外，还有《小学》《论语》等，宝永二年（1705）八月一日条中所言"昼过，予至（天野）源藏处，晦哲来，有《小学》讲谈，永平七郎左、大津新左、布施八左"[2] 即是例证；二是汉诗，元禄六年一月十七日的日记中有他学习汉诗写作的记录，其言："予今年始至晦哲处，（习）三体诗·杜律。"[3] 在日常生活中，他还与小出侗斋、吉见幸和以及天野信景等尾张藩硕学结成了一个研读儒学、汉诗文和有职故实的文会。文会中所读所讲之书，就有《论语》《小学》等来自中国的典籍。从上述内容来看，无论是朝日重章的教育，还是日常生活中的读书会，代表异域的儒学和汉诗文都占有一席之地。

朝日重章除了日记《鹦鹉笼中记》外，还有一部随笔集《尘点录》存世，《尘点录》的内容主要是朝日重章对所读之书的摘抄，类似于读书笔记，从中可以看出他的读书涉猎喜好，具体如表 1 所示。

表 1　朝日重章的读书

分类	书名
战记	《明智军记》《浅井三代记》《石田军记》《太平记》《越后军记》《织田军记》《太阁记》《盛衰记》
汉学·诗文	《拘幽操》《集义和书》《中国辩》《罗山文集》《五杂俎》《草山集》《本朝文粹》《朱学明辩》《辍耕录》《本朝一人一诗》
历史·记录	《帝王编年记》《东鉴》《大鉴》《水鉴》《明月记》《吉记》《天宽日记》《神皇正统记》《北条五代记》《镰仓实纪》《淡海》《本朝三国史》《德川世记》《赤城盟传》《柳营略谱》《介石记》

---

① 京都史籍会『林羅山詩集』第 32 卷、鹈鹕社、1979、22 頁。

② 朝日重章『鸚鵡籠中記』3、67 頁。

③ 朝日重章『鸚鵡籠中記』1、名古屋市教育委員会、1965、136 頁。

续表

分类	书名
地理志	《尾张风土记》《出云风土记》《伊势风土记》《筑后风土记》《丰后风土记》《山城名胜记》
神祇	《尾张神名帐》《诸社根源之记》
佛教·传说	《三教指挥》《西行撰集抄》《沙石集》
随笔·俳谐	《枕草子》《日本行脚文集》
浮世草子	《元禄太平记》《男色大鉴》
读本	《通俗三国史》《通俗续三国史》
农业本草	《农业全书》《大和本草》
辞书	《中华事始》《日本释名》《和事始》
教谕·家事	《妇人养草》《万宝鄙事记》

资料来源：小池富雄「元禄期における尾張藩士の文芸活動」『金鯱叢書』第9辑、德川黎明会、1982、425 頁。

从《尘点录》整理出来的书单可以看出，朝日重章读书涉猎范围广泛，可谓兼修和汉之典籍，汉学和诗文部分同样占据了很大比重。笔者注意到朝日重章读过《辍耕录》和《五杂俎》这两部明代随笔。《辍耕录》又名《南村辍耕录》，为元末明初陶宗仪所写，是一部记录宋元时期政治、经济、社会、文化等各方面内容的历史札记。该书传到日本后，于承应元年（1652）被翻刻出版。《五杂俎》是明朝人谢肇淛撰写的一部笔记著作，全书16卷，其内容包括读书心得和对事理的分析，也记载政局时事和风土人情，涉及社会和人的各个方面。无疑，这两部书都是朝日重章能够了解宋元和明朝时期社会历史人情的佳作。此外，朝日重章在《鹦鹉笼中记》宝永四年（1707）八月十三日条中写道："见当年之清历，南京之书纸十四枚，外有裱纸半枚。大清康熙四十六年七政经纬躔度便览通书沈东阳校辑，有年神方位之图。北京之书纸三十二枚，外有裱纸一枚。三山箫觉纂孙建士纂集丁亥年造福全书。"[1] 这说明他还接触过清朝的皇历，或许对清朝舶来皇历的阅读，能增加他对清朝社会风俗的了解。

朝日重章是有一定汉学修养的武士，这体现在他所写诗文的引经据典上。例如，元禄五年（1692）正月二十四日，小出侗斋来朝日家讲课，离去时将

---

① 　朝日重章『鸚鵡籠中記』3、232 頁。

头巾遗忘在重章家中，朝日重章见后不觉想起中国历史上孟嘉落帽的典故，遂吟咏七言一首，其曰："风雨溟溟薄暮天，远来茅屋布文筵。更阑忽骇幽钟响，落帽使吾思万年。"[1] 元禄十年，重章写了一篇祭奠名古屋东照宫神官吉见恒幸的悼文。笔者在阅读的时候发现，重章这篇短短两百余字的文章，"死生契阔"出自《诗经·邶风·击鼓》中"死生契阔，与子成说。执子之手，与子偕老"，"补苴罅漏"出自韩愈《讲学解》中"补苴罅漏，张皇幽眇"。[2] 可见朝日重章对中国文化典故的熟稔。而且，朝日重章的学风崇尚考据，他在宝永二年（1705）二月二十三日的日记中，记录了一则赞岐国丸龟城下的町人茂右卫门之妻（33岁）在五日间连产六子的轶事。[3] 此事激起了朝日重章的一番考据欲，他为此查阅了诸多典籍，探寻历史上的相似例证。在他引用的书目中，既有《文德实录》《东鉴》《聚类国史》等日本史籍，也有《皇明通纪》《事文类聚》《搜神记》《五杂俎》《庚巳编》等中国典籍。这一方面体现了他扎实的学风，另一方面也说明，《皇明通纪》等来自中国的典籍拓展了他的视野，使他在面对社会奇闻时，能从中国和日本两方的典籍中引经据典。

如果朝日重章没有因为一次机缘与一幅地图偶遇，或许他的生活世界中作为知识的异域，其范围和界限会停留在对中国历史文化的熟稔上。但是，《坤舆万国全图》在正德二年（1712）春偶然走进了朝日重章的生活，彻底刷新了他对世界的认知。朝日重章在其随笔《尘点录》中交代了他缘何得以一览《坤舆万国全图》，其曰："正德二年辰春，依君命上京，官暇日，深田宗信借坤舆万国全图观之，浩浩荡荡，实眩纸上，聊记万一于兹，备后日遗忘，于时重五日也。"[4] 从这段记述来看，当时朝日重章正在京都出差公干，当日闲暇，深田宗信借来《坤舆万国全图》，重章一同览之。深田宗信是当时尾张藩的儒官，也是重章的好友，史载其好天学，曾献玉衡图给藩主德川光友，并被嘉奖。[5]《坤舆万国全图》是明神宗万历年间太仆寺少卿李之藻基于耶稣会士利玛窦所献《万国图志》绘制而成的世界地图。江户时代初期，《坤舆万国全图》传入日本，并被摹写。《坤舆万国全图》中有大量介绍世界各地地名

① 朝日重章『鸚鵡籠中記』1、82-83 頁。
② 朝日重章『鸚鵡籠中記』2、名古屋市教育委員会、1966、48-49 頁。
③ 朝日重章『鸚鵡籠中記』3、19 頁。
④ 朝日重章『塵点録』卷 59、爱知県立図書館所蔵。
⑤ 細野忠陳『尾張名家誌』、皓月堂、1855。

的内容，朝日重章在随笔中就摘抄了图中对欧罗巴洲、地中海、死海、南亚墨利加（南美洲）、赤道、北极、日本、苏门答腊、大明（中国）等地的介绍内容。无疑，这幅《坤舆万国全图》给身处锁国之境的武士朝日重章带来了极大的视觉冲击，刷新了他对日本以外世界的认知，以至于他在阅览之后在随笔集中写下"浩浩荡荡，实眩纸上"①的评语。而且，从《尘点录》卷66中"万国全图以天下分五洲曰亚细亚曰欧罗巴曰利未亚曰亚墨利加（南北二洲）曰墨瓦蜡泥加是也。清国及日本当赤道北自三十一度四十度之中皆亚细亚内也"②的记述来看，《坤舆万国全图》还让朝日重章意识到世界分为五大洲，而日本和中国则位于亚洲。这说明他对自己身处的国度在世界中的位置有了一定认知，萌发了地理上的亚洲观念。

　　好学的武士朝日重章在生活中徜徉于书海，书籍中所载的知识为他开辟出一个不同于风闻和见闻的异域空间，在作为知识的异域空间中，我们既可以看到重章对中国的历史文化的熟稔，也可以看出《坤舆万国全图》对重章世界认知的丰富。

结　语

　　17、18世纪之交的日本，德川幕府的锁国令基本断绝了日本人扬帆出国的可能性。然而，幕府在17世纪初叶明清鼎革、"华夷变态"的背景下所构建的"日本型华夷秩序"，却又为部分日本人在所闻、所见、所知三个维度接触异域创造了可能。在德川幕府构建的外交秩序中，包含朝鲜和琉球两个通信国，以及中国（清朝）和荷兰两个通商国。幕府与中国、荷兰通商，日本人可以外国商人为媒介闻知异域的信息。朝鲜、琉球和荷兰商馆的使者赴江户觐见，沿途所经之地的日本人有机会见到外国人。而且，江户时代通过异域商船输入日本的大量典籍，丰富了日本人的异域知识积淀。

　　历史总是那么有趣，当把康熙帝、阿兰陀人（荷兰人）、唐通事、留守居役、飞脚、朝鲜使团、琉球使团、《辍耕录》、《坤舆万国全图》这些看似毫不相干的历史元素与朝日重章这位生活在元禄时代名古屋城的日本中下级武士联系在一起的时候，竟能构建出一个包含风闻、见闻和知识三个维度的异域空间。在他的生活里，有作为风闻的异域，江户时代发达的信息流通体

---

①　朝日重章『塵点録』卷59。
②　朝日重章『塵点録』卷66。

系使他可以获知与中国、琉球、朝鲜和荷兰等国相关的风闻；有作为见闻的异域，使团的经过使他可在尾张藩目睹朝鲜和琉球使团的风貌；有作为知识的异域，浩瀚的书海使他熟稔中国的历史和文化，也让他对世界的认知得到极大扩展。这就是元禄武士朝日重章的异域空间。

　　细细回想，在某种意义上，朝日重章的异域空间其实是 17、18 世纪之交东亚地区各国之间海域交流的一个微观镜像，也是德川幕府对外贸易体制以及大君外交体系等历史元素下渗到朝日重章日常生活中的一种产物。松浦章先生认为，构成东亚海域交流的中心，是人，是船，是物。①17、18 世纪之交的东亚，无论是中国还是日本和朝鲜，都实行海禁政策，此时的东亚之海，虽然表面上显得各自封闭，但是，乘船穿梭于东亚之海的使者和商人，给彼岸之国的人带去了异域的信息、风俗和知识。所以，在某种意义上，武士朝日重章是东亚海域交流的历史受益者，他在所闻、所见和所知三个维度上与异域的交集都与这些人和物息息相关。同时，朝日重章也是历史的见证者，他见证了幕府主导的大君外交体系的运营，而这一外交体系下清朝与荷兰两个通商国以及朝鲜和琉球两个通信国事实上也大致圈定了朝日重章异域空间的范围和界限。小人物背后其实也蕴藏着大历史，只有在微观细节与宏观背景的交互下，历史才显得更为生动立体。

The Micro Mirror Image of Oceanic Communications in East Asia: The Else World in Samurai Shigeaki Asahi's Daily Life

Xu Yifei

Abstract: There is a record about Kangxi Emperor of Qing Dynasty passing away in the dairy of Shigeaki Asahi, a Japanese Samurai in Genroku era, which leads to a discussion on Asahi's thoughts about the else world outside Japan in that period. Due to the historical circumstance out of the general policy of border lockdown in Edo era, Asahi's impression on the else world was limited to three dimensions: rumors, experiences, and knowledge. First, rumors could flow efficiently through the society in Edo era so that he could get access to some information about China, Korea, Ryukyu and Netherlands indirectly. Second,

---

① 〔日〕松浦章:《明清时代东亚海域的文化交流》，郑洁西等译，江苏人民出版社，2009，第 1 页。

diplomatic envoys from Ryukyu and Korea travelling via Nagoya provided him the chance of witnessing foreign people by himself. Also, by reading through tons of books, Asahi was able to get thorough knowledge of Chinese history and culture and his horizon got widened as a result. In fact, Shigeaki Asahi's impression on the else world reflects the regional oceanic communications in East Asia during the intersection of 17th and 18th century.

Keywords: East Asian Oceanic Communications; Shigeaki Asahi; The Else World; Okimi Diplomacy System

（执行编辑：申斌）

海洋史研究（第二十二辑）

2024 年 4 月　第 578~595 页

近代早期的江西吴城镇

——基于全球史与文化史的考察

何安娜（Anne Gerritsen）著　　胡涵菡　译[*]

摘　要： 本文聚焦于江西省的一座小镇——吴城镇在 1500 年至 1850 年的历史，呈现了其作为粮食和茶叶贸易转口港的地方意义，以及通过瓷器贸易与近代早期的欧洲建立起的全球联系。文中讨论了两种并存的观点：一方面，全球史家认为，近代早期全球贸易的商品（如茶叶和瓷器）可能使这样一座小镇进入全球化世界；另一方面，文化史家指出，不会有两个人以同样的方式观看一座小镇或赋予一座小镇（正如本文所讨论的吴城镇）完全相同的意涵。基于这些观点，本文借助不同类型的文本（行政文书、地方志、商业手册）和视觉资料（地图以及对于城镇的视觉描绘）来考察吴城镇的历史，探讨关于这座城镇的不同意涵是如何建构的。正是全球史和文化史的结合，将吴城镇定位在了近代早期的世界地图中。

关键词： 近代早期中国　全球文化史　商人　江西

荷兰人从航行的船上瞥见河畔掠过的城镇，士大夫从自身官位思考其管辖的城镇，路程书出版商将城镇标示为形成路线的节点，地图绘制者以小三角形来代表商镇……当他们将目光投向这座中国乡镇时，每个人眼中的图景

---

*　何安娜（Anne Gerritsen），华威大学历史系教授、莱顿大学亚洲艺术系主任；胡涵菡，复旦大学文史研究院博士研究生。
原文载于 *Cultural History*, Vol. 9, No. 2, October 2020, pp. 171-194。

都有所不同。他们都以自己的语言、图像和符号来描绘各自所见。本文讨论了这座名为吴城镇的河畔小镇在 1500 年至 1850 年被观看和描绘的多种方式。将这一时期称为近代早期（early modern）是有问题的，因为这表明它与借用这一表述的欧洲早期现代性（early modernity）前所未有地接近。然而，就本文的目的而言，却不得不这么做，因为正是通过在该地交易全球商品（如瓷器和茶叶），我们才得以将这座地处内陆的江西小镇与近代早期的欧洲相联系。本文尝试探讨两种并列的观点：一方面，全球史家认为，近代早期全球贸易的商品（这里指茶叶和瓷器）可能会使这样一座小镇进入全球化世界；另一方面，文化史家则指出，不会有两个人以同样的方式观看一座小镇或赋予一座小镇（正如本文所讨论的吴城镇）完全相同的意涵。[①]

据说，吴城镇过去是（现在仍然是）一座无足轻重的乡镇。它地处长江以南的内陆，毗邻鄱阳湖，并恰巧位于赣江入湖口处。

通过搜集吴城镇历史的各个面向，我们得以从地方到全球，通过（跨）地区和（跨）国家的不同视角来了解这座城镇。更重要的是，我打算专门以这座城镇来展现文化史分析工具的重要性，以挑战这些术语在过往惯常被使用的方式。历史学家常常带着后见之明和置身事外的态度来使用"地方""区域""全球"等分析尺度，这些用语被预设为有先验的意义，就仿佛"地方"或"全球"总是指向同一分析单位。[②]与之相反，我试图弄清空间结构是如何在这座城镇特有的资源中生成的，观察这里对那些创造这些资源的人意味着什么。因此，我希望本文对这座近代早期中国城镇的探讨，不

---

① 一则对地图做不同细致解读的例子，参见 Valerie A. Kivelson, *Cartographies of Tsardom: The Land and Its Meanings in Seventeenth-Century Russia*, Ithaca, NY: Cornell University Press, 2006。稍后还会对这一问题进行更详细的讨论，不过有关这些观点的几个例子或许会对其有所帮助：Kenneth Pomeranz and Steven Topik, *The World that Trade Created: Society, Culture, and the World Economy, 1400 to the Present*, 3rd edn, London: Routledge, 2015; Ina Baghdiantz McCabe, *A History of Global Consumption:1500-1800*, Abingdon:Routledge,2015;Giorgio Riello, "The Globalization of Cotton Textiles: Indian Cottons,Europe,and the Atlantic World,1600-1850," in Giorgio Riello and Prasannan Parthasarathi, eds., *The Spinning World:A Global History of Cotton Textiles,1200-1850*, Oxford: Oxford University Press, 2009, pp.261-287; John Brewer and Roy Porter, eds., *Consumption and the World of Goods*, London: Routledge, 1993;Benjamin Schmidt, *Inventing Exoticism: Geography, Globalism, and Europe's Early Modern World*, Philadelphia: University of Pennsylvania Press, 2015。

② 关于这一问题的更多讨论，以及采用"微观空间"方法的重要性，参见 Anne Gerritsen and Christian G. De Vito, "Micro-Spatial Histories of Labour: Towards a New Global History," in Christian G. De Vito and Anne Gerritsen, eds., *Micro-Spatial Histories of Global Labour*, Basingstoke: Palgrave Macmillan, 2018, pp.1-28。

仅可以推动文化史更全球化，而且能够展现文化史对于研究全球关联的重要价值。

一 尼霍夫与吴城镇的全球史

首先，我们先借助异国来访者的眼光观察这座小镇。1655 年 6 月，东印度公司的荷兰使团自巴达维亚动身前往位于北京的皇宫。该使团共 14 人，由雅各布·德·凯塞尔（Jacob de Keyzer）和彼特·德·豪伊尔（Pieter de Goyer）带领，豪伊尔是东印度公司的首席商务员（opperkoopman）。① 他们带着大量贡礼——大多是来自欧洲的制成品，希望说服新登基的满族皇帝同意与之通商。他们不得不在南方的港口城市广州等上几个月，其间省级地方总督（local provincial governor）在那里接见了他们。当这些人终于获准开启他们长达 2000 多公里的航程时，已经是 1656 年 3 月了。他们通过许多河流和运河（它们为载货的船队提供了最便利的交通）在内陆航行，驶向北方的京城。② 其中一名叫约翰·尼霍夫（Johan Nieuhof, 1618—1672）的人担任该使团的第一任管事。

尼霍夫最初是荷兰西印度公司的一名商人，1640 年他旅居巴西，直至 1649 年离开，回到他的出生地（即离荷兰边境不远的德国本特海姆）短暂居留了三年后，又向东出发，于 1654 年到达巴达维亚。仅一年后，他便被任命为赴中国使团的管事，可见他给荷属东印度群岛的总督琼·梅特苏克尔（Joan Maetsuycker,1606—1678）——他在 1653 年才担任这一显赫职位——留下了深刻的印象。不过，推荐尼霍夫的是阿姆斯特丹市市长康奈利·维特森（Cornelis Witsen, 1605—1669），而他这么做显然是因为尼霍夫的绘画技能。③

尼霍夫记录的荷使出访中国的报告（1655—1657 年）已成为 17 世纪在欧洲被广泛阅读的有关中国的文献之一，这尤其要归功于尼霍夫在阿姆斯特

---

① A.J. van der Aa, *Biographisch woordenboek der Nederlanden, bevattende levensbeschrijvingen van zoodanige personen, die zich op eenigerlei wijze in ons vaderland hebben vermaard gemaakt*, Haarlem: Van Brederode, 1878, p.328.

② N. G. van Kampen, *Geschiedenis der Nederlanders buiten Europa, of verhaal van de togten, ontdekkingen, oorlogen, veroveringen en inrigtingen der Nederlanders in Azie, Afrika, Amerika en Australie, van het laatste der zestiende eeuw tot op dezen tijd*, Haarlem: Erven Francois Bohn, 1831, Vol. 2, pp. 115-121.

③ Reindert Falkenburg and Leonard Blusse, *Johan Nieuhofs beelden van een Chinareis, 1655- 1657*, Middelburg: Stichting VOC Publicaties, 1987, p. 63.

丹工作的兄弟亨德里克（Hendrik），1665 年出版尼霍夫的报告时，他将 150 幅精美版画附在尼霍夫报告的文本中。[1] 这些版画大致是根据尼霍夫原稿所附草图创作的，不过，由于亨德里克未曾离开荷兰，这些插图难免经过一定程度的加工。[2] 稍后我们会再说到这些插图，现在不妨先看一下尼霍夫对中国的描述。例如，他介绍了一座他称为"Ucienjen"的乡镇，1656 年 4 月他们曾抵达那里：

> 4 月 25 日我们来到一座叫"Ucienjen"的乡镇，这座乡镇以船运而闻名，四周停泊着许多来自中国各地的不同种类和尺寸的船只，船上装载的中国陶瓷被大量销售到这里。这座乡镇位于一片叫"鄱阳"的湖泊附近、赣江（River Can）旁边，全镇大约有一英里（1 英里 =1609.344 米）长，这是一个商贸云集之地，建得非常漂亮……有一条宽阔的街道从这座富裕的乡镇中间穿过，街道两边都是商店，里面出售着各式各样的商品，不过最主要的商品还是瓷器和陶器，人们可以从那买到大量这类物品。[3]

这里的方方面面都吸引了尼霍夫的注意：停泊在这座临水小镇上的各路船只，它们来自中国各个省份，船上满载着中国陶瓷，靠近湖泊（鄱阳湖）和河流（赣江）的地方，随处可见等待出售的商品，尤其是瓷器。透过尼霍夫的眼睛，可以看出"Ucienjen"（即今天的吴城）无疑是一处绝佳的出行胜地：这里四处都是商铺，里面大量售卖的正是荷兰人想要从中国进口的商品，而且船只通行便利，航线四通八达。遗憾的是，尼霍夫及其使团的船队很快便离开了吴城，他们不得不继续前行，赶往京城会见皇帝，皇帝禁止他们从广州至北京的途中频繁进入沿途的诸多商镇。

凭借瓷器贸易，吴城可以被视作一座全球化的城镇。17 世纪中叶，青花

---

[1] Reindert Falkenburg and Leonard Blusse, *Johan Nieuhofs beelden van een Chinareis, 1655- 1657*, Middelburg: Stichting VOC Publicaties, 1987, p. 63.

[2] Friederike Ulrichs, *Johan Nieuhofs Blick auf China (1655-1657): Die Kupferstiche in seinem Chinabuch und ihre Wirkung auf den Verleger Jacob van Meurs*, Wiesbaden: Otto Harrassowitz, 2003.

[3] 引自英文译本：Johannes Nieuhof, *An Embassy from the East-India Company of the United Provinces, to the Grand Tartar Cham, Emperor of China Deliver'd by Their Excellencies, Peter de Goyer and Jacob de Keyzer, at His Imperial City of Peking: Wherein the Cities, Towns, Villages, Ports, Rivers, &c. in Their Passages from Canton to Peking Are Ingeniously Describ'd*, London: John Ogilby, 1673, pp. 65–66. 尼霍夫的文字还被翻译成了其他欧洲语言，例如 1665 年出版的法文版。

瓷风靡全球，它在距离吴城不远（直线距离 112 公里或 79 英里）的瓷都景德镇大量生产，再经由鄱阳湖和赣江穿过这座城镇运输和交易。荷兰东印度公司的商船将数以百万的瓷器运至尼德兰，再从尼德兰转运至欧洲各地。[①] 此外，日本人、爪哇人、波斯人和莫卧儿人（此处仅随意试举几例）也都购买过景德镇的青花瓷。[②] 瓷器贸易通常以西班牙帝国的奴隶从波托西矿山开采的白银来支付，这类贸易活动将景德镇——还有吴城这种贸易据点、赣江这类航运路线以及鄱阳湖这样的连接节点——与 17 世纪的全球经济联系在一起，即使这些并不能确保像尼霍夫这样具备全球性意识（globally minded）的人所期望的那种政治联系。

二　全球史与文化史

社会和经济史家的工作一直是趋向全球实践的一部分，例如，18 世纪的经济史研究聚焦于解释单一的以白银为基础的经济如何将中国、印度、欧洲和美洲的人员和商品相互联系起来。[③] 就经济方面而言，景德镇生产的瓷器与荷兰的瓷器消费者之间有着清晰的关联，吴城的瓷器商铺成为连接生产者和消费者的节点之一，因而也被卷入这一全球网络中。这些全球关联的遗存体现在物质方面——17 世纪荷兰商人家中摆放的中国瓷器，如今仍旧在私人住宅及荷兰博物馆的陈列和收藏中占据着重要位置。[④] 当然，中国瓷器贸易的流通范围远不止于此，举例来说，出现在瑞典或苏格兰的乡村住宅、美国人的餐桌或殖民时期墨西哥市场上的瓷器，都具有这类产自景德镇并途经吴城镇的瓷器的特点。[⑤] 近代早期世界的全球史，经常将瓷器作为连接近代早

---

① C. J. A. Jorg, *Porcelain and the Dutch China Trade,* The Hague: Nijhoff, 1983.

② John Carswell, *Blue and White: Chinese Porcelain around the World*, London: British Museum Press, 2007.

③ 经典案例即 Kenneth Pomeranz, *The Great Divergence: China, Europe, and the Making of the Modern World Economy*, Princeton, NJ: Princeton University Press, 2000。还可参见 Giorgio Riello, *Cotton: The Fabric that Made the Modern World*, Cambridge:Cambridge University Press, 2013; Anne Gerritsen and Giorgio Riello, eds., *The Global Lives of Things: The Material Culture of Connections in the Early Modern World*, London:Routledge,2016; Bethany Aram, Bartolome Yun Casalilla, eds., *Global Goods and the Spanish Empire, 1492-1824: Circulation, Resistance and Diversity*, Basingstoke: Palgrave Macmillan, 2014。

④ Jan van Campen, Titus M. Eliens, eds., *Chinese and Japanese Porcelain for the Dutch Golden Age*, Zwolle: Waanders, 2014.

⑤ Maxine Berg, ed., *Goods from the East, 1600—1800: Trading Eurasia*, Basingstoke: Palgrave Macmillan, 2015; Meha Priyadarshini, *Chinese Porcelain in Colonial Mexico: The Material Worlds of an Early Modern Trade,* Basingstoke: Palgrave Macmillan, 2018.

期世界的全球贸易品的绝佳范例。

　　然而，相较于为过去的社会经济纽带寻找实证证据，文化史家更感兴趣的是分析那些创造或塑造了留存至今的文本和物质遗存的观点和视角。文化史家或许会说，为了理解过去，我们不得不挑战单一历史真实的观念，认识到过去共存着多种不同的视角、许多相互竞争的事实主张以及为了突显某种视角而以牺牲另一种视角为代价的权力动态（power dynamics）。[①] 换言之，瓷器确实连接了 17 世纪世界的不同地区，我们希望利用实物和文献资料来证实这些全球经济联系的存在，但如果不能解读潜藏在物质和文本遗迹中的多种视角和观点，我们便难以真正理解过去。

　　在此，我将仔细查看这一全球网络中——它由吴城商镇、附近的鄱阳湖，以及它们周边的湿地和河流构成——细微节点的资料。近代早期（此处主要涉及 1500—1850 年）有关鄱阳湖地区的史料非常有限，其中包括管辖该地的官员留下的地方行政记录、出于行政目的而绘制的地图、中国帝制晚期负责维护官道交通的人编写的路程书、仰赖区域性贸易谋生的商人留下的商业手册，以及像尼霍夫这类外国访客的游记。所有这些资料都难免受到生成它们的环境和视角的影响。它们揭示了这片区域的某些视景，并以不同方式流露出试图采取某些措施来掌握该地的企图。我们必须检视这些资料以及它们所包含的对于这座小镇的看法，是否揭示出（如果是的话，又是如何揭示的）该地的全球视景。然而，在此之前，我们最好先将鄱阳湖、赣江和吴城置于地图中，界定此处所讨论的地理位置和年份。

三　鄱阳湖地区

　　吴城是一座小村镇，位于鄱阳湖一角。这座村镇并不十分知名，既未见于大部分的历史书中，也未标示在大多数江西（这座小镇所处的中国东南部省份）的地图上。鄱阳湖由中国最长的河流（长江）供给水源，这使得湖泊面积一年四季都在变化。春天，中国西部地区山上的雪水融化，抬高了长江的水位，湖水溢出淹没了周围的河漫滩（floodplain）。夏天过后，长江水位下降，湖泊面积随之变小。历史上，鄱阳湖的规模也时有变化。尽管目前鄱阳湖面积约 3500 平方公里，但在某一时期，湖泊的面积曾达 6000 平方公

---

① Peter Burke, *Varieties of Cultural History,* Cambridge: Polity, 1997, pp.194-212, 相关讨论还可参见 Alessandro Arcangeli, *Cultural History: A Concise Introduction*, London: Routledge, 2012。

里。[1]受多种因素——包括连年的干旱、三峡大坝的蓄水以及为渔业养殖而装置的集水器等——的影响，湖泊的水域面积近年来已缩减至 200 平方公里。[2]赣江也为鄱阳湖供给了水源，它从江西省最南端的赣州向北流，途经江西省会南昌后注入鄱阳湖，再从那里经由连接通道进入长江。赣江是中国南方一条重要的南北航运要道，而鄱阳湖则是中国帝制晚期整个长江以南地区贸易和通信系统的重要枢纽。

吴城在岬角以北，流向长江的湖面逐渐收窄，而岬角以南的湖面则明显更宽。由于湖泊面积的变动，湖滨呈现不规则的样貌，而湖泊四周的土地则成为一片湿地。由于这里的生态环境适宜候鸟生存，世界上 98% 的西伯利亚鹤都在鄱阳湖过冬，此外还包括白鹭、篦鹭、鹳、天鹅、鹅、鸭子和滨鸟等。这片地区被划为自然保护区（鄱阳湖自然保护区），并被列入中国 27 个世界级湿地（即所谓的拉姆萨尔湿地名录）之一[3]。湖泊周围的区县易受洪水影响，且土地较为贫瘠。17 世纪末，这一地区的地方志编纂者对该地物产做了如下描述：

> 五方物产之美，采山钓水，各有奇珍。都邑土瘠，俗俭，惟此布帛、菽粟、草木、禽鱼之属，皆百姓日用之需，无珍异也。[4]

由于农业收成不佳，湖泊附近的当地居民于是充分利用河流和湖泊网络提供的运输机会。正如尼霍夫所述，吴城成了一个"商贸云集之地"。1730—1830 年，吴城经济发展进入鼎盛期。这一时期，这座人口稠密且拥有"六坊八码头九垄十八巷"的小镇，已有超过 7 万的居住人口以及两万流动人口。[5]对比而言，这相当于 1800 年前后英国利物浦或伯明翰的人口数量，可见这一数字不可小觑，尽管中国的都城北京在 1800 年已有 100 万人口。或许我们可以推测，吴城未能广为人知的原因，并非是它太小而无关紧要，而是将吴城

---

[1] 唐国华、胡振鹏：《明清时期鄱阳湖的扩展与形态演变研究》，《江西社会科学》2017 年第 7 期，第 126 页。

[2] Q. Zhang et al., "Has the Three-Gorges Dam Made the Poyang Lake Wetlands Wetter and Drier?" *Geophysical Research Letters*, Vol.39, No.20, 2012, pp.1–7.

[3] Wenjuan Wang et al., "Wintering Waterbirds in the Middle and Lower Yangtze River Floodplain: Changes in Abundance and Distribution," *Bird Conservation International*, Vol.27, No.2, 2017, pp. 167–186.

[4] 曾王孙修，徐孟深纂《（康熙）都昌县志》，1694，爱如生数据库影印本，第 155 页 b。

[5] 梁洪生：《吴城商镇及其早期商会》，《中国经济史研究》1995 年第 1 期，第 105 页。

与世界其他地方相连接的地点、货物和运输路线的网络较为隐蔽。

商人通过湖泊和河流网络运输和交易的货物主要有三种：瓷器、粮食和茶叶。正如我们所知，瓷器在鄱阳湖以东的地区（尤其是景德镇及其周边）生产，经由鄱阳湖、吴城、长江和赣江运输。粮食大多产自鄱阳湖以南的地区，同样也途经吴城。南昌以南有粮食产区说明江西省有粮食盈余。所有产粮区县的船只都能自如地进入赣江水域，从赣江下游输送粮食到鄱阳湖。装载着粮食的中国帆船从吴城即赣江入湖处向北航行至湖口——九江稍下游处，便可由此进入长江。载着朝贡粮食的中国帆船可以从此处顺流而下，驶向大运河的入口。此外，从那里运来的粮食也可沿着昌江（注入鄱阳县附近的湖泊）向上游运往景德镇。于是，地方商人将粮食转运到这整片区域甚至更远的地方，而远道而来的商人则来到像吴城这样的商镇购买粮食。

途经吴城的第三种商品是茶叶。鄱阳湖东北部的饶州府浮梁县和徽州祁门县（现位于安徽省）都以制茶而闻名。依据当时对茶叶的分类，与浮梁茶同属一类的还有祁门茶，或称作祁红茶（字面意思即"产自祁门的红茶"），这种在西方被称作"Keemun"（祁门的音译）的茶自19世纪开始逐渐为西方人所知。祁门红茶成为19世纪在欧洲备受追捧的名茶之一，并且出现在内陆通商口岸九江的记载中，这些文献记录了中国帆船中茶叶的装载情况及相关税款。吴城——这座鄱阳湖上的小镇，为中国和世界各地的商人输送了瓷器、粮食和茶叶。至此，我们的讨论一直围绕着吴城的地理环境和经济条件，而接下来，我将转而关注这里对于那些与它相遇的人来说，究竟意味着什么。

四　行政文书中的吴城

诚然，吴城镇对于不同的人具有不同的意涵，这取决于他们与这座城镇的关系。例如，那些负责监督管理的官员即从帝国行政治理的角度审视这里。中国通过帝国官僚机构来管辖领土，所辖范围囊括18个省，每省又分各府（prefectures），各府再划分为多个县（counties）。律法在各个层级上对由科举选拔出的官员人数、级别和行政职责做了规定。[1]官员的任期通常不超过三年，此外，为了尽可能地避免腐败现象，他们总是被派往家乡以外的地方

---

[1]　关于科举制度以及实施这种制度时社会流动的可能性，参见 Benjamin A. Elman, *Civil Examinations and Meritocracy in late Imperial China*, Cambridge, MA: Harvard University Press, 2013。

任职。负责的官员包括一名设在省城南昌的总督、14 名派驻府级行政区 [1] 的地方行政官员（在清代大部分时间里，江西都被进一步划分）以及派驻县级行政区的大约 80 名县级官员。这些行政官的职责覆盖了其管辖范围内的土地和居民，由他们负责维护和平、公正执法，以及向所辖地区的民户征收税款。

对该地区商业活动的管控并没有立即被纳入行政官员的职责范围。事实上，帝国官僚机构在扩大商业控制方面并未取得较大成效，部分是因为府、县官员只掌管行政事务，并未介入百姓的商业活动。从某种程度上来说，地方的商业活动并未受到行政官员的监察，由于商镇并非嵌套状的行政层级之一，也因此与中国的中央官僚机构没有直接联系。[2] 依照律法，某一区县行政边界内的所有商镇都应由县行政官员负责，但实际情况是地方官员在这些乡镇中的缺席，使它们在一定程度上避开了监察。事实上，县城的人口数量有时比这类商镇更少，因为商镇不仅吸引了商人，还吸引了各种技术上熟练或生疏的工匠，以及季节性往返或移居此处的外来工人；不过，身居要职的士大夫们并不认为这些活动有任何重大关联。江西省有四座规模较大的商镇，其中两座位于鄱阳湖地区，即浮梁县的景德镇和新建县的吴城镇。[3] 最为知名的当属瓷都景德镇，这里自 13 世纪便生产了大量国内日用瓷和海外贸易瓷。吴城位于湖泊西岸，是该地区陶瓷的仓储地和集散中心，同时也是该地粮食和茶叶的滨水仓库。这些商品在这片区域附近的各个地方生产后聚积到这里，而后再从这里运送至更远的市场。换言之，这座城镇在经济上的重要性与其行政上的重要性并不相称。通过皇帝任命和派驻官员，该地从总体上或许已被纳入中国的管控网络，然而，这张网中的线却并未穿过像吴城和景德镇这样的商镇。

此外，地方行政官员还要负责向朝廷上报管辖地区的情况，包括应税民户的数量、当地生产活动的最新进展、地方举人、当地具有文化意义的地点，以及地方暴动、极端天气或突发性疾病。地方行政官不时地收集这些信息，并将之刊印在地方志上——通常是在当地士绅的帮助下完成的。[4] 鄱阳湖地区

① 清代江西划为十三府和一个直隶州。——译者注
② Richard von Glahn, "Towns and Temples: Urban Growth and Decline in the Yangzi Delta, 1100-1400," in Paul Jakov Smith and Richard von Glahn, eds., *The Song-Yuan-Ming Transition in Chinese History*, Cambridge, MA: Harvard University Asia Center, 2003, pp.176-211.
③ 张小谷、高平：《鄱阳湖地区古城镇的历史变迁》第五章，江西人民出版社，2011，第 154—221 页。
④ Joseph Dennis, *Writing, Publishing, and Reading Local Gazetteers in Imperial China,1100-1700*, Cambridge, MA: Harvard University Asia Center, Harvard University Press, 2015, pp. 66-75.

和吴城所在的湖滨县镇的地名录（尤其是其中的地图），使人们对该地的重要性有了更进一步的了解。

吴城所在的一隅正是赣江入口鄱阳湖，19世纪，新建县地方志中的绘图为我们描绘了这座乡镇。[①]

地图绘制者粗略勾画出了这个坐落于一片狭长土地上的乡镇周围环水的环境。他没有使用草图来标示街道和住宅，而是以一连串较小的、看不出任何特征的房子来表现一排排民居房，并以它们间的空白来暗示可活动的空间。这些房屋的形象并未传递任何有关房屋本身的确切信息（因为据我们所知，这座城镇的居民人数要远远多于图中所绘的近百所房屋所能容纳的人口数量），很可能它们表现的是城镇中其他不知名的人群居住区的街道。这些住房只是充当了地图绘制者重点刻画的核心建筑群的背景：这幅图的中心处描绘了一幢有着四根台柱的双层建筑，通向正门入口的阶梯、两道门厅（two entrance halls）及庭院凸显了主建筑的重要地位。建筑顶梁上书写着三个字，表明这是一座寺庙（令公庙），它的两侧是几座其他的宗教建筑——右边为三元殿，左边分别是火神庙和双忠祠。继续往地图的右侧看去，靠近湖畔处还有另一座精心修缮的大型建筑——湖亭。对这些建筑的历史意义的探讨或许会偏离此处的主旨：这些建筑展示了多样的地方宗教景观。我们可以通过使用诸如"佛教寺庙"、"道教神龛"和"儒家湖亭"等名称，将这些独特的建筑与一个更宏大的文化构架联系起来，但相比之下，它们在此处表达的意义更具地方性。对于当地居民来说，这些建筑表示这里可让他们进去祈祷，祈求看不见的世界对其生活进行干预，或者为之前所祈求的事表达感激。这些建筑聚集了当地供奉的神灵的故事，这些故事使得这些地方在附近的社群中具有特殊的意义。正因如此，地图绘制者以最具地方性的典型建筑来呈现这座乡镇。

不过，此处同时还有一个更广的维度。这些神殿中供奉的许多神灵也被供奉在其他地方。这里试举两例：地图上标示了龙王庙和真君殿的位置，这两处建筑中供奉的神灵也都被供奉在其他区县——实际上，它们遍及全省内外。[②]省会城市可能会修一座更大的庙宇来供奉这些神灵，并且可能会形成由主庙、分庙和较小的圣祠组成的整个网络。人们祈求这些神灵能够在凶险

---

① "吴城地图"引自承霈修，杜友棠纂《（同治）新建县志》，江西古籍出版社，1996。

② 程宇昌、温乐平：《文化认同与社会控制：以明清鄱阳湖区许真君信仰为例》，《南昌大学学报》2013年第5期，第79—85页。

的岔道或河口，以及一些危急关头保佑他们。因此，这些庙宇言说了重要的地方故事，同时也将当地与更广阔的跨越地方边界的信仰网络连接在了一起。可以说，此处所描绘的空间的地方视景是一幅横跨南方各省的视景。就行政层面而言，吴城镇或许无足轻重，但我们可以在地名录中发现某种视景的痕迹，它将这一隅地方性的空间与更广阔的环境（此处指各省）相连。

五　吴城、鄱阳湖与区域性地图

收录在一本省区地图册中的一幅手绘地图非常特别。[①] 地图册的封面上写有作者名吴润德，他是晚清时期一位不知名的小人物。从同一封面中我们还获悉这本地图册名为《地理图》——这是一个非常笼统的名称，并没有指明这本地图究竟所绘何地。事实上，这本地图囊括了中国各个省份。空间界定的缺失表明，20 世纪初绘制这本地图册时，地图绘制者眼中整个世界所涵盖的范围即为图上的这片区域。图册中对地图的选择和图中所绘的空间透露了些许有关地图绘制者的信息——例如他对宗教遗迹的兴趣，不过这点从他对江西省的描绘中也可以看出。[②] 这幅地图被简单地命名为"江西省图"，下方标示出了江西省的规模——"南北长四百里，东西广八百里"。奇怪的是，地图册中只有少数几幅图采用了这种计量方式。图中所绘并未体现出江西省宽度是长度的两倍，但大体上讲，此处的计量结果（400 里 × 800 里 =32 万平方里，或 16 万平方公里）与普遍认知中江西省的面积（约 16.7 万平方公里）不相上下。

省界以两点和一道道拉长的线连成的细线绘出，旁边涂抹着一条较粗的浅棕色带。周围六省的名字都标注得很清楚。省内的河流和湖泊以细线勾画，并涂上了浅浅的颜色。省界内仅余的另一种标记（以红色符号标示）指示了 6 座城镇的位置。图中以两个红色方块代表省会城市——这是地图册惯常使用的符号；两个同心圆代表其他主要城市；其余乡镇则以红色三角形标示，它们都与陶瓷产业相关：景德镇——瓷器的产地，吴

---

① "江西省图"引自吴润德《地理图》（1907），转载自中国科学与文化史基金会，https://chinesehsc.org/chinese_cartography.shtml，访问时间：2020 年 6 月 30 日。据笔者所知，纸本地图目前下落不明。

② "Chinese Cartography—Maps of the Earth," History of Chinese Science and Culture Foundation, https://chinesehsc.org/ chinese_cartography.shtml, 访问时间：2020 年 2 月 13 日。

城——瓷器的仓库，湖口县——鄱阳湖北岸与长江交汇处的瓷器转运点。通过突出这三座乡镇与地图上标记的其他核心制造业、贸易以及交通节点间的关联，地图绘制者讲述了他自己关于江西的故事。地图中或许以一条粗线标志了其作为单一省份的边界，但图中其余所有标记都指向了各种关联，这些关联远远跨越了该省的边界，事实上，它们连接着更广阔的世界。换言之，这是一个全球性互联的省份的图景，即使商品贸易及其全球关联仍较为隐蔽。

六　商编路程书

在商编路程书中，我们还发现了一种非常特殊的地图。[①]这些路程书和商业书提供了有关如何从国内的 A 地启程去往 B 地旅行的实用信息，包括停靠点之间的距离、需要留意的地标、适宜的居留地、有关市场偏好的资讯以及当地应缴纳的税款等。部分留存至今的印刷版路程书主要参照了地方志中的内容。地图绘制者对照国家行政管理层级，在地图上标出了京城与省城或省城与府县之间的主要停靠点。许多这类册子和地图似乎都是以抄本的形式流传的，不过现存最早的印刷版路程书可追溯至 16 世纪早期，这一时期商业出版的发展催生了这类实用的、内容丰富的指导性畅销读物。无疑，我们对路程书的理解将不得不基于地方档案的最新研究重新评估，这些研究揭示了大量关于商人旅行的原始资料，而历史学家对这些资料的发掘才刚刚起步。[②]

路程书的表现形式大多为文本，而非图画，漫无边际地指明了出行的商人需要知悉的各个地点：A 地至 B 地沿途的停靠点，可供行人歇脚的客店，提供舟赁服务的水边驿站（waterside stations），河流流经的浅滩和其间的距离等。它们以一连串的地名在地图上标示出空间。为了以一条连通江西和南方沿海城市广州的官方路线来举例，我在此摘译了这段关于湖口（长江入鄱阳湖的入口）至省会南昌路线的记载，引自 1570 年《一统路程图记》之"江南水路"[③]卷：

①　Timothy Brook, "Guides for Vexed Travelers: Route Books in the Ming and Qing," *Ch'Ing-Shih Wen-T'I*, Vol.4, No.5, 1981, pp.32-76. 还可参见另外两篇卜正民的文章，以及 Brook, *Geographical Sources of Ming Qing History*,Michigan Monographs in Chinese Studies 58, Ann Arbor: Center for Chinese Studies, University of Michigan, 1988。

②　可参见关于徽州商人的文献集成，例如王振忠主编《徽州民间珍稀文献集成》（30 册），复旦大学出版社，2018。

③　杨正泰：《明代驿站考》，上海古籍出版社，1994，第 261—284 页。

入鄱阳湖。女儿港。大孤山。共六十里。青山。神灵湖。共六十
里。南康村。十里左蠡。五十里渚矶。六十里吴城。六十里昌邑。[①]

无论对于当地居民还是对于途经此地的旅行者来说，这类粗略的路线规划，
除了介绍名胜景观和它们之间的固定距离外，似乎都未显示出吴城这类城镇
的价值。

《一统路程图记》的同一卷中介绍了鄱阳湖地区的另一条路线，其中依据
湖泊的水位提供了可供选择的方案。这段描述以徽州的商业中心祁门为起点，
引导旅行者经过浮梁县和瓷都景德镇，行至鄱阳湖东岸的鄱阳县，再从那里
沿湖的东北岸，向北经过都昌和南康，到达湖口的长江口。船只一直游走在
湖泊东岸，一路向北航行，绕开了位于湖泊西岸的吴城，但都昌和南康距离
吴城分别仅有约 20 公里和 40 多公里。一段说明补充道：

饶州至江西，水少亦由饶河口，五十里至康郎山而去；大水由竹鸡
林、蛇尾、表岸而出，湖中风、盗宜防。饶州牙行用筐子船出湖接客，
好恶难分，必不可上。[②]

我们不仅从中获悉了各处地名和其间距离，还得到了具体的建议，它引
导旅人在景观中穿行，并提示了哪些地方人们能够根据情况适应，而哪些地
方应当尽量绕道通行。

这本作于 1570 年的路程书的作者黄汴本人就是一位徽商。徽州以其密
集的从商人口以及这些商人跨区域的活动而闻名。[③] 杜勇涛受到黄氏文本及
其对路程书和商业书体裁发展之影响的详细探讨的启发，"路程书代表了一种
特殊的地理知识类型，在由商人带动的流动性增长的过程中形成，并被商人
们所特有的关切所形塑……正是商人使这一体裁变得独特"。[④] 正如景德镇附
近制作的瓷器，这类商品只能由商人穿过湖泊从那里向北或向南运载。倘若

---

① 杨正泰：《明代驿站考》，第 270 页；另一版本可见黄汴《一统路程图记》，齐鲁书社，1997。
② 杨正泰：《明代驿站考》，第 274 页。
③ Du Yongtao, *The Order of Places: Translocal Practices of the Huizhou Merchants in Late Imperial China*,
Leiden: Brill, 2015.
④ Du Yongtao, *The Order of Places: Translocal Practices of the Huizhou Merchants in Late Imperial China*,
p.204.

没有他们日益频繁的流动，这些货物不可能被送至北方的宫廷，也不可能抵达南方的葡萄牙人手中——他们的船最近才抵达海岸（以及其间所有的消费者）。不过，商人的流动仰赖这些书中所记录的地理知识。吴城镇被纳入这类知识当中：它是通往下一座城市的必经之所，也是景观中促进商人流动的标识。

七　瓷器商和茶商的手册

印制版路程书和商业书不仅对商人有用，其中记录的许多路线通往京城，因而也为士人和官员提供了帝都与各省省城、府城、州县之间的联系。小商贩在这片区域活动时也需要依靠路程书来导航，为此，他们常制作自己的注释本。最近发现的两份19世纪抄本[1]证实了这一点，它们显示出被频繁使用过的痕迹——商人们手抄相关信息，并在上面添加自己的注释，包括购买物资的地点、不同地区的商品价值或沿途的兑换比例（exchange rates）。编纂这两部路程抄本的徽州商人经营茶叶和瓷器买卖，他们将货物一路带到广州，再从那里把货物卖给与外国人打交道的商人。[2]这些手稿仅限于在家族内部流通，以确保族人可以从这些知识中获益，而其他人则被排除在外。

从这份名为《万里云程》的抄本中，我们可以看到所有路程书中通用的一种结构。首先，通过地名和距离标志来描述路程："紫阳桥 一里。凌村 一里。鲍家庄 一里。七里头 二里……"[3]抄本还包括划分成各章节的实用指南，提供了广州潮涨潮落的时刻表、广州有名望的茶叶商行、沿途所用记重秤、铜钱串的标准、途中可信赖的中间人和代理人、从广州返回徽州的指引以及货物返回徽州需缴付的税款等信息。[4]在页边空白处，又进一步添加了说明，如"茶箱打簰在此"，或在描述景德镇时写道："有二府衙门，居天下四镇之

---

[1]　即《水陆平安》（1844）、《万里云程》（1848—1854），这些手稿皆属私人收藏，上海复旦大学中国历史地理研究所王振忠对其进行了考证，此外王教授开创性的工作还促成了《徽州民间珍稀文献集成》的出版。

[2]　范岱克（Paul Arthur Van Dyke）是研究广州商业与贸易的杰出专家，此处仅提及了他为数众多的著作中的其中两本，参见 Paul Arthur Van Dyke, *The Canton Trade: Life and Enterprise on the China Coast, 1700—1845*, Hong Kong: Hong Kong University Press, 2005;Paul Arthur Van Dyke, *Merchants of Canton and Macao: Success and Failure in Eighteenth—Century Chinese Trade*, Hong Kong: Hong Kong University Press, 2016。

[3]　《万里云程》，第1a页。

[4]　《万里云程》，第21b、22a、22b、23a、34b-35a、35b-38b、39b—43b页。

一，出磁器，传闻有四百余窑"。在以掌权精英阶层居多而闻名的吉安地区，注释者添加了该地许多考取功名者的家庭信息。随后，航行至河中时，注解者补充道"大樟沙上下数里，河流狭窄"，[①] 接着又写道："敬神。胜景可观，大风出峡，最要小心。"这只是一些附注，但它们显示了文本中穿插的各类信息，如帮助商人携带商品穿过各种混杂地形的有益提示（如提示"在此打簰"）以及一些背景信息（如景德镇窑炉的数量和吉安通过科举考试的人数）。对于一位经验丰富的旅行者来说，这些信息或许有些多余，但可以想象年长的商人添加这些注释，以确保其子孙后代也能获取这类知识的用意（这有点类似于一位祖父和他的孙子在欧洲城市旅行时，对他沉迷于手机的孙子讲述华丽的巴洛克建筑的情形）。不过，最要紧的无疑是识别危险的迹象以及规避危险的办法。

贸易是个危险的行业，在景德镇和吴城一带尤为如此，例如从东岸的鄱阳镇横渡鄱阳湖到西岸的吴城就十分危险。《万里云程》结尾处的航行日记中提到，一年的大多数月份中，旅行者们至少会遭遇一场，更多的时候是两场风暴。[②] 商人们为了化解这种危险而去寺庙祭拜。抄本中指示了适宜的祭拜地点，如在湖泊交叉口旁附注道："敬神，有三十六忠臣庙，明太祖立。庙外有槐树，封槐树将军。"[③] 为了替明朝开国皇帝打赢一场著名的战争，36 位忠臣战死沙场，而那些与壮烈牺牲的著名人物有关的地点，也成为颇具影响力的供民众祭拜神灵的场所。关于在何处拜神的提示与当地神灵崇拜的背景信息与实用信息——如哪种船最适合渡湖，或者河的哪侧离商铺更近 [④]——无缝结合。

通过这些指导性的手册，航行在鄱阳湖一带景观中的茶商和瓷器商人对途经的地标形成了自己的看法，他们对吴城的认识正是受到这类指南的影响。正如瓷商手册《水陆平安》所言："大旱之时，进双港塔（位于鄱阳县），过都昌县，从吴城抵省。"[⑤] 换句话说，只要水位不太低，船只完全可以绕开吴城，但在其他道路无法通行的情况下，它则提供了必要的通道。景观随着环境的流动和水位的涨落而变化，景观中指引商人活动的连接线也依水流的涨

---

① 　此句未找到原文献，而是根据英文语意译出。——译者注
② 《万里云程》，第 44b 页。
③ 《万里云程》，第 6a 页。
④ 《水陆平安》，第 6b—7b 页。
⑤ 《水陆平安》，第 7a 页。

落被描绘或重绘。根据各种不同环境，吴城这类城镇进入人们的视野中，抑或全然不见踪迹。

八　尼霍夫笔下的吴城印象

尼霍夫于 1656 年春天到访的这座被他称为"商贸云集之地"的城镇，可以被视作一处全球性区域。毕竟，它曾引起一行荷兰高级使团的注意，当他们航行经过这里时，曾对此地的环境和商业吸引力大加赞赏。不过，各种有关吴城的描述以及这类描述在世界范围内的流通也参与建构了吴城的全球性。

在 1670 年版《尼霍夫行记》——这部书由阿姆斯特丹出版商雅各布·范·梅尔斯（Jacob Van Meurs）[1]出版——中一幅插图的画面右侧，[2]我们可以看见一座山，山上有几座宏伟的建筑上装饰着精心修缮的屋顶，文本描述为"精致优雅的"。临水处画着更小的、看上去不知名的建筑，使人联想到工人或商人的简陋住所。前景处满绘着湖水以及一系列水上相关活动。从船尾可以看到一艘大船，船舱里有几扇窗户，单桅上挂着一面旗帜，这或许暗示了荷兰使团当时采用的运输方式。其余的都是些较小的船只，尽管有几艘体量似乎足以运载货物。整幅画中表现的人们活动的场景映衬了荷兰人对该镇的描述"neringrijk"——该词用来表示支撑人们生计的日常活动，比如渔业和贸易。[3]

1670 年，梅尔斯已经出版了至少三部"全球"游记，这些游记立即在欧洲读者群体中广为销售。[4]尼霍夫的这本游记在首版后的几十年里，又

---

① 许多学者都留意到了范·梅尔斯在创造全球想象中扮演的重要角色，这方面最值得关注的或许是施密特（Schmidt）的《设计异国格调》（*Inventing Exoticism*）。

② "Ucienjen"，版画引自 Johan Nieuhof, *Het gezantschap der Neerlandtsche Oost—Indische Compagnie, aan den grooten Tartarischen Cham, den tegenwoordigen keizer van China ... : Verciert met over de 150. afbeeltsels, na't leven in Sina getekent: en beschreven*, Amsterdam: Jacob van Meurs, 1670, p. 89. 现藏于海牙国家图书馆。

③ Johan Nieuhof, *Het gezantschap der Neerlandtsche Oost—Indische Compagnie, aan den grooten Tartarischen Cham, den tegenwoordigen keizer van China ... : Verciert met over de 150. afbeeltsels, na't leven in Sina getekent: en beschreven*, p. 89.

④ 除尼霍夫的著作外，还有 Arnoldus Montanus's *Gedenkwaerdige Gesantschappen der Oost-Indische Maetschappij aen de Kaisaren van Japan* and Olfert Dapper's *Gedenkwaerdig bedryf der Nederlandsche Oost-Indische Maetschappye, op de kuste en in het Keizerrijk van Taising of Sina: behelzende het 2e gezandschap aen den Onder-Koning Singlamong*. 参见 Leonard Blusse, "Peeking into the Empires: Dutch Embassies to the Courts of China and Japan," *Itinerario*, Vol.37, No.3, 2013, pp.13-29。

相继出版了拉丁文、德文、法文和英文版，这使得整个欧洲的读者们都能够读到尼霍夫对中国的描述，并看到梅尔斯版中为尼霍夫的文字所配的插图。这幅描绘了吴城的插图只是约150幅版画中的一幅，不过，即使读者们读完整本书后也并不会想起这座城镇，所有翻阅过它的人却都能"看见"它。尼霍夫的文字、其兄弟亨德里克的想象力以及雕刻师的技法，共同将这座城镇放置在全球性的背景中，并为它创建了一种全球性的生活。

结论：通过近代早期全球文化史的透镜审视空间

诚然，对不同的人来说，空间意味着不同的事物，这并不是什么新鲜事。不过，尽管地理学家极力劝导历史学家以开放的心态阅读他们的资料，接受"空间是一种建构物"的观念，但许多历史书写仍然假定了某种单一的地理框架，这一框架为研究中所关注的各种历史活动提供了静态的背景。对于研究所谓"跨国"或"全球"——其聚焦于跨越时间和空间的人类与非人类活动的相互关联的性质，提出了一个囊括所有这些活动的单一空间框架——的历史学家来说，设想更多样的空间整合比囿于文本之内具有更大的风险。不难看出，尼霍夫这类人员的流动，或者瓷器等商品的贸易活动，是如何使吴城这类城镇越过原本的空间背景，连接到一个跨越国家甚至是世界的框架。但是，倘若我们没有留意到资料中将自身观点和意图代入对吴城进行描述的不同方式，我们便不能厘清这些联系实际上意味着什么。通过将我们掌握的资料当作相互独立的文本（其中包含了不同视角下对这座城镇的认识）来阅读，我们看到了不一样的吴城：一座被行政网络或水位涨落所遮蔽的城镇，同时也是一座堆积着贸易商品的城镇，街道两旁是瓷器店，河岸上挤满了商人的船只；一座与江西其他生产和贸易中心相连的城镇；一座拥有建筑多样性的城镇，既有修缮着优雅台柱和装饰性屋顶的独栋建筑，也有住着不知名民户的小房子；一座被我们视为不断流变的景观中的一隅的城镇。不同来源的资料揭示了这些多重意义，只有结合全球史和文化史，我们才能在近代早期的世界地图中发现吴城的多重面貌。

Early Morden Wucheng Town in Jiangxi Province
— An Examination Based on Global History and Cultural History

Anne Gerritsen

Abstract: This article focuses on the history of Wuchengzhen, a small town in the inland province of Jiangxi. It explores the history of the town between 1500 and 1850 in terms of both its local significance as an entrepot for trade in grain and tea and its global connections to early modern Europe, by way of the trade in porcelain. The question this paper explores concerns the juxtaposition between, on the one hand, the idea gained from global historians, that during the early modern period, globally traded commodities like tea and porcelain situate a small town like this in a globalized, perhaps even unified or homogenous, world, and on the other hand, the insight gained from cultural historians, that no two people would ever see, or assign meaning to, this small town in the same way. Drawing on this insight, the history of Wuchengzhen is explored on the basis of different textual (administrative records, local gazetteers, merchant manuals) and visual sources (maps and visual depictions of the town), exploring the ways in which the different meanings of the town are constructed in each. The combination of global and cultural history places Wuchengzhen on our map of the early modern world.

Keywords: Early Modern China; Global Cultural History; Merchants; Jiangxi

（执行编辑：江伟涛）

学术述评

海洋史研究（第二十二辑）

2024 年 4 月　第 599~620 页

广州早期行商陈芳官考

——清代广州十三行行商研究之三

汤开建　李琦琦[*]

在清代广州早期对外贸易中，有一大批来自福建晋江的陈姓商人，如"晋江三陈"的陈寿官、陈芳官和陈汀官，他们虽然并不是出自同一家族，但相互之间有着某种宗亲血缘联系。三人虽然都是早期在广州和厦门从事海上贸易的大商人，但各自禀性不同，经营贸易的策略也有很大的差别。大体说来陈寿官处事圆滑，善于处理与清政府及外国商人的关系，而且极具野心，生意做得最大；[①]陈汀官为人沉稳，小心谨慎，诚实忠厚，生意虽然做得也很大，但由于不善于商行管理，他的生意很快走向衰亡；[②]而陈芳官则是一位性格极为倔强刚烈的商人，生性耿直，不畏强权，虽然生意也做得很大，但由于长期与清政府管理海上贸易的官员对抗，故遭到了清政府一系列的镇压，致使其生意逐渐丧失，一蹶不振。

关于陈芳官，研究广州十三行的学者多有涉及，专门研究者则不多见，

---

[*]　汤开建，暨南大学中国文化史籍研究所教授、博士生导师；李琦琦，暨南大学中外关系研究所博士研究生。

本文为 2019 年国家社会科学基金重大项目"澳门及东西方经济文化交流汉文档案文献整理与研究（1500—1840）"（项目号：19ZDA205）阶段性成果。

[①]　参考汤开建、李琦琦《雍乾之际广州对外贸易中的海上巨商陈廷凤研究——清代广州十三行行商研究之一》，《中华文史论丛》2023 年第 3 期。

[②]　参考汤开建、李琦琦《清代广州早期行商陈汀官家族事迹考述——清代广州十三行行商研究之二》，《暨南学报》（哲学社会科学版）2022 年第 12 期。

美国学者范岱克（Paul A. Van Dyke）教授在他的专著《粤澳商人：十八世纪中国贸易中的政治与策略》中对陈芳官做了十分精彩的研究，除了介绍陈芳官与英国人、荷兰人的贸易外，还主要提到了他在广州贸易中对广东官府及当时的贸易首商陈寿官提出的挑战，最后遭到广东官府的迫害和镇压，难能可贵的是，该书提供了很多非英文的西文档案，[①] 成了后来研究陈芳官学者不可或缺的参考资料。需要特别指出，有学者在有关陈芳官研究中存在严重的讹误，混淆了人们对陈芳官这一重要行商的认识，[②] 有必要将记载陈芳官的有限的中文档案与英国东印度公司档案中有关陈芳官的大量英文档案结合起来，详细进行考订，厘清本源，纠正讹误，恢复对陈芳官这一清代广州重要行商的准确认识。

一　陈芳官之名和陈芳官的商号

陈芳官之名，在中文档案中最早出现的时间是雍正十年（1732），称"孚德行陈芳官"[③]，同时又作"陈芳观"[④]。陈芳官或陈芳观，在对应的西文中作 Ton Hunqua[⑤]、Tan Honqua[⑥]、Ton Hungqua[⑦]，荷兰文作 Sjin Honqua[⑧]，有时候又简称 Hunqua[⑨] 和 Honqua[⑩]。《东印度公司对华贸易编年史》1991 年的中译本将其译为"唐康官"[⑪]，也有学者将"唐康官"改译为"谭康官"，并将其进一步演绎为广东顺德里海的谭氏家族之人。[⑫] 谭元亨先生进而推断出谭家为

① Paul A. Van Dyke, *Merchants of Canton and Macao, Politics and Strategies in Eighteenth-Century Chinese Trade,* Hong Kong: Hong Kong University Press, 2011, pp.103-121.
② 谭元亨：《十三行史稿》上册卷六，中山大学出版社，2021，第 242—272 页。
③ 中国第一历史档案馆编《雍正朝汉文朱批奏折汇编》第 22 册第 513 号，江苏古籍出版社，1991，第 632 页。
④ 中国第一历史档案馆编《明清宫藏中西商贸档案》第 1 册第 84 件，中国档案出版社，2010，第 426 页。
⑤ 英国东印度公司档案，档案号：G/12/26, 1727-06-28, 第 11 页。
⑥ 英国东印度公司档案，档案号：G/12/28, 1729-12-08, 第 53 页。
⑦ 〔美〕马士：《东印度公司对华贸易编年史》第 1 卷，区宗华译，中山大学出版社，1991，第 205 页。
⑧ Paul A. Van Dyke, *Merchants of Canton and Macao, Politics and Strategies in Eighteenth-Century Chinese Trade,* p.460. Sjin Honqua 之所以被译作陈芳官，是因为有陈芳官与 Than Chinqua 两人合署的印章为证。
⑨ 英国东印度公司档案，档案号：G/12/26, 1727-06-18, 第 7 页。
⑩ 英国东印度公司档案，档案号：G/12/27, 1728-07-24, 第 33 页。
⑪ 〔美〕马士：《东印度公司对华贸易编年史》第 1 卷，区宗华译，第 183 页。
⑫ 敖叶湘琼编译《谭康官与顺德籍行商》，谭元亨主编《十三行新论》，中国评论学术出版社，2009，第 131 页。

广州十三行的"八大家"之一，是广东的文化品牌。① 他先后在《十三行新论》《龙江的十三行行商》②《十三行的顺德行商》③《十三行：清代前期对外贸易的开放态势》④ 等文中都得出了 Ton Hungqua 即谭康官的结论：

> 据史料考证，在早期十三行行商中，谭家是比较有影响力的一家。马士的《东印度公司对华贸易编年史》第一卷中有 30 多次提到谭康官（Ton Hungqua），谭康官应活动于雍正、乾隆年间。马士的书中有这么一段记录："大班与葵官（Quiqua）订约购茶叶 1000 担，另外又和谭官（Tonqua，寿官的合伙人）订约 500 担茶叶及他们其余的全部投资。"可见，谭康官与黎安官一样都是清初康、雍及乾隆前期的十三行行商，谭康官尤以商业信用卓著闻名；并且从历史材料及谭家现今保存下来的清朝瓷器，以及民间流传及有关文献记载的"潘卢伍叶，谭左徐杨"八大行商之说，便可证明谭氏商人是十三行行商之一。⑤

谭元亨先生在《清中期对外开放的梯度推进与逆转——雍乾二朝间十三行中中外贸易理念的一场深刻斗争》⑥ 一文中，甚至提到"谭康泰、谭康举兄弟在外文书籍中被称为 Ton Hunqua 与 Young Hunqua（少康官），经营盈顺行"，直接将 Ton Hunqua 比作了广东顺德谭氏家族中的谭康泰，而且还将 Young Hunqua（此人为蔡煌官）比作谭康泰的弟弟谭康举。

　　谭元亨先生是研究文学的，如果上述论文是一篇文学作品，可以不必当真，如果是作为历史研究论文，则不能不加以辩释。美国学者范岱克教授早在 2011 年的著作中就已经指明，"有作者将 Tan Hunqua 译为谭康官。从各

---

①　谭元亨：《亮出广东的文化品牌——关于进一步深入研究"十三行"的建言》，谭元亨主编《十三行新论》，第 306 页。

②　谭元亨：《华南理工大学谭元亨教授与龙江文化情愫》，龙江镇人民政府编《龙江乡音》，世界图书出版公司，2020，第 73 页。

③　谭元亨：《十三行的顺德行商》，广东人民出版社，2019。

④　谭元亨：《十三行：清代前期对外贸易的开放态势》，《深圳大学学报》2017 年第 2 期，第 152—157 页。

⑤　谭元亨：《十三行：雍乾初年的开放态势与历史的逆转》，赵春晨、冷东主编《广州十三行研究回顾与展望》，中国出版集团、广东世界图书出版公司，2010，第 198 页。

⑥　谭元亨：《清中期对外开放的梯度推进与逆转——雍乾二朝间十三行中中外贸易理念的一场深刻斗争》，《华南理工大学学报》2014 年第 4 期，第 103 页。

种档案提供的信息表明，Tan Hunqua 来自陈家，他的名字是陈芳观"。① 马士《东印度公司对华贸易编年史》中文译本 2016 年又出了修订本，将上述提到的将 Ton Hungqua 译为"唐康官"的旧译进行了改正，将其译为"陈芳官"。然而，谭元亨先生在 2021 年出版的国家社科基金资助项目《十三行史稿》中仍然坚持以往的说法，将 Ton Hungqua 译为谭康官，在《十三行史稿》这本书中，"谭康官"之名至少出现过百余次，将西文档案文献中记载的 Ton Hungqua 的事迹全部戴在谭康官头上，还多次将谭康官与陈芳官两个人名并列列出，称"谭康官的合伙人陈芳官"。② 在此仅举其中一例，"1732 年 6 月 27 日，令我们感到奇怪的是，谭康官和陈芳官都没有来拜访我们"。③ 查英国东印度公司档案原文为 "Ton Honqua nor Chinqua to our great surprise hath not yet been to visit us"，这句英文应译为："让我们惊讶的是，陈芳官和钦官都还没有来拜访我们。"④ 此处的 Ton Honqua 即陈芳官，Chinqua 即陈芳官的合伙人钦官。谭元亨先生提到的"谭康官的合伙人陈芳官"其原文应为"Ton Honqua's partner Chinqua"（陈芳官的合伙人钦官），在英国东印度公司档案中，从来没有谭康官及其合伙人陈芳官的记录。至于英国档案文献中出现的 Ton Honqua、Tan Hunqua 被译为陈芳官或陈芳观，可参见中文档案。雍正十年粤海关监督祖秉圭的报告称"惟有孚德行陈芳官者，……于雍正七年番船回去之时，私寄书信于噗咭唎国，造捏多端，陷害番商，计图包揽"。⑤ 此处雍正七年番船回去之时私寄书信于噗咭唎国陷害番商之事，就是谭元亨《十三行史稿》中，雍正八年谭康官将陈寿官串通法扎克利私拿茶叶回扣控告到英国东印度公司之事。⑥ 比照中文档案，可以清楚地看出，英文文献中的 Ton Honqua、Tan Hunqua 指的就是陈芳官，而不是谭康官，无论如何也不能翻译为谭康官。在所有的英国东印度公司档案文献中，Ton 和 Tan 并不译作"谭"，而均译作"陈"。Ton Suqua 译为陈寿官，⑦ Ton Tinqua 译为陈汀官，⑧

---

① Paul A.Van Dyke, *Merchants of Canton and Macao, Politics and Strategies in Eighteenth-Century Chinese Trade,* p.460.

② 谭元亨:《十三行史稿》上册卷六，第 259 页。

③ 谭元亨:《十三行史稿》上册卷六，第 258 页。

④ 英国东印度公司档案，档案号: G/12/33, 1732-06-27，第 15 页。

⑤ 中国第一历史档案馆编《雍正朝汉文朱批奏折汇编》第 22 册第 513 号，第 632 页。

⑥ 谭元亨:《十三行史稿》上册卷六，第 242 页。

⑦ 英国东印度公司档案，档案号: G/12/54, 1750-09-19，第 15 页。

⑧ 英国东印度公司档案，档案号: G/12/45, 1738-01-11，第 104 页。

Tan Tinqua 译为陈汀官，^① Tan Chowqua 译为陈祖官，^② Ton Tienqua 译为陈
镇官，^③ 所有的 Ton、Tan 均为闽南语中"陈"的发音，因此应译为陈姓，而
不译为谭姓。谭先生在《十三行史稿》中继续将 Ton Hungqua 讹误为"谭康
官"，并与广东顺德谭氏家族中的谭湘、谭康泰、谭康举及谭世经等人混为
一谈。^④ 对于这种严重讹误，必须加以辨证。

　　关于陈芳官的名字，还有一个说法，十三行著名研究专家陈国栋先生
称，"雄官，姓陈，行名为远来行，他是陈芳官之子，陈芳官别名胖芳官
（Ton Hunqua, alias Fat Hunqua）"。^⑤ 据此可知，胖芳官是陈芳官的别名，陈
芳官就是胖芳官，此说有误。陈国栋先生所称的"陈雄官"，至少有 4 份丹
麦哥本哈根国家档案馆藏档案作"远来行陈雄观"，其丹麦文对应的名字
为 Fat Hunqua 和 Feth Honcqvoa，^⑥而尾署的印文为"胖雄之印"；^⑦陈国栋又
称陈雄官（陈朝枢）为陈芳官之子，但荷兰东印度公司档案明确称，"江官
（Koonqua）是陈芳官（Tanhonqua）的侄子（neef）"，^⑧ Koonqua 当译为江官，
为荷兰文的写法，英文的写法为 Conqua，据英国东印度公司档案"Conqua,
Fat Honqua's son"，^⑨ 江官是胖芳官的儿子。既然江官是胖芳官的儿子，又是
陈芳官的侄子，很显然胖芳官与陈芳官是兄弟辈的两个人。丹麦文档案显示
从 1736 年至 1738 年 Tan Hunqua 和 Fat Hunqua 在丹麦记录中被反复提及，
最后丹麦哥本哈根国家档案馆的埃里克·戈贝尔（Erik Gobel）对 Fat Hunqua
和 Tan Hunqua 进行了确认，此二人是不同的两个人。^⑩ 据荷兰文档案，1743
年荷兰人在相同的两段记录中提到 Tan Hunqua 和 Fat Hunqua，此处二人也是

① Paul A. Van Dyke, *Merchants of Canton and Macao, Politics and Strategies in Eighteenth-Century Chinese Trade*, p.20.

② Paul A. Van Dyke, *Merchants of Canton and Macao, Politics and Strategies in Eighteenth-Century Chinese Trade*, p.360.

③ 英国东印度公司档案，档案号：G/12/47，1739-08-19，第 13 页。

④ 谭元亨：《十三行史稿》上册卷六，第 213、291、306 页。

⑤ Chen, Kuo—tung Anthony, *The Insolvency of the Chinese Hong merchants, 1700—1843* (Volumes I and II), New Haven: Yale University, 1990, p.272；陈国栋：《经营管理与财务困境——清中期广州行商周转不灵问题研究》，花城出版社，2019，第 245 页。

⑥ 丹麦哥本哈根国家档案馆，档案号：Ask1118，第 165 页。

⑦ 丹麦哥本哈根国家档案馆，档案号：Ask1118，第 165 页；Ask1120，第 65 页；Ask1120，第 109 页；Ask1120，第 120 页。

⑧ 荷兰海牙国家档案馆，档案号：VOC 4374，1729-08-04.

⑨ 英国东印度公司档案，档案号：R/10/5，1761-07-21，p.10。

⑩ Paul A. Van Dyke, *Merchants of Canton and Macao, Politics and Strategies in Eighteenth-Century Chinese Trade*, p.323.

两个不同的人。① 又据唐英的《陶人心语手稿》称"远来行陈朝枢，洪官"，②
此处的"洪官"是"雄官"的另译，陈雄官或陈洪官即为陈朝枢。再据乾隆
十三年（1748）十二月二十七日的中文档案：

> 据远来行商陈朝枢禀为遵唤禀明事称，奉任台票差，查乾隆十一年
> 是何年月日，西洋人沈若望到省城十三行自远来行，是否倪维智领送，
> 于何月日回澳门，着落地保唤查移覆，但枢开远来行二十余年，奉公办
> 饷，年中虽有洋货出入，并无居住夷人。③

此处称陈朝枢在广州十三行创立远来行已经 20 余年，乾隆十三年上推 20 余
年，应为雍正初年，这就是说"远来行"在广州的出现比陈芳官的"盈顺隆
记"在雍正七年第一次出现的时间还要早，据此可以推断陈朝枢（陈洪官、
陈雄官）与陈芳官是同一时期的人，不应该是父子关系。通过上述几处源文
件的记录，可以明确：第一，陈雄官不是陈芳官的儿子；第二，陈雄官（陈
洪官）的别名为胖芳官；第三，陈芳官和陈雄官（陈洪官）是兄弟辈；第四，
Conqua/Koonqua 为陈雄官（陈洪官）的儿子。陈芳官并没有胖芳官的别名，
而胖芳官是陈芳官的兄弟陈雄官（陈朝枢）的别名。

中文档案中称陈芳官为"福建人"，但不知籍于福建何地，广东早期行
商大多为福建晋江人，而与陈芳官关系最为密切的陈寿官也是福建晋江人，
故可推陈芳官亦当为福建晋江人。陈芳官最早创建的商号为"盈顺隆"（Ying
Shun Long），应该是 1710—1729 年陈芳官在澳门与葡萄牙人、在巴达维亚
与荷兰人进行贸易时创建的商号。1729 年 12 月 29 日，陈芳官用荷兰语给
荷兰东印度公司十七人董事会写了一封信，在这封信中，第一次出现了"盈
顺隆记"的印章（见图 1）。1731 年 12 月 25 日，陈芳官和陈钦官（Than
Chinqua）写给荷兰东印度公司董事部的信件上也保留了"盈顺隆记"的印章
（见图 2）。1732 年 1 月 15 日，"盈顺隆记"的印章仍然保留在陈芳官和钦官
给荷兰人的信中（见图 3）。直到 1732 年 1 月 15 日，陈芳官一直保持着"盈

---

① NAH: Canton 69, entry dated 21 November 1743, Canton 5, Resolutions dated 19 February, 2 and 10
October 1746, and Canton 6, Resolution dated 3 January 1747.
② 《唐英全集》第 2 册，《陶人心语手稿》，学苑出版社影印清稿本，2008，第 420 页。
③ 韩琦等编《欧洲所藏雍正乾隆朝天主教文献汇编·乾隆朝》第 67 件，人民出版社，2008，第
238 页。

顺隆"商号的名称。^①盈顺隆记作为一个公司在陈芳官的名下，一直持续到乾隆十年（1745），^②基本可以肯定，盈顺隆记是陈芳官贸易生涯中长期经营的一家公司，在乾隆十年以后出现在荷兰、丹麦公司贸易中的陈芳官，并没有其他的公司。

图 1　1729 年的"盈顺隆记"印章

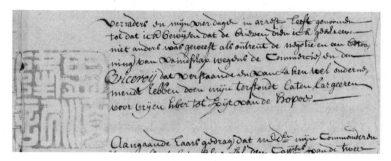

图 2　1731 年的"盈顺隆记"印章

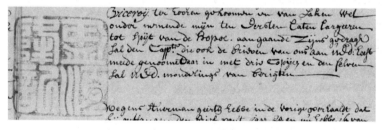

图 3　1732 年的"盈顺隆记"印章

---

① 荷兰海牙国家档案馆，档案号：NL-HaNA_1.04.02_4374，共一册，无页码；NL-HaNA_1.04.02_4376，共一册，无页码。

② 《国家航海》第 18 辑，上海古籍出版社，2017，第 57 页。

然而在雍正十年（1732）的中文档案中，出现了"孚德行陈芳官"的记录。[①] 孚德行，西文作 Houta，原为老开官（Old Quiqua）和科罗（Cowlo）合作创建的行号，[②] 而老开官和科罗一直是支持陈寿官的重要行商，为什么到1732 年孚德行成了陈芳官的商行？介中原因就是雍正六年以后，老开官的孚德行出现经济困难，其很可能被卖给了陈芳官，到雍正十年孚德行的行主就变成了陈芳官。由此可见，陈芳官早期经营东南亚贸易和欧洲贸易使用的商号名为盈顺隆号，到雍正十年左右收购了老开官的孚德行，他成为孚德行的行东。但在雍正十年以后陈芳官的贸易中，再没有使用过孚德行的商号。

二　陈芳官与欧洲商人的贸易活动

陈芳官与欧洲各国的商业贸易，最早可追溯到 18 世纪头 10 年，1729 年12 月 29 日，陈芳官用荷兰语写给荷兰东印度公司十七人董事会的信称，他与"荷兰商人康斯坦丁·诺贝尔（Constatijn Nobel）已经进行了 16 年的贸易，当时就以诚信闻名"。[③] 说明至迟在康熙五十二年（1713），陈芳官就与巴达维亚的荷兰人康斯坦丁·诺贝尔保持着贸易关系，而且以诚信闻名。据档案数据，陈芳官曾经 5 次驾驶着中国帆船到达巴达维亚，与当时也在巴达维亚进行贸易的陈寿官（Suqua）和陈汀官（Tinqua）相互竞争。[④] 在这一时期，他还经常前往澳门与葡萄牙人进行贸易，"陈芳官是广州最老的商人之一，拥有多年的经验，他与葡萄牙人进行了十多年的贸易，可能还与法国人进行过交易"。[⑤] 康熙五十九年（1720），广州第一次公行成立时，陈芳官的名字列入 15 位创建人的名单之中。[⑥]

雍正元年（1723），奥斯坦德东印度公司第一次派遣船只来广州贸易，陈

---

①　中国第一历史档案馆编《雍正朝汉文朱批奏折汇编》第 22 册第 513 号，第 632 页。

②　英国东印度公司档案，档案号：G/12/33，1732-07-04，第 26 页。

③　荷兰海牙国家档案馆，档案号：NL-HaNA_1.04.02_4374，共 1 册，无页码。

④　Paul A. Van Dyke, *Merchants of Canton and Macao, Politics and Strategies in Eighteenth-Century Chinese Trade,* p.103.

⑤　Paul A. Van Dyke, *Merchants of Canton and Macao, Politics and Strategies in Eighteenth-Century Chinese Trade,* p.109.

⑥　Weng Eang Cheong, *Hong Merchant of Canton, Chinese Merchants in Sino-Western Trade, 1684-1798,* Surrey: Curzon Press, 1997, p.37.

芳官为奥斯坦德商人提供了松萝茶 119.27 担，价值 1557.01 两。[①] 雍正四年（1726），为了避免支付广州口岸 10% 的加增税，陈芳官与奥斯坦德大班罗伯特·休尔（Robert Hewer）商量转至厦门贸易，但此事在广东巡抚兼粤海关监督杨文乾的干预下，未能成功。[②] 雍正五年（1727）陈芳官再次与奥斯坦德公司进行了贸易，为其提供了价值达 11690 两的货物。这一年从巴达维亚来的荷兰散商曾派一艘小船来广州进行贸易试探，并与陈芳官进行了一些贸易。[③]

从雍正五年开始，陈芳官即与英国东印度公司进行了大量的贸易，这一年他的竞争对手叶吉荐（Cudgin）去了北京，叶吉荐的缺席对陈芳官来说是一个极好的机会，他与官员魁官（Mandarin Quiqua）合作，与英国东印度公司签订了茶丝合约，实际提供了茶叶 570.08 担和丝绸 2800 匹，提供货物的总价值达 25226.6 两。[④] 在全部行商供货记录中，排名第三，详见表 1。

表 1　1727 年陈芳官和魁官与英国东印度公司签订的合约内容
以及实际购买货品数量及价值

货物名称	签约数量	签约价值（两）	实际购买数量	实际购买价值（两）
头等松萝茶	720 担	14400	523.08 担	10461.6
二等熙春茶	50 担	1750	47 担	1645
宽幅塔夫绸	1800 匹	7560	1800 匹	7560
条纹塔夫绸	100 匹	420	100 匹	420
条纹缎面	100 匹	500	100 匹	500
高哥纶	450 匹	2610	450 匹	2610
花色宝丝	100 匹	580	100 匹	580
双色宝丝	100 匹	580	100 匹	580
宝丝或缎面	150 匹	870	150 匹	870
总计		29270		25226.6

资料来源：英国东印度公司档案，档案号：G/12/26, 1727-06-28-12-13，第 11—34 页。

[①]　Marlene Kessler,ed., *Report of the Voyage of the Marquis de Prié and St. Joseph from Ostend to Canton in 1723*, in the European Canton Trade 1723 *Competition and Cooperation*, Berlin/Boston: Walter de Gruyter GmbH, 2016, p.366.

[②]　比利时安特卫普城市档案馆（SAA）档案，档案号：IC 5757，转引自 Paul A. Van Dyke, *The Ye Merchants of Canton*（1720-1804），RC, International Edition 13, 2005, p.8.

[③]　Paul A.Van Dyke, *Merchants of Canton and Macao, Politics and Strategies in Eighteenth-Century Chinese Trade*, pp.104, 321.

[④]　英国东印度公司档案，档案号：G/12/26, 1727-06-28—1727-11-25，第 11—32 页。

当时英国人认为陈芳官在广州是仅次于陈寿官的富裕商人，他拥有几处房产，租给了英国和法国的商人。① 雍正六年（1728）陈芳官仍保持强劲的势头，以一人之力与英国东印度公司签订了大量的茶丝合约，实际提供茶叶3659.54担，丝绸3556匹，提供货物的总价值达103198.11两，详见表2。

表2 1728年陈芳官与英国东印度公司签订的合约内容以及实际购买货品数量及价值

货物名称	签约数量	签约价值（两）	实际购买数量	实际购买价值（两）
塔夫绸	2000匹	8350	1900匹	7600
高哥纶	650匹	4025	302匹	1902.6
花缎床单	140匹	1050	140匹	1050
花色宝丝	900匹	5670	864匹	5443.2
花色薄纱	200匹	940	250匹	1175
各色缎子	100匹	630	100匹	630
武夷茶	2000担	40000	1874.63担	37492.6
松萝茶	2000担	38000	1784.91担	34904.71
金条	130根	13000	130根	13000
总计		111665		103198.11

资料来源：英国东印度公司档案，档案号：G/12/27，1728-07-13—1729-01-02，第21—134页。

根据英国东印度公司档案实际供货记录统计出来的结果，1728年贸易季陈芳官提供的货物总价值为103198.11两，在广州六大行商的供货记录中排名第一，详见表3。

表3 1728年贸易季前六位行商向英国东印度公司供货统计情况

行商	茶叶（担）	价值（两）	丝绸（匹）	价值（两）	其他	价值（两）	总计（两）	排名
陈芳官	3659.52	72397.31	3556	17800.8	金条130根	13000	103198.11	1
陈汀官	2826.58	48230.32	3360	16431	生丝3.36担 水银141.5担 瓷器135箱	430.08 4952.5	70043.9	2
宝开官	2561.29	41864.2	1280	6120			47984.2	3

① 英国东印度公司档案，档案号：G/12/26，1726-06-22，第8—9页。

续表

行商	茶叶 （担）	价值 （两）	丝绸 （匹）	价值 （两）	其他	价值 （两）	总计 （两）	排名
陈寿官 陈捷官	401.97	7148.36	2636	16410.8	瓷器 193 箱	102.17	23661.3	4
蔡煌官	23.13	392.2	992	3372.8	金条 105 根	10605	14370	5
厦门 菩萨	311.92	10095.64					10095.64	6

　　雍正七年（1729），广州贸易发生了很大的混乱，最初英国东印度公司与陈芳官签订了 3000 担茶叶、4000 匹丝绸和 2700 件瓷器大单，总价值为 94075.6 两。[①]其中英国东印度公司大班威廉·法扎克利（William Fazakerley）又与陈芳官、陈汀官和宝开官（Beau Khiqua）分别签订了 2000 担、500 担和 550 担的松萝茶合约，他们提出的价格是每担 24 两，不久法扎克利与陈寿官及官员魁官串通，将每担松萝茶的价格提高到 25 两，法扎克利便违约，与陈寿官签约，购买了陈寿官的松萝茶 2000 担、魁官的松萝茶 400 担，还以每担 26 两的价格与寿官和魁官签订了相当数量的武夷茶合约。[②]正因为英国人的失约，所以只在档案中看到陈芳官将 100 箱武夷茶卖给了英国东印度公司的记录。[③]这一年虽然签订了数量不小的丝绸合同，[④]但并未见实际运送记录。虽然在签订合约的记录中，陈芳官排名第一，但在这一年的实际贸易中陈芳官只做了很少的生意，大部分生意都流向了陈寿官和魁官。

　　1729 年，第一艘荷兰东印度公司船只直航广州，8 月 3 日抵达澳门，陈芳官派他的侄子陈江官在澳门等候，并将荷兰大班邀请至陈芳官的家中，陈芳官和他的合伙人钦官对荷兰大班们表示了热烈的欢迎，并盛情款待，双方的贸易极为顺利，这一定与陈芳官过去在巴达维亚贸易时与荷兰人建立了密切的关系相关，陈芳官和他的侄子及合伙人陈钦官提供了价值 36876 两的武夷茶、工夫茶、铅和瓷器。这一年陈芳官与荷兰人的贸易应该说在一定程度上弥补了他与英国东印度公司贸易的损失。荷兰人还提到陈芳官及其合伙人

①　英国东印度公司档案，档案号：G/12/28，1729-06-21，第 17 页；1729-07-01，第 19 页。
②　英国东印度公司档案，档案号：G/12/28，1729-12-08，第 53—54 页。
③　英国东印度公司档案，档案号：G/12/28，1729-09-21，第 35 页。
④　英国东印度公司档案，档案号：G/12/28，1729-07-01，第 19 页。

钦官十分诚信，都是受人尊敬的人。①

雍正八年，陈寿官基本上获得了这一年对英国东印度公司的绝大部分贸易份额，陈芳官仅仅只做了些微生意，为英国东印度公司提供了 24.12 担松萝茶，价值不过 578.88 两。②这一年，陈芳官仍然担任荷兰东印度公司供货商，当一月荷兰人回国时，荷兰人将商馆内部的陈设全部交给陈芳官照管，表明陈芳官已经获得荷兰人的信任。③

雍正九年是陈芳官广州贸易中辉煌胜利的一年，他对陈寿官串通英国人舞弊之事的揭发获得了英国东印度公司的重视，英国公司下令英国商人不再与陈寿官贸易，而将贸易合约投向了陈芳官和他的合伙人钦官，详见表 4。

**表 4　1731 年陈芳和钦官与英国东印度公司签订的合约内容
以及实际购买货品数量及价值**

货物名称	签约数量	签约价值（两）	实际购买数量	实际购买价值（两）
上等松萝茶	1400 担	22400	1461.23 担	23379.7
武夷茶	4000 担	60000	3863.277 担	65675.709
工夫茶	100 担	3500	77.922 担	2727.27
白毫茶	300 担	10500		
熙春茶	72 担	1800		
塔夫绸	13000 担	54600	17200 担	72240
高哥纶	2000 匹	11600	2700 匹	15660
宝丝	3000 匹	5800	3000 匹	17400
薄纱	1000 匹	5300	1000 匹	5300
棱纹花绸	600 匹	6600	600 匹	6600
生丝	600 匹	93000	326.745 匹	50542.4
白铅	800 担	5200	800 担	5200
水银	400 担	16000	1000 担	40000
黄金	1000 块	105000	670 块	70350
总计		401300		335075.08

资料来源：英国东印度公司档案，档案号：G/12/31, 1731-07-12, 第 18 页；1732-01-03, 第 218 页。

① Paul A. Van Dyke, *Merchants of Canton and Macao, Politics and Strategies in Eighteenth-Century Chinese Trade*, pp.104, 321.
② 英国东印度公司档案，档案号：G/12/30, 1730-11-24，第 62 页。
③ Paul A. Van Dyke, *Merchants of Canton and Macao, Politics and Strategies in Eighteenth-Century Chinese Trade*, p.104.

从表4可知，1731年贸易季陈芳官及其合伙人钦官向英国东印度公司提供价值335075.08两的茶叶、丝绸、生丝及黄金等货品，并成为该年广州供货商的第一名，远远地超过了前几年一直压在他头上的陈寿官，其提供货品价值为当年参与对英国公司贸易的其他5位行商供货总和的1.2倍（见表5），成为1731年广州贸易史上最大的赢家。

表5　1731年贸易季前六位行商向英国东印度公司供货统计情况

行商	茶叶（担）	价值（两）	丝绸（匹）	价值（两）	其他	价值（两）	总计（两）	排名
陈芳官钦官	5402.43	91782.68	24500	117200	生丝 326.745 担 白铅 800 担 黄金 670 块	50542.45 5200 70350	335075.08	1
官员魁官	898	16560.56	6200	40180	黄金 100 块 青花瓷数箱	10500 10753.6	77994.16	2
叶隆官	3304.1	49561.41	2000	8960	黄金 60 块	6300	64821.41	3
宝开官	2682.02	42421.59	2980	14046	瓷器 1 箱		56467.59	4
陈汀官	440.21	6603.15	4800	22880	水银 180 担	7200	52960	5
陈寿官捷官	230	3910	2035	9041	黄金 311 块 水银 450 担	32655 18000	30471	6
总计	12956.76	210839.39	42515	212307		211501	617789.24	

资料来源：英国东印度公司档案，档案号：G/12/31，1731-07-12—1732-01-01，第18—215页。

特别值得一提的是，1731年贸易季陈芳官和其他商人一样都参与了黄金走私贸易，原计划提供1000块金元宝和金条，最后实际运送670块，每一块金元宝价值105两白银。[1] 其生丝贸易也与黄金齐头并进，这些生丝都来自南京附近的某个地方，它们均在当年年底和第二年年初运抵广州。这一年，陈芳官还为荷兰商人提供了临时住所，为了表示感谢，荷兰东印度公司赠送给了陈芳官4箱法国葡萄酒及价值186荷兰盾的两面大镜子。[2]

雍正十年和十一年，陈芳官再次被厄运笼罩，在与英国东印度公司签约贸易中，他几乎全军覆没。1732年，陈芳官因被祖秉圭案牵连，一直官司缠

---

[1] 英国东印度公司档案，档案号：G/12/31，1731-07-18，第33页；1731-10-09，第134页；1731-12-19，第206页；1731-12-29，第213页。

[2] Paul A. Van Dyke, *Merchants of Canton and Macao, Politics and Strategies in Eighteenth-Century Chinese Trade*, pp.104, 111.

身，英国商人"发现陈芳官目前绝对无法进行任何业务，为了公司的利益，我们决定不再等待陈芳官"，[①] 为了避免麻烦，所以这两年英国商人都没有把自己的合约交到陈芳官手上。[②]1732 年瑞典东印度公司第一次派船来广州贸易时，陈芳官这位广州贸易中的"顶级商人"与瑞典商人进行了一部分贸易，他为瑞典商人提供了 100 匹花边和条纹宝丝、100 箱武夷茶、一部分坪茶和熙春茶及白铅，还销售了瑞典人带来的 200 匹毛织品。[③]1733 年，英国人原本要与陈芳官好好做生易，但是他和陈寿官的诉讼还没有结束，因此无法参加贸易。[④]

三 陈芳官三次与清政府管理海上贸易官员的对抗与冲突

陈芳官投入广州贸易以后，不久就已发展为这一领域中与陈寿官齐名的重要行商。1727 年 6 月 18 日的英国东印度公司档案称，英国人之所以留在广州，是因为陈寿官和陈芳官都是值得信任的人，英国人想和他们在广州做丝绸生意并将丝绸送至厦门。[⑤]雍正七年祖秉圭出任粤海关监督后，在广州贸易中就设立了五位总商，即"陈寿观、陈芳观、李秦、黎开观、陈汀观"，[⑥]陈芳官排名第二，这就可以证明，在当时的广州贸易中，陈芳官已经成为仅次于陈寿官的广州最大的行商之一。被清政府选为总商，意味着陈芳官已成为一位名副其实的官商，既然是官商，那就是说他已经成了清王朝体制内的一位从事广州对外贸易的官方代理人，毫无疑问，这种官方代理人对清政府的政策和法令及清政府主管海上贸易的官员的指示和命令都应该言听计从，不可能逾越其外，更不可抗命不遵。然而，陈芳官这位官府选定的"总商"、广州贸易体制内的官方代理人，却没有对清朝官府颁布的政策和下达的命令盲目遵从，唯言是听。就在他从事广州贸易最为顺畅和发展最为成功的时刻，他至少有三次与清政府管理海上贸易的官员发生对抗与冲突，也引发了他的三次牢狱之灾。

---

① 英国东印度公司档案，档案号：G/12/33，1732-06-29，第 18 页。
② 英国东印度公司档案，档案号：G/12/33，1732-07-02，第 22 页。
③ Colin Campell, *A Passage to China : Colin Campbell's of the First Swedish East India Company Expedition to Canton, 1723-33*, Preface, Gothenberg: The Royal Society of Arts and Sciences, 1996, pp.98, 104, 123, 126, 149.
④ 英国东印度公司档案，档案号：G/12/35，1733-12-05，第 109 页。
⑤ 英国东印度公司档案，档案号：G/12/26，1727-06-18，第 7 页。
⑥ 北平社会调查所中央研究院社会科学研究所编《清代钞文件》，图书编号：GJ6756，1931—1936 年抄本，无页码。

（一）反对杨文乾颁布加增什一之税

　　清人唐才常在《通塞塞通论》中称"自康熙讫雍正，屡为华官酷待，苛索万端。是时英货售卖，官必百中取十六，凡物必贿官，凡舟出入海口输银千九百五十两。雍正戊申，又于出口物加税什一，英人议其不公"。① 所谓"什一之税"，实际上就是雍正四年（1726）广东巡抚杨文乾在其兼任粤海关监督第二年颁布的"番银加一征收"②之税，对所有外国商人带来广州准备置办货物的资金全部征收 10% 的税。新税制遭到英国东印度公司大班们和其他外国商人的强烈反对，1728 年 9 月 16 日，三艘英国东印度公司船、一艘法国船与两艘从孟买和马德拉斯来的英国散商船的大班共 11 人前往广州城门口，要求拜见两广总督孔毓珣并向他呈禀，提出抗议，要求取消什一之税，并恳求贸易自由，但没有结果。③ 对外国商人加增什一之税，对中国行商也有很大的影响，摄于广东巡抚兼粤海关监督杨文乾的权势和手段，大部分行商不敢公开反抗或拒绝。两广总督孔毓珣当任时，当然也是沿袭粤海关已经制定的法令和政策，1728 年 8 月 6 日派出一位"总爷"（Chungya）来海关收税时，当时的两位总商陈寿官和叶吉荐都"向总爷提供了 10% 或者更多些的税和礼物"。④8 月 13 日下午，陈芳官被两广总督孔毓珣传见，并直接告诉他，"一定要负责缴第一批两艘船的 10% 的税"，商人们都处在恐慌中，只有陈芳官一人出面拒绝支付这 10% 的税费。9 月 24 日，两广总督孔毓珣下令将陈芳官逮捕，并监禁在陈芳官本人的商行内达 12 天，这是陈芳官第一次的牢狱之灾。后因为全体商人保释，陈芳官被释放。⑤ 陈芳官抗拒清政府加征什一之税的态度影响了其他的行商，行商们向粤海关官员表示："他们不能也不会缴 10%，不管后果如何，他们甚至这样说，即使因为不缴而杀了他们的头，他们也不能做。"⑥

　　关于征什一之税，清政府与外国商人及中国行商之间进行了长达八年的

---

① 唐才常:《觉颠冥斋内言》卷一《通塞塞通论》，续修四库全书影印清光绪二十四年长沙刻本，第 1568 册，第 385—386 页。
② 鄂尔泰编《雍正朱批谕旨》第 13 册《常赉》，北京图书馆出版社，2008，第 614 页。
③ 〔美〕马士:《东印度公司对华贸易编年史》第 1 卷，区宗华译，第 212—213 页。
④ 〔美〕马士:《东印度公司对华贸易编年史》第 1 卷，区宗华译，第 211 页。
⑤ 英国东印度公司档案，档案号：G/12/27,1728-09-25，第 74 页；〔美〕马士:《东印度公司对华贸易编年史》第 1 卷，区宗华译，第 212—214、230 页。
⑥ 〔美〕马士:《东印度公司对华贸易编年史》第 1 卷，区宗华译，第 214—215 页。

反复争论，英国商人为了顺利完成他们来广州的贸易，在多个年份中，还是缴纳了增加的 10% 的货物税：

> 1731 年 7 月 2 日，管理会在广州成立后，他们请 14 位商人开会。他们一致承认在戈弗雷（Peter Godfrey）的那一年（1728 年）、法札克利的那一年（1729 年）以及尼什的那一年（1730 年）全体商人已经缴付；至于前两年，即萨维奇（Savage）的那一年（1726 年）和托里阿诺（Nathaniel Torriano）的那一年（1727 年），他们的说法不一致；有的说是缴付的，有的说没有缴付。有的说萨维奇的那一年是送了礼金的，但数目不是 10%。差不多全体商人认为，在托里阿诺的那一年没有缴付。①

当时，在广州的外国商人联合起来起草了一份向中国皇帝的请愿书，要求取消"被强迫缴付的 10% 的课征"，和"每船缴纳规礼银 1950 两"，但未被主管广东海关的官员接纳。②乾隆元年（1736），广州的外国商人向正准备去北京朝贺的两广总督鄂弥达请愿，主要申诉不合理地征收 10% 货物从价税，船钞之外附加 1950 两的规礼银。③这一年，爱新觉罗·弘历登基，乾隆皇帝为了表示向外国人施恩，下诏取消了这一加征税和规礼银。诏令于 12 月初已经传达到了广州，"我们听说关于对欧洲人砍掉 10% 附加税的布告已经到了，并且很快就会公开"。④乾隆元年三月初八日广东巡抚杨永斌报告：

> 另有缴送一项，乃估外洋商船置买货物之价，加一抽收，此项系前抚臣杨文乾任内添设，自雍正陆年前任总督臣孔毓珣兼管关务时，奏请归公，今每年约抽收银贰、叁、肆万两不等。又洋船另有进出口规礼、杂费，每年约银壹万余两不等。臣等因前任业已奏报归公，是以历年遵循，照收解部，但既收正税，又收缴送、规礼，细加酌量，未免重迭，似应敬请邀恩悉予减免，以上各项每年约共免银捌、玖万两不等，在商

① 英国东印度公司档案，档案号：G/12/31, 1731-07-10，第 11—13 页；〔美〕马士：《东印度公司对华贸易编年史》第 1 卷，区宗华译，第 228 页。
② 〔美〕马士：《东印度公司对华贸易编年史》第 1 卷，区宗华译，第 237 页。
③ 英国东印度公司档案，G/12/40, 1736-07-31，第 27 页；〔美〕马士：《东印度公司对华贸易编年史》第 1 卷，区宗华译，第 280 页。
④ 英国东印度公司档案，G/12/40, 1736-12-02，第 69 页；〔美〕马士：《东印度公司对华贸易编年史》第 1 卷，区宗华译，第 280 页。

民均沾圣泽，益见远来近悦，载道欢呼，声教洋溢矣。①

关于加征税的取消，外国商人都很清楚，主要"是陈芳官设法叫总督获得皇上谕旨废除10%的税"。② 就在这时，陈芳官再次出现在广州外国商人的会议上，他提出所有的外国商人将从皇帝的谕旨中获得巨大的利益，他们应该向他曾经雇用的为取消税制出过很多力的粤海关胥吏表示感谢，因为在北京活动此事的粤海关胥吏的费用很高，需要向他们提供30000两的谢礼。陈芳官及其他广州行商支付15000两，而当时在广州的10艘欧洲船一共支付15000两。③ 八年抗争获得圆满的解决，陈芳官立下首功。此后，据说陈芳官又致信两广总督鄂弥达，进一步提出要求取消目前还在施行的6%的关税，但没有结果，也未能获得广东政府的批准。④

（二）揭露粤海关监督祖秉圭及陈寿官与英商串通舞弊事

雍正七年（1729）四月，祖秉圭出任粤海关监督，陈芳官与陈寿官等四人一起被任命为总行商，但不知何故，很快祖秉圭又以陈芳官"居心奸狡，诡诈多端，因而出示革退，不许与外洋番商交易"。⑤ 这一次，祖秉圭革退陈芳官总商的职务，陈芳官自己认为其原因应该是：

> 先因不领祖秉圭银两作本，续又不肯领银购买伽楠香，又有洋行分头银两，应缴广府发给普济堂之用，祖秉圭令交关收存，彼未听从。祖秉圭怀恨，故逼令蔡寿等妄报，借端封行，欲拿致死，只得躲避。⑥

上述之事很可能是祖秉圭革退陈芳官总商之职的原因，但笔者认为应该还受到了陈寿官的影响，因为陈寿官将陈芳官视为实力强大的竞争对手。祖秉圭很可能听信了他最相信的且实力强大的陈寿官的进言，革掉陈芳官总商之职。从此，陈芳官与粤海关监督祖秉圭结怨：

---

① 中国第一历史档案馆编《明清宫藏中西商贸档案》第1册第106件，第506—514页。
② 〔美〕马士：《东印度公司对华贸易编年史》第1卷，区宗华译，第281页。
③ 英国东印度公司档案，档案号：G/12/40，1736-12-07，第73页。
④ 英国东印度公司档案，档案号：G/12/40，1736-12-07，第73页。
⑤ 中国第一历史档案馆编《雍正朝汉文朱批奏折汇编》第22册第513号，第632—634页。
⑥ 北平社会调查所中央研究院社会科学研究所编《清代钞文件》，图书编号：GJ6756，1931—1936年抄本，无页码。

> 陈芳官因奴才（祖秉圭）将他洋行革退，怀恨在心，于雍正七年番船回去之时，私寄书信于噗咭唎国，造捏多端，陷害番商，计图包揽。虽无实据，确有众论。其所恃者亦以远洋之事无凭可究，故敢肆行无忌，以致远番为其所惑。①

所谓"私寄书信于噗咭唎国"就是指 1729 年 11 月 22 日和 12 月 31 日，陈芳官和陈钦官在广州写给英国东印度公司董事部的两封信，信的主要内容是揭露陈寿官与英国东印度公司首席大班威廉·法扎克利串通勾结，抬高公司购买茶叶的价格，并将差价收入囊中。马士则称，1729 年英国东印度公司首席大班威廉·法扎克利为购买的茶叶付出了高价，其中大部分是向陈寿官购买的，而陈寿官的两位敌手陈芳官和钦官也直接写信给董事部，控告法扎克利给陈寿官的信用款比实际应付的要多。于是，董事部发出训令，要求广州管理委员会对法扎克利与陈寿官购买茶叶事件详细调查，并训令今后不要与陈寿官打交道，另找陈芳官和钦官。② 虽然陈芳官给英国人的信件主要针对的是陈寿官和威廉·法扎克利，但由于粤海关监督祖秉圭在当时实际上是与陈寿官合伙经营海上贸易，在陈寿官海上贸易的资金中，有祖秉圭的投资，所以这一控告也自然牵涉和影响到粤海关监督祖秉圭。因此祖秉圭对陈芳官这个"刺头"十分恼火，也决心要惩治这位不"遵守礼法"③ 的行商。雍正九年（1731），祖秉圭以陈芳官指使"噗咭唎国船四只，无故湾泊墺门，月余方始进口"为由，"将陈芳官锁拿，檄发南海县收禁"。④ 1731 年 12 月 8 日，粤海关监督祖秉圭发出公告，禁止中国行商向欧洲发送信件。⑤ 据英国东印度公司档案，陈芳官被粤海关拘留了 2 天，还在南海县拘留了 3 天。他被拘留的主要原因是：第一，陈芳官不适合与欧洲人交易；第二，陈芳官妻子的家人⑥ 欠了欧洲人的债务；第三，陈芳官私自给英国人和荷兰人写信。私自与

① 中国第一历史档案馆编《雍正朝汉文朱批奏折汇编》第 22 册第 513 号，第 633 页。

② 〔美〕马士：《东印度公司对华贸易编年史》第 1 卷，区宗华译，第 227 页。

③ 中国第一历史档案馆编《雍正朝汉文朱批奏折汇编》第 22 册第 513 号，第 632 页。

④ 中国第一历史档案馆编《雍正朝汉文朱批奏折汇编》第 22 册第 513 号，第 633 页。

⑤ Paul A. Van Dyke, *Merchants of Canton and Macao, Politics and Strategies in Eighteenth-Century Chinese Trade*, p.110.

⑥ 此"陈芳官妻子的家人"，当指陈芳官的大舅哥惠州知府吴简民，参见中国第一历史档案馆编《雍正朝汉文朱批奏折汇编》第 22 册第 513 号，第 633 页。

在外国的欧洲人写信联系，这应是一个很大的罪名。^①但由于广东巡抚鄂弥达和两广总督郝玉麟并不支持祖秉圭对陈芳官的惩治，所以陈芳官只在南海县监狱里关了3天就被释放。^②但祖秉圭并没有放过陈芳官，他极力阻止这一年陈芳官与英国人的贸易，陈芳官对祖秉圭给予他的阻掣和打击并没有屈服，坚定立场，而且英国人也给陈芳官大力支持，将贸易合约绝大部分投给了陈芳官，因此这一年陈芳官尽管遭到祖秉圭的阻掣和打击，但与英国东印度公司的贸易并没有受影响，陈芳官不仅与英国东印度公司签订了茶叶、丝绸合约大单，还成为这一年广州贸易供货商中最大的赢家。

（三）私自迎接夷商到广州商馆遭粤海关监督祖秉圭追杀

陈芳官与粤海关监督祖秉圭的对抗没有影响到他与外国人的贸易，还赢得了在广州外国人商人的尊敬和友好。雍正十年贸易季开始时，英国东印度公司董事部为了感谢陈芳官揭发陈寿官和法扎克利罪恶的忠诚行为，特地给陈芳官带来了一封信，同时还带来了一套英国茶碟和家具及一些优质的绒布，作为礼物送给陈芳官。^③陈芳官就在这个时候，又给英国东印度公司董事部经理乔治·阿巴思诺特（George Arbuthnot）带去了另一封信，用同样的方式控告詹姆斯·尼什（James Naish）与陈寿官勾结抬高茶价之事。^④此事被粤海关监督祖秉圭获悉，更加加重了对陈芳官的憎恨，如何惩治陈芳官正是粤海关监督祖秉圭日夜思虑的大计。

雍正十年闰五月，出现了一个给祖秉圭惩治陈芳官的良机：

> 今值喚咭唎国船三只于闰五月内到广，不即进口，逼近虎门口外，湾泊于从未湾泊之处。奴才据报，当即出示晓谕：番船既未进口，其船上番商不许先驾小船上省，固所以禁止走漏，亦所以防微杜渐也。而陈芳官，竟雇船只，着蔡寿等私去迎接，而番商四人即驾三板小船，不容拦阻，闯关进口，途中遇蔡寿之船，一同上省。^⑤

① 英国东印度公司档案，档案号：G/12/31, 1731-07-29，第46页。
② 中国第一历史档案馆编《雍正朝汉文朱批奏折汇编》第22册第513号，第633页。
③ 〔美〕马士：《东印度公司对华贸易编年史》第1卷，区宗华译，第234页。
④ 〔美〕马士：《东印度公司对华贸易编年史》第1卷，区宗华译，第234页。
⑤ 中国第一历史档案馆编《雍正朝汉文朱批奏折汇编》第22册第513号，第633页。

另一份档案则是如是记录：

> 雍正十年闰五月内，有丰亨行蔡寿、张储二人到黄埔口，祖秉圭
> 径拿，酷刑令供，陈芳观主使去接夷商，立拿陈芳观，欲置死地。因逃
> 避未获，移咨代擎，径发封条，将陈芳观孚德行封固，抄踞货物。又将
> 丰亨行、宝丰行亦加封革行，又将鼎丰行、懋德行，出示禁革，不许
> 开张。①

两份档案记载的是同一件事情，即 1732 年 6 月陈芳官私自派属下的行商前往
虎门，带四位英国商人驾驶三板闯关进口，并把他们带进了陈芳官的广州商
馆。很明显，未经广东政府的批准，私自将外国商人带至广州，这对于一个
经营对外贸易的官方代理人来说，就是知法犯法。所以祖秉圭"立拿陈芳观，
欲置死地"。不过陈芳官闻风逃脱，没被官方拿捕，但祖秉圭并没有放弃，
一是"将陈芳观孚德行封固，抄踞货物"，二是将陈芳官的合伙人"丰亨行、
宝丰行亦加封革行，又将鼎丰行、懋德行，出示禁革，不许开张"，对陈芳
官进行了严厉的镇压。陈芳官"藏匿于伊妻兄惠州府知府吴简民在省公署，
抗不到案"。② 同年贸易季结束后，陈芳官派他的兄弟到北京向皇帝控告粤海
关监督祖秉圭对他的迫害，最终北京派出官员对祖秉圭及陈寿官展开刑事调
查。1732 年 9 月 25 日，北京命令两广总督鄂弥达逮捕粤海关监督祖秉圭和
陈寿官，祖秉圭被传唤到北京交代罪行，罪名是进行非法贸易，陈芳官获得
了自由，并被允许再次进行贸易。③

四　逐渐消失在广州贸易中的陈芳官

雍正十一年（1733）六月，与陈芳官关系极为密切的合伙人陈钦官去
世，④ 两人合作经营的商行隐藏的债务浮出了水面，如果当时的债务人要求陈
芳官全部还钱的话，这些商行很可能会倒闭。⑤ 加上他在与陈寿官的斗争中

---

① 北平社会调查所中央研究院社会科学研究所编《清代钞文件》，图书编号：GJ6756，1931—1936
年抄本，无页码。
② 中国第一历史档案馆编《雍正朝汉文朱批奏折汇编》第 22 册第 513 号，第 634 页。
③ 英国东印度公司档案，档案号：G/12/33，1732-09-26，第 101 页。
④ 英国东印度公司档案，档案号：G/12/35，1733-07-28，第 10 页。
⑤ Paul A. Van Dyke, *Merchants of Canton and Macao, Politics and Strategies in Eighteenth-Century Chinese Trade*, p.113.

失去了大部分贸易，致使其商行的收入大幅减少，陈芳官商行的经济进一步恶化。陈芳官向英国东印度公司"讲述了他今年的业务交易情况以及他如何成功与老粤海关监督祖秉圭提起诉讼，我们根据他的说法，并发现其诉讼尚未结束，认识到在其诉讼结束之前，和陈芳官进行任何贸易都是不安全或不谨慎的"，① 所以雍正十一年一整年陈芳官没有获得任何贸易。到雍正十二年时，陈芳官与英国东印度公司签订了 2600 匹丝绸和 398 担茶叶的合约，但实际只运送了武夷茶 200 担、丝绸 30 匹、金元宝 200 块，货物总价值为 23100两。② 虽然运送的货物价值并不低，但 1734 年 12 月 27 日的英国东印度公司档案称，陈芳官已经非常"贫穷"（Poor）了。③ 这应该是陈芳官在广州贸易中对英国东印度公司贸易的最后记录。乾隆元年，清廷下令取消粤海关颁布的 10% 加征之税，这虽然是陈芳官的功劳，英国人对他也确实表示了衷心的感谢，但英国东印度公司考虑到自身的商业利益，认为陈芳官还是一位官司缠身且有争议的人物，而且与广东主管海外贸易的官员关系一直很紧张，故对陈芳官采取谨慎态度，保持距离，再也没有将贸易合约投给陈芳官。④ 陈芳官从雍正十二年（1734）以后停止同英国东印度公司的贸易，但从与荷兰、丹麦两国的小型贸易记录中仍然可以找到他的名字。乾隆元年至乾隆十年，陈芳官与丹麦亚洲公司进行了 4 次贸易；乾隆元年至乾隆二十五年，与荷兰东印度公司进行了 18 次贸易，但这些贸易量应该都非常小，只提到某些商品名，而无实际贸易数据。⑤

　　18 世纪 30 年代后期，广州贸易中一批新行商迅速崛起，如颜德舍和黄锡满的泰和行、蔡煌官和邱昆（Semqua）的义丰行，它们获得了广州贸易市场相当大的份额，还有像叶隆官（Leunqua）端和行和叶义官（Giqua）广源行这些原来并不起眼的小行都做起了大生意，陈芳官盈顺隆记的贸易份额已经大大缩水，成为广州最小的公司之一。⑥ 不过，陈芳官的地位和影响仍然存在，直到乾隆二年时，一位丹麦大班仍称他为广州资格最老、最有名望的

---

①　英国东印度公司档案，档案号：G/12/35，1733-07-28，第 10 页。

②　英国东印度公司档案，档案号：G/12/36，1734-08-02，第 37 页；1734-09-03，第 91 页。

③　英国东印度公司档案，档案号：G/12/36，1734-12-27，第 152 页。

④　英国东印度公司档案，档案号：G/12/35，1733-12-05，第 109 页。

⑤　Paul A. Van Dyke, *Merchants of Canton and Macao, Politics and Strategies in Eighteenth-Century Chinese Trade*, pp.317-318.

⑥　Paul A. Van Dyke, *Merchants of Canton and Macao, Politics and Strategies in Eighteenth-Century Chinese Trade*, p.116.

商人。① 乾隆十二年（1747），他还担任了英国东印度公司"波特菲尔德号"（Portfield）船只的保商（Security Merchant）。② 1760 年 8 月在讨论第二次成立广州公行时，陈芳官的名字仍在其列，他与张富舍（Foesia）两人共缴纳了 4000 两会员费（Foesia & Tan Hunqua 4000），每人 2000 两，这一记录成为缴纳会员费最少的人，③ 到 1760 年 9 月 12 日，广州公行公所正式开馆时，就没有陈芳官的名字了。④

乾隆二十五年十一月初五日（1760 年 12 月 11 日），陈芳官逝世。⑤ 在英国东印度公司档案档案中，曾经出现"小陈芳官（Young Ton Honqua）"⑥，还出现过 Phillis Honqua⑦，又作 Young Phillis⑧，此 Young Ton Honqua 当即 Phillis Honqua，极有可能就是陈芳官的儿子，但此人并未继承父业，也没有在后来的广州对外贸易中出现。

（执行编辑：林旭鸣）

---

① RAC: Lintrup 5893, 1737-01-06; RAC: Ask 1116, 1736-12-15 and day 18.
② 英国东印度公司档案，档案号：R/10/3, 1747-08-24，第 157 页。
③ 荷兰海牙国家档案馆，档案号：VOC 4386, 1760-08-01，第 18—19 页。
④ Dec. 1760 and 6 Feb. 1761. According to the Journal of 12 Sept. 1760, VOC 4386, 转引自 C.J.A.Jörg, *Porcelain and the Dutch China Trade,* Springer Science Business Media Dordrecht, 1982, p.338。
⑤ Paul A.Van Dyke, *Merchants of Canton and Macao, Politics and Strategies in Eighteenth-Century Chinese Trade,* p.322.
⑥ 英国东印度公司档案，档案号：G/12/27, 1728-08-14，第 44 页。
⑦ 英国东印度公司档案，档案号：G/12/43, 1737-12-27，第 61 页。
⑧ 英国东印度公司档案，档案号：G/12/33, 1732-08-09，第 72 页。

海洋史研究（第二十二辑）

2024 年 4 月　第 621~634 页

沉船中人类遗骸保护的法律研究

王　晶[*]

一　问题的提出

历史沉船载有丰富的海洋活动信息，水下文化遗产能够纠正和扩展海洋史文献，其权利归属和保护方式与这类研究实物的留存密切相关，对海洋史研究具有重要意义。南海的大量历史贸易船舶及遗址中的人类遗骸，以及浙江舟山海域载有英军战俘的日本沉船里斯本丸号、黄渤海的日俄沉舰等仍面临着被航行破坏和能否打捞、如何处置的问题，影响了水下考古工作的开展，以及后续海洋史研究资料的获取。另外，灾难是人类海洋活动历史中的常见现象，水下考古的对象以历史时期沉船为大宗。因此，人类遗骸的发现和处置相对陆地田野考古更为常见，是文化遗产保护管理不可回避的现实问题。广西甑皮岩史前遗址、广东西樵山遗址和南海一号沉船遗址等年代较早的遗址所发现的人类遗骸尚可依照田野考古的常规做法作为标本保留在文物收藏机构，但近现代沉船中人类遗骸的处置则需谨慎。

水下文化遗产的法律研究多集中在文物所有权方面，盖因英文研究成果局限于大航海时代以后的沉船，并受侧重于船载货物的海商法传统影响，以及国内法学界对中国沉船时代和性质与欧美的差异性认识不足有关。人类遗

---

[*]　王晶，国家文物局考古研究中心副研究馆员。

本文为国家社会科学基金"维护国家海洋权益"研究专项"我与 21 世纪海丝沿线主要国家海上合作维权策略研究"（项目号：17VHQ012）、教育部哲学社会科学研究重大课题攻关项目"中国海洋遗产研究"（项目号：19JZD056）阶段性成果。

骸赋予所在沉船的特殊属性，对水下文化遗产保护管理方式，以及国家权利产生影响。探索优先于沉船沉物的权利来源，既利于争取国外海域所发现中国沉船的权利，也利于对我国海域内外国沉船的管理，继而化解权利冲突并推动国际合作水下考古工作，为海洋史研究提供更为丰富的实物研究对象。中国自古便有把出海发现的人类遗骸带回陆地并建庙祭祀的习惯，靖远舰遗址岸边竖立的林永升纪念碑和雕像体现了中国人民对长眠在海底的军人遗骸的尊重，中国的水下考古工作也秉持着国际文件中尊重人类遗骸的理念，对这个水下文化遗产研究盲点的法律规则进行梳理和构建，可为中外水下考古和后续水下文化遗产保护管理实践提供参照。与人类遗骸密切相关的沉没军舰和其他国家船舶之国际规则尚未形成成文法，以具有普遍伦理和人道主义的人类遗骸的处置为突破点来调整相关水下文化遗产的法律定位、处置方式和权利层级，不仅对我国的海洋管辖有实际意义，更是中国引领国际治理和区域合作的重要一环。

二 保护存有人类遗骸的沉船具有普遍性和优先性

（一）人类遗骸及遗址的法律位置

"国际法之父"格劳秀斯在《战争与和平法》中写道："……同样适用于为纪念死者所立的纪念物：不必要地打扰死者沉睡中的尸骨，完全漠视了我们共同人性的法则和纽带。"[1] 即便在劫掠敌国时应予节制的对象包括存有人类遗骸的沉船；他认为丧葬权和行使该权利是人类的仪式，战争并没有剥夺这种权利。[2] 从尊重人类安息地和遗骸的宗教传统延伸出不打扰为国献身者所栖身的战争墓地的国际习惯法规则。1980年《美国国际法实践摘要》指出，打扰沉没军舰，特别是存有逝者的军舰是不当行为，这来源于国际习惯法。[3] 保护人类遗骸及其安息的沉船遗址源自人性的正义，是人类社会普遍永恒的原则，在战时尚受到保护，遑论平时。沉船原属国的所有权、沉船发现者的所有权和救捞权应以人类墓地的权利为优先。

---

[1] 〔荷〕胡果·格劳秀斯：《战争与和平法》，〔美〕A.C. 坎贝尔英译，何勤华等译，上海人民出版社，2017，第318页。

[2] 〔荷〕胡果·格劳秀斯：《战争与和平法》，〔美〕A.C. 坎贝尔英译，何勤华等译，第195页。

[3] Marian Nash Leich, "War Vessels: Abandoned or Sunken Vessels," in Department of State (ed.), *Digest of United States Practice in International Law 1980,* Washington: US Government Printing Office, 1986, pp. 999–1006.

（二）国际法规定的保护义务

人类遗骸作为联合国教科文组织 2001 年《保护水下文化遗产公约》（Convention on the Protection of the Underwater Cultural Heritage，以下简称《水下公约》）第 1 条（a）款所列举的对象，也适用于 1982 年《联合国海洋法公约》（United Nations Convention on the Law of the Sea）"一般规定"部分的第 303 条第 1 款"各国有义务保护在海洋发现的考古和历史性文物，并应为此目的进行合作"，这是将包括人类遗骸在内的水下文化遗产保护作为国家普遍义务的国际法规定。1989 年《国际救助公约》（International Convention on Salvage）第 30 条（d）款规定，成员国可以对"具有史前的、考古的或历史价值的海上文化财产"做出保留，是推动传统的救捞法原则不适用于包括载有人类遗骸沉船的重要一步。

《生物多样性公约》（Convention on Biological Diversity）把海洋保护区（Marine Protected Area，MPA）界定为包括上覆水域及相关动植物和历史文化遗存的确定区域，[①] 第五类海洋保护区为海洋景观，是"人类与自然互动所形成的具有突出生态、生物、文化和景观价值的区域"。[②]《水下公约》对水下文化遗产的定义即体现出它们是人类利用自然的产物，[③] 因此，人类遗骸所在沉船遗址也是《生物多样性公约》的保护对象，属于人类共同利益，对其进行预防性保护优先于原属国提出的其他处置方式。[④]

[①] IUCN, 17th Session of the General Assembly of IUCN and 17 IUCN Technical Meeting, San José, Costa Rica, 1–10 February 1988, p.105.（原文为：Any area of intertidal or subtidal terrain, together with its overlying waters and associated flora, fauna, historical and cultural features, which has been reserved by legislation to protect part or all of the inclosed environment）UNEP/CBD/COP/DEC/VII/5, Note 11, 13 April 2004.（原文为：Maine and coastal protected area means any defined area within or adjacent to the marine environment, together with its overlying waters and associated flora, fauna and historical and cultural features, which has been reserved by legislation or other effective means, including custom, with the effect that its marine and/or coastal biodiversity enjoys a higher level of protection that is surroundings）

[②] IUCN, Protected Area, 2021-02-01, https://www.iucn.org/theme/protected-areas/about/protected-areas-categories/category-v-protected-landscapeseascape.

[③] 《保护水下文化遗产公约》第 1 条（a）款规定："'水下文化遗产'系指至少 100 年来，周期性地或连续地，部分或全部位于水下的具有文化、历史或考古价值的所有人类生存的遗迹。"

[④] 《生物多样性公约》第 22 条第 1 款规定："本公约的规定不得影响任何缔约国在任何现有国际协定下的权利和义务，除非行使这些权利和义务将严重破坏或威胁生物多样性。"

（三）国际公约规定的保护方式

《水下公约》第 2 条第 9 款规定"缔约国应确保对海域中发现的所有人的遗骸给予恰当的尊重"，公约附件《有关开发水下文化遗产之活动的规章》（Rules Concerning Activities Directed at Underwater Cultural Heritage，以下简称《规章》）第 5 条规定，相关活动应当避免不必要地侵扰人类遗骸或受崇敬的遗址。在通过国际公约对水下文化遗产中的人类遗骸形成规定之前，一些国际组织即对人类遗骸做出了特殊规定，对逝者和社群文化采取恰当的处置方式使其区别于其他文化遗产。比如，世界考古学大会（World Archaeological Congress）1989 年通过的《处置人类遗骸的朱红同意书》（The Vermillion Accord on Human Remains）提出了包括尊重死者和相关人意愿、当地社区和科学研究的六条倡议；后 2005 年《人类遗骸和神圣物品展陈的奥克兰同意书》（Tamaki Makau-Rau Accord on the Display of Human Remains and Sacred Objects）提出应取得相关社群同意，并以文化适宜的方式展陈此类遗存。

不当潜水对最终安息地人类遗骸的打扰是 2000 年《皇家邮轮泰坦尼克号沉船国际协定》（International Agreement Concerning the Shipwrecked Vessel RMS Titanic，以下简称《协定》）所针对的问题之一，成员国就原址保护达成共识。《协定》第 2 条（a）款规定，泰坦尼克号沉船应被认为是逝者及遗骸的纪念地；第 4 条第 1 款（a）项规定，进入船体以不扰物品和人类遗骸为前提；协定所附《关于以皇家邮轮泰坦尼克号沉船及其器物为目标之活动的规章》（Rules Concerning Activities Aimed at the RMS Titanic and/or Its Artifacts）第 2 条规定"活动应避免打扰人类遗骸"为一般性原则，并在第 20 条规定环境影响评估，以利于遗骸的长期稳定。这些规定体现出人类遗骸的法律位置使保护其所在遗址优先于一般沉船在海事法中的救捞权和所有权，不应随意占有或破坏相关水下文化遗产。

三　国家间实践避免打捞人类遗骸和沉船

（一）双边条约

沉没在他国海域的军舰和其他国家船舶存在船旗国和沿海国的不同权利，加之其中人类遗骸处置的特殊性，因此，各方通过双边条约约定彼此的权利和义务。从现有的七项水下文化遗产双边条约来看，其均涉及沉船所有权和保护管辖方式、发掘品归属、人类遗骸处置三个方面，并指出沉船的墓地属性，其中半数为具有人类遗骸处置方式的条款。虽然条约双方议定的条款受到各自政策法律等利益取向、沉船历史社会意义及船载物经济价值等影响，但拣取其中涉及人类遗骸处置的不同实践方式仍可看出相关水下文化遗产保护管理理念和方式随着时间推移的演进。

1. 商业性打捞

伯肯黑德号是 1852 年沉没在南非杭斯拜（Gansbaai）的英国运兵船，400 余人丧生。1983 年南非政府授权商业打捞后取出的部分器物被拍卖，南非政府和英国政府均提出了所有权主张。1989 年《英国和北爱尔兰政府与南非政府关于规定英国皇家船舰伯肯黑德号沉船打捞问题的换文》（Exchange of Notes between the Government of the United Kingdom of Great Britain and Northern Ireland and the Government of the Republic of South Africa Concerning the Regulation of the Term of Settlement of the Salvaging of the Wreck of HMS Birkenhead）指出该沉船应作为军事墓地，南非政府应确保打捞者不扰动或把人类遗骸带出水面。

2. 发掘提取

1686 年沉没于美国得克萨斯州海域马塔戈达湾（Matagorda Bay）的拉贝拉号见证了法国殖民密西西比河流域的历史，得州历史委员会（Texas Historical Commission）在 20 世纪 90 年代从船艏绳索处发掘出一具人骨。沉船于 1997 年被提取送入得克萨斯州农工大学保护研究实验室进行二次发掘，水手经鉴定后于 2004 年葬入得州公墓。[①] 在 2004 年美国《沉没军机法》（Sunken Military Act）出台前夕，2003 年签署的《美国政府与法国政府关于拉贝拉号沉船的协定》（Agreement between the Government of the United States of America and the Government of the Republic of France Regarding the Wreck of La Belle）第 3 条第 3 款规定对该探险舰队中人类遗骸的处置和埋葬须经法国大使或其驻项目代表同意，意在避免对湾区无氧环境下尚未发现的其他法国探险者遗骸的随意扰动。

---

① James E. Bruseth, Toni S. Turner, *From a Watery Grave: The Discovery and Excavation of La Salle's Shipwreck, La Belle,* College Station: Texas A & M University Press, 2005; Texas Historical Commission, *La Salle* Archeology Projects，2021-02-01，https://www.thc.texas.gov/preserve/archeology/la-salle-archeology-projects.

3. 原址保护

1864 年，1000 余名船员随美国军舰阿拉巴马号沉没于英吉利海峡（English Channel），1984 年被法国扫测船发现时仅在贝壳砂下存有船体下部和部分右舷。1989 年《美国政府与法国政府关于美国军舰阿拉巴马号沉船的协定》（Agreement between the Government of the United States of America and the Government of the Republic of France Concerning the Wreck of the CSS Alabama）第 3 条规定，法国政府已在沉船周边划设的保护区继续有效，由法国主管机构保护管理。1989—1995 年、1999 年、2000 年、2002 年，美法进行了联合发掘，500 余件器物中包括三门加农炮、船体构件，以及烟斗、梳子、牙刷、纽扣等个人物品，从皮鞋等遗存推测遗址应存有人类遗骸，沿海国设立保护区是避免扰动人类遗骸的有效措施。[①]

（二）国际合作项目

荷兰军舰德鲁伊特号旗舰（Hr.Ms. De Ruyter）、爪哇号（Hr.Ms. Java）、科尔特纳尔号（Hr.Ms. Kortenaer）于 1942 年被日本海军击沉在爪哇海，915人丧生，是日本占领荷属印度的历史事件。2002 年，澳大利亚潜水团队发现了军舰，但未报告荷兰或印尼主管机构，此后沉船成为休闲潜水和商业参观的目的地，一些物品被拍卖。2016 年，一家荷兰摄影公司拍摄纪录片时发现两艘军舰已残缺不全，随后，荷兰政府与印尼政府签署协议进行军舰调查和印尼海域的荷兰沉船保护。[②]

以上国家间实践的客体为存有人类遗骸的 17—20 世纪军舰和国家船舶，合作发掘提取和原址保护从 80 年代延续至今，打捞则被前述方式替代。与被打捞的英国皇家舰船伯肯黑德号相比，1997 年《英国政府与加拿大政府关于英国皇家船舰幽冥号和恐怖号沉船的谅解备忘录》（Memorandum of Understanding between the Governments of Great Britain and Canada Pertaining

---

① U.S. Navy, Alabama Wreck Site (1864), 2021-02-01, http://www.history.navy.mil/research/underwater-archaeology/sites-and-projects/ship-wrecksites/uss-tecumseh.html; DoD, Archaeological Investigation and Remote Operated Vehicle Documentation: Confederate Commerce Raider CSS *Alabama*—2002, Washington, DC, Department of Defense Legacy Resource Management Program (Project 02-109), 2004.

② Dutch Cultural Heritage Agency, Dutch Shipwrecks in the Java Sea, 2021-12-01, https://english.cultureelerfgoed.nl/topics/maritime-heritage/shipwrecks/dutch-shipwrecks-in-the-java-sea; Dutch Cultural Heritage Agency, Dutch Heritage Services and Indonesia Sign Cooperation Agreement on Maritime Heritage, 2021-12-01, https://english.cultureelerfgoed.nl/topics/maritime–heritage/international-projects/indonesia/cooperation-agreement.

to the Shipwrecks of HMS Erebus and HMS Terror）中的客体得到了沿海国的
有效预防性保护管理，该条约还把对打扰人类遗骸的限制扩展到所有人为活
动。可见，虽然尚无针对沉没军舰和国家船舶的成文法国际规定，但双边实
践已在人类遗骸相关沉船的处置方面逐渐形成了一些一致且稳定的规则，尤
其是开放性缔约的《皇家邮轮泰坦尼克号沉船国际协定》更是基于不打扰人
类遗骸的宗旨和多国意愿而形成，将相关规则向前推进了一大步。

四　沿海国划区保护存有人类遗骸的沉船

前述人类遗骸及相关沉船保护的国际实践离不开各国立法和政策的支持
与推动，国家实践案例的梳理能够进一步印证保护管理理念的演进。国家对
水下文化遗产中人类遗骸的立法可见大型海难纪念地和军事遗存两类，前者
以泰坦尼克号沉船最为突出，同时，旨在保护军舰内人类遗骸避免未授权行
为的扰动也是促使沉没军事船舶国家立法的重要原因。[①] 对两艘英国皇家船
舰内人类遗骸的不当发掘推动了英国 1986 年《军事遗存保护法》（Protection
of Military Remains Act）的出台，该法第 1 条规定了受控制遗址（Controlled
site）、保护地（protected Place）两种保护管理方式，国防大臣对可能存有
人类遗骸的遗址不签发许可，并保留亲自视察所有发掘工作的权力，该法也
适用于英国水域内的外国军事遗存。澳大利亚 2018 年《水下文化遗产法》
（Underwater Cultural Heritage Act）指出，沉船和飞行器内的人类遗骸并非器
物，应予尊重。[②]

从保护管理实践来看，同一主管机构也会对存有人类遗骸的沉船做出
迥然相异的处置。比如，美国国家海洋和大气管理局（National Oceanic and
Atmospheric Administration，NOAA）对泰坦尼克号沉船和美国军舰监视者
号（USS Monitor）沉船制定了不同的保护原则和措施。前者基于海难的历
史意义，故禁止扰动船内物品和人类遗骸，以保持有机物的环境稳定；后者
是北方联邦为对抗南方邦联而建造的第一艘铁甲舰，基于其造船技术和扭转

[①]　Ministry of Defence, Ten Military Shipwrecks Protected as Final Resting Places, 2021-12-01, http://www.
mod.uk/defenceinternet/defencenews/historyandhonour/tenmilitaryshipwrecksprotectedasfinalrestingplac
es.htm.

[②]　Bill Jeffery, "Australia," in Sarah Dromogoole (ed.), *The Protection of the Underwater Cultural Heritage:
National Perspectives in Light of the UNESCO Convention 2001* (2nd ed.), Leiden: Martinus Nijhoff
Publishers, 2006, pp. 1–15.

美国内战局势的意义从沉船中提取了物品，并在海战所在地弗吉尼亚州的水手博物馆（Mariners' Museum）展陈。处置措施与相关水下文化遗产的价值因素有关，也与其保护情况有关，当保护条件变化时，处置措施也随之调整。甚或如果水下文化遗产威胁海洋环境和安全，即可采取打捞、清除等紧急措施，比如存有人类遗骸和石油、弹药的补给船。可见，政府决策基于历史、文化等科学价值，以及环境价值等公共利益的不同方面，价值认识、利益需求的变化也会导致处置措施的改变。以下大致区分列举人类遗骸及相关沉船的不同保护管理方式。

（一）海事纪念地

美国 1986 年《皇家邮轮泰坦尼克号海事纪念地法》（R.M.S. Titanic Maritime Memorial Act）第 2 条（b）款第 1 项指出，该沉船是逝者的国际海事纪念地。2007 年修订为《皇家邮轮泰坦尼克号海事纪念地保护法》（R.M.S. Titanic Maritime Memorial Preservation Act）时规定把该沉船和遗址作为逝者的国际海事纪念地和墓地，以及具有独特科学、考古、文化和历史重要性的遗址来保护。英国 2003 年制定的《沉船保护令》[The Protection of Wrecks（RMS Titanic）Order 2003] 规定泰坦尼克号沉船的指定区域为周边半径 1 千米。NOAA 于 2000 年制定了《皇家邮轮泰坦尼克号沉船研究、勘探和打捞指南》（Guidelines for Research, Exploration and Salvage of RMS Titanic，以下简称《指南》）。随着《协定》生效，《指南》的一些政策具有了强制力，并体现在美国海事法院对该沉船打捞诉讼裁判中从支持救捞权到原址保护的变化趋势。

（二）沉没军舰

1. 原址保护

1983 年，美国国家公园局水下资源中心（NPA Submerged Resources Center）开始调查在珍珠港事件中被击沉时载有 1000 余名船员的美国军舰亚利桑那号（USS Arizona），将其列为国家历史地标（national historic landmark），作为战争墓地和纪念地进行原址保护和船载燃油监测。[①]

---

① Hans K. Van Tilburg, "Historic Period Ships of the Pacific Ocean," in Ben Ford, Donny L. Hamilton and Alexis Catsambis (eds.), *The Oxford Handbook of Maritime Archaeology*, New York: Oxford University Press, 2012, p. 604.

　　法国虽无针对沉没沉船内人类遗骸保护的立法，但通过 1999 年第 59/99 号令为 1944 年沉没并载有 22 名船员的德国 U-171 潜艇划设了潜水禁区；2001 年，应美国要求，法国文化部（DRASSM）认可了 1944 年被德国 U-486 潜艇击沉于瑟堡（Cherbourg）并载有 782 名军人和船员的美国军舰利奥波德维尔号（CSS Leopoldville）的历史价值，将其认定为海洋文化资产（Maritime Cultural Asset），进入沉船被严格控制，在周边遗址潜水需审批。[①]

2. 从原址保护到提取人类遗骸

　　16 名船员同美国军舰监视者号沉没于 1862 年，1973 年在北卡罗来纳州领海外水下 70 余米发现了沉船。它是依据 1972 年《国家海洋保护区法》（National Marine Sanctuaries Act）被指定的第一处海洋保护区，也是国家公园局通过国家史迹名录（National Register of Historic Places）指定的国家历史地标。虽然公众要求打捞沉船的呼声高涨，但考虑到文物出水后的保护，该沉船遗址以稳定船体为主要管理目标，主管机构对遗址进行监测。NOAA 在 90 年代初发现船体劣变加剧后，制定了稳定船体并提取蒸汽引擎和旋转炮塔的计划。考虑到倒扣后被泥沙掩埋的炮塔是保存最完整的部分，可能存有船员遗骸，2002 年提取时由海军中央鉴定实验室（Central Identification Laboratory Hawaii，CILHI）参与并将取出的遗骸送检，炮塔内的遗骸则在取出炮塔后由考古学家记录和提取，博物馆实验室为炮塔保护槽加装了冷却系统以避免凝结入炮塔的遗骸劣变，后续发掘发现了四名逝者的个人物品。[②] 取出的遗骸转入 CILHI 检测和存放，试图追溯 DNA 未果后，在沉没 150 年后的 2013 年葬入阿灵顿国家公墓（Arlington National Cemetery）。2007 年，水手博物馆开设了美国军舰监视者号中心（USS Monitor Center）[③]，与保护实验室和留在原址的船体共同向公众展示这段历史。

3. 从打捞到原址保护

　　1993 年，潜水者在马萨诸塞州鳕鱼角（Cape Cod）发现了二战时期德国 U 型潜艇后，德国驻纽约领事提出依据《日内瓦公约》（Geneva Convention），该沉船是战争墓地，不应被打扰。此前已在美国海域发现数艘

---

① 91-1226 号令（Decree No. 91-1226）第 7 条。

② NOAA, Discovery of *Monitor* Sailors' Remains, 2021-12-01, https://monitor.noaa.gov/150th/sailors1. html.

③ John D. Broadwater, "The USS Monitor: In Situ Preservation and Recovery," in Robert Grenier, David Nutley and Ian Cochran (eds.), *Underwater Cultural Heritage at Risk: Managing Natural and Human Impacts (Heritage at Risk: Special Edition),* Paris: ICOMOS, 2006, pp.79–81.

德国潜艇，发现于罗德岛沿岸的一艘 U 型潜艇被出售，因该潜艇中有德国船员遗骸而引发了德国政府的进一步关注。90 年代后期，美国海军与马里兰州政府一起为发现于波多马克河（Potomac River）水下 26 米的黑豹号潜艇（U-1105 Black Panther，十艘装有防声呐探测橡胶外壳的潜艇之一）设立水下公园，作为历史沉船保护地（Historic Shipwreck Preserve）按照《被弃沉船法》（Abandoned Shipwreck Act）保护，潜水受到规制。①

4. 区域性保护区

2016 年 NOAA 公布计划扩展监视者号海洋保护区（Monitor National Marine Sanctuary）以纪念距离美国大陆最近的大西洋之战（Battle of the Atlantic），预计划设的范围内包括德国潜艇、英国军舰、美国军舰和商船等其他历史沉船。②随着 2004 年《沉没军机法》生效，美国政府将他国沉没军舰作为战争墓地对待已成为常规处置方式。

从上可见，沿海国倾向于划区保护存有人类遗骸的沉船，一方面是出于对人类安息地的尊重和出水器物保护的需要，另一方面也规避了与船旗国的争议，对沉船集中的大型战争场所划设大范围的保护区。保护管理措施基于沉船遗址的墓地属性，主管机构通过适用于不同保护价值、不同层级的法律文件对保护区的禁止、许可行为进行规范；同时注重监测，依据数据制定分阶段的提取计划，考古工作包括对遗骸身份的确认和安葬；展示方式依据保护需求，有博物馆、海底、实验室共同展示的方式。

五　中国的实践与建议

1977 年至 1980 年，中国海军和交通部打捞了 1945 年沉没于福建漳州海域的日本船阿波丸号，2000 余名从东南亚撤退的日本人丧生于此，中国在打捞前即考虑到向日本归还落难者遗骸利于促进两国关系，日本政府代表也对中国移交遗骸和遗物的人道主义精神表示感谢。③2013 年，因丹东港区扩建，考古机构对红岗海域进行了考古调查，并于 2014 年发现和确认了致远舰沉

---

① Lawrence J. Kahn, "Comment, Sunken Treasures: Conflicts Between Historic Preservation Law and the Maritime Law of Finds," *Tulane Environmental Law Journal*, Vol. 7, No. 2, 1994, pp. 595–642.

② NOAA, NOAA Releases Expansion Proposal for Monitor National Marine Sanctuary, 2021-12-01, https://nmsmonitor.blob.core.windows.net/monitor-prod/media/docs/20160108-press-release.pdf.

③ 何立波：《"阿波丸"号事件：历史的谜中之谜》，《档案天地》2006 年第 2 期，第 23、26、27 页。

船、2018 年发现了经远舰沉船、2020 年定远舰铁甲提取出水，一系列公众教育活动引发了社会对沉舰和逝者的关注。人类遗骸发掘是水下考古工作的重要内容，船载人类遗骸的考古发掘推进了对饮食、健康、船舶社会等主题的研究，能够增进人类对历史的认知。但人类遗骸的特殊性使其有别于其他考古对象，寄托着与逝者有社会关系的人员的情感。因此，落实原址保护、发掘提取存有人类遗骸的沉船设施，是水下考古工作的应有之义。随着海洋开发建设和探测技术的发展，如何保护管理中国管辖海域的中外沉船及人类遗骸，已成为考古、海洋和法律界面临的新问题。

存有人类遗骸的遗址具有墓地、纪念地的法律地位，沉船、船载物和人类遗骸及其散落形成的遗址均是历史事件的组成部分，故应基于公共利益而禁止或限制打捞，科学调查、考古发掘、公众开放以不打扰人类安息地及其环境为前提，已打捞、发掘或符合必要条件扰动人类遗骸后需以适当方式埋葬。其中的沉没军舰和国家船舶在国家财产的法律地位之外，兼具战争墓地、军事墓地、海事墓地几种定位，分别对应沉船遗址与战争历史、国家安全、死难事件的关系。从不扰动人类遗骸、保护水下文化遗产的考古和环境背景情境，以及沉没军舰和国家船舶权利的复杂性两方面来看，基于非侵入性原则的原址保护是处置含有人类遗骸的沉船较为恰当和合理的保护管理方式，也利于维护我国对管辖海域内大量外国沉船，以及我国管辖海域外中国沉船沉物的权益。

（一）设立文物保护单位仍需推进

甲午沉舰中的定远舰属于全国重点文物保护单位刘公岛甲午战争纪念地的一部分，同时位于国家级海洋特别保护区、国家重点风景名胜区内，兼具海洋生物、生态环境等价值，旅游休闲利用方式和强度已与海洋资源形成稳定关系，适宜保持原址保护管理的现状，是对沉船和遗址可能存有的人类遗骸最稳定的保护管理方式。

中国沉没在他国海域应存有人类遗骸的沉船，如日本鹰岛海域的元代军船被列为国家史迹（historic site）进行原址保护，我国尚无对外国沉船设立文物保护单位的做法。1942 年，运送英军战俘的日本船舶里斯本丸号被美国鱼雷击沉在舟山海域，当地渔民极力挽救船上人员的生命，该沉船遗址及逝者承载着人类社会对第二次世界大战的惨痛记忆，以及战争中国人无国界的人道主义精神。调查和管理该沉船是对英国、日本、中国历史的保护，也是对国际社会战争记忆的保护，主管机构应当采取措施避免对沉船和人类遗骸的破坏。

（二）适当划设保护区

1. 水下文物保护区

致远舰自 1894 年沉没后至 1938 年被日本拆解，现仅存不到一半底部舱室，沉船周边散落有炮弹、机枪、舷窗、锅炉配件等，零星钢板外露于海床。经远舰的铁甲堡出露于海床，虽部分经拆解破坏，但因舰体呈倒扣状，保存情况较好。致远舰、经远舰相距较近，且与周边沉舰形成区域性的海战遗址，两舰尚未被列为文物保护单位，并处于丹东港拟建港区，尤其是经远舰距离庄河电厂仅 10 千米[①]，应监测周边开发对沉舰遗址的影响，据此确定适宜的保护方式，可以考虑联合外交、海军、海洋等部门划设水下文物保护区或海洋保护区，并在保护区中选择文物价值较高者公布为相应级别的保护单位，以避免开发活动对海战区域内外国军舰和人类遗骸的破坏。

2. 跨国战争主题保护区

中、朝、韩三国对中日甲午战争具有近似的历史记忆，可以据此进行水下考古国际合作，并划设具有国际意义的区域性战争主题海洋保护区。1894年，载有 1000 余名清兵的高升号商船被日本击沉在丰岛海域，被认为是甲午海战的开端，此后这艘沉船成为私人打捞的对象，高升号打捞物品中的皮鞋、纽扣、军用皮带扣等说明遗址应存有人类遗骸。[②] 区域性保护区的建立可以避免对我国具有重要历史意义的沉船被打捞，我国也可通过政府间合作对沉船遗址的英灵遗骸提出主张。

（三）保护人类遗骸是水下考古国际合作的必然因素

船旗国和沿海国对沉船具有不同的权利，因此，沉船考古是国际合作的重要内容。国际合作基于一致的保护管理理念和方式，出于对平等主体的国际礼让原则，沿海国主管机构在处置前需知会国家船舶、船员生前属国，并尊重其意愿。对于所有权不属于船旗国的沉船，通过沉船所载军人、船员等逝者是国家雇员身份及因公共利益丧生对国家的历史和纪念意义，相关国家仍可参与这些沉船的调查、发掘、研究等后续决策。我国不是《水下公约》

---

① 冯雷、于海明、周春水:《辽宁庄河经远舰遗址水下考古发现与水下文化遗产的研究价值》,《自然与文化遗产研究》2020 年第 7 期, 第 29 页。

② 인천광역시립박물관, 고승호 끝나지 않은 항해. 인천 : 인천광역시립박물관 전시교육부, 2015, p.3.

的成员国，但对人类遗骸及相关沉船的发掘、打捞等处置仍需履行保护文化遗产的基本国际义务。同时，沿海国对沉舰的处置方式也受对墓地给予尊重的国际习惯法规则的规制。

《水下公约》前言指出："水下文化遗产的勘测、发掘和保护都必须掌握并应用特殊的科学方法，必须利用恰当的技术和设备，还必须具备高度的专业知识，所有这些都表明需要统一的管理标准（governing criteria）。"该公约后续条款规定成员国应对管辖水域内以水下文化遗产为客体的活动适用或遵照附件《规章》的各项规定，即前述统一标准。我国也应倡导遵照公约规定的通行理念和标准处置包括甲午沉舰在内的沉船，不论采取原址保护还是提取打捞的方式，都应有相应的专业主管机构对相关活动进行许可，并对限制、禁止行为做出具体规定。

（四）保护人类遗骸与国家权益的关联

1. 通过保护人类遗骸维护中国水下文化遗产权利

我国历史沉船沉物以 9—14 世纪的私人船舶为主，外国海事法院现有判例多为近现代沉没国家船舶的对物诉讼，所形成的裁判规则不利于我国对中国历史沉船沉物权益的追索，学界应注重探索沉船和船货以外遗存的法律价值和相应权利。现有研究对人类遗骸在决定沉船权属中的作用有所忽视。2000 年美国第四巡回上诉法院在驳回 1999 年弗吉尼亚东区法院认为西班牙已通过 1763 年和平条约放弃对拉加尔加号（La Galga）沉船权源的判决中，西班牙未放弃其逝者最后安息地的主张辅助法院做出了该判决结果。[①]

2. 推动沿海国管辖水下文化遗产

领海内他国沉没军舰和国家船舶的处置涉及沿海国管辖权与船旗国所有权冲突的问题，沿海国对领海外水下文化遗产的管辖兼具国际法权利来源合法性的问题。然而，与物主明晰的沉船和船货不同，沿海国对管辖海域内沉船中人类遗骸及其遗存场所和环境的保护则是基于普遍的人道主义。有大量船舶沉没于他国海域的国家对其管辖海域内人类遗骸的处置也是如此，以促使他国出于对等原则保护该国沉船，较为明显的是美国对他国沉船转变为谨慎态度。

有时船旗国为了沉船和逝者的保护而向沿海国让渡所有权，相应的，沿

---

① Sea Hunt Inc. v. Unidentified Shipwrecked Vessel or Vessels, 221 F. 3d 634 (4th Cir. 2000), cert. denied, 148 L. Ed. 2d 956, 121 S.Ct. 1079 (2001), p. 647. 西班牙尊重逝者在海洋中的最终安息地，无法依据海事法得出其已放弃逝者。

海国也需通过设立保护单位、划设保护区等措施实施保护。典型的是 1972 年《关于荷兰古沉船的荷澳协定》（Agreement between the Netherlands and Australia Concerning Old Dutch Shipwrecks），荷兰将其对西澳大利亚州沿海的荷属东印度公司沉船及物的所有权利、权源和利益让渡给澳大利亚。另如 NOAA 于 2002 年发现了珍珠港事件中被击毁的日本皇家海军潜艇，2003 年日本政府声明，基于国际法，其沉船应被视作海事墓地，不经日本政府明示同意不得打捞。[①] 但 2004 年，日本政府同意美国拥有并控制坂垣小型潜艇（Sakamaki），该遗址作为战争墓地和历史资源依照国际法、美国历史保护法和沉没军舰保护的国家政策进行保护管理，同时依照海事法，非经美国明示授权不得以任何方式打捞或侵扰该沉船。[②]

3. 创设双多边或国际条约

水下文化遗产权属复杂，且国际规则不明晰，尤其是沉没军舰和国家船舶的权利和保护管理容易产生争议，因此，双多边条约和国内立法仍是推动保护的重要路径。在条约议定中，基于不同国家的政策倾向和实践可对其意愿做出一些预判以辨析、衡量和指导谈判。值得关注的是，美国把握住国际社会对泰坦尼克号海难的认同，通过设立海事纪念地主导了沉船遗址的保护，将其保护理念和方式从国内立法、相关国家协商推进为国际条约。《水下公约》是文化遗产领域我国尚未加入的极少数国际公约，其仅有 71 个成员国，通过国家行为影响和改变现有水下文化遗产国际法规则，既为我国利益所必需，也是中国作为大国为人类整体利益保护水下文化遗产的担当。或可以此为契机推进区域和国际条约成形，但也应对其中的曲折反复有所预计。提升水下文化遗产保护的国家实践以引领规则的解释权、提升国际规则的话语权，推进水下考古工作和享有更全面的海洋史资料，离不开与国家海洋政策的协调一致，以及水下考古和深海科学探索能力的提升。

（执行编辑：罗燚英）

① US Department of State, Public Notice 4614, Office of Ocean Affairs; "Protection of Sunken Warships, Military Aircraft and Other Sunken Government Property," *Federal Register*, Vol.69, No.24, 2004, pp. 5647-5648.

② Hans Van Tilburg, "Japanese Midget Sub at Pearl Harbor: Collaborative Maritime Heritage Preservation," in Robert Grenier, David Nutley and Ian Cochran (eds.), *Underwater Cultural Heritage at Risk: Managing Natural and Human Impacts (Heritage at Risk: Special Edition)*, Paris: ICOMOS, 2006, pp. 67-69; NOAA, Japanese Mini Submarines at Pearl Harbor, 2021-12-01, https://sanctuaries.noaa.gov/maritime/japanese-mini-subs/.

海洋史研究（第二十二辑）

2024 年 4 月　第 635~654 页

古琉球海外交流史研究：史料与现状

中岛乐章（Nakajima Gakusho）著　吴婉惠 译[*]

前　言

（一）世界史中的古琉球

从 12 世纪琉球诸岛农耕文化发展开始，到 17 世纪初期岛津氏入侵这 500 年间，称为"古琉球"时期。前半段（12 世纪至 14 世纪前半期）为首长（按司）以各地城寨（城）为据点割据的时代；后半段（14 世纪后半期至 17 世纪初期）为按司连合体的三王国（三山）发展到统一琉球王国，并通过和东亚、东南亚的中转贸易，处于海洋国家繁荣发展时期。本文所探讨的"古琉球"，主要是指后半段的海洋国家时代。

这一时期和中国的明代基本重合。明朝朝贡、海禁体制的确立和发展、弛缓和解体的过程对古琉球史的发展有着决定性影响。一方面，东南亚迎来了"贸易时代"的最盛期；另一方面，从世界史来看，葡萄牙、西班牙的海外扩张开启了大航海时代序幕。两国的航海活动将欧亚大陆、非洲、美州直接联系起来，世界性规模经济出现，世界历史进入新时代。

古琉球从其本质上是海洋国家、贸易国家这一点来看具有特别的意义。中国大陆、日本列岛、朝鲜半岛上建立的国家，基本上都是以控制农业生产

---

　*　中岛乐章（Nakajima Gakusho），日本九州大学研究生院人文科学研究院准教授；吴婉惠，广东省社会科学院历史与孙中山研究所（海洋史研究中心）助理研究员。

　本文根据中岛楽章『大航海時代の海域アジアと琉球：レキオスを求めて』"序章"部分编译，思文阁，2020。

为基础的陆上政权，航海与海洋贸易活动意义有限。中国、朝鲜、日本的历代政权留下了庞大的史料。这些资料当中涉及海洋世界的，因时代、地域差异有一些例外，但总的来说十分有限。实际上从事海上航海、贸易活动的人群很少留下记录。从管理或统制海域以及生活在其中的人群的立场来看，与海洋世界相关的史料完全是陆上政权和知识阶层留下的。

对古琉球王朝而言，陆上的农业生产固然非常重要，但除此之外它也是以海上贸易为存立基础的国家。东亚海域的中国、日本、朝鲜自不用说，以福建海商网络为背景，琉球王国在东南亚大陆地区和岛屿地区也逐步扩大贸易圈，推动着连接东海、南海的中转贸易。这一中转贸易作为向心的、严格的明朝"朝贡—海禁体制"的补充体系（sub-system），成为东亚、东南亚的贸易秩序不可或缺的构成要素。

（二）古琉球史料的多样性

海洋国家的特征也反映在古琉球时期的史料情况上。古琉球内政方面的文献史料，除了若干辞令书和碑文外寥寥无几。相反，古琉球时期对外关系方面的史料，在琉球内外无论是质还是量方面都更为丰富。提及琉球史料，至为重要的便是集成15世纪以来外交文书的《历代宝案》。海外史料方面，如中国、朝鲜、日本史料也留下了许多和琉球交往、贸易的记录。16世纪以后，欧洲史料中亦提供大量反映琉球海外贸易实态的信息。多角度地利用这些琉球、东亚、欧洲的同时代史料，使得开展古琉球时期的海外交流史研究成为可能，也非常必要。

20世纪80年代以后，琉球王国史研究快速发展起来。琉球王国的史料调查和出版得以大力推进。但是，古琉球史关于欧洲史料的调查研究与东亚史料的研究进展相比则处于停滞状态。有关反映琉球王国海外贸易实态的史料，仅《大航海时代丛书》[①]中日译的一部分葡萄牙史料在许多论著中得以介绍。其他的欧洲史料，即便在古琉球研究兴盛时期也基本未能被加以利用。

《历代宝案》中对通过汉文文书展开的官方交往有详细记载，但对附随官方交往进行的贸易活动却语焉不详。而在官方交往范围以外的走私贸易，以及与并非通过汉文文书交往的地域交流，更是基本没有记载。以葡萄牙为代表的欧洲史料恰恰为这些空白之处，即《历代宝案》中没有涉及的古琉球海

---

① 『大航海時代叢書』岩波書店、1965－1992。

外交流诸相提供了珍贵信息。

随着以《历代宝案》为中心的研究的进展，与同时期的海域亚洲相比，琉球的海外交流也逐渐展现出一幅十分具体、生动、多彩的清晰历史图像。但是海域亚洲是一个多语言的世界，因此要全面地使用众多史料语言描绘出海域全貌并非易事，很容易会因所用史料语言的不同，而陷入分散的历史叙述中。

现存的古琉球史史料压倒性地多为东亚的共同语（lingua franca）——汉文文献，其他语言的史料只有一些琉球语、日语史料。长期以来，古琉球史研究者依靠汉文史料提供的丰富信息，研究琉球王国对外交往、中转贸易的实态。然而，如果将史料比喻成光，汉文史料仅是其中一束。光所不及之处仍然是未知之相。想要了解古琉球海外交流的全貌，必须同时利用其他方面的光源，展开多角度的研究。

一　古琉球海外交流史与东亚史料

关于琉球王国的对外关系，14 世纪末到 19 世纪末这 500 年间持续性地留下了丰富的资料。尤其是近世琉球，留存了大量评定所文书等国内史料和清朝的档案史料，这些资料也正逐步出版。与近世琉球相比，古琉球的海外交流史料则十分有限。即便如此，在琉球内外也留下了各种各样的记录。最近，村井章介将这些史料群概分为琉球史料、日本史料、中国—朝鲜史料、欧洲史料几大类。[①] 本文参照村井的论述，主要概述与古琉球海外交流史相关的东亚史料及其出版情况。

（一）琉球史料

古琉球对外关系史最根本的史料无疑当属《历代宝案》。《历代宝案》是永乐二十二年至同治六年（1424—1867）琉球王国外交文书的集成，由三大集和一别集组成。古琉球时期的文书，都收录于涵括永乐二十二年至康熙三十六年（1424—1697）文书的第一集，多为琉球与明朝的往来文书，也有不少与东南亚和朝鲜的交往文书。

---

① 村井章介「古琉球から世界史へ——琉球はどこまで『日本』か」羽田正編『地域史と世界史』ミネルヴァ書房、2016、29 - 37 頁。此外，黑岛敏、屋良健一郎（黒嶋敏、屋良健一郎「序言——船出にあたって——」『琉球史料学の船出——いま、歴史情報の海へ』勉誠出版、2017）也从日本史研究的角度，提倡涵盖"多样化史料群"的"琉球史料学"。

《历代宝案》保存于首里王府和久米村天妃宫。前者后来被明治政府接收，烧毁于关东大地震。后者于太平洋战争前移交冲绳县立图书馆管理，在战时烧毁。但是在太平洋战争前，小叶田淳抄录了冲绳县立图书馆所藏的《历代宝案》，保存于"台北帝国大学"。此外，各种写本和拍摄本也得以保留。[1]1972 年，台湾大学整理出版了藏于"台北帝国大学"的《历代宝案》写本的影印本。[2]1986 年，日本从该影印本中选取 423 件文书，附以训读，[3]作为《那霸市史》资料编的其中一册出版。[4]

从 1989 年开始，冲绳县教育委员会史料编辑室开始出版《历代宝案》的完整校订本、译注本。2018 年终于完成校订本全 15 册，译注本也共计出版 11 册。[5] 校订本以台湾大学抄本为底本，汇集了现存所有的写本、拍摄本，译注本中的训读，并附上详细注释。其文本的完整性和译注的高水准性极大地方便了学界的研究与利用。

《历代宝案》在 16 世纪以前的海域亚洲研究当中，在质和量上是颇为优良和丰富的外交史料群。但是它缺少了永乐二十一年（1423）以前的文书，以及正统八年至天顺四年（1443—1460）的文书。除此之外，其他时期也并非收录了所有的外交文书。《历代宝案》并没有记录官方交往之外的海外贸易情况，以及与不使用汉文文书的地域的交往情况。需要注意的是，虽然《历代宝案》是古琉球海外关系史中最大、最重要的史料，但也无法涵盖交往的全貌。

作为《历代宝案》的补充史料群，近世琉球所修撰的家谱亦不容忽视。这些家谱按照士族的居住地，可分为首里系、那霸系、久米村系、泊系，尤其是久米村系家谱，有众多与明朝、东南亚的交往记录。还有不少《历代宝案》中未记载的交往事例。[6] 作为家谱资料，这些家谱大多数在 1976—1983 年被列入

---

① 小葉田淳「歴代宝案について」『日本経済史研究』思文閣、1978；田名真一「歴代宝案について」那霸市企画部文化振興課編『那霸市史』（資料編第1巻 4、歴代宝案第1集抄）那霸市役所、1986；和田久徳「『歴代宝案』第一集について」『琉球王国の形成——三山統一とその前後——』榕樹書林、2006。

② 那霸市企画部文化振興課編『歴代宝案』（全 15 冊）台湾大学、1972。

③ 即按日语古文文法读汉文。

④ 那霸市企画部文化振興課編『那霸市史』（資料編第1巻4、歴代宝案第1集抄）那霸市役所、1986。

⑤ 和田久徳他校訂『歴代宝案』（全 15 冊）沖縄県教育委員会、1992-2018；和田久徳他訳注『歴代宝案』（全 15 冊、既刊 11 冊）沖縄県教育委員会、1997-2018。

⑥ 近世琉球时期，从 17 世纪末开始，王府命令所有的士族编撰家谱。王府系图座（王府专门设立的负责管理全国士族家谱的行政机构。——译者注）在审查内容之后，一部分由系图座保管，一部分由各士族保管。田名真一「琉球家譜の成立とその意義」「久米村系家譜と久米村」『沖縄近世史の諸相』ひるぎ社、1992。

《那霸市史》的资料编出版。① 在近世琉球时期，王府曾四次编撰琉球王国的编年史。② 这些编年史记载了古琉球对外交往的主要事件，但是使用时需要注意的是，其为后世所纂，且受清朝、岛津氏关系影响，存在一定的政治性制约。再者，"域外汉籍"资料，即中国之外的汉字文化圈所撰写的汉文典籍也值得关注。近几年，中国将琉球和明清时期中国所撰的与古琉球、近世琉球相关的汉文史料进行影印、收集，出版了系列丛书。③

日文史料『おもろさうし』（OMOROSAUSHI）亦同样重要。『おもろさうし』是近世初期从古琉球流传下来的祭祀歌谣集。其中有不少关于航海和海外贸易的内容。④ 此外，现存的日文辞令书中，亦有遣明进贡船的官职任命记载。⑤ 汉文、日文的碑刻史料中，也留下了和海外交往、文化交流相关的内容。⑥

（二）中国史料

与明朝的朝贡册封关系，是整个古琉球时期对外关系的基础。因此，明

---

① 『那霸市史』（資料編第1巻 5−8、家譜資料 1−3）那霸市企画部市史編纂室、1976−1983。

② 首先，（琉球王国）羽地朝秀用日文编撰了《中山世鉴》，康熙四十年（1701），蔡铎将标题改为《中山世谱》并将内容翻译成汉语，雍正三年（1725），其子蔡温在蔡铎本基础上大幅修订，编撰成蔡温本《中山世谱》。乾隆十年（1745），郑秉哲编撰汉文版《球阳》。田名真一「史書を編む——中山世鑑・中山世譜」「首里王府の史書編纂をめぐる諸問題——『球陽』を中心に——」『沖縄近世史の諸相』。此外，《中山世鉴》、蔡温本《中山世谱》原文文本收录于伊波普猷他編『琉球史料叢書』（第 4 巻・第 5 巻）東京美術、1972。译注本有嘉手納宗徳訳注『蔡鐸本中山世譜』（3 巻）松涛書屋、1985；諸見友重訳注『訳注 中山世譜』榕樹書林、2011；原田禹雄訳注『蔡鐸本中山世譜』榕樹書林、1998；球陽研究会編『球陽』角川書店、1974，将原文和译注同时收入。最近在中国也出版了袁家冬校注《中山世谱》校注本，中国文史出版社，2016。

③ 《传世汉文琉球文献辑稿》第 1、2 辑，鹭江出版社，2012—2015，全 50 册，作为古琉球时期的文献，第 1 辑收录了台湾大学版的《历代宝案》和琉球编年体正史，第 2 辑收录了琉球家谱和碑刻史料。国家图书馆出版社于 2000—2006 年出版的《国家图书馆藏琉球资料汇编》正编、续编、三编共 7 册，大部分为近世琉球时期的汉文史料，也包含了古琉球时期的《使琉球录》。此外，复旦大学出版社于 2013 年出版的《琉球王国汉文文献集成》共 36 册，汇集了近世琉球时期完成的各类汉文文献。

④ 外間守善・西郷信網校注『おもろさうし』（日本思想大系 18）岩波書店、1972（与航海、船相关的歌谣（おもろ）主要在卷一〇「ありきゑとのおもろ」、卷一三「船ゑとのおもろ」）；池宮正治『『おもろさうし』における航海と船の民俗」、坪井清足・平野邦雄編『新版 古代の日本』（第 3 巻）九州・沖縄、角川書店、1991；池宮正治「『おもろさうし』にあらわれた異国と異域」『日本東洋文化論集』9 号、2003。

⑤ 高良倉吉『琉球王国の構造』吉川弘文館、1987、45−49 頁。

⑥ 琉球的碑刻史料不少在冲绳海战中遗失或毁坏，将这些史料一并涵盖在内的调查报告书有『金石文——歴史資料調査報告書Ⅴ——』沖縄県教育委員会、1985；『那覇市世界遺産周辺整備事業 石碑復元計画調査報告書』那覇市、2004。

朝中国的史料中保留了不少与琉球相关的记录。其中最基本的史料为反映历代明朝皇帝治世而编纂的钦定编年史《明实录》。与古琉球相关的集中于洪武帝的《太祖实录》到万历帝的《神宗实录》共 11 种。① 历代实录中，也包含《历代宝案》中所缺少的文书的部分，琉球的朝贡册封事件逐一记录在内，走私贸易和海难事故等相关记录也不少。《明史·琉球传》亦主要基于《明实录》。② 和田久德等合编的《〈明实录〉的琉球史料》，③ 摘录了《明实录》中与琉球相关的内容，并附以注释，使得相关资料更易利用。④

明朝册封琉球国王使臣所遗留下来的一系列《使琉球录》史料价值亦十分突出。⑤ 作为古琉球时期的资料，以陈侃的《使琉球录》为代表，还有郭汝霖的《重编使琉球录》、萧崇业和谢杰的《使琉球录》、夏子阳的《使琉球录》等使录。这些著述除了记录往返航情况和册封礼仪，还包含大量琉球的政治制度、风俗习惯、语言文化等内容。近年来，原田禹雄完成了对包含上述四使录的所有《使琉球录》的译注。⑥ 此外，高岐的《福建市舶提举司志》记录了琉球的进贡贸易窗口——福建市舶司的沿革。潘相的《琉球入学见闻录》，聚焦于琉球官生入学国子监的情况。⑦

郑若曾《郑开阳杂著》、严从简《殊域周咨录》等海外地理书，何乔远《闽书》等地方志中，也有不少涉及琉球的内容。⑧ 原田禹雄《明代琉球资料集成》⑨ 也包含上述资料，并将从明代的政书、地理书、类书、随笔等摘录出的琉球记事翻译成现代日语，附上注释，为重要之史料集。再者，明代的官

---

① 黄彰健校勘《明实录附校勘记》，"中研院"历史语言研究所，1962—1968。
② 《明史》卷三二三《外国四·琉球》，中华书局，1974；野口鉄郎『中国と琉球』開明書院、1977，收入全文的日语注读和注释。
③ 和田久德等编《〈明实录〉的琉球史料》（一一三），冲绳县文化振兴会，2001—2006。
④ 日本资料编纂会编『中国・朝鮮の史籍における日本史料集成』（明实録之部一一三）国書刊行会、1979–1983，也网罗收录了《明实录》中和琉球相关的记事原文。
⑤ 关于明清时代的《使琉球录》的各版书志和内容，可参考夫马进编『増訂使琉球録解題及び研究』榕樹書林、1999。
⑥ 原田禹雄译注的古琉球时期的《使琉球录》有：陳侃『使琉球録』榕樹社、1995；郭汝霖『重編使琉球録』榕樹書林、2000；夏子陽『使琉球録』榕樹書林、2001；簫崇業・謝杰『使琉球録』三浦國雄共訳、榕樹書林、2001。中国也出版了陈侃《使琉球录》，袁家冬译注，中国文史出版社，2017。
⑦ 高岐：《福建市舶提举司志》，1939 年铅印本；潘相：《琉球入学见闻录》，应国斌点校，方志出版社，2017。
⑧ 郑若曾：《郑开阳杂著》卷七《琉球图说》，南京国学图书馆陶风楼，1932；严从简：《殊域周咨录》卷四《琉球》，中华书局，1993；何乔远：《闽书》卷一四六《岛夷志》，福建人民出版社，1994。
⑨ 原田禹雄『明代琉球資料集成』榕樹書林、2004。

僚、文人的诗文集中，也不乏送别册封使、和琉球人交往等相关的记事。方宝川、谢必震主编的《琉球文献史料汇编（明代卷）》^①便汇集了明代诗文集中的琉球记事。

（三）朝鲜史料

琉球王国和朝鲜王国之间，自14世纪末起便开始了持续性的交往。因此，关于古琉球的朝鲜史料颇为丰富。最基本的史料则为体现国王治世编撰而成的《朝鲜王朝实录》。^②尤其是在15世纪的实录中，留下了不少展示琉球社会风俗和生业情况的详细内容。这些信息多是从漂流至琉球的朝鲜人处听获的。近年出版的池谷望子、内田晶子、高濑恭子编译的《朝鲜王朝实录·琉球史料集成》^③中，收录了琉球相关史料的训读、译注和原文，进一步推动了学界相关研究。此外，成化七年（1471），申叔舟撰的《海东诸国记》，除了日本的地理情报之外，还收入了《琉球国记》《琉球国之图》等内容。^④

孙承喆编《朝鲜——琉球关系者史料集成》^⑤，从《朝鲜王朝实录》等朝鲜文献以及琉球、日本、中国文献中，收录了古琉球、近世琉球和朝鲜的交流史料。近年来，中国、朝鲜的基本汉籍，如《明实录》《朝鲜王朝实录》等的数字化，也使琉球相关记录的检索变得日益便利。^⑥古琉球时期的海外交流史研究中，对这些数字化资料的充分利用不可或缺，这也是今后研究的重要趋势。

（四）日本史料

虽然日本和琉球的海上贸易和文化交流频繁，然而和中国、朝鲜史料相比，关于古琉球的日本史料却非常少。室町幕府和琉球王国的交往记载，散

---

① 方宝川、谢必震主编《琉球文献史料汇编（明代卷）》，海洋出版社，2014。
② 『朝鮮王朝実録』国史編纂委員会、全49冊、1955-1963。日本史料集成編纂会編『中国・朝鮮の史籍における日本史料集成』（李朝実録之部一—十二）国書刊行会、1976-2007，也系统地收录了『朝鮮王朝実録』中与琉球相关的内容。
③ 池谷望子、内田晶子、高瀬恭子編訳『朝鮮王朝実録・琉球史料集成』（訳注編・原文編）榕樹書林、2005。
④ 申叔舟著、田中健夫訳注『海東諸国紀』岩波書店、1991。
⑤ 孫承喆編『朝鮮・琉球関係者史料集成』（韓国）国史編纂委員会、1998。
⑥ 韩国的国史編纂委員会官网上公开了『明実録』和『朝鮮王朝実録』的数字化版本。《明实录》《清实录》，http://sillok.history.go.kr/mc/main.do；《朝鲜王朝实录》，http://sillok.history.go.kr/main/main.do。中国大陆和台湾也有许多收费或免费的汉籍数据库，尤其是台湾"中研院"台湾史研究所公开的"台湾文献丛刊"资料库中，有不少有关琉球的史料，tcss.ith.sinica.edu.tw/cgi—bin/gs32/gsweb.cgi/ccd= EUPy.5/webmge?Db= article。

见于五山僧的日记、幕府记录、外交文书集《善邻国宝记》等。相对集中的史料主要为 15 世纪后半叶以降成为和琉球交往的贸易窗口的岛津氏相关文书和记录。

岛津家大量的原文书作为"岛津家文书"遗存下来。[①] 收录岛津氏相关文书和史料而成的编年史料集——《旧记杂录》前编、后编也已编撰出版。[②] 其中，与和琉球的交往相关的内容也不少。《琉球往复文书及关连史料》[③] 则以岛津家文书为中心，收集整理了 15 世纪以后的琉球和日本的往复文书。古琉球相关文书收录于第一册。岛津氏家老所著《上井觉兼日记》、外交僧文之玄昌的《南浦文集》等也包含了琉球相关记事。[④]

但是岛津氏的相关史料集中于 16 世纪后半叶以后，在此之前的日本和琉球交往、贸易的史料缺乏。《历代宝案》中也没有完全收录和日本交往的相关文书。反而是《朝鲜王朝实录》中记录了不少参与琉球和朝鲜交往、贸易的日本商人事迹。

（五）考古资料

古琉球和明朝、朝鲜等的交往，留下了诸如《历代宝案》等各类文献史料。但是海上贸易的实态，除进贡品和回赐品、国王名义的商品（附搭货物）等以外，信息依然匮乏，和日本贸易相关的史料更为稀缺。通过琉球王国中转贸易中"物"的移动——考古资料正好弥补了文献史料的不足。按司时代的出土物不用说，之后的王朝时代，以首里和那霸为首的琉球各地、堺、博多等出土的陶瓷器等考古资料，为文献史料无法充分反映连接中国、东南亚和日本的琉球中转贸易的实态提供了重要线索。除文献史料外，本书也将利用这些考古学的成果。

---

① 东京大学史料编纂所所藏"岛津家文书"约达 17000 份，其中部分已出版，如東京大学史料編纂所编『島津家文書』（1-5）（大日本古文書、家わけ第 16）東京大学史料編纂所、1942-2016。岛津家文书当中，收录琉球王府颁发的照片版和复刻版文书的史料集有：「琉球王府発給文書の基礎的研究」東京大学史料編纂所一般共同研究『琉球王府発給文書の基礎的研究』プロジェクト、2016。

② 鹿児島県維新史料編纂所編『旧記雑録』（前編 1-2、後編 1-6、附録）鹿児島県、1976-1989。

③ 『琉球往復文書及関連史料』（一-五）、法政大学沖縄文化研究所、1998-2003。

④ 東京大学史料編纂所編『上井覚兼日記』（大日本古記録）、岩波書店、1954-1957；文之玄昌『南浦文集』（薩摩藩第 2 編）薩摩叢書刊行会、1906。此外，鹿儿岛县历史资料中心黎明馆陆续出版『鹿児島県史料』，该史料集包含与岛津氏、萨摩以及大隅等相关的各类资料，其中也包括与古琉球相关的内容。

二　古琉球史和欧洲史料

（一）葡萄牙史料

16 世纪以降，航海至海域亚洲的欧洲人给后世留下了大量的史料。从 16 世纪开始，葡萄牙和西班牙的海商、航海者、传教士们，向本国寄送大量的信札和记录。17 世纪开始，荷兰和英国东印度公司留下了系统且庞大的文书。除越南外，当地史料匮乏的东南亚且不用说，即使在文献史料丰富的东亚，欧洲史料不仅记录了它们自身的交易活动，而且作为当地史料未能充分反映海上贸易实态的补充记录，具有独特的重要性。

关于琉球王国的海上贸易，以最早通过印度洋航路进入海域亚洲的葡萄牙人为首，以及后来通过太平洋航路进入海域亚洲的西班牙人，加入葡萄牙、西班牙航海中的意大利人，都留下了许多与当地有关的重要信息。日本和西欧的研究者对这些欧洲史料早已有过介绍，但在日本的古琉球史研究中尚未能充分利用这些史料。本书尝试尽量全面地介绍上述史料，并对内容进行再探讨。以此为前提，概观与琉球相关的欧洲史料的整体状况。[①]

1. 信札史料

从 15 世纪末开始，进入海域亚洲的葡萄牙以印度西南岸的马拉巴尔海岸为据点，逐步扩大航海交易圈。1505 年，葡萄牙国王任命的印度总督（governador da Índia，或称印度副王，vice-rei da Índia）受命统一管理葡萄牙属印度（Estado da Índia）。葡属印度第二任总督阿方索·德·阿尔伯奎克（Afonso de Albuquerque, 1453–1515），于 1511 年占领马六甲，进入东南亚。此后葡萄牙人在从霍尔木兹到马六甲诸岛的海域亚洲各地都建立了据点。葡萄牙在各军事据点修筑要塞（forteleza），任命长官（capitão）以下的文武官员。在要塞所在地和其他主要港市设置商馆（feitoria），商务官（feitor）作

[①] 第 2 节、第 3 节中介绍的欧洲史料，可参见以下资料：Donald F. Lach., *Asia in the Making of Europe*, Vol.1, *The Century of Discovery*, book 1, Chicago: University of Chicago Press, 1965, Chapter IV, The Printed World; 生田滋「史料解説」トメ・ピレス、生田滋他訳注『東方諸国記』（大航海時代叢書 V）、岩波書店、1966; 井沢実「大航海時代文献解題」飯塚浩二他編『大航海時代　概説・年表・索引』（大航海時代叢書別巻）、岩波書店、1970; 生田滋「文献解題」榎一雄編『西欧文明と東アジア』平凡社、1971; ボイス・ペンローズ、荒尾克己訳『大航海時代——旅と発見の二世紀——』筑摩書房、1985、17（大航海時代に関する地理文献解題）。

为国王的代理人负责贸易。①

各地要塞的长官、商务官等官吏，舰队的司令官（capitão-mor）和船长（capitão）等在葡属印领活动的葡萄牙人，向印度总督和国王寄送各类信札和报告书，以汇报当地发生的军事、通商、行政等方面问题，与此同时寻求指示。此外，国王向印度总督下达的命令和指示函，总督向国王呈送的信札也非常多。这些文书由往返葡萄牙和印度的海上舰队护送，保藏在里斯本王宫和印领政厅的文书馆，目前收藏于里斯本的东波塔国家档案馆（Arquivo Nacional da Torre do Tombo）和果阿历史档案馆（Arquivo Histórico de Goa）等。

在这些庞大的信札中，复刻、编选和海外相关部分的各种文书史料集也逐渐出版。②尤其是汇集阿尔伯奎克所交付、接收的信札而成的《阿方索·阿尔伯奎克信札集》（Cartas de Affonso de Albuquerque），其中记载了不少来航马六甲的琉球人（Gores）的信息。③其后的信札史料中，也有若干琉球人（Lequios）的相关内容。1521 年开始被拘禁于广东的迪奥戈·卡尔沃（Diogo Galvo），于 1536 年偷偷送出的长篇信札中，也汇报了有关琉球海上贸易的珍贵内容。④

2. 亚洲相关地理志

在葡萄牙商馆供职的商务官，由于职务上的需要，时常从当地商人和航海者处收集海域亚洲和各地地理情报，并按需向印度总督和国王寄送信札，报告当地商业情况。1510 年，出现了两部由商务官搜集现地材料完成的重要亚洲地志。

其中一部是马六甲商馆员托梅·皮列士（Tomé Pires）的《东方诸国记》（Suma Oriental，约成书于 1515 年）。⑤他在葡萄牙占领马六甲不久后到达当

---

① 关于葡属印领的建立以及其统治体制，可见生田滋「大航海時代の東アジア」榎一雄編『西欧文明と東アジア』、75－110 頁；高瀬弘一郎訳注『モンスーン文書と日本——十七世紀ポルトガル公文書集——』（序論）、八木書店、2006。

② 尤其是从东波塔国家档案馆的 "Gavetas" 档案选录的海外关系史料（As Gavetas da Torre do Tombo, 12 vols, Lisboa: Centro de Estudos Históricos Ultramarinos, 1960—1977）最具代表性。

③ Catas de Affonso de Albuquerque, 7 vols, Lisboa: Academia Real das Ciencias de Lisboa, 1884. 在序论中介绍的欧洲文献，只对主要刊本和日译本进行了解说。

④ Rui Manuel Loureiro, introdução, leitura e notas, Caras dos Cativos de Cantão, Cristóvão Vieira e Vasco Calvo (1524?), Macao: Instituto Cultural de Macau, 1992.

⑤ 又译《东方志》。——译者注 Armando Cortesão, trans. and ed., The Suma Oriental of Tomé Pires and the Book of Francisco Rodrigues, 2 vols, The Hakluyt Society, 1944. 日译本见トメ·ピレス·生田滋他訳注『東方諸国記』。该书的详细介绍可参见 Armando Cortesão 版的 "intruduction" 部分，以及日译本的 "解说" 部分。

地，搜集海域亚洲各地资料，在书中详细描绘了当时大家了解甚少的东亚。书中有关琉球的内容，是所有欧洲史料中最为详细、最为正确的。该书也作为琉球王国东南亚贸易的代表性文献被广为人知。另外一部是马拉巴尔海岸的坎纳诺尔地区商馆员杜亚尔特·巴尔博扎（Duarte Barbosa）的《杜亚尔特·巴尔博扎之书》（*O Livro de Duarte Barbosa*）（约成书于 1516 年）。① 该书详细记载了印度西海岸的情况，文末记载的琉球情况，虽然比皮列士的简单，但准确性非常高。

但是，16 世纪的葡萄牙忌惮欧洲各国对葡萄牙独占海域亚洲贸易的威胁，为此对亚洲情报采取秘密主义，严厉禁止信息向国外流出。皮列士和巴尔博扎的著作也作为内部资料，保存于统括亚洲贸易的里斯本印度馆（Casa da Índia），仅供部分相关人士阅览。② 到了 16 世纪后半期，葡萄牙的秘密主义政策有所缓和，葡萄牙国内也开始出版与亚洲相关的书籍。先驱著作便是多名我修士加斯帕·达·克路士（Gaspar da Cruz）的《中国志》（*Tractado das Cousas da China*,1570）。③ 该书是作者根据 1556 年在广东搜集的资料所形成的著述，为欧洲最早出版的中国地理志，书中也包含了与琉球相关的内容。

3. 编年史、传记史料

15 世纪末以降，葡萄牙国内通过海域亚洲各地寄送而来的信札和报告，积累了庞大的海域亚洲情报。由于葡萄牙的秘密政策，这些情报被收藏于里斯本的王宫文书馆和印度馆中，并未公开和出版。16 世纪中期，若昂·德·巴洛斯（João de Barros）以这些资料为基础，开始推进葡萄牙进入海域亚洲的官方编年史的编撰。

巴洛斯并没有去过亚洲，他利用储藏于印度馆的丰富文书和文献等资料，编撰了《亚洲史》（*Décadas da Ásia*）第 1—4 编（1553—1615 年刊）。其记述总的来说正确、详细，是葡萄牙进入海域亚洲史的基本史料，具有较高的史料价值。④ 涉及琉球的是 1506—1515 年的第二编、1515—1526 年的第

---

① 又译《东方纪事》。——译者注 Maria Augusta da Veiga e Sousa, ed., *O Livro de Duarte Barbosa*, 2 vols, Lisboa: Instituto de Investigação Científica Tropical, 1996.

② Donald F. Lach, *Asia in the Making of Europe*, Vol.1, *The Century of Discovery*, pp.179–180.

③ Gaspar da Cruz, *Tratado em Que, se Contam Muito por Extenso as Cousas da China*, Macao: Museu Marítimo de Macau, 1996. 日译本参见ガスパール・ダ・クルス・日埜博司編訳「クルス『中国誌』」新人物往来社、1996。

④ João de Barros, *Asia de João de Barros*, 4 vols, Lisboa: Agencia Geral das Colonias, 1945—1946. 该书第 2 编的日文译本，见ジョアン・デ・バロス・生田滋、池上岑夫訳注『アジア史』（1・2）（大航海時代叢書第 II 期2・3）岩波書店、1980－1981。关于『アジア史』（《亚洲史》）的详细介绍，参照该书"解说"部分。

三编。作为巴洛斯《亚洲史》的续编，1526—1599 年，迪奥戈·德·科托（Diogo de Couto）的《亚洲史》全九编（1602—1736 年刊）完成。[①] 该书也可能包含与琉球相关的记事，但迄今为止的研究尚未有相关介绍。

巴洛斯之后的重要编年史是费尔南·罗佩斯·德·卡斯达涅达（Fernão Lopes de Castanheda）的《葡萄牙人发现和征服印度史》（*História do Descobrimento e Conquista da Índia pelos Portugueses, 1551—1561*）。[②] 卡斯达涅达 1528—1538 年生活在印度。归国后，他根据当地情报和文献史料编撰该书。达米昂·德·戈伊斯（Damião de Góis）《圣君曼奴埃尔编年史》（*Crónica do Felicíssimo Rei D. Manuel*）的亚洲部分内容，也主要以卡斯达涅达之书为基础资料。[③]《印度的传说》（*Lendas da Índia*，1551—1563 年完成）[④] 的作者卡斯帕尔·科雷亚（Gaspar Correia），1512—1563 年在印度生活。他根据在当地搜集的资料所著的编年史，内容不一定完全准确，但是包括了一些其他著述中所没有的记述。上述编年史中，散见琉球相关记事。

再者，作为编撰史料，巴拉斯·德·阿尔伯奎克（Brás de Albuquerque）的《伟大的阿方索·德·阿尔伯奎克实录》（*Comentários do Grande Afonso de Albuquerque*）也不容忽视。[⑤] 作者巴拉斯是阿方索的庶子，为彰显父亲事迹而著成此书。该书也包含了航行至马六甲的琉球人的详细记事。最后还列上了特殊史料——费尔南·门德斯·平托（Fernão Mendes Pinto）的自传体冒险小说《东洋遍历记》（1614 年刊）。[⑥] 平托游记中所述琉球冒险故事本身虽荒唐无稽，但是除此之外，书中大量与琉球相关的记述仍值得关注，为历史研究提供了当时葡萄牙海商对琉球认识的一端。

4. 地图史料

15 世纪以来，欧洲诸国主要根据托勒密地理学和马可波罗的游记等古典的地理知识来制作世界图。与此相对，伴随 15 世纪以后的航海探险的进展，

---

① Diogo de Couto, *Da Asia de Diogo de Couto*, 15 vols, Lisboa: Regia Officina Typografica, 1778—1788.

② Fernão Lopes de Castanheda, *História do Descobrimento e Conquista da Índia pelos Portugueses*, 4 vols, Porto: Lello & Irmao, 1979.

③ Damião de Góis, *Crónica do Felicíssimo Rei D. Manuel*, 4 vols, Coimbra: Ordem da Universidade, 1926.

④ Gaspar Correia, *Lendas da Índia*, 4 vols, Porto: Lello & Irmão, 1975.

⑤ Bráz de Albuquerque, *Comentários do Grande Afonso de Albuquerque*, 2 vols, Lisboa: Imprensa Nacional-Casa da Moeda, 1973.

⑥ 中文又译《远游记》。——译者注 Jorge Santos Alves, direct, *Fernão Mendes Pinto and the Peregrinação: Studies Restored Portuguese Text, Notes and Indexes*, 4 vols, Lisboa: Fundação Oriente, 2010. 日译本见メンデス・ピント・岡村多希子訳『東洋遍歴記』（1—3）平凡社、1979—1980。

葡萄牙根据实测数据绘制了称为标准图（Padrão）的公式海图。15世纪末，随着印度航路的开辟，海域亚洲的标准图也制作面世。以这些资料为基础，世界图的绘制成为可能。这些世界图有单幅的平面球形图（planisphere），也有地图集（atlas）。

葡萄牙政府对地图也采取秘密主义政策，不允许世界图的刊行，更严禁向国外流传。然而，实际上葡萄牙的世界图通过各种途径传到欧洲各国，大大改变了欧洲基于传统地理知识的世界认识。葡萄牙地图学研究的先驱阿尔曼多·科尔特（Armando Cortesão）与阿韦利诺·泰克西拉·达·莫塔（Avelino Teixeira da Mota）合著的《葡萄牙地图学大成》（1960年），迄今为止都是相关研究的基本文献。[①]

16世纪的葡萄牙系世界图皆为手绘，并没有印刷、出版。葡萄牙遗存的大部分世界图都在1755年的里斯本大地震等事件中遗失。出于种种原因，现存的16世纪葡萄牙系世界图不仅流传到了国外，甚至有一些葡萄牙人地图绘制者直接在西班牙等国绘制世界图，其中包括被视作欧洲地图且首次明确绘出琉球的弗朗西斯科·罗德里格斯（Francisco Rodrigues）的地图集（约1515年）。此后，葡萄牙系世界图中也包含了琉球的相关信息。1542年、1543年葡萄牙人到达琉球、日本后，根据实际的航海情报将西南诸岛具体信息也描绘出来。这些世界图中所反映的东亚、琉球信息将在本书第一、第三部分中详细论述。

（二）其他国家史料

1. 西班牙史料

大航海时代的欧洲琉球史料，是最早通过东印度洋航线进入海域亚洲，且最先到达中国、琉球、日本的葡萄牙人留下的记录。大航海时代的另一重要角色，即通过西太平洋航线加入海域亚洲的西班牙，也留下了关于琉球的特色记录。

西班牙琉球史料，以麦哲伦船队的意大利随船人员的记录最为重要。[②]1521年，麦哲伦船队第一次横渡太平洋，到达菲律宾诸岛。安东尼

① Armando Cortesão, Avelino Teixeira da Mota, *Portugaliae Monumenta Cartographica: Comemoraçõe do V Centenario da Morte do Infante D. Henrique,* 6 vols, Lisboa: Imprensa Nacional Casa da Moeda, 1960.
② 关于麦哲伦船队的航海史料，最近出版了综合性介绍皮加费塔的航海日记等资料的专著，参见 Xavier de Castro, *Le voyage de Magellan (1519—1522): La relation d'Antonio Pigafetta & autres témoignages,* Paris: Chandeigne, 2007。

奥·皮加费塔（Antonio Pigafetta）的航海日记和里昂·潘卡尔多（Leon Pancaldo）的手记当中，都留下了他们在当地所获的关于琉球人（Lechii）的珍贵信息。这些琉球信息，在西班牙等欧洲各国绘制的世界图和 16 世纪中期的阿隆索·德·圣·克鲁斯（Alonso de Santa Cruz）的《世界全岛总志》（*Islario General de Todas las Islas del Mundo*）中也有反映。①

1543 年，路易·洛佩斯·德·维拉鲁布斯（Ruy López de Villalobos）船队到达菲律宾，两年后在摩鹿加群岛向葡萄牙人投降。这个商队的商务官加西亚·德·埃斯卡兰特·阿尔瓦拉多（García de Escalante Alvarado）在后来向墨西哥副王寄送的长篇信札当中，汇报了他在摩鹿加群岛获得的 1542 年葡萄牙人漂流至琉球的情况。②16 世纪 60 年代以后，西班牙在将菲律宾群岛殖民地化过程中，向本国寄送了大量的文书，其中包含了大量菲律宾和琉球的贸易记录。③本书研究的时间段到 16 世纪中期为止，因此只利用了这些西班牙文书的一部分。古琉球末期的海外贸易研究迄今为止尚不充分，希望这些重要记录能进一步推动相关研究的进展。

2. 欧洲其他国家史料

16 世纪的海域亚洲，在葡萄牙、西班牙的势力圈范围内活动的商人、船员、士兵、传教士当中，不乏来自其他欧洲诸国者。尤其是意大利人，继葡萄牙、西班牙人之后，亦留下了大量的记录。其中，也有像上述麦哲伦船队那样随船人员的记录涉及琉球信息。此外，作为早期的荷兰史料，16 世纪末在果阿从事胡椒贸易的扬·哈伊根·范·林斯霍滕（Jan Huygen van Linschoten）的航海日志中也包含若干关于琉球的信息。④

---

① 又译为《世界全部岛屿通用地图集》。——译者注 Alonso de Santa Cruz, *Islario General de Todas las Islas del Mundo*, Madrid la real Sociedad Geográfica, 1918.

② 岸野久『西欧人の日本発見——サビエル来日前日本情報の研究——』第 2 章「エスカランテ報告の日本情報」（吉川弘文館、1989）中，收入了埃斯卡兰特报告书中有关琉球、日本的信息，该书的"复写史料"中，收录了照片版的原文书。

③ 西班牙领菲律宾相关文书史料，收藏于塞维利亚的西印度群岛综合档案馆（Archivo General de Indias）。从馆内甄选出部分主要文书进行英译出版的史料集有：Emma Helen Blair and James Alexander Robertson, eds., *The Philippine Islands, 1493—1898*, Cleveland: Arthur H. Clark, 1903 — 1911。该书中收录的琉球相关信息参照濱下武志「南海海域通航史のなかの琉球——『歴代宝案』と『フィリピン群島』の世界——」荒野泰典·濱下武志『琉球をめぐる日本·南海の地域交流史』科研費重点領域研究報告書、1998。

④ 日文本参见リンスホーテン、岩生成一他訳注『東方案内記』（大航海時代叢書Ⅷ）岩波書店、1967；英译本参见 John Huyghen van Linschoten, Arthur Coke Burnell and P. A. Tiele, trans., *The Voyage of John Huyghen van Linschoten to the East Indies*, London:Hakluyt Society, 1885。

　　近世琉球期，尤其是 18 世纪到 19 世纪，荷兰、英国、法国、德国、俄罗斯等国商人、航海者、传教士都亲身到过琉球并留下众多记录。[①] 长期以来，这些各国语言的古琉球史料都鲜有人介绍。附随日本、中国的相关记录，也可能有琉球的一些信息。

　　3. 阿拉伯语史料

　　在西方世界中，比欧洲史料更早记录琉球信息的文献有 15—16 世纪的阿拉伯语航海书。当时的阿拉伯系海商，在从阿拉伯海到爪哇海范围内的海域亚洲中拓展交易圈。根据海商们传来的航海、地理信息编撰而成的海事书流传开来。其中 15 世纪后半期的阿哈默德·伊本·马吉德（Ahmad ibn Mājid）、16 世纪初期的苏莱曼（Sulaymān al-Mahrī）的海事书，都提到了琉球（al-Ghūr 或 Likīwū）。[②] 葡萄牙人也通过阿拉伯人知道 al-Ghūr 的存在，并称琉球人为 Gores。本书第五章、第六章中，将会对日译、英译的这些阿拉伯语琉球史料进行讨论。

　　4. 东南亚史料

　　《历代宝案》和欧洲史料中，有许多关于 15 世纪与 16 世纪琉球王国与东南亚贸易的记录。但是作为贸易对象国的东南亚各国，当地语言的史料本就有限，和琉球的交往、贸易的史料更是少之又少。只有在文献史料丰富的越南，留下了 15 世纪后半叶与琉球船战斗的相关记录。

　　在东南亚史料中有像马六甲的《马来海上法》（Undang-Undang Laut），并非直接和琉球相关，但也反映了海上贸易情况的史料。[③] 再者，考古资料也是展现琉球和东南亚交易关系的重要线索。琉球和堺、博多等地的遗迹中，出土了众多越南制陶瓷和出口运输用的泰国制容器陶器等，时间以 15—17

---

① Josef Kreiner, ed., *Source of Ryūkyūan History and Culture in European Collections*, München: Iudicium, 1996。该书是收集、介绍这些欧洲各国琉球相关史料的专著。其对象为近世琉球，并没有收录古琉球期的葡萄牙、西班牙史料，在 Josef Kreiner 写的序论中（"Notes on the History of European—Ryukyuan Contacts"）中，概述了 16 世纪以来欧洲的主要琉球文献以及对琉球认识的变迁。此外，Patrick Beillevaire, ed., *Ryūkyū Studies to 1854*, Vol.5, Richmond: Curzon, 2000，收录了 16 世纪到 19 世纪中期欧洲的主要琉球文献影印本，关于古琉球，第一卷抄录了皮列士《东方诸国记》、平托《东洋遍历记》中与琉球有关的内容。

② 最具代表性的海事书为阿哈默德·伊本·马吉德的《航海原则和规则实用信息手册》，书中也有许多内容涉及琉球，英译本见 Gerald Randall Tibbetts, *Arab Navigation in the Indian Ocean before the Coming of the Portuguese,* London: Royal Asiatic Society of Great Britain and Ireland, 1971。以该书为代表的马吉德和苏莱曼的相关琉球记事，将在本书第五章中介绍。

③ Richard Winstedt and P.E. De Josselin De Jong, eds. and trans., "The Maritime Laws of Malacca," *Journal of the Malayan Branch of the Royal Asiatic Society*, Vol.29, No.3, 1956.

世纪为主。这些出土物从侧面补充了文献史料中尚不十分明了的从东南亚经
琉球到日本列岛的海上交易的诸相。

三　古琉球海外交流史研究的进展

（一）从南洋史到琉球王国史

古琉球的海外交流史研究从 19 世纪开始便持续进展，主要集中于对航行
至马六甲的琉球人的讨论。然而真正意义上的实证研究，则是 20 世纪 30 年
代《历代宝案》得以介绍以后的事。学术史发展大体可以分为三个阶段。

第一个阶段为战前的 20 世纪 30—40 年代。以小叶田淳介绍《历代宝案》
为契机，在与以台湾大学为中心的南洋史研究的联动下，琉球的海外交通研
究也得以取得进展。尤其是小叶田淳的《中世南岛交通贸易史》[1]，以《历代宝
案》为中心，全面论述了古琉球与中国明朝、东南亚各国的交往、贸易，至
今被学界奉为圭臬。此外，东恩纳宽惇的《黎明期的海外交通史》[2] 以和东南
亚的交往为中心，概述古琉球的对外关系。安里延的《日本南方发展史》[3] 把
琉球的海外发展作为日本进入南洋的历史依据进行论述。

战后在美军占领下，日本的南洋史研究衰退，琉球史研究也处于停滞状
态。但是 1972 年冲绳"返还"后，尤其是从 20 世纪 80 年代开始，古琉球的
海外交流史研究突然活跃起来，并迈入第二阶段的琉球王国史研究。其标记是
高良仓吉的《琉球的时代：伟大历史的图像》[4] 一书的出版。该书并非将琉球史
仅仅作为日本地方史，而是将其置于世界史的连动中，将其作为独立贸易国家
来讨论古琉球史的整体面貌。其对后来的琉球史研究有着极为重要的影响。

继高良之后，真荣平房昭、丰见山和行、赤岭守等主要冲绳出身的研究
者，致力于推动古琉球时期的交往、贸易的研究，出版了《新琉球史：古琉
球篇》[5] 等许多优秀的概论书。[6] 以和田久德为代表，《历代宝案》等基本史料

---

① 小葉田淳『中世南島交通貿易史』日本評論社、1939。
② 東恩納寬惇『黎明期の海外交通史』帝国教育会出版部、1941。
③ 安里延『日本南方発展史』三省堂、1941。
④ 高良倉吉『琉球の時代：大いなる歴史像を求めて』築摩書房、1980。
⑤ 琉球新報社編『新琉球史：古琉球編』琉球新報社、1991。
⑥ 20 世纪 90 年代以后出版的主要概论书有：高良倉吉『琉球王国』岩波書店、1993；高良倉吉『ア
ジアのなかの琉球王国』吉川弘文館、1998；大石直正・高良倉吉・高橋公明『周縁から見た中世
日本』（日本の歴史 14）講談社、2001；入間田宣夫・豊見山和行『北の平泉、南の琉球』（日本
の中世 5）中央公論新社、2002；豊見山和行編『琉球・沖縄史の世界』（日本の時代史 18）吉川
弘文館、2003；赤嶺守『琉球王国：東アジアのコーナーストーン』講談社、2004。

的研究、出版也发展起来。① 此外，从 20 世纪 80 年代开始，日本、中国大陆和台湾地区的研究者围绕中琉关系史的研究得以推进。② 谢必震的《中国与琉球》③ 等一系列中国研究者关于中琉关系史的专著陆续出版。

（二）东亚海域史与古琉球研究

与古琉球史研究的发展并行，20 世纪 80—90 年代是超越国别史限制的"东亚海域史"研究的活跃时期。从 20 世纪第一个十年开始，作为第三阶段的研究热潮，古琉球海外交流史的方法论在东亚海域史研究中也取得进展。首先，内田晶子、高濑恭子、池谷望子的《亚洲海的古琉球——东南亚、朝鲜、琉球》④ 利用琉球、中国明朝、朝鲜的基本史料，从整体上概观古琉球的海外交往、贸易情况。冈本弘道的《琉球王国海上交涉史研究》⑤ 则在细致考证琉球、中国史料的基础上，将琉球王国的进贡贸易置于明朝的朝贡体制框架中探讨。其次，上里隆史的《海洋王国琉球："海域亚洲"首屈一指的贸易国家实像》⑥ 充分利用海域亚洲史研究的成果，描绘了以那霸为核心港市的海上贸易国家——古琉球的历史图像。

再者，《冲绳县史　各论编3　古琉球》⑦ 汇集了长期以来的研究成果，是展示古琉球史全貌的通史。赤岭守、朱德兰、谢必震编写的《中国与琉球，探寻人的移动：以明清时代为中心的资料构建与研究》也是重要成果，其综合性地整理了《历代宝案》等琉球的对外关系资料，为此后研究提供了重要基础。此外，吉冈康畅、门上秀叡的《琉球出土陶瓷社会史研究》⑧ 等从历史

①　和田久德的古琉球史相关论文集有『琉球王国の形成——三山統一とその前後——』榕樹書林、2006。探讨《历代宝案》所收的与明清王朝的朝贡关系文书的专著有邊土名朝有「『歴代宝案』の基礎的研究」校倉書房、1992。

②　1986 年以后，日本、中国大陆和台湾地区的研究者持续召开中琉关系的国际论坛，会议论文集以日、中两国语言出版。参考赤嶺守「中琉関係史研究の動向と展望——史料の発掘と研究——」、赤嶺守・朱德蘭・謝必震『中国と琉球 人の移動を探る——明清時代を中心としてデータの構築と研究』彩流社、2013、「中文文献目録」506 頁、「日文文献目録」583 頁。

③　谢必震：《中国与琉球》，厦门大学出版社，1996。

④　内田晶子・高瀬恭子・池谷望子『アジアの海の古琉球——東南アジア・朝鮮・琉球——』榕樹書林、2009。

⑤　岡本弘道『琉球王国海上交渉史研究』榕樹書林、2010。

⑥　上里隆史「海の王国・琉球『海域アジア』屈指の交易国家の実像」洋泉社、2012。

⑦　沖縄県教育委員会編『沖縄県史　各論編3　古琉球』沖縄県教育委員会、2010。

⑧　吉岡康畅・門上秀叡『琉球出土陶磁社会史研究』真陽社、2011。

考古学视角出发，探讨古琉球的形成过程，该类研究也发展起来。[①] 海外方面也出版了像理查德·皮尔森从历史考古学的角度出发，通论古琉球的社会变迁和海外交流的专著。[②]

2019 年后出版的两本关于古琉球史的专著颇为引人关注。一为村井章介的《古琉球：海域亚洲的光辉王国》[③]，该书充分利用琉球、日本、中国、朝鲜的相关史料，在村井推动的东亚海域研究成果的基础上，通论古琉球史。尤为重要的是，该书不仅涉及古琉球与中国明朝的册封、朝贡关系，还有古琉球与日本的通交关系，更进一步探讨了古琉球和朝鲜、东南亚的通商情况，描绘出海域交流全貌。此外，格利高里·史密茨（Gregory Smits）的《海洋琉球：1050—1650》[④] 是在近年日本研究成果的基础上，通观古琉球史的专著。史密茨主要依据吉成直树的论述，将从九洲进入西南诸岛的倭寇势力作为古琉球形成主体展开讨论。[⑤]

总的来说，近年来的古琉球史研究对欧洲史料的关注较少，大多仅停留于众所周知的《东方诸国记》中的琉球记事。作为新近研究，村井章介探讨了 16 世纪中期有代表性的欧洲世界图中的琉球描写。[⑥] 史密茨的论著中基本上没有使用欧洲史料。但是如上所述，欧洲史料中尚有大量未曾详细研究的记载。这些资料为将琉球的海外贸易和海域亚洲的全貌联系起来探讨提供了珍贵信息。

---

① 吉成直树也从考古学、民俗学的角度出发，在从九州南下的倭寇势力中探寻古琉球的起源，出版了一系列相关著作。其最近著作有：吉成直樹·高梨修·池田榮史『琉球史を問い直す──古琉球時代論──』森話社、2015。

② Richard Pearson, *Ancient Ryukyu: An Archaeological Study of Island Communities*, Honolulu: University of Hawai'i Press, 2013.

③ 村井章介『古琉球：海域アジアの輝ける王国』角川書店、2019。

④ Gregory Smits, *Maritime Ryukyu: 1050—1650*, Honolulu: University of Hawai'i Press, 2019.

⑤ 史密茨将 11 世纪以后从朝鲜半岛经九州西岸南下西南诸岛的海上势力视为形成琉球文化的主体。尤其是 14 世纪，从九州南下的倭寇势力，成为在琉球各地建立据点的按司的母胎。笔者认为，与其说琉球三山王国是拥有实际领地的政权，不如说是各地按司利用和明朝进行朝贡贸易之便创造出来的共同体雏形。再者，第一尚氏王朝本身就是倭寇按司势力的联合体。国王不过是倭寇中的豪强者，是否属于同一嗣统也值得怀疑。但是，到了第二尚氏王朝时期，中央体制得以加强。尚真王时期，王朝控制了以首里为中心的西南诸岛全域，作为"帝国"的琉球王朝建立起来。尤其值得注意的是，史密茨将琉球文化的形成过程置于从朝鲜半岛经九州到西南诸岛的"东海网络"的海域交流中探讨，但他主要依据的是吉成直树的论点，即西南诸岛的倭寇势力是形成古琉球的主体。然而需要谨慎的是，吉成的论点并没有经过充分的实证研究。总的来说，史密茨的论述在强调古琉球文化的日本式起源之余，对其与中国和东南亚海域交流的重要性却存在评价过低的倾向。

⑥ 村井章介『日本中世境界史論』岩波書店、2013、第 IV 编第 4 章「Lequios のなかの Iapam」；村井章介『古琉球：海域アジアの輝ける王国』、356—361 頁。

结　语

自 19 世纪以来围绕琉球人的讨论开始，关于琉球的欧洲史料的讨论已有
相当长的研究历史。尤其是战前，冈本良知介绍了葡萄牙编年史等史料中记
载的与琉球相关的内容。但是其成果在战后的琉球史研究中基本没有被延续
下来。[①] 战后，沙勿略研究的佼佼者——德国的格奥尔格·赫鲁汉玛（Georg
Schurhammer）在探讨葡萄牙人初次到达日本问题时，也广泛地整理、介绍
葡萄牙、西班牙、阿拉伯史料中的相关琉球记事。[②] 但是，赫鲁汉玛研究有
些是用葡萄牙语撰写的，至今未能完全被日本的琉球史研究者加以参考利用。

《东方诸国记》中的琉球记事，在欧洲史料中属于信息丰富且准确的，但
是为了把握古琉球海外交流的全貌，有必要综合性地、有效地利用多样化的
欧洲史料。葡萄牙、西班牙的史料，与以《历代宝案》为核心的东亚史料相
比，数量有限也缺乏系统性。但是这批伊比利亚史料，从与东亚史料不同的
视角和关注点，尤其是以下四个方面，提供了东亚史料中所缺乏的独特历史
信息。

1. 琉球船的东南亚贸易实态

《历代宝案》中收录了许多琉球与东南亚各国的交往文书，但是其内容较
为单一，缺乏反映贸易活动实态的内容。相反，葡萄牙史料则详细记录了航
行至马六甲的琉球船的进出口物品、交易形态等。

2. 与中国非官方贸易的实态

《历代宝案》和《明实录》系统记录了琉球的册封、朝贡的过程，但是却
缺少正规进贡贸易以外的贸易活动的记载。葡萄牙史料恰恰补充了广州近海
的非官方贸易，以及福建、琉球间经常性的民间走私贸易的实态，以此得以
突破进贡贸易，一窥中琉贸易全貌。

3. 琉球人的风俗习惯与生活方式

明朝的册封使和漂流至琉球的朝鲜漂流民留下了琉球人的风俗习惯的详

[①]　冈本良知「所謂ゴーレス問題への一寄与」『歴史地理』第 60 巻第 4 号、1932 年；冈本良知『十六
　　　世紀日欧交通史の研究』（改訂増補版）六甲書房、1942、第 2 章第 1 編「日本人琉球人との接触」。

[②]　Georg Schurhammer, "O Descobrimento do Japão pelos Portugueses no ano de 1543," Primeira parte,
　　　"Supostas ou reais notícias do Japão antes de 1543," "9.Léquios e Gores(1462－1544)," in *Orientalia*,
　　　Lisboa: Centro de Estudios Históricos Ultramarinos, 1963.

细记录。活动于东南亚的葡萄牙人也详细记载了到达马六甲等的琉球人的容貌、服装、风俗习惯、生活方式等信息。这些资料或许是展现渡航至海外的琉球人面貌的唯一史料。

4. 与"非汉字文化圈"的贸易

《历代宝案》系统记载了琉球通过汉文文书与中国明朝、朝鲜、东南亚诸国交往的内容，但是没有涉及与包括日本等不通过汉文文书交往的地方的交流。尤其是西班牙史料中留下了不少如琉球船航行至菲律宾等非汉字文化圈内，并与其积极开展贸易的记录。

关于琉球人在南海、东海的航海贸易活动的情况，葡萄牙、西班牙史料并非从陆上的政治权力和知识阶层的视角，而是从海商或者航海者的角度提供了多样性的、详细的信息。《历代宝案》等汉文史料系统、丰富地记载了琉球王国的官方朝贡、交往关系等内容。这些欧洲史料恰好与其形成互补。将这两种史料群相互对照研究，可以更多维、更全面地探讨古琉球时期的海外交流全貌。

（执行编辑：刘璐璐）

海洋史研究（第二十二辑）

2024 年 4 月　第 655~674 页

寻找失落的木帆船：从许路
《造舟记》谈起

刘璐璐[*]

　　船舶技术史研究者、福建福龙中国帆船发展中心许路[①]所著《造舟记》于
2022 年由北京联合出版公司出版。荷兰史学家包乐史（Leonard Blussé）对
该书有相当高的评价："在中国传统帆船濒临消亡的最后时刻，本书作者投入
自己的大部分时间进行中式帆船遗存的调查与搜集。作为一名参与式的调查
者，他不仅在位于福建南部的最后的中式传统帆船上航行，还进行测绘并研
究了其历史。"[②] 正如英国历史学家柯林武德（R.G.Collingwood）所讲述他身
为艺术家和业余考古学家的父亲对英格兰东北部莱克兰地区的早期历史所做
出开创性贡献一般，[③] 许路虽非职业的历史学者，但他对传统造船工艺与海洋
文化遗产有浓厚的兴趣与热情，他"走出书斋"，沉浸式地参与到沿海的造
船、航行实践中，运用"设计模数"（Modular System of Construction）、"实
验考古学"（Experimental Archaeology）、"古船复原实验"（Reconstruction of

---

　　*　刘璐璐，广东省社会科学院历史与孙中山研究所（海洋史研究中心）副研究员。
　　　　本文系 2023 年度国家社会科学基金青年项目"明清至民国时期中式海船域外史料的整理与研究"
　　　　（23CZS031）阶段性成果。
　　①　许路已发表的代表性论文有：《〈漳州海澄郑氏造船图谱〉解读》，《海交史研究》2007 年第 1 期；《清
　　　　初福建赶缯战船复原研究》，《海交史研究》2008 年第 2 期；许路、贾浩《船舶遗存重构与实验考
　　　　古学》，《闽商文化研究》2012 年第 1 期。
　　②　许路：《造舟记》，北京联合出版公司，2022，"序言"，第 2 页。
　　③　〔英〕柯林武德：《柯林武德自传》，陈静译，北京大学出版社，2005。

Ancient Ship）等概念与方法测绘并复原某些船型。在许路的内心深处，渴望知晓那些随现代科技消失殆尽的各式帆船是什么样子的？它们又是如何建造与航行的？而《造舟记》则是他对这些问题的回答。

一　《造舟记》的主要内容与价值

《造舟记》全书正文共八章，作者以在福建沿海的田野调查为主要线索，讲述了他探访木质帆船与造船工匠、整理测绘材料、复原古船实验的历程。

第一章，诏安。可以说是作者寻找旧式帆船的缘起。许路的父亲曾在诏安宫口港造船厂当过医生，许路关于诏安大帆船和老家的船员的童年记忆随着父亲的逝世逐渐苏醒。加上他曾阅读一些航海史图书，种种原因促使他大约在 2002 年以后回到诏安老家拜访父亲的船员朋友。在该章中，通过曾在诏安航运公司内河队走船的沈秋雄（1953 年生）和曾在木帆船运输上掌舵的陈啼舣，可以了解到"诏安—汕头"路线的涂槽船，"厦门—诏安—汕头"线的青头船和艍船的一些线索。

第二章，"金华兴号"。"金华兴号"是 2004 年作者与东南卫视纪录片导演黄剑、顽石航海俱乐部船长魏军、航海史学者陈延杭在福建云霄县东山湾调研时遇到的一艘木质风帆渔船。这艘渔船为广式牵风船，登记船名为"闽云渔 2001"，时任船主是 69 岁的汤坤海。该章对"金华兴号"的船体结构、作业方式、建造年代等进行了较全面的考析，并对比了福建南部的牵风船、珠江口作业的类似船型。作者在调查过程中曾融入船主一家人的生活，体验了牵风船的捕捞方式。带着深深的理解，作者共情于"金华兴号"可能被拆毁的命运，为帮助船主一家，他联系了珠海博客广告公司作为木帆船的买家。因此，作者身临其境开启了一段令人惊叹的以风帆为主要动力自东山湾至珠海的航海行程。从作者 2004 年 10 月 18 日至 26 日的航海日记中，读者也可深刻体会到汉籍史料中较少详细记录的传统木质帆船的航海状况，可以更好地理解驾船技术与航海中面临的各种复杂因素。

第三章，月港。该章描述了作者搭乘厦门往来龙海的机动客船的见闻与主观感受及其对月港历史的一些理解。为了更清楚地了解传统造船法式，作者自 2005 年以后频繁访问海澄郑氏崇兴造船厂的郑俩招老师傅和他的儿子郑土、郑水土师傅。郑氏家传船谱，由郑俩招的父亲郑文庆绘制，"记载了他 1919 年到 1937 年间经手建造的 16 种各式运输船、渔船和客船，它们的船主名、尺寸和结构"。① 作者通过不厌其烦地请教，对船体结构的各部件有了清晰的认识，并在该章附录《漳州海澄郑氏造船图谱解读》一文，专门制作了郑氏船谱用语与闽南造船通用术语、现代造船术语的对照表。此外，他还对漳州河流域的七甲社龙船赛会有所考察。

第四章，"厦门号""伏波Ⅱ号"。"厦门号"（Amoy）是 1922 年丹麦人乔治·沃德（George waard）船长和他的香港籍妻子秋怡及他们 9 岁的儿子所乘的由厦门到温哥华横渡太平洋的厦门帆船；"伏波Ⅱ号"则是 1933 年法国船长艾里克（Eric de Bisschop）与水手约瑟夫（Joseph Tatibouet）驾驶的由厦门出发，航向南太平洋的探险科考木帆船。作者从大量的英文文献中挖掘出这两个中式帆船的远洋航行故事，② 旨在为复原中式帆船越洋航行提供技术可行性的旁证。

第五章，题为"东山、厦门、深沪、惠安、闽侯"，这些地方是作者访察民间造船工匠的调查地。东山岛位于闽粤两省的交界处，东山县是传统渔业生产大县，作者在东山铜陵海边的木船建造工地认识了祖辈三代皆是造船师傅的孔炳煌，并对帆船建造技术中的桅井结构、隔舱板以及孔师傅的日常生活进行了细致的观察。在厦门港沙坡尾，他拜访了曾供职于厦门水运公司的惠安人庄行杰船长，主要了解了庄老舣的海上行船经历、风帆与船体尺寸的"配甲"，③ 并辨认了《集美航海学院实习船图谱》上的船型。在厦门曾厝垵，则通过造船师傅洪志刚借得惠安小岞洪氏家庭的家传"船簿"，小本里记载了小缯、网艚、牵缯三种渔船的船体主要部件尺寸和比例关系。在晋江深沪，作者通过陈荣谅结识了另一位造船师傅陈芳财。陈芳财师傅家住深沪湾口南犄角，14 岁开始学造船，曾为深沪镇文化中心制作过阿拉伯船体与福建风帆混合船模。作者对陈芳财的生活与性格有所描绘，并向其请教了配甲、船体各部件等问题。在惠安的圭峰，有曾从福州黄巷走出去的造船衍派"造船黄"族群，据说其先辈曾在明洪武年间供职福州府官营造船厂。作者访问了 1952 年出生的"造船黄"传人黄文同师傅及其作坊，并阅读了黄姓族谱，

---

① 许路：《造舟记》，第 111 页。

② 关于厦门号和伏波Ⅱ号的事迹，可参阅许路提到的文献：Alfres Nilson, *The Story of The Amoy*, n.p.n.d., 1924; Ivon A. Donnelly, *Chinese Junks and Other Native Craft*, Shanghai: Kelly & Walsh, 1925; 许路《1922—1924 年：厦门号帆船远航美洲》，《家园》2007 年第 1 期；Eric de Bisschop, *The Voyage of the Kaim Eiloa*, London, 1940; Hans k.Van Tilburg, *Chinese Junks on the Pacific: Views from a Different Deck*, University Press of Florida, Gainesville, 2007.

③ 配甲，也称甲声、甲路、搭配，指船舶主要横向结构、隔舱、龙骨等主要部件尺度之间的比例。

其中记录了"造船黄"家族在明初承造帆船的情况。而且，在黄师傅家中尚有造船经验口诀和尺寸搭配的手抄本船尺簿。在福州闽侯县大漳溪与闽江南港交汇处的方庄，作者造访了方家兄弟造船作坊的方诗建师傅，了解了艍艍船和围缯船的造船法式。此外，该章还附录了作者对明清使琉球册封舟的一些解读。

　　第六章至第八章基本是作者复原木帆船、试验航行世界的全过程。第六章，海滨东区 25 号。作者从 2004 年沿着福建海岸线探访了几十处造船作坊和上百位造船师傅后，又听取了数位航海史、造船史学者与德意志博物馆海事分馆馆长建议，开始整理口述资料，并与朋友们筹备"重造中国帆船进行远航"的计划。许路作为该计划的发起人，与顽石航海俱乐部的船长刘宁生、股东兼水手李金华、东南卫视工作人员黄剑、王杨共同倡导且筹集资金推动名为"太平公主号"的四丈六尺赶缯战船[①]复原实验。为此，他们在厦门大学海滨东区教工宿舍 25 号楼租到一套房间作为共同工作的基地，并申请注册了民间机构"福建省福龙中国帆船中心"，而在数位民间造船工匠中经过招标，确定了晋江陈芳财师傅为"太平公主号"的建造者。按照作者所说，"'太平公主号'的建造与航行计划，在学术研究方面的意义是对明清赶缯船的实验考古，也就是应用实验方法，模拟赶缯船在当时历史背景下的工匠、选料、造法，进行复原建造，继而采用与当年同样的操控技术在类似海况中航行，其后才是采用罗盘、更香、沙漏、水砣、针路和航画图等工具，从一港到另一港的天文导航和地文导航，以上可归结为造船实验、航行实验和导航实验"。[②] 但在实际运作时，其实很难达到如此理想化的标准。此外，在该章插页部分，作者利用《闽省水师各标镇协营战哨船只图说》[③]、《钦定福建省外海战船则例》[④] 对清代水师常用的赶缯船各部件加以解读，并测验了以其为

---

①　复原的赶缯船的主要尺寸数据：总长 15.76 米，两柱间长 12.60 米，型深 1.55 米，型宽 4.66 米，设计吃水 1.15 米，长宽比 8.129，宽深比 2.877，干舷 0.40 米。许路:《造舟记》，第 286 页。

②　许路:《造舟记》，第 304 页。

③　（清）佚名:《闽省水师各标镇协营战哨船只图说》（以下简称《图说》），乾隆年手抄本，现藏于柏林国立图书馆。最早由汉学家莫尔（F.Moll）和劳顿（L.G.C.Laughton）注意到这份手稿，但李约瑟（Joseph Needham）认为他们的描述尚不充分，并在《中国科学技术史》中介绍了《图说》中 5 种水师战舰的尺寸与结构。因此，《图说》逐渐广为人知，较早看到并利用此资料的中国学者有陈希育、许路、蒋滨建、李其霖、谭玉华等。

④　（清）佚名:《钦定福建省外海战船则例》，乾隆年木刻本，许路有看到《续修四库全书》（史部第 858 册，上海古籍出版社，2002）和《台湾文献丛刊》（第 125 种，台湾银行经济研究室编印，1961）两个版本。

原型的实验船各数据的航海性能。

第七章，"太平公主号"。该章记录了2007年1月至10月从制作战船模型、正式签约、筹集资金、选购龙骨、正式开工仪式、竖槽、入山寻找做桅杆的木材、架设隔舱板、捻灰、上艎、购买主帆系统所需零件，到完成船壳、舱楼、帆架、双层甲板、护栏、炮眼、舵木碇、绞车等船体结构与属具，再到钉船龙目、捻缝、涂装、安装生活设施、下水等的全过程。其中，也夹叙了作者试图尽可能采用传统造船技术的坚持、对造船工匠的些许质疑与商讨、筹备资金的困难以及团队成员因不同理念产生隔阂等内容。作者被友人评价为"极富感性而不失理性"，其文风与行事风格亦大抵如是。他作为"太平公主号"实际意义上的造船技术监制人，曾全身心地投入这一理想化的事业中，但面对现实也不得不做出一些妥协，只是未曾意料到当该计划接近完成时，作者的失落多于起初的兴奋。

第八章，完成与未完成。"太平公主号"于2007年11月下水后，相继完成绑帆、主桅就位、油漆、压舱石就位、试航、移泊厦门五缘湾等工作。2008年4月，加装有辅助机动力的木质帆船顺利完成"厦门—香港"的海上航行。2008年10月，"太平公主号"借助现代通信和导航设备，经过69天不间断航行成功横渡太平洋，抵达旧金山北面的尤里卡。2009年4月26日，"太平公主号"在中国台湾苏澳外海被撞沉，所幸全体船员均无事。虽然作者在试航后就船只可能存在的技术隐患一直积极与各方沟通，但他并未参与"太平公主号"下水后的船上工作，对于航海状况只能通过其他船员的转述来了解。事实上，"太平公主号"的跨洋远航确已证明"赶缯船"这一船型有足够坚固的抗击风浪的船体结构，而且也可借此观察到历史文献中难以看到的航海细节。但是，由于采纳了现代航海技术，故很难说真正复原了明清时代木帆船航行的真实状况，或许这也是作者将该章命名为"完成与未完成"的原因吧。此外，该书还附录了"中式帆船术语表"。

严格来说，《造舟记》一书更像是详细记录作者田野调查与研究过程的写实论著，尚有诸多不足。该书在文献整理上尚有欠缺，很难说已充分吸收前人关于中式帆船的研究成果和相关史料，对海洋社会与宏观历史脉络的理解尚待深入。在表述上，该书倾注了作者大量的主观情感，不仅有过多文学式的表达与判断，几乎没有标注出所利用资料的具体出处，而且田野调查的部分在书中的呈现也略缺条理性与实图佐证，有时作者会以先入为主的己之观念来当面质疑造船师傅的技术与方法，对访谈当事人与造船共事者的隐私尚缺乏足够的保护意识。尽管如此，依旧无法掩盖此书的重要价值。一是作者沉浸式地深入调查，"走向历史现场"，^①不仅发掘出《船尺簿》《船簿》《漳州海澄郑氏造船图谱》《洪记船簿》《舟规》^②等珍贵民间文献，采访了大量沿海造船工匠（要获得这些人的访谈可能是稍纵即逝的抢救性工作），解读出史料中难以言明的造船术语，而且还难得地参与到濒临消逝的木帆船的航行中，将"活"的航海史呈现在读者面前。二是在方法上大胆突破，克服各种困难来完成"古船复原实验"，^③成功复原了赶缯船这一在闽粤海域流行的渔船形制，并顺利完成跨洋航行。三是作者以极大的热情去追寻关于木帆船的答案，对此过程中人和事的命运有深切的关注与同情，在力图保护海洋文化遗产的同时也传达出"文明是短暂的，脆弱的"的想法。如果说"自然科学并不要求科学家认识自然事件背后的思想，而史学则要求史家吃透历史事件背后的思想；唯有历史事件背后的思想——可以这样说——才是历史的生命和灵魂"^④，那么《造舟记》一书是值得敬佩且成功的。

二　中式帆船史的研究现状

中国古籍中对帆船活动的记载往往比较零散，但明清时期出于水运、海防、航海外交等的需要，对部分船只图样、造船法式有专门记录。国内外对于中式帆船的研究，基本是围绕历史文献、沉船考古、田野调查与船模资料展开的。国内外学者对中式帆船的研究情况已有初步梳理，2009 年，席龙飞介绍了1962 年以来中国学界对传统船只的研究现状，认为国内船舶史研究起步较晚，自 1962 年才有 2 篇代表论著，改革开放以后中国船史研究会的成立、《船史研究》的创刊以及古船考古发掘逐渐推动了研究的发展；^⑤2020 年，席龙飞、蔡

---

① 陈春声:《走向历史现场》,《松岗听涛：在校园与乡土之间》,北京师范大学出版社,2021,第133—149页。

② 这些已发现的船簿基本上是 20 世纪 30 年代至 70 年代造船工匠的手抄本,此外,泉州海外交通博物馆也有收藏《船尺簿》。

③ 关于中式帆船的复原实验工作,主要是通过测绘与研究后复原出各种船型的结构与参数,制作出相应的船模或小型的实船,最高阶的是复原成实船并开展跨洋实验。关于古船复原工艺的流程,可参考袁晓春《中国古船复原工艺》,上海中国航海博物馆主办《国家航海》第 8 辑,上海古籍出版社,2014,第127—135 页。而复原实船下水的范例如新安古船,可参考〔韩〕崔光南《刻在进行复原的中国宝物船》,韩国文物管理局,1986。

④ 〔英〕柯林武德:《历史的观念》,何兆武、张文杰译,商务印书馆,2009,"译序",第 12 页。

⑤ 席龙飞:《中国传统船舶研究现状（1962—2008 年）》,《中国科技史杂志》2009 年第 3 期。

薇回顾了 1949 年以来的船史著述，主要介绍了国内已出版的船史通论性专著与论文集，认为中国船史学术研究是 20 世纪 60 年代起步，80 年代逐渐增多，21 世纪以来硕果累累。[①]2017 年，日本学者松浦章简要梳理了 19 世纪中叶以来各国学者对中式帆船的部分研究成果，尤其侧重于日本方面，认为 20 世纪出现了中国帆船研究的两个"小高潮"，并附录"1850—2015 年中国帆船研究著述一览表"。[②]本文参考前辈学人的总结，尽可能阅览中式帆船的研究成果后，将其研究阶段与特点梳理如下。

国外对中式帆船的关注可以追溯到清末，19 世纪上半叶至 20 世纪中期西方各国人士与日本的一些调查机构对中国沿海与内河水域的传统木帆船开展实地调查、测绘、摄影、研究，保留了一大批全面翔实的研究资料。[③]现今学界关注到的主要有：（1）被后世誉为"舟船民族学之父"的法国海军军官帕里斯（François-Edmond Pâris, 1806—1893）在 1826—1840 年完成三次环球航行，搜罗了关于非洲、大洋洲、亚洲、美洲海洋民族的传统舟船调查资料，主要收录于 1841—1845 年巴黎出版的《论欧洲以外民族的舟船建造》（*Essai sur la construction navale des peuples extra-européens*），记录了广州、澳门等地所见的战船、快船、海关船、运盐船、渔船、引水船、茶叶运输船、近海巡船、渡船、花船、木马船、养鸭船等 17 类，绘图 20 张。[④]此外，他还留下了《奉法国政府指示执行的环球旅行专辑》《海洋的记忆：古代与现代船舶图纸和建造数据集》《亚洲、马来西亚、大洋洲和美洲居民所造船舶集》等一批论著和图集。[⑤]（2）法国海军军官奥德马斯（Louis Audemard, 1865—1955）在 1900—1914 年调查了自渤海到海南岛的中国沿

①　席龙飞、蔡薇：《一九四九年以来船史研究著述纵览》，上海中国航海博物馆主办《国家航海》第 24 辑，上海古籍出版社，2020，第 194—209 页。

②　〔日〕松浦章：《中国帆船研究回顾》，李庆新主编《海洋史研究》第 10 辑，社会科学文献出版社，2017，第 578—598 页。

③　已有学者对 19 世纪末至 20 世纪中叶西方人士的船舶调查资料进行了梳理，参见叶冲、沈毅敏、李世荣《近代外国关于中式帆船的调查成果概述》，《国家航海》第 24 辑，第 158 页。

④　François-Edmond Pâris, *Essai sur la construction navale des peuples extra-européens：ou,Collection des navirres et pirogues construits par les habitants de l'Asie,de la Malaisie,du Grand Océan et de L'Amérique*, Paris:A.Bertrand, 1841–1845. 关于帕里斯生平及其论著内容可参见邱丹丹《法国民族志中的中国帆船》，《海洋遗产与考古》第 2 辑，科学出版社，2015，第 388—412 页；叶冲、沈毅敏、李世荣《近代外国关于中式帆船的调查成果概述》，《国家航海》第 24 辑，第 158 页；谭玉华《1826—1840 年帕里斯环球舟船调查与舟船民族志的诞生》，国家文物局考古研究中心举办《水下考古》第 3 辑，上海古籍出版社，2021，第 146—162 页。

⑤　福建省泉州海外交通史博物馆编《〈唐船图〉考证·中国船·中国木帆船》，海洋出版社，2013，第 8 页。

海以及长江沿线的中式帆船资料，经 1957—1971 年荷兰鹿特丹海事博物馆整理后出版《中国帆船》（*Les Jonques Chinoises*）法文版十卷本，[1] 对中式帆船的历史、结构、不同装饰和类型以及不同水域航行的帆船种类、作业方式与船上生活皆有细致的记录。[2]（3）曾在法国邮轮公司远东地区总代理处任职的西戈（又译为席高特，Étienne Sigaut，1887—1983）在 1911—1947 年活跃于上海，他仔细观察和调查了从渤海至南海的传统帆船，在他未全部完成的调查笔记中关于福建帆船和舟山—宁波帆船的部分最为全面，现收藏于法国巴黎的国家海事博物馆。[3]（4）法国舟船民族志学者布热德（Jean Poujade）在《暹罗的中国帆船》（*Les jonques des chinois du Siam*）[4] 一书中测量绘制了一艘搁浅贡布海滩的中国帆船，并比较了它与其他中式帆船及与暹罗本土船舶结构、装饰等的不同。[5]（5）曾长期先后在驻澳葡萄牙海军服役和澳门港务局工作的葡萄牙人卡莫纳（Artur Leonel Barbosa Carmona,1889—1965），在 1954 年出版了葡文版《中国华南地区的葡式帆船、中式帆船及其他船只》（*Lorchas,Juncos E Ootros Barcos Usados No Sul Da China*）。[6] 该书第一部分介绍了渔船、交通船及其他船舶 40 多种，第二部分介绍了造船的木料、渔具、属具及船上设备等。[7]（6）20 世纪初英国人唐纳利（Ivon Arthur Donnelly, 1890—1951）任英商大沽驳船公司代理，在 1908—1913 年拍摄了有关上海和长江沿岸日常生活的照片，1920 年出版了《中式帆船：黑白画册》（*Chinese Junk:A Book of Drawings in Black and White*），[8] 并在此基础上于 1924 年出版了《中式帆船与各地方船型》（*Chinese Junks and Other Native Craft*），[9] 记录了中国沿海的船只 27 种，包括黄河船、大沽渔船、北

① Louis Audemard, *Les Jonques Chinoises,* Rotterdam:Museum voor land-en volkenkunde en het Maritiem Museum "Prins Hendrik", 1957–1971.

② 邱丹丹：《法国民族志中的中国帆船》，《海洋遗产与考古》第 2 辑，第 388—412 页。

③ 福建省泉州海外交通史博物馆编《〈唐船图〉考证·中国船·中国木帆船》，第 9 页。

④ Jean Poujade，*Les jonques des chinois du Siam*, Paris:Gauthier-Villars, 1946.

⑤ 邱丹丹：《法国民族志中的中国帆船》，《海洋遗产与考古》第 2 辑，第 388—412 页。

⑥ Artur Leonel Barbosa Carmona, Lorchas, *Juncos E Ootros Barcos Usados No Sul Da China:a pesaca em Macau e arredores,* Macau:Imprensa nacional, 1954.

⑦ 叶冲、沈毅敏、李世荣：《近代外国关于中式帆船的调查成果概述》，《国家航海》第 24 辑，第 186 页。

⑧ Ivon Arthur Donnelly, *Chinese Junk: A Book of Drawings in Black and White*, Shanghai: Kelly & Walsh, 1920.

⑨ Ivon Arthur Donnelly and Gareth Powell, *Chinese Junks and Other Native Craft*, Hong Kong: Earnshaw Books, 2008. 中译本见福建省泉州海外交通史博物馆编《〈唐船图〉考证·中国船·中国木帆船》。

直隶商船、烟台渔船、烟台商船、青州商船、安东商船、石岛湾商船、老闸船、崇明棉船、杭州湾商船、舟山群岛船型、宁波商船、温州渔船、福建三都澳商船、福建近海渔船、福州深海渔船、福州运杉船、泉州商船、厦门渔船、厦门商船、潮州商船、汕头渔船、香港渔船、香港商船、歪屁股船、赣船。1925 年，他还出版了介绍《中式帆船与各地方船型》的小册子、《中式帆船模型》（Chinese Junk Models）的小册子。（7）英国人夏士德（George Raleigh Gray Worceste, 1890—1969）在 1919 年来到中国海关海务部门工作近 30 年，他深入中国沿海和长江流域考察当地的风俗、人与船只，并撰写了大量相关论著。据船史专家沈毅敏统计，他撰写的海关出版物有 5 种，包括《长江上游的帆船与舢板》（*Junks and Sampans of the Upper Yangtze*）、《四川歪头船和歪屁股船的笔记》（*Notes on the Crooked-bow and Crooked-stern Junks of Szechwan*）、《长江的帆船与舢板》（*The Junks and Sampans of the Yangtze*）第一卷《长江口与上海》、《长江的帆船与舢板》第二卷《长江中游与支流》、《中国主要海洋帆船的分类（长江以南）》（*A Classification of the Principal Chinese Sea-going Junks:South of the Yangtze*），他正式出版的专著有《船工笑了》（*The Junkman Smiles*）[1]、《中国的帆船和橹船——用科学博物馆收藏的中国帆船模型来说明中国帆船的历史和发展》（*Sail and Sweep in China:The History and Development of the Chinese Junk as Illustrated by the Collection of Junk Models in the Science Museum*）[2]、《中国的漂浮人口》（*The Floating Population in China*）[3]、《长江的帆船与舢板》（*The Junk and Sampans of the Yangtze*）[4]，此外他还有尚未出版的手稿，名为《长江的历史：它的贸易和船舶》（The History of the Yangtze: Its Trade and Ships）。[5]（8）美籍俄裔工程师索科洛夫（Valentin A. Sokoloff, 1904—?）于 1923—1949 年在上海居住期间，考察了活跃在中国沿海及长江水域的 20 余种船。他在吸收前人调查资料的基础上于 1982 年出版了《中国船》（*Ships of China*），记录的船只

[1]　G.R.G.Worcester, *The Junkman Smiles*, London:Chatto and Windus, 1959.

[2]　G.R.G.Worcester, *Sail and Sweep in China:The History and Development of the Chinese Junk as Illustrated by the Collection of Junk Models in the Science Museum*, London, 1966.

[3]　G.R.G.Worcester, *The Floating Population in China: An Illustrated Record of the Junkmen and Their Boats on Sea and River*, Hong Kong:Vetch and Lee,1970.

[4]　G.R.G.Worcester, *The Junk and Sampans of the Yangtze*, Annapolis: Naval Institute Press, 1971.

[5]　沈毅敏:《夏士德著作考证》，上海中国航海博物馆主办《国家航海》第 11 辑，上海古籍出版社，2015，第 109—133 页。

式样包括芝罘船、红头船、沙船、绍兴船、溜网船、宁波商船、花屁股、厦门渔船、虾九拖、华南商船、鸭屁股、大兵船、战用快渡、水保甲船、箩圆船、歪屁股、两节头、麻秧子、盐船、拖船、美国家庭游艇，并绘制了不同船只的风帆与旗帜式样。[1]（9）关于日本人的调查资料，日本人早在1897年就撰写了东南沿海航业状况的报告，[2] 而据松浦章介绍最突出的调查机构有二。[3] 一是20世纪初日本侵占中国台湾时期，在1901年成立了"临时台湾旧惯调查会"，1905年该会下设的以农工商经济的固有旧惯为主要工作的"第二部"所出《调查经济资料报告》，[4] 记录了"支那形船及竹筏"，将其分为商船、岸边船、渡船、渔船四大类。此外，该书还记录了中式帆船的船材与船具、眼青及旗章、许可证、制造费、船员、船员雇用时间及准备、借贷、航海损失、行会组织与"支那形船"的关系、船税、官米运输等内容。二是"南满洲铁道株式会社庶务部调查课"，1927年出版了《支那的戎克与南满的三港》，该书对渤海湾东部沿海至辽东半岛南部沿海的中国帆船贸易有详细介绍。[5] 同年，出版《南北满洲的主要海港河港》，其中"营口港""吉林港"下的章目介绍了数种帆船。[6]1943年，该会社编写了《中支的民船业——苏州民船实态调查报告》，对苏州地区的民船船型、构造布置、运载能力、船民劳力、行业公会、所有关系、经营状态、航线载货等有深入描述。[7] 此外，还有大阪商船株式会社在1910年出版了《福建福州港调查报告书》，其中含《戎克船（支那船）贸易（概论）》。

20世纪30年代以后，国外对中式帆船的研究成果激增。西欧对中式帆船的研究中，具有代表性的刊物有英国航海研究学会创办于1911年的《水手之镜》（*The Mariner's Mirror*），旨在鼓励所有国家对各个阶段的航海和

---

[1] Valentin A.Sokoloff, Ships of China, Calif:Valentin a Sokoloff, 1982. 中译本见福建省泉州海外交通史博物馆编《〈唐船图〉考证·中国船·中国木帆船》。

[2] 上野専一「支那南部篷船航業状況清國南部地方ニ於ケル篷船航業ノ状況ニ就キ厦門駐在帝國一等領事上野専一ヨリの報告」『官報』第4148号、1897年5月、44—46頁。

[3] 〔日〕松浦章:《中国帆船研究回顾》，李庆新主编《海洋史研究》第10辑，第578—598页。

[4] 临时台湾旧惯调查会:《临时台湾旧惯调查会第二部:调查经济资料报告》下卷，临时台湾旧惯调查会，1905。

[5] 佐田弘治郎『支那の戎克と南満の三港』（満鐵調查資料第69編）、南滿州鐵道株式會社庶務部調查課、1927。

[6] 佐田弘治郎『南北滿洲の主要海港河港』（満鐵調查資料第67編）、南滿州鐵道株式會社庶務部調查課、1927。

[7] 滿鐵調查部編『中支の民船業:蘇州民船實態調查報告書』博文館、1943。

造船、海洋语言和习俗以及其他航海主题进行研究，近百年来刊载了一系列有关中国帆船研究的论文，如摩尔（F. Moll）《福建水师战船》（The Navy of the Province of Fukien, 1923），唐纳利《福州杉船》（Foochow Pole Junks, 1923）、《长江河船》（River Craft of the Yangtse Kiang, 1924）、《早期的中国帆船与贸易》（Early Chinese Ships and Trade, 1925）、《中国内河水域的奇特工艺》（Strange Craft of China's Inland Waters, 1938），沃特斯（D.W.Waters R.N.）《中式帆船：丹东商船》（Chinese Junks: The Antung Trader, 1938）、《中式帆船：北直隶商船》（Chinese Junks: The Pechili Trader, 1939）、《中国帆船的一种例外：通坤》（An Exception to Chinese Junks: The Tongkung, 1940）、《中式帆船：拖舸》（Chinese Junks: The Twaqo, 1946）、《中式帆船：杭州湾商船与渔船》（Chinese Junks: The Hangchow Bay Trader and Fisher），夏士德《中国战船》（The Chinese War–Junk, 1948）《厦门渔船》（The Amoy Fishing Boat, 1954）、《六种广东帆船》（Six Craft of Kwangtung, 1959），西戈《中国帆船的北方类型》（A Northern Type of Chinese Junk, 1960），迈克尔·特里明（Michael Trimming）《北直隶商船：海运全案》（The Pechili Trader: A Hull Lines Plan, 2011），斯科特（Frank Scott）《东西跨洋：耆英号的航行，1846—1855》（East Sails West:The Voyage of the Keying, 1846–1855）等文。而最具影响力的莫过于享誉世界的科技史学家李约瑟（J. Needham, 1900—1995）对中国造船与航海工艺的研究，他在 1971 年出版了《中国科学技术史》第四卷第三分册《土木工程与航海技术》，广泛借鉴了一批航海史与帆船史学者的调查研究成果与中外文献，[①] 对帆船与舢板的构造特点包括船型、各部分的结构与功能、制作工艺以及中国船舶的发展史与航海技术特点均有细致介绍以及中外比较研究，并择取一些船只的个案来分析其形制，论证了中国帆船在造船、航海技术上的优越性与贡献。[②] 日本学者对中式帆船的研究则在 20 世纪 40 年代成果突出，聚焦船只运输与贸易的刊物有 1940 年华北行业总工会创办的《华北航业》，在 1941—1943 年登载了中村

---

① 包括查诺克（Charnock）、雅尔（Jal）、莫尔（Moll）、拉罗埃里（La Roerie）、维维耶勒（Vivielle）、马尔盖（Marguet）、休森（Hewson）、埃布尔（Abel）、科内伊南堡（van Konijnenburg）、帕里斯（Pâris），沃特斯（C.D.W.Waters）、唐纳利（I.A.Donnelly）、洛夫格夫（H.Lovergrove）、夏士德（G.R.G.Worcester）、奥德马尔（Audemard）、布林德利（H.H.Bringdley）、霍内尔（J.Hornell）、穆尔（Alan Moore）、史密斯（H.W.Smyth）、鲍恩（R.le baron）、布热德（J.Poujade）等人的成果。

② 〔英〕李约瑟：《中国之科学与文明》第 11 册《航海工艺》，陈立夫主译，（台北）台湾商务印书馆，1980。

义雄《关于船行》《从输送力看民船》《关于民船的营业方法》《民船贸易与民船的特质》《北支沿岸轮民船的航运状况》，添田邦雄《关于北民船业》，水野邦雄《关于中支民船业》《关于北支民船的概要》《黄花洋渔船的航行》等文。而《满铁调查月刊》在 1942 年刊载了芝池靖夫、手岛正毅《中支民船的经营》，手岛正毅、新居芳郎《关于中支民船的劳力》，堀内清雄《以青岛为中心的戎克船贸易事情》《青岛船行事情》等文。①20 世纪 70 年代以来，日本学人对中式帆船研究显著者有大庭修、松浦章等。关西大学教授大庭修在 1972 年发表了《明清的中国商船画卷——日本平户松浦史料博物馆藏〈唐船之图〉考证》，他利用江户时代（1603—1867，相当于明万历至清同治年间）介绍长崎的书插图和版画中保留下来的《唐船之图》，对江户时代到日唐船数量、所画 12 幅唐船的船体数据与形状、唐船上的船员、出发地点和航行日数、唐船的修理与建造均有细致深入的考察。②关西大学教授松浦章自 2002 年以来发表出版了大量论著，如《清代台湾海运史》《日治时期台湾海运发展史》《清代帆船东亚航运与中国海商海盗研究》《清代帆船与中日文化交流》《清代内河水运史研究》《清代上海沙船航运史研究》《关于清代沿海钓船的航运活动》，这些研究成果多建立在翔实的史料基础上，围绕东亚海域的航行与交流为中心，不再局限于船只本身的结构与航行，极大地丰富了中式帆船研究的面相。③

国内对中式帆船史的研究起步较晚，大致在 20 世纪 50 年代方渐渐兴起，至 70 年代掀起热潮。较早关注中式帆船的学者如田汝康在 1957 年出版了《17—19 世纪中叶中国帆船在东南亚洲》，专门论述了古代至近代的中国帆船与船业以及中国帆船在东南亚的活动等内容。④但值得一提的是，50 年代末至 60 年代初国内开展了沿海地区的全国木帆船普查工作以及长江流域渔具、

① 〔日〕松浦章：《中国帆船研究回顾》，李庆新主编《海洋史研究》第 10 辑，第 586—592 页。

② 〔日〕大庭修：《明清的中国商船画卷——日本平户松浦史料博物馆藏〈唐船之图〉考证》，朱家骏译，《海交史研究》2011 年第 1 期。

③ 〔日〕松浦章：《清代台湾海运发展史》，卞凤奎译，（台北）博扬文化事业有限公司，2002；〔日〕松浦章：《日治时期台湾海运发展史》，卞凤奎译，（台北）博扬文化事业有限公司，2004；〔日〕松浦章：《清代帆船东亚航运与中国海商海盗研究》，上海辞书出版社，2009；〔日〕松浦章：《清代帆船与中日文化交流》，张新艺译，上海科学技术文献出版社，2012；〔日〕松浦章：《清代内河水运史研究》，董科译，江苏人民出版社，2010；〔日〕松浦章：《清代上海沙船航运业史研究》，杨蕾、王亦铮、董科等译，江苏人民出版社，2012；松浦章「清代沿海における釣船の航運活動について」『关西大学文学论集』第 64 卷第 3 号、2014 年 10 月。

④ 田汝康：《17—19 世纪中叶中国帆船在东南亚洲》，上海人民出版社，1957。

渔法等调查，1960 年各省份交通厅相继出版了船型普查资料。而据武汉理工大学教授席龙飞所述，最早的论文是在 1962 年中国造船工程学会第一次会员代表大会及学术年会上，上海交通大学教授杨槱发表的《中国船舶发展简史》与中国科学院自然科技史研究所副研究员周世德的《中国沙船考略》。[①]1968年、1969 年凌纯声对中国古代与印度洋、太平洋的戈船、方舟和楼船的考证研究，从历史、结构、渊源等角度对比了中国和其他区域的造船传统，堪称史前舟船研究的代表。[②]1974 年在泉州湾后渚近海海底发现 25 米长的宋代海船，切实推动了学界从造船史与造船工艺的角度对中国古代船只的构造与类型的研究。1975—1987 年，围绕泉州湾，宋船学界发表了多篇发掘报告与论文。[③] 其后，随着 1976—1986 年韩国新安海底中国元代海船、1982年泉州法石宋代商船、1981 年宁波宋船、1995 年象山明代海船、1984—2005 年蓬莱古船、2010 年山东菏泽元代单桅货船等的发掘，沉船考古愈加令人瞩目，学者围绕古船的年代、建造地点、航线、沉没原因、古船的复原以及出土文物的鉴定与考释发表了大量相关论著。[④] 而 1978 年福建泉州海交史

①　中国造船工程学会编《中国造船工程学会 1962 年年会论文集》第 2 分册《运输船舶》，国防工业出版社，1964，第 7—29、32—60 页。

②　凌纯声：《中国古代与印度太平洋的戈船考》《中国古代与太平洋区的方舟与楼船》，《"中研院"民族史研究所集刊》第 26 期、第 28 期，1968 年、1969 年。

③　泉州湾宋代海船发掘报告编写组：《泉州湾宋代海船发掘简报》，《文物》1975 年第 10 期；王曾瑜：《谈宋代的造船业》，《文物》1975 年第 10 期；泉州湾宋代海船复原小组、福建泉州造船厂：《泉州湾宋代海船复原初探》，《文物》1975 年第 10 期；厦门大学历史系：《泉州港的地理变迁与宋元时期的海外交通》，《文物》1975 年第 10 期；席龙飞、何国卫：《对泉州湾出土的宋代海船及其复原尺度的探讨》，《中国造船》1979 年第 2 期；杨槱：《对泉州湾宋代海船复原的几点看法》，《海交史研究》总第 4 期，1982 年；泉文：《泉州湾宋代海船有关问题的探讨》，《海交史研究》1978 年创刊号；福建省泉州海外交通史博物馆编《泉州湾宋代海船发掘与研究》，海洋出版社，1987；庄为玑、庄景辉：《泉州宋船结构的历史分析》，《厦门大学学报》（哲学社会科学版）1977 年第 4 期。

④　林士民：《宁波东门口码头遗址发掘报告》，浙江省文物考古所编著《浙江省文物考古所学刊》，文物出版社，1981；席龙飞、何国卫：《对宁波古船的研究》，《武汉水运工程学院学报》1981 年第 2期；陈鹏、杨钦章：《泉州法石乡发现宋元碇石》，《自然科学史研究》1983 年第 2 期；中国科学院自然科学史研究所等联合试掘组：《泉州法石古船试掘简报和初步探讨》，《自然科学史研究》1983年第 3 期；李德金、蒋忠义、关甲堃：《朝鲜新安海底沉船中的中国瓷器》，《考古学报》1979 年第2 期；尹武炳「新安海底遗物の引扬ばとその水中考古学の成果」『新安海底引扬ば文物』东京国立博物馆、中日新闻社，1983；韩国文化公报部文物管理局：《新安海底遗物（综合篇）》，高丽书籍株式会社，1988；席龙飞：《对韩国新安海底沉船的研究》，《海交史研究》1994 年第 2 期；席龙飞主编《蓬莱古船与登州古港》，大连海运学院出版社，1989；席龙飞、顿贺：《蓬莱古战船及其复原研究》，《武汉水运工程学院学报》1989 年第 1 期；宁波市文物考古研究所、象山县文管会：《浙江象山县明代海船的清理》，《考古》1998 年第 3 期；山东省文物考古研究所、烟台市博物馆、蓬莱市文物局编《蓬莱古船》，文物出版社，2006；龚昌奇、张启龙、席龙飞：《山东菏泽元代古船的测绘与研究》，上海中国航海博物馆编《航海——文明之迹》，上海古籍出版社，2011，第 62—79 页。

博物馆创办的《海交史研究》、1984 年"中研院"中山人文社会研究所创办的《中国海洋发展论文集》以及中国船史研究会的成立无疑推动了帆船史的研究。到 20 世纪 80 年代还掀起了"郑和宝船"探讨之热潮，一些学者如郑鹤声、郑一钧、庄为玑、庄景辉、席龙飞、何国卫、邱克、章巽、杨槱、陈延杭、朱鉴秋等围绕郑和下西洋的宝船、航海技术与造船业、中外交通发文著书热烈讨论。[①] 几乎与此同时，重视发掘中外航海文献的学者如田汝康对 17—19 世纪中国帆船在东南亚的商业活动、18 世纪中叶中国帆船业发展停滞的原因、中葡帆船制造与驾驶技术的比较都有深入的研究。此外他还参与编写了《水运技术词典·古代水运与木帆船分册》，对 106 种古船进行了简要介绍。[②] 陈希育则对远洋帆船尤其是册封使节船、商船相关的造船业、航海与贸易等有深入研究，并附录了船体结构各部分名称的考释与图解。[③]

　　具备理工科学术背景的船舶史学者对船予以关注，他们能够更理性地分析与测绘船体结构及其在航海时的受力情况与优缺点，而 20 世纪 80 年代以来的一批船史专家多有专著或论文集问世。如金秋鹏从科技史的视角对古代造船与航海的通论性论述；[④] 周世德对中国古船上的桨橹配置、清代沙船、船舶设计、中外古战船动力对比等的考证；[⑤] 杨槱对帆船史、轮船史的研究，涉及世界各地区的帆船、商船、军舰、渔船；[⑥] 辛元欧对沙船本身的船型特点、船体结构、建造方法有深入探讨，对古今中外典型海战与船舰、中国近代船舶工业史均有研究；[⑦] 席龙飞利用大量史料与考古发现对中国古代造船史的通

① 杨槱、杨宗英、黄根余：《略论郑和下西洋的宝船尺度》，《海交史研究》总第 3 期，1981 年；庄为玑、庄景辉：《郑和宝船尺度的探索》，《海交史研究》总第 5 期，1983 年；席龙飞、何国卫：《试论郑和宝船》，《武汉水运工程学院学报》1983 年第 3 期；郑鹤声、郑一钧：《略论郑和下西洋的船》，《文史哲》1984 年第 3 期；邱克：《谈〈明史〉所载郑和宝船尺寸的可靠性》，《文史哲》1984 年第 3 期；纪念伟大航海家郑和下西洋 580 周年筹委会编《郑和下西洋论文集》第 2 集，南京大学出版社，1985；章巽：《我国古代的海上交通》，商务印书馆，1986；陈延杭、杨秋平、杨晓：《郑和宝船复原研究》，《船史研究》1986 年第 2 期；海军海洋测绘研究所、大连海运学院航海史研究室编制《新编郑和航海图集》，人民交通出版社，1988。

② 田汝康：《中国帆船贸易和对外关系史论集》，浙江人民出版社，1987；《水运技术词典》编辑委员会：《水运技术词典·古代水运与木帆船分册》，人民交通出版社，1980。

③ 陈希育：《中国帆船与海外贸易》，厦门大学出版社，1991。

④ 金秋鹏：《中国古代的造船和航海》，中国青年出版社，1985。

⑤ 周世德：《雕虫集》，地震出版社，1994。

⑥ 杨槱：《帆船史》，上海交通大学出版社，2005；《轮船史》，上海交通大学出版社，2005。

⑦ 辛元欧：《上海沙船》上海书店出版社，2004；《中外船史图说》，上海书店出版社，2009；《中国近代船舶工业史》上海古籍出版社，1999。

史类研究；①王冠倬以船舶文物的图像为主，详细列举了中国古代各时期的各类船只；②何国卫从船型、航行性能、结构强度、工属具、修造工艺等方面对中国古帆船进行研究，对沙船、福船、广船等均有介绍；③尤飞君、王煜、叶冲等对历代古船的图录或词典形式的总结；④唐志拔对明代抗倭时期战船的类型与主要特点有所总结，对现代海洋军舰的研究尤为突出。⑤可以说，20世纪80年代以后中国学界主要利用文献记载、考古发现和部分调查资料对中式木质帆船的研究取得了前所未有的进展，同时轮船史研究也有不少成果。

而近三十多年来国内对中式帆船的研究呈现出以下特点。一是从海防史、区域史的角度对明清船只、船厂或某些船型的专门研究增多，对船体结构各部分的研究更细微。早在1987年叶显恩就关注到广东水域活跃的船舶与造船业，他将明代广东战船的式样分为福船、沙船、白艚、𫐄船、乌船、渔船六种。⑥2000年广东省在修地方志时，对船舶工业亦有专门考察。⑦2011年由上海中国航海博物馆主办的《国家航海》创刊，自此围绕中外航海史、海上交通贸易史、古船与沉船研究、水下考古、航海文物等刊载了不少帆船史方向的论文。2013年，古船重建的文史技艺者陆传杰、曾任大地地理杂志社总编曾树铭追寻考察了历史上台湾岛所用的舟船与往来海峡两岸的船只。⑧2014年，周孝雷、唐立鹏对广东各卫所、水寨的主要战船类型与数额有分类研究，⑨李其霖对清代前期沿海的自然环境、绿营、水师战船制度、沿海防卫系统、造船科技有综合论述。⑩2014年、2015年，林瀚对韩江水路以及汀、梅、潮三

①　席龙飞：《中国造船史》，湖北教育出版社，2000；《中国造船通史》，海洋出版社，2013；《中国古代海洋船舶》，海天出版社，2019。

②　王冠倬：《中国古船》，海洋出版社，1991；王冠倬编著《中国古船图谱》（修订版），生活·读书·新知三联书店，2011。

③　何国卫：《中国木帆船》，上海交通大学出版社，2019。

④　尤飞君：《中国古船图鉴》，宁波出版社，2008；中国航海博物馆、王煜、叶冲：《中国古船录》，上海交通大学出版社，2020。

⑤　唐志拔：《中国舰船史》，海军出版社，1989。

⑥　叶显恩：《明代广东的造船业》，《学术研究》1987年第6期。

⑦　广东省地方史志编纂委员会编《广东省志·船舶工业志》，广东人民出版社，2000。

⑧　陆传杰、曾树铭：《航向台湾：海洋台湾舟船志》，（新北）远足文化事业股份有限公司，2013。

⑨　周孝雷、唐立鹏：《明代广东的海防战船》，郭声波、吴宏岐主编《中国历史地理研究》第6辑《环南海历史地理与海防建设》，西安地图出版社，2014，第231—247页。

⑩　李其霖：《见风转舵——清代前期沿海的水师与战船》，（台北）五南图书出版股份有限公司，2014。

地沿河各圩镇木质帆船、清代民国福州沿海及内河水域的传统木船的梳理与
分析。① 2018 年，广东海上丝绸之路博物馆对阳江木船的建造技术与船民风
俗的调查研究。② 2019 年，对明清广船研究最显著的如谭玉华，他对明清广
船中的兵船、渔船、商船有系统的分期分类讨论，对其形制、技术、阶段性特
点与变革均有深入研究，对一些特殊的外来船型则有专门讨论。③ 同年，陈晓
珊对明代海船制造与航海技术的专题研究，尤其是对福船的装甲防御设备在抗
倭实战中的作用，海船上"遮洋"等防护设施、中外造船技术交流等有细致的
论述。④ 2020 年张兴华对东北地区不同水域的桦皮船、安东船、槽船、牛船、
拨船、扒网槽子、舢板、门锭子、尖牛子、瓜篓船等进行了描绘与复原工作介
绍。⑤ 此外，一些学者如高宇、许路、刘义杰、席龙飞、普塔克、彭文显、徐
旅尊、衷海燕、王宏斌、耿健羽等对某些特定船型如沙船、福船、蜈蚣船、叭
喇唬船、赶缯船等的演变与特点有专门讨论。⑥

　　二是 20 世纪 80 年代以后随着水下考古技术的发展，世界各国竞相成
立专门的海洋考古机构，中国及其周边海域也有越来越多的沉船被发掘、
打捞，其中不少为中国古代商船，古船复原与造船航海史研究得到更广泛
的关注。至今发掘的被认为可能是中式海船的，如长崎县松浦市蒙古沉船、

---

① 林瀚：《韩江水路交通与内河木质民船研究》，上海中国航海博物馆主办《国家航海》第 7 辑，上
　海古籍出版社，2014，第 42—71 页；《清代民国时期福州传统木船研究》，上海中国航海博物馆主
　办《国家航海》第 10 辑，上海古籍出版社，2015，第 52—87 页。

② 广东海上丝绸之路博物馆编著《阳江木船传统建造技术与风俗》，广东科技出版社，2018。

③ 谭玉华：《岭海帆影——多元视角下的明清广船研究》，上海古籍出版社，2019；《明朝海防战船欧
　化变革的历史考察》，《中山大学学报》（社会科学版）2019 年第 5 期；《汪铉〈奏陈愚见以弭边患事〉
　疏蜈蚣船辨》，《海交史研究》2019 年第 1 期。

④ 陈晓珊：《沧海云帆——明代海洋事业专题研究》，社会科学文献出版社，2019。

⑤ 张兴华：《东北地区传统木帆船与复原》，《国家航海》第 24 辑，第 130—140 页。

⑥ 高宇：《论福船船型演变及历史影响》，《闽西职业技术学院学报》2011 年第 4 期；许路：《海澄郑
　氏造船图谱与月港福船》，《南方文物》2012 年第 3 期；许路：《清初福建赶缯战船复原研究》，《海
　交史研究》2008 年第 2 期；席龙飞：《中国三大船型中的福船》，《国家航海》第 24 辑，第 118—
　129 页；刘义杰：《福船源流考》，《海交史研究》2016 年第 2 期；普塔克：《蜈蚣船与葡萄牙人》，
　《文化杂志》（中文版）第 49 期，2003 年；刘义杰《蜈蚣船钩沉》，上海中国航海博物馆主办《国
　家航海》第 20 辑，上海古籍出版社，2018；彭文显：《欧洲军事武器与东亚的交流——以明代蜈蚣
　船及叭喇唬船为例》，硕士学位论文，台北清华大学历史研究所，2016；徐旅尊、衷海燕：《明代
　"蜈蚣"战船考》，《"海上丝绸之路"与南中国海历史文化学术研讨会论文集》，珠海：中山大学，
　2017，第 4—23 页；谭玉华：《汪铉〈奏陈愚见以弭边患事〉疏蜈蚣船辨》，《海交史研究》2019
　年第 1 期；王宏斌、耿健羽《清朝福建水师赶缯船兴衰探析》，《河北大学学报》（哲学社会科学版）
　2019 年第 6 期。

印尼发现的 Jepara Wreck、[①]"南海 I 号"南宋沉船、[②]"华光礁 I 号"宋代沉船、[③]福建定海白礁一号沉船、[④]辽宁绥中三道岗元代沉船、[⑤]福建圣杯屿元代沉船、[⑥]福建平潭大练岛沉船、[⑦]"南澳 I 号"明代沉船、[⑧]老牛礁明代沉船、巴考明代沉船（the Bakau Wreck）、福建九梁礁明代沉船、海南宝龄港南明沉船、"小白礁 I 号"清代沉船、[⑨]金瓯沉船、[⑩]泰兴号沉船、[⑪]"碗礁 I 号"清

① W. Atam Juana and E.Edwards McKinnon, *The Jepara Wreck*, 郑培凯主编《十二至十五世纪中国外销瓷与海外贸易国际研讨会论文集》，（香港）中华书局，2005，第 126—135 页。

② 李庆新：《南宋海外贸易中的外销瓷、钱币、金属制品及其他问题——基于"南海 I 号"沉船出土遗物的初步分析》，《学术月刊》2012 年第 9 期；国家文物局水下文化遗产保护中心等编著《南海 I 号沉船考古报告之一——1989—2004 年调查》（上、下），文物出版社，2017；国家文物局水下文化遗产保护中心等编著《南海 I 号沉船考古报告之二——2014—2015 年发掘》（上、下），文物出版社，2018；席光兰、万鑫、林唐欧：《"南海 I 号"船载铁器与相关问题研究》，李庆新主编《海洋史研究》第 13 辑，社会科学文献出版社，2019，第 100—113 页；孙键：《宋代沉船"南海 I 号"考古述要》，《国家航海》第 24 辑，第 55—75 页；李岩：《航行的聚落——南海 I 号沉船聚落考古视角的观察与反思》，《水下考古》第 3 辑，第 22—39 页。

③ 中国国家博物馆水下考古研究中心、海南省文物保护管理办公室编著《西沙水下考古（1998—1999）》，科学出版社，2006；龚其昌、张治国：《华光礁一号宋代古船技术复原初探》，《国家航海》第 20 辑，第 71—87 页。

④ 中国国家博物馆水下考古研究中心等编著《福建连江定海湾沉船考古》，科学出版社，2011。

⑤ 张威：《辽宁绥中元代沉船调查述要》，《中国历史博物馆馆刊》1995 年第 1 期；张威主编《绥中三道岗元代沉船》，科学出版社，2001。

⑥ 羊泽林：《漳浦圣杯屿元代沉船遗址调查收获》，浙江省博物馆编《东方博物》第 56 辑，中国书店，2015，第 69—78 页；福建博物院、漳浦县博物馆：《漳浦县莱屿列岛沉船遗址出水文物整理简报》，《福建文博》2013 年第 3 期。

⑦ 中国国家博物馆水下考古研究中心、福建博物院文物考古研究所、福州市文物考古工作队编著《福建平潭大练岛元代沉船遗址》，科学出版社，2014。

⑧ 广东省文物考古研究所、广东省博物馆、国家水下文化遗产保护中心编著《"南澳 I 号"水下考古 2010 年度工作报告》；国家水下文化遗产保护中心、广东省文物考古所、广东省博物馆：《汕头南澳 I 号水下考古 2011 年度工作报告》；广东省文物考古研究所、国家水下文化遗产保护中心、广东省博物馆：《广东汕头市"南澳 I 号"明代沉船》，《考古》2011 年第 7 期；崔勇：《"南澳 I 号"沉船发现、调查与发掘》，广东省文物考古研究所、广东省博物馆、国家文物局水下文化遗产保护中心编著《孤帆遗珍："南澳 I 号"出水精品文物图录》，科学出版社，2014。

⑨ 宁波市文物考古研究所、国家文物局水下文化遗产保护中心、象山县文物管理委员会办公室编著《"小白礁 I 号"——清代沉船遗址水下考古发掘报告》，科学出版社，2019；国家水下文化遗产保护宁波基地、宁波市文物考古研究所：《海洋出水沉船船体保护的新探索——宁波"小白礁 I 号"沉船保护修复（ I 期）项目概述》，《中国文物报》2019 年 1 月 18 日，第 7 版。

⑩ 〔越〕阮庭战：《越南海域沉船出土的中国古瓷器》，中国古陶瓷学会编《中国古陶瓷研究》第 14 辑，紫禁城出版社，2008，第 60—83 页；刘淼：《越南沿海几处沉船出水陶瓷的产地》，吴春明主编《海洋遗产与考古》，科学出版社，2012，第 194—201 页；李庆新：《越南海域发现的清代广州沉船——金瓯沉船及其初步研究》，上海中国航海博物馆主办《国家航海》第 6 辑，上海古籍出版社，2014，第 17—43 页。

⑪ 叶冲、陈雪冰：《泰兴号：目前考古发现的最大中国古代沉船》，《水运科技》2021 年第 11 期。

代沉船[①]等。几乎每一次水下沉船的发掘，都会推动造船航海史的研究。最令人瞩目的如保存良好整体打捞的"南海Ⅰ号"可以对船体结构、货物存放的位置以及船上人员的生活有更深入研究的可能。由于有的沉船的船体几乎腐朽无存或残存有限，对其形制、古船复原只能做有限的工作，学者多围绕沉船的年代、航线、船上的运载物以及贸易文化交流等进行探讨。[②]

三是对国外保留的中式帆船资料日渐重视，除了前文提及的国外调查资料外，还有 20 世纪初流落在外的中国帆船模型资料也逐渐受到关注。现今学者关注较多的有比利时安特卫普航海博物馆修复收藏的清代船模（共 125 艘，已修复 85 艘），它们原是 1904 年清政府参加美国圣路易斯世博会展品的一部分，后经比利时政府邀请参加 1905 年的列日世界博览会后将其转让给比利时，早期由布鲁塞尔的皇家艺术和历史博物馆收藏，至 1927 年移交给安特卫普市立海事和贸易博物馆，再至国家海事博物馆。这些展品由清政府海关总税务司协调，通商口岸包括厦门、广州、烟台、九江、重庆、福州、汕头、宁波、温州、天津、上海等的海关均参与收集，这 125 件商船、战船和渔船模型当时被编入 No.75（海关设备）组。[③]其中的 10 件船模在 2012 年、2014 年、2016 年分三批在中国航海博物馆展出。[④]从《1904 年美国圣路易斯万国博览会中国参展图录》《摇晃的船：形式多样的中国船》[⑤]等资料来看，

---

① 赵嘉斌：《"碗礁Ⅰ号"沉船打捞纪实》，《中国文化遗产》2005 年第 6 期；碗礁一号水下考古队：《东海平潭碗礁一号出水瓷器》，科学出版社，2006；吕军：《沉船考古与瓷器外销——以"碗礁Ⅰ号"资料为中心》，《博物馆研究》2007 年第 3 期；刘义杰：《"碗礁Ⅰ号"沉船船型及航路试析》，中国航海博物馆、福州市博物馆编著《器成天下走："碗礁一号"沉船出水文物大展图录》，文物出版社，2019，第 19—21 页。

② 涉及中式沉船的年代分类及其器物相关研究如：刘淼《从沉船资料看宋元时期海外贸易的变迁》，《福建陶瓷与海上丝绸之路：中国古陶瓷学会福建会员大会暨研讨会论文集》，2016，第 42—51 页；陈冲《沉船所见景德镇明代民窑青花瓷》，《考古与文物》2017 年第 2 期；李庆新《海洋贸易、货物流通与经济变迁——东亚海域沉船发现古代货币及相关问题思考》，蔡洁华、甯驭主编《四海之内：普塔克教授荣休纪念文集》，2021，第 255—308 页；魏峻《16—17 世纪的瓷器贸易全球化：以沉船资料为中心》，《故宫博物院院刊》2022 年第 2 期。

③ 〔比〕利塔·杰朗：《安特卫普国家海事博物馆的中国帆船模型》，陈丽华译，《海交史研究》1997 年第 2 期；上海图书馆编《中国与世博：历史记录（1851—1940）》，上海科学技术文献出版社，2002；沈毅敏、郑明、张玉琪：《比利时收藏清代制作中国船模考略》，上海中国航海博物馆编《上海：海与城的交融》，上海古籍出版社，2012，第 135—153 页。

④ 赵珺杰、许宗锡：《远帆归航——三艘中国古船模海外回归记》，《航海》2012 年第 1 期；中国航海博物馆：《"远帆归航Ⅱ"船模交接仪式在中国航海博物馆隆重举行》，《航海》2014 年第 6 期；罗斌：《承载百年世博情 远帆归航"上海港"》，《航海》2017 年第 1 期。

⑤ 〔美〕居蜜主编《1904 年美国圣路易斯万国博览会中国参展图录》，上海古籍出版社，2010；W. Johnson, *Shaky Ships: The Formal Richness of Chinese Shipbuilding*, Exhibition Catalogue, National Maritime Museum, Antwerp, 1993.

这批资料包括船模的展品编号、名称、载重、尺寸、价格以及船只相关用途、活动水域、船员配置等说明信息，国内已有学者就这批船模的源流、目录和某些船式有所研究。① 此外，据中国航海博物馆赵莉以哈佛大学图书馆未刊旧海关资料为中心所做的统计，在1873—1905年晚清海关承办参展的三十多年里，至少有559艘次中国船模先后参展了8届国际博览会。② 也就是说，尚有不少类型多样的船模及其资料需要进一步追踪。

三　余论：《造舟记》提供的方法论思考

将《造舟记》一书放在宏观的学术史脉络中进行考察，有助于更好地理解它的价值。整体而言，该书从方法论上更接近19—20世纪颇盛行的"舟船民族志"调查与研究者们的做法。而考察许路其他已发表的论文，我们可以更清楚地看到他早已关注到19世纪上半叶开始的西方各国人士对中国沿海与内河水域帆船的调查、研究资料，作者对海岸线系统的田野调查也直接或间接地受其影响，而该书中强调的"设计模数""实验考古学""古船复原实验"的研究方法③，国内外在20世纪60年代以后亦有先例。一些船模研制中心、文化局、博物馆、古船爱好者通过这种方式按照一定比例复原某些船型，有些还开展下水航行实验。事实上，《造舟记》一书给了读者一种近距离的微观视角，而且作者在处理调查资料时拥有一种比有些受过田野调查专业训练的学者更自由的眼光与做法。这一点在书中表现如下：一是作者在调查"金华兴号"时与船主一家的相处，并作为船员亲身参与操控即将退出历史舞台的木帆船的沿海航行，且体会到了在复杂天气与水文环境下传统帆船需要注意的事项与可能遇到的问题；二是在"太平公主号"的建造过程中，作者亲历了寻找桅杆、船只涂装等工序，并通过不断地请教造船工匠而对整个船只的构造与用途有了清晰的理解。正因如此，在古代船舶史料多零散不全的情

① 沈毅敏：《国际视野中的广东帆船》，《广东造船》2015年第1期；何国卫、杨雪峰：《百年的中国古船模》，《中国船舶报》2012年4月18日，第3版；温志红：《1904年圣路易斯世博会中国参展船模探析》，《国家航海》第24辑，第95—117页；赵莉：《比利时藏晚清中国参展国际博览会船模源流新论》，上海中国航海博物馆主办《国家航海》第26辑，上海古籍出版社，2021，第163—185页。
② 赵莉：《中国舟船船模与早期国际博览会考略（1873—1905）——以哈佛大学图书馆未刊旧海关资料为中心》，上海中国航海博物馆主办《国家航海》第23辑，上海古籍出版社，2019，第131—140页。
③ 相似做法，可参考曾树铭《台湾的复原船模与复原船》，《国家航海》第20辑，第158—170页。

况下，该书补充了历史文献、沉船考古与某些调查资料中单纯凭借文字与图片难以言说和容易被忽略或误读的细节，使"帆船史"的研究呈现出有活力的一面。

此外，在复原赶缯船的实验中也有诸多问题值得反思，"太平公主号"跨洋航行的成功或许可以激发研究者再造中式帆船的热情，并借此种方法重现濒临消亡的各式帆船的航海研究。但事实上，我们也看到"太平公主号"在远洋航行中借助的是现代的导航技术，安装了现代的通信设备与发动机，从而使得在清代被普遍用作渔船和兵船且仅仅活跃于近海的"赶缯船"这一船型，跨越了它原来固有的活动海域。从某种程度上说，即便是远洋航行的成功也不代表回到了"真正的历史现场"，检测了传统的航行状况。近代蒸汽轮船对传统木帆船的取代，不仅是船舶史上动力的变革，而且也伴随着船上计时定位与导航方式的更精确化。至20世纪，能够驾驶船只的船员和沿海渔民，已经逐渐不再利用原来传统的以"更"为计时计程单位，并与二十四位罗盘为方向指导且配合山形水势来定位的更路导航。也就是说即便复原了古船，水手们的行船方式也很难复原。当然，由于在海洋历史文献中留存了大量海道针经，如《顺风相送》、《指南正法》、《郑和航海图》、渔民更路簿等帆船导航书目，或许未来在帆船复原的基础上按照海道针经的记录来航行，并借此重现大航海时代中式帆船的海上航行与船上社会生活也未尝不可！

（执行编辑：王潞）

海洋史研究（第二十二辑）

2024 年 4 月　第 675~680 页

跨生态的互动

——托马斯·爱尔森《珍珠在蒙古帝国：草原、海洋与欧亚交流网络》评介

聂希贝[*]

著名蒙古史学家托马斯·爱尔森（Thomas Allsen）毕生专注于内陆欧亚历史与文化研究，通晓英语、法语、俄语、拉丁语、波斯语、阿拉伯语和汉语等多种语言文字，曾参与撰写《剑桥中国辽西夏金元史》，著有《蒙古帝国：大汗蒙哥在中国、俄罗斯与伊斯兰地域的统治政策，1251—1259》（ *Mongol Imperialism: The Policies of the Grand Qan Mungke in China, Russia, and the Islamic Lands, 1251–1259* ）、《蒙古帝国的商品与交换：伊斯兰纺织品文化史》（ *Commodity and Exchange in the Mongol Empire: A Cultural History of Islamic Textiles* ）、《蒙古时期欧亚的文化与征服》（ *Culture and Conquest in Mongol Eurasia* ）、《欧亚皇家狩猎史》（ *The Royal Hunt in Eurasian History* ）等书。因学术贡献突出，爱尔森获得美国国家人文基金奖、古根海姆奖等。《珍珠在蒙古帝国：草原、海洋与欧亚交流网络》（ *The Steppe and the Sea: Pearls in the Mongol Empire* ）是他的最后一部作品，该书追溯北方草原地区与南方海洋之间形形色色的文化和商业往来，[①]用珍珠串联蒙古时代的欧亚世

---

* 聂希贝，武汉大学历史学院博士研究生。

① 该书的英文版由费城（Philadelphia）的宾夕法尼亚大学出版社（University of Pennsylvania Press）于 2019 年出版，中文版由上海人民出版社于 2023 年出版，译者为马晓林、张斌。在书中，爱尔森将中国南海、印度洋、波斯湾、阿拉伯海和红海等海域统称为"南方海洋"（Southern Seas）。

界，考察珍珠作为奢侈品和政治投资对于蒙古帝国的重要性。该书不仅关注东西向的文明交流，更着重揭示南北向跨生态交流的重要性，深化了蒙古帝国社会经济和政治文化等领域的研究。

一

长期以来，以"文明"为中心的叙事低估了蒙古族对人类历史产生的影响。蒙古族建立了历史上横贯欧亚大陆的最大的陆地帝国，维持庞大帝国的运转，并非只是凭借强大的军事力量，促使蒙古帝国雄踞欧亚的因素有很多，爱尔森认为小小的珍珠发挥了不可忽视的作用。作者通过讲述蒙古族剖腹取珠的故事，考察蒙古族对作为财富和地位象征的珍珠的独特情怀，探索珍珠在元朝成为时尚单品的中心因素，分析蒙古族的身份地位严格决定了珍珠是否可以展示以及如何展示，巧妙地将经济学与政治文化和国家建设结合起来。那么，为何来自海洋的珍珠竟然成为草原上人们最珍视的财物？

珍珠对蒙古族而言不仅是珍贵的物质财富，更是身份地位的象征。许多民族都把珍珠看作丰饶富足的标志，而蒙古族尚白，认为白色象征着纯洁和吉祥，白色珍珠因此占据着独特的地位。在蒙古皇帝及其妻子的肖像画中出现大量的珍珠元素，珍珠不仅用于耳环、项链和服饰图案等装饰品，更是地位和权力的表现。此外，来自南方海洋的珍珠有助于建立和维持治理人口密度高的定居社会所需要的政治结构。成吉思汗华丽巍峨的宫廷，引得东半球各地的商人和商品远道而来，促进了商业和文化商品的远距离流通。更为重要的是，建成这样一个庞大的游牧帝国，确实需要大规模积累和重新分配有地位的商品，这一过程促进了在真正的大陆范围内建立新的消费制度。由此，陆上贸易和海上贸易同时蓬勃兴盛，形成了一个动态的交换体系，促进大宗商品的东西向和南北向转移。

爱尔森为深入了解珍珠的故事，探究蒙古族与海洋的历史，试图解决以下几个重要但尚未充分解决的问题，成吉思汗及其后裔统治着广袤的领土，他们如何从环境和文化特征截然不同的土地上开采资源？这在多大程度上导致他们的政策目标、人员选择和资源动员技巧的变化？

20世纪90年代，琳达·谢弗（Lynda Shaffer）指出在公元5世纪至15世纪期间，印度洋沿岸向北传播海洋和亚热带产品以及冶金、制糖等技术，这一文化现象是为"南方化"（southernization）。[1] 这一观点有效地改变了以往的认识，促使学者在关注东西轴线上的自然物产和文化商品流通的同时，更多地研究南北轴线上的"南方化"。另外，大卫·克里斯蒂安（David Christian）认为，除了高度可见和广泛承认的东西方"文明交流"（Civilization Exchanges）之外，应该关注研究较少但同样重要的南北"跨生态交流"（Trans-Ecological Exchanges），即在自然和文化历史截然不同的大陆区域之间的货物运输。这两种"交流"很容易合并，形成一个互动的、整合的、跨越大陆的交流网络。[2]

在此基础上，爱尔森试图通过厘清珍珠流动的历史，揭示陆上和海上贸易之间的互动，探究东西向和南北向的跨生态和文化交流。他认为陆地和海上贸易路线、商人和商品是不可分割的，经常联系在一起，却往往被历史学家忽视。因此，书中着重发掘珍珠的流动来阐明陆上贸易和海上贸易之间的相互联系，强调海洋与草原跨生态的互动。

二

全书两个部分共 14 章内容，探究蒙古宫廷吸引从亚北极到亚热带地区的自然物产和文化商品，考察蒙古的政治、社会和商业体系，阐明珍珠在帝国的政治和经济生活中发挥的重要作用，通过珍珠折射出蒙古族政治文化及其对整个欧亚大陆文化和商品流通产生的深远影响。

第一部分为"从海洋到草原"，覆盖的时间为 1206 年至 1260 年，考察珍珠在蒙古政治文化中的重要性。作者通过分析珍珠的培育、获取、展示和重新分配等步骤，讨论这些过程被赋予的文化意义。在介绍珍珠分级的各种制度和文化逻辑的基础上，爱尔森讨论了为什么海水珍珠被认为比淡水珍珠更珍贵，以及形状、颜色、光泽、大小和环境如何影响珍珠的价值和文化意涵。他将珍珠作为一种独特的物质，考察包括海洋和淡水珍珠捕捞、养殖、钻孔、串珠、累积等技术，研究商人和成吉思汗及其后代所拥有的珍珠数量。各种各样的珍珠物品通过贸易往来衍生出不同的工艺、职业和经纪人。这些珍珠通过掠夺、进贡或远距离贸易等方式而来，成为蒙古贵族在重要仪

---

[1]　Lynda Shaffer, "Southernization," *Journal of World History*, Vol. 5, No. 1, Spring, 1994, pp. 1–21.

[2]　David Christian, "Silk Roads or Steppe Roads? The Silk Roads in World History," *Journal of World History*, Vol. 11, No. 1, Spring, 2000, pp. 1–26.

式或日常生活中配饰的重要元素。也就是说，珍珠不仅具有很高的市场价值，同时承载了意识形态层面的深厚内涵。

爱尔森介绍珍珠展示和分发的方法，解读附加于珍珠之上的文化含义，发掘其中传递的关于地位、财富和权力的信息，进而研究珍珠如何影响蒙古的政治。作者尝试从珍珠的视角分析蒙古的政治文化，阐释珍珠影响了蒙古帝国及其继承者汗国乃至整个欧亚大陆的经济、政治和意识形态体系。成吉思汗及其后裔将珍珠当作一种政治货币，吸引、奖励、激励和提携来自欧亚各地的臣僚，以此作为重要的治国之道。作者尝试思考在具有高度流动性的蒙古宫廷中，宝货以何种模式积聚、经营和移动；不加节制的消费理念如何在其支持者中形成。最后作者得出结论，珍珠的获取、分配与展示等活动构成了成吉思汗及其后裔治国的核心特征。

第二部分为"比较与影响"，研究 1260 年至 1370 年这个"冲突、分裂和衰落"的时代。作者分析珍珠的交换趋势和模式，考察早在蒙古族之前就开始的物质和文化交流网络，讨论了珍珠在蒙古帝国的流通，着眼于解释参与泛欧亚珍珠贸易如何长期影响蒙古精英文化和行为，阐明蒙古族积极参与的海上贸易与陆上贸易路线的相互联系。

爱尔森认为人为划分陆上和海上贸易活动并不可取，此举可能导致过于强调蒙古族的军事力量，而忽视了他们的商业实力。海上贸易是蒙古族的商业能力远远超过其军事实力的一个领域。蒙古帝国作为一个海军强国有明显的局限性，却同样控制着历史上最长的海上边界之一。因此，只有通过与已经存在的贸易群体发展积极的关系，蒙古族方可有效地通过贸易来获取海洋本身，以及他们军事力量鞭长莫及之地区的财富。蒙古采取与海运商人保持友好关系的官方政策，忽必烈曾颁布命令禁止强迫商人迁移或征兵。这种对商人尤其是海上商人的优待，部分原因是蒙古族希望保持珍珠贸易的大额运转，因为随着蒙古军事扩张的放缓，通过征服获得珍珠等商品的需求也会枯竭。如果没有行之有效的商业管理，蒙古的繁荣将与其军事扩张同时凋零。

总之，作者将流通模式以及帝国所施加影响的本质放在更宽广的时间和比较框架中，以便确定较长时段的趋势和模式。一方面，爱尔森从长时段考察进入内亚和草原的珍珠，侧重在"南方化"过程中，审视珍珠的生产与转移。另一方面，为了更为全面地认识珍珠的意义，作者采取了一个宏观的比较视角。珍珠作为奢侈品是政治动员的必需品，在建立藩属关系网和营造宫廷文化方面起着至关重要的作用。值得进一步指出的是，珍珠这种商品的流通对地方和区域经济也产生了重要影响。透过长时段和比较视角观察珍珠的流动，作者给读者呈现出蒙古帝国与南方海洋之间错综复杂的联系网络。

<h1 style="text-align:center">三</h1>

作者通过讲述珍珠流通的故事，描绘出蒙古帝国跨生态贸易网络的轮廓，在蒙古帝国时期的政治文化、社会经济等问题的研究上做出突出贡献。首先，爱尔森考察珍珠的获取、展示、再分配及其在政治上的重要性，论述在庞大的游牧帝国的形成过程中，珍贵商品的积聚、管理和移动等活动，进而研究这种新消费制度的生成。跨大陆的贸易和海运贸易同时繁荣，货品南来北往、由东至西，塑造了一个有活力的交换体系。书中通过探求珍珠在不同时段的流通方式，强调了战利品、朝贡关系、市场机制以及互惠赠礼等不同交换模式的重要性。除此之外，该书还关注珍珠营销策略，指出蒙古不仅利用神话和民间传说塑造市场环境，还积极拉拢精于跨文化商业的印度佛教徒和穆斯林商人创建海上交流网络。

其次，该书认为珍珠解释了草原历史中的蒙古例外主义、跨陆地贸易和海运贸易之间的内部关联。作者探讨帝国政治文化中奢侈品使用的循环模式，突出这类商品对地方性经济和区域性经济的重要性。当然，爱尔森深知聚焦于珍珠不可避免地有放大其重要性之嫌，但他首先表明自己并非在发表一种过度简化的论调，即"珍珠令大蒙古国伟大"，他的目的在于通过考察珍珠如何影响蒙古帝国的政治文化，研究欧亚世界的文化物质和商品流通造就的深远影响。

最后，作者择取了贸易网络的历史视野看待蒙古帝国的形成，重新审视"蒙古影响"（Mongolian impact），揭示珍珠在其中发挥的独特作用，可谓匠心独运、别具一格。蒙古族的帝国事业在某些方面具有开创性，并取得了非凡的成就，他们留下了一系列极为多样化的制度和意识形态，供其臣民与后继者思考、选择和吸收。然而，蒙古族的事业并非从天而降，他们充分利用既有资源，在游牧民族和定居民族久已普遍共有的帝国传统之上开疆拓土、推陈出新。书中强有力地说明了海上活动对草原人民的重要性，草原和海上贸易路线在蒙古时期是相互关联的，并强调商业航行往往两者并用，特别是霍尔木兹和泉州等港口通过陆路向消费者输送珍珠和其他商品。

在选材方面，该书利用中文、波斯文、阿拉伯文、俄文等一手史料，以珍珠为线串联起蒙古时代的欧亚世界，涵盖了古代乃至现代的珍珠历史。作者除了广泛利用中国和波斯编写的官方编年史，还选取了大量"非传统"文献，如地方资料、行政手册、医学和自然史著作以及元代士大夫的文集等。此外，书中结合了考古学证据以及用不同的欧亚语言写成的第二手文献，为观察游牧民族和定居民族之间的关系、奢侈品和地位性商品的消费文化的早期出现以及商业的重要性提供了新的视角。

　　需要指出的是，该书正确地强调了蒙古时代海事活动的重要性，但较少涉及造船、航运、海战等海上活动。该书研究旨趣主要集中于商业活动，指出珍珠是观察蒙古族政治文化及其对整个欧亚大陆文化和商品流通的深远影响的窗口，强调珍珠作为国家的象征及其在贸易中的价值。过去的半个世纪里，在中国、韩国、印度和波斯海岸附近发现了大量的沉船，证明这些区域曾出现活跃的海上活动，从中国到东南亚、印度和中东的海上航线以及水手可用的导航辅助设备等研究仍然值得深入探讨。罗荣邦、沈丹森等历史学家已经充分论证了元朝大力支持造船和海上贸易，但这些内容在该书并未得到应有的重视。

（执行编辑：王一娜）

后　记

　　2020年7月13日，复旦大学文史研究院董少新教授带领东亚海域史研究团队，前来海洋史研究中心访问，双方围绕共同关心的话题，例如海洋史研究的对象、内容与方法，海上丝绸之路、海洋考古、广东沿海贸易等，展开热烈而广泛的讨论，取得诸多共识，并希望进一步加强双边合作，凝聚沪粤乃至海内外海洋史学同行，推动海洋史学发展。后因疫情反复，一些设想无法落实推进。2021年，少新教授的团队在上海发起组织"海洋与物质文化交流：以东亚海域世界为中心"工作坊，本中心与中国航海博物馆参与主办。11月，会议如期在上海举行，来自北京、上海、广东、福建、四川、云南等地高校、研究机构、文博机构的近40名学者通过线上或线下方式参加会议，复旦大学文史研究院院长章清教授、中国航海博物馆副馆长王煜教授以及本人到会并发言。

　　这次研讨会聚焦于东亚海域物质与文化交流历史，将海域看作多元文明交流、沟通、互动的纽带和通道，看作多元文明交汇从而形成自身特点的社会、文化区域，进而重新审视东亚海域的多元格局。本着以文会友原则，工作坊收获专题论文30余篇。按照计划，会后由《海洋史研究》编辑部会同合作方组织专家，进行评审筛选，修订后以专辑形式出版。入选论文分为5个板块。一是器物研究，从社会、生活、知识、观念、信仰等多角度，审视海域交流语境下具体名物器所蕴藏的丰富社会内涵与文化意象，揭示物质与文化互相为用的表里关系，以及其在跨国、跨文化交流中的意义。二是外销瓷研究，通过中外考古、文物、文献相结合的研究，揭示明清瓷器与海外世界在海域空间交流中多方面的关联与互动，展示具有标志性的中国瓷器在海域交流中焕发出的独特华光及其在传播流转中彼此为用的文化共振。三是图像研究，透过具体绘画艺术作品和创作个案分析，展现大航海时代东西方艺术的交融与传播，全球视野下的艺术史对话构成文化交流的重要篇章。四是其他问题，选择历史上海域交往密切的朝鲜半岛、日本及华东地区，在文化思想史层面进行海洋区域—国别的历史分析，揭示区域文化发展中的自主性、独特性与彼此关联性。五是讨论沉船发现人类遗骸保护、清代广州行商、古琉球对外交流史，以及对两部新书进行述评。

海洋史研究犹如瀚海一样广阔无涯，如何以"一叶扁舟"达致彼岸，并无捷径，但可以学习"八仙过海"之法，各施神通，各展所长。本专辑作者学术背景大不相同，从历史学、考古学、语言学到艺术学，但均具有广博开阔的视野、专精入微的思维、以小见大的功力，而且显然在共同目标方向上努力向海洋史学靠拢，在多学科、跨学科研究的学理层面洞悉器物具象的"壶里乾坤"，透过物质现象看文化本质，在索隐钩沉中见识"见微知著"的大道理，展示了海域交流史物质—文化研究的独特魅力，对海洋史学发展有诸多启示。

李庆新

2023 年 5 月 6 日

征稿启事

《海洋史研究》（*Studies of Maritime History*）是广东省社会科学院海洋史研究中心主办的学术辑刊，每年出版两辑，由社会科学文献出版社（北京）公开出版，为中国历史研究院资助学术集刊、中国社会科学研究评价中心"中文社会科学引文索引"（CSSCI）来源集刊、中国社会科学评价研究院"中国人文社会科学学术集刊 AMI 综合评价"核心集刊、社会科学文献出版社 CNI 名录集刊。

广东省社会科学院海洋史研究中心成立于 2009 年 6 月，以广东省社会科学院历史研究所为依托，聘请海内外著名学者担任学术顾问和客座研究员，开展与国内外科研机构、高等院校的学术交流与合作，致力于建构一个国际性海洋史研究基地与学术交流平台，推动中国海洋史研究。本中心注重海洋史理论探索与学科建设，以华南区域与南中国海海域为重心，注重海洋社会经济史、海上丝绸之路史、东西方文化交流史、海洋信仰与宗教传播，海洋考古与海洋文化遗产等重大问题研究，建构具有区域特色的海洋史研究体系。同时，立足历史，关注现实，为政府决策提供理论参考与资讯服务。为此，本刊努力发表国内外海洋史研究的最近成果，反映前沿动态和学术趋向，诚挚欢迎国内外同行赐稿。

凡向本刊投寄的稿件必须为首次发表的论文，请勿一稿多投。请直接通过电子邮件方式投寄，并务必提供作者姓名、机构、职称和详细通讯地址。

编辑部将在接获来稿三个月内向作者发出稿件处理通知，其间欢迎作者向编辑部查询。

来稿统一由本刊学术委员会审定，不拘语种，正文注释统一采用页下脚注，优秀稿件不限字数。

本刊刊载论文已经进入"知网"、发行进入全国邮局发行系统、征稿加入中国社会科学院全国采编平台，相关文章版权、征订、投稿事宜按通行规则执行。

来稿一经采用刊用，即付稿酬，并赠送该辑 2 册。

本刊编辑部联络方式：

中国广州市天河北路 618 号广东社会科学中心 B 座 13 楼

邮政编码：510635

广东省社会科学院 海洋史研究中心

电子信箱：hysyj2009@163.com

联系电话：86-20-38803162

Manuscripts

Since 2010 the *Studies of Maritime History* has been issued per year under the auspices of the Centre for Maritime History Studies, Guangdong Academy of Social Sciences.It is indexed in CSSCI(Chinese Social Science Citation Index).

The Centre for Maritime History was established in June 2009, which relies on the Institute of History to carry out academic activities. We encourage social and economic history of South China and South China Sea, maritime trade, overseas Chinese history, maritime archeology, maritime heritage and other related fields of maritime research. The Studies of *Maritime History* is designed to provide domestic and foreign researchers of academic exchange platform, and published papers relating to the above.

The *Studies of Maritime History* welcomes the submission of manuscripts, which must be first published. Guidelines for footnotes and references are available upon request. Please specify the following on the manuscript: author's English and Chinese names, affiliated institution, position, address and an English or Chinese summary of the paper.

Please send manuscripts by e-mail to our editorial board. Upon publication, authors will receive 2 copies of publications, free of charge. Rejected manuscripts are not be returned to the author.

The articles in the *Studies of Maritime History* have been collected in CNKI.The journal has been issued by post office.And the contributions have been incorporated into the National Collecting and Editing Platform of the

Chinese Academy of Social Sciences. All the copyright of the articles, issue and contributions of the journal obey the popular rule.

Manuscripts should be addressed as follows:

Editorial Board *Studies of Maritime History*

Centre for Maritime History Studies

Guangdong Academy of Social Sciences

510630, No.618 Tianhebei Road, Guangzhou, P.R.C.

E-mail: hysyj2009@163.com

Tel: 86-20-38803162

图书在版编目（CIP）数据

海洋史研究. 第二十二辑 / 董少新, 李庆新主编
. -- 北京：社会科学文献出版社，2024.4
ISBN 978-7-5228-3126-8

Ⅰ.①海…　Ⅱ.①董…②李…　Ⅲ.①海洋－文化史
－世界－丛刊　Ⅳ.①P7-091

中国国家版本馆CIP数据核字（2024）第019226号

海洋史研究　（第二十二辑）　海洋与物质文化交流专辑

本辑主编 / 董少新　李庆新

出 版 人 / 冀祥德
组稿编辑 / 宋月华
责任编辑 / 吴　超
文稿编辑 / 王亚楠　梅怡萍　贾全胜　卢　玥　杨春花　等
责任印制 / 王京美

出　　　版 / 社会科学文献出版社·人文分社（010）59367215
　　　　　　地址：北京市北三环中路甲29号院华龙大厦　邮编：100029
　　　　　　网址：www.ssap.com.cn
发　　　行 / 社会科学文献出版社（010）59367028
印　　　装 / 三河市东方印刷有限公司

规　　　格 / 开　本：787mm×1092mm　1/16
　　　　　　印　张：46.25　插　页：2.75　字　数：776千字
版　　　次 / 2024年4月第1版　2024年4月第1次印刷
书　　　号 / ISBN 978-7-5228-3126-8
定　　　价 / 468.00元

读者服务电话：4008918866